iHORN 豪恩

豪恩智慧消防 更安全 更放心

豪恩智慧消防综合管理平台 | 烟雾探测报警系统 | 可燃气体报警系统 | 用电安全监测系统 | 消防用水监测系统 | AI视频监控系统 | 传统消防改造系统

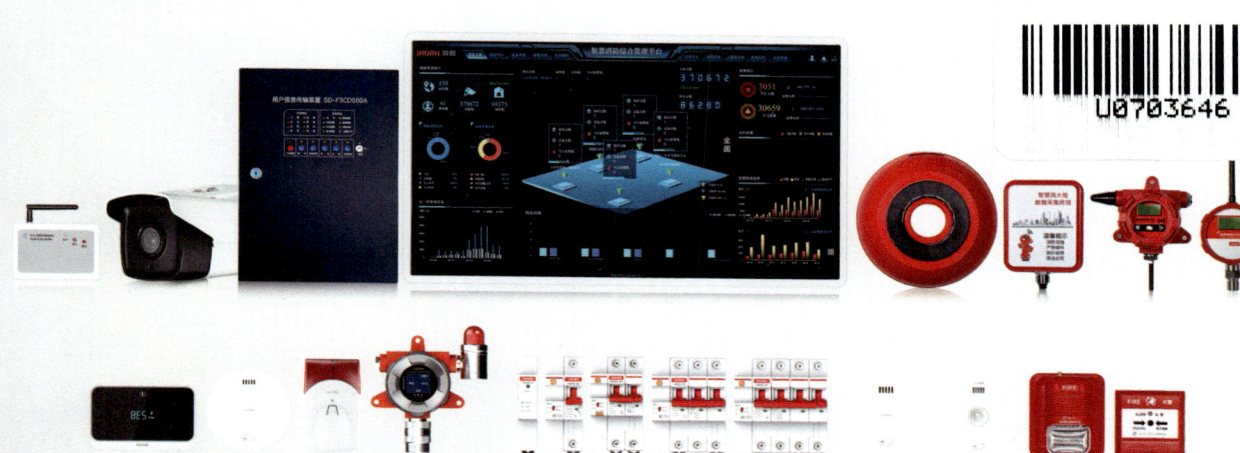

豪恩智慧消防解决方案优势

平台独立运营，客户专属应用定制
平台采用多租户业务架构和多级分账号管理，
一级用户可建立独立的运营体系。

产品种类齐全，全方位监测
涵盖用电安全、烟雾探测、可燃气体监测、消防
用水、智能视频监控等设备。

场景联动丰富，应急处理更及时
解决设备之间的联动问题，可实现多级联动、
设备群组联动、参数联动等任意的联动组合。

视频Anywhere，开放兼容
独立的流媒体服务器，可支持任何协议的视频
设备接入，轻松实现可视化管理。

1995年成立	**国标制定**	**200+专利**	**30+/100+**
28年技术沉淀	防盗报警系列新国标制定企业	取得200余项技术专利	国内30多家办事处远销100多个国家和地区
千万级	**1000万+**	**28年**	**红点设计奖**
千万级家庭用户	1000万+的年度销量	28年的高品质工厂	产品外观获得德国红点大奖

深圳市豪恩安全科技有限公司

地址：深圳市光明新区万代恒光明高新科技工业园4栋　　服务热线：400 601 9566
电话：0755-3326 5040　／　176 8899 2135　／　13528462529　　www.ihorn.com.cn

 官方网站　 官方微信

U0703646

8大系列产品，全方位满足不同需求。
一体化解决方案，360°保障生命安全！

消防应急照明和疏散指示系统 | 火灾自动报警系统 | 防火门监控系统 | 消防电气控制装置
消防设备电源监控系统 | 电气火灾监控系统 | 分布式光纤感温探测系统 | 消防物联网云平台

浙江台谊消防股份有限公司
ZHEJIANG TAIYI FIRE HOLDINGS

浙江台谊消防股份有限公司，是国内知名的建筑消防一体化解决商，致力于为现在和未来的建筑提供一流的消防解决方案，让世界更安全一点。公司拥有自主产权工厂占地53亩，标准化厂房3万余平方米，消防物联网展厅2000余平方米，在全国多地设立专业服务机构，合作的数千个大中型项目遍及祖国大地，公司生产规模、产品质量、经济效益在全国同行业中名列前茅。

公司作为国家高新技术企业，先后多次参与起草了多项国家标准，是国家标准 GB 51309—2018《消防应急照明和疏散指示系统技术标准》和 GB 17945—2010《消防应急照明和疏散指示系统》的起草参编单位，主打产品还获得了"品字标"浙江制造认证，"用于高危行业的智能型消防应急照明及安全疏散装置"被评为嘉兴市装备制造业重点领域首台套；是浙江省专精特新小巨人、省级高新技术企业研究开发中心、省级科技型中小企业、省级企业研究院、省级信用管理示范企业；通过了 ISO 9001 质量管理体系、ISO 14001 环境管理体系和 ISO 45001 职业健康安全管理体系认证，两化融合管理体系、能源管理体系及知识产权管理体系认定，是嘉兴市绿色工厂，是国家标准化委员会第六分委的委员单位、中国消防协会 AAA 级企业、中国市政工程协会"综合管廊建设及地下空间利用专业委员会"常务理事单位、浙江省绿色建筑与建筑工业化行业协会会员单位、浙江省消防协会常务理事单位、浙江省应急产业技术联盟副理事长单位等。

近30年来，台谊始终专注于"智慧消防一体化解决方案"的研发与运用，凭借多年的专业积淀，研发出具有完全自主知识产权的系列产品，其中主导产品已达百余种，如集中电源型应急照明灯具、标志牌、感应式照明等产品，广泛应用于机场、轨道、市政、商业、学校、医院等关键领域，并参与了杭州萧山国际机场、北京地铁昌平线、杭州地铁3号线、上海地铁14号线、中国西部博览城、重庆来福士、杭州奥体中心、白鹤滩水电站等国家级重大工程项目。台谊消防以"开放共赢、诚信感恩、务实创新"为核心价值观；以"卓越的品质、一流的服务"为经营理念；以"做人类安全的守护者"为使命；向着成为"以创新思维匠心精神铸百年企业"的宏伟愿景迈进。

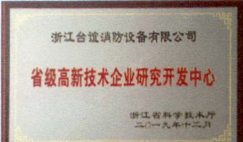

扫一扫
关注二维码

地址：浙江省海宁高新技术产业园区春潮路16号
Web: www.tyst.cc   全国热线: 400-8666-119

科 / 技 / 创 / 造 / 现 / 代 / 安 / 全

合肥科大立安安全技术有限责任公司

科大立安是北京辰安科技股份有限公司（股票代码：300523）专业从事消防安全与应急装备研发的全资子公司，是国内唯一以清华大学公共安全研究院和中科大火灾科学国家重点实验室为依托，开展火灾风险评估与维保、火灾探测预警、火灾扑救装备、应急救援装备的研究和制造，是国内为数不多的可提供特殊场所消防整体解决方案的领先企业。公司为人民大会堂、中央电视台、奥运场馆、世博会场馆、APEC会议场馆、G20峰会场馆等100余个国家重点项目提供服务，成功业绩达5000个。

资质荣誉

- 消防设施工程设计专项甲级资质
- 消防设施工程专业承包一级资质
- 电子与智能化工程专业承包壹级资质
- 机电工程施工总承包贰级资质

- 国家科技进步二等奖
- 国家级高新技术企业
- 热安全技术国家地方联合工程中心
- ……

参编规范

参编国家、地方、行业消防标准规范近30项

《特种火灾探测器》GB 15631—2008（国家）
《图像型火灾探测器（送审稿）》（国家）
《消防炮》GB 19156—2019（国家）
《室内固定消防炮选用及安装》08S208（国家）
《自动消防炮灭火系统技术规程》CECS245:2008（建设部）
《飞机库设计防火规范（修订）》（国家）
《城市综合管廊消防安全技术规程》DB46/T 477—2019（海南省）

主要产品

					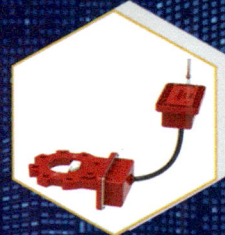
独立式双光感烟火灾探测报警器	图像型火灾探测器	细水雾灭火系统	移动式细水雾枪	自动消防炮	消火栓监测仪

合肥科大立安安全技术有限责任公司
HEFEI KDLIAN SAFETY TECHNOLOGY CO., LTD.
官网：www.kdlian.com
全国统一热线：400-050-7119
地址：安徽省合肥市高新区天湖路13号

微信公众号

  依爱消防 EI FIRE

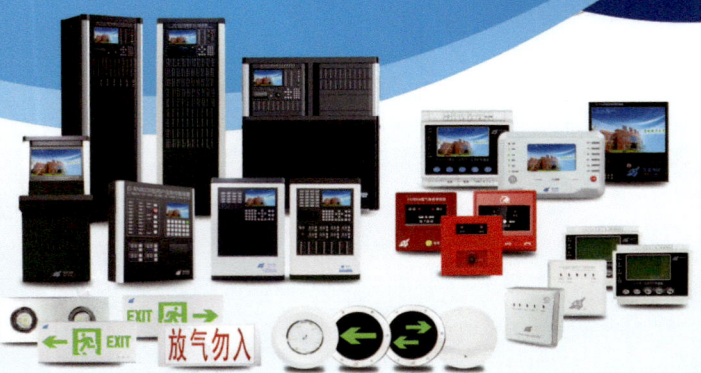

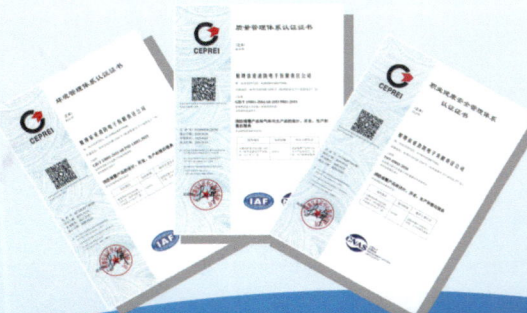

▶ 关于我们 About us

蚌埠依爱消防电子有限责任公司(EI FIRE)隶属于中国电科第四十一研究所,是专业从事消防设备及物联网监控系统研制、开发、生产、安装和服务的高新技术企业,是中国知名的一站式消防解决方案供应商。

公司自主开发的EI系列消防报警及固定灭火设备先后获得140多项国家专利及中国驰名商标、安徽省科学技术奖等30多项国家和省部级荣誉,整体技术达国内外先进水平。

公司产品已在北京劳动人民文化宫、北京大兴国际机场、青岛奥运场馆等数万个重点消防工程使用,产品门类齐全、质量可靠,可满足各类消防工程的需要。

 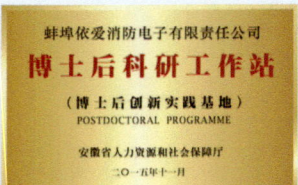

蚌埠依爱消防电子有限责任公司
BENGBU EI FIRE ELECTRONICS CO.,LTD.

地址:安徽省蚌埠市高新区迎河路1300号
电话:0552-4099437 4089119
传真:0552-4082917
邮箱:eifire@eifire.com
邮编:233010

服务热线　　　官网地址
400-0552-119　　http://www.eifire.com

欢迎关注　　　　欢迎关注
依爱消防微信　　依爱消防抖音

济宁蓝芯电子科技有限公司专注于智慧城市、消防安全的物联网产品研发与销售,是国家高新技术企业。公司技术团队由资深行业专家组成,具备行业领先的整体解决方案规划能力和行业软、硬件研发能力,公司致力于构建数字消防感知系统,助力智慧城市建设。

公司自主研发的智慧消火栓、消火栓监测终端等软、硬件产品取得多项自主知识产权,并已广泛应用于各个领域,为智慧城市等项目运营管理提供高效、实用的监测感知系统。消火栓智能化产品的设计充分考虑了现有消火栓的多样性,定制了多种适应性安装附件,使产品可以用于多种品牌消火栓的改造升级,智能消火栓系列产品主要包括以下特点:

(1) 抽芯式安装方式,适配性强,不改变消火栓原有结构,不影响消火栓原有抗撞和冲击能力。

(2) 压力采集兼具抗水锤结构优化,抗管网水锤冲击达20兆帕。

(3) 全天候压力曲线绘制功能。

(4) GPS定位功能,精准采集消火栓位置信息。

(5) app具备光标跟随功能,支持消火栓点位导航和现场消火栓压力指示,为消防取水提供最佳可用指示。

(6) 火警点位标识功能,可以根据火场大小进行范围消火栓的选择、推荐、疏导功能,为消防救援提供智能支持。

(7) 近场蓝牙通信功能,现场维护实时掌握精准数据。

(8) 支持数据下发,可根据需求下发设置心跳报送时间及压力阈值告警等。

(9) 电池寿命≥10年,对取水栓可选装太阳能供电模块。

(10) 耐候性好,在-40~85摄氏度范围内长期可靠运行。

(11) 可选装语音提醒功能,设备既是防水盒,也是扬声器,对破坏、偷水有一定警示作用。

(12) 水表式流量计数,精度≥95%。

(13) 泄水阀监测功能。

(14) 二维码人工现场巡检及设备心跳巡检。

(15) 内置10年或15年电信卡片,无停卡或资费忧虑。

(16) 支持撞击、倾斜、阀门开度、拆卸等常规功能,对于破坏、偷盗模块或盖帽拆卸可以及时报警,并可以对接市政府监控平台,用以查询对应时间段视频信息。

目前功能已经覆盖消防救援局对固定灭火设施智慧化、物联网化的各种需求。该公司独立研发的智能消火栓终端装置已经获得消防产品技术鉴定证书,是国内率先获得国家消防产品合格证书的企业,该产品也成为真正有"消防身份证"的消防产品。公司一直秉承"以客户为中心、为客户创造价值"的理念,用技术赢得市场,以服务获取信誉,竭诚为广大客户提供优质、高效、便捷的服务,立志成为国内最好的物联网行业应用解决方案服务商!

智慧消火栓(含智能消火栓云平台)

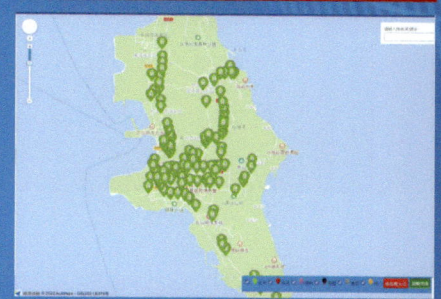

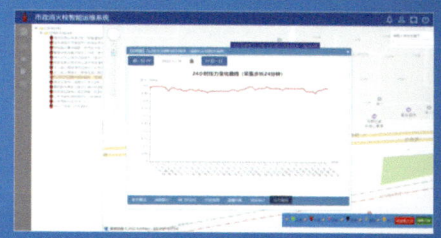

高新技术企业认证

发明专利证书

计算机软件著作权登记证书

软件著作权:蓝芯嵌入式室外消火栓配套服务系统V1.0

邮编:272407
电话:0537-6880008 18653770001
地址:山东省济宁市嘉祥经济开发区孟姑集机械产业园A02号(济宁蓝芯电子科技有限公司)

关于霍尼韦尔

霍尼韦尔是一家《财富》全球500强的高科技企业，始创于1885年，在华历史可以追溯到1935年，在上海开设了第一个经销机构。目前，霍尼韦尔所有业务集团均已落户中国，上海是霍尼韦尔亚太区总部，霍尼韦尔在华员工人数约10000名，其中20%为研发人员，共同打造万物互联、更智能、更安全和更可持续发展的世界。

霍尼韦尔消防业务

霍尼韦尔消防业务是霍尼韦尔智能建筑科技集团(HBT)的重要组成部分，致力于为用户提供消防报警系统及子系统、特种火灾及气体探测、公共及消防广播、应急照明和疏散指示系统、智慧消防物联网平台软件等产品和解决方案。霍尼韦尔消防业务旗下主要品牌涵盖：消防报警系统（NOTIFIER 和 ESSER）、音视频通信系统（Honeywell 和 TK-AUDIO）、消防子系统（SYSTEM SENSOR）、极早期报警系统（VESDA 和 FMST）等。

今天，霍尼韦尔消防业务持续为用户提供高质量的产品和服务，在工业、商业和基建等多个领域享有广泛美誉，并保持着领先的市场份额。霍尼韦尔通过不断研发创新，改进制造工艺，拓展销售服务网络，为数以千万用户的生命和财产提供安全保障。

霍尼韦尔消防系统一体化解决方案

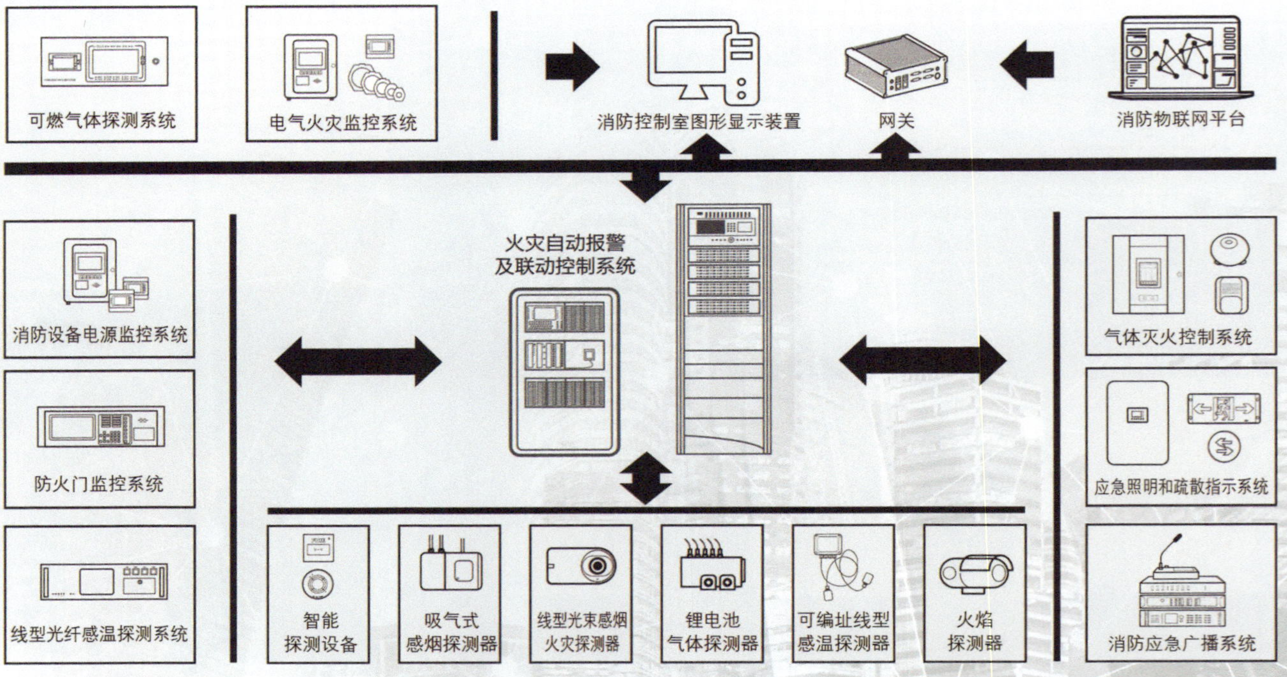

中华人民共和国
消防标准汇编
消防电子卷

全国公共安全基础标准化技术委员会 编

应急管理出版社

·北 京·

图书在版编目（CIP）数据

中华人民共和国消防标准汇编.消防电子卷／全国公共安全基础标准化技术委员会编. --北京：应急管理出版社，2023
　ISBN 978-7-5020-9211-5

　Ⅰ.①中… Ⅱ.①全… Ⅲ.①消防—标准—汇编—中国 ②电子技术—应用—消防—标准—汇编—中国 Ⅳ.①TU998.1-65

中国版本图书馆CIP数据核字（2021）第253543号

中华人民共和国消防标准汇编　消防电子卷

编　　者	全国公共安全基础标准化技术委员会
责任编辑	曲光宇
责任校对	赵　盼　孔青青
封面设计	罗针盘
出版发行	应急管理出版社（北京市朝阳区芍药居35号　100029）
电　　话	010-84657898（总编室）　010-84657880（读者服务部）
网　　址	www.cciph.com.cn
印　　刷	北京建宏印刷有限公司
经　　销	全国新华书店
开　　本	880mm×1230mm $^1/_{16}$　印张　35$\frac{1}{2}$　插页　8　字数　1090千字
版　　次	2023年8月第1版　2023年8月第1次印刷
社内编号	20200365　　　　定价　116.00元

版权所有　违者必究

本书如有缺页、倒页、脱页等质量问题，本社负责调换，电话：010-84657880

目录

1	GB 12791—2006	点型紫外火焰探测器	1
2	GB 14003—2005	线型光束感烟火灾探测器	25
3	GB 14287.1—2014	电气火灾监控系统 第1部分:电气火灾监控设备	47
4	GB 14287.2—2014	电气火灾监控系统 第2部分:剩余电流式电气火灾监控探测器	63
5	GB 14287.3—2014	电气火灾监控系统 第3部分:测温式电气火灾监控探测器	83
6	GB 14287.4—2014	电气火灾监控系统 第4部分:故障电弧探测器	99
7	GB 15322.1—2019	可燃气体探测器 第1部分:工业及商业用途点型可燃气体探测器	123
8	GB 15322.2—2019	可燃气体探测器 第2部分:家用可燃气体探测器	149
9	GB 15322.3—2019	可燃气体探测器 第3部分:工业及商业用途便携式可燃气体探测器	179
10	GB 15322.4—2019	可燃气体探测器 第4部分:工业及商业用途线型光束可燃气体探测器	195
11	GB 15631—2008	特种火灾探测器	213
12	GB 16280—2014	线型感温火灾探测器	259
13	GB/T 16838—2021	消防电子产品环境试验方法及严酷等级	285
14	GB 17429—2011	火灾显示盘	343
15	GB 19880—2005	手动火灾报警按钮	361
16	GB 22134—2008	火灾自动报警系统组件兼容性要求	383
17	GB 22370—2008	家用火灾安全系统	395
18	GB/Z 24978—2010	火灾自动报警系统性能评价	419
19	GB/Z 24979—2010	点型感烟/感温火灾探测器性能评价	437
20	GB 25506—2010	消防控制室通用技术要求	449
21	GB 26851—2011	火灾声和/或光警报器	459
22	GB 28184—2011	消防设备电源监控系统	473
23	GB 29364—2012	防火门监控器	489
24	GB 29837—2013	火灾探测报警产品的维修保养与报废	503
25	GB 31252—2014	防火监控报警插座与开关	517
26	XF/T 847—2009	消防控制室图形显示装置软件通用技术要求	527
27	XF 1151—2014	火灾报警系统无线通信功能通用要求	533
28	XF/T 3011—2020	逃生与救援用车窗玻璃电动击碎装置	543

ICS 13.220.20
C 81

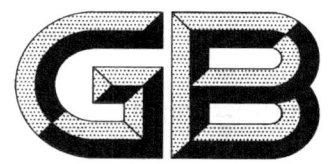

中华人民共和国国家标准

GB 12791—2006
代替 GB 12791—1991

点型紫外火焰探测器

Point type ultraviolet flame detectors

2006-07-17 发布

2007-04-01 实施

中华人民共和国国家质量监督检验检疫总局
中国国家标准化管理委员会 发布

前言

本标准的第3章、第4章、第5章、第6章内容为强制性,其余为推荐性。

本标准是对 GB 12791—1991《点型紫外火焰探测器性能要求及试验方法》的修订。本标准参考了欧洲标准 EN 54-10《自动火灾探测系统——第10部分火焰探测器》。

本标准与 GB 12791—1991 相比主要变化如下:
—— 部分采用了欧洲标准 EN 54-10 的技术要求;
—— 增加了射频电磁场辐射抗扰度试验、射频场感应的传导骚扰抗扰度试验、静电放电抗扰度试验、电快速瞬变脉冲群抗扰度试验、浪涌(冲击)抗扰度试验、恒定湿热(耐久)试验和振动(正弦)(耐久)试验;
—— 更改了冲击试验和火灾灵敏度试验的试验方法;
—— 增加了检验规则和说明书的要求。

本标准自实施之日起,同时代替 GB 12791—1991。

本标准由中华人民共和国公安部提出。

本标准由全国消防标准化技术委员会第六分技术委员会归口。

本标准负责起草单位:公安部沈阳消防研究所。

本标准主要起草人:宋希伟、丁宏军、刘程、郭春雷、李惠菁、王泓燕、李克亭、王菲。

点型紫外火焰探测器

1 范围

本标准规定了点型紫外火焰探测器的一般要求、要求和试验方法、检验规则和标志。

本标准适用于一般工业与民用建筑中安装的波长范围低于 300 nm 的点型紫外火焰探测器。对于在其他环境中安装的具有特殊性能的点型紫外火焰探测器，除特殊性能由有关标准另行规定外，也应执行本标准。

2 规范性引用文件

下列文件中的条款通过本标准的引用而成为本标准的条款。凡是注日期的引用文件，其随后所有的修订单（不包括勘误的内容）或修订版均不适用于本标准，然而，鼓励根据本标准达成协议的各方研究是否可使用这些文件的最新版本。凡是不注日期的引用文件，其最新版本适用于本标准。

GB 9969.1　工业产品使用说明书　总则

GB 12978　消防电子产品检验规则

GB 16838　消防电子产品环境试验方法及严酷等级

GB/T 17626.2—1998　电磁兼容　试验和测量技术　静电放电抗扰度试验(idt IEC 61000-4-2:1995)

GB/T 17626.3—1998　电磁兼容　试验和测量技术　射频电磁场辐射抗扰度试验(idt IEC 61000-4-3:1995)

GB/T 17626.4—1998　电磁兼容　试验和测量技术　电快速瞬变脉冲群抗扰度试验(idt IEC 61000-4-4:1995)

GB/T 17626.5—1999　电磁兼容　试验和测量技术　浪涌(冲击)抗扰度试验(idt IEC 61000-4-5:1995)

GB/T 17626.6—1998　电磁兼容　试验和测量技术　射频场感应的传导骚扰抗扰度(idt IEC 61000-4-6:1996)

3 一般要求

3.1 总则

点型紫外火焰探测器（以下称探测器）若要符合本标准，应首先满足本章要求，然后按第 4 章规定进行试验，并满足试验要求。

3.2 报警确认灯

探测器应具有红色报警确认灯。当被监视区域火灾参数符合报警条件时，探测器报警确认灯应点亮，并保持至被复位。通过报警确认灯显示探测器其他工作状态时，被显示状态应与火灾报警指示时的状态有明显区别。可拆卸探测器的报警确认灯可安装在探头或其底座上。确认灯点亮时在其正前方 6 m 处，照度不超过 500 lx 的环境条件下，应清晰可见。

3.3 辅助设备连接

探测器连接其他辅助设备（例如远程确认灯、控制继电器等）时，与辅助设备连接线的开路和短路不应影响探测器的正常工作。

3.4 出厂设置

除非使用特殊手段（如专用工具或密码）或破坏封条，否则探测器的出厂设置不应被改变。

3.5 响应性能现场设置

探测器的响应性能如果可在探测器或在与其相连的控制和指示设备上进行现场设置，则应满足以下要求：
 a) 当制造商声明所有设置均满足本标准的要求时，探测器在任意设置的条件下均应满足本标准的要求，且对于现场设置应只能通过专用工具、密码或探头与底座的分离等手段实现。
 b) 当制造商声明某一设置不满足本标准的要求时，该设置应只能通过专用工具、密码手段实现，且应在探测器上或有关文件中明确标明该项设置不能满足本标准的要求。

3.6 可拆卸探测器

当可拆卸探测器探头与底座分离时，应为控制和指示设备发出故障信号提供识别手段。

3.7 控制软件要求

3.7.1 总则

对于依靠软件控制而符合本标准要求的探测器，应满足3.7.2、3.7.3和3.7.4的要求。

3.7.2 软件文件

3.7.2.1 制造商应提交软件设计资料。资料应有充分的内容证明软件设计符合本标准要求并应至少包括以下内容：
 a) 主程序的功能描述（如流程图或结构图），包括：
  ——各模块及其功能的主要描述；
  ——各模块相互作用的方式；
  ——程序的全部层次；
  ——软件与探测器硬件相互作用的方式；
  ——模块调用的方式，包括中断过程。
 b) 存储器地址分配情况（如程序、特定数据和运行数据）。
 c) 软件及其版本唯一识别标识。

3.7.2.2 若检验需要，制造商应能提供至少包含以下内容的详细的设计文件：
 a) 系统总体配置概况，包括所有软件和硬件部分。
 b) 程序中每个模块的描述，包括：
  ——模块名称；
  ——执行任务的描述；
  ——接口的描述，包括数据传输方式、有效数据的范围和验证。
 c) 全部源代码清单，包括全局变量和局部变量、常量和注释、充分的程序流程的说明。
 d) 设计和执行过程中使用的应用软件。

3.7.3 软件设计

为确保探测器的可靠性,软件设计应满足下述要求:
a) 软件应为模块化结构;
b) 手动和自动产生数据接口的设计应禁止无效数据导致程序运行错误;
c) 软件设计应避免产生程序锁死。

3.7.4 程序和数据的存贮

3.7.4.1 满足本标准要求的程序和出厂设置等预置数据应存贮在不易丢失信息的存储器中。改变上述存储器内容应通过特殊工具或密码实现,并且不允许在探测器正常运行时进行。

3.7.4.2 现场设置的数据应被存贮在探测器无外部供电情况下信息至少能保存14 d的存储器中,除非有措施在探测器电源恢复后1 h内对该数据进行恢复。

3.8 使用说明书

探测器应有相应的中文使用说明书。使用说明书的内容应满足GB 9969.1要求,并与产品性能一致。

4 要求与试验方法

4.1 总则

4.1.1 试验的大气条件

除在有关条文另有说明外,则各项试验均在下述大气条件下进行:
——温度:15 ℃~35 ℃;
——湿度:25%RH~75%RH;
——大气压力:86 kPa~106 kPa。

4.1.2 试验的正常监视状态

若在试验方法中要求探测器在正常监视状态下工作时,应将试样与制造商提供的控制和指示设备连接;在有关条文中没有特殊要求时,应保证探测器的工作电压为额定工作电压,并在试验期间保持工作电压稳定。

注:探测器的检测报告应注明试验期间探测器配接的控制和指示设备的型号、制造商等内容。

4.1.3 探测器的安装

探测器应按制造商规定的正常安装方式安装。如果使用说明书给出多种安装方式,试验中应采用对探测器工作最不利的安装方式。

4.1.4 容差

除在有关条文另有说明外,各项试验数据的容差均为±5%;环境条件参数偏差应符合GB 16838的有关规定。

4.1.5 试验样品(以下称试样)

10套探测器,并在试验前予以编号。

4.1.6 试验前检查

4.1.6.1 试样在试验前进行外观检查，应符合下述要求：
   a) 表面无腐蚀、涂覆层脱落和起泡现象，无明显划伤、裂痕、毛刺等机械损伤；
   b) 紧固部位无松动。

4.1.6.2 试样在试验前应按第3章要求对试样进行检查，符合要求后方可进行试验。

4.1.7 试验程序

按表1规定的程序进行试验。

表 1

序号	条目	试验项目	试样编号
1	4.3	一致性试验	1～10
2	4.4	重复性试验	2
3	4.5	方位试验	3
4	4.6	通电试验	1
5	4.7	电源参数波动试验	1
6	4.8	环境光线干扰试验	1
7	4.9	高温(运行)试验	8
8	4.10	低温(运行)试验	9
9	4.11	恒定湿热(运行)试验	1
10	4.12	恒定湿热(耐久)试验	5
11	4.13	腐蚀试验	2
12	4.14	绝缘电阻试验	6
13	4.15	耐压试验	6
14	4.16	振动(正弦)(运行)试验	10
15	4.17	振动(正弦)(耐久)试验	10
16	4.18	冲击试验	10
17	4.19	碰撞试验	7
18	4.20	射频电磁场辐射抗扰度试验	3
19	4.21	射频场感应的传导骚扰抗扰度试验	3
20	4.22	静电放电抗扰度试验	3
21	4.23	电快速瞬变脉冲群抗扰度试验	3
22	4.24	浪涌(冲击)抗扰度试验	3
23	4.25	火灾灵敏度试验	7～10

4.2 响应阈值测量

4.2.1 目的

测量探测器的响应阈值。

4.2.2 设备

紫外火焰试样检测装置是一台专用设备,它由光学轨道、紫外光源、减光片、快门、调制器、试样支架和其他有关部件组成(如图1所示)。该设备应满足4.2、4.4~4.8的试验要求。

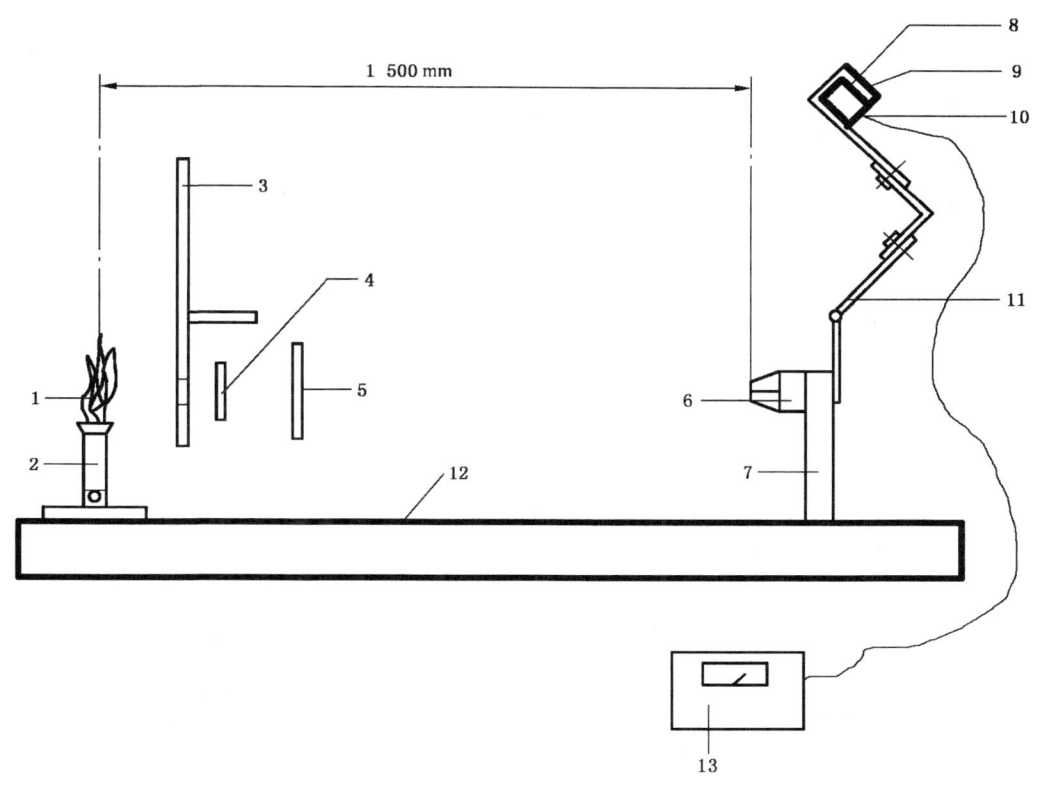

1——火焰;
2——甲烷气燃烧炉;
3——调制器;
4——减光片;
5——快门;
6——试样;
7——试样支架;
8——传感器接收面;
9——UV滤光片;
10——传感器;
11——可调机构;
12——光学轨道;
13——辐射计。

图 1 紫外火焰试样检测装置结构图

4.2.2.1 光学轨道

主要技术参数:
长度:2 m;
平直度:小于 0.04 mm。

4.2.2.2 紫外光源

紫外光源采用纯度不低于99.9%的甲烷燃烧产生的火焰。在试验过程中,光源辐射能的变化量不应大于±5%。

4.2.2.3 减光片

减光片起衰减紫外辐射作用,本检测装置中采用中性紫外减光片,可通过波长大于200 nm、小于300 nm的紫外辐射,其透过率视具体试验要求而定。

4.2.2.4 调制器(选用)

调制器由斩光器和直流电动机组成,直流电动机驱动斩光器以所需频率旋转,对火焰燃烧产生的辐射进行调制(如图2所示)。

单位为毫米

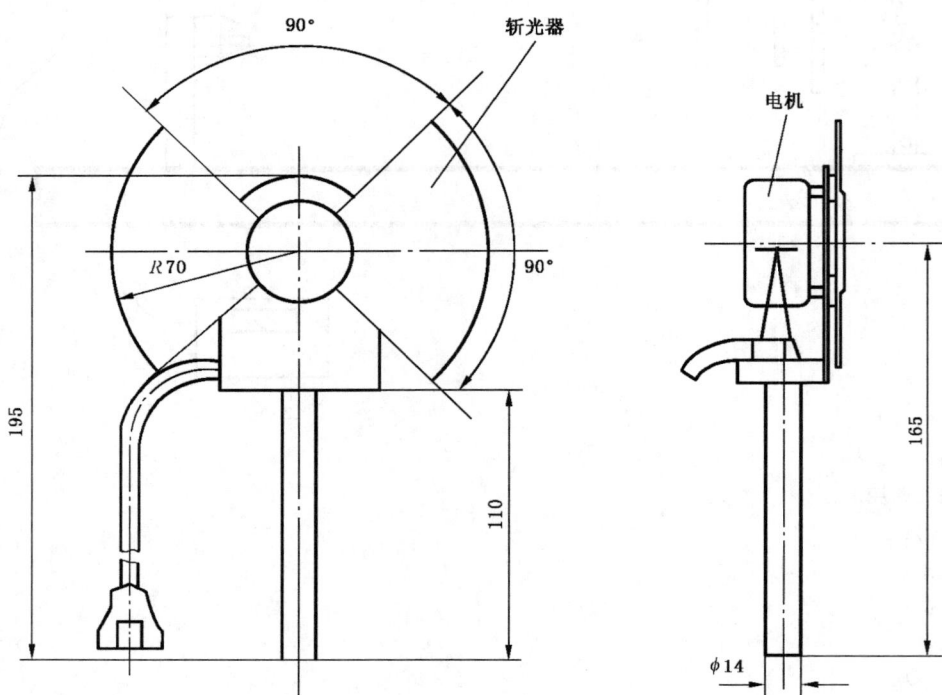

图 2 调制器结构图

4.2.2.5 安装支架

安装支架可以安装不同型号的试样并能沿光学轨道滑动。支架的高度可调,同时能以光学轨道轴心的垂线为轴旋转。支架本身应进行黑化处理,表面不应发生反射。

4.2.3 方法

4.2.3.1 安装试样

将试样安装在试验装置的支架上,使其与光源处于同一水平线上,能最大限度地接受紫外光源的辐射,接通控制或指示设备,使其处于正常监视状态并保持稳定。

用辐射计在距光源1 500 mm处测量光源的辐射能。

将试样的支架移到距光源 1 500 mm 处。

4.2.3.2 测量试样响应点 D 值

沿着光学轨道反复移动试样的安装支架,确定试样在 30 s 内可靠响应且距光源距离最大时的位置,即试样响应点。测量该点与光源的距离,即试样响应点 D 值。

根据光学原理,试样响应点与光源之间的距离 D 的平方与光源对试样传感面辐射的有效功率 S 成反比关系,即:

$$S = K/D^2 \quad (K \text{ 为变换常数})$$

对于随机响应特性的试样,必须先反复测量其响应阈值至少 6 次,直至下一次的响应阈值的变化不超出前几次测量的响应阈值平均值的 10%。

对于有闪烁频率要求的试样,必须将调制器调在厂方给定的闪烁频率上(包括 0)。

4.2.3.3 计算响应阈值比

比较两次测量的响应阈值,大者为 S_{max},小者为 S_{min},分别对应 D_{max} 和 D_{min},响应阈值比 $S_{max} : S_{min} = D_{max}^2 : D_{min}^2$。

4.3 一致性试验

4.3.1 目的

检验探测器的响应阈值分布的一致性。

4.3.2 试验方法

按 4.2.3 条规定方法,分别测量 10 只试样响应点 D 值,其中最大值为 D_{max},最小值为 D_{min},计算响应阈值比 $S_{max} : S_{min}$。

4.3.3 要求

响应阈值比 $S_{max} : S_{min}$,应不大于 2.0。

4.3.4 设备

紫外火焰试样检测装置。

4.4 重复性试验

4.4.1 目的

检验探测器连续工作的稳定性。

4.4.2 方法

按 4.2.3 条规定方法,在试样正常工作的任意一方位上连续测量 6 次响应点 D 值,其中最大值为 D_{max},最小值为 D_{min},计算响应阈值比 $S_{max} : S_{min}$。

4.4.3 要求

响应阈值比 $S_{max} : S_{min}$ 应不大于 1.3。

4.4.4 试验设备

紫外火焰试样检测装置。

4.5 方位试验

4.5.1 目的

确定探测器视锥角,检验试样在视锥角内不同角度的响应性能。

4.5.2 方法

按4.2.3条规定方法测量试样响应点 D 值。每测量一次后,将试样转动一个角度,使试样的轴线与光轴的夹角分别为0°、15°、30°、45°、60°。其中最大值为 D_{max},最小值为 D_{min},计算响应阈值比 $S_{max} : S_{min}$。

4.5.3 要求

试样视锥角应不小于60°,响应阈值比 $S_{max} : S_{min}$,应不大于2.0。

4.5.4 设备

紫外火焰试样检测装置。

4.6 通电试验

4.6.1 目的

检验探测器在正常大气条件下工作的稳定性。

4.6.2 试验方法

使试样在正常监视状态下连续运行7 d。试验后,按4.2.3条规定方法测量试样响应点 D 值,与该试样在一致性试验中的响应点 D 值相比较,大者为 D_{max},小者为 D_{min},计算响应阈值比 $S_{max} : S_{min}$。

4.6.3 要求

试验期间,试样不应发出火灾报警信号或故障信号;试验后,响应阈值比 $S_{max} : S_{min}$ 应不大于1.3。

4.6.4 试验设备

紫外火焰试样检测装置。

4.7 电源参数波动试验

4.7.1 目的

检验探测器对电源参数变化的适应性。

4.7.2 试验方法

分别使试样工作电压比额定电压降低15%和升高10%,按4.2.3条规定方法测量响应点 D 值。与该试样在一致性试验中的响应点 D 值相比较,三者中最大值为 D_{max},最小值为 D_{min},计算响应阈值比 $S_{max} : S_{min}$。

4.7.3 要求

试验期间,试样不应发出火灾报警信号或故障信号;试验后,响应阈值比 $S_{max} : S_{min}$ 应不大于1.6。

4.7.4 设备

紫外火焰试样检测装置。

4.8 环境光线干扰试验

4.8.1 目的

检验探测器在环境光线作用下性能的稳定性。

4.8.2 试验方法

4.8.2.1 安装试样

将环境光线干扰模拟装置放置在紫外火焰试样检测装置光源与试样之间（如图3所示），使其与试样的距离为500 mm。

单位为毫米

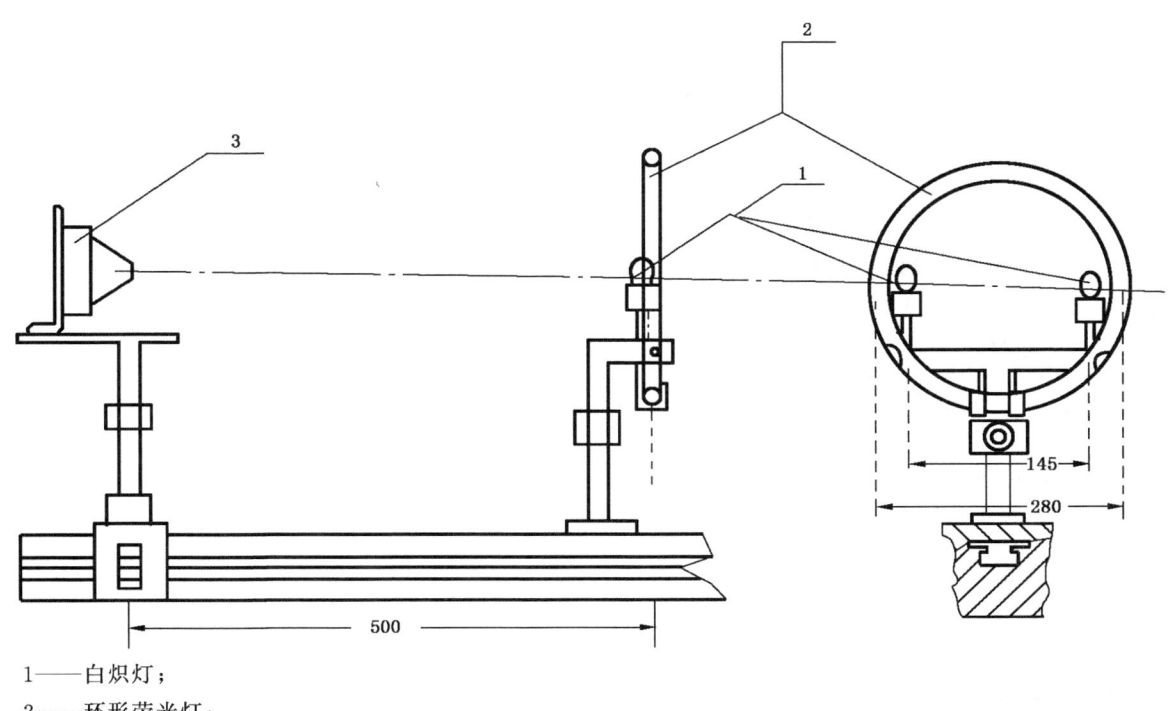

1——白炽灯；
2——环形荧光灯；
3——试样。

图 3 环境光线干扰模拟装置结构图

4.8.2.2 试验步骤

a) 所有灯不亮。
b) 用两只25 W的白炽灯（色温为2 850 K±100 K），亮1 s熄1 s，共20次。
c) 用一只直径308 mm、30 W的环形荧光灯，亮1 s熄1 s，共20次。
d) 用上述白炽灯和荧光灯，亮2 h。测量试样响应点 D 值。
e) 所有灯不亮。
f) 测量试样响应点 D 值。

4.8.2.3 计算响应阈值比

按 4.2.3 条规定方法测量试样响应点 D 值,与该试样在一致性试验中的 D 值相比较,大者为 D_{max},小者为 D_{min} 值,计算响应阈值比 $S_{max} : S_{min}$。

4.8.3 要求

试验期间,试样不应发出火灾报警信号或故障信号,响应阈值比 $S_{max} : S_{min}$ 应不大于 1.6;试验后,试样响应阈值比 $S_{max} : S_{min}$ 应不大于 1.3。

4.8.4 试验设备

紫外火焰试样检测装置、环境光线干扰模拟装置。

4.9 高温(运行)试验

4.9.1 目的

检验探测器在高温条件下使用的适应性。

4.9.2 试验方法

4.9.2.1 将试样及其底座放在高温试验箱中,接通控制和指示设备,使其处于正常监视状态。

4.9.2.2 在温度 23 ℃±5 ℃ 的条件下,以不大于 0.5 ℃/min 的升温速率,将温度升至 55 ℃±2 ℃,在此条件下保持 2 h。试验期间,观察并记录试样的工作状态。

4.9.2.3 试验后,取出试样,在正常大气条件下放置 1 h。然后按 4.2.3 条规定方法测量响应点 D 值,与该试样在一致性试验中的 D 值相比较,大者为 D_{max},小者为 D_{min},计算响应阈值比 $S_{max} : S_{min}$。

4.9.3 要求

试验期间,试样不应发出火灾报警信号或故障信号;试验后,试样应无破坏涂覆和腐蚀现象,响应阈值比 $S_{max} : S_{min}$ 应不大于 1.3。

4.9.4 试验设备

试验设备应符合 GB 16838 的有关规定。

4.10 低温(运行)试验

4.10.1 目的

检验探测器在低温条件下使用的适应性。

4.10.2 试验方法

4.10.2.1 将试样及其底座放在低温试验箱中,接通控制和指示设备,使其处于正常监视状态。

4.10.2.2 在温度 15 ℃～20 ℃、相对湿度不大于 70% 的条件下保持 1 h,然后以不大于 0.5 ℃/min 的降温速率,将温度降至 −10 ℃±3 ℃,在此条件下保持 2 h(试样不应有结冰现象)。试验期间,观察并记录试样的工作状态。

4.10.2.3 试验后,取出试样,在正常大气条件下放置 1 h。然后按 4.2.3 条规定方法测量响应点 D 值,与该试样在一致性试验中的 D 值相比较,大者为 D_{max},小者为 D_{min},计算响应阈值比 $S_{max} : S_{min}$。

4.10.3 要求

试验期间,试样不应发出火灾报警信号或故障信号;试验后,试样应无破坏涂覆和腐蚀现象,响应阈值比 $S_{max}:S_{min}$ 应不大于1.3。

4.10.4 试验设备

试验设备应符合 GB 16838 的有关规定。

4.11 恒定湿热(运行)试验

4.11.1 目的

检验探测器在高湿度环境中使用的适应性。

4.11.2 试验方法

4.11.2.1 将试样及其底座放在湿热试验箱中,接通控制和指示设备,使其处于正常监视状态。

4.11.2.2 调节湿热试验箱,使试样在温度为 40 ℃±2 ℃、相对湿度为 93%±3% 的条件下持续 4 d。试验期间,观察并记录试样的工作状态。

4.11.2.3 试验后,取出试样,在正常大气条件下放置 1 h。然后按 4.2.3 条规定方法测量响应点 D 值,与该试样在一致性试验中的 D 值相比较,大者为 D_{max},小者为 D_{min},计算响应阈值比 $S_{max}:S_{min}$。

4.11.3 要求

试验期间,试样不应发出火灾报警信号或故障信号;试验后,试样应无破坏涂覆和腐蚀现象,响应阈值比 $S_{max}:S_{min}$ 应不大于1.3。

4.11.4 试验设备

试验设备应符合 GB 16838 的有关规定。

4.12 恒定湿热(耐久)试验

4.12.1 目的

检验探测器耐受高湿度环境的能力。

4.12.2 试验方法

4.12.2.1 将试样及其底座放在湿热试验箱中。

4.12.2.2 调节湿热试验箱,使试样在温度为 40 ℃±2 ℃、相对湿度为 93%±3% 的条件下持续 21 d。

4.12.2.3 试验后,取出试样,在正常大气条件下放置 1 h。然后按 4.2.3 条规定方法测量响应点 D 值,与该试样在一致性试验中的 D 值相比较,大者为 D_{max},小者为 D_{min},计算响应阈值比 $S_{max}:S_{min}$。

4.12.3 要求

试样应满足下述要求:
a) 恢复到正常监视状态时,试样不应发出火灾报警信号或故障信号;
b) 试验后,试样应无破坏涂覆和腐蚀现象,响应阈值比 $S_{max}:S_{min}$ 应不大于1.6。

4.12.4 试验设备

试验设备应符合 GB 16838 的有关规定。

4.13 腐蚀试验

4.13.1 目的

检验探测器抗腐蚀的能力。

4.13.2 试验方法

4.13.2.1 将试样及其底座放入腐蚀试验箱中。

4.13.2.2 对试样施加下述严酷等级的试验：
   a) 温度：25 ℃±2 ℃；
   b) 相对湿度：90%～96%；
   c) SO_2 浓度：$(25+5)\times10^{-6}$（体积比）；
   d) 试验周期：21 d。

4.13.2.3 试验后，取出试样，在正常大气条件下放置 7 d。然后按 4.2.3 条规定方法测量响应点 D 值，与该试样在一致性试验中的 D 值相比较，大者为 D_{max}，小者为 D_{min}，计算响应阈值比 $S_{max}:S_{min}$。

4.13.3 要求

试样应满足下述要求：
   a) 恢复到正常监视状态时，试样不应发出火灾报警信号或故障信号；
   b) 试验后，试样应无破坏涂覆和腐蚀现象，响应阈值比 $S_{max}:S_{min}$ 应不大于 1.6。

4.13.4 试验设备

试验设备应符合 GB 16838 的有关规定。

4.14 绝缘电阻试验

4.14.1 目的

检验探测器的绝缘性能。

4.14.2 试验方法

4.14.2.1 在正常大气条件下，将试样及其底座安装在绝缘电阻试验设备的一块金属板上（电压地端），将试样的所有接点相互短接，并在该短接处和金属板间施加 $500\times(1\pm0.1)$ V 的直流电压，持续 60 s±5 s，测量绝缘电阻。

4.14.2.2 将试样放置到温度为 40 ℃±2 ℃ 的干燥箱内干燥 6 h 后，再放置到温度为 40 ℃±2 ℃、相对湿度为 93%±3% 的湿热试验箱内，保持 4 d。然后在正常大气条件下放置 1 h，按上述方法测量绝缘电阻。

4.14.3 要求

试样的外部带电端子与外壳间的绝缘电阻在正常大气条件下应不小于 100 MΩ，在温度为 40 ℃±2 ℃、相对湿度为 93%±3% 的湿热环境下应不小于 1 MΩ。

4.14.4 试验设备

绝缘电阻试验装置主要技术参数：
   a) 试验电压：直流 $500\times(1\pm0.1)$ V（地端为金属板）；
   b) 测量范围：0～500 MΩ；

c) 最小分度:0.1 MΩ;
d) 记时时间:60 s±5 s。

注:在不具备专用试验装置的情况下,也可用兆欧表或摇表测量。

4.15 耐压试验

4.15.1 目的

检验探测器的耐压性能。

4.15.2 试验方法

4.15.2.1 将试样在温度为 25 ℃±2 ℃、相对湿度不大于 70% 的湿热试验箱内放置 24 h。

4.15.2.2 取出后,将试样和底座安装在耐压试验设备的一块金属板上(电压地端),再将试样的所有接点相互短接,并按下述要求在短接处和金属板之间施加试验电压:

a) 试样额定工作电压有效值不超过 50 V 时:试验电压以 100 V/s~500 V/s 的升压速率从 0 V 升到 500×(1±0.1)V,保持 60 s±5 s;

b) 试样额定工作电压有效值超过 50 V 时:试验电压以 100 V/s~500 V/s 的升压速率从 0 V 升到 1 500×(1±0.1)V,保持 60 s±5 s。

4.15.3 要求

试验期间,试样不应发生表面飞弧、扫掠放电、电晕或击穿现象,且泄漏电流应不大于 20 mA。

4.15.4 试验设备

耐压试验装置主要技术参数:

a) 试验电源:50×(1±0.01) Hz,0 V~1 500 V(有效值)连续可调;
b) 升压速率:100 V/s~500 V/s;
c) 记时时间:60 s±5 s。

4.16 振动(正弦)(运行)试验

4.16.1 目的

检验探测器长时间承受振动影响的能力。

4.16.2 试验方法

4.16.2.1 将试样及其底座固定在振动试验台上,接通控制和指示设备,使其处于正常监视状态。

4.16.2.2 依次在三个互相垂直的轴线上,在 10 Hz~150 Hz 的频率循环范围内,以 5 m/s² 的加速度幅值,1 倍频程每分的扫频速率,各进行 1 次扫频循环。

4.16.2.3 振动结束后,按 4.2.3 条规定方法测量响应点 D 值,与该试样在一致性试验中的 D 值相比较,大者为 D_{max},小者为 D_{min},计算响应阈值比 $S_{max}:S_{min}$。

4.16.3 要求

试验期间,试样不应发出火灾报警信号或故障信号;试验后,试样不应有机械损伤和紧固部位松动现象;响应阈值比 $S_{max}:S_{min}$ 应不大于 1.3。

4.16.4 试验设备

试验设备应符合 GB 16838 的规定。

4.17 振动(正弦)(耐久)试验

4.17.1 目的

检验探测器长时间承受振动影响的能力。

4.17.2 试验方法

4.17.2.1 将试样及其底座固定在振动试验台上。

4.17.2.2 依次在三个互相垂直的轴线上,在 10 Hz～150 Hz 的频率循环范围内,以 10 m/s² 的加速度幅值,1 oct/min 的扫频速率,各进行 20 次扫频循环。

4.17.2.3 试验后,按 4.2.3 条规定方法测量响应点 D 值,与该试样在一致性试验中的 D 值相比较,大者为 D_{max},小者为 D_{min},计算响应阈值比 $S_{max}:S_{min}$。

4.17.3 要求

试样应满足下述要求:
 a) 恢复到正常监视状态时,试样不应发出火灾报警信号或故障信号;
 b) 试验后,试样不应有机械损伤和紧固部位松动现象,响应阈值比 $S_{max}:S_{min}$ 应不大于 1.3。

4.17.4 试验设备

试验设备应符合 GB 16838 的规定。

4.18 冲击试验

4.18.1 目的

检验探测器对非经常性机械冲击的抗干扰性。

4.18.2 试验方法

4.18.2.1 将试样及其底座固定在冲击试验台上,接通控制和指示设备,使其处于正常监视状态。

4.18.2.2 对质量为 M(kg)的试样,当 $M<4.75$ 时,峰值加速度为 $(100-20M)\times 10$ m/s²;当 $M>4.75$ 时,峰值加速度为 0,脉冲时间为 6 ms。启动冲击试验台,对试样的 6 个方向进行冲击。

4.18.2.3 试验后,按 4.2.3 条规定方法测量响应点 D 值,与该试样在一致性试验中的 D 值相比较,大者为 D_{max},小者为 D_{min},计算响应阈值比 $S_{max}:S_{min}$。

4.18.3 要求

试验后,试样不应有机械损伤和紧固部位松动现象,响应阈值比 $S_{max}:S_{min}$ 应不大于 1.3。

4.18.4 试验设备

试验设备应符合 GB 16838 的规定。

4.19 碰撞试验

4.19.1 目的

检验探测器承受机械碰撞的适应性。

4.19.2 试验方法

4.19.2.1 将试样及其底座按正常的工作位置固定在碰撞试验台的水平安装板上,接通控制和指示设备,使其处于正常监视状态。试样在试验前应至少通电 15 min。

4.19.2.2 调整碰撞试验设备,使锤头碰撞面的中心能够从水平方向碰撞试样,并对准使试样最易遭受破坏的部位。然后以 1.5 m/s±0.125 m/s 的锤头速度、1.9 J±0.1 J 的碰撞动能碰撞试样 1 次。

4.19.2.3 试验后,按 4.2.3 条规定方法测量响应点 D 值,与该试样在一致性试验中的 D 值相比较,大者为 D_{min},小者为 D_{min},计算响应阈值比 $S_{max}:S_{min}$。

4.19.3 要求

试验后,试样不应有机械损伤和紧固部位松动现象,响应阈值比 $S_{max}:S_{min}$ 应不大于 1.3。

4.19.4 试验设备

碰撞试验装置(如图 4 所示)主体是一个摆锤机构,摆锤的锤头由硬质铝合金 AlCu$_4$SiMg(经固溶、时效处理)制成,外形为具有一个斜的碰撞面的六面体。锤头的摆杆固定在带球轴承的钢轮毂上,球轴承装在硬钢架的固定钢轴上。硬钢架的结构应保证在未安装试样时能够使摆锤自由旋转。

单位为毫米

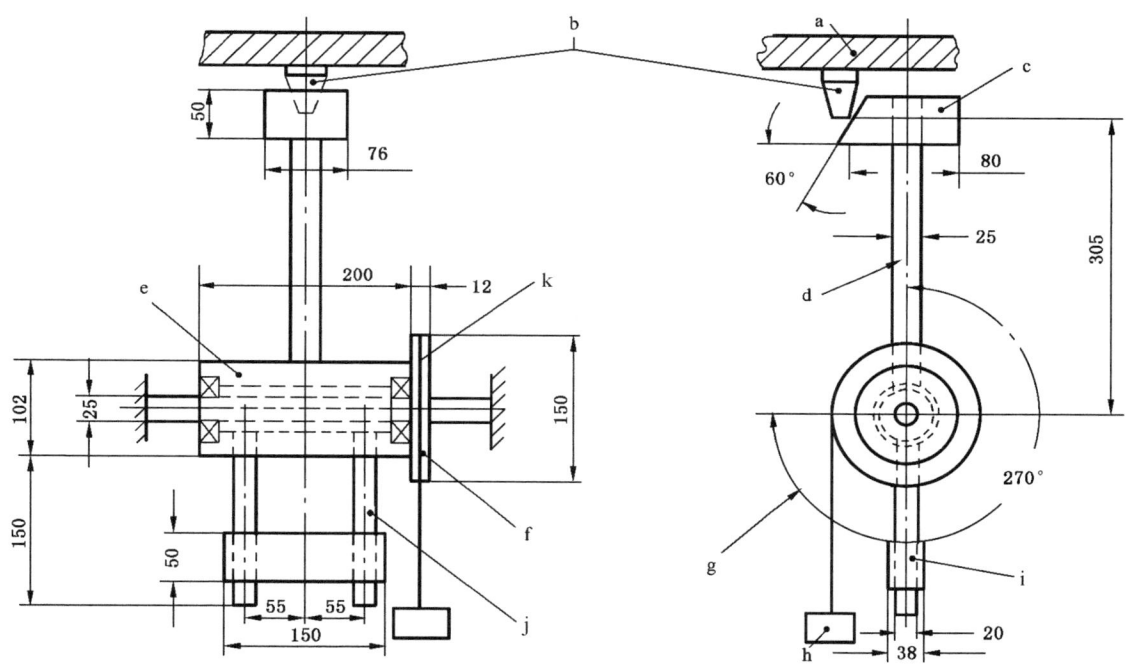

a——安装板;
b——试样;
c——锤头;
d——摆杆;
e——钢轮毂;
f——球轴承;
g——转动270°;
h——工作重锤;
i——配重块;
j——配重臂;
k——滑轮。

图 4 碰撞试验装置结构图

锤头的外形尺寸为长 94 mm、宽 76 mm、高 50 mm,质量约为 0.79 kg。锤头的斜切面与纵轴之间的夹角为 60°±1°。锤头的摆杆外径为 25 mm±0.1 mm,壁厚为 1.6 mm±0.1 mm。

锤头的纵轴距旋转轴线的径向距离为 305 mm,锤头的摆杆轴线要保证与旋转轴线垂直。外径为 102 mm,长为 200 mm 的钢轮毂同心组装在直径为 25 mm 的钢轴上。钢轴直径的精度取决于所用轴承尺寸公差。

在钢轮毂与摆杆相对的方向上装有两个外径为 20 mm、长为 185 mm 的钢质配重臂,其伸出长度为 150 mm。在两个配重臂上装一个位置可调的配重块,以便使锤头与配重臂平衡。在钢轮毂的一端上装一个厚 12 mm、直径为 150 mm 的铝合金滑轮,在滑轮上缠绕一条缆绳,缆绳的一端固定在滑轮上,另一端系上工作重锤,工作重锤的质量约为 0.55 kg。

安装试样的水平安装板由钢架支撑,安装板可以上下调整,以便使锤头的碰撞面中心从水平方向碰撞试样。

在使用试验设备时,首先要按图 4 调整试样和安装板的位置。调好后,把安装板固定在钢架上,然后摘下工作重锤,通过调整配重块平衡摆锤机构。调整平衡后,把摆杆拉到水平位置上,系上工作重锤,当摆锤机构释放时,工作重锤使锤头旋转 270°碰撞试样。

4.20 射频电磁场辐射抗扰度试验

4.20.1 目的

检验探测器在射频电磁场辐射环境下工作的适应性。

4.20.2 试验方法

4.20.2.1 将试样安放在不导电支座上,接通电源,使试样处于正常监视状态 15 min。

4.20.2.2 按 GB/T 17626.3—1998 中的要求,对试样施加表 2 所示条件的电磁干扰:

表 2 射频电磁场辐射抗扰度试验条件

场强 (V/m)	10
频率范围 MHz	80~1000
扫频速率 10 oct/s	≤1.5×10⁻³
调制幅度	80%(1 kHz,正弦)

4.20.2.3 干扰期间,观察并记录试样工作状态。

4.20.2.4 干扰环境结束后,按 4.2.3 条规定方法测量响应点 D 值,与该试样在一致性试验中的 D 值相比较,大者为 D_{max},小者为 D_{min},计算响应阈值比 $S_{max}:S_{min}$。

4.20.3 要求

试验期间,试样不应发出报警信号或不可恢复的故障信号;试验后,试样响应阈值比 $S_{max}:S_{min}$ 应不大于 1.3。

4.20.4 试验设备

试验设备应满足 GB/T 17626.3—1998 的有关要求。

4.21 射频场感应的传导骚扰抗扰度试验

4.21.1 目的

检验探测器在来自射频发射机产生的电磁骚扰环境下工作的适应性。

4.21.2 试验方法

4.21.2.1 将试样安放在绝缘台上,接通电源,使试样处于正常监视状态,保持 15 min。

4.21.2.2 按 GB/T 17626.6—1998 中的要求,对试样施加表 3 所示条件的电磁干扰:

表 3 射频场感应传导骚扰抗扰度试验条件

频率范围 MHz	0.15～100
电压 dBμV	140
调制幅度	80%(1 kHz,正弦)

4.21.2.3 干扰期间,观察并记录试样工作状态。

4.21.2.4 干扰结束后,按 4.2.3 条规定方法测量响应点 D 值,与该试样在一致性试验中的 D 值相比较,大者为 D_{max},小者为 D_{min},计算响应阈值比 $S_{max}:S_{min}$。

4.21.3 要求

试验期间,试样不应发出报警信号或不可恢复的故障信号;试验后,试样响应阈值比 $S_{min}:S_{min}$ 应不大于 1.3。

4.21.4 试验设备

试验设备应满足 GB/T 17626.6—1998 的规定。

4.22 静电放电抗扰度试验

4.22.1 目的

检验探测器对带静电人员、物体造成的静电放电的适应性。

4.22.2 试验方法

4.22.2.1 将试样放在距接地参考平面 0.8 m 的支架上。接通电源,使试样处于正常监视状态,保持 15 min。

4.22.2.2 对绝缘体外壳的试样,实施空气放电;对导体外壳的试样,实施接触放电。

4.22.2.3 按 GB/T 17626.2—1998 中的要求,对试样施加表 4 所示条件的电磁干扰:

表 4 静电放电抗扰度试验条件

放电电压 kV	空气放电(外壳为绝缘体试样)8
	接触放电(外壳为导体试样和耦合板)6
放电极性	正、负
放电间隔 s	≥1
每点放电次数	10

GB 12791—2006

4.22.2.4 干扰期间，观察并记录试样的工作状态。

4.22.2.5 干扰结束后，按4.2.3条规定方法测量响应点 D 值，与该试样在一致性试验中的 D 值相比较，大者为 D_{max}，小者为 D_{min}，计算响应阈值比 $S_{max}：S_{min}$。

4.22.3 要求

试验期间，试样不应发出报警信号或不可恢复的故障信号；试验后，试样响应阈值比 $S_{max}：S_{min}$ 应不大于1.3。

4.22.4 试验设备

试验设备应满足 GB/T 17626.2—1998 的规定。

4.23 电快速瞬变脉冲群抗扰度试验

4.23.1 目的

检验探测器抗电快速瞬变脉冲群干扰的能力。

4.23.2 试验方法

4.23.2.1 将试样安放在绝缘台上，接通电源，使试样处于正常监视状态，保持15 min。

4.23.2.2 按 GB/T 17626.4—1998 中的要求，对试样施加表5所示条件的电磁干扰：

表5 电快速瞬变脉冲群抗扰度试验条件

瞬变脉冲电压 kV	$1×(1±0.1)$
重复频率 kHz	$5×(1±0.2)$
极性	正、负
时间	每次 1 min

4.23.2.3 干扰期间，观察并记录试样工作状态。

4.23.2.4 干扰结束后，按4.2.3条规定方法测量响应点 D 值，与该试样在一致性试验中的 D 值相比较，大者为 D_{max}，小者为 D_{min}，计算响应阈值比 $S_{max}：S_{min}$。

4.23.3 要求

试验期间，试样不应发出报警信号或不可恢复的故障信号；试验后，试样响应阈值比 $S_{max}：S_{min}$ 应不大于1.3。

4.23.4 试验设备

试验设备应满足 GB/T 17626.4—1998 的有关要求。

4.24 浪涌(冲击)抗扰度试验

4.24.1 目的

检验探测器对附近闪电或供电系统的电源切换及低电压网络、包括大容性负载切换等产生的电压瞬变(电浪涌)干扰的适应性。

4.24.2 试验方法

4.24.2.1 将试样安放在绝缘台上,接通电源,使试样处于正常监视状态,保持 15 min。

4.24.2.2 按 GB/T 17626.5—1999 中的要求,对试样施加表 6 所示条件的电磁干扰:

表 6 浪涌(冲击)抗扰度试验条件

浪涌(冲击)电压 kV	线/地 1×(1±0.1)
极性	正、负
试验次数	5

4.24.2.3 干扰期间,观察并记录试样工作状态。

4.24.2.4 干扰结束后,按 4.2.3 条规定方法测量响应点 D 值,与该试样在一致性试验中的 D 值相比较,大者为 D_{max},小者为 D_{min},计算响应阈值比 $S_{max}:S_{min}$。

4.24.3 要求

试验期间,试样不应发出报警信号或不可恢复的故障信号;试验后,试样响应阈值比 $S_{max}:S_{min}$ 应不大于 1.3。

4.24.4 试验设备

试验设备应满足 GB/T 17626.5—1999 的有关要求。

4.25 火灾灵敏度试验

4.25.1 目的

检验探测器在试验火条件下的响应性能。

4.25.2 试验方法

4.25.2.1 将 4 只试样平行固定在 1.5 m±0.1 m 的高处并与试验火隔离,接通控制和指示设备,使其处于正常监视状态。

点燃试验火,经过一段时间辐射稳定后,除去隔离物并开始计时。

试验中试样与试验火中心的距离分别为 12 m、17 m 和 25 m。

4.25.2.2 正庚烷火

a) 燃料:正庚烷(分析纯级),加 3%(V/V)甲苯;
b) 质量:650 g;
c) 布置:将燃料放置于用 2 mm 厚钢板制成、底面尺寸为 33 cm×33 cm、高为 5 cm 的容器中;
d) 点火方式:火焰或电火花。

4.25.2.3 乙醇明火

a) 燃料:工业乙醇(乙醇含量 90% 以上,含少量甲醇);
b) 质量:2 000 g;
c) 布置:将燃料放置于用 2 mm 厚钢板制成、底面尺寸为 33 cm×33 cm、高为 5 cm 的容器中;
d) 点火方式:火焰或电火花。

4.25.3 要求

a) 试验期间,试样应在 30 s 内发出火灾报警信号。发出火灾报警信号时试样与试验火中心距离为 25 m 时为Ⅰ级灵敏度,17 m 时为Ⅱ级灵敏度,12 m 时为Ⅲ级灵敏度。

b) 如果试样响应时间超过 30 s,则此试样不予分级。

5 检验规则

5.1 产品出厂检验

企业在产品出厂前应对探测器进行下述试验项目的检验:
a) 一致性试验;
b) 方位试验;
c) 重复性试验;
d) 低温(运行)试验。

制造商应规定抽样方法、检验和判定规则。

5.2 型式检验

5.2.1 型式检验项目为本标准第 4 章 4.3~4.25 规定的试验项目。检验样品在出厂检验合格的产品中抽取。

5.2.2 有下列情况之一时,应进行型式检验:
a) 新产品或老产品转厂生产时的试制定型鉴定;
b) 正式生产后,产品的结构、主要部件或元器件、生产工艺等有较大的改变,可能影响产品性能或正式投产满 4 年;
c) 产品停产一年以上,恢复生产;
d) 出厂检验结果与上次型式检验结果差异较大;
e) 发生重大质量事故。

5.2.3 检验结果按 GB 12978 中规定的型式检验结果判定方法进行判定。

6 标志

6.1 总则

6.1.1 产品标志应在探测器安装维护过程中清晰可见。

6.1.2 产品标志不应贴在螺钉或其他易被拆卸的部件上。

6.2 产品标志

6.2.1 每只探测器均应清晰地标注下列信息:
a) 产品名称;
b) 执行标准;
c) 制造商名称或商标;
d) 型号;
e) 接线柱标注;
f) 制造日期、产品编号、产地和试样内软件版本号;

g) 产品主要技术参数(包括试样响应的火焰辐射光谱范围、试样的灵敏度)。

6.2.2 对于可拆卸探测器,探头上的标志内容应包括上述 a)、b)、c)、d)、f)、g)条的内容,底座的标志内容应至少包括 d)和 e)条内容。

6.2.3 产品标志信息中如使用不常用符号或缩写时,应在探测器使用说明书中说明。

6.3 质量检验标志

每只探测器均应有质量检验合格标志。

ICS 13.220.20
C 81

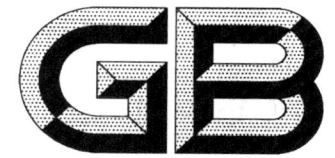

中华人民共和国国家标准

GB 14003—2005
代替 GB 14003—1992

线型光束感烟火灾探测器

Smoke detectors—Line detectors using an optical light beam

2005-09-01 发布　　　　　　　　　　　　　　　　2006-06-01 实施

中华人民共和国国家质量监督检验检疫总局
中国国家标准化管理委员会　发布

前　言

本标准的第 4、5、6、7 章内容为强制性,其余为推荐性。

本标准参考了 EN 54-1-2:1999《火灾探测和报警系统　第 12 部分:感烟火灾探测器——线型光束》和 BS 5839:1988《火灾探测和报警系统　第 5 部分:光束感烟火灾探测器的一般要求》。

本标准代替 GB 14003—1992《线型光束感烟火灾探测器技术要求及试验方法》,与 GB 14003—1992 相比较,主要变化如下:

1. 本标准在技术要求方面参考了国际较先进的标准,修改了对线型光束感烟火灾探测器快速遮挡、慢速遮挡、在试验火条件下响应性能以及对环境适应性和耐受性的要求,增加了对光路定向相依性的要求,与国际先进标准一致;

2. 本标准采用了最新版本的电磁兼容国际标准,选择了适当的严酷等级,便于与国际接轨。

本标准的附录 A 为规范性附录。

本标准由中华人民共和国公安部提出。

本标准由全国消防标准化技术委员会第六分技术委员会归口。

本标准负责起草单位:公安部沈阳消防研究所。

本标准参加起草单位:西安盛赛尔电子有限公司、沈阳消防电子设备厂。

本标准主要起草人:丁宏军、张颖琮、郭春雷、杨颖、卢韶然、石滢、黄军团、张雄飞。

本标准所代替标准的历次版本发布情况为:

——GB 14003—1992。

线型光束感烟火灾探测器

1 范围

本标准规定了线型光束感烟火灾探测器的术语和定义、一般要求、要求和试验方法、检验规则和标志。

本标准适用于一般工业与民用建筑中安装使用的利用减光原理探测烟雾的相对部件间光路长度为 1 m～100 m，且最小光路长度不大于 10 m 的线型光束感烟火灾探测器及带有探测热扰动功能的线型光束感烟火灾探测器。其他环境中安装使用的具有特殊要求的线型光束感烟火灾探测器，除特殊要求由有关标准另行规定外，亦应执行本标准。

2 规范性引用文件

下列文件中的条款通过本标准的引用而成为本标准的条款。凡是注日期的引用文件，其随后所有的修改单（不包括勘误的内容）或修订版均不适用于本标准，然而，鼓励根据本标准达成协议的各方研究是否可使用这些文件的最新版本。凡是不注日期的引用文件，其最新版本适用于本标准。

GB 4715 点型感烟火灾探测器
GB 9969.1 工业产品使用说明书 总则
GB 16838 消防电子产品环境试验方法及严酷等级
GB 12978 消防电子产品检验规则
GB/T 17626.2—1998 电磁兼容 试验和测量技术 静电放电抗扰度试验（idt IEC 61000-4-2：1995）
GB/T 17626.3—1998 电磁兼容 试验和测量技术 射频电磁场辐射抗扰度试验（idt IEC 61000-4-3：1995）
GB/T 17626.4—1998 电磁兼容 试验和测量技术 电快速瞬变脉冲群抗扰度试验（idt IEC 61000-4-4：1995）
GB/T 17626.5—1998 电磁兼容 试验和测量技术 浪涌（冲击）抗扰度试验（idt IEC 61000-4-5：1995）
GB/T 17626.6—1998 电磁兼容 试验和测量技术 射频场感应的传导骚扰抗扰度（idt IEC 61000-4-6：1996）

3 术语和定义

本标准采用下列术语和定义：

3.1
光路长度 optical path length
发射器、接收器（或反光镜）间光波波阵面传播的距离。

3.2
相对部件 opposed components
线型光束感烟火灾探测器中可以决定光路长度的部件。

3.3
最小光路长度 minimum optical path length
当由长至短改变探测器的光路长度时，能保证探测器正常工作的光路长度极限值。

4 一般要求

4.1 总则

线型光束感烟火灾探测器（以下称探测器）若要符合本标准，应首先满足本章要求，然后按第5章规定进行试验，并满足试验要求。

4.2 报警确认灯

探测器上应有红色报警确认灯。当被监视区域烟参数符合报警条件时，探测器报警确认灯应点亮，并保持至被复位。通过报警确认灯显示探测器其他工作状态时，应与火灾报警状态有明显区别。可拆卸探测器的报警确认灯可安装在探头或其底座上。确认灯点亮时在其正前方 10 m 处，光照度不超过 500 lx 的环境条件下，应清晰可见。

4.3 辅助设备连接

探测器连接其他辅助设备（例如远程确认灯，控制继电器等）时，与辅助设备连接线的开路和短路不应影响探测器的正常工作。

4.4 出厂设置

除非使用特殊手段（如专用工具或密码）或破坏封条，否则探测器的出厂设置不应被改变。

4.5 响应性能现场设置

探测器的响应性能如果可在探测器或在与其相连的控制和指示设备上进行现场设置，则应满足以下要求：

a) 当制造商声明所有设置均满足本标准的要求时，探测器在任意设置的条件下均应满足本标准的要求，且对于现场设置应只能通过专用工具、密码或探头与底座的分离等手段实现。

b) 当制造商声明某一设置不满足本标准的要求时，该设置应只能通过专用工具、密码手段实现，且应在探测器上或有关文件中明确标明该项设置不能满足标准的要求。

4.6 防止外界物体侵入性能

探测器应能防止直径为 0.95 mm～1.0 mm 的球形物体侵入其内部。

4.7 可拆卸探测器

当可拆卸探测器探头与底座分离时，应为控制和指示设备发出故障信号提供识别手段。

4.8 极限补偿

具有补偿功能的探测器，达到补偿极限时，探测器应向配接的控制和指示设备发出一个显示补偿达到极限的信号（可为故障信号）。

4.9 控制软件要求

4.9.1 总则

对于依靠软件控制而符合本标准要求的探测器，应满足 4.9.2、4.9.3 和 4.9.4 的要求。

4.9.2 软件文件

4.9.2.1 制造商应提交软件设计资料。资料应有充分的内容证明软件设计符合标准要求并应至少包括以下内容：

    a) 主程序的功能描述（如流程图或结构图），包括：
        ——各模块及其功能的主要描述；
        ——各模块相互作用的方式；
        ——程序的全部层次；
        ——软件与探测器硬件相互作用的方式；
        ——模块调用的方式，包括中断过程。
    b) 存储器地址分配情况（如程序、特定数据和运行数据）；
    c) 软件及其版本唯一识别标识。

4.9.2.2 若检验需要，制造商应能提供至少包含以下内容的详细的设计文件：

    a) 系统总体配置概况，包括所有软件和硬件部分；
    b) 程序中每个模块的描述，包括：
        ——模块名称；
        ——执行任务的描述；
        ——接口的描述，包括数据传输方式、有效数据的范围和验证。
    c) 全部源代码清单，包括全局变量和局部变量、常量和注释、充分的程序流程的说明；
    d) 设计和执行过程中使用的应用软件。

4.9.3 软件设计

为确保探测器的可靠性，软件设计应满足下述要求：

    a) 软件应为模块化结构；
    b) 手动和自动产生数据接口的设计应禁止无效数据导致程序运行错误；
    c) 软件设计应避免产生程序锁死。

4.9.4 程序和数据的存贮

4.9.4.1 满足本标准要求的程序和出厂设置等预置数据应存贮在不易丢失信息的存储器中。改变上述存储器内容应通过特殊工具或密码实现，并且不允许在探测器正常运行时进行。

4.9.4.2 现场设置的数据应被存贮在探测器无外部供电情况下信息至少能保存14 d的存储器中，除非有措施在探测器电源恢复后1 h内对该数据进行恢复。

4.10 使用说明书

探测器应有相应的中文说明书。说明书的内容应满足GB 9969.1的要求。

5 要求与试验方法

5.1 总则

5.1.1 试验的大气条件

除在有关条文另有说明外，则各项试验均在下述大气条件下进行：

    ——温度：15 ℃～35 ℃；

——湿度：25%RH～75%RH；
——大气压力：86 kPa～106 kPa。

5.1.2 试验的正常监视状态

若在试验方法中要求探测器在正常监视状态下工作时，应将试样与制造商提供的控制和指示设备连接；在有关条文中没有特殊要求时，应保证探测器的工作电压为额定工作电压，并在试验期间保持工作电压稳定。探测器的检测报告应注明试验期间探测器配接的控制和指示设备的型号、制造商等内容。

5.1.3 探测器的安装

探测器应按制造商规定的正常安装方式安装。如果说明书给出多种安装方式，试验中应采用对探测器工作最不利的安装方式。

5.1.4 容差

除在有关条文另有说明外，各项试验数据的容差均为±5%；环境条件参数偏差应符合 GB 16838 要求。

5.1.5 试验样品

试验前，制造商应提供 8 套探测器。

5.1.6 试验前检查

5.1.6.1 探测器在试验前进行外观检查，应符合下述要求：
a) 表面无腐蚀、涂覆层脱落和起泡现象，无明显划伤、裂痕、毛刺等机械损伤；
b) 紧固部位无松动。

5.1.6.2 探测器在试验前应按第 4 章要求对试样进行检查，符合要求后方可进行试验。

5.1.7 试验程序

探测器按表 1 规定的程序进行试验。一致性试验后，将具有最大及次最大响应阈值的探测器分别编为 8 号和 7 号，其他探测器随机按 1～6 号编号。

表 1

序号	章条	试验项目	探测器编号							
			1	2	3	4	5	6	7	8
1	5.2	一致性试验	√	√	√	√	√	√	√	√
2	5.3	热干扰试验	√							
3	5.4	重复性试验			√					
4	5.5	遮挡快速变化试验	√							
5	5.6	遮挡慢速变化试验	√							
6	5.7	电源参数波动试验	√							
7	5.8	光路长度相依性试验	√							
8	5.9	光路定向相依性试验	√							

表 1（续）

序号	章条	试验项目	探测器编号							
			1	2	3	4	5	6	7	8
9	5.10	高温（运行）试验			√					
10	5.11	低温（运行）试验			√					
11	5.12	恒定湿热（运行）试验			√					
12	5.13	恒定湿热（耐久）试验		√						
13	5.14	腐蚀试验						√		
14	5.15	射频电磁场辐射抗扰度试验				√				
15	5.16	静电放电抗扰度试验				√				
16	5.17	电快速瞬变脉冲群抗扰度试验				√				
17	5.18	射频场感应的传导骚扰抗扰度试验					√			
18	5.19	浪涌（冲击）抗扰度试验					√			
19	5.20	振动（正弦）（耐久）试验	√							
20	5.21	碰撞试验					√			
21	5.22	环境光线干扰试验					√			
22	5.23	火灾灵敏度试验							√	√

5.2 一致性试验

5.2.1 目的

检验探测器的响应阈值是否在规定范围内及响应阈值分布的一致性。

5.2.2 试验方法

5.2.2.1 将试样的灵敏度调整为制造商规定的最大灵敏度。

5.2.2.2 按附录 A 规定，分别测量每只试样的响应阈值，将测得的响应阈值中最小值定为 A_{min}，最大值定为 A_{max}。

5.2.3 要求

5.2.3.1 响应阈值不应小于 0.5 dB。

5.2.3.2 响应阈值的比值 $A_{max}：A_{min}$ 不应大于 1.6。

5.3 热干扰试验

5.3.1 目的

检验探测器在正常工作条件下对偶然出现的热干扰的适应性。

5.3.2 方法

5.3.2.1 将试样的灵敏度调整为制造商规定的最大灵敏度。模拟热干扰试验频率不应为制造商提供采样频率的整数倍（仍在规定的频率范围内）。

5.3.2.2 对于具有热扰动探测功能的试样,如其热干扰探测灵敏度可调,将其灵敏度调为最不灵敏。

5.3.2.3 按附录A规定安装、稳定、调整、校准试样,在 5 Hz±1 Hz、10 Hz±1 Hz、20 Hz±2 Hz、50 Hz±5 Hz 各频率上,以 0 dB～−0.7 dB 的峰-峰值周期变化量,干扰光路传输,分别持续 1 min,监视并记录试样状态。

5.3.3 要求

热干扰期间,试样不应发出火灾报警信号或故障信号。

5.3.4 试验设备

试验设备应能提供一光路,该光路以 5 Hz±1 Hz、10 Hz±1 Hz、20 Hz±2 Hz、50 Hz±5 Hz 的频率,0 dB～−0.7 dB 的峰-峰值周期性变化。

5.4 重复性试验

5.4.1 目的

检验探测器连续工作的稳定性。

5.4.2 方法

5.4.2.1 将试样的灵敏度调整为制造商规定的最大灵敏度。

5.4.2.2 按附录A规定测量三次响应阈值,两次测量的时间间隔不应小于 10 min,但不大于 1 h。最后一次测量后,保持试样状态不变。

5.4.2.3 将试样不间断通电 7 d,然后按附录A规定测量三次响应阈值,两次测量的时间间隔不应小于 10 min,但不大于 1 h。

5.4.2.4 将测得的六个响应阈值中的最小值定为 A_{min},最大值定为 A_{max}。

5.4.3 要求

5.4.3.1 通电期间,试样不应发出火灾报警信号或故障信号。

5.4.3.2 响应阈值不应小于 0.5 dB。

5.4.3.3 响应阈值的比值 $A_{max}:A_{min}$ 不应大于 1.3。

5.5 遮挡快速变化试验

5.5.1 目的

检验探测器在光路被快速遮挡时的响应能力。

5.5.2 试验方法

5.5.2.1 将试样的灵敏度调整为制造商规定的最小灵敏度。

5.5.2.2 按附录A规定安装、稳定、调整、校准试样。

5.5.2.3 放置遮挡滤光片在试样光路上,使其尽量靠近接收器,并在 1 s 内遮挡试样光路,保持 70 s。监视并记录试样状态。

5.5.3 要求

试样的相对部件间放入遮挡滤光片后,试样应在 60 s 内发出火灾报警信号或故障信号。

5.5.4 试验设备

遮挡滤光片：在探测器波长范围内减光 10 dB～13 dB。

5.6 遮挡缓慢变化试验

5.6.1 目的

检验探测器对缓慢发展火灾的响应性能。

5.6.2 试验方法

5.6.2.1 将试样的灵敏度调整为制造商规定的最大灵敏度。

5.6.2.2 可用电路分析方法或进行真实试验。进行分析或试验时，应使遮挡增加的变化率不大于 $A_{rep}/4$ h（A_{rep} 为一致性试验中测得的所有探测器响应阈值的平均值）。

5.6.2.3 按附录 A 规定测量响应阈值。

5.6.2.4 将测得的响应阈值与该试样在一致性试验中的响应阈值相比较，其中小的响应阈值定为 A_{min}，大的响应阈值定为 A_{max}。

5.6.3 要求

响应阈值的比值 A_{max} : A_{min} 不应大于 1.6。

5.7 电源参数波动试验

5.7.1 目的

检验探测器对电源参数变化的适应性。

5.7.2 试验方法

5.7.2.1 供电电源为直流恒压的探测器。

5.7.2.1.1 将试样的灵敏度调整为制造商规定的最大灵敏度。

5.7.2.1.2 按附录 A 规定安装、稳定、调整、校准探测器。

5.7.2.1.3 分别使额定工作电压降低 15% 和升高 10% 或按制造商规定的额定工作电压上、下限测量试样的响应阈值。

5.7.2.1.4 将测得的响应阈值与该试样在一致性试验中的响应阈值相比较，响应阈值中最小值定为 A_{min}，最大值定为 A_{max}。

5.7.2.2 供电电源为脉动电压的探测器。

5.7.2.2.1 将试样的灵敏度调整为制造商规定的最大灵敏度。

5.7.2.2.2 将试样通过长度为 1 000 m，截面积为 1.0 mm² 的铜质双绞导线（或按照制造商提供的条件）与配套的控制和指示设备连接，按附录 A 规定安装、稳定、调整、校准探测器。

5.7.2.2.3 分别使额定工作电压降低 15% 和升高 10% 或按制造商规定的额定工作电压上、下限测量试样的响应阈值。

5.7.2.2.4 将测得的响应阈值与该试样在一致性试验中的响应阈值相比较，响应阈值中最小值定为 A_{min}，最大值定为 A_{max}。

5.7.3 要求

5.7.3.1 响应阈值不应小于 0.5 dB。

5.7.3.2 响应阈值的比值 $A_{max} : A_{min}$ 之比不应大于 1.6。

5.8 光路长度相依性试验

5.8.1 目的

检验探测器在按制造商规定的最大、最小光路长度上工作时,其响应阈值的一致性。

5.8.2 试验方法

5.8.2.1 将试样的灵敏度调整为制造商规定的最大灵敏度。

5.8.2.2 在制造商规定的最小光路长度上,按附录 A 规定测量探测器的响应阈值。

5.8.2.3 在制造商规定的最大光路长度上,按附录 A 规定测量探测器的响应阈值。

5.8.2.4 将测得的响应阈值中小的定为 A_{min},大的定为 A_{max}。

5.8.3 要求

响应阈值的比值 $A_{max} : A_{min}$ 之比不应大于 1.6。

5.9 光路定向相依性试验

5.9.1 目的

检验探测器接受部件相对发射光轴偏移的适应性。

5.9.2 试验方法

5.9.2.1 将试样的灵敏度调整为制造商规定的最大灵敏度。

5.9.2.2 在制造商规定的最大光路长度上,按附录 A 规定安装、稳定、调整、校准试样。

5.9.2.3 将试样接收部件向左偏转,使其视锥角的轴线与光轴的夹角以 $(0.3\pm0.05)°/min$ 的速度增加。

5.9.2.4 记录下试样发出故障或火灾报警信号时的最小角度。

5.9.2.5 将试样恢复到 5.9.2.2 规定的状态。

5.9.2.6 将试样接收部件向右偏转,使其视锥角的轴线与光轴的夹角以 $(0.3\pm0.05)°/min$ 的速度增加。

5.9.2.7 记录下试样发出故障或火灾报警信号时的最小角度。

5.9.2.8 将试样恢复到 5.9.2.2 规定的状态。按顺时针方向,以光轴为轴,将试样旋转 90°。重复上述 5.9.2.3 至 5.9.2.6 试验。

5.9.3 要求

试验期间,试样在制造商规定光路方向偏差范围内不应发出火灾报警信号或故障信号。

5.9.4 试验设备

能提供 5.9.2 所列试验方法的试验设备。

5.10 高温(运行)试验

5.10.1 目的

检验探测器在高温环境下工作的适应性。

5.10.2 试验方法

5.10.2.1 将试样的灵敏度调整为制造商规定的最大灵敏度。

5.10.2.2 将试样放入试验箱中,并按附录 A 规定安装、稳定、调整、校准探测器,使之处于正常监视状态。

5.10.2.3 在正常大气条件下保持 1 h,然后以不大于 1 ℃/min 的升温速率将温度升至(55±2)℃,在此环境条件下保持 16 h,观察并记录试样的工作状态。

5.10.2.4 高温环境结束后,立即用 1.6×A(A 为该探测器在一致性试验中的响应阈值)的减光片遮挡光路,观察试样工作状态并计时。

5.10.2.5 取出探测器,在正常大气条件下放置至少 1 h 后,按附录 A 规定测量响应阈值。

5.10.2.6 将测得的响应阈值与该试样在一致性试验中的响应阈值相比较,其中小的响应阈值定为 A_{min},大的响应阈值为 A_{max}。

5.10.3 要求

5.10.3.1 升温及温度保持期间,试样不应发出火灾报警信号或故障信号;

5.10.3.2 高温环境结束后,用 1.6×A 的减光片遮挡光路,试样应在 30 s 内发出火灾报警信号。

5.10.3.3 响应阈值不应小于 0.5 dB。

5.10.3.4 响应阈值的比值 $A_{max}:A_{min}$ 之比不应大于 1.6。

5.10.4 试验设备

试验设备应符合 GB 16838 的规定。

5.11 低温(运行)试验

5.11.1 目的

检验探测器在低温条件下工作的适应性。

5.11.2 试验方法

5.11.2.1 将试样的灵敏度调整为制造商规定的最大灵敏度。

5.11.2.2 将试样放入试验箱中,并按附录 A 规定安装、稳定、调整、校准探测器,使之处于正常监视状态。

5.11.2.3 在正常大气条件下保持 1 h,然后以不大于 1 ℃/min 的降温速率将温度降至(−10±3)℃,在此环境条件下保持 16 h,观察并记录试样的工作状态。

5.11.2.4 低温环境结束后,立即用 1.6×A(A 为该探测器在一致性试验中的响应阈值)的减光片遮挡光路,观察试样工作状态并计时。

5.11.2.5 调节试验箱温度,使其以不大于 1 ℃/min 的升温速率将温度恢复到正常大气温度。

5.11.2.6 取出探测器,在正常大气条件下放置至少 1 h 后,按附录 A 规定测量响应阈值。

5.11.2.7 将测得的响应阈值与该试样在一致性试验中的响应阈值相比较,其中小的响应阈值定为 A_{min},大的响应阈值为 A_{max}。

5.11.3 要求

5.11.3.1 降温及温度保持期间,试样不应发出火灾报警信号或故障信号。

5.11.3.2 低温环境结束后,用 1.6×A 的减光片遮挡光路,试样应在 30 s 内发出火灾报警信号。

5.11.3.3 响应阈值不应小于0.5 dB。

5.11.3.4 响应阈值的比值$A_{max}：A_{min}$之比不应大于1.6。

5.11.4 试验设备

试验设备应符合GB 16838的规定。

5.12 恒定湿热(运行)试验

5.12.1 目的

检验探测器在相对湿度高(无凝露)的环境下正常工作的能力。

5.12.2 试验方法

5.12.2.1 将试样的灵敏度调整为制造商规定的最大灵敏度。

5.12.2.2 将试样放入试验箱中,并按附录A规定安装、稳定、调整、校准探测器,使之处于正常监视状态。

5.12.2.3 在正常大气条件下保持1 h,调节试验箱,使温度为$(40±2)℃$,相对湿度为$(93±3)\%$(先调节温度,当温度达到稳定后再加湿),在此环境条件下保持4 d,湿热环境期间,观察并记录试样工作状态。

5.12.2.4 取出探测器,在正常大气条件下放置至少1 h后,按附录A规定测量响应阈值。

5.12.2.5 将测得的响应阈值与该试样在一致性试验中的响应阈值相比较,其中小的响应阈值定为A_{min},大的响应阈值定为A_{max}。

5.12.3 要求

5.12.3.1 湿热环境期间,试样不应发出火灾报警信号或故障信号。

5.12.3.2 响应阈值的比值$A_{max}：A_{min}$之比不应大于1.6。

5.12.4 试验设备

试验设备应符合GB 16838的规定。

5.13 恒定湿热(耐久)试验

5.13.1 目的

检验探测器长时间承受实际使用环境中湿度影响的能力。

5.13.2 试验方法

5.13.2.1 将试样的灵敏度调整为制造商规定的最大灵敏度。

5.13.2.2 将试样在温度为$(40±5)℃$的试样箱内放置2 h后。调节试验箱,使试验箱在温度为$(40±2)℃$,相对湿度$(93±3)\%$的条件下连续保持21 d。湿热环境期间,试样不通电。

5.13.2.3 湿热环境结束后,将试样由湿热试验箱内取出,在正常大气条件放置至少1 h。然后接通控制和指示设备,观察试样工作情况。若试样能处于正常监视状态,按附录A规定测量响应阈值。

5.13.2.4 将测得的响应阈值与该试样在一致性试验中的响应阈值相比较,其中小的响应阈值定为A_{min},大的响应阈值定为A_{max}。

5.13.3 要求

5.13.3.1 接通控制和指示设备后,试样不应发出故障信号。

5.13.3.2 响应阈值的比值 $A_{max}:A_{min}$ 之比不应大于 1.6。

5.13.4 试验设备

试验设备应符合 GB 16838 的规定。

5.14 腐蚀试验

5.14.1 目的

检验探测器抗腐蚀的能力。

5.14.2 试验方法

5.14.2.1 将试样的灵敏度调整为制造商规定的最大灵敏度。

5.14.2.2 将试样放入试验箱中,按附录 A 规定安装、稳定、调整、校准探测器。腐蚀期间,试样不通电,但应保证试样一端有足够长的连接导线以保证试验后不用调整直接测量响应阈值。

5.14.2.3 调节试验箱,使温度为(25 ± 2)℃、SO_2 浓度为$(25\pm5)\times10^{-6}$(体积比)、相对湿度为(93 ± 3)%,在此环境条件下保持 21 d。

5.14.2.4 腐蚀环境后,将试样在温度为(40 ± 2)℃、相对湿度低于 50% 的试验箱内放置 16 h。

5.14.2.5 将试样取出,在正常大气条件放置至少 1 h。接通控制和指示设备,观察试样工作情况。若试样能处于正常监视状态,按附录 A 规定测量响应阈值。

5.14.2.6 将测得的响应阈值与该试样在一致性试验中的响应阈值相比较,其中小的响应阈值定为 A_{min},大的响应阈值定为 A_{max}。

5.14.3 要求

5.14.3.1 接通控制和指示设备后,试样不应发出故障信号。

5.14.3.2 响应阈值的比值 $A_{max}:A_{min}$ 之比不应大于 1.6。

5.14.4 试验设备

试验设备应符合 GB 16838 的规定。

5.15 射频电磁场辐射抗扰度试验

5.15.1 目的

检验探测器在射频电磁场辐射环境下工作的适应性。

5.15.2 试验方法

5.15.2.1 将试样的灵敏度调整为制造商规定的最大灵敏度。

5.15.2.2 按附录 A 规定安装、稳定、调整、校准试样,使试样处于正常监视状态,保持 15 min。

5.15.2.3 按 GB/T 17626.3—1998 的要求,对试样施加以下条件的电磁干扰:
——频率范围为 80 MHz~1 000 MHz;
——电磁场场强为 10 V/m;
——幅度调制为用 1 kHz 的正弦波对信号进行 80% 调制。

5.15.2.4 干扰期间,观察并记录试样工作状态。

5.15.2.5 干扰环境结束后,按附录 A 规定测量响应阈值 A。

5.15.2.6 将测得的响应阈值与该试样在一致性试验中的响应阈值相比较,其中小的响应阈值定为

A_{min},大的响应阈值定为 A_{max}。

5.15.3 要求

5.15.3.1 干扰期间,试样不应发出火灾报警信号。

5.15.3.2 响应阈值的比值 $A_{max}:A_{min}$ 之比不应大于1.6。

5.15.4 试验设备

试验设备应满足GB/T 17626.3—1998的要求。

5.16 静电放电抗扰度试验

5.16.1 目的

检验探测器对带静电人员、物体造成的静电放电的适应性。

5.16.2 试验方法

5.16.2.1 将试样的灵敏度调整为制造商规定的最大灵敏度。

5.16.2.2 将试样放在距接地参考平面0.8 m的支架上。按附录A规定安装、稳定、调整、校准试样,使试样处于正常监视状态,保持15 min。

5.16.2.3 对绝缘体外壳的试样,实施空气放电;对导体外壳的试样,实施接触放电。

5.16.2.4 按GB/T 17626.2—1998的要求,对试样施加以下条件的电磁干扰:
——空气放电电压为8 kV;
——接触放电电压为6 kV;
——极性为正、负。

5.16.2.5 干扰期间,观察并记录试样的工作状态。

5.16.2.6 干扰结束后,按附录A规定测量响应阈值A。

5.16.2.7 将测得的响应阈值与该试样在一致性试验中的响应阈值相比较,其中小的响应阈值定为 A_{min},大的响应阈值定为 A_{max}。

5.16.3 要求

5.16.3.1 干扰期间,试样不应发出火灾报警信号。

5.16.3.2 响应阈值的比值 $A_{max}:A_{min}$ 之比不应大于1.6。

5.16.4 试验设备

试验设备应满足GB/T 17626.2—1998的规定。

5.17 电快速瞬变脉冲群抗扰度试验

5.17.1 目的

检验探测器抗电快速瞬变脉冲群干扰的能力。

5.17.2 试验方法

5.17.2.1 将试样的灵敏度调整为制造商规定的最大灵敏度。

5.17.2.2 将试样安放在绝缘台上,按附录A规定安装、稳定、调整、校准试样,使试样处于正常监视状态,保持15 min。

5.17.2.3 按GB/T 17626.4—1998中的要求,对试样的外接连线施加以下条件的电磁干扰:
——电压$1×(1±0.1)$kV;
——频率$5×(1±0.2)$kHz;
——极性正、负。

5.17.2.4 干扰期间,观察并记录试样工作状态。

5.17.2.5 干扰结束后,按附录A规定测量探测器的响应阈值A。

5.17.2.6 将测得的响应阈值与该探测器在一致性试验中的响应阈值相比较,其中小的响应阈值定为A_{min},大的响应阈值定为A_{max}。

5.17.3 要求

5.17.3.1 干扰期间,探测器不应发出火灾报警信号。

5.17.3.2 响应阈值的比值$A_{max}:A_{min}$之比不应大于1.6。

5.17.4 试验设备

试验设备应满足GB/T 17626.4—1998的要求。

5.18 射频场感应的传导骚扰抗扰度试验

5.18.1 目的

检验探测器在来自射频发射机产生的电磁骚扰环境下工作的适应性。

5.18.2 试验方法

5.18.2.1 将试样的灵敏度调整为制造商规定的最大灵敏度。

5.18.2.2 将试样安放在绝缘台上,按附录A规定安装、稳定、调整、校准试样,使试样处于正常监视状态,保持15 min。

5.18.2.3 按GB/T 17626.6—1998的要求,对试样施加以下条件的电磁干扰:
——频率范围为150 kHz～100 MHz;
——电压为140 dBμV;
——幅度调制为用1 kHz的正弦波对信号进行80%调制。

5.18.2.4 干扰期间,观察并记录试样工作状态。

5.18.2.5 干扰结束后,按附录A规定测量探测器的响应阈值A。

5.18.2.6 将测得的响应阈值与该探测器在一致性试验中的响应阈值相比较,其中小的响应阈值定为A_{min},大的响应阈值定为A_{max}。

5.18.3 要求

5.18.3.1 干扰期间,探测器不应发出火灾报警信号。

5.18.3.2 响应阈值的比值$A_{max}:A_{min}$之比不应大于1.6。

5.18.4 试验设备

试验设备应满足GB/T 17626.6—1998的规定。

5.19 浪涌(冲击)抗扰度试验

5.19.1 目的

检验探测器对附近闪电或供电系统的电源切换及低电压网络、包括大容性负载切换等产生的电压瞬变(电浪涌)干扰的适应性。

5.19.2 试验方法

5.19.2.1 将试样的灵敏度调整为制造商规定的最大灵敏度。

5.19.2.2 将试样安放在绝缘台上，按附录A规定安装、稳定、调整、校准试样，使试样处于正常监视状态，保持15 min。

5.19.2.3 按GB/T 17626.5—1998中的要求，对试样的外接连线按线—地的方式施加以下条件的电磁干扰：
——电压$1\times(1\pm0.1)$ kV；
——极性正、负；
——在正极性和负极性各施加5次。

5.19.2.4 干扰期间，观察并记录试样工作状态。

5.19.2.5 干扰结束后，按附录A规定测量探测器的响应阈值A。

5.19.2.6 将测得的响应阈值与该探测器在一致性试验中的响应阈值相比较，其中小的响应阈值定为A_{min}，大的响应阈值定为A_{max}。

5.19.3 要求

5.19.3.1 干扰期间，探测器不应发出火灾报警信号。

5.19.3.2 响应阈值的比值$A_{max}:A_{min}$之比不应大于1.6。

5.19.4 试验设备

试验设备应满足GB/T 17626.5—1998的要求。

5.20 振动(正弦)(耐久)试验

5.20.1 目的

检验探测器长时间承受振动影响的能力。

5.20.2 试验方法

5.20.2.1 将试样的灵敏度调整为制造商规定的最大灵敏度。

5.20.2.2 按探测器正常安装方式刚性安装探测器，试验期间探测器不通电。

5.20.2.3 依次在三个互相垂直的轴线上，在10 Hz～150 Hz的频率循环范围内，以9.810 m/s²的加速度幅值，1倍频程/分钟的扫频速率，各进行20次扫频循环。

5.20.2.4 振动结束后，立即检查试样外观及紧固部位。然后接通控制和指示设备，观察试样工作情况。若试样恢复到正常监视状态，按附录A规定测量探测器的响应阈值。

5.20.2.5 将测得的响应阈值与该探测器在一致性试验中的响应阈值相比较，其中小的响应阈值定为A_{min}，大的响应阈值定为A_{max}。

5.20.2.6 接通控制和指示设备后，试样不应发出故障信号。

5.20.2.7 振动结束后，探测器不应有机械损伤和紧固部位松动现象。

5.20.2.8 响应阈值的比值$A_{max}:A_{min}$之比不应大于1.6。

5.20.3 试验设备

试验设备应符合GB 16838的规定。

5.21 碰撞试验

5.21.1 目的

检验探测器承受机械碰撞的适应性。

5.21.2 试验方法

5.21.2.1 将试样的灵敏度调整为制造商规定的最大灵敏度。

5.21.2.2 将探测器和底座按其正常的工作位置安装在刚性水平安装板上，按附录A规定安装、稳定、调整、校准探测器。

5.21.2.3 对每一部件在其最易影响其性能且易损坏的部位（如镜片、窗、调准装置等部位）上施加3次能量为(0.5±0.04)J的碰撞，每一部件取20个部位。受碰撞两点间距离不应小于10 mm。少于20个上述易损部位的部件，其剩余次数任意分配于部件的剩余表面上。碰撞期间，观察并记录探测器的工作状态。碰撞后，按附录A规定测量探测器的响应阈值A。将测得的响应阈值与该探测器在一致性试验中的响应阈值相比较，其中小的响应阈值定为A_{min}，大的响应阈值定为A_{max}。

5.21.3 要求

5.21.3.1 碰撞期间，探测器不应发出火灾报警信号或故障信号。

5.21.3.2 碰撞后，探测器不应有机械损伤和紧固部位松动现象。

5.21.3.3 响应阈值的比值$A_{max}:A_{min}$之比不应大于1.6。

5.21.4 试验设备

利用弹簧工作的碰撞试验设备，可提供瞬间能量为(0.5±0.04)J的碰撞。

5.22 环境光干扰试验

5.22.1 目的

检验探测器抗环境光线干扰的能力。

5.22.2 试验方法

5.22.2.1 将试样的灵敏度调整为制造商规定的最大灵敏度。

5.22.2.2 按附录A规定安装探测器，接收器位置如图1所示，对于相对部件间距大于10 m的探测器，两相对部件间距离不小于10 m；对于相对部件间距小于10 m的探测器，两相对部件间距离为最大间距值。

5.22.2.3 按附录A规定稳定、调整、校准探测器，不允许用中性滤光片插入光路去缩短相对部件间距离。

5.22.2.4 对所有灯进行通电10 s、断电10 s的固定程序循环10次。然后使所有灯同时通电至少60 min。

5.22.3.5 在所有灯仍然通电条件下，按附录A规定测量探测器的响应阈值A。

5.22.3.6 将测得的响应阈值与该探测器在一致性试验中的响应阈值相比较，其中小的响应阈值定为A_{min}，大的响应阈值定为A_{max}。

5.22.3 要求

5.22.3.1 干扰期间，探测器不应发出火灾报警信号或故障信号。

5.22.3.2 响应阈值的比值 $A_{max}:A_{min}$ 之比不应大于1.6。

5.22.4 试验设备

5.22.4.1 150 W钨丝灯泡按图1所示沿平行于光路轴线并距光路轴线300 mm的直线,以2 m间距安设。使用前应老化1 h,使用750 h后报废。

5.22.4.2 40 W管形荧光灯按图1所示沿平行于光路轴线并距光路轴线300 mm的直线安设。使用前应老化100 h,使用2 000 h后报废。

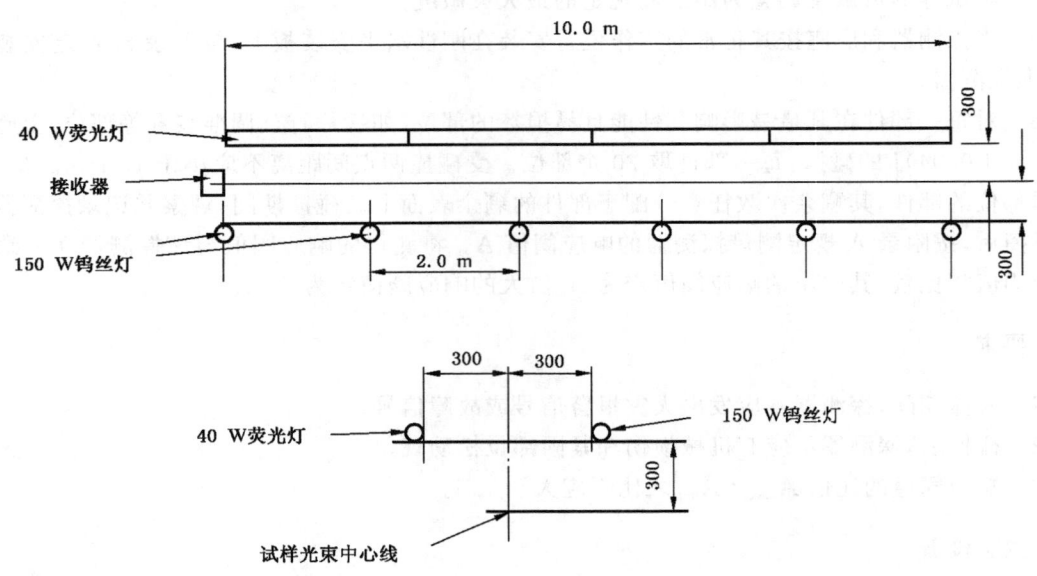

注:除特殊标出外,尺寸单位为mm。

图 1 试验灯布置图

5.23 火灾灵敏度试验

5.23.1 目的

检验探测器在试验火条件下的响应性能。

5.23.2 试验方法

5.23.2.1 将试样的灵敏度调整为制造商规定的最小灵敏度。

5.23.2.2 探测器相对部件按图2所示位置在试验室中安装,相对部件距试验室中心应是等距的。探测器光路应在天棚以下250 mm处(如果相对部件的物理尺寸不允许这样,光束应尽可能靠近天棚)。

5.23.2.3 对带有热骚动探测功能的探测器,如果其可调,调节热骚动的灵敏度为最不灵敏。

5.23.2.4 连接探测器到电源及监视设备上,在进行每种火试验前,按附录A规定稳定、调准、校对探测器。

5.23.2.5 对于5.25.4规定的每种试验火,在试验前,应使探测器至少稳定由制造商规定的时间周期,试验室应通风换气,直至热电偶、光学烟密度计和离子烟浓度计分别指示下列温度(T)、烟浓度(m 和 y)的初始值为止:

——$T=(23\pm5)℃$;

——$m<0.02$ dB/m(光学烟密度计I);

——$y<0.05$。

5.23.2.6 按 GB 4715 的规定对每种试验火进行点火。点火后,试验人员应立即离开试验室,并要注意防止空气流动影响试验火。所有门、窗或其他开口均应关闭。试验期间应随时测量 ΔT、m、y 和燃料消耗量 ΔG 等火灾参数。

5.23.3 要求

在 GB 4715 中给出的四种试验火条件下,探测器在每种试验火结束前均应发出火灾报警信号。

5.23.4 试验火

四种试验火应满足 GB 4715 的规定。

5.23.5 燃烧试验室

燃烧试验室尺寸长为 10 m、宽 7 m、高 4 m。顶棚为水平平面,用耐热隔热材料制成。试验室应具有通风设备,并满足火灾试验所要求的环境条件。试验点火前,试验室内不允许有气流流动。火源设在地面中心处,光学烟密度计I、离子烟浓度计、热电偶等测量仪器安装在以顶棚中心为圆心、半径为 3 m、圆心角为 60°的圆弧上,探测器按图 2 所示安装于顶棚上。

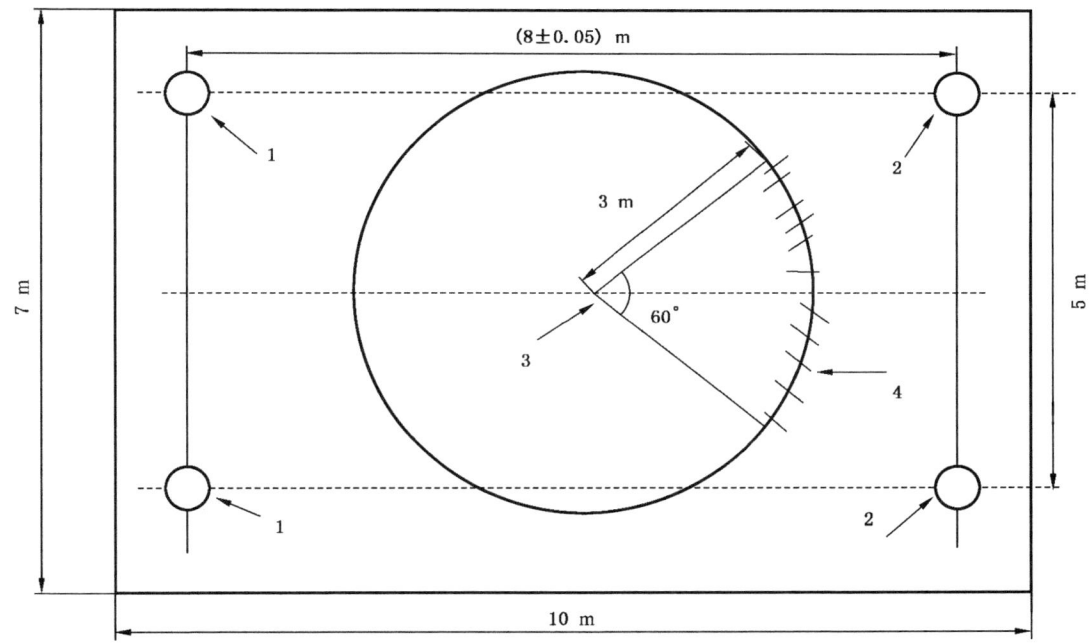

1——发射器或发射接收器;
2——接收器或反射器;
3——火源;
4——测量设备。

图 2 试验布置图

6 检验规则

6.1 产品出厂检验

企业在产品出厂前应对探测器进行下述试验项目的检验:
 a) 一致性试验;

b) 重复性试验；
c) 高温试验；
d) 光路长度相依性试验。

制造商应规定抽样方法、检验和判定规则。

6.2 型式检验

6.2.1 型式检验项目为本标准 5.2～5.23 规定的试验项目。检验样品在出厂检验合格的产品中抽取。有下列情况之一时，应进行型式检验：

a) 新产品或老产品转厂生产时的试制定型鉴定；
b) 正式生产后，产品的结构、主要部件或元器件、生产工艺等有较大的改变，可能影响产品性能或正式投产满 4 年；
c) 产品停产一年以上，恢复生产；
d) 出厂检验结果与上次型式检验结果差异较大；
e) 发生重大质量事故。

6.2.2 检验结果按 GB 12978 规定的型式检验结果判定方法进行判定。

7 标志

7.1 总则

7.1.1 产品标志应在探测器安装维护过程中清晰可见。

7.1.2 产品标志不应贴在螺丝或其他易被拆卸的部件上。

7.2 产品标志

7.2.1 每只探测器均应清晰地标注下列信息：

a) 产品名称；
b) 本标准标准号；
c) 制造商名称或商标；
d) 型号；
e) 接线柱标注；
f) 制造日期、产品编号、产地和探测器内软件版本号；
g) 产品主要技术参数（包括最大光路长度、最小光路长度、最大光路方向偏差、探测器的报警阈值、具有可变响应阈值的探测器应标明最大和最小响应阈值）。

7.2.2 对于可拆卸探测器，探头上的标志内容应包括上述 a)、b)、c)、d)、f)、g)条的内容，底座的标志内容应至少包括 d)和 e)条内容。

7.2.3 产品标志信息中如使用不常用符号或缩写时，应在探测器说明书中说明。

7.3 质量检验标志

每只探测器均应有质量检验合格标志。

附 录 A
（规范性附录）
响应阈值的测量方法

A.1 试验设备

滤光片一套，其在接收器光谱范围内呈中性且能单个使用或复合在一起使用，以满足表 A.1 所要求的减光范围及对应的最小分辨率。

表 A.1 光学滤光片的最小分辨率

滤光片减光值 dB	最小分辨率 dB
小于 1.0	0.1
1.0 到 1.9	0.2
2.0 到 3.9	0.3
4.0 到 6.0	0.4
大于 6.0	1.0
注：一个或一组滤光片的减光值 A 可以按下式计算：$A = 10 \lg(I_0/I)$，其中 I_0 表示无滤光片时接收的光强度；I 表示滤光片减光时接收的光强度。	

A.2 试验方法

A.2.1 安装

根据制造商的规定安装探测器的相对部件。

注1：对于碰撞试验，应按模仿探测器安装在固态墙上的方式安装探测器。

注2：当受某些检测设备尺寸的限制，不可能将部件安装在探测器的正常工作间距内时，如果在部件间插入满足表 A.1 要求的中密度滤光片能使接收到的信号达到制造商规定的水平内，则可以将部件安装在比制造商规定的最小间距还小的间距上。但这一方法不能使用于环境光干扰试验。

注3：固定接收器、发射器、反射器等部件，接收器与发射器之间或接收发射器与反射器之间距离不应小于 500 mm，其光轴高度应大于探测器的直径的 10 倍。

注4：连接探测器到合适的控制和指示设备上，复位探测器。

A.2.2 调准和校正

根据制造商的说明调准、校正探测器。

A.2.3 稳定

按制造商规定的稳定时间稳定探测器。

A.2.4 测量响应阈值

A.2.4.1 放置一减光 0.9 dB 的滤光片在光路中并尽可能靠近接收器（以减少滤光片内的散射影响）。如果 30 s 内探测器发出火灾报警信号，记录其减光值小于 1.0 dB，结束试验。

A.2.4.2 逐渐增加滤光片的减光值,并将该滤光片放到尽可能靠近接收器的光路中,如果探测器在 30 s 内发出火灾报警信号,记录探测器的响应阈值 A 为该减光值。

注:应对具有补偿功能的探测器采取相应措施以使补偿不影响测量的响应阈值。

A.2.4.3 当滤光片的减光值增加到 10 dB 时,探测器在 1 min 内仍不能发出火灾报警信号,则记录其减光值大于 10 dB,并结束试验。

ICS 13.220.20
C 81

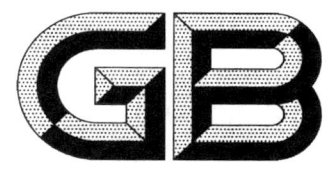

中华人民共和国国家标准

GB 14287.1—2014
代替 GB 14287.1—2005

电气火灾监控系统
第1部分:电气火灾监控设备

Electrical fire monitoring system—Part 1:Electrical fire monitoring equipment

2014-07-24 发布

2015-06-01 实施

中华人民共和国国家质量监督检验检疫总局
中国国家标准化管理委员会 发布

前　言

GB 14287 本部分的第 4 章、第 6 章、第 7 章为强制性的，其余为推荐性的。

GB 14287《电气火灾监控系统》由以下部分组成：
——第 1 部分：电气火灾监控设备；
——第 2 部分：剩余电流式电气火灾监控探测器；
——第 3 部分：测温式电气火灾监控探测器；
……

本部分为 GB 14287 的第 1 部分。

本部分按照 GB/T 1.1—2009 给出的规则起草。

本部分代替 GB 14287.1—2005《电气火灾监控系统　第 1 部分：电气火灾监控设备》，与 GB 14287.1—2005 相比主要技术变化如下：
——增加了监控设备接收和显示剩余电流值和温度值的要求（见 4.3.4）；
——增加了信息显示与查询功能（见 4.6）；
——增加了泄漏电流试验（见 5.8）；
——增加了射频电磁场辐射抗扰度试验（见 5.10）；
——增加了射频场感应的传导骚扰抗扰度试验（见 5.11）；
——增加了静电放电抗扰度试验（见 5.12）；
——增加了电快速瞬变脉冲群抗扰度试验（见 5.13）；
——增加了浪涌（冲击）抗扰度试验（见 5.14）；
——增加了电压暂降、短时中断和电压变化的抗扰度试验（见 5.15）；
——增加了电源瞬变试验（见 5.16）；
——增加了电压波动试验（见 5.17）；
——增加了碰撞试验（见 5.19）；
——取消了高温（运行）试验（见 2005 年版的 5.7）。

本部分由中华人民共和国公安部提出。

本部分由全国消防标准化技术委员会火灾探测与报警分技术委员会（SAC/TC 113/SC 6）归口。

本部分负责起草单位：公安部沈阳消防研究所。

本部分参加起草单位：沈阳斯沃电器有限公司、北京海博智恒电气防火科技有限公司、沈阳申泰电器系统有限公司、三科电器有限公司、福建俊豪电子有限公司、上海华宿电气技术有限公司。

本部分主要起草人：张颖琮、宋立丹、仝瑞涛、陈振云、丁宏军、杨波、孙珍慧、邸曼、栾军、张宏宇、罗晖、胡少英、陈玉、曹志坚、许治恒。

本部分所代替标准的历次版本发布情况为：
——GB 14287—1993；
——GB 14287.1—2005。

电气火灾监控系统
第1部分:电气火灾监控设备

1 范围

GB 14287 的本部分规定了电气火灾监控设备的术语和定义、要求、试验、检验规则、标志。

本部分适用于电气火灾监控系统中的电气火灾监控设备。

2 规范性引用文件

下列文件对于本文件的应用是必不可少的。凡是注日期的引用文件,仅注日期的版本适用于本文件。凡是不注日期的引用文件,其最新版本(包括所有的修改单)适用于本文件。

GB 4706.1　家用和类似用途电器的安全　第1部分:通用要求

GB/T 9969　工业产品使用说明书　总则

GB 12978　消防电子产品检验规则

GB 16838　消防电子产品环境试验方法及严酷等级

GB/T 17626.2　电磁兼容　试验和测量技术　静电放电抗扰度试验

GB/T 17626.3　电磁兼容　试验和测量技术　射频电磁场辐射抗扰度试验

GB/T 17626.4　电磁兼容　试验和测量技术　电快速瞬变脉冲群抗扰度试验

GB/T 17626.5　电磁兼容　试验和测量技术　浪涌(冲击)抗扰度试验

GB/T 17626.6　电磁兼容　试验和测量技术　射频场感应的传导骚扰抗扰度

GB/T 17626.11　电磁兼容　试验和测量技术　电压暂降、短时中断和电压变化的抗扰度试验

GB 23757　消防电子产品防护要求

3 术语和定义

下列术语和定义适用于本文件。

3.1

电气火灾监控系统　electrical fire monitoring system

当被保护电气线路中的被探测参数超过报警设定值时,能发出报警信号、控制信号并能指示报警部位的系统,由电气火灾监控设备和电气火灾监控探测器组成。

3.2

电气火灾监控设备　electrical fire monitoring equipment

能接收来自电气火灾监控探测器的报警信号,发出声、光报警信号和控制信号,指示报警部位,记录、保存并传送报警信息的装置。

3.3

电气火灾监控探测器　electrical fire monitoring detector

探测被保护线路中的剩余电流、温度、故障电弧等电气火灾危险参数变化和由于电气故障引起的烟雾变化及可能引起电气火灾的静电、绝缘参数变化的探测器。

4 要求

4.1 总则

电气火灾监控设备(以下简称监控设备)应按第 5 章的规定进行试验,试验结果应满足第 4 章的对应要求。

4.2 通用要求

4.2.1 监控设备主电源应采用交流电源(AC 220 V/50 Hz),电源线输入端应设接线端子。
4.2.2 监控设备应设有保护接地端子。
4.2.3 监控设备应具有中文的功能标注和信息显示。
4.2.4 监控设备应有与消防控制室图形显示装置通信的接口。
4.2.5 监控设备的防护性能应符合 GB 23757 的要求。

4.3 监控报警功能

4.3.1 监控设备应设专用的报警指示灯,在有监控报警信号输入时,该指示灯应点亮。
4.3.2 监控设备应能接收来自电气火灾监控探测器(以下简称探测器)的监控报警信号,并在 10 s 内发出声、光报警信号,指示报警部位,显示报警时间,并予以保持,直至监控设备手动复位。
4.3.3 监控设备在监控报警状态下应具有控制输出,控制输出的性能应符合制造商的规定。
4.3.4 监控设备应能实时接收来自探测器测量的剩余电流值和温度值,剩余电流值和温度值应可查询;报警状态下应显示并保持报警值,在报警值设定范围中显示误差不应大于 5%。
4.3.5 报警声信号应能手动消除,当再次有监控报警信号输入时,应能再启动。
4.3.6 监控设备应设专用的手动复位按钮(键),复位后,仍然存在的报警、故障等状态信息应在 20 s 内重新建立。
4.3.7 当监控设备接收到能指示报警部位的线型感温火灾探测器的火灾报警信号时,应能在 10 s 内发出声、光报警信号,显示相应的火灾报警部位。

4.4 故障报警功能

4.4.1 当监控设备发生下述故障时,应能在 100 s 内发出与监控报警信号有明显区别的声、光故障信号,显示故障部位:
   a) 监控设备与探测器之间的连接线断路、短路;
   b) 接收到探测器发来的故障信号;
   c) 发生影响监控报警功能的接地;
   d) 监控设备主电源欠压(如具有备用电源)。

4.4.2 故障声信号应能手动消除,再有故障信号输入时,应能再启动;故障光信号应保持至故障排除。
4.4.3 故障期间,非故障部位的功能不应受影响。

4.5 自检功能

4.5.1 监控设备应能对本机及所配接的探测器进行功能检查(以下简称自检),监控设备在执行自检期间,与其连接的外接设备不应动作。监控设备自检时间超过 1 min 或其不能自动停止自检功能时,监控设备的自检不应影响非自检部位的报警功能。
4.5.2 监控设备应能手动检查其音响器件和面板上所有指示灯、显示器的工作状态。

4.6 信息显示与查询功能

监控设备采用文字、数字和/或字母(符)显示时,应满足下述要求:
a) 监控设备应能显示监控报警信号的总数;
b) 当有多个监控报警信号输入时,监控设备应按时间顺序显示报警信息;在不能同时显示所有的监控报警信息时,未显示的信息应能手动可查;
c) 监控报警信息优先于故障信息显示;
d) 在显示监控报警信息时,应能手动操作查询故障信息;
e) 信息查询时,每手动查询一次,只能查询一条信息。

4.7 电源功能

4.7.1 监控设备应能保证在制造商规定的连接线类型、线径和最长通信距离条件下,在下述负载条件下连续工作 4 h:
a) 监控设备容量不超过 10 个构成单独部位号的回路时,所有回路均处于报警状态;
b) 监控设备容量超过 10 个回路时,20% 的回路(但不少于 10 个回路,且不超过 30 个回路)处于报警状态。

4.7.2 当监控设备的供电电压在额定电压(AC 220 V)的 85%～110%,频率为 50 Hz±1 Hz 范围内变化时,应能正常工作。

4.8 操作级别

监控设备应至少设有两级操作级别,第一级(最低级别)只允许消除声报警信号和查询信息。进入二级以上操作级别应采用钥匙或操作密码,用于进入高操作级别的钥匙或密码可用于进入低操作级别,但用于进入低操作级别的钥匙或密码不能用于进入高操作级别。

4.9 主要部件性

4.9.1 一般要求

监控设备的主要部件应采用符合国家有关标准的定型产品。

4.9.2 指示灯

4.9.2.1 表示各种状态的指示灯应用颜色标识,红色表示监控报警状态,黄色表示故障状态,绿色表示正常状态。

4.9.2.2 所有指示灯应用中文清楚地标注出功能。

4.9.2.3 指示灯点亮时,在其正前方 3 m 处,光照度不超过 500 lx 的环境条件下,应清晰可见。

4.9.3 显示屏(器)

在光照度不超过 500 lx 的环境条件下,显示的信息应在正前方 0.8 m 处、22.5° 视角范围内清晰可读。

4.9.4 音响器件

在正常工作条件下,距监控设备正前方 1 m 处的声压级(A 计权)不应小于 70 dB。

4.9.5 开关和按键(钮)

开关和按键(钮)应操作灵活、可靠,功能标注应清晰。

4.9.6 接线端子

4.9.6.1 接线端子应设在监控设备内部。
4.9.6.2 接线端子的功能应标注清晰。
4.9.6.3 强电和弱电接线端子应分开设置。

4.10 绝缘电阻

监控设备的外部带电端子和电源插头的工作电压大于50 V时,外部带电端子和电源插头与外壳间的绝缘电阻在正常大气条件下应不小于100 MΩ。

4.11 泄漏电流

监控设备在1.06倍额定电压工作时,泄漏电流应不大于0.5 mA。

4.12 电气强度

监控设备的外部带电端子和电源插头的工作电压大于50 V时,外部带电端子和电源插头应能耐受频率为50 Hz、有效值电压为1 250 V的交流电压,历时60 s±5 s的电气强度试验。试验期间,监控设备不应发生放电或击穿现象(击穿电流不大于20 mA);试验后,监控设备功能应满足4.3~4.6的要求。

4.13 电磁兼容性

监控设备应能适应表1所规定条件下的各项试验。试验期间,应保持正常监视状态;试验后,功能应满足4.3~4.6的要求。

注:正常监视状态指监控设备在电源正常供电条件下,无故障报警、自检等操作时所处的工作状态。

表 1 电磁兼容性试验条件

试验名称	试验参数	试验条件	工作状态
射频电磁场辐射抗扰度试验	场强 V/m	10	正常监视状态
	频率范围 MHz	80~1 000	
	扫描速率 10 oct/s	≤1.5×10⁻³	
	调制幅度	80%(1 kHz,正弦)	
射频场感应的传导骚扰抗扰度试验	频率范围 MHz	0.15~80	正常监视状态
	电压 dBμV	140	
	调制幅度	80%(1 kHz,正弦)	

表 1（续）

试验名称	试验参数	试验条件	工作状态
静电放电抗扰度试验	放电电压 kV	空气放电(外壳为绝缘体):8 接触放电(外壳为导体):6	正常监视状态
	放电极性	正、负	
	放电间隔 s	≥1	
	每点放电次数	10	
电快速瞬变脉冲群抗扰度试验	瞬变脉冲电压 kV	AC电源线:2×(1±0.1) 其他连接线:1×(1±0.1)	正常监视状态
	重复频率 kHz	AC电源线:2.5×(1±0.2) 其他连接线:5×(1±0.2)	
	极性	正、负	
	时间	每次1 min	
浪涌(冲击)抗扰度试验	浪涌(冲击)电压 kV	AC电源线 线-线:1×(1±0.1) AC电源线 线-地:2×(1±0.1) 其他连接线 线-地:1×(1±0.1)	正常监视状态
	极性	正、负	
	试验次数	5	
电压暂降、短时中断和电压变化的抗扰度试验	持续时间	10周期(供电电压为额定电压的40%) 1周期(供电电压为0 V)	正常监视状态
	试验次数	10	

4.14 电源瞬变

监控设备的主电源按"通电(9 s)～断电(1 s)"的固定程序连续通断500次。试验后，功能应满足4.3～4.6的要求。

4.15 电压波动

采用AC 220 V/50 Hz交流电源供电的监控设备，在供电电压为AC 187 V和AC 242 V条件下应能正常工作，功能应满足4.3～4.6的要求。

4.16 机械环境耐受性

监控设备应能耐受住表2中所规定的机械环境条件下的各项试验。试验期间，应保持正常监视状态；试验后，不应有机械损伤和紧固部位松动现象，功能应满足4.3～4.6的要求。

表 2 机械环境条件

试验名称	试验参数	试验条件	工作状态
振动(正弦)(运行)试验	频率循环范围 Hz	10～150	正常监视状态
	加速幅值 m/s²	0.981	
	扫频速率 oct/min	1	
	每个轴线扫频次数	1	
	振动方向	X、Y、Z	
碰撞试验	碰撞能量 J	0.5±0.04	正常监视状态
	碰撞次数	3	

4.17 报警信号过输入适应性

监控设备应能耐受剩余电流为44 A,持续时间为5 min的试验。试验后,功能应满足4.3～4.6的要求。

注:报警信号过输入适应性要求仅适用于监视剩余电流的监控设备。

4.18 气候环境耐受性

监控设备应能耐受住表3所规定的气候条件下的各项试验。试验期间,应保持正常监视状态;试验后,表面无破坏涂覆和腐蚀现象,功能应满足4.3～4.6的要求。

表 3 气候环境条件

试验名称	试验参数	试验条件	工作状态
低温(运行)试验	温度 ℃	0±3	正常监视状态
	持续时间 h	16	
恒定湿热(运行)试验	温度 ℃	40±2	正常监视状态
	相对湿度 %	93±3	
	持续时间 d	4	

4.19 使用说明书

监控设备应有相应的中文使用说明书。使用说明书应符合GB/T 9969的要求,且与产品的性能一致。

5 试验

5.1 试验纲要

5.1.1 除在有关条文中另有说明,各项试验均应在下述大气条件下进行:
——温度:15 ℃~35 ℃;
——相对湿度:25%~75%;
——大气压力:86 kPa~106 kPa。

5.1.2 除在有关条文另有说明,各项试验数据的容差均应为±5%;环境条件参数偏差应符合GB 16838要求。

5.1.3 制造商应提供2台监控设备作为试验样品(以下简称试样)和与其配套的探测器。

5.1.4 监控设备在试验前应按下列要求进行试验前检查:
 a) 表面无腐蚀、涂覆层脱落和起泡现象,无明显划伤、裂痕、毛刺等机械损伤;
 b) 紧固部位无松动;
 c) 试样的通用要求应符合4.2的规定;
 d) 试样的操作级别应符合4.8的要求;
 e) 主要部件性能应符合4.9的要求;
 f) 使用说明书应符合4.19的要求。

5.1.5 监控设备的试验程序见表4。

表4 试验程序

序号	条款号	试验项目	编号 1	编号 2
1	5.1.4	试验前检查	√[b]	√
2	5.2	监控报警功能试验	√	√
3	5.3	故障报警功能试验	√	√
4	5.4	自检功能试验	√	√
5	5.5	信息显示与查询功能试验	√	√
6	5.6	电源功能试验	√	√
7	5.7	绝缘电阻试验		√
8	5.8	泄漏电流试验		√
9	5.9	电气强度试验		√
10	5.10	射频电磁场辐射抗扰度试验	√	
11	5.11	射频场感应的传导骚扰抗扰度试验	√	
12	5.12	静电放电抗扰度试验	√	
13	5.13	电快速瞬变脉冲群抗扰度试验	√	
14	5.14	浪涌(冲击)抗扰度试验	√	
15	5.15	电压暂降、短时中断和电压变化的抗扰度试验	√	
16	5.16	电源瞬变试验	√	

表 4（续）

序号	条款号	试验项目	编号 1	编号 2
17	5.17	电压波动试验		√
18	5.18	振动（正弦）（运行）试验		√
19	5.19	碰撞试验		√
20	5.20	报警信号过输入适应性试验[a]	√	
21	5.21	低温（运行）试验		√
22	5.22	恒定湿热（运行）试验		√

[a] 报警信号过输入适应性试验仅适用于监视剩余电流的监控设备。
[b] "√"表示进行该项试验。

5.2 监控报警功能试验

5.2.1 按正常监视状态要求，将试样与一定数量（不少于2只）的探测器连接，接通电源，使其处于正常监视状态。

5.2.2 使任一只探测器处于报警状态，观察试样工作状态和信息显示情况。

5.2.3 手动消除声报警信号，然后使另一探测器处于报警状态，观察试样工作状态和信息显示情况。

5.2.4 在多个报警信号存在时，观察试样的信息显示情况；在显示屏不能同时显示所有报警信息的情况下，手动操作查询功能，检查试样的信息显示情况。

5.2.5 在监控报警状态下，检查试样的控制输出状态。

5.2.6 在多个报警信号存在时，查看试样的报警总数显示情况。

5.2.7 在试样处于报警状态时，手动复位试样，观察试样的工作状态。

5.2.8 使试样处于正常监视状态，当与试样连接的具有指示报警部位功能的线型感温火灾探测器发出火灾报警信号时，观察试样的状态。

5.3 故障报警功能试验

5.3.1 使试样分别处于 4.4.1 中 a）～d）所述的故障状态，观察试样状态和信息显示情况。

5.3.2 在试样处于故障状态时，手动消音，再设置另一故障状态，观察试样的工作状态和信息显示情况。

5.3.3 在试样处于故障状态时，排除故障，观察试样工作状态和信息显示情况。

5.3.4 在试样的任一故障状态时，检查非故障部位的工作情况。

5.4 自检功能试验

5.4.1 手动操作试样的自检机构，观察并记录试样的状态；对于自检时间超过 1 min 或不能自动停止自检功能的试样，在自检期间，使任一非自检回路处于报警状态，观察试样的状态。

5.4.2 手动操作试样的音响器件、指示灯和显示器的自检功能，观察试样的状态。

5.5 信息显示与查询功能试验

5.5.1 分别按不同的顺序设置故障状态、监控报警状态，查看试样的状态和信息显示情况。

5.5.2 在高级别的信息显示状态下，手动操作查询功能，查看试样的低级别信息显示情况。

5.6 电源功能试验

5.6.1 使试样在制造商规定的线路条件下,在下述负载条件下,连续工作4 h:
   a) 监控设备容量不超过10个构成单独部位号的回路(以下称回路)时,所有回路均处于报警状态;
   b) 监控设备容量超过10个回路时,20%的回路(但不少于10个回路,且不超过30个回路)处于报警状态。

5.6.2 使试样恢复到正常监视状态,按5.2～5.5的方法进行功能试验。

5.6.3 将试样供电电压分别调至AC 187 V和AC 242 V情况下,检查试样的功能。

5.7 绝缘电阻试验

5.7.1 试验步骤

5.7.1.1 在正常大气条件下,用绝缘电阻试验装置,分别对试样的下述部位施加500 V±50 V直流电压:
   a) 工作电压大于50 V的外部带电端子与外壳间;
   b) 工作电压大于50 V的电源插头或电源接线端子与外壳间(电源开关置于开位置,不接通电源)。

5.7.1.2 试验持续60 s±5 s,然后测量试样的绝缘电阻值。

5.7.2 试验设备

满足下述技术要求的绝缘电阻试验装置:
a) 试验电压:500 V±50 V;
b) 测量范围:0 MΩ～500 MΩ;
c) 最小分度:0.1 MΩ;
d) 记时:60 s±5 s。

5.8 泄漏电流试验

5.8.1 试验步骤

将试样与制造商提供的探测器相连接,接通电源,使其处于正常监视状态。调节供电电压为试样主电源额定电压的1.06倍,测量并记录其总泄漏电流值。

5.8.2 试验设备

符合GB 4706.1规定的测量泄漏电流的试验装置。

5.9 电气强度试验

5.9.1 试验步骤

5.9.1.1 将试样的接地保护元件拆除。用电气强度试验装置,以100 V/s～500 V/s的升压速率,分别对试样的下述部位施加1 250 V/50 Hz的试验电压:
   a) 工作电压大于50 V的外部带电端子与外壳间;
   b) 工作电压大于50 V的电源插头或电源接线端子与外壳间(电源开关置于开位置,不接通电源)。

5.9.1.2 试验持续60 s±5 s,再以100 V/s～500 V/s的降压速率使试验电压低于试样额定电压后,方可断电。

5.9.1.3 试验后,将试样与制造商提供的探测器相连接,接通电源,使试样处于正常监视状态,按5.2～5.5的方法进行功能试验。

5.9.2 试验设备

应采用满足下述技术要求的电气强度试验装置:
- a) 试验电压:电压0 V～1 250 V(有效值)连续可调,频率50 Hz;
- b) 升、降压速率:100 V/s～500 V/s;
- c) 计时:60 s±5 s。

5.10 射频电磁场辐射抗扰度试验

5.10.1 试验步骤

5.10.1.1 将试样按GB/T 17626.3的规定进行试验布置,并将试样与制造商提供的探测器相连接,接通电源,使其处于正常监视状态20 min。

5.10.1.2 按GB/T 17626.3规定的试验方法对试样施加表1所示条件的干扰试验,观察并记录试样工作状态。

5.10.1.3 按5.2～5.5的方法进行功能试验。

5.10.2 试验设备

试验设备应满足GB/T 17626.3的要求。

5.11 射频场感应的传导骚扰抗扰度试验

5.11.1 试验步骤

5.11.1.1 将试样按GB/T 17626.6的规定进行试验布置,并将试样与制造商提供的探测器相连接,接通电源,使其处于正常监视状态20 min。

5.11.1.2 按GB/T 17626.6规定的试验方法对试样施加表1所示条件的干扰试验,观察并记录试样工作状态。

5.11.1.3 按5.2～5.5的方法进行功能试验。

5.11.2 试验设备

试验设备应满足GB/T 17626.6的要求。

5.12 静电放电抗扰度试验

5.12.1 试验步骤

5.12.1.1 将试样按GB/T 17626.2的规定进行试验布置,并将试样与制造商提供的探测器相连接,接通电源,使其处于正常监视状态20 min。

5.12.1.2 按GB/T 17626.2规定的试验方法对试样及耦合板施加表1所示条件的干扰试验,观察并记录试样工作状态。

5.12.1.3 按5.2～5.5的方法进行功能试验。

5.12.2 试验设备

试验设备应满足GB/T 17626.2的要求。

5.13 电快速瞬变脉冲群抗扰度试验

5.13.1 试验步骤

5.13.1.1 将试样按 GB/T 17626.4 的规定进行试验布置,并将试样与制造商提供的探测器相连接,接通电源,使其处于正常监视状态 20 min。

5.13.1.2 按 GB/T 17626.4 规定的试验方法对试样施加表 1 所示条件的干扰试验,观察并记录试样工作状态。

5.13.1.3 按 5.2～5.5 的方法进行功能试验。

5.13.2 试验设备

试验设备应满足 GB/T 17626.4 的要求。

5.14 浪涌(冲击)抗扰度试验

5.14.1 试验步骤

5.14.1.1 将试样按 GB/T 17626.5 的规定进行试验布置,并将试样与制造商提供的探测器相连接,接通电源,使其处于正常监视状态 20 min。

5.14.1.2 按 GB/T 17626.5 规定的试验方法对试样施加表 1 所示条件的干扰试验,观察并记录试样工作状态。

5.14.1.3 按 5.2～5.5 的方法进行功能试验。

5.14.2 试验设备

试验设备应满足 GB/T 17626.5 的要求。

5.15 电压暂降、短时中断和电压变化的抗扰度试验

5.15.1 试验步骤

5.15.1.1 将试样按 GB/T 17626.11 的规定进行试验布置,并将试样与制造商提供的探测器相连接,接通电源,使其处于正常监视状态 20 min。

5.15.1.2 按 GB/T 17626.11 规定的试验方法对试样施加表 1 所示条件的干扰试验,观察并记录试样工作状态。

5.15.1.3 按 5.2～5.5 的方法进行功能试验。

5.15.2 试验设备

试验设备应满足 GB/T 17626.11 的要求。

5.16 电源瞬变试验

5.16.1 试验步骤

5.16.1.1 将试样连接到电源瞬变试验装置上,并与制造商提供的探测器相连接。

5.16.1.2 开启试验装置,使试样主电源按"通电(9 s)～断电(1 s)"的固定程序连续通断 500 次。

5.16.1.3 按 5.2～5.5 的方法进行功能试验。

5.16.2 试验设备

试验设备应满足 5.16.1 的试验条件。

5.17 电压波动试验

5.17.1 将试样按正常工作要求进行布置。调节试验设备,使试验设备的输出电压为 AC 187 V(50 Hz),将该输出电压施加到试样的电源输入端,接通电源,观察试样的状态;如试样工作正常,则按 5.2～5.5 的方法对试样进行性能试验。

5.17.2 将试样按正常工作要求进行布置。调节试验设备,使试验设备的输出电压为 AC 242 V(50 Hz),将该输出电压施加到试样的电源输入端,接通电源,观察试样的状态;如试样工作正常,则按 5.2～5.5 的方法对试样进行性能试验。

5.18 振动(正弦)(运行)试验

5.18.1 试验步骤

5.18.1.1 将试样按正常安装方式刚性安装,使同方向的重力作用与其使用时一样(重力影响可忽略时除外),试样在上述安装方式下可放于任何高度,试验期间试样处于正常监视状态。

5.18.1.2 按表 2 的规定依次在三个互相垂直的轴线上,在 10 Hz～150 Hz 的频率循环范围内,以 0.981 m/s² 的加速度幅值,1 oct/min 的扫频速率,各进行 1 次扫频循环。试验期间,观察并记录试样的工作状态。

5.18.1.3 检查试样外观及紧固部位,并按 5.2～5.5 的方法进行功能试验。

5.18.2 试验设备

试验设备(振动台及夹具)应满足 GB 16838 的要求。

5.19 碰撞试验

5.19.1 试验步骤

5.19.1.1 将试样与制造商提供的探测器相连接,接通电源,使其处于正常监视状态。

5.19.1.2 按表 2 的规定对试样表面上的每个易损部件(如指示灯、显示器等)施加 3 次能量为 0.5 J± 0.04 J 的碰撞。在进行试验时应小心进行,以确保上一组(3 次)碰撞的结果不对后续各组碰撞的结果产生影响,在认为可能产生影响时,应不考虑发现的缺陷,取一新的试样,在同一位置重新进行碰撞试验,观察并记录试样的工作状态。

5.19.1.3 按 5.2～5.5 的方法进行功能试验。

5.19.2 试验设备

试验设备应满足 GB 16838 的要求。

5.20 报警信号过输入适应性试验

5.20.1 试验步骤

将试样按图 1 连接,使试样 CA 通电。调节主电源 GR,使主电流测量装置 A 的读数为 44 A,计时 5 min,断开主电源 GR。多路监控设备的所有报警回路均应进行试验。然后按 5.2～5.5 进行功能试验。

5.20.2 试验设备

主电流测量装置 A 的准确度至少为 2.5 级。

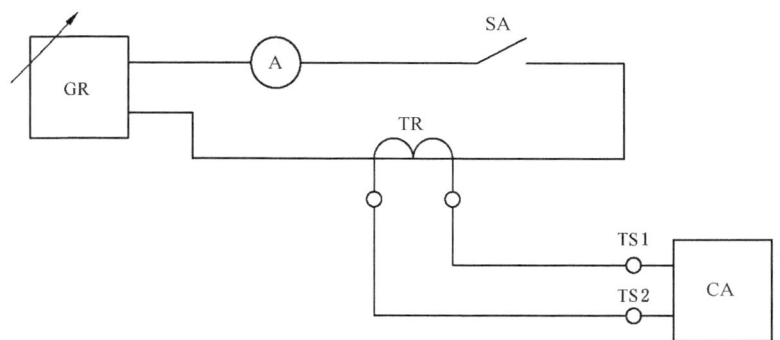

说明：
GR ——剩余电流发生器；
A ——电流表；
SA ——开关；
TR ——探测器；
CA ——监控设备；
TS1、TS2——信号输入端。

图1 报警信号过输入适应性试验电路示意图

5.21 低温（运行）试验

5.21.1 试验步骤

5.21.1.1 试验前，将试样在正常大气条件下放置2 h～4 h。然后将试样与制造商提供的探测器相连接，接通电源，使其处于正常监视状态。

5.21.1.2 调节试验箱温度，使其在20 ℃±2 ℃温度下保持30 min±5 min，然后，按表3的规定以不大于1 ℃/min的速率降温至0 ℃±3 ℃。

5.21.1.3 在0 ℃±3 ℃温度下，观察并记录试样的工作状态；保持16 h后，立即按5.2～5.5的方法进行功能试验。

5.21.1.4 调节试验箱温度，使其以不大于1 ℃/min的速率升温至20 ℃±2 ℃，并保持30 min±5 min。

5.21.1.5 取出试样，在正常大气条件下放置1 h～2 h后，检查试样表面涂覆情况，并按5.2～5.5的方法进行功能试验。

5.21.2 试验设备

试验设备应满足GB 16838的要求。

5.22 恒定湿热（运行）试验

5.22.1 试验步骤

5.22.1.1 试验前，将试样在正常大气条件下放置2 h～4 h。然后将试样与制造商提供的探测器相连接，接通电源，使其处于正常监视状态。

5.22.1.2 调节试验箱，按表3的规定使温度为40 ℃±2 ℃、相对湿度为93%±3%（先调节温度，当温度达到设定温度且稳定后再加湿），观察并记录试样的工作状态；连续保持4 d后，立即按5.2～5.5的方法进行功能试验。

5.22.1.3 取出试样，在正常大气条件下，处于正常监视状态1 h～2 h后，检查试样表面涂覆情况，并按5.2～5.5的方法进行功能试验。

5.22.2 试验设备

试验设备应满足 GB 16838 中的要求。

6 检验规则

6.1 产品出厂检验

出厂检验项目为：
- a) 监控报警功能试验；
- b) 故障报警功能试验；
- c) 自检功能试验；
- d) 电源功能试验；
- e) 绝缘电阻试验；
- f) 电气强度试验。

6.2 型式检验

6.2.1 型式检验项目为第 5 章规定的全部试验项目。检验样品在出厂检验合格的产品中随机抽取。

6.2.2 有下列情况之一时，应进行型式检验：
- a) 新产品或老产品转厂生产时的试制定型鉴定；
- b) 正式生产后，产品的结构、主要部件或元器件、生产工艺等有较大的改变，可能影响产品性能；
- c) 产品停产 1 年以上，恢复生产；
- d) 发生重大质量事故；
- e) 质量监督部门依法提出要求。

6.2.3 检验结果按 GB 12978 规定的型式检验结果判定方法进行判定。

7 标志

7.1 产品标志

每台监控设备均应清晰、牢固地标注出下列信息：
- a) 制造商名称、地址；
- b) 产品名称；
- c) 产品型号；
- d) 产品主要技术参数；
- e) 生产日期及产品编号；
- f) 执行标准编号。

7.2 质量检验标志

每台监控设备均应附有质量检验合格标志。

ICS 13.220.20
C 81

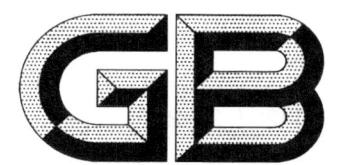

中华人民共和国国家标准

GB 14287.2—2014
代替 GB 14287.2—2005

电气火灾监控系统
第2部分：剩余电流式电气火灾
监控探测器

Electrical fire monitoring system—
Part 2: Residual current electrical fire monitoring detectors

2014-07-24 发布

2015-06-01 实施

中华人民共和国国家质量监督检验检疫总局
中国国家标准化管理委员会 发布

前 言

GB 14287 本部分的第 5 章、第 7 章、第 8 章为强制性的,其余为推荐性的。

GB 14287《电气火灾监控系统》由以下部分组成:
——第 1 部分:电气火灾监控设备;
——第 2 部分:剩余电流式电气火灾监控探测器;
——第 3 部分:测温式电气火灾监控探测器;
……

本部分为 GB 14287 的第 2 部分。

本部分按照 GB/T 1.1—2009 给出的规则起草。

本部分代替 GB 14287.2—2005《电气火灾监控系统 第 2 部分:剩余电流式电气火灾监控探测器》,与 GB 14287.2—2005 相比主要技术变化如下:
——增加了重复性试验(见 6.5);
——增加了一致性试验(见 6.6);
——增加了平衡性试验(见 6.7);
——增加了大电流冲击适应性试验(见 6.8);
——增加了泄漏电流试验(见 6.10);
——增加了射频电磁场辐射抗扰度试验(见 6.12);
——增加了射频场感应的传导骚扰抗扰度试验(见 6.13);
——增加了静电放电抗扰度试验(见 6.14);
——增加了电快速瞬变脉冲群抗扰度试验(见 6.15);
——增加了浪涌(冲击)抗扰度试验(见 6.16);
——增加了电压暂降、短时中断和电压变化的抗扰度试验(见 6.17);
——增加了工频磁场抗扰度试验(见 6.18);
——增加了电压波动试验(见 6.19);
——将振动(正弦)(耐久)试验修改为振动(正弦)(运行)试验(见 6.20,2005 年版的 5.6);
——增加了碰撞试验(见 6.21);
——取消了冲击试验(见 2005 年版的 5.7)。

本部分由中华人民共和国公安部提出。

本部分由全国消防标准化技术委员会火灾探测与报警分技术委员会(SAC/TC 113/SC 6)归口。

本部分负责起草单位:公安部沈阳消防研究所。

本部分参加起草单位:沈阳斯沃电器有限公司、北京海博智恒电器防火科技有限公司、沈阳申泰电器系统有限公司、北京航天常兴科技发展有限公司、上海华宿电气技术有限公司。

本部分主要起草人:丁宏军、杨波、康卫东、张颖琮、仝瑞涛、孙珍慧、严晓光、鲁林、许佳华、俞颖飞、栾军、蔡钧、胡少英。

本部分所代替标准的历次版本发布情况为:
——GB 14287—1993;
——GB 14287.2—2005。

电气火灾监控系统
第2部分：剩余电流式电气火灾监控探测器

1 范围

GB 14287的本部分规定了剩余电流式电气火灾监控探测器的术语和定义、分类、要求、试验、检验规则、标志。

本部分适用于电气火灾监控系统中的剩余电流式电气火灾监控探测器。

2 规范性引用文件

下列文件对于本文件的应用是必不可少的。凡是注日期的引用文件，仅注日期的版本适用于本文件。凡是不注日期的引用文件，其最新版本（包括所有的修改单）适用于本文件。

GB 4706.1—2005　家用和类似用途电器的安全　第1部分：通用要求
GB/T 9969　工业产品使用说明书　总则
GB 12978　消防电子产品检验规则
GB 14287.3　电气火灾监控系统　第3部分：测温式电气火灾监控探测器
GB 16838　消防电子产品环境试验方法及严酷等级
GB/T 17626.2　电磁兼容　试验和测量技术　静电放电抗扰度试验
GB/T 17626.3　电磁兼容　试验和测量技术　射频电磁场辐射抗扰度试验
GB/T 17626.4　电磁兼容　试验和测量技术　电快速瞬变脉冲群抗扰度试验
GB/T 17626.5　电磁兼容　试验和测量技术　浪涌（冲击）抗扰度试验
GB/T 17626.6　电磁兼容　试验和测量技术　射频场感应的传导骚扰抗扰度
GB/T 17626.8　电磁兼容　试验和测量技术　工频磁场抗扰度试验
GB/T 17626.11　电磁兼容　试验和测量技术　电压暂降、短时中断和电压变化的抗扰度试验
GB 23757　消防电子产品防护要求

3 术语和定义

下列术语和定义适用于本文件。

3.1
剩余电流式电气火灾监控探测器　residual current electrical fire monitoring detector
监测被保护线路中的剩余电流值变化的探测器。一般由剩余电流传感器和信号处理单元组成。

3.2
独立式剩余电流式电气火灾监控探测器　independent residual current electrical fire monitoring detector
独立探测被保护线路中的剩余电流值变化并发出声、光报警信号的探测器。

3.3
非独立式剩余电流式电气火灾监控探测器　non-independent residual current electrical fire monitoring detector
能探测被保护线路中的剩余电流值并向电气火灾监控设备传送相关信息的探测器。

3.4

多传感器组合式电气火灾监控探测器 combined multi-sensing electrical fire monitoring detector

能够同时监测被保护线路中的剩余电流值和温度变化的探测器。

3.5

剩余电流传感器 residual current sensor

测量被保护线路中的剩余电流值变化的传感器,一般为剩余电流互感器。

3.6

信号处理单元 signal processing unit

接收剩余电流传感器的测量数据,并对数据进行分析处理的单元。

4 分类

4.1 剩余电流式电气火灾监控探测器(以下简称探测器)按工作方式可分为:

    a) 独立式;

    b) 非独立式。

4.2 探测器按传感器数量可分为:

    a) 单传感器式;

    b) 多传感器组合式。

5 要求

5.1 总则

探测器应按第 6 章的规定进行试验,试验结果应符合第 5 章的对应要求。

5.2 基本功能

5.2.1 探测器应设有工作状态指示灯和报警状态指示灯。

5.2.2 探测器不应具有断路器功能。

5.2.3 独立式探测器电源应采用交流电源(AC 220 V/50 Hz),电源线输入端应设接线端子。

5.2.4 当被保护线路剩余电流达到报警设定值时,探测器应在 30 s 内发出报警信号,点亮报警指示灯,非独立式探测器的报警指示应保持至与其相连的电气火灾监控设备复位,独立式探测器的报警指示应保持至手动复位。

5.2.5 探测器的报警值应设定在 20 mA～1 000 mA 之间,在报警值设定范围内,报警值与设定值之差的绝对值不应大于设定值的 5%;具有实时显示剩余电流值功能探测器的显示误差不应大于 5%。

5.2.6 非独立式探测器与外接的传感器之间的连接线发生断路或短路时,探测器应向与其连接的电气火灾监控设备传送故障信号。

5.2.7 探测器报警设定值可在探测器或与其相连的电气火灾监控设备上进行设置,但只应通过专用工具、密码等手段实现现场设置。

5.2.8 具有测温功能的多传感器组合式探测器还应符合 GB 14287.3 的要求。

5.3 监控报警功能

5.3.1 监控报警功能要求仅适用于独立式探测器。

5.3.2 探测器在报警时应发出声、光报警信号,并显示报警时的剩余电流值(仅适用于剩余电流式探测器)和传感器部位;报警声信号可手动消除,报警声信号手动消除后,应有消音指示,当再有其他报警信号输入时,报警声信号应能再启动。

5.3.3 在报警条件下,在其音响器件正前方 1 m 处的声压级(A 计权)应大于 70 dB,小于 115 dB。

5.3.4 采用外接剩余电流传感器的探测器,信号处理单元与其连接的剩余电流传感器间的连接线断路或短路时,探测器应能在 100 s 内发出声、光故障信号;故障声信号与报警声信号应有明显区别;故障声信号应能手动消除;故障光信号应保持至故障状态恢复。

5.3.5 探测器的报警声信号应优先于故障声信号。

5.3.6 独立式探测器最多可连接 4 路传感器。

5.3.7 报警信息应优先于故障信息显示,在报警状态下,应能手动查询存在的故障信息,报警信息与故障信息不应交替显示。

5.3.8 探测器可设有一组控制输出,在探测器报警时,控制输出应在 3 s 内动作,控制输出的性能应符合制造商的规定。

5.3.9 探测器应能手动检查其音响器件、面板上所有指示灯和显示器的功能,自检期间探测器控制输出不应动作。

5.4 通讯功能

5.4.1 非独立式探测器应能将实时的剩余电流值和故障信号传送到配接的电气火灾监控设备。

5.4.2 独立式探测器应至少具有一组通讯端口。

5.5 主要部件性能

5.5.1 指示灯

5.5.1.1 指示灯应采用中文清晰地标注其功能。

5.5.1.2 指示灯应用颜色标识,红色表示报警状态,黄色表示故障状态,绿色表示正常状态。

5.5.1.3 指示灯在其正前方 3 m 处、在光照度不超过 500 lx 的环境条件下,应清晰可见。

5.5.2 显示器

5.5.2.1 独立式探测器应采用数字或字母显示器显示信息。

5.5.2.2 在 5 lx~500 lx 环境光条件下,显示的信息应在正前方 22.5°视角范围内,0.8 m 处可读。

5.5.3 接线端子

5.5.3.1 探测器应设置外接连接线的接线端子,但不应设置连接被监测线路的接线端子。

5.5.3.2 接线端子应清晰地标注其功能。

5.5.3.3 强电的接线端子应设在探测器的内部或用安全、可靠的防护措施保护。

5.5.3.4 强电和弱电接线端子应分开设置。

5.5.4 结构

5.5.4.1 探测器的贯穿孔应能使相应额定电流值的导线正常穿过。

5.5.4.2 探测器的外壳应坚固可靠。

5.5.4.3 探测器应采用可靠的方式进行安装固定。

5.5.4.4 探测器的剩余电流传感器与信号处理单元的连接线长度不应超过 3 m。

5.5.5 剩余电流传感器

如采用电流互感器测量剩余电流,应符合附录 A 的要求;采用其他原理测量剩余电流的传感器应符合制造商的要求。

5.6 防护性能

探测器的防护性能应符合 GB 23757 的要求。

5.7 重复性

重复测量 6 次探测器的报警值和报警时间,两次测量的时间间隔应不小于 3 min,每次测量的探测器的报警值和报警时间均应符合 5.2 的要求。

5.8 一致性

将探测器与制造商提供的 5 个剩余电流传感器分别配接,测量试样的报警值和报警时间均应符合 5.2 的要求。

5.9 平衡性

在图 2 所示的电路条件下,根据探测器的剩余电流传感器的孔径大小,按表 1 的规定选择试验导线。在探测器贯穿孔内的两根 WM 导线与贯穿孔轴线平行,且处于相距最远并固定不动的条件下,调整并保持剩余电流为试样报警设定值的 90%,使探测器以不大于 6°/s 的角速度绕贯穿孔轴线回转 360°,探测器在此期间应保持正常监视状态;在探测器贯穿孔内的两根 WM 导线与贯穿孔轴线呈 45°夹角,且处于相距最远并固定不动的条件下,使探测器以不大于 6°/s 的角速度绕贯穿孔轴线回转 360°,探测器在此期间应保持正常监视状态;试验后,探测器性能应符合 5.2、5.3 的要求。

注:正常监视状态指探测器在电源正常供电条件下,无故障报警、自检等操作时所处的工作状态。

表 1 主回路导线要求

主回路额定工作电流值 I_n A	试验电流 A	导线直径 mm	绝缘层厚度 mm
$I_n \leqslant 63$	63	4	0.5
$63 < I_n \leqslant 100$	100	6	1.0
$100 < I_n \leqslant 315$	315	10	1.5
$315 < I_n \leqslant 630$	630	14	2.0
$630 < I_n \leqslant 1\ 000$	1 000	20	2.0
$1\ 000 < I_n \leqslant 2\ 000$	2 000	50	2.0

5.10 大电流冲击适应性

在图 3 电路条件下,按表 2 规定的主回路额定工作电流值施加对应的瞬态冲击电流,持续时间 0.2 s,间隔 30 s 重复测试,共 5 次。试验期间,探测器应保持正常监视状态;试验后,探测器性能应符合 5.2、5.3 的要求。

表 2 冲击电流条件单位为安培

主回路额定工作电流值 I_n	瞬态冲击电流
$I_n \leqslant 100$	1 000
$100 < I_n \leqslant 630$	2 000
$630 < I_n \leqslant 2 000$	4 000

5.11 绝缘电阻

探测器的外部带电端子和电源插头的工作电压大于 50 V 时,外部带电端子和电源插头与外壳间的绝缘电阻在正常大气条件下应不小于 100 MΩ。

5.12 泄漏电流

采用 AC 220 V/50 Hz 交流电源供电的探测器在 1.06 倍额定电压下工作时,泄漏电流值应不超过 0.5 mA。

5.13 电气强度

探测器的外部带电端子和电源插头的工作电压大于 50 V 时,外部带电端子和电源插头应能耐受频率为 50 Hz、有效值电压为 1 250 V 的交流电压,历时 60 s±5 s 的电气强度试验。试验期间,探测器不应发生放电或击穿现象(击穿电流不大于 20 mA);试验后,探测器的性能应符合 5.2、5.3 的要求。

5.14 电磁兼容性

探测器应能适应表 3 所规定条件下的各项试验要求。试验期间,应保持正常监视状态;试验后,性能应符合 5.2、5.3 的要求。

表 3 电磁兼容性试验条件

试验名称	试验参数	试验条件	工作状态
射频电磁场辐射抗扰度试验	场强 V/m	10	正常监视状态
	频率范围 MHz	80～1 000	
	扫描速率 10 oct/s	$\leqslant 1.5 \times 10^{-3}$	
	调制幅度	80%(1 kHz,正弦)	
射频场感应的传导骚扰抗扰度试验	频率范围 MHz	0.15～80	正常监视状态
	电压 dBμV	140	
	调制幅度	80%(1 kHz,正弦)	

表 3（续）

试验名称	试验参数	试验条件	工作状态
静电放电抗扰度试验	放电电压 kV	空气放电（外壳为绝缘体）：8 接触放电（外壳为导体）：6	正常监视状态
	放电极性	正、负	
	放电间隔 s	≥1	
	每点放电次数	10	
电快速瞬变脉冲群抗扰度试验	瞬变脉冲电压 kV	AC电源线：2×(1±0.1) 其他连接线：1×(1±0.1)	正常监视状态
	重复频率 kHz	AC电源线：2.5×(1±0.2) 其他连接线：5×(1±0.2)	
	极性	正、负	
	时间	每次 1 min	
浪涌（冲击）抗扰度试验	浪涌（冲击）电压 kV	AC电源线 线-线：1×(1±0.1) AC电源线 线-地：2×(1±0.1) 其他连接线 线-地：1×(1±0.1)	正常监视状态
	极性	正、负	
	试验次数	5	
电压暂降、短时中断和电压变化的抗扰度试验	持续时间	10周期（供电电压为额定电压的40%） 1周期（供电电压为0 V）	正常监视状态
	试验次数	10	
工频磁场抗扰度试验	试验等级	4	正常监视状态
	磁场强度 A/m	30	

5.15 电压波动

采用220 V/50 Hz交流电源供电的探测器，在供电电压为AC 187 V和AC 242 V条件下应能正常工作，性能应符合5.2、5.3的要求。

5.16 机械环境耐受性

探测器应能耐受住表4中所规定的机械环境条件下的各项试验。试验期间，应保持正常监视状态；试验后，不应有机械损伤和紧固部位松动现象，性能应符合5.2、5.3的要求。

表 4 机械环境试验条件

试验名称	试验参数	试验条件	工作状态
振动(正弦)(运行)试验	频率循环范围 Hz	10～150	正常监视状态
	加速幅值 m/s²	0.981	
	扫频速率 oct/min	1	
	每个轴线扫频次数	1	
	振动方向	X、Y、Z	
碰撞试验	碰撞能量 J	0.5±0.04	正常监视状态
	碰撞次数	3	

5.17 气候环境耐受性

探测器应能耐受住表5规定的气候环境条件下的各项试验。试验期间,探测器应保持正常监视状态;试验后,应无破坏涂覆和腐蚀现象,性能应符合5.2、5.3的要求。

表 5 气候环境试验条件

试验名称	试验参数	试验条件	工作状态
低温(运行)试验	温度 ℃	-10±3	正常监视状态
	持续时间 h	16	
恒定湿热(运行)试验	温度 ℃	40±2	正常监视状态
	相对湿度 %	93±3	
	持续时间 d	4	

5.18 使用说明书

5.18.1 探测器应有相应的中文使用说明书。

5.18.2 使用说明书应符合 GB/T 9969 的要求,且与探测器的性能一致。

6 试验

6.1 试验纲要

6.1.1 试验程序见表6。

表 6 试验程序

序号	条款号	试验项目	编号 1	2	3	4	5
1	6.1.5	试验前检查	√[b]	√	√	√	√
2	6.2	基本功能试验	√	√	√	√	√
3	6.3	监控报警功能试验[a]	√	√	√	√	√
4	6.4	通讯功能试验	√	√	√	√	√
5	6.5	重复性试验					√
6	6.6	一致性试验				√	
7	6.7	平衡性试验		√			
8	6.8	大电流冲击适应性试验				√	
9	6.9	绝缘电阻试验			√		
10	6.10	泄漏电流试验			√		
11	6.11	电气强度试验			√		
12	6.12	射频电磁场辐射抗扰度试验		√			
13	6.13	射频场感应的传导骚扰抗扰度试验		√			
14	6.14	静电放电抗扰度试验	√				
15	6.15	电快速瞬变脉冲群抗扰度试验		√			
16	6.16	浪涌(冲击)抗扰度试验		√			
17	6.17	电压暂降、短时中断和电压变化的抗扰度试验	√				
18	6.18	工频磁场抗扰度试验					√
19	6.19	电压波动试验					√
20	6.20	振动(正弦)(运行)试验				√	
21	6.21	碰撞试验				√	
22	6.22	低温(运行)试验		√			
23	6.23	恒定湿热(运行)试验		√			

[a] 监控报警试验仅适用于独立式探测器。
[b] "√"表示进行该项试验。

6.1.2 除在有关条文中另有说明外,各项试验均在下述大气条件下进行:
——温度:15 ℃～35 ℃;
——相对湿度:25%～75%;
——大气压力:86 kPa～106 kPa。

6.1.3 除在有关条文另有说明外,各项试验数据的容差均为±5%;环境条件参数偏差应符合GB 16838要求。

6.1.4 试验前,制造商应提供5只探测器作为试验样品(以下简称试样),若试验需要,还应提供与其配套的电气火灾监控设备。

6.1.5 探测器在试验前应按下列要求进行检查:
  a) 外观检查,并符合下列要求:
    1) 表面无腐蚀、涂覆层脱落和起泡现象,无明显划伤、裂痕、毛刺等机械损伤;
    2) 紧固部位无松动。

b) 按5.5的要求对试样进行检查,符合要求后方可进行试验。

6.2 基本功能试验

6.2.1 试验步骤

6.2.1.1 将试样按图1所示与试验设备连接,调节电流源GR,使电流表A的读数小于试样报警设定值的95%,保持1 min,观察并记录试样工作情况。调节电流源GR,使电流表读数以不大于每秒0.2倍试样报警设定值的速率增加,记录试样发出报警信号的电流读数,定为试样的报警值。

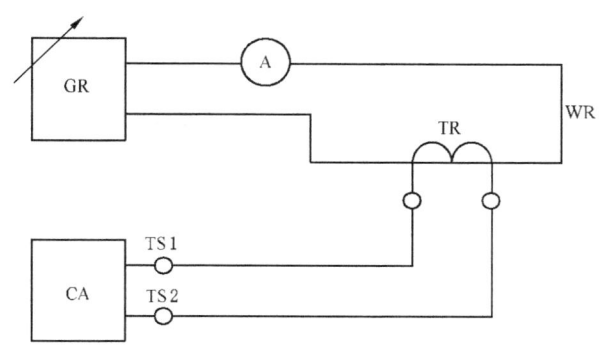

说明:
GR ——剩余电流发生器;
A ——电流表;
WR ——剩余电流导线;
TR ——探测器;
CA ——电气火灾监控设备;
TS1、TS2 ——信号输入端。

图 1 探测器报警性能试验示意图

6.2.1.2 调节电流源GR,使电流表A的读数为试样的报警设定值的105%,保持60 s,记录试样报警时间。

6.2.1.3 对于具有实时显示剩余电流值的试样,检查剩余电流显示值与实测值的误差。

6.2.1.4 对于外接剩余电流传感器的试样,设置与传感器之间的连接线的断路和短路故障,检查故障信号的传送情况。

6.2.1.5 检查试样的报警设定值的设置情况。

6.2.1.6 采用剩余电流互感器的试样,按附录A的要求检验剩余电流互感器。

6.2.2 试验设备

剩余电流发生器GR应能在导线WR中产生50 Hz,0.02 A～1 A的可变交流电流,最小变化量不大于1 mA。电流表A应采用精度至少为0.5级的指针式仪表,或读数为50 mA时基本误差不大于0.5 mA的数字式仪表。

6.3 监控报警功能试验

6.3.1 按图1所示,将试样与试验设备连接,调节电流源GR,使试样发出报警信号,观察试样的状态。测量试样发出声报警信号的声压级。手动操作消音功能,观察试样的状态。调节电流源GR,使电流表A的读数为零,手动复位试样,观察试样的状态。

6.3.2 在试样的正常监视状态下,对于采用外接剩余电流传感器的试样,将与外接剩余电流传感器之间的连接线分别断路和短路,观察试样的状态。手动操作消音功能,观察试样的状态。将与外接剩余电流传感器之间的连接线恢复正常,观察试样的状态。

6.3.3 在试样的正常监视状态下,检查试样声报警信号和声故障信号的优先级。

6.3.4 同时具有故障信息和报警信息状态下,查看试样的信息显示情况。在显示器不能同时显示所有的信息情况下,手动操作查询功能,查看试样的信息显示情况。

6.3.5 对于具有控制输出功能的试样,使试样发出报警信号,检查试样的控制输出动作情况和控制输出的输出特性。

6.3.6 操作试样的自检功能,观察试样的状态。

6.4 通讯功能试验

6.4.1 对于非独立式试样,按制造商的规定要求(包括通讯方式、最远通讯距离和通信线路特性)检查试样的通讯端口的设置情况和通讯功能。

6.4.2 对于非独立式试样,在与电气火灾监控设备之间进行通讯时,在电气火灾监控设备上查看剩余电流值的显示情况。

6.4.3 对于非独立式试样,设置探测器故障信号,在电气火灾监控设备上查看试样的故障信息显示情况。

6.5 重复性试验

6.5.1 将试样按图1所示与试验设备连接,调节电流源GR,使电流表A的读数小于试样报警设定值的95%,保持1 min,观察并记录试样工作情况。调节电流源GR,使电流表读数以不大于0.2倍试样报警设定值的速率增加,记录试样发出报警信号的电流读数,定为试样的报警值。

6.5.2 调节电流源GR,使电流表A的读数为试样的报警设定值的105%,保持60 s,记录试样报警时间。

6.5.3 重复6.5.1、6.5.2的过程共6次,两次测量的时间间隔应不小于3 min。

6.6 一致性试验

6.6.1 将试样与制造商提供的5个剩余电流传感器分别配接,按图1与试验设备连接,调节电流源GR,使电流表A的读数小于试样报警设定值的95%,保持1 min,观察并记录试样工作情况。调节电流源GR,使电流表读数以不大于0.2倍试样报警设定值的速率增加,记录试样发出报警信号的电流读数,定为试样的报警值。

6.6.2 调节电流源GR,使电流表A的读数为试样的报警设定值的105%,保持60 s,记录试样报警时间。

6.7 平衡性试验

6.7.1 根据制造商提供的探测器的额定电流,测量探测器贯穿孔的直径。

6.7.2 将探测器和控制器按图2所示连接。导线WM双线穿过探测器TR的贯穿孔。主电源GM的输出电流调节到探测器的额定电流I_n。主电流测量装置AM的精度至少为2.5级。探测器贯穿孔内壁与两根WM导线之间应用绝缘层分隔,导线直径与绝缘层厚度应符合表1的规定。

6.7.3 使探测器处于正常监视状态,调节漏电电流源GR,使导线WR上电流达到试样报警设定值的90%。使探测器的贯穿孔内的两根WM导线与贯穿孔轴线平行,且处于相距最远的状态固定不动;使探测器以不大于6°/s的角速度绕其贯穿孔轴线回转360°,观察并记录探测器工作情况。使探测器的贯穿孔内的两根WM导线与贯穿孔轴线呈45°夹角,且处于相距最远的状态固定不动;使探测器以不大于6°/s的角速度绕其贯穿孔轴线回转360°观察并记录探测器工作情况。

6.7.4 按6.2、6.3规定的方法对试样进行性能试验。

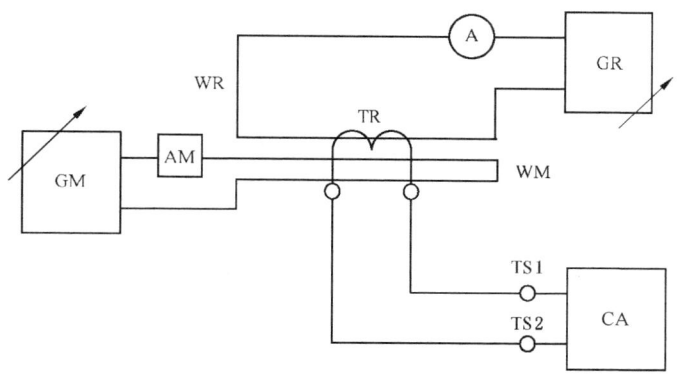

说明：
GM ——主回路电流源；
WM ——主回路导线；
A ——电流表；
TR ——探测器；
TS1、TS2 ——信号输入端。

AM ——主电流测量装置；
GR ——剩余电流发生器；
WR ——漏电导线；
CA ——电气火灾监控设备；

图 2 平衡性试验

6.8 大电流冲击适应性试验

将试样按图 3 所示与试验设备连接，按表 2 规定的主回路额定工作电流值施加相应的瞬态冲击电流，持续时间 0.2 s，间隔 30 s 重复测试，共 5 次。测试结束后立即按 6.2、6.3 规定的方法对试样进行性能试验。

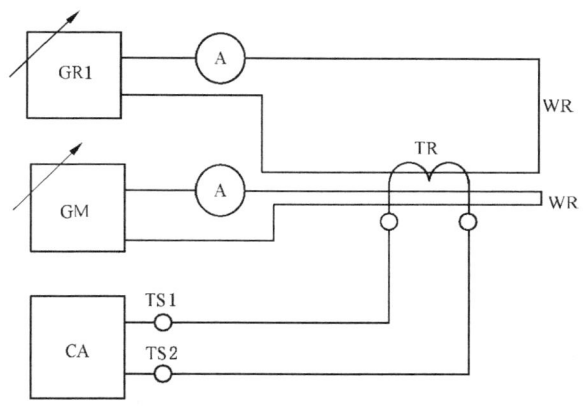

说明：
GR1 ——剩余电流发生器；
GM ——主回路电流源；
A ——电流表；
WR ——电流导线；
TR ——探测器；
CA ——电气火灾监控设备；
TS1、TS2 ——信号输入端。

图 3 大电流冲击适应性试验

6.9 绝缘电阻试验

6.9.1 试验步骤

6.9.1.1 在正常大气条件下,用绝缘电阻试验装置,分别对试样的下述部位施加500 V±50 V直流电压:
　　a) 工作电压大于50 V的外部带电端子与外壳间;
　　b) 工作电压大于50 V的电源插头或电源接线端子与外壳间(电源开关置于开位置,不接通电源)。

6.9.1.2 试验持续60 s±5 s,然后测量试样的绝缘电阻值。

6.9.2 试验设备

符合下述技术要求的绝缘电阻试验装置:
　　a) 试验电压:500 V±50 V;
　　b) 测量范围:0 MΩ~500 MΩ;
　　c) 最小分度:0.1 MΩ;
　　d) 记时:60 s±5 s。

6.10 泄漏电流试验

6.10.1 试验步骤

将采用220 V/50 Hz交流电源供电的试样按照正常工作要求布置,接通电源,使其处于正常监视状态。调节供电电压为试样主电源额定电压的1.06倍,测量并记录其总泄漏电流值。

6.10.2 试验设备

符合GB 4706.1—2005中规定的测量泄漏电流的试验装置。

6.11 电气强度试验

6.11.1 试验步骤

6.11.1.1 将试样的接地保护元件拆除。用电气强度试验装置,以100 V/s~500 V/s的升压速率,分别对试样的下述部位施加1 250 V/50 Hz的试验电压:
　　a) 工作电压大于50 V的外部带电端子与外壳间;
　　b) 工作电压大于50 V的电源插头或电源接线端子与外壳间(电源开关置于开位置,不接通电源)。

6.11.1.2 试验持续60 s±5 s,再以100 V/s~500 V/s的降压速率使试验电压低于试样额定电压后,方可断电。

6.11.1.3 试验后,将试样与制造商提供的探测器相连接,接通电源,使试样处于正常监视状态,按6.2、6.3规定的方法进行功能试验。

6.11.2 试验设备

应采用满足下述技术要求的电气强度试验装置:
　　a) 试验电压:电压为0 V~1 250 V(有效值)连续可调,频率为50 Hz;
　　b) 升、降压速率:100 V/s~500 V/s;

c) 计时：60 s±5 s。

6.12 射频电磁场辐射抗扰度试验

6.12.1 试验步骤

6.12.1.1 将试样按 GB/T 17626.3 的规定进行试验布置，接通电源，使其处于正常监视状态 20 min。

6.12.1.2 按 GB/T 17626.3 规定的试验方法对试样施加表 3 所示条件的干扰试验，观察并记录试样工作状态。

6.12.1.3 按 6.2、6.3 的方法进行性能试验。

6.12.2 试验设备

试验设备应符合 GB/T 17626.3 的要求。

6.13 射频场感应的传导骚扰抗扰度试验

6.13.1 试验步骤

6.13.1.1 将试样按 GB/T 17626.6 的规定进行试验布置，接通电源，使其处于正常监视状态 20 min。

6.13.1.2 按 GB/T 17626.6 规定的试验方法对试样施加表 3 所示条件的干扰试验，观察并记录试样工作状态。

6.13.1.3 按 6.2、6.3 的方法进行性能试验。

6.13.2 试验设备

试验设备应符合 GB/T 17626.6 的要求。

6.14 静电放电抗扰度试验

6.14.1 试验步骤

6.14.1.1 将试样按 GB/T 17626.2 的规定进行试验布置，接通电源，使其处于正常监视状态 20 min。

6.14.1.2 按 GB/T 17626.2 规定的试验方法对试样及耦合板施加表 3 所示条件的干扰试验，观察并记录试样工作状态。

6.14.1.3 按 6.2、6.3 的方法进行性能试验。

6.14.2 试验设备

试验设备应符合 GB/T 17626.2 的要求。

6.15 电快速瞬变脉冲群抗扰度试验

6.15.1 试验步骤

6.15.1.1 将试样按 GB/T 17626.4 的规定进行试验布置，接通电源，使其处于正常监视状态 20 min。

6.15.1.2 按 GB/T 17626.4 规定的试验方法对试样施加表 3 所示条件的干扰试验，观察并记录试样工作状态。

6.15.1.3 按 6.2、6.3 的方法进行性能试验。

6.15.2 试验设备

试验设备应符合 GB/T 17626.4 的要求。

6.16 浪涌(冲击)抗扰度试验

6.16.1 试验步骤

6.16.1.1 将试样按 GB/T 17626.5 的规定进行试验布置,接通电源,使其处于正常监视状态 20 min。

6.16.1.2 按 GB/T 17626.5 规定的试验方法对试样施加表 3 所示条件的干扰试验,观察并记录试样工作状态。

6.16.1.3 按 6.2、6.3 的方法进行性能试验。

6.16.2 试验设备

试验设备应符合 GB/T 17626.5 的要求。

6.17 电压暂降、短时中断和电压变化的抗扰度试验

6.17.1 试验步骤

6.17.1.1 将试样按 GB/T 17626.11 的规定进行试验布置,接通电源,使其处于正常监视状态 20 min。

6.17.1.2 使主电压下滑至 40%,持续 500 ms,重复进行 10 次,每次试验之间的时间间隔至少为 10 s;再使主电压下滑至 0 V,持续 10 ms,重复进行 10 次,每次试验之间的时间间隔至少为 10 s,观察并记录试样的工作状态。

6.17.1.3 按 6.2、6.3 的方法进行性能试验。

6.17.2 试验设备

试验设备应符合 GB/T 17626.11 的要求。

6.18 工频磁场抗扰度试验

6.18.1 试验步骤

6.18.1.1 将试样按 GB/T 17626.8 的规定进行试验布置,接通电源,使其处于正常监视状态 20 min。

6.18.1.2 按 GB/T 17626.8 规定的试验方法对试样施加表 3 所示条件的干扰试验,观察并记录试样工作状态。

6.18.1.3 按 6.2、6.3 的方法进行性能试验。

6.18.2 试验设备

试验设备应符合 GB/T 17626.8 的要求。

6.19 电压波动试验

6.19.1 将试样按正常工作要求进行布置。调节试验设备,使试验设备的输出电压为 AC 187 V(50 Hz),将该输出电压施加到试样的电源输入端,接通电源,观察试样的状态。

6.19.2 将试样按正常工作要求进行布置。调节试验设备,使试验设备的输出电压为 AC 242 V(50 Hz),将该输出电压施加到试样的电源输入端,接通电源,观察试样的状态。

6.19.3 按 6.2、6.3 的方法对试样进行性能试验。

6.20 振动(正弦)(运行)试验

6.20.1 试验步骤

6.20.1.1 将试样按正常安装方式刚性安装,使同方向的重力作用与其使用时一样(重力影响可忽略时

除外),试样在上述安装方式下可放于任何高度,试验期间试样处于正常监视状态。

6.20.1.2 依次在三个互相垂直的轴线上,在 10 Hz～150 Hz 的频率循环范围内,以 0.981 m/s² 的加速度幅值,1 oct/min 的扫频速率,各进行 1 次扫频循环,观察并记录试样的工作状态。

6.20.1.3 检查试样外观及紧固部位,按 6.2、6.3 的方法进行性能试验。

6.20.2 试验设备

试验设备(振动台及夹具)应符合 GB 16838 的要求。

6.21 碰撞试验

6.21.1 试验步骤

6.21.1.1 将试样与制造商提供的探测器相连接,接通电源,使其处于正常监视状态。

6.21.1.2 对试样表面上的每个易损部件(如指示灯、显示器等)施加 3 次能量为 0.5 J±0.04 J 的碰撞。在进行试验时应小心进行,以确保上一组(3 次)碰撞的结果不对后续各组碰撞的结果产生影响,在认为可能产生影响时,应不考虑发现的缺陷,取一新的试样,在同一位置重新进行碰撞试验。试验期间,观察并记录试样的工作状态;试验后,按 6.2、6.3 的方法进行性能试验。

6.21.2 试验设备

试验设备应符合 GB 16838 中的要求。

6.22 低温(运行)试验

6.22.1 试验步骤

6.22.1.1 将试样放入试验箱内,使之处于正常监视状态,在正常大气条件下保持 30 min±5 min,以不大于 1 ℃/min 的平均降温速率使温度降到 −10 ℃±3 ℃,保持 16 h,观察并记录探测器工作情况。

6.22.1.2 以不大于 1 ℃/min 的平均升温速率使温度升到 20 ℃±2 ℃,将试样从试验箱内取出,置于正常大气条件下,保持 2 h,观察并记录试样外观情况。按 6.2、6.3 的要求对试样进行性能试验。

6.22.2 试验设备

试验设备应符合 GB 16838 的要求。

6.23 恒定湿热(运行)试验

6.23.1 试验步骤

6.23.1.1 将试样放入试验箱内,使之处于正常监视状态,在正常大气条件下保持 30 min±5 min。以不大于 1 ℃/min 的平均升温速率使温度升到 40 ℃±2 ℃,再将相对湿度调节到 93%±3%,保持 4 d,观察并记录试样工作情况。

6.23.1.2 以不大于 1 ℃/min 的平均降温速率使温度降到 20 ℃±2 ℃,将试样从试验箱内取出,置于正常大气条件下,仍使之处于正常监视状态,保持 2 h,观察并记录试样外观情况,然后按 6.2、6.3 的要求对试样进行性能试验。

6.23.2 试验设备

试验设备应符合 GB 16838 的要求。

7 检验规则

7.1 产品出厂检验

出厂检验项目为：
a) 基本功能试验；
b) 监控报警功能试验(独立式探测器)；
c) 绝缘电阻试验；
d) 电气强度试验；
e) 恒定湿热(运行)试验。

7.2 型式检验

7.2.1 型式检验项目为第6章规定的试验项目。检验样品在出厂检验合格的产品中抽取。

7.2.2 有下列情况之一时，应进行型式检验：
a) 新产品或老产品转厂生产时的试制定型鉴定；
b) 正式生产后，产品的结构、主要部件或元器件、生产工艺等有较大的改变可能影响产品性能；
c) 产品停产1年以上，恢复生产；
d) 发生重大质量事故；
e) 质量监督部门依法提出要求。

7.2.3 检验结果按GB 12978规定的型式检验结果判定方法进行判定。

8 标志

8.1 产品标志

探测器应清晰地标注下列信息：
a) 制造商名称、地址；
b) 产品名称；
c) 产品型号；
d) 产品主要技术参数(包括主回路额定工作电流值、额定工作电压值、报警设定值范围及调节精度)；
e) 生产日期及产品编号；
f) 执行标准编号。

8.2 质量检验标志

探测器应有质量检验合格标志。

附 录 A
（规范性附录）
剩余电流互感器

A.1 绝缘要求

A.1.1 绕组的工频耐压要求

固定二次绕组与壳体间额定工频耐受电压应大于3 kV(方均根值)。

A.1.2 绕组的绝缘电阻要求

在500 V直流电压下,二次绕组与壳体的绝缘电阻应不小于1 MΩ。

A.2 温升限值

在环境温度为20 ℃～40 ℃时,在额定连续热电流下互感器外壳表面温升不超过25 K。测量时间不小于8 h。

A.3 准确度等级要求

标准准确度等级应等于或优于1级,电流误差限值应符合表A.1的要求。

表A.1 电流误差限值

准确度	在下列额定电流下的电流误差 %					
	5 A	20 A	50 A	100 A	120 A	200 A及以上
0.2	±0.75	±0.35	±0.2	±0.2	±0.2	±0.35
0.5	±1.5	±0.75	±0.5	±0.5	±0.5	±0.75
1.0	±3.0	±1.5	±1.0	±1.0	±1.0	±1.5

A.4 上限温度和下限温度影响要求

剩余电流互感器在所规定的上限温度和下限温度下的电流测量误差均应符合准确度等级的要求。将被试剩余电流互感器置于温度试验箱中并处于误差测量状态,分别使箱内温度达到本标准规定的正常工作环境温度的上限值及下限值,保温时间不得小于2 h,被试剩余电流互感器周围温度的变化不得超过±2 ℃。记录输出的误差数据。

A.5 标注

剩余电流互感器应明确标注一次绕组及二次绕组的额定电流参数、额定连续热电流、上限温度和下限温度,且上限温度不应低于40 ℃,下限温度不应高于－10 ℃。

注:二次绕组也可以采用电压输出方式标注。

ICS 13.220.20
C 81

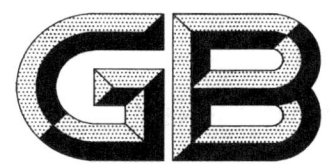

中华人民共和国国家标准

GB 14287.3—2014
代替 GB 14287.3—2005

电气火灾监控系统
第3部分：测温式电气火灾监控探测器

Electrical fire monitoring system—
Part 3: Temperature sensing electrical fire monitoring detectors

2014-07-24 发布

2015-06-01 实施

中华人民共和国国家质量监督检验检疫总局
中国国家标准化管理委员会 发布

前　言

GB 14287 本部分的第 5 章、第 7 章、第 8 章为强制性的，其余为推荐性的。

GB 14287《电气火灾监控系统》由以下部分组成：
——第 1 部分：电气火灾监控设备；
——第 2 部分：剩余电流式电气火灾监控探测器；
——第 3 部分：测温式电气火灾监控探测器；
……

本部分为 GB 14287 的第 3 部分。

本部分按照 GB/T 1.1—2009 给出的规则起草。

本部分代替 GB 14287.3—2005《电气火灾监控系统　第 3 部分：测温式电气火灾监控探测器》，与 GB 14287.3—2005 相比较主要技术变化如下：
——增加了泄漏电流试验（见 6.7）；
——增加了射频电磁场辐射抗扰度试验（见 6.9）；
——增加了射频场感应的传导骚扰抗扰度试验（见 6.10）；
——增加了静电放电抗扰度试验（见 6.11）；
——增加了电快速瞬变脉冲群抗扰度试验（见 6.12）；
——增加了浪涌（冲击）抗扰度试验（见 6.13）；
——增加了电压暂降、短时中断和电压变化的抗扰度试验（见 6.14）；
——增加了电压波动试验（见 6.15）；
——增加了振动（正弦）（运行）试验（见 6.16）；
——增加了碰撞试验（见 6.17）；
——取消了耐压试验、高温试验和腐蚀试验（见 2005 年版的 5.6、5.8 和 5.10）。

本部分由中华人民共和国公安部提出。

本部分由全国消防标准化技术委员会火灾探测与报警分技术委员会（SAC/TC 113/SC 6）归口。

本部分负责起草单位：公安部沈阳消防研究所。

本部分参加起草单位：北京航天常兴科技发展有限公司、三科电器有限公司、北京零线之芯电气技术有限公司、福建俊豪电子有限公司、吉林市吉隆科技开发有限公司、上海华宿电气技术有限公司。

本部分主要起草人：张学军、孙爽、杨波、李小白、张颖琮、吴礼龙、王强、王余胜、栾军、李贵仁。

本部分所代替标准的历次版本发布情况为：
——GB 14287—1993；
——GB 14287.3—2005。

电气火灾监控系统
第3部分：测温式电气火灾监控探测器

1 范围

GB 14827 的本部分规定了测温式电气火灾监控探测器的术语和定义、分类、要求、试验、检验规则和标志。

本部分适用于电气火灾监控系统中的测温式电气火灾监控探测器。

2 规范性引用文件

下列文件对于本文件的应用是必不可少的。凡是注日期的引用文件，仅注日期的版本适用于本文件。凡是不注日期的引用文件，其最新版本（包括所有的修改单）适用于本文件。

GB 4706.1　家用和类似用途电器的安全　第1部分：通用要求
GB/T 9969　工业产品使用说明书　总则
GB 12978　消防电子产品检验规则
GB 14287.2　电气火灾监控系统　第2部分：剩余电流式电气火灾监控探测器
GB 16838　消防电子产品环境试验方法及严酷等级
GB/T 17626.2　电磁兼容　试验和测量技术　静电放电抗扰度试验
GB/T 17626.3　电磁兼容　试验和测量技术　射频电磁场辐射抗扰度试验
GB/T 17626.4　电磁兼容　试验和测量技术　电快速瞬变脉冲群抗扰度试验
GB/T 17626.5　电磁兼容　试验和测量技术　浪涌（冲击）抗扰度试验
GB/T 17626.6　电磁兼容　试验和测量技术　射频场感应的传导骚扰抗扰度试验
GB/T 17626.11　电磁兼容　试验和测量技术　电压暂降、短时中断和电压变化的抗扰度试验
GB 23757　消防电子产品防护要求

3 术语和定义

下列术语和定义适用于本文件。

3.1
测温式电气火灾监控探测器　temperature sensing electrical fire monitoring detector
能探测被保护线路中的温度参数变化的探测器。

3.2
独立式测温式电气火灾监控探测器　independent temperature sensing electrical fire monitoring detector
独立探测被保护线路中的温度参数变化并发出声、光报警信号的探测器。

3.3
非独立式测温式电气火灾监控探测器　non-independent temperature sensing electrical fire monitoring detector
能探测被保护线路中的温度参数变化并向电气火灾监控设备传送信息的探测器。

3.4

多传感器组合式电气火灾监控探测器 combined multi-sensing electrical fire monitoring detector

能够同时监测被保护线路中的剩余电流值和温度变化的探测器。

3.5

测温传感器 temperature sensor

测量被保护线路中的温度参数变化的传感器,一般由热敏电阻或红外测温元件等组成。

3.6

信号处理单元 signal processing unit

接收温度参数的测量数据,并对数据进行分析处理的单元。

4 分类

4.1 测温式电气火灾监控探测器(以下简称探测器)按工作方式可分为:

  a) 独立式;

  b) 非独立式。

4.2 探测器按探测原理可分为:

  a) 接触式;

  b) 非接触式。

4.3 探测器按传感器类型可分为:

  a) 单传感器式;

  b) 多传感器组合式。

5 要求

5.1 总则

探测器应按第 6 章规定进行试验,试验结果应符合第 5 章的对应要求。

5.2 基本性能

5.2.1 探测器应设有工作状态指示灯和报警状态指示灯。

5.2.2 独立式探测器电源应采用交流电源(AC 220 V/50 Hz),电源线输入端应设接线端子。

5.2.3 当被监视部位温度达到报警设定值时,探测器应在 40 s 内发出报警信号,点亮报警指示灯。非独立式探测器的报警指示应保持至与其相连的电气火灾监控设备复位,独立式探测器的报警指示应保持至手动复位。

5.2.4 探测器的报警温度值应设定在 45 ℃～140 ℃的范围内,报警值与设定值之差的绝对值不应大于设定值的 5%。

5.2.5 具有实时显示温度值功能的探测器显示误差不应大于 5%。

5.2.6 非独立式探测器信号处理单元与外接的测温传感器的连接线发生断路和短路时,探测器应向与其连接的电气火灾监控设备传送故障信号。

5.2.7 探测器报警值可在探测器或与其相连的电气火灾监控设备上进行设置,且只能通过专用工具、密码等手段实现现场设置。

5.2.8 具有测量剩余电流功能的多传感器组合式探测器还应符合 GB 14287.2 的要求。

5.3 监控报警功能

5.3.1 探测器在报警时应发出声、光报警信号并显示报警值和部位,报警声信号可手动消除,报警声信号手动消除后,应有消音指示,当再有其他报警信号输入时,报警声信号应能再启动。

5.3.2 在报警条件下,在其音响器件正前方 1 m 处的声压级(A 计权)应大于 70 dB,小于 115 dB。

5.3.3 信号处理单元与外接的测温传感器之间的连接线断路或短路时,探测器应能发出声、光故障信号;故障声信号应与报警声信号有明显区别;故障声信号应能手动消除;故障光信号应保持至故障状态被恢复。

5.3.4 探测器的报警声信号应优先于故障声信号。

5.3.5 独立式探测器最多可连接 4 路传感器。

5.3.6 报警信息应优先于故障信息显示,在报警状态下,应能手动查询存在的故障信息,报警信息与故障信息不应交替显示。

5.3.7 探测器可设有一组控制输出,在探测器报警时,控制输出应在 3 s 内动作,控制输出的性能应符合制造商的规定。

5.3.8 探测器应能手动检查其音响器件、面板上所有指示灯和显示器的功能,自检期间探测器控制输出不应动作。

5.4 通讯功能

5.4.1 非独立式探测器应能将实时的温度值、故障信号传送到配接的电气火灾监控设备。

5.4.2 独立式探测器应至少有一组通讯端口。

5.5 主要部件性能

5.5.1 指示灯

5.5.1.1 每个指示灯都应用中文清晰地标注其功能。

5.5.1.2 指示灯应用颜色标识,红色表示报警状态,黄色表示故障状态,绿色表示正常状态。

5.5.1.3 指示灯在其正前方 3 m 处、在光照度不超过 500 lx 的环境条件下,应清晰可见。

5.5.2 显示器

5.5.2.1 独立式探测器应采用数字或字母显示器显示信息。

5.5.2.2 在 5 lx~500 lx 环境光条件下,显示的信息应在正前方 22.5°视角范围内 0.8 m 处可读。

5.5.3 接线端子

5.5.3.1 探测器应设外接连接线的接线端子。

5.5.3.2 接线端子都应清晰地标注其功能。

5.5.3.3 强电的接线端子应设在探测器的内部或用安全、可靠的防护措施保护。

5.5.3.4 强电和弱电接线端子应分开设置。

5.5.4 结构

5.5.4.1 探测器的外壳应坚固可靠。

5.5.4.2 探测器应采用可靠方式安装固定。

5.6 防护性能

探测器的防护性能应符合 GB 23757 的要求。

5.7 重复性

重复测量6次探测器的报警值和报警时间,两次测量的时间间隔应不小于30 min,每次测量的探测器的报警值和报警时间均应符合5.2的要求。

5.8 绝缘电阻

探测器的外部带电端子和电源插头的工作电压大于50 V时,外部带电端子和电源插头与外壳间的绝缘电阻在正常大气条件下应不小于100 MΩ。

5.9 泄漏电流

采用AC 220 V/50 Hz交流电源供电的探测器在1.06倍额定电压下工作时,泄漏电流值应不超过0.5 mA。

5.10 电气强度

探测器的外部带电端子和电源插头的工作电压大于50 V时,外部带电端子和电源插头应能耐受频率为50 Hz、有效值电压为1 250 V的交流电压,历时60 s±5 s的电气强度试验。试验期间,探测器不应发生放电或击穿现象(击穿电流不大于20 mA);试验后,探测器的性能应符合5.2、5.3的要求。

5.11 电磁兼容性

探测器应能适应表1所规定条件下的各项试验要求。试验期间,应保持正常监视状态;试验后,性能应符合5.2、5.3的要求。

注:正常监视状态指探测器在电源正常供电条件下,无故障报警、自检等操作时所处的工作状态。

表1 电磁兼容性试验条件

试验名称	试验参数	试验条件	工作状态
射频电磁场辐射抗扰度试验	场强 V/m	10	正常监视状态
	频率范围 MHz	80～1 000	
	扫描速率 10 oct/s	≤1.5×10^{-3}	
	调制幅度	80%(1 kHz,正弦)	
射频场感应的传导骚扰抗扰度试验	频率范围 MHz	0.15～80	正常监视状态
	电压 dBμV	140	
	调制幅度	80%(1 kHz,正弦)	
静电放电抗扰度试验	放电电压 kV	空气放电(外壳为绝缘体试样):8	正常监视状态
		接触放电(外壳为导体试样和耦合板):6	
	放电极性	正、负	

表 1（续）

试验名称	试验参数	试验条件	工作状态
静电放电抗扰度试验	放电间隔 s	≥1	正常监视状态
	每点放电次数	10	
电快速瞬变脉冲群 抗扰度试验	瞬变脉冲电压 kV	AC电源线：2×(1±0.1) 其他连接线：1×(1±0.1)	正常监视状态
	重复频率 kHz	5×(1±0.2)	
	极性	正、负	
	时间	每次 1 min	
浪涌（冲击）抗扰度试验	浪涌（冲击）电压 kV	AC电源线　线-线 1×(1±0.1) AC电源线　线-地 2×(1±0.1) 其他连接线　线-地 1×(1±0.1)	正常监视状态
	极性	正、负	
	试验次数	5	
电压暂降、短时中断和 电压变化的抗扰度试验	持续时间	10周期（供电电压为额定电压的40%） 1周期（供电电压为0 V）	正常监视状态
	试验次数	10	

5.12 电压波动性能

采用 AC 220 V/50 Hz 交流电源供电的探测器，在供电电压为 AC 187 V 和 AC 242 V 条件下，应能正常工作，其性能应符合 5.2、5.3 的要求。

5.13 机械环境耐受性

探测器应能耐受住表 2 中所规定的机械环境条件下的各项试验。试验期间，应保持正常监视状态；试验后，不应有机械损伤和紧固部位松动现象，性能应符合 5.2、5.3 的要求。

表 2　机械环境试验条件

试验名称	试验参数	试验条件	工作状态
振动（正弦）（运行）试验	频率循环范围 Hz	10～150	正常监视状态
	加速幅值 m/s²	0.981	
	扫频速率 oct/min	1	正常监视状态
	每个轴线扫频次数	1	
	振动方向	X、Y、Z	

表 2（续）

试验名称	试验参数	试验条件	工作状态
碰撞试验	碰撞能量 J	0.5±0.04	正常监视状态
	碰撞次数	3	

5.14 气候环境耐受性

探测器应能耐受住表3中所规定的气候环境条件下的各项试验。试验期间，试样应保持正常监视状态；试验后，应无破坏涂覆和腐蚀现象，性能应符合5.2、5.3的要求。

表 3 气候环境试验条件

试验名称	试验参数	试验条件	工作状态
低温（运行）试验	温度 ℃	−10±3	正常监视状态
	持续时间 h	16	
恒定湿热（运行）试验	温度 ℃	40±2	正常监视状态
	相对湿度 %	93±3	
	持续时间 d	4	

5.15 使用说明书

5.15.1 探测器应有相应的中文使用说明书。

5.15.2 使用说明书应符合GB/T 9969的要求，且与探测器的性能一致。

6 试验

6.1 试验纲要

6.1.1 试验程序见表4。

6.1.2 除在有关条文中另有说明外，各项试验均应在下述大气条件下进行：
 ——温度：15 ℃～35 ℃；
 ——相对湿度：25%～75%；
 ——大气压力：86 kPa～106 kPa。

6.1.3 除在有关条文中另有说明外，各项试验数据的容差均为±5%；环境条件参数偏差应符合

GB 16838 的要求。

6.1.4 试验前,制造商应提供 5 只探测器作为试验样品(以下简称试样),若试验需要,应提供与其配套的电气火灾监控设备。

6.1.5 探测器在试验前应按下列要求进行检查:
- a) 外观检查,并符合下列要求:
    1) 表面无腐蚀、涂覆层脱落和起泡现象,无明显划伤、裂痕、毛刺等机械损伤;
    2) 紧固部位无松动。
- b) 按5.5的要求对试样进行检查,符合要求后方可进行试验。

表 4 试验程序

序号	条款号	试验项目	编号				
			1	2	3	4	5
1	6.1.5	试验前检查	√[b]	√	√	√	√
2	6.2	基本性能试验	√	√	√	√	√
3	6.3	监控报警功能试验[a]	√	√	√	√	√
4	6.4	通讯功能试验	√	√	√	√	√
5	6.5	重复性试验					√
6	6.6	绝缘电阻试验				√	
7	6.7	泄漏电流试验				√	
8	6.8	电气强度试验				√	
9	6.9	射频电磁场辐射抗扰度试验		√			
10	6.10	射频场感应的传导骚扰抗扰度试验		√			
11	6.11	静电放电抗扰度试验	√				
12	6.12	电快速瞬变脉冲群抗扰度试验	√				
13	6.13	浪涌(冲击)抗扰度试验	√				
14	6.14	电压暂降、短时中断和电压变化的抗扰度试验	√				
15	6.15	电压波动试验	√				
16	6.16	振动(正弦)(运行)试验				√	
17	6.17	碰撞试验				√	
18	6.18	低温(运行)试验					√
19	6.19	恒定湿热(运行)试验					√

[a] 监控报警功能试验仅适用于独立式探测器。
[b] "√"表示进行该项试验。

6.2 基本性能试验

6.2.1 接触式探测器

6.2.1.1 使试样处于正常监视状态,将试样放入温控装置,调整温控装置使其以不大于 1 ℃/min 的升温速率升温直至试样报警,观察试样的状态,记录报警温度值。

6.2.1.2 使试样处于正常监视状态并使试样的温度传感器的温度恢复至室温状态,调整温控装置内的温度到高于试样报警设定值20%,将试样放入温控装置内,并开始计时。当试样发出报警信号时,观察试样的状态,记录响应时间。

6.2.1.3 使试样处于正常监视状态,将试样与外接测温传感器之间的连接线分别设置断路和短路故障,检查试样故障信号的传送情况。

6.2.1.4 检查试样的报警设定值的设置情况。

6.2.1.5 对于具有实时显示温度值功能的探测器,检查试样的温度值显示误差情况。

6.2.2 非接触式探测器

6.2.2.1 将试样固定在支架上,使试样处于正常监视状态,按照制造商规定的要求,使试样对准标准黑体辐射源,调整距离使试样处于黑体辐射源的辐射范围内,使标准黑体辐射源的温度以不大于1 ℃/min的升温速率升至试样报警,观察试样的状态,记录报警温度值。

6.2.2.2 用挡板遮住标准黑体辐射源,将试样复位,使试样处于正常监视状态,调整标准黑体辐射源内的温度到高于试样报警设定值20%,移走挡板,开始计时。当试样发出报警信号时,观察试样的状态,记录响应时间。

6.2.2.3 使试样处于正常监视状态,将试样与外接测温传感器之间的连接线分别设置断路和短路故障,检查试样故障信号的传送情况。

6.2.2.4 检查试样的报警设定值的设置情况。

6.2.2.5 对于具有实时显示温度值功能的探测器,检查试样的温度值显示误差情况。

6.3 监控报警功能试验

6.3.1 在试样的正常监视状态下,使试样发出报警信号,观察试样的状态。测量试样发出声报警信号的声压级。手动操作消音功能,观察试样的状态。将探测器探测的温度恢复至常温,手动复位试样,观察试样的状态。

6.3.2 在试样的正常监视状态下,将与外接测温传感器之间的连接线分别断路和短路,观察试样的状态。手动操作消音功能,观察试样的状态。将与外接测温传感器之间的连接线恢复正常,观察试样的状态。

6.3.3 对于多传感器的试样,使不同的部位分别设置报警信号和故障信号,观察试样的状态指示和信息显示情况。使试样先发出故障信号,再使试样发出报警信号,观察试样的状态;手动复位试样,使试样先发出报警信号,然后再在不同的回路设置故障信号,观察试样的状态。

6.3.4 在同时具有故障信息和报警信息的状态下,查看试样的信息显示情况。在显示器不能同时显示所有的信息情况下,手动操作查询功能,查看试样的信息显示情况。

6.3.5 对于具有控制输出功能的试样,使试样发出报警信号,检查试样的控制输出动作情况和控制输出的输出特性。

6.3.6 操作试样的自检功能,观察试样的状态。

6.4 通讯功能试验

6.4.1 按制造商的规定要求(包括通讯方式、最远通讯距离和通信线路特性)检查试样的通讯端口的设置情况和通讯功能。

6.4.2 在与电气火灾监控设备之间进行通讯时,在电气火灾监控设备上查看温度值的显示情况。

6.4.3 使试样处于故障状态,在电气火灾监控设备上查看试样的故障信息显示情况。

6.5 重复性试验

按 6.2 中的方法重复测量 6 次试样的报警值,记录每次的报警温度值和报警时间。

6.6 绝缘电阻试验

6.6.1 试验步骤

6.6.1.1 在正常大气条件下,用绝缘电阻试验装置,分别对试样的下述部位施加 500 V±50 V 直流电压:
a) 工作电压大于 50 V 的外部带电端子与外壳间;
b) 工作电压大于 50 V 的电源插头或电源接线端子与外壳间(电源开关置于开位置,不接通电源)。

6.6.1.2 试验持续 60 s±5 s,然后测量试样的绝缘电阻值。

6.6.2 试验设备

符合下述技术要求的绝缘电阻试验装置:
a) 试验电压:500 V±50 V;
b) 测量范围:0 MΩ～500 MΩ;
c) 最小分度:0.1 MΩ;
d) 记时:60 s±5 s。

6.7 泄漏电流试验

6.7.1 试验步骤

将采用 AC 220 V/50 Hz 交流电源供电的试样按正常工作要求布置,接通电源,使其处于正常监视状态。调节供电电压为试样主电源额定电压的 1.06 倍,测量并记录其总泄漏电流值。

6.7.2 试验设备

符合 GB 4706.1 规定的测量泄漏电流的试验装置。

6.8 电气强度试验

6.8.1 试验步骤

6.8.1.1 将试样的接地保护元件拆除。用电气强度试验装置,以 100 V/s～500 V/s 的升压速率,分别对试样的下述部位施加 1 250 V/50 Hz 的试验电压:
a) 工作电压大于 50 V 的外部带电端子与外壳间;
b) 工作电压大于 50 V 的电源插头或电源接线端子与外壳间(电源开关置于开位置,不接通电源)。

6.8.1.2 试验持续 60 s±5 s,再以 100 V/s～500 V/s 的降压速率使试验电压低于试样额定电压后,方可断电。

6.8.1.3 试验后,将试样与制造商提供的探测器相连接,接通电源,使试样处于正常监视状态,按 6.2、6.3 规定的方法进行性能试验。

6.8.2 试验设备

应采用满足下述技术要求的电气强度试验装置:
a) 试验电压:电压 0 V～1 250 V(有效值)连续可调,频率 50 Hz;

b) 升、降压速率：100 V/s～500 V/s；
c) 计时：60 s±5 s。

6.9 射频电磁场辐射抗扰度试验

6.9.1 试验步骤

6.9.1.1 将试样按 GB/T 17626.3 的规定进行试验布置，接通电源，使其处于正常监视状态 20 min。

6.9.1.2 按 GB/T 17626.3 规定的试验方法对试样施加表1所示条件的干扰试验，观察并记录试样工作状态。

6.9.1.3 按 6.2、6.3 的方法进行性能试验。

6.9.2 试验设备

试验设备应符合 GB/T 17626.3 的要求。

6.10 射频场感应的传导骚扰抗扰度试验

6.10.1 试验步骤

6.10.1.1 将试样按 GB/T 17626.6 的规定进行试验布置，接通电源，使其处于正常监视状态 20 min。

6.10.1.2 按 GB/T 17626.6 规定的试验方法对试样施加表1所示条件的干扰试验，观察并记录试样工作状态。

6.10.1.3 按 6.2、6.3 的方法进行性能试验。

6.10.2 试验设备

试验设备应符合 GB/T 17626.6 的要求。

6.11 静电放电抗扰度试验

6.11.1 试验步骤

6.11.1.1 将试样按 GB/T 17626.2 的规定进行试验布置，接通电源，使其处于正常监视状态 20 min。

6.11.1.2 按 GB/T 17626.2 规定的试验方法对试样及耦合板施加表1所示条件的干扰试验，观察并记录试样工作状态。

6.11.1.3 按 6.2、6.3 的方法进行性能试验。

6.11.2 试验设备

试验设备应符合 GB/T 17626.2 的要求。

6.12 电快速瞬变脉冲群抗扰度试验

6.12.1 试验步骤

6.12.1.1 将试样按 GB/T 17626.4 的规定进行试验布置，接通电源，使其处于正常监视状态 20 min。

6.12.1.2 按 GB/T 17626.4 规定的试验方法对试样施加表1所示条件的干扰试验，观察并记录试样工作状态。

6.12.1.3 按 6.2、6.3 的方法进行性能试验。

6.12.2 试验设备

试验设备应符合 GB/T 17626.4 的要求。

6.13 浪涌(冲击)抗扰度试验

6.13.1 试验步骤

6.13.1.1 将试样按 GB/T 17626.5 的规定进行试验布置,接通电源,使其处于正常监视状态 20 min。

6.13.1.2 按 GB/T 17626.5 规定的试验方法对试样施加表1所示条件的干扰试验,观察并记录试样工作状态。

6.13.1.3 按 6.2、6.3 的方法进行性能试验。

6.13.2 试验设备

试验设备应符合 GB/T 17626.5 的要求。

6.14 电压暂降、短时中断和电压变化的抗扰度试验

6.14.1 试验步骤

6.14.1.1 将试样按 GB/T 17626.11 的规定进行试验布置,接通电源,使其处于正常监视状态 20 min。

6.14.1.2 按 GB/T 17626.11 规定的试验方法对试样施加表1所示条件的干扰试验,观察并记录试样的工作状态。

6.14.1.3 按 6.2、6.3 的方法进行性能试验。

6.14.2 试验设备

试验设备应符合 GB/T 17626.11 的要求。

6.15 电压波动试验

6.15.1 试验步骤

6.15.1.1 将试样按正常工作要求进行布置。调节试验设备,使试验设备的输出电压为 AC 187 V(50 Hz),将该输出电压施加到试样的电源输入端,接通电源,观察试样的状态。

6.15.1.2 将试样按正常工作要求进行布置。调节试验设备,使试验设备的输出电压为 AC 242 V(50 Hz),将该输出电压施加到试样的电源输入端,接通电源,观察试样的状态。

6.15.1.3 按 6.2、6.3 的方法对试样进行性能试验。

6.15.2 试验设备

符合 6.15.1 要求的调压装置。

6.16 振动(正弦)(运行)试验

6.16.1 试验步骤

6.16.1.1 将试样按正常安装方式刚性安装,使同方向的重力作用与其使用时一样(重力影响可忽略时除外),试样在上述安装方式下可放于任何高度,试验期间试样处于正常监视状态。

6.16.1.2 依次在三个互相垂直的轴线上,在 10 Hz~150 Hz 的频率循环范围内,以 0.981 m/s² 的加速度幅值,1 oct/min 的扫频速率,各进行1次扫频循环,观察并记录试样的工作状态。

6.16.1.3 检查试样外观及紧固部位,并按 6.2、6.3 的方法进行性能试验。

6.16.2 试验设备

试验设备(振动台及夹具)应符合 GB 16838 的要求。

6.17 碰撞试验

6.17.1 试验步骤

6.17.1.1 将试样按照正常工作要求布置,接通电源,使其处于正常监视状态。

6.17.1.2 对试样表面上的每个易损部件(如指示灯、显示器等)施加 3 次能量为 0.5 J±0.04 J 的碰撞。在进行试验时应小心进行,以确保上一组(3 次)碰撞的结果不对后续各组碰撞的结果产生影响,在认为可能产生影响时,应不考虑发现的缺陷,取一新的试样,在同一位置重新进行碰撞试验,观察并记录试样的工作状态。

6.17.1.3 按 6.2、6.3 的方法进行性能试验。

6.17.2 试验设备

试验设备应符合 GB 16838 的要求。

6.18 低温(运行)试验

6.18.1 试验步骤

6.18.1.1 将试样放入试验箱内,使之处于正常监视状态,在正常大气条件下保持 30 min±5 min,以不大于 1 ℃/min 的平均降温速率使温度降到 −10 ℃±3 ℃,保持 16 h,观察并记录探测器工作情况。

6.18.1.2 以不大于 1 ℃/min 的平均升温速率使温度升到 20 ℃±2 ℃,将试样从试验箱内取出,置于正常大气条件下,保持 2 h,观察并记录试样外观情况。

6.18.1.3 按 6.2、6.3 的要求对试样进行性能试验。

6.18.2 试验设备

试验设备应符合 GB 16838 的要求。

6.19 恒定湿热(运行)试验

6.19.1 试验步骤

6.19.1.1 将试样放入试验箱内,使之处于正常监视状态,在正常大气条件下保持 30 min±5 min。以不大于 1 ℃/min 的平均升温速率使温度升到 40 ℃±2 ℃,再将相对湿度调节到 93%±3%,保持 4 d,观察并记录试样工作情况。

6.19.1.2 以不大于 1 ℃/min 的平均降温速率使温度降到 20 ℃±2 ℃,将试样从试验箱内取出,置于正常大气条件下,仍使之处于正常监视状态,保持 2 h,观察并记录试样外观情况。

6.19.1.3 按 6.2、6.3 的要求对试样进行性能试验。

6.19.2 试验设备

试验设备应符合 GB 16838 的要求。

7 检验规则

7.1 出厂检验

出厂检验项目为:
a) 基本性能试验;

b) 监控报警功能试验（独立式探测器）；
c) 绝缘电阻试验；
d) 电气强度试验；
e) 恒定湿热（运行）试验。

7.2 型式检验

7.2.1 型式检验项目为第 6 章规定的试验项目。检验样品在出厂检验合格的产品中抽取。

7.2.2 有下列情况之一时，应进行型式检验：
a) 新产品或老产品转厂生产时的试制定型鉴定；
b) 正式生产后，产品的结构、主要部件或元器件、生产工艺等有较大的改变可能影响产品性能；
c) 产品停产 1 年以上，恢复生产；
d) 发生重大质量事故；
e) 质量监督部门依法提出要求。

7.2.3 检验结果按 GB 12978 规定的型式检验结果判定方法进行判定。

8 标志

8.1 产品标志

探测器应清晰地标注下列信息：
a) 制造商名称、地址；
b) 产品名称；
c) 产品型号；
d) 产品主要技术参数（包括额定工作电压值、报警设定值范围及调节精度）；
e) 生产日期及产品编号；
f) 执行标准编号。

8.2 质量检验标志

探测器应有质量检验合格标志。

ICS 13.220.20
C 81

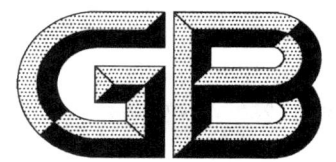

中华人民共和国国家标准

GB 14287.4—2014

电气火灾监控系统
第4部分：故障电弧探测器

Electrical fire monitoring system—Part 4: Arcing fault detectors

2014-06-24 发布

2015-06-01 实施

中华人民共和国国家质量监督检验检疫总局
中国国家标准化管理委员会 发布

前 言

GB 14287 的本部分的第 5、7、8 章为强制性的,其余为推荐性的。

GB 14287《电气火灾监控系统》由以下部分组成：
——第 1 部分:电气火灾监控设备；
——第 2 部分:剩余电流式电气火灾监控探测器；
——第 3 部分:测温式电气火灾监控探测器；
——第 4 部分:故障电弧探测器；
……

本部分为 GB 14287 的第 4 部分。

本部分按照 GB/T 1.1—2009 给出的规则起草。

本部分由中华人民共和国公安部提出。

本部分由全国消防标准化技术委员会火灾探测与报警分技术委员会(SAC/TC 113/SC 6)归口。

本部分由公安部沈阳消防研究所负责起草,宁波习羽电子发展有限公司、上海华宿电气技术有限公司、沈阳斯沃电器有限公司、福建俊豪电子有限公司参加起草。

本部分主要起草人:丁宏军、高伟、张颖琮、李小白、曹振、刘长安、齐梓博、胡少英、黄武杰。

电气火灾监控系统
第4部分：故障电弧探测器

1 范围

GB 14287 的本部分规定了故障电弧探测器的术语和定义、分类、要求、试验、检验规则、标志和使用说明书。

本部分适用于工业与民用建筑中 10 kW 及其以下电气线路中安装使用的故障电弧探测器。其他装置中使用的用于电气火灾监控的故障电弧探测器，以及其他环境下具有特殊要求的故障电弧探测器，除特殊要求由有关标准另行规定外，亦适用于本部分。

2 规范性引用文件

下列文件对于本文件的应用是必不可少的。凡是注日期的引用文件，仅注日期的版本适用于本文件。凡是不注日期的引用文件，其最新版本（包括所有的修改单）适用于本文件。

GB 4706.1 家用和类似用途电器的安全 第1部分：通用要求
GB/T 9969 工业产品使用说明书 总则
GB 12978 消防电子产品检验规则
GB 16838 消防电子产品环境试验方法及严酷等级
GB/T 17626.2 电磁兼容 试验和测量技术 静电放电抗扰度试验
GB/T 17626.3 电磁兼容 试验和测量技术 射频电磁场辐射抗扰度试验
GB/T 17626.4 电磁兼容 试验和测量技术 电快速瞬变脉冲群抗扰度试验
GB/T 17626.5 电磁兼容 试验和测量技术 浪涌（冲击）抗扰度试验
GB/T 17626.6 电磁兼容 试验和测量技术 射频场感应的传导骚扰抗扰度
GB 23757—2009 消防电子产品防护要求

3 术语和定义

下列术语和定义适用于本文件。

3.1
故障电弧 arcing fault
由于电气线路或设备中绝缘老化破损、电气连接松动、空气潮湿、电压电流急剧升高等原因引起空气击穿所导致的气体游离放电现象。

3.2
故障电弧探测器 arcing fault detector
用于探测被保护电气线路中产生故障电弧的探测器。

4 分类

故障电弧探测器（以下简称探测器）按工作方式可分为：

a) 非独立式；
b) 独立式。

5 要求

5.1 总则

探测器应按第6章规定进行试验，试验结果应符合第5章的对应要求。

5.2 外观要求

探测器表面无腐蚀、涂覆层脱落和起泡现象，无明显划伤、裂痕、毛刺等机械损伤，紧固部位无松动。

5.3 基本要求

5.3.1 采用AC 220 V/50 Hz交流电源供电的探测器，电源线输入端应设接线端子。

5.3.2 探测器应具有红色报警确认灯。当被监视区域参数符合报警条件时，探测器报警确认灯应点亮，并保持至被复位。确认灯点亮时在其正前方3 m处，照度不超过500 lx的环境条件下，应清晰可见。

5.3.3 探测器连接其他辅助设备（例如远程确认灯、控制继电器等）时，与辅助设备间连接线的断路和短路不应影响探测器的正常工作。

5.3.4 探测器的出厂设置不应被轻易改变。当确需改变时，需使用特殊手段（如专用工具或密码），否则不应破坏其封条。

5.3.5 探测器的报警性能如果可在探测器或在与其相连的监控设备上进行现场设置，则应满足以下要求：

a) 当制造商声明所有设置均满足本部分的要求时，探测器在任意设置的条件下均应满足本部分的要求，且对于现场设置应只能通过专用工具、密码或探头与底座的分离等手段实现；

b) 当制造商声明某一设置不满足本部分的要求时，该设置应只能通过专用工具、密码手段实现，且应在探测器上或有关文件中明确标明该项设置不能满足本部分的要求。

5.3.6 探测器的防护性能应符合GB 23757—2009中3.2.1的要求。

5.4 报警性能

5.4.1 当被探测线路在1 s内发生14个及其以上半周期的故障电弧时，探测器应在30 s内发出报警信号，点亮报警指示灯；非独立式探测器的报警指示应保持至与其相连的电气火灾监控设备复位，独立式探测器的报警指示应保持至手动复位。

5.4.2 当被探测线路在1 s内发生9个及其以下半周期的故障电弧时，探测器不应发出声、光报警信号和控制信号，但可采取其他方式的提示。

5.4.3 探测器应设有一组控制输出，发出报警信号时，控制输出应在1 s内动作。

5.4.4 探测器在误报警试验过程中，不应发出报警和控制信号。

5.4.5 探测器在负载抑制性试验过程中，应在30 s内发出报警和控制信号。

5.5 重复性

重复测量3次探测器的报警时间，通电1 d后再测量3次报警时间，其报警时间应满足5.4的要求。通电期间，探测器不应发出报警信号和故障信号。

5.6 电压波动性能

采用 AC 220 V/50 Hz 交流电源供电的探测器,在供电电压为 AC 187 V 和 AC 242 V 条件下,应能正常工作,其报警时间应满足 5.4 的要求。

5.7 绝缘电阻

探测器的外部带电端子与机壳间的绝缘电阻值应不小于 20 MΩ;220 V/50 Hz 交流电源输入端与机壳间的绝缘电阻值应不小于 50 MΩ。

5.8 泄漏电流

采用 AC 220 V/50 Hz 交流电源供电的探测器在 1.06 倍额定电压下工作时,泄漏电流值应不超过 0.5 mA。

5.9 电气强度

采用 AC 220 V/50 Hz 交流电源供电的探测器的电源插头(或电源接线端子)与机壳间应能耐受频率为 50 Hz,有效值为 AC 1 250 V 的电压历时 1 min 的电气强度试验。试验期间,探测器不应发生击穿现象;试验后,探测器的性能应符合 5.4 的要求。

5.10 气候环境耐受性

探测器应能耐受表 1 所规定气候环境条件下的各项试验。试验期间,探测器应保持正常监视状态;试验后,应无破坏涂覆和腐蚀现象,探测器的报警时间应满足 5.4 的要求。

表 1 运行试验的气候环境条件要求

试验名称	试验参数	试验条件	工作状态
低温(运行)试验	温度 ℃	−10±3	正常监视状态
	持续时间 h	2	
恒定湿热(运行)试验	温度 ℃	40±2	正常监视状态
	相对湿度 %	93±3	
	持续时间 d	4	

5.11 机械环境耐受性

5.11.1 运行试验

探测器应能耐受表 2 所规定的机械环境条件下的各项试验。试验期间,应保持正常监视状态;试验后,不应有机械损伤和紧固部位松动现象,探测器的报警时间应满足 5.4 的要求。

表 2 运行试验的机械环境条件要求

试验名称	试验参数	试验条件	工作状态
冲击试验	峰值加速度 m/s²	100−20m(质量 m≤4.75 kg 时)	正常监视状态
		0(质量 m＞4.75 kg 时)	
	脉冲时间 ms	6	
	冲击方向	6	
碰撞试验	锤头速度 m/s	1.5±0.125	正常监视状态
	碰撞动能 J	1.9±0.1	
	碰撞次数	1	

5.11.2 耐久试验

探测器应能耐受表 3 所规定的机械环境条件下的各项试验。试验期间,应保持正常监视状态;试验后,不应有机械损伤和紧固部位松动现象,探测器的报警时间应满足 5.4 的要求。

表 3 耐久试验的机械环境条件要求

试验名称	试验参数	试验条件	工作状态
振动试验(正弦)(耐久)	频率范围 Hz	10～150～10	不通电状态
	加速度 m/s²	10	
	扫频速率 oct/min	1	
	轴线数	3	
	每个轴线扫频次数	20	

5.11.3 电磁兼容性能

探测器应能耐受表 4 所规定的电磁兼容性试验。试验期间,应保持正常监视状态;试验后,探测器应能正常工作,报警时间应满足 5.4 的要求。

表 4 电磁兼容性试验条件要求

试验名称	试验参数	试验条件	工作状态
射频电磁场辐射抗扰度试验	场强 V/m	10	正常监视状态
	频率范围 MHz	1～1 000	
	扫描速率 10倍频程/s	≤1.5×10^{-3}	
	调制幅度	80%(1 kHz,正弦)	
射频场感应的传导骚扰抗扰度试验	频率范围 MHz	0.15～100	正常监视状态
	电压 dBμV	140	
	调制幅度	80%(1 kHz,正弦)	
静电放电抗扰度试验	放电电压 kV	空气放电(外壳为绝缘体试样)8	正常监视状态
		接触放电(外壳为导体试样和耦合板)6	
	放电极性	正、负	
	放电间隔 s	≥1	
	每点放电次数	10	
电快速瞬变脉冲群抗扰度试验	瞬变脉冲电压 kV	AC电源线:2×(1±0.1) 其他连接线:1×(1±0.1)	正常监视状态
	重复频率 kHz	100×(1±0.2)	
	极性	正、负	
	时间	每次 1 min	
浪涌(冲击)抗扰度试验	浪涌(冲击)电压 kV	线—地:1×(1±0.1)	正常监视状态
	极性	正、负	
	试验次数	5	

5.12 主要部件性能

5.12.1 一般要求

探测器的主要部件应采用符合国家有关标准的定型产品。

5.12.2 指示灯

5.12.2.1 每个指示灯都应用中文清晰地标注其功能。
5.12.2.2 指示灯应用颜色标识,红色表示报警状态;黄色表示故障状态;绿色表示正常状态。
5.12.2.3 指示灯在其正前方 3 m 处、在照度不超过 500 lx 的环境条件下,应清晰可见。

5.12.3 显示器

在照度不超过 500 lx 的环境条件下,显示的信息应在正前方 0.8 m 处、22.5°视角范围内清晰可读。

5.12.4 音响器件

在正常工作条件下,距探测器正前方 1 m 处的声压级(A 计权)不应小于 70 dB。

5.12.5 开关和按键(钮)

开关和按键(钮)应操作灵活、可靠,功能标注清晰。

5.12.6 接线端子

5.12.6.1 探测器应设外接连接线的接线端子。
5.12.6.2 接线端子都应清晰地标注其功能。
5.12.6.3 强电的接线端子应设在探测器的内部或用安全、可靠的防护措施保护。
5.12.6.4 强电和弱电接线端子应分开设置。

6 试验

6.1 总则

6.1.1 试验的大气条件

除在有关条文另有说明外,则各项试验均在下述大气条件下进行:
——温度:15 ℃~35 ℃;
——湿度:25%~75%;
——大气压力:86 kPa~106 kPa。

6.1.2 试验的正常监视状态

在有关条文中没有特殊要求时,应保证探测器的工作电压为额定工作电压,并在试验期间保持工作电压稳定。

6.1.3 容差

除在有关条文另有说明外,各项试验数据的容差均为±5%;环境条件参数偏差应符合 GB 16838 要求。

6.1.4 外观检查

试验样品(以下简称试样)在试验前应进行外观检查,符合 5.2 的要求后方可进行试验。

6.1.5 试样

4 套探测器,并在试验前予以编号。

6.1.6 探测器的安装

试样应按制造商规定的正常安装方式安装。如果说明书给出多种安装方式,试验中应采用对试样工作最不利的安装方式。

6.1.7 试验程序

按表 5 规定的程序进行试验。

表 5 试验程序

序号	条款号	试验项目	试样编号
1	6.1.4	外观检查	1～4
2	6.2	基本要求检查	1～4
3	6.3	报警性能试验	1～4
4	6.4	重复性试验	1
5	6.5	电压波动试验	1
6	6.6	绝缘电阻试验	1
7	6.7	泄漏电流试验	1
8	6.8	电气强度试验	1
9	6.9	低温(运行)试验	1
10	6.10	恒定湿热(运行)试验	2
11	6.11	冲击试验	2
12	6.12	碰撞试验	3
13	6.13	振动(正弦)(耐久)试验	4
14	6.14	射频电磁场辐射抗扰度试验	2
15	6.15	射频场感应的传导骚扰抗扰度试验	3
16	6.16	静电放电抗扰度试验	4
17	6.17	电快速瞬变脉冲群抗扰度试验	2
18	6.18	浪涌(冲击)抗扰度试验	3

6.2 基本要求检查

6.2.1 对于采用 AC 220 V/50 Hz 交流电源供电的试样,检查试样的电源输入接线端子。

6.2.2 使试样报警,检查试样的报警确认灯;手动复位试样,观察并记录试样的工作状态。

6.2.3 对于连接辅助设备的试样,分别使辅助设备连接线断路和短路,观察并记录试样的工作状态。

6.2.4 检查试样的出厂设置状态。

6.2.5 对于报警参数可进行现场设置的试样,检查试样的设置状态。

6.2.6 按照 GB 23757—2009 中 4.2 的要求进行外壳防护等级试验。

6.3 报警性能试验

6.3.1 试样连接

6.3.1.1 试样进行报警性能试验应采用实际电路或与之等效的故障电弧模拟发生装置。实际电路的试验连接示意图如图1a)所示,故障电弧模拟发生装置的示意图如图1b)所示,典型故障电弧波形图参见附录A。

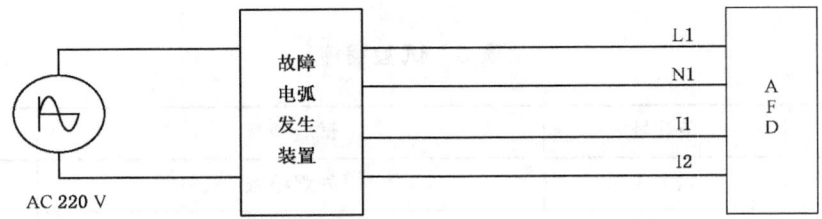

a) 实际电路的试验连接

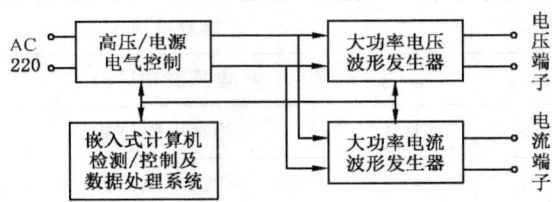

b) 模拟发生装置

图 1 故障电弧试验线路示意图

6.3.1.2 故障电弧模拟发生装置的技术指标应符合下列要求：

a) 电压输出端子：电压输出值为 AC 220×(1±10%)V；电流输出值≤2 A；信号带宽不小于 20 kHz。
b) 电流输出端子：电压输出值为 AC 20 V～60 V；电流输出值≤60 A。
c) 最大单次工作时间：5 min。
d) 工作电源：AC 220 V。

6.3.2 故障电弧试验

6.3.2.1 试验步骤

6.3.2.1.1 按照表6所要求的电弧性质和负载条件,分别对试样进行试验。

表 6 故障电弧试验

电弧性质		串联碳化路径电弧						并联碳化路径电弧				并联金属性接触电弧			
负载条件	功率 kV·A	4			额定			3		5		3		5	
	功率因数	1	0.7	0.3	1	0.7	0.3	1	0.7	1	0.7	1	0.7	1	0.7
注:功率允许误差为±10%。																

6.3.2.1.2 启动试验设备后,若线路中产生每秒最多9个及以下半周期的故障电弧或者14个及以上半周期的故障电弧,则此组试验为有效试验,观察并记录探测器状态,并记录试样的报警时间;若试验时每秒产生的电弧数量不满足上述条件时,则此组试验为无效试验,需重新进行。

注:电弧持续时间不超过0.42 ms或者电流值不超过额定电流值5%的微小电弧不作为电弧统计。

6.3.2.2 试验设备及方法

6.3.2.2.1 串联碳化路径电弧试验

如图2所示,将两段单芯铜导线(2.5 mm²)端部2 cm绝缘去除后铰接,使导线保留绝缘部分重叠2 mm~4 mm,并用塑料绝缘胶带缠绕铰接部位3周制备出样品,将样品接入试验线路,由高压发生装置产生高压使重叠部分绝缘击穿形成碳化路径后,由低压(AC 220 V)装置对线路及负载供电,从而产生电弧。

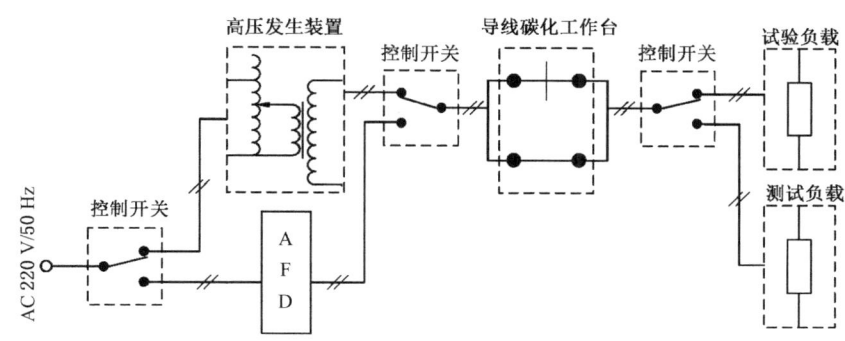

图2 串联碳化路径电弧试验线路示意图

6.3.2.2.2 并联碳化路径电弧试验

如图3所示,将两段平行单芯铜导线(2.5 mm²)中间部分相距3 mm处绝缘切口后用塑料绝缘胶带缠绕切口部位3周制备出样品,将样品接入试验线路,由高压发生装置产生高压使切口部分绝缘击穿形成碳化路径后,由低压(AC 220 V)装置对线路及负载供电,从而产生电弧。

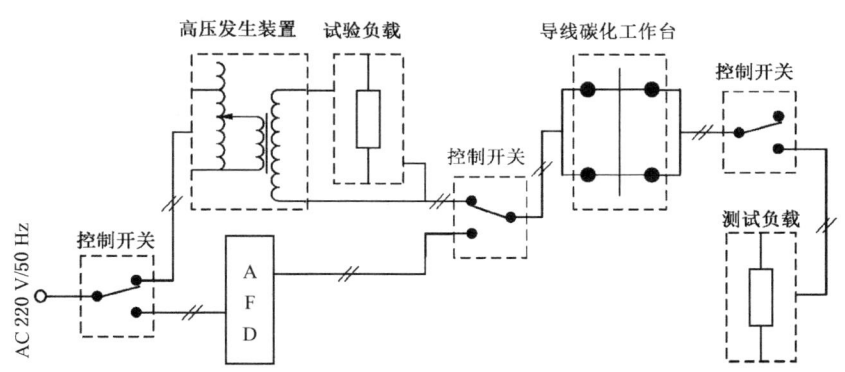

图3 并联碳化路径电弧试验线路示意图

6.3.2.2.3 并联金属性接触电弧试验

如图4所示,与水平面呈一定角度的刀片缓慢落下,在与平行放置的两段并行多芯铜导线(2.5 mm²)线芯接触瞬间产生电弧。

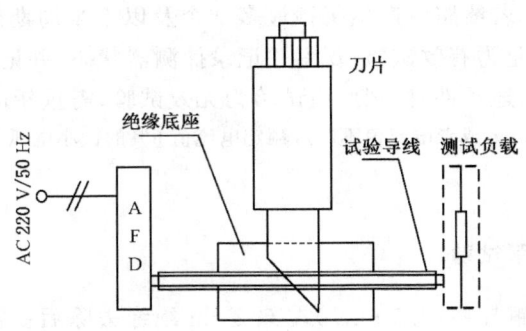

图 4 并联金属性接触电弧试验线路示意图

6.3.3 误报警试验

6.3.3.1 对样品分别进行表 7 所示设备的误报警试验。

表 7 误报警试验

序号	设备名称	功率	运行方式	试验方法	试验时间 s
1	电容启动式电动机	2 200 W		空载情况下随机启、停 2 次	10
2	吸尘器	1 200 W		开启后,通过调节调速旋钮使吸尘器速度从最低到最高,再从最高到最低往复 5 次	10
3	电磁炉	2 000 W		1 800 W 档位下启动并运行	10
4	微波炉	1 100 W	高火	启动并运行	10
5	电熨斗	1 100 W		通过调节温度控制旋钮,使控温触点接通和分断 10 次	60
6	电子变速手电钻	800 W		使手电钻在空载状态下转速从最低到最高,再从最高到最低往复 2 次	10
7	带有电子镇流器日光灯	36 W 25 盏		冷态下启动并运行	10
8	变频空调	3 匹	制冷方式	启动并运行	60
9	红外线消毒柜	700 W		启动并运行	10
10	复合负载(包括定频电冰箱、带有电感式镇流器的日光灯、计算机、定频空调)	分别为 120 W、60 W 2 盏、300 W、2 匹	空调制热方式	每间隔 5 s 随机启动一种电器设备	60
11	其他有必要试验的设备			比照序号 1~10 进行	

注 1:1 匹=2324 W。
注 2:功率允许误差为±10%。

6.3.3.2 按照图5连接试验设备进行并联抗扰动试验,其中负载为功率1 000 W的阻性负载。试验时通过调节电弧发生器(如图11所示)产生故障电弧,若线路中产生每秒最多14个及以上半周期的故障电弧,则此组试验为有效试验,观察并记录探测器状态;若试验时每秒产生的电弧数量不满足上述条件时,则此组试验为无效试验,需重新进行。

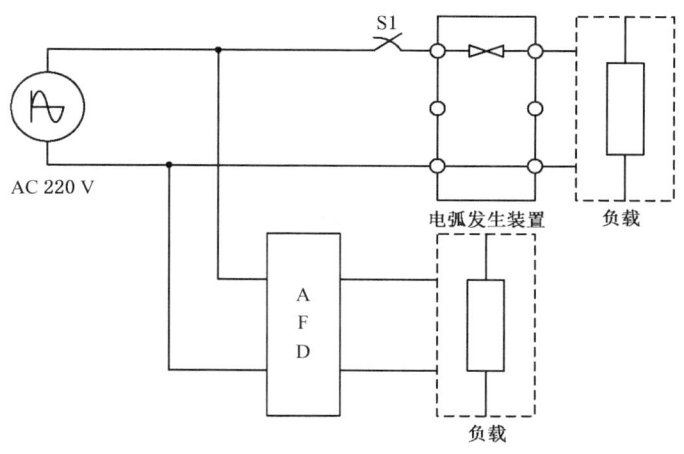

图5 并联抗扰动试验线路示意图

6.3.4 负载抑制性试验

6.3.4.1 试验步骤

6.3.4.1.1 操作信号抑制

分别按照图6、图7连接试验设备进行负载抑制性试验,其中电阻性负载功率为1 000 W,屏蔽负载及其运行方式分别选用表7中所列的最高速度下工作的吸尘器和制热方式下工作的2匹定频空调;按照图8连接试验设备进行负载抑制试验,其中电阻性负载功率为1 000 W,屏蔽负载及其运行方式选用表7中所列的带有电子镇流器的日光灯。试验时分别启动上述的屏蔽负载,调节电弧发生器(如图11所示)产生故障电弧。若线路中产生每秒14个及以上半周期的故障电弧,则此组试验为有效试验,观察并记录探测器状态,并记录试样的报警时间;若试验时每秒产生的电弧数量不满足上述条件时,则此组试验为无效试验,需重新进行。

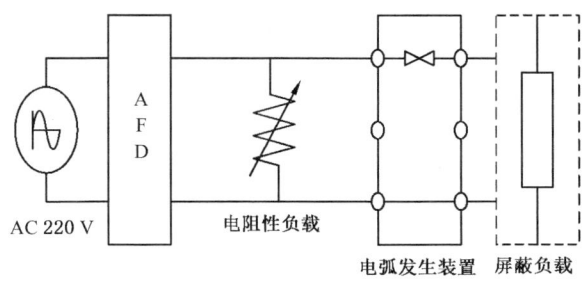

图6 负载抑制性试验1

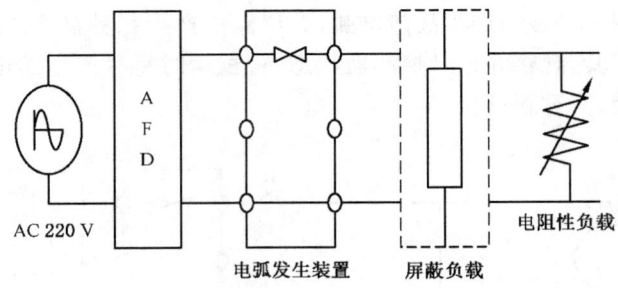

图 7 负载抑制性试验 2

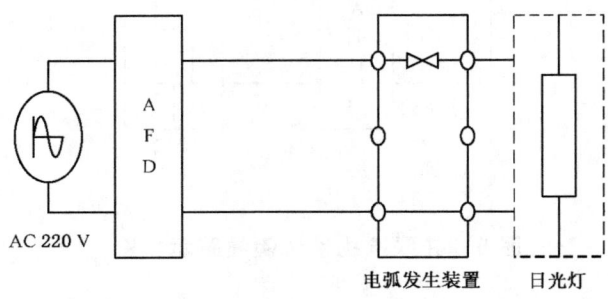

图 8 负载抑制性试验 3

6.3.4.1.2 电容滤波器抑制

按照图9的电路连接试验设备,图中屏蔽负载为1 000 W阻性负载。按照6.3.4.1.1的方法发生电弧并检验试样。

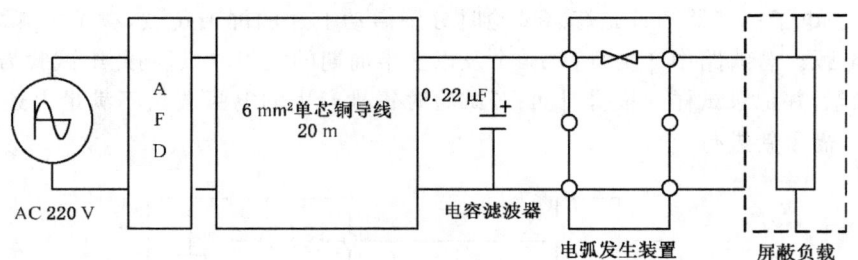

图 9 电容滤波器抑制试验

6.3.4.1.3 线路阻抗抑制

按照图10的电路连接试验设备,图中负载为1 000 W阻性负载。按照6.3.4.1.1的方法发生电弧并检验试样。

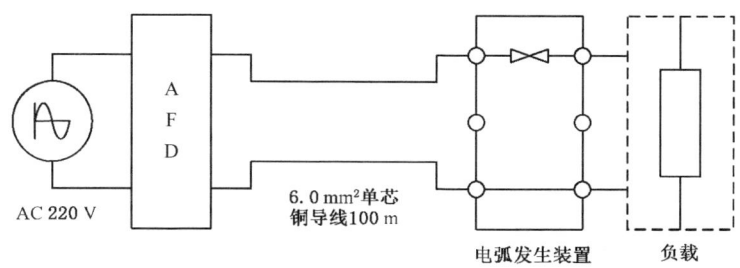

图 10 线路阻抗抑制试验

6.3.4.2 试验设备

电弧发生装置如图11所示,包括一个静止的直径为6.4 mm的碳电极和一个铜制的移动电极。试验时先移动铜质电极使其与碳电极良好接触,电路将接通,启动负载设备,然后横向缓慢调节移动电极使其与碳分离,直到电弧发生。

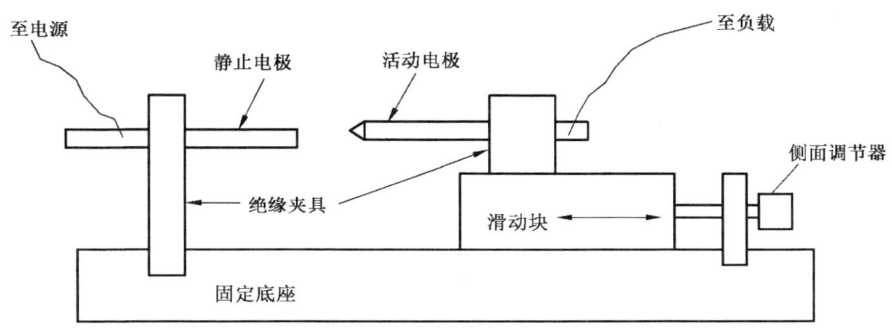

图 11 电弧发生装置

6.4 重复性试验

6.4.1 将试样与配套的监控设备连接。

6.4.2 按6.3的规定测量三次报警时间,两次测量的时间间隔不应小于10 min,但不大于1 h。最后一次测量后,保持试样状态不变。

6.4.3 将试样不间断通电1 d,然后按6.3的规定测量三次报警时间,两次测量的时间间隔不应小于10 min,但不大于1 h。

6.5 电压波动试验

6.5.1 将试样按正常工作要求进行布置。调节试验设备,使试验设备的输出电压为AC 187 V/50 Hz,将该输出电压施加到试样的电源输入端,接通电源,观察试样的状态。按6.3的规定方法进行报警性能试验,并记录试样的报警时间。

6.5.2 将试样按正常工作要求进行布置。调节试验设备,使试验设备的输出电压为AC 242 V/50 Hz,将该输出电压施加到试样的电源输入端,接通电源,观察试样的状态。按6.3的规定方法进行报警性能试验,并记录试样的报警时间。

6.6 绝缘电阻试验

6.6.1 试验步骤

通过绝缘电阻试验装置,分别对试样的下述部分施加 500 V±50 V 直流电压,持续 60 s±5 s,测量其绝缘电阻值:
a) 试样的外部带电端子与机壳之间;
b) 电源插头(或电源接线端子)与机壳之间(电源开关置于接通位置,但电源插头不接入电网)。
试验时,应保证接触点可靠接触。

6.6.2 试验设备

绝缘电阻试验装置应符合下述技术要求:
a) 试验电压:500 V±50 V;
b) 测量范围:0 MΩ~500 MΩ;
c) 最小分度:0.1 MΩ;
d) 记时:60 s±5 s。

6.7 泄漏电流试验

6.7.1 试验步骤

将采用 AC 220 V/50 Hz 交流电源供电的试样按正常工作要求布置,接通电源,使其处于正常监视状态。调节供电电压为试样主电源额定电压的 1.06 倍,测量并记录其总泄漏电流值。

6.7.2 试验设备

符合 GB 4706.1 规定的测量泄漏电流的试验装置。

6.8 电气强度试验

6.8.1 将试样的电源线与机壳分别连接到试验装置,调节试验装置,以 100 V/s~500 V/s 的升压速率施加 AC 1250 V/50 Hz 的试验电压,持续 60 s±5 s,观察并记录试验期间所发生的现象。

6.8.2 以 100 V/s~500 V/s 的降压速率使电压降至低于额定电压值后,方可断电。

6.8.3 将独立式的试样接通电源,非独立式试样与制造商提供的电气火灾监控设备相连接接通电源,检查试样是否处于正常监视状态。

6.8.4 按 6.3 的规定方法进行报警性能试验,并记录试样的报警时间。

6.9 低温(运行)试验

6.9.1 试验步骤

6.9.1.1 将试样及其底座放在低温试验箱中,接通监控设备,使其处于正常监视状态。

6.9.1.2 在温度 15 ℃~20 ℃、相对湿度不大于 70% 的条件下保持 1 h,然后以不大于 0.5 ℃/min 的降温速率,将温度降至 −10 ℃±3 ℃,在此条件下保持 2 h(试样不应有结冰现象)。试验期间,观察并记录试样的工作状态。

6.9.1.3 试验后,取出试样,在正常大气条件下放置 1 h。然后按 6.3 规定的方法进行报警性能试验,并记录试样的报警时间。

6.9.2 试验设备

试验设备应符合GB 16838的有关规定。

6.10 恒定湿热(运行)试验

6.10.1 试验步骤

6.10.1.1 将试样及其底座放在湿热试验箱中,接通监控设备,使其处于正常监视状态。

6.10.1.2 调节湿热试验箱,使试样在温度为40 ℃±2 ℃、相对湿度为93%±3%的条件下持续4 d。试验期间,观察并记录试样的工作状态。

6.10.1.3 试验后,取出试样,在正常大气条件下放置1 h。然后按6.3规定的方法进行报警性能试验,并记录试样的报警时间。

6.10.2 试验设备

试验设备应符合GB 16838的有关规定。

6.11 冲击试验

6.11.1 试验步骤

6.11.1.1 将试样及其底座固定在冲击试验台上,接通监控设备,使其处于正常监视状态。

6.11.1.2 对质量为 m 的试样,当 $m \leqslant 4.75$ kg 时,峰值加速度为 $(100-20m)$ m/s^2;当 $m > 4.75$ kg 时,峰值加速度为0,脉冲时间为6 ms。启动冲击试验台,对试样的6个方向进行冲击。

6.11.1.3 试验后,按6.3的规定方法进行报警性能试验,并记录试样的报警时间。

6.11.2 试验设备

试验设备应符合GB 16838的规定。

6.12 碰撞试验

6.12.1 试验步骤

6.12.1.1 按要求将试样及其底座按正常的工作位置固定在碰撞试验台的水平安装板上,接通监控设备,使其处于正常监视状态。试样在试验前应至少通电15 min。

6.12.1.2 调整碰撞试验设备,使锤头碰撞面的中心能够从水平方向碰撞试样,并对准使试样最易遭受破坏的部位。然后以1.5 m/s±0.125 m/s的锤头速度、1.9 J±0.1 J的碰撞动能碰撞试样1次。试验期间,观察并记录试样的工作状态。

6.12.1.3 试验后,按6.3规定的方法进行报警性能试验,并记录试样的报警时间。

6.12.2 试验设备

试验装置(如图12所示)主体是一个摆锤机构,摆锤的锤头由硬质铝合金AlCu$_4$SiMg(经固溶、时效处理)制成,外形为具有一个斜的碰撞面的六面体。锤头的摆杆固定在带球轴承的钢轮毂上,球轴承装在硬钢架的固定钢轴上。硬钢架的结构应保证在未安装试样时能够使摆锤自由旋转。

锤头的外形尺寸为长94 mm、宽76 mm、高50 mm,质量约为0.79 kg。锤头的斜切面与纵轴之间的夹角为60°±1°。锤头的摆杆外径为25 mm±0.1 mm,壁厚为1.6 mm±0.1 mm。

锤头的纵轴距旋转轴线的径向距离为305 mm,锤头的摆杆轴线要保证与旋转轴线垂直。外径为

102 mm,长为 200 mm 的钢轮毂同心组装在直径为 25 mm 的钢轴上。钢轴直径的精度取决于所用轴承尺寸公差。

在钢轮毂与摆杆相对的方向上装有两个外径为 20 mm、长为 185 mm 的钢质配重臂,其伸出长度为 150 mm。在两个配重臂上装一个位置可调的配重块,以便使锤头与配重臂平衡。在钢轮毂的一端上装一个厚 12 mm、直径为 150 mm 的铝合金滑轮,在滑轮上缠绕一条缆绳,缆绳的一端固定在滑轮上,另一端系上工作重锤,工作重锤的质量约为 0.55 kg。

单位为毫米

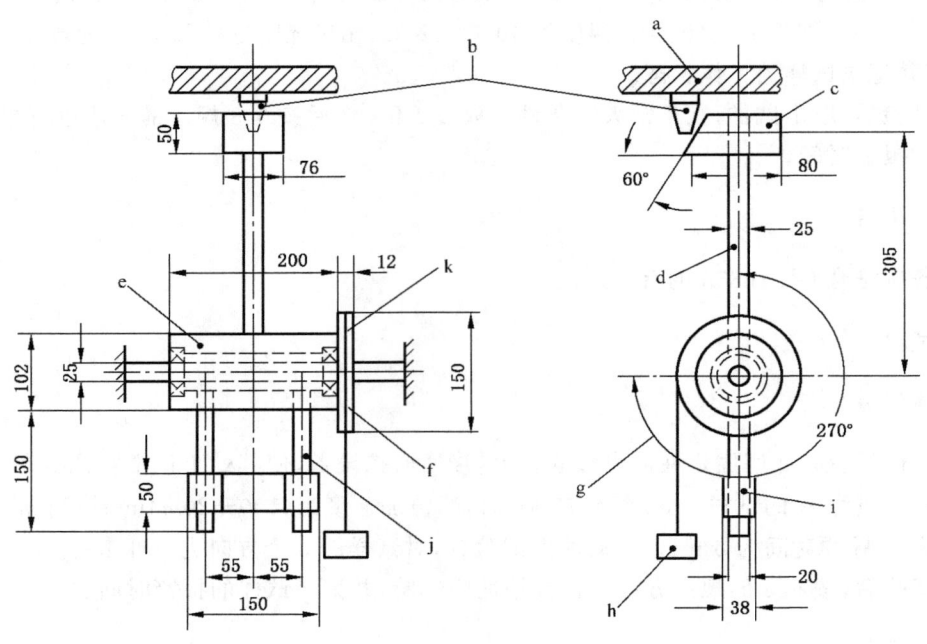

说明:
a——安装板;
b——试样;
c——锤头;
d——摆杆;
e——钢轮毂;
f——球轴承;
g——转动 270°;
h——工作重锤;
i——配重块;
j——配重臂;
k——滑轮。

图 12 碰撞试验装置结构图

安装试样的水平安装板由钢架支撑,安装板可以上下调整,以便使锤头的碰撞面中心从水平方向碰撞试样。

在使用试验设备时,首先应按图 12 调整试样和安装板的位置。调好后,把安装板固定在钢架上,然后摘下工作重锤,通过调整配重块平衡摆锤机构。调整平衡后,把摆杆拉到水平位置上,系上工作重锤,当摆锤机构释放时,工作重锤使锤头旋转 270°碰撞试样。

6.13 振动(正弦)(耐久)试验

6.13.1 试验步骤

6.13.1.1 将试样及其底座固定在振动试验台上。

6.13.1.2 依次在三个互相垂直的轴线上,在 10 Hz~150 Hz 的频率循环范围内,以 10 m/s² 的加速度幅值,1 倍频程/分的扫频速率,各进行 20 次扫频循环。

6.13.1.3 试验后,按6.3规定的方法进行报警性能试验,并记录试样的报警时间。

6.13.2 试验设备

试验设备应符合GB 16838的规定。

6.14 射频电磁场辐射抗扰度试验

6.14.1 试验步骤

6.14.1.1 将试样安放在不导电支座上,接通电源,使试样处于正常监视状态15 min。
6.14.1.2 按GB 16838中的要求,对试样施加表4所示条件的电磁干扰。
6.14.1.3 干扰期间,观察并记录试样工作状态。
6.14.1.4 干扰结束后,按6.3规定的方法进行报警性能试验,并记录试样的报警时间。

6.14.2 试验设备

试验设备应满足GB/T 17626.3的规定。

6.15 射频场感应的传导骚扰抗扰度试验

6.15.1 试验步骤

6.15.1.1 将试样安放在绝缘台上,接通电源,使试样处于正常监视状态,保持15 min。
6.15.1.2 按GB 16838中的要求,对试样施加表4所示条件的电磁干扰。
6.15.1.3 干扰期间,观察并记录试样工作状态。
6.15.1.4 干扰结束后,按6.3规定的方法进行报警性能试验,并记录试样的报警时间。

6.15.2 试验设备

试验设备应满足GB/T 17626.6的规定。

6.16 静电放电抗扰度试验

6.16.1 试验步骤

6.16.1.1 将试样放在距接地参考平面0.8 m的支架上。接通电源,使试样处于正常监视状态,保持15 min。
6.16.1.2 对绝缘体外壳的试样,实施空气放电;对导体外壳的试样,实施接触放电。
6.16.1.3 按GB 16838中的要求,对试样施加表4所示条件的电磁干扰。
6.16.1.4 干扰期间,观察并记录试样的工作状态。
6.16.1.5 干扰结束后,按6.3规定的方法进行报警性能试验,并记录试样的报警时间。

6.16.2 试验设备

试验设备应满足GB/T 17626.2的规定。

6.17 电快速瞬变脉冲群抗扰度试验

6.17.1 试验步骤

6.17.1.1 将试样安放在绝缘台上,接通电源,使试样处于正常监视状态,保持15 min。
6.17.1.2 按GB 16838中的要求,对试样施加表4所示条件的电磁干扰。

6.17.1.3 干扰期间,观察并记录试样工作状态。

6.17.1.4 干扰结束后,按6.3规定的方法进行报警性能试验,并记录试样的报警时间。

6.17.2 试验设备

试验设备应满足GB/T 17626.4的规定。

6.18 浪涌(冲击)抗扰度试验

6.18.1 试验步骤

6.18.1.1 将试样安放在绝缘台上,接通电源,使试样处于正常监视状态,保持15 min。

6.18.1.2 按GB 16838中的要求,对试样施加表4所示条件的电磁干扰。

6.18.1.3 干扰期间,观察并记录试样工作状态。

6.18.1.4 干扰结束后,按6.3规定的方法进行报警性能试验,并记录试样的报警时间。

6.18.2 试验设备

试验设备应满足GB/T 17626.5的规定。

7 检验规则

7.1 出厂检验

出厂检验项目为:
a) 报警性能试验;
b) 重复性试验。

7.2 型式检验

7.2.1 型式检验项目为第6章规定的试验项目。检验样品在出厂检验合格的产品中抽取。

7.2.2 有下列情况之一时,应进行型式检验:
a) 新产品或老产品转厂生产时的试制定型鉴定;
b) 正式生产后,产品的结构、主要部件或元器件、生产工艺等有较大的改变可能影响产品性能;
c) 产品停产1年以上,恢复生产;
d) 发生重大质量事故;
e) 质量监督部门依法提出要求。

7.2.3 检验结果按GB 12978中规定的型式检验结果判定方法进行判定。

8 标志

8.1 总则

8.1.1 产品标志应在探测器安装维护过程中清晰可见。

8.1.2 产品标志不应贴在螺丝或其他易被拆卸的部件上。

8.2 标志

8.2.1 每只探测器均应清晰地标注下列信息:
a) 产品名称、型号;

b) 制造商名称、地址；
c) 执行标准；
d) 接线柱的标注；
e) 制造日期及产品编号和试样内软件的版本号；
f) 产品主要技术参数。

8.2.2 产品标志中有不常用的符号和缩写时,应在与探测器相关的说明书中详细说明。

9 使用说明书

9.1 每只探测器应有相应的中文说明书。说明书的内容应满足 GB/T 9969 要求,并与产品性能一致。

9.2 说明书应有完整、清楚、准确的安全和使用说明,安装和服务说明,应包括下列内容：
   a) 完整的安装和调试开通说明。
   b) 操作说明。
   c) 日常检查和校准说明。
   d) 必要时,应包括下述使用条件限制：
      1) 环境温度限制（室内使用型、室外使用型）；
      2) 湿度范围；
      3) 电压范围；
      4) 最高最低贮存温度限制。
   e) 详细说明查找可能出现故障源的方法和改正过程。
   f) 说明输出控制接点的类型。
   g) 贮存和使用寿命。
   h) 允许使用场所。

附 录 A
（资料性附录）
典型故障电弧波形图

试样进行报警性能试验时，采用的实际电路或与之等效的故障电弧模拟发生装置所发生的电弧波形如图 A.1 及图 A.2 所示。

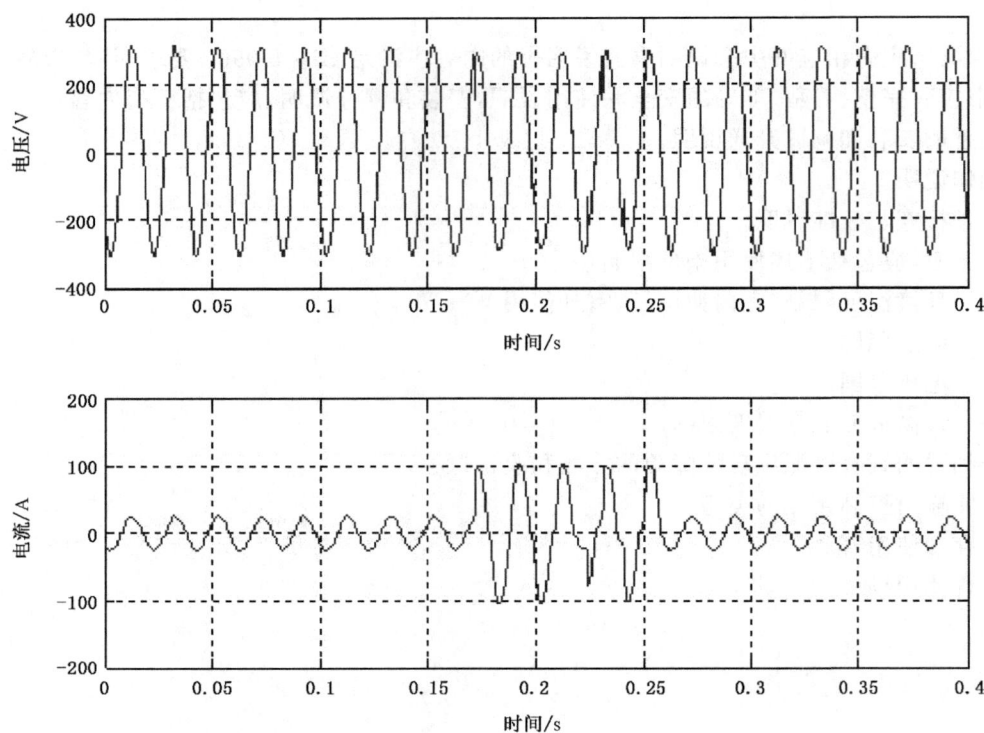

注：电弧持续时间不超过 0.42 ms 或者电流值不超过额定电流值 5%的微小电弧不作为电弧统计。

图 A.1　典型故障电弧波形 1

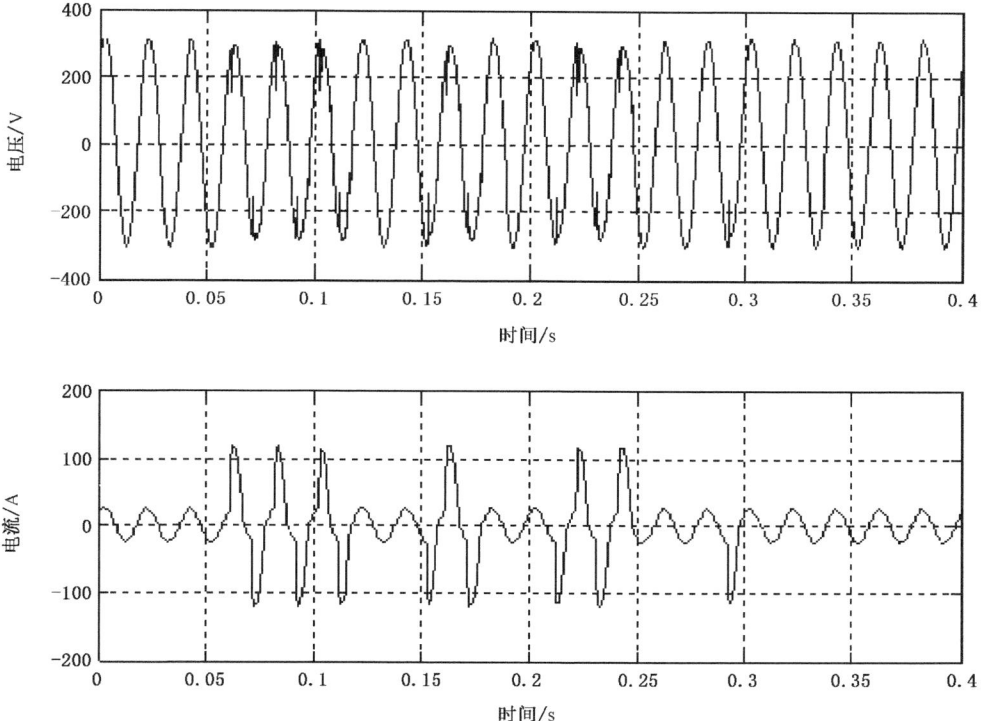

注：电弧持续时间不超过0.42 ms或者电流值不超过额定电流值5%的微小电弧不作为电弧统计。

图 A.2 典型故障电弧波形2

ICS 13.220.20
C 81

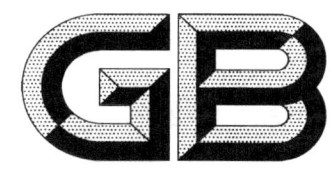

中华人民共和国国家标准

GB 15322.1—2019
代替 GB 15322.1—2003,GB 15322.4—2003

可燃气体探测器
第 1 部分：工业及商业用途点型可燃气体探测器

Combustible gas detectors—Part 1:Point-type combustible gas detectors for industrial and commercial use

2019-10-14 发布　　　　　　　　　　　　　　　　2020-11-01 实施

国家市场监督管理总局
国家标准化管理委员会　发布

前 言

本部分的全部技术内容为强制性。

GB 15322《可燃气体探测器》分为以下部分：
——第 1 部分：工业及商业用途点型可燃气体探测器；
——第 2 部分：家用可燃气体探测器；
——第 3 部分：工业及商业用途便携式可燃气体探测器；
——第 4 部分：工业及商业用途线型光束可燃气体探测器。

本部分为 GB 15322 的第 1 部分。

本部分按照 GB/T 1.1—2009 给出的规则起草。

本部分代替 GB 15322.1—2003《可燃气体探测器 第 1 部分：测量范围为 0～100%LEL 的点型可燃气体探测器》和 GB 15322.4—2003《可燃气体探测器 第 4 部分：测量人工煤气的点型可燃气体探测器》。本部分与 GB 15322.1—2003 和 GB 15322.4—2003 相比，主要技术变化如下：

——将 GB 15322.1—2003 和 GB 15322.4—2003 的内容合并为一个部分。
——按照测量范围将探测器分为三种：测量范围在 3%LEL～100%LEL 之间的探测器、测量范围在 3%LEL 以下的探测器和测量范围在 100%LEL 以上的探测器。按照工作方式将探测器分为两种：系统式探测器和独立式探测器。按照采样方式将探测器分为三种：自由扩散式探测器、吸气式探测器和光纤传感式探测器（见第 3 章，GB 15322.1—2003 和 GB 15322.4—2003 的第 4 章）。
——修改了在各项试验条件下对探测器报警动作值的要求（见第 4 章，GB 15322.1—2003 和 GB 15322.4—2003 的第 5 章）。
——针对吸气式探测器增加了采样气流变化试验（见 4.3.8）。
——针对系统式探测器增加了线路传输性能试验和探测器互换性能试验（见 4.3.9、4.3.10）。
——电磁兼容试验项目中增加了浪涌（冲击）抗扰度试验和射频场感应的传导骚扰抗扰度试验（见 4.3.14）。
——增加了抗中毒性能试验（见 4.3.18）。
——增加了低浓度运行试验（见 4.3.20）。

本部分由中华人民共和国应急管理部提出并归口。

本部分起草单位：应急管理部沈阳消防研究所、应急管理部消防救援局、英吉森安全消防系统（上海）有限公司、成都安可信电子股份有限公司、阜阳华信电子仪器有限公司、汉威科技集团股份有限公司、济南本安科技发展有限公司、北京惟泰安全设备有限公司、西安博康电子有限公司、上海达江电子仪器有限公司。

本部分主要起草人：丁宏军、刘激扬、康卫东、屈励、李小白、郭春雷、林强、郭锐、李瑞、陈广、赵宇、张颖琮、费春祥、蒋妙飞、邓丽红、赵英然、姜波、孟宇、朱刚。

本部分所代替标准的历次版本发布情况为：
——GB 15322—1994；
——GB 15322.1—2003；
——GB 15322.4—2003。

可燃气体探测器
第1部分：工业及商业用途点型可燃气体探测器

1 范围

GB 15322 的本部分规定了工业及商业用途点型可燃气体探测器的分类、要求、试验、检验规则和标志。

本部分适用于工业及商业场所安装使用的用于探测烃类、醚类、酯类、醇类、一氧化碳、氢气及其他可燃性气体、蒸气的点型可燃气体探测器（以下简称"探测器"）。工业及商业场所中使用的具有特殊性能的点型可燃气体探测器，除特殊要求由有关标准另行规定外，亦可执行本部分。

2 规范性引用文件

下列文件对于本文件的应用是必不可少的。凡是注日期的引用文件，仅注日期的版本适用于本文件。凡是不注日期的引用文件，其最新版本（包括所有的修改单）适用于本文件。

GB 3836.1—2010　爆炸性环境　第1部分：设备　通用要求
GB/T 9969　工业产品使用说明书　总则
GB 12978　消防电子产品检验规则
GB/T 16838　消防电子产品　环境试验方法及严酷等级
GB/T 17626.2—2018　电磁兼容　试验和测量技术　静电放电抗扰度试验
GB/T 17626.3—2016　电磁兼容　试验和测量技术　射频电磁场辐射抗扰度试验
GB/T 17626.4—2018　电磁兼容　试验和测量技术　电快速瞬变脉冲群抗扰度试验
GB/T 17626.5—2008　电磁兼容　试验和测量技术　浪涌（冲击）抗扰度试验
GB/T 17626.6—2017　电磁兼容　试验和测量技术　射频场感应的传导骚扰抗扰度

3 分类

3.1 按测量范围分为：
a) 测量范围在 3%LEL～100%LEL 之间的探测器；
b) 测量范围在 3%LEL 以下的探测器（包括探测一氧化碳的探测器）；
c) 测量范围在 100%LEL 以上的探测器。

注：爆炸下限(LEL)为可燃气体或蒸气在空气中的最低爆炸浓度。

3.2 按工作方式分为：
a) 系统式探测器；
b) 独立式探测器。

3.3 按采样方式分为：
a) 自由扩散式探测器；
b) 吸气式探测器；
c) 光纤传感试探测器。

3.4 按使用环境条件分为：
   a) 室内使用型探测器；
   b) 室外使用型探测器。

4 要求

4.1 总则

探测器应满足第4章的相关要求，并按第5章的规定进行试验，以确认探测器对第4章要求的符合性。

4.2 外观要求

4.2.1 探测器应具备产品出厂时的完整包装，包装中应包含质量检验合格标志和使用说明书。

4.2.2 探测器表面应无腐蚀、涂覆层脱落和起泡现象，无明显划伤、裂痕、毛刺等机械损伤，紧固部位无松动。

4.3 性能

4.3.1 一般要求

4.3.1.1 对探测器进行调零、标定、更改参数等通电条件下的操作不应改变其外壳的完整性。

4.3.1.2 系统式探测器应采用36 V及以下的直流电压供电，独立式探测器应采用220 V交流电压供电。采用直流电压供电的探测器应具有防止极性反接的保护措施。

4.3.1.3 自由扩散式和吸气式探测器应具有独立的工作状态指示灯，分别指示其正常监视、故障、报警工作状态。光纤传感式探测器的现场探测部件如不具备独立的工作状态指示灯，则与其连接的控制及指示设备应具有独立的工作状态指示灯，分别指示每个探测部件的工作状态。正常监视状态指示应为绿色，故障状态指示应为黄色，报警状态指示应为红色，低限和高限报警状态指示应能明确区分。指示灯应有中文功能注释。在5 lx～500 lx光照条件下、正前方5 m处，指示灯的状态应清晰可见。

注：正常监视状态指探测器接通电源正常工作，且未发出报警信号或故障信号时的状态。

4.3.1.4 探测器在被监测区域内的可燃气体浓度达到报警设定值时，应能发出报警信号。再将探测器置于正常环境中，30 s内应能自动（或手动）恢复到正常监视状态。

4.3.1.5 独立式探测器应具有报警输出接口。探测器的报警输出接口的类型和容量应与制造商规定的配接产品或执行部件相匹配，且应在使用说明书中注明。如探测器的报警输出接口具有延时功能，其最大延时时间不应超过30 s。

4.3.1.6 系统式探测器应能够输出与其测量浓度和工作状态相对应的信号。信号的类型、参数等信息应在使用说明书中注明。

4.3.1.7 独立式探测器应具有浓度显示功能。在5 lx～500 lx光照条件下、正前方1 m处，显示信息应清晰可见。

4.3.1.8 探测器的量程和报警设定值应符合以下规定：

   a) 测量范围在3%LEL～100%LEL之间的探测器，其量程上限应为100%LEL，低限报警设定值应在5%LEL～25%LEL范围，如具有高限报警设定值，应为50%LEL。低限报警设定值如可调，应在5%LEL～25%LEL范围内可调。

   b) 探测一氧化碳的探测器，其低限报警设定值应在150×10^{-6}（体积分数）～300×10^{-6}（体积分数）范围，如具有高限报警设定值，应为500×10^{-6}（体积分数）。低限报警设定值如可调，应在150×10^{-6}（体积分数）～300×10^{-6}（体积分数）范围内可调。

c) 测量范围在3%LEL以下的探测器和测量范围在100%LEL以上的探测器应由制造商规定其量程和报警设定值。

d) 探测器使用说明书中应注明量程和报警设定值等参数。

4.3.1.9 探测器采用插拔结构气体传感器时,应具有结构性的防脱落措施。气体传感器发生脱落时,探测器应能在30 s内发出故障信号。

4.3.1.10 吸气式探测器的采样管路发生堵塞或破漏时,探测器应能发出故障信号并指示出故障类型。

4.3.1.11 探测器应采用满足GB 3836.1—2010要求的防爆型式。

4.3.1.12 探测器的型号编制应符合附录A的规定。

4.3.1.13 探测器使用说明书应满足GB/T 9969的相关要求,并应注明气体传感器的使用期限。

4.3.2 报警动作值

4.3.2.1 在本部分规定的试验项目中,测量范围在3%LEL～100%LEL之间的探测器,其报警动作值不应低于5%LEL,探测一氧化碳的探测器,其报警动作值不应低于50×10^{-6}(体积分数)。

4.3.2.2 探测器的报警动作值与报警设定值之差应满足以下要求:

a) 测量范围在3%LEL～100%LEL之间的探测器,其报警动作值与报警设定值之差的绝对值不应大于3%LEL。

b) 测量范围在3%LEL以下的探测器,其报警动作值与报警设定值之差的绝对值不应大于3%量程和50×10^{-6}(体积分数)之中的较大值。探测一氧化碳的探测器,其报警动作值与报警设定值之差的绝对值不应大于50×10^{-6}(体积分数)。

c) 测量范围在100%LEL以上的探测器,其报警动作值与报警设定值之差的绝对值不应大于3%量程。

4.3.3 量程指示偏差

在探测器量程内选取若干试验点作为基准值,使被监测区域内的可燃气体浓度分别达到对应的基准值。探测器的显示值与基准值之差应满足以下要求:

a) 测量范围在3%LEL～100%LEL之间的探测器,其试验点上的可燃气体浓度显示值与基准值之差的绝对值不应大于5%LEL。

b) 测量范围在3%LEL以下的探测器,其试验点上的可燃气体浓度显示值与基准值之差的绝对值不应大于5%量程和80×10^{-6}(体积分数)之中的较大值。探测一氧化碳的探测器,其浓度显示值与基准值之差的绝对值不应大于80×10^{-6}(体积分数)。

c) 测量范围在100%LEL以上的探测器,其试验点上的可燃气体浓度显示值与基准值之差的绝对值不应大于5%量程。

4.3.4 响应时间

向探测器通入流量为500 mL/min,浓度为满量程的60%的试验气体,保持60 s,记录探测器的显示值作为基准值。显示值达到基准值的90%所需的时间为探测器的响应时间。探测一氧化碳的探测器的响应时间不应大于60 s,其他气体探测器的响应时间不应大于30 s。

4.3.5 方位

探测器在制造商规定的安装平面内顺时针旋转,每次旋转45°,分别测量探测器的报警动作值,报警动作值与报警设定值之差应满足以下要求:

a) 测量范围在3%LEL～100%LEL之间的探测器,其报警动作值与报警设定值之差的绝对值不应大于3%LEL。

b) 测量范围在3%LEL以下的探测器,其报警动作值与报警设定值之差的绝对值不应大于3%量程和$50×10^{-6}$(体积分数)之中的较大值。探测一氧化碳的探测器,其报警动作值与报警设定值之差的绝对值不应大于$50×10^{-6}$(体积分数);

c) 测量范围在100%LEL以上的探测器,其报警动作值与报警设定值之差的绝对值不应大于3%量程。

4.3.6 报警重复性

对同一只探测器重复测量报警动作值6次,报警动作值与报警设定值之差应满足以下要求:

a) 测量范围在3%LEL~100%LEL之间的探测器,其报警动作值与报警设定值之差的绝对值不应大于3%LEL。

b) 测量范围在3%LEL以下的探测器,其报警动作值与报警设定值之差的绝对值不应大于3%量程和$50×10^{-6}$(体积分数)之中的较大值。探测一氧化碳的探测器,其报警动作值与报警设定值之差的绝对值不应大于$50×10^{-6}$(体积分数)。

c) 测量范围在100%LEL以上的探测器,其报警动作值与报警设定值之差的绝对值不应大于3%量程。

4.3.7 高速气流

在试验气流速率为6 m/s±0.2 m/s的条件下,测量探测器的报警动作值,报警动作值与报警设定值之差应满足以下要求:

a) 测量范围在3%LEL~100%LEL之间的探测器,其报警动作值与报警设定值之差的绝对值不应大于5%LEL。

b) 测量范围在3%LEL以下的探测器,其报警动作值与报警设定值之差的绝对值不应大于5%量程和$80×10^{-6}$(体积分数)之中的较大值。探测一氧化碳的探测器,其报警动作值与报警设定值之差的绝对值不应大于$80×10^{-6}$(体积分数)。

c) 测量范围在100%LEL以上的探测器,其报警动作值与报警设定值之差的绝对值不应大于5%量程。

4.3.8 采样气流变化(仅适用于吸气式探测器)

4.3.8.1 使探测器在下述采样气流条件下工作,测量探测器的报警动作值:

a) 如探测器的采样流量可调,将采样流量分别调至最大和最小流量;

b) 如探测器的采样流量不可调,使采样流量为正常流量的50%。

4.3.8.2 探测器的报警动作值与报警设定值之差应满足以下要求:

a) 测量范围在3%LEL~100%LEL之间的探测器,其报警动作值与报警设定值之差的绝对值不应大于5%LEL。

b) 测量范围在3%LEL以下的探测器,其报警动作值与报警设定值之差的绝对值不应大于5%量程和$80×10^{-6}$(体积分数)之中的较大值。探测一氧化碳的探测器,其报警动作值与报警设定值之差的绝对值不应大于$80×10^{-6}$(体积分数)。

c) 测量范围在100%LEL以上的探测器,其报警动作值与报警设定值之差的绝对值不应大于5%量程。

4.3.9 线路传输性能(仅适用于系统式探测器)

探测器和配接的可燃气体报警控制器之间的通信线路使用长度为1 000 m、截面积为1 mm²的多股铜导线连接,在可燃气体报警控制器满负载条件下测量探测器的报警动作值(总线制可燃气体报警控

制器至少一个回路按设计容量连接真实负载,其他回路连接等效负载),报警动作值与报警设定值之差应满足以下要求:

a) 测量范围在3%LEL～100%LEL之间的探测器,其报警动作值与报警设定值之差的绝对值不应大于3%LEL。
b) 测量范围在3%LEL以下的探测器,其报警动作值与报警设定值之差的绝对值不应大于3%量程和$50×10^{-6}$(体积分数)之中的较大值。探测一氧化碳的探测器,其报警动作值与报警设定值之差的绝对值不应大于$50×10^{-6}$(体积分数)。
c) 测量范围在100%LEL以上的探测器,其报警动作值与报警设定值之差的绝对值不应大于3%量程。

4.3.10 探测器互换性能(仅适用于系统式探测器)

在两个独立的信号通道或通信地址上各选择1只探测器,将其互换后探测器不应发出报警信号或故障信号。测量两只探测器的报警动作值,报警动作值与报警设定值之差应满足以下要求:

a) 测量范围在3%LEL～100%LEL之间的探测器,其报警动作值与报警设定值之差的绝对值均不应大于3%LEL。
b) 测量范围在3%LEL以下的探测器,其报警动作值与报警设定值之差的绝对值均不应大于3%量程和$50×10^{-6}$(体积分数)之中的较大值。探测一氧化碳的探测器,其报警动作值与报警设定值之差的绝对值均不应大于$50×10^{-6}$(体积分数)。
c) 测量范围在100%LEL以上的探测器,其报警动作值与报警设定值之差的绝对值均不应大于3%量程。

4.3.11 电压波动

将探测器的供电电压分别调至其额定电压的85%和115%,测量探测器的报警动作值,报警动作值与报警设定值之差应满足以下要求:

a) 测量范围在3%LEL～100%LEL之间的探测器,其报警动作值与报警设定值之差的绝对值不应大于3%LEL。
b) 测量范围在3%LEL以下的探测器,其报警动作值与报警设定值之差的绝对值不应大于3%量程和$50×10^{-6}$(体积分数)之中的较大值。探测一氧化碳的探测器,其报警动作值与报警设定值之差的绝对值不应大于$50×10^{-6}$(体积分数)。
c) 测量范围在100%LEL以上的探测器,其报警动作值与报警设定值之差的绝对值不应大于3%量程。

4.3.12 绝缘电阻

探测器的外部带电端子和电源插头的工作电压大于50 V时,外部带电端子和电源插头与外壳间的绝缘电阻在正常大气条件下应不小于100 MΩ。

4.3.13 电气强度

探测器的外部带电端子和电源插头的工作电压大于50 V时,外部带电端子和电源插头应能耐受频率为50 Hz、有效值电压为1 250 V的交流电压,历时60 s的电气强度试验。试验期间,探测器不应发生击穿放电现象。试验后,探测器功能应正常。

4.3.14 电磁兼容性能

探测器应能耐受表1所规定的电磁干扰条件下的各项试验,试验期间,探测器不应发出报警信号或

故障信号。试验后,探测器的报警动作值与报警设定值之差应满足以下要求:

a) 测量范围在3%LEL～100%LEL之间的探测器,其报警动作值与报警设定值之差的绝对值不应大于5%LEL。

b) 测量范围在3%LEL以下的探测器,其报警动作值与报警设定值之差的绝对值不应大于5%量程和$80×10^{-6}$(体积分数)之中的较大值。探测一氧化碳的探测器,其报警动作值与报警设定值之差的绝对值不应大于$80×10^{-6}$(体积分数)。

c) 测量范围在100%LEL以上的探测器,其报警动作值与报警设定值之差的绝对值不应大于5%量程。

表 1 电磁兼容试验参数

试验名称	试验参数	试验条件	工作状态
静电放电抗扰度试验	放电电压 kV	空气放电(绝缘体外壳):8 接触放电(导体外壳和耦合板):6	正常监视状态
	放电极性	正、负	
	放电间隔 s	≥1	
	每点放电次数	10	
射频电磁场辐射抗扰度试验	场强 V/m	10	正常监视状态
	频率范围 MHz	80～1000	
	扫描速率 10 oct/s	$≤1.5×10^{-3}$	
	调制幅度	80%(1 kHz,正弦)	
电快速瞬变脉冲群抗扰度试验	瞬变脉冲电压 kV	AC电源线:2×(1±0.1) 其他连接线:1×(1±0.1)	正常监视状态
	重复频率 kHz	5×(1±0.2)	
	极性	正、负	
	时间 min	1	
浪涌(冲击)抗扰度试验	浪涌(冲击)电压 kV	AC电源线:线-线 1×(1±0.1) AC电源线:线-地 2×(1±0.1) 其他连接线:线-地 1×(1±0.1)	正常监视状态
	极性	正、负	
	试验次数	5	
	试验间隔 s	60	
射频场感应的传导骚扰抗扰度试验	频率范围 MHz	0.15～80	正常监视状态
	电压 dBμV	140	
	调制幅度	80%(1 kHz,正弦)	

4.3.15 气候环境耐受性

探测器应能耐受表2所规定的气候环境条件下的各项试验,试验期间,探测器不应发出报警信号或故障信号。试验后,探测器的报警动作值与报警设定值之差应满足以下要求:

a) 测量范围在3%LEL～100%LEL之间的探测器,其报警动作值与报警设定值之差的绝对值不应大于7%LEL。

b) 测量范围在3%LEL以下的探测器,其报警动作值与报警设定值之差的绝对值不应大于7%量程和120×10^{-6}(体积分数)之中的较大值。探测一氧化碳的探测器,其报警动作值与报警设定值之差的绝对值不应大于120×10^{-6}(体积分数)。

c) 测量范围在100%LEL以上的探测器,其报警动作值与报警设定值之差的绝对值不应大于7%量程。

表2　气候环境试验参数

试验名称	试验参数	试验条件		工作状态
		室内使用型	室外使用型	
高温(运行)试验	温度 ℃	55±2	70±2	正常监视状态
	持续时间 h	2	2	
低温(运行)试验	温度 ℃	－10±2	－40±2	正常监视状态
	持续时间 h	2	2	
恒定湿热(运行)试验	温度 ℃	40±2		正常监视状态
	相对湿度	93 %±3 %		
	持续时间 h	2		

4.3.16 机械环境耐受性

探测器应能耐受表3所规定的机械环境条件下的各项试验,运行试验期间,探测器不应发出报警信号或故障信号。试验后,探测器不应有机械损伤和紧固部位松动,报警动作值与报警设定值之差应满足以下要求:

a) 测量范围在3%LEL～100%LEL之间的探测器,其报警动作值与报警设定值之差的绝对值不应大于5%LEL。

b) 测量范围在3%LEL以下的探测器,其报警动作值与报警设定值之差的绝对值不应大于5%量程和80×10^{-6}(体积分数)之中的较大值。探测一氧化碳的探测器,其报警动作值与报警设定值之差的绝对值不应大于80×10^{-6}(体积分数)。

c) 测量范围在100%LEL以上的探测器,其报警动作值与报警设定值之差的绝对值不应大于5%量程。

表3 机械环境试验参数

试验名称	试验参数	试验条件	工作状态
振动(正弦)(运行)试验	频率范围 Hz	10～150	正常监视状态
	加速度 m/s²	10	
	扫频速率 oct/min	1	
	轴线数	3	
	每个轴线扫频次数	1	
振动(正弦)(耐久)试验	频率范围 Hz	10～150	不通电状态
	加速度 m/s²	10	
	扫频速率 oct/min	1	
	轴线数	3	
	每个轴线扫频次数	20	
跌落试验	跌落高度 mm	质量不大于2 kg:1 000 质量大于2 kg且不大于5 kg:500 质量大于5 kg:不进行试验	不通电状态
	跌落次数	2	

4.3.17 抗气体干扰性能(测量范围在3%LEL以下的探测器除外)

使探测器分别在下述气体干扰环境中工作30 min,期间探测器不应发出报警信号或故障信号:
a) 乙酸:$(6\,000\pm200)\times10^{-6}$(体积分数);
b) 乙醇:$(2\,000\pm200)\times10^{-6}$(体积分数)。

经每种气体干扰后,使探测器处于正常监视状态1 h,然后测量其报警动作值。探测器的报警动作值与报警设定值之差应满足以下要求:
a) 测量范围在3%LEL～100%LEL之间的探测器,其报警动作值与报警设定值之差的绝对值不应大于5%LEL;
b) 测量范围在100%LEL以上的探测器,其报警动作值与报警设定值之差的绝对值不应大于5%量程。

4.3.18 抗中毒性能

使两只探测器分别在下述混合气体环境中工作40 min,期间探测器不应发出报警信号或故障信号(测量范围在3%LEL以下的探测器可发出报警信号):
a) 可燃气体浓度为1%LEL[探测一氧化碳的探测器,一氧化碳浓度为10×10^{-6}(体积分数)],和六甲基二硅醚蒸气浓度为$(10\pm3)\times10^{-6}$(体积分数)的混合气体;
b) 可燃气体浓度为1%LEL[探测一氧化碳的探测器,一氧化碳浓度为10×10^{-6}(体积分数)],

和硫化氢浓度为$(10\pm3)\times10^{-6}$(体积分数)的混合气体。

环境干扰后使探测器处于正常监视状态20 min,然后分别测量其报警动作值。两只探测器的报警动作值与报警设定值之差应满足以下要求：

a) 测量范围在3%LEL～100%LEL之间的探测器,其报警动作值与报警设定值之差的绝对值均不应大于10%LEL。

b) 测量范围在3%LEL以下的探测器,其报警动作值与报警设定值之差的绝对值均不应大于10%量程和160×10^{-6}(体积分数)之中的较大值。探测一氧化碳的探测器,其报警动作值与报警设定值之差的绝对值均不应大于160×10^{-6}(体积分数)。

c) 测量范围在100%LEL以上的探测器,其报警动作值与报警设定值之差的绝对值均不应大于10%量程。

4.3.19 抗高浓度气体冲击性能

将体积分数为100%的试验气体(探测一氧化碳的探测器,使用体积分数为150%量程的试验气体)以500 mL/min的流量输送到探测器的采样部位,保持2 min。使探测器处于正常监视状态30 min,然后测量其报警动作值,报警动作值与报警设定值之差应满足以下要求：

a) 测量范围在3%LEL～100%LEL之间的探测器,其报警动作值与报警设定值之差的绝对值不应大于5%LEL。

b) 测量范围在3%LEL以下的探测器,其报警动作值与报警设定值之差的绝对值不应大于5%量程和80×10^{-6}(体积分数)之中的较大值。探测一氧化碳的探测器,其报警动作值与报警设定值之差的绝对值不应大于80×10^{-6}(体积分数)。

c) 测量范围在100%LEL以上的探测器,其报警动作值与报警设定值之差的绝对值不应大于5%量程。

4.3.20 低浓度运行

使探测器工作在可燃气体浓度为20%低限报警设定值的环境中4 h。运行期间,探测器不应发出报警信号或故障信号。使探测器处于正常监视状态20 min,然后测量其报警动作值,报警动作值与报警设定值之差应满足以下要求：

a) 测量范围在3%LEL～100%LEL之间的探测器,其报警动作值与报警设定值之差的绝对值不应大于5%LEL。

b) 测量范围在3%LEL以下的探测器,其报警动作值与报警设定值之差的绝对值不应大于5%量程和80×10^{-6}(体积分数)之中的较大值。探测一氧化碳的探测器,其报警动作值与报警设定值之差的绝对值不应大于80×10^{-6}(体积分数)。

c) 测量范围在100%LEL以上的探测器,其报警动作值与报警设定值之差的绝对值不应大于5%量程。

4.3.21 长期稳定性

使探测器在正常大气条件下连续工作28 d后,测量探测器的报警动作值。探测器在连续工作期间不应发出报警信号或故障信号,报警动作值与报警设定值之差应满足以下要求：

a) 测量范围在3%LEL～100%LEL之间的探测器,其报警动作值与报警设定值之差的绝对值不应大于5%LEL。

b) 测量范围在3%LEL以下的探测器,其报警动作值与报警设定值之差的绝对值不应大于5%量程和80×10^{-6}(体积分数)之中的较大值。探测一氧化碳的探测器,其报警动作值与报警设定值之差的绝对值不应大于80×10^{-6}(体积分数)。

c) 测量范围在100%LEL以上的探测器,其报警动作值与报警设定值之差的绝对值不应大于5%量程。

4.4 探测除甲烷、丙烷、一氧化碳以外气体的响应性能

表4为常见可燃性气体、蒸气的分子式及爆炸下限。对于能够探测表4所示的或其他可燃性气体及蒸气的探测器,应首先以甲烷、丙烷或一氧化碳当中的一种作为基本探测气体进行试验,并应满足4.3的要求。然后按照制造商声称的目标气体或采用等效方法进行量程指示偏差试验和响应时间试验,试验结果应符合制造商的规定。

表4 常见可燃性气体、蒸气的分子式及爆炸下限

气体名称	分子式	爆炸下限(体积分数)	气体名称	分子式	爆炸下限(体积分数)
甲烷	CH_4	5.0%	丙烷	C_3H_8	2.2%
丁烷(异丁烷)	C_4H_{10}	1.8%	戊烷(正戊烷)	C_5H_{12}	1.7%
庚烷(正庚烷)	C_7H_{16}	1.1%	苯乙烯	C_8H_8	1.1%
乙炔	C_2H_2	2.3%	甲苯	C_7H_8	1.2%
二甲苯	C_8H_{10}	1.0%	丙酮	C_3H_6O	2.5%
甲醇	CH_3OH	5.5%	乙醇	C_2H_5OH	3.3%
乙酸	CH_3COOH	4.0%	乙酸乙酯	$CH_3COOC_2H_5$	2.0%
氢气	H_2	4.0%	—		

5 试验

5.1 试验纲要

5.1.1 大气条件

如在有关条文中没有说明,各项试验均在下述正常大气条件下进行:
——温度:15 ℃~35 ℃;
——相对湿度:25%~75%;
——大气压力:86 kPa~106 kPa。

5.1.2 试验样品

试验样品(以下简称"试样")数量为12只,试验前应对试样予以编号。对于报警设定值可调的试样,试样数量应为24只,将其随机分为两组,两组试样的报警设定值分别设为可调范围的上限和下限,完成表5所规定的全部试验项目。

5.1.3 外观检查

试样在试验前应进行外观检查,检查结果是否满足4.2的要求。

5.1.4 试样的安装

试验前,试样应按照制造商规定的正常使用方式安装,如使用说明书中注明有多种安装方式,应采

用对试样工作最不利的安装方式。吸气式试样应按照制造商规定的最大采样管路长度正常安装,并在最不利位置的采样孔测量其报警动作值、量程指示偏差和响应时间。

5.1.5 试验前准备

5.1.5.1 按制造商规定对试样进行调零和标定操作。

5.1.5.2 将试样在不通电条件下依次置于以下环境中:
a) -25 ℃±3 ℃,保持 24 h;
b) 正常大气条件,保持 24 h;
c) 55 ℃±2 ℃,保持 24 h;
d) 正常大气条件,保持 24 h。

5.1.5.3 系统式试样应与制造商规定的可燃气体报警控制器连接,并使其在正常大气条件下通电预热 20 min。

5.1.6 容差

各项试验数据的容差均为±5%。

5.1.7 试验气体

配制试验气体应采用制造商声称的探测气体种类和报警设定值要求,除相关试验另行规定外,试验气体应由可燃气体与洁净空气混合而成,试验气体湿度应符合正常湿度条件,配气误差应不超过报警设定值的±2%。采用甲烷、丙烷、一氧化碳当中的一种作为可燃气体配制试验气体时,可燃气体的纯度应不低于99.5%;对于制造商声称的其他类型探测气体,可采用满足制造商要求的标准气体配置试验气体。

5.1.8 试验程序

试验程序见表5。

表 5 试验程序

序号	章条	试验项目	试样编号											
			1	2	3	4	5	6	7	8	9	10	11	12
1	5.1.3	外观检查	√	√	√	√	√	√	√	√	√	√	√	√
2	5.2	基本性能试验	√	√	√	√	√	√	√	√	√	√	√	√
3	5.3	报警动作值试验	√	√	√	√	√	√	√	√	√	√	√	√
4	5.4	量程指示偏差试验				√	√							
5	5.5	响应时间试验				√	√							
6	5.6	方位试验	√											
7	5.7	报警重复性试验		√										
8	5.8	高速气流试验	√											
9	5.9	采样气流变化试验(仅适用于吸气式试样)					√							
10	5.10	线路传输性能试验(仅适用于系统式试样)					√							
11	5.11	探测器互换性能试验(仅适用于系统式试样)						√	√					
12	5.12	电压波动试验				√								
13	5.13	绝缘电阻试验											√	

表 5（续）

序号	章条	试验项目	试样编号											
			1	2	3	4	5	6	7	8	9	10	11	12
14	5.14	电气强度试验											√	
15	5.15	静电放电抗扰度试验									√			
16	5.16	射频电磁场辐射抗扰度试验										√		
17	5.17	电快速瞬变脉冲群抗扰度试验									√			
18	5.18	浪涌（冲击）抗扰度试验									√			
19	5.19	射频场感应的传导骚扰抗扰度试验										√		
20	5.20	高温（运行）试验	√											
21	5.21	低温（运行）试验			√									
22	5.22	恒定湿热（运行）试验				√								
23	5.23	振动（正弦）（运行）试验											√	
24	5.24	振动（正弦）（耐久）试验											√	
25	5.25	跌落试验											√	
26	5.26	抗气体干扰性能试验（不适用于测量范围在 3 ％LEL 以下的试样）											√	
27	5.27	抗中毒性能试验							√	√				
28	5.28	抗高浓度气体冲击性能试验												√
29	5.29	低浓度运行试验												√
30	5.30	长期稳定性试验					√	√						

5.2 基本性能试验

5.2.1 试样处于正常监视状态，对其进行调零、标定、更改参数等操作，检查并记录该类操作是否改变试样外壳的完整性。

5.2.2 检查并记录试样的供电方式是否符合4.3.1.2的规定。

5.2.3 检查并记录试样工作状态指示灯的指示和功能注释情况是否符合4.3.1.3的规定。

5.2.4 向试样通入试验气体使其发出报警信号，检查并记录试样的量程和报警设定值设置是否符合4.3.1.8的规定。将试样置于正常环境中并开始计时，检查并记录其报警状态的恢复情况。

5.2.5 将试样的报警输出接口与制造商规定的配接产品或执行部件连接，使试样发出报警信号，检查并记录试样的报警输出接口是否动作。报警输出接口如具有延时功能，测量并记录其最大延时时间。

5.2.6 将系统式试样与制造商规定的可燃气体报警控制器连接，向试样通入试验气体，改变试样的工作状态，检查并记录可燃气体报警控制器上试样的测量浓度和工作状态显示情况。

5.2.7 向独立式试样通入试验气体，检查并记录试样的浓度显示情况。

5.2.8 试样的气体传感器如采用插拔结构，检查其是否具有结构性的防脱落措施。移除气体传感器，检查并记录试样的故障状态指示情况。

5.2.9 检查吸气式试样的采样管路和采样孔，使试样的采样管路发生堵塞或破漏，检查并记录试样的采样管路故障指示情况。

5.2.10 检查试样是否采用符合 GB 3836.1—2010 要求的防爆型式。

5.2.11 检查试样的型号编制是否符合附录A的规定。

5.2.12 检查试样的说明书是否符合GB/T 9969的相关要求,其中是否注明气体传感器的使用期限。

5.3 报警动作值试验

5.3.1 试验步骤

5.3.1.1 将试样安装于试验箱中,使其处于正常监视状态。启动通风机,使试验箱内气流速率稳定在0.8 m/s±0.2 m/s,再以不大于每分钟满量程1%的速率增加试验气体的浓度,直至试样发出报警信号,记录试样的报警动作值。

5.3.1.2 在满足制造商规定的条件下,也可采用其他等效方法测量试样的报警动作值。

5.3.2 试验设备

试验设备应满足附录B的要求。

5.4 量程指示偏差试验

5.4.1 试验步骤

使试样处于正常监视状态。测量范围在3%LEL～100%LEL之间的试样,分别使被监测区域内的可燃气体浓度达到其满量程的20%、30%、40%、50%和60%;测量范围在3%LEL以下的试样和测量范围在100%LEL以上的试样,分别使被监测区域内的可燃气体浓度达到其满量程的25%、50%和75%。试验期间,每个浓度的试验气体应至少保持60 s,记录试样的浓度显示值。

5.4.2 试验设备

试验设备应满足附录B的要求。

5.5 响应时间试验

5.5.1 试验步骤

使试样处于正常监视状态。向试样通入流量为500 mL/min,浓度为满量程的60%的试验气体,保持60 s,记录试样的显示值作为基准值。将试样置于正常环境中通电5 min,以相同流量再次向试样通入浓度为满量程的60%的试验气体并开始计时,当试样的显示值达到90%基准值时停止计时,记录试样的响应时间t_{90}。

5.5.2 试验设备

试验设备包括气体分析仪、计时器。

5.6 方位试验

5.6.1 试验步骤

将试样安装于试验箱中,使其处于正常监视状态。试样在安装平面内顺时针旋转,每次旋转45°,按5.3规定的方法,分别测量试样在不同方位的报警动作值。

5.6.2 试验设备

试验设备应满足附录B的要求。

5.7 报警重复性试验

5.7.1 试验步骤

按5.3规定的方法重复测量同一试样的报警动作值6次。

5.7.2 试验设备

试验设备应满足附录B的要求。

5.8 高速气流试验

5.8.1 试验步骤

将试样安装于试验箱中,使其处于正常监视状态。启动通风机,使试验箱内气流速率稳定在6 m/s±0.2 m/s,再以不大于每分钟满量程1%的速率增加试验气体的浓度,直至试样发出报警信号,记录试样的报警动作值。

5.8.2 试验设备

试验设备应满足附录B的要求。

5.9 采样气流变化试验(仅适用于吸气式试样)

5.9.1 试验步骤

使试样在下述采样气流条件下工作,按5.3规定的方法测量试样的报警动作值:
  a) 如试样的采样流量可调,将采样流量分别调至最大和最小流量;
  b) 如试样的采样流量不可调,使采样流量为正常流量的50%。

5.9.2 试验设备

试验设备应满足附录B的要求。

5.10 线路传输性能试验(仅适用于系统式试样)

5.10.1 试验步骤

试样与可燃气体报警控制器之间的通信线路使用长度为1 000 m、截面积为1 mm^{2}的多股铜导线连接,并使控制器在满负载条件下工作(总线制控制器至少一个回路按设计容量连接真实负载,其他回路连接等效负载),按5.3规定的方法测量试样的报警动作值。

5.10.2 试验设备

试验设备应满足附录B的要求。

5.11 探测器互换性能试验(仅适用于系统式试样)

5.11.1 试验步骤

在两个独立的信号通道或通信地址上各选择1只试样,将其互换后,按5.3规定的方法测量两只试样的报警动作值。

5.11.2 试验设备

试验设备应满足附录B的要求。

5.12 电压波动试验

5.12.1 试验步骤

将试样的供电电压分别调至其额定电压的85%和115%,按5.3规定的方法测量试样的报警动作值。

5.12.2 试验设备

试验设备应满足附录B的要求。

5.13 绝缘电阻试验

5.13.1 试验步骤

在正常大气条件下,用绝缘电阻试验装置,分别对试样的下述部位施加500 V±50 V直流电压,持续60 s±5 s,测量试样的绝缘电阻值:
a) 工作电压大于50 V的外部带电端子与外壳间;
b) 工作电压大于50 V的电源插头或电源接线端子与外壳间(电源开关置于开位置,不接通电源)。

5.13.2 试验设备

应采用满足下述技术要求的绝缘电阻试验装置:
a) 试验电压:500 V±50 V;
b) 测量范围:0 MΩ~500 MΩ;
c) 最小分度:0.1 MΩ;
d) 计时:60 s±5 s。

5.14 电气强度试验

5.14.1 试验步骤

5.14.1.1 将试样的接地保护元件拆除。用电气强度试验装置,以100 V/s~500 V/s的升压速率,分别对试样的下述部位施加1 250 V/50 Hz的试验电压,持续60 s±5 s,再以100 V/s~500 V/s的降压速率使试验电压低于试样额定电压后,方可断电:
a) 工作电压大于50 V的外部带电端子与外壳间;
b) 工作电压大于50 V的电源插头或电源接线端子与外壳间(电源开关置于开位置,不接通电源)。

5.14.1.2 试验后,对试样进行功能检查。

5.14.2 试验设备

应采用满足下述技术要求的电气强度试验装置:
a) 试验电压:电压为0 V~1 250 V(有效值)连续可调,频率为50 Hz;
b) 升、降压速率:100 V/s~500 V/s;
c) 计时:60 s±5 s;
d) 击穿报警预置电流:20 mA。

5.15 静电放电抗扰度试验

5.15.1 试验步骤

将试样按 GB/T 17626.2—2018 的规定进行试验布置，试样处于正常监视状态。按 GB/T 17626.2—2018 规定的试验方法对试样及耦合板施加符合表 1 所示条件的静电放电干扰。条件试验结束后，按 5.3 规定的方法测量试样的报警动作值。

5.15.2 试验设备

试验设备应满足 GB/T 17626.2—2018 的要求。

5.16 射频电磁场辐射抗扰度试验

5.16.1 试验步骤

将试样按 GB/T 17626.3—2016 的规定进行试验布置，试样处于正常监视状态。按 GB/T 17626.3—2016 规定的试验方法对试样施加符合表 1 所示条件的射频电磁场辐射干扰。条件试验结束后，按 5.3 规定的方法测量试样的报警动作值。

5.16.2 试验设备

试验设备应满足 GB/T 17626.3—2016 的要求。

5.17 电快速瞬变脉冲群抗扰度试验

5.17.1 试验步骤

将试样按 GB/T 17626.4—2018 的规定进行试验布置，试样处于正常监视状态。按 GB/T 17626.4—2018 规定的试验方法对试样施加符合表 1 所示条件的电快速瞬变脉冲群干扰。条件试验结束后，按 5.3规定的方法测量试样的报警动作值。

5.17.2 试验设备

试验设备应满足 GB/T 17626.4—2018 的要求。

5.18 浪涌(冲击)抗扰度试验

5.18.1 试验步骤

将试样按 GB/T 17626.5—2008 的规定进行试验布置，试样处于正常监视状态。按 GB/T 17626.5—2008 规定的试验方法对试样施加符合表 1 所示条件的浪涌(冲击)干扰。条件试验结束后，按 5.3 规定的方法测量试样的报警动作值。

5.18.2 试验设备

试验设备应满足 GB/T 17626.5—2008 的要求。

5.19 射频场感应的传导骚扰抗扰度试验

5.19.1 试验步骤

将试样按 GB/T 17626.6—2017 的规定进行试验布置，试样处于正常监视状态。按 GB/T 17626.6—2017 规定的试验方法对试样施加符合表 1 所示条件的射频场感应的传导骚扰。条件试验结束后，按5.3

规定的方法测量试样的报警动作值。

5.19.2 试验设备

试验设备应满足 GB/T 17626.6—2017 的要求。

5.20 高温（运行）试验

5.20.1 试验步骤

将试样安装于试验箱中，使其处于正常监视状态。启动通风机，使试验箱内气流速率稳定在 0.8 m/s±0.2 m/s。以不大于 1 ℃/min 的升温速率将试样所处环境的温度升至表 2 规定的温度，保持 2 h。在高温环境条件下，按 5.3 规定的方法测量试样的报警动作值。

5.20.2 试验设备

试验设备应满足附录 B 的要求。

5.21 低温（运行）试验

5.21.1 试验步骤

将试样安装于试验箱中，使其处于正常监视状态。启动通风机，使试验箱内气流速率稳定在 0.8 m/s±0.2 m/s。以不大于 1 ℃/min 的降温速率将试样所处环境的温度降至表 2 规定的温度，保持 2 h。在低温环境条件下，按 5.3 规定的方法测量试样的报警动作值。

5.21.2 试验设备

试验设备应满足附录 B 的要求。

5.22 恒定湿热（运行）试验

5.22.1 试验步骤

将试样安装于试验箱中，使其处于正常监视状态。启动通风机，使试验箱内气流速率稳定在 0.8 m/s±0.2m/s。以不大于 1 ℃/min 的升温速率将试样所处环境的温度升至 40 ℃±2 ℃，然后以不大于5%/min 的加湿速率将环境的相对湿度升至 93%±3%，保持 2 h。在湿热环境条件下，按 5.3 规定的方法测量试样的报警动作值。

5.22.2 试验设备

试验设备应满足附录 B 的要求。

5.23 振动（正弦）（运行）试验

5.23.1 试验步骤

将试样按照制造商规定的正常方式刚性安装，使其处于正常监视状态。按 GB/T 16838 中振动（正弦）（运行）试验规定的试验方法对试样施加符合表 3 所示条件的振动（正弦）（运行）试验。条件试验结束后，检查试样外观及紧固部位，按 5.3 规定的方法测量试样的报警动作值。

5.23.2 试验设备

试验设备应满足 GB/T 16838 的要求。

5.24 振动(正弦)(耐久)试验

5.24.1 试验步骤

将试样按照制造商规定的正常方式刚性安装,试验期间,试样不通电。按GB/T 16838中振动(正弦)(耐久)试验规定的试验方法对试样施加符合表3所示条件的振动(正弦)(耐久)试验。条件试验结束后,检查试样外观及紧固部位,按5.3规定的方法测量试样的报警动作值。

5.24.2 试验设备

试验设备应满足GB/T 16838的要求。

5.25 跌落试验

5.25.1 试验步骤

按表3所示的试验条件,将非包装状态的试样自由跌落在平滑、坚硬的地面上,试验期间,试样不通电。条件试验结束后,检查试样外观及紧固部位,按5.3规定的方法测量试样的报警动作值。

5.25.2 试验设备

试验设备应满足附录B的要求。

5.26 抗气体干扰性能试验(不适用于测量范围在3%LEL以下的试样)

5.26.1 试验步骤

使试样处于正常监视状态,将其置于浓度为$(6\ 000\pm200)\times10^{-6}$(体积分数)的乙酸气体环境中30 min,试验后使试样处于正常监视状态1 h,按5.3规定的方法测量试样的报警动作值。使试样处于正常监视状态24 h后,将其置于浓度为$(2\ 000\pm200)\times10^{-6}$(体积分数)的乙醇气体环境中30 min,试验后使试样处于正常监视状态1 h,按5.3规定的方法测量试样的报警动作值。

5.26.2 试验设备

试验设备应满足附录B的要求。

5.27 抗中毒性能试验

5.27.1 试验步骤

使试样处于正常监视状态,将其中一只试样置于可燃气体浓度为1%LEL[可燃气体为一氧化碳时,一氧化碳浓度为10×10^{-6}(体积分数)]和六甲基二硅醚蒸气浓度为$(10\pm3)\times10^{-6}$(体积分数)的混合气体环境中40 min。将另一试样置于可燃气体浓度为1%LEL[可燃气体为一氧化碳时,一氧化碳浓度为10×10^{-6}(体积分数)]和硫化氢浓度为$(10\pm3)\times10^{-6}$(体积分数)的混合气体环境中40 min。条件试验结束后,使试样处于正常监视状态20 min,按5.3规定的方法分别测量试样的报警动作值。

5.27.2 试验设备

试验设备应满足附录B的要求。

5.28 抗高浓度气体冲击性能试验

5.28.1 试验步骤

使试样处于正常监视状态,将体积分数为100%的试验气体(探测一氧化碳的试样,使用体积分数为150%量程的试验气体)以500 mL/min的流量输送到试样的采样部位,保持2 min。使试样处于正常监视状态30 min,按5.3规定的方法测量试样的报警动作值。

5.28.2 试验设备

试验设备应满足附录B的要求。

5.29 低浓度运行试验

5.29.1 试验步骤

使试样处于正常监视状态,将其置于可燃气体浓度为20%低限报警设定值的环境中,保持4 h。条件试验结束后,使试样处于正常监视状态20 min,按5.3规定的方法测量试样的报警动作值。

5.29.2 试验设备

试验设备应满足附录B的要求。

5.30 长期稳定性试验

5.30.1 试验步骤

使试样在正常大气条件下连续工作28 d,期间观察并记录试样的工作状态。运行结束后,按5.3规定的方法测量试样的报警动作值。

5.30.2 试验设备

试验设备应满足附录B的要求。

6 检验规则

6.1 出厂检验

6.1.1 制造商在产品出厂前应对探测器至少进行下述试验项目的检验:
 a) 基本性能试验;
 b) 报警动作值试验;
 c) 量程指示偏差试验;
 d) 响应时间试验;
 e) 探测器互换性能试验;
 f) 长期稳定性试验;
 g) 绝缘电阻试验;
 h) 电气强度试验。

6.1.2 制造商应规定抽样方法、检验和判定规则。

6.2 型式检验

6.2.1 式型式检验项目为第5章规定的全部试验项目。检验样品在出厂检验合格的产品中抽取。

6.2.2 有下列情况之一时,应进行型式检验:
 a) 新产品或老产品转厂生产时的试制定型鉴定;
 b) 正式生产后,产品的结构、主要部件或元器件、生产工艺等有较大的改变,可能影响产品性能;
 c) 产品停产1年以上恢复生产;

d) 发生重大质量事故整改后；
   e) 质量监督部门依法提出要求。

6.2.3 检验结果按 GB 12978 中规定的型式检验结果判定方法进行判定。

7 标志

7.1 总则

标志应清晰可见，且不应贴在螺丝或其他易被拆卸的部件上。

7.2 产品标志

7.2.1 每只探测器均应有清晰、耐久的中文产品标志，产品标志应包括以下内容：
   a) 产品名称和型号；
   b) 产品执行的标准编号；
   c) 制造商名称、生产地址；
   d) 制造日期和产品编号；
   e) 产品主要技术参数（供电方式及参数、探测气体种类、量程、报警设定值及使用环境）。

7.2.2 产品标志信息中如使用不常用符号或缩写时，应在与探测器一起提供的使用说明书中注明。

7.3 质量检验标志

每只探测器均应有清晰的质量检验合格标志。

附 录 A
（规范性附录）
探测器产品型号的编制

A.1 产品型号编制原则

A.1.1 探测器产品型号应按其应用场所、探测气体种类的不同加以区分。

A.1.2 在编制探测器产品型号时，应清晰、准确的反映产品种类及特性。

A.2 产品型号编制方法

A.2.1 代码组成

探测器产品型号代码的组成如图 A.1 所示。

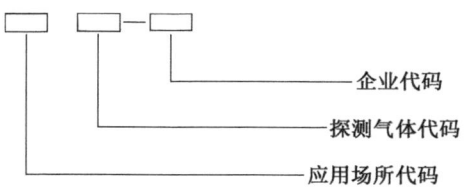

图 A.1 产品型号组成

A.2.2 基本特性代码

A.2.2.1 基本特性代码由应用场所代码和探测气体代码两部分组成。

A.2.2.2 应用场所代码分为：
   a) G ——工业及商业用途点型可燃气体探测器；
   b) J ——家用可燃气体探测器；
   c) B ——便携式可燃气体探测器；
   d) X ——线型光束可燃气体探测器。

A.2.2.3 探测气体代码分为：
   a) T ——甲烷（天然气）；
   b) Y ——丙烷（液化气）；
   c) M ——一氧化碳（人工煤气）；
   d) Q ——其他气体。

A.2.3 企业代码

企业代码由制造商自行编制。

A.2.4 复合型探测器产品型号编制方法

产品能够同时探测两种及两种以上气体时，应将其对应的探测气体代码并列使用，以完整代表产品的特性。

A.3 产品型号编制示例

A.3.1 产品型号为 GT-，代表该产品为工业或商业场所使用的、探测气体为甲烷的点型可燃气体探测器。

A.3.2 产品型号为 JM-，代表该产品为家庭环境使用的、探测气体为一氧化碳的可燃气体探测器。

A.3.3 产品型号为 BTM-，代表该产品为探测气体为甲烷和一氧化碳的便携式可燃气体探测器。

A.3.4 产品型号为 BTQ-，代表该产品为探测气体为甲烷和其他气体的便携式可燃气体探测器。

A.3.5 产品型号为 XT-，代表该产品为探测气体为甲烷的线型光束可燃气体探测器。

附 录 B
（规范性附录）
可燃气体探测器试验设备

B.1 可燃气体探测器高低温、湿热试验箱

可燃气体探测器高低温、湿热试验箱示意图见图 B.1。

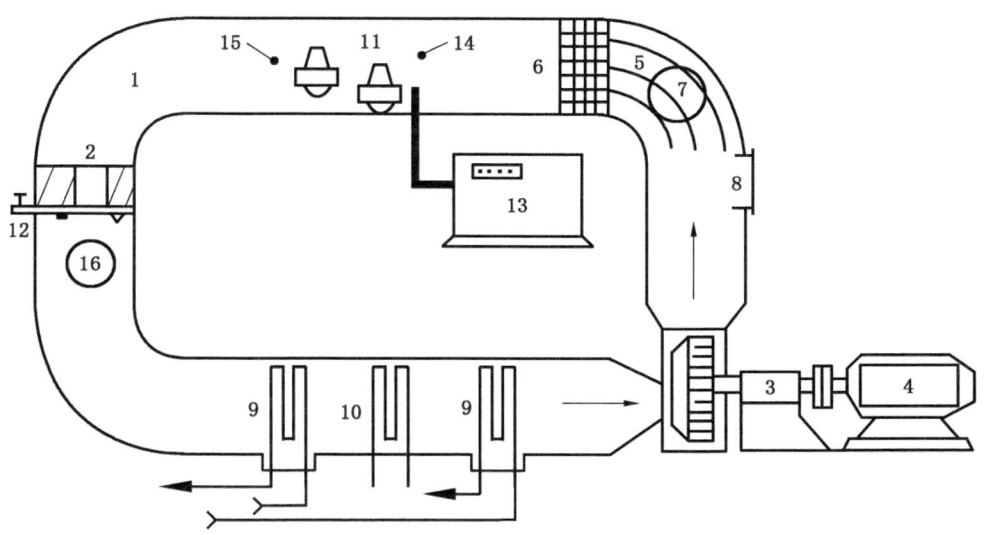

说明：
1 ——风筒；
2 ——涡流机；
3、4——电机；
5 ——导流板；
6 ——整流栅；
7 ——进风门；
8 ——排气门；
9 ——蒸发器；
10 ——加热器；
11 ——可燃气体探测器；
12 ——可燃气体入口；
13 ——气体分析仪；
14 ——温湿度测量仪；
15 ——风速计；
16 ——加湿门。

图 B.1 可燃气体探测器高低温、湿热试验箱

B.2 技术参数

可燃气体探测器高低温、湿热试验箱各部件应具备如下技术参数：

a) 通风机:风速范围 0 m/s~6.5 m/s 连续可调;
b) 加热器:温度范围 35 ℃~75 ℃连续可调,升温速率小于或等于 1 ℃/min;
c) 加湿器:相对湿度范围 90%~96%连续可调,加湿速率小于或等于 5%/min;
d) 蒸发器:温度范围 0 ℃~-40 ℃连续可调,降温速率小于或等于 1 ℃/min;
e) 温度测量仪:误差不超过±0.5 ℃,分辨率小于或等于 0.1 ℃;
f) 湿度测量仪:相对湿度误差不超过±0.5%,分辨率小于或等于 0.1%;
g) 风速计:测量范围 0.2 m/s~10 m/s,测量误差不超过±5%,分辨率小于或等于 0.1 m/s。

ICS 13.220.20
C 81

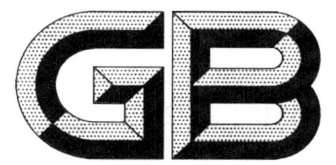

中华人民共和国国家标准

GB 15322.2—2019
代替 GB 15322.2—2003，GB 15322.5—2003

可燃气体探测器
第 2 部分：家用可燃气体探测器

Combustible gas detectors—Part 2: Household combustible gas detectors

2019-10-14 发布　　　　　　　　　　　　　　　　　　　　2020-11-01 实施

国家市场监督管理总局
国家标准化管理委员会　发 布

前　言

本部分的全部技术内容为强制性。

GB 15322《可燃气体探测器》分为以下部分：
——第1部分：工业及商业用途点型可燃气体探测器；
——第2部分：家用可燃气体探测器；
——第3部分：工业及商业用途便携式可燃气体探测器；
——第4部分：工业及商业用途线型光束可燃气体探测器。

本部分为 GB 15322 的第2部分。

本部分按照 GB/T 1.1—2009 给出的规则起草。

本部分代替 GB 15322.2—2003《可燃气体探测器　第2部分：测量范围为 0～100%LEL 的独立式可燃气体探测器》和 GB 15322.5—2003《可燃气体探测器　第5部分：测量人工煤气的独立式可燃气体探测器》。本部分与 GB 15322.2—2003 和 GB 15322.5—2003 相比，主要技术变化如下：
——将 GB 15322.2—2003 和 GB 15322.5—2003 的内容合并为一个部分；
——增加了探测器功能方面的要求（见3.3.1）；
——修改了在各项试验条件下对探测器报警动作值的要求（见第3章，GB 15322.2—2003 和 GB 15322.5—2003 的第5章）；
——增加了预热期间报警试验和防爆性能试验（见3.3.7、3.3.8）；
——电磁兼容试验项目中增加了浪涌（冲击）抗扰度试验和射频场感应的传导骚扰抗扰度试验（见3.3.13）；
——增加了抗中毒性能试验和低浓度运行试验（见3.3.17、3.3.18）；
——针对探测一氧化碳的探测器增加了一氧化碳低浓度响应性能试验（见3.3.20）。

本部分由中华人民共和国应急管理部提出并归口。

本部分起草单位：应急管理部沈阳消防研究所、北京市消防救援总队、中国城市燃气协会、汉威科技集团股份有限公司、阜阳华信电子仪器有限公司、成都安可信电子股份有限公司、济南本安科技发展有限公司、英吉森安全消防系统（上海）有限公司、北京惟泰安全设备有限公司、海南民生管道燃气有限公司、北京品傲光电科技有限公司、上海达江电子仪器有限公司。

本部分主要起草人：张颖琮、赵宇、邵宇、唐皓、杨欣、王宇行、郭立治、丁宏军、郭春雷、康卫东、费春祥、蒋妙飞、邓丽红、赵英然、马长城、姜波、孟宇、朱刚、马祖林、叶晓平、王建刚、栾军。

本部分所代替标准的历次版本发布情况为：
——GB 15322—1994；
——GB 15322.2—2003；
——GB 15322.5—2003。

GB 15322.2—2019

可燃气体探测器
第2部分：家用可燃气体探测器

1 范围

GB 15322 的本部分规定了家用可燃气体探测器的要求、试验、检验规则和标志。

本部分适用于家庭环境使用的用于探测天然气、液化石油气、人工煤气等可燃气体及其不完全燃烧产物的探测器。

2 规范性引用文件

下列文件对于本文件的应用是必不可少的。凡是注日期的引用文件，仅注日期的版本适用于本文件。凡是不注日期的引用文件，其最新版本（包括所有的修改单）适用于本文件。

GB/T 9969　工业产品使用说明书　总则
GB 12978　消防电子产品检验规则
GB 15322.1—2019　可燃气体探测器　第1部分：工业及商业用途点型可燃气体探测器
GB/T 16838　消防电子产品　环境试验方法及严酷等级
GB/T 17626.2—2018　电磁兼容　试验和测量技术　静电放电抗扰度试验
GB/T 17626.3—2016　电磁兼容　试验和测量技术　射频电磁场辐射抗扰度试验
GB/T 17626.4—2018　电磁兼容　试验和测量技术　电快速瞬变脉冲群抗扰度试验
GB/T 17626.5—2008　电磁兼容　试验和测量技术　浪涌（冲击）抗扰度试验
GB/T 17626.6—2017　电磁兼容　试验和测量技术　射频场感应的传导骚扰抗扰度
GB 23757　消防电子产品防护要求

3 要求

3.1 总则

家用可燃气体探测器（以下简称"探测器"）应满足第3章的相关要求，并按第4章的规定进行试验，以确认探测器对第3章要求的符合性。

3.2 外观要求

3.2.1 探测器应具备产品出厂时的完整包装，包装中应包含质量检验合格标志和使用说明书。

3.2.2 探测器表面应无腐蚀、涂覆层脱落和起泡现象，无明显划伤、裂痕、毛刺等机械损伤，紧固部位无松动。

3.3 性能

3.3.1 一般要求

3.3.1.1 探测器应采用36 V及以下的直流电压或220 V交流电压供电。采用外部直流电源供电的探测器应由可燃气体报警控制器供电，且应具有极性反接的保护措施。采用电池供电的探测器应具有防止极性反接的电池安装结构,当电池被取走时应有明显的警示标识。

3.3.1.2 探测器表面应具有工作状态指示灯,指示其正常监视、故障、报警工作状态。正常监视状态指示应为绿色,故障状态指示应为黄色,报警状态指示应为红色。指示灯应有中文功能注释。在 5 lx～500 lx 光照条件下、正前方 5 m 处,指示灯的状态应清晰可见。

注:正常监视状态指探测器接通电源正常工作,且未发出报警信号或故障信号时的状态。

3.3.1.3 探测器应具有气体传感器寿命状态指示功能,并满足以下要求:

a) 气体传感器寿命状态指示应为黄色;
b) 探测器累计工作时间达到气体传感器使用期限时,状态指示应闪亮;
c) 探测器表面应有提示气体传感器失效或寿命到期需更换的明显标识;
d) 探测器使用说明书中应注明气体传感器的使用期限。

3.3.1.4 具有浓度显示功能的探测器,在 5 lx～500 lx 光照条件下、正前方 1 m 处,显示信息应清晰可见。

3.3.1.5 在额定工作电压条件下,探测器报警声信号在距其正前方 1 m 处的最大声压级(A 计权)应不小于 70 dB,不大于 115 dB。

3.3.1.6 探测器应具有控制输出功能。控制输出接口的类型和容量应与制造商规定的配接产品或执行部件相匹配,且应在使用说明书中注明。如探测器的控制输出接口具有延时功能,其最大延时时间不应超过 30 s。

3.3.1.7 探测器应具有能够与控制和指示设备连接的联网接口(仅以电池供电的探测器除外),联网接口应能输出与其测量浓度相对应的信号及探测器正常监视、故障、报警、传感器寿命状态信号。信号的类型、参数等信息应在使用说明书中注明。

3.3.1.8 探测器在被监测区域内的可燃气体浓度达到报警设定值时,应能发出报警信号。再将探测器置于正常环境中,30 s 内应能自动(或手动)恢复到正常监视状态。

3.3.1.9 探测器的报警设定值应在 5%LEL～25%LEL 范围,其量程上限应不低于报警设定值的 2 倍且不小于 15%LEL;探测一氧化碳的探测器,其报警设定值应在 $150×10^{-6}$(体积分数)～$300×10^{-6}$(体积分数)范围。

注:爆炸下限(LEL)为可燃气体或蒸气在空气中的最低爆炸浓度。

3.3.1.10 探测器采用插拔结构气体传感器时,应具有结构性的防脱落措施。气体传感器发生脱落时,探测器应能在 30 s 内发出故障信号。

3.3.1.11 探测器应具有对其声光部件手动自检功能,其控制输出接口在自检期间应延时 7 s～30 s 动作。

3.3.1.12 探测器的外壳防护等级(IP 代码)应满足 GB 23757 中规定的 IP30 等级的要求。

3.3.1.13 探测器的型号编制应符合 GB 15322.1—2019 中附录 A 的规定。

3.3.1.14 探测器内部应具有计时装置,日计时误差不应超过 30 s。

3.3.1.15 探测器内部应具有报警历史记录功能,历史记录在探测器掉电后应能保存。历史记录的类型和条数应满足以下要求:

a) 探测器报警记录:不少于 200 条;
b) 探测器报警恢复记录:不少于 200 条;
c) 探测器故障记录:不少于 100 条;
d) 探测器故障恢复记录:不少于 100 条;
e) 探测器掉电记录:不少于 50 条;
f) 探测器上电记录:不少于 50 条;
g) 气体传感器失效记录:不少于 1 条。

3.3.1.16 探测器内部应具有读取接口,使用可燃气体报警控制器或探测器报警历史信息记录读取装置应能对探测器的报警历史记录完整读取。读取接口的物理特性和通信协议参见附录A。

3.3.1.17 探测器应在使用说明书中注明存储器中各类报警历史记录的最大存储条数。

3.3.1.18 探测器的使用说明书应满足GB/T 9969的相关要求。

3.3.2 报警动作值

3.3.2.1 在本部分规定的试验项目中,探测器的报警动作值不应低于5%LEL,探测一氧化碳的探测器,其报警动作值不应低于50×10^{-6}(体积分数)。

注:爆炸下限(LEL)为可燃气体或蒸气在空气中的最低爆炸浓度。

3.3.2.2 探测器的报警动作值与报警设定值之差的绝对值不应大于3%LEL,探测一氧化碳的探测器,其报警动作值与报警设定值之差的绝对值不应大于50×10^{-6}(体积分数)。

3.3.3 量程指示偏差(适用于具有浓度显示功能的探测器)

在探测器量程内选取若干试验点作为基准值,使被监测区域内的可燃气体浓度分别达到对应的基准值。探测器在试验点上的可燃气体浓度显示值与基准值之差的绝对值不应大于3%LEL。探测一氧化碳的探测器,其浓度显示值与基准值之差的绝对值不应大于80×10^{-6}(体积分数)。

3.3.4 响应时间

具有浓度显示功能的探测器,向其通入流量为500 mL/min,浓度为满量程的60%的试验气体,保持60 s,记录探测器的显示值作为基准值,显示值达到基准值的90%所需的时间为探测器的响应时间。不具有浓度显示功能的探测器,向其通入流量为500 mL/min,浓度为报警设定值1.6倍的试验气体并开始计时,探测器发出报警信号所需的时间为探测器的响应时间。探测一氧化碳的探测器,其响应时间不应大于60 s,其他气体探测器不应大于30 s。

3.3.5 方位

探测器在安装平面内顺时针旋转,每次旋转45°,分别测量探测器的报警动作值。探测器的报警动作值与报警设定值之差的绝对值不应大于3%LEL;探测一氧化碳的探测器,其报警动作值与报警设定值之差的绝对值不应大于50×10^{-6}(体积分数)。

3.3.6 报警重复性

对同一只探测器重复测量报警动作值6次,报警动作值与报警设定值之差的绝对值不应大于3%LEL。探测一氧化碳的探测器,其报警动作值与报警设定值之差的绝对值不应大于50×10^{-6}(体积分数)。

3.3.7 预热期间报警

将探测器在不通电状态下放置24 h后,使其在试验气体浓度为30%LEL的环境条件下恢复供电,探测一氧化碳的探测器在一氧化碳浓度为380×10^{-6}(体积分数)的环境条件下恢复供电,探测器应能在恢复供电后的5 min之内发出报警信号。

3.3.8 防爆性能

将不通电状态的探测甲烷或一氧化碳的探测器置于甲烷浓度为8.5%(体积分数)的试验箱中,探测丙烷的探测器置于丙烷浓度为4.6%(体积分数)的试验箱中,保持5 min。将探测器恢复供电,保持5 min,期间不应发生可燃气体引燃或爆炸现象。

3.3.9 电压波动(不适用于仅以电池供电的探测器)

将探测器的供电电压分别调至其额定电压的85%和115%,测量探测器的报警动作值,报警动作值与报警设定值之差的绝对值不应大于3%LEL。探测一氧化碳的探测器,其报警动作值与报警设定值之差的绝对值不应大于50×10^{-6}(体积分数)。

3.3.10 电池容量

3.3.10.1 对仅以电池供电的探测器,以25倍最大工作电流对电池放电30 d,放电结束后,探测器的电池容量应能保证其正常工作不少于2 h。在电池电量低时,探测器应能发出与报警信号有明显区别的声、光指示信号,控制输出接口应能正常驱动其配接产品或执行部件。

3.3.10.2 具有备用电池的探测器,在以主电和备电两种不同供电条件下工作时,状态指示应有区别。备用电池容量应能保证其正常工作不少于8 h。在备用电池电量低时,探测器应能发出与报警信号有明显区别的声、光指示信号,控制输出接口应能正常驱动其配接产品或执行部件。

3.3.10.3 在指示电池电量低时,测量探测器的报警动作值,探测器的报警动作值与报警设定值之差的绝对值不应大于5%LEL。探测一氧化碳的探测器,其报警动作值与报警设定值之差的绝对值不应大于80×10^{-6}(体积分数)。

3.3.11 绝缘电阻

探测器的外部带电端子和电源插头的工作电压大于50 V时,外部带电端子和电源插头与外壳间的绝缘电阻在正常大气条件下应不小于100 MΩ。

3.3.12 电气强度

探测器的外部带电端子和电源插头的工作电压大于50 V时,外部带电端子和电源插头应能耐受频率为50 Hz,有效值电压为1 250 V的交流电压,历时60 s的电气强度试验。试验期间,探测器不应发生击穿放电现象。试验后,探测器功能应正常。

3.3.13 电磁兼容性能

探测器应能耐受表1所规定的电磁干扰条件下的各项试验,试验期间,探测器不应发出报警信号或故障信号。试验后,探测器的报警动作值与报警设定值之差的绝对值不应大于5%LEL。探测一氧化碳的探测器,其报警动作值与报警设定值之差的绝对值不应大于80×10^{-6}(体积分数)。

表 1 电磁兼容试验参数

试验名称	试验参数	试验条件	工作状态
静电放电抗扰度试验	放电电压 kV	空气放电(绝缘体外壳):8 接触放电(导体外壳和耦合板):6	正常监视状态
	放电极性	正、负	
	放电间隔 s	≥1	
	每点放电次数	10	
射频电磁场辐射抗扰度试验	场强 V/m	10	正常监视状态
	频率范围 MHz	80~1 000	

表 1（续）

试验名称	试验参数	试验条件	工作状态
射频电磁场辐射抗扰度试验	扫描速率 10 oct/s	$\leqslant 1.5\times 10^{-3}$	正常监视状态
	调制幅度	80%（1 kHz，正弦）	
电快速瞬变脉冲群抗扰度试验（不适用于仅以电池供电的探测器）	瞬变脉冲电压 kV	AC电源线：$2\times(1\pm 0.1)$ 其他连接线：$1\times(1\pm 0.1)$	正常监视状态
	重复频率 kHz	$5\times(1\pm 0.2)$	
	极性	正、负	
	时间 min	1	
浪涌（冲击）抗扰度试验（不适用于仅以电池供电的探测器）	浪涌（冲击）电压 kV	AC电源线：线-线 $1\times(1\pm 0.1)$ AC电源线：线-地 $2\times(1\pm 0.1)$ 其他连接线：线-地 $1\times(1\pm 0.1)$	正常监视状态
	极性	正、负	
	试验次数	5	
	试验间隔 s	60	
射频场感应的传导骚扰抗扰度试验（不适用于仅以电池供电的探测器）	频率范围 MHz	0.15～80	正常监视状态
	电压 dBμV	140	
	调制幅度	80%（1 kHz，正弦）	

3.3.14 气候环境耐受性

探测器应能耐受表 2 所规定的气候环境条件下的各项试验，试验期间，探测器不应发出报警信号或故障信号。试验后，探测器的报警动作值与报警设定值之差的绝对值不应大于 10%LEL。探测一氧化碳的探测器，其报警动作值与报警设定值之差的绝对值不应大于 160×10^{-6}（体积分数）。

表 2 气候环境试验参数

试验名称	试验参数	试验条件	工作状态
高温（运行）试验	温度 ℃	55±2	正常监视状态
	持续时间 h	2	
低温（运行）试验	温度 ℃	−10±2	正常监视状态
	持续时间 h	2	

表 2（续）

试验名称	试验参数	试验条件	工作状态
恒定湿热（运行）试验	温度 ℃	40±2	正常监视状态
	相对湿度	93%±3%	
	持续时间 h	2	

3.3.15 机械环境耐受性

探测器应能耐受表3所规定的机械环境条件下的各项试验，运行试验期间，探测器不应发出报警信号或故障信号。试验后，探测器不应有机械损伤和紧固部位松动，报警动作值与报警设定值之差的绝对值不应大于5%LEL。探测一氧化碳的探测器，其报警动作值与报警设定值之差的绝对值不应大于$80×10^{-6}$（体积分数）。

表 3 机械环境试验参数

试验名称	试验参数	试验条件	工作状态
振动（正弦）（运行）试验	频率范围 Hz	10～150	正常监视状态
	加速度 m/s²	10	
	扫频速率 oct/min	1	
	轴线数	3	
	每个轴线扫频次数	1	
振动（正弦）（耐久）试验	频率范围 Hz	10～150	不通电状态
	加速度 m/s²	10	
	扫频速率 oct/min	1	
	轴线数	3	
	每个轴线扫频次数	20	
跌落试验	跌落高度 mm	质量不大于2 kg:1 000 质量大于2 kg且不大于5 kg:500 质量大于5 kg:不进行试验	不通电状态
	跌落次数	2	

3.3.16 抗气体干扰性能

使探测器分别在下述气体干扰环境中工作30 min，期间探测器不应发出报警信号或故障信号：

a) 乙酸:$(6\ 000\pm200)\times10^{-6}$(体积分数);

b) 乙醇:$(2\ 000\pm200)\times10^{-6}$(体积分数)。

每种气体干扰后使探测器处于正常监视状态1 h,然后测量其报警动作值。探测器的报警动作值与报警设定值之差的绝对值不应大于5%LEL。探测一氧化碳的探测器,其报警动作值与报警设定值之差的绝对值不应大于80×10^{-6}(体积分数)。

3.3.17 抗中毒性能

使探测器在可燃气体浓度为1%LEL[探测一氧化碳的探测器,一氧化碳浓度为10×10^{-6}(体积分数)],和六甲基二硅醚蒸气浓度为$(10\pm3)\times10^{-6}$(体积分数)的混合气体环境中工作40 min,期间探测器不应发出报警信号或故障信号。环境干扰后使探测器处于正常监视状态20 min,然后测量其报警动作值。探测器的报警动作值与报警设定值之差的绝对值不应大于10%LEL。探测一氧化碳的探测器,其报警动作值与报警设定值之差的绝对值不应大于160×10^{-6}(体积分数)。

3.3.18 低浓度运行

使探测器在可燃气体浓度为20%低限报警设定值的环境中工作4 h。运行期间,探测器不应发出报警信号或故障信号。使探测器处于正常监视状态20 min,然后测量其报警动作值,探测器的报警动作值与报警设定值之差的绝对值不应大于5%LEL。探测一氧化碳的探测器,其报警动作值与报警设定值之差的绝对值不应大于80×10^{-6}(体积分数)。

3.3.19 长期稳定性

使探测器在正常大气条件下连续工作28 d后,测量探测器的报警动作值。探测器在连续工作期间不应发出报警信号或故障信号。探测器的报警动作值与报警设定值之差的绝对值不应大于5%LEL。探测一氧化碳的探测器,其报警动作值与报警设定值之差的绝对值不应大于80×10^{-6}(体积分数)。

3.3.20 一氧化碳低浓度响应性能(仅适用于探测一氧化碳的探测器)

使探测器在一氧化碳浓度为$(70\pm5)\times10^{-6}$(体积分数)的环境中连续工作,探测器在开始的60 min内不应发出报警信号,在之后的180 min内应发出报警信号。

4 试验

4.1 试验纲要

4.1.1 大气条件

如在有关条文中没有说明,各项试验均在下述正常大气条件下进行:
——温度:15 ℃～35 ℃;
——相对湿度:25%～75%;
——大气压力:86 kPa～106 kPa。

4.1.2 试验样品

试验样品(以下简称"试样")数量为12只,试验前应对试样予以编号。

4.1.3 外观检查

试样在试验前应检查外观是否满足3.2的要求。

4.1.4 试验前准备

将试样在不通电条件下依次置于以下环境中：
a) －25 ℃±3 ℃,保持 24 h;
b) 正常大气条件,保持 24 h;
c) 55 ℃±2 ℃,保持 24 h;
d) 正常大气条件,保持 24 h。

4.1.5 试样的安装

试验前,试样应按照制造商规定的正常使用方式安装,采用外部直流电源供电的试样应与制造商规定的可燃气体报警控制器连接,使其在正常大气条件下通电预热 20 min。

4.1.6 容差

各项试验数据的容差均为±5%。

4.1.7 试验气体

配制试验气体的可燃气体纯度应不低于 99.5%。除相关试验外,试验气体应由可燃气体与洁净空气混合而成,试验气体湿度应符合正常湿度条件,配气误差应不超过报警设定值的±2%。

4.1.8 试验程序

试验程序见表 4。

表 4 试验程序

序号	章条	试验项目	试样编号											
			1	2	3	4	5	6	7	8	9	10	11	12
1	4.1.3	外观检查	√	√	√	√	√	√	√	√	√	√	√	√
2	4.2	基本性能试验	√	√	√	√	√	√	√	√	√	√	√	√
3	4.3	报警动作值试验	√	√	√	√	√	√	√	√	√	√	√	√
4	4.4	量程指示偏差试验（适用于具有浓度显示功能的试样）				√	√							
5	4.5	响应时间试验				√	√							
6	4.6	方位试验	√											
7	4.7	报警重复性试验		√										
8	4.8	预热期间报警试验				√								
9	4.9	防爆性能试验				√								
10	4.10	电压波动试验(不适用于仅以电池供电的试样)				√								
11	4.11	电池容量试验				√								
12	4.12	绝缘电阻试验											√	

表 4（续）

序号	章条	试验项目	试样编号											
			1	2	3	4	5	6	7	8	9	10	11	12
13	4.13	电气强度试验											√	
14	4.14	静电放电抗扰度试验									√			
15	4.15	射频电磁场辐射抗扰度试验										√		
16	4.16	电快速瞬变脉冲群抗扰度试验（不适用于仅以电池供电的试样）									√			
17	4.17	浪涌（冲击）抗扰度试验（不适用于仅以电池供电的试样）									√			
18	4.18	射频场感应的传导骚扰抗扰度试验（不适用于仅以电池供电的试样）									√			
19	4.19	高温（运行）试验	√											
20	4.20	低温（运行）试验		√										
21	4.21	恒定湿热（运行）试验				√								
22	4.22	振动（正弦）（运行）试验											√	
23	4.23	振动（正弦）（耐久）试验											√	
24	4.24	跌落试验											√	
25	4.25	抗气体干扰性能试验											√	
26	4.26	抗中毒性能试验							√					
27	4.27	低浓度运行试验												√
28	4.28	长期稳定性试验					√	√						
29	4.29	一氧化碳低浓度响应性能试验（仅适用于探测一氧化碳的试样）												√

4.2 基本性能试验

4.2.1 检查试样的供电方式是否符合3.3.1.1的规定。采用外部直流电源供电的试样，将其电源极性反接，检查试样是否具有极性反接的保护措施。采用电池供电的试样，检查其是否具有防止极性反接的电池安装结构，取出试样的电池，检查其是否有明显的警示标识。

4.2.2 检查并记录试样工作状态指示灯的指示和功能注释情况是否符合3.3.1.2的规定。

4.2.3 检查并记录试样的气体传感器寿命状态指示功能是否符合3.3.1.3的规定。

4.2.4 具有浓度显示功能的试样，向其通入试验气体，检查并记录试样的浓度显示情况。

4.2.5 向试样通入试验气体使其发出报警信号，检查并记录试样的报警设定值和量程设置是否符合3.3.1.9的规定，测量试样正前方1 m处报警声信号的声压级（A计权）。将试样置于正常环境中并开始计时，检查并记录其报警状态的恢复情况。

4.2.6 将试样与制造商规定的配接产品或执行部件连接，使试样发出报警信号，检查并记录试样的控制输出接口是否动作。控制输出接口如具有延时功能，测量并记录其最大延时时间。

4.2.7 将试样的联网接口与制造商规定的控制和指示设备连接，向试样通入试验气体，改变试样的工作状态，检查并记录控制和指示设备上试样的测量浓度和工作状态显示情况。

4.2.8 试样的气体传感器如采用插拔结构,检查其是否具有结构性的防脱落措施。移除气体传感器,检查并记录试样的故障状态指示情况。

4.2.9 对试样进行自检操作,检查并记录其声光部件的自检情况,测量控制输出接口的动作延时时间。

4.2.10 按 GB 23757 规定的方法,检查试样的外壳防护等级。

4.2.11 检查试样的型号编制是否符合 GB 15322.1—2019 中附录 A 的规定。

4.2.12 将试样内部的读取接口与可燃气体报警控制器或附录 A 规定的探测器报警历史记录读取装置连接,检查控制器或读取装置能否完整读取试样的报警历史记录。检查并记录试样内部计时装置的日计时误差和报警历史记录功能是否符合 3.3.1.14 和 3.3.1.15 的规定。

4.2.13 检查探测器的使用说明书是否满足 GB/T 9969 的相关要求,其中是否注明存储器中各类报警历史记录的最大存储条数,是否注明控制输出接口的类型和容量,是否注明联网接口输出信号的类型、参数等信息。

4.3 报警动作值试验

4.3.1 试验步骤

将试样安装于试验箱中,使其处于正常监视状态。启动通风机,使试验箱内气流速率稳定在 0.8 m/s±0.2 m/s,再以不大于 1%LEL/min[对于探测一氧化碳的试样,速率为不大于 $50×10^{-6}$(体积分数)/min]的速率增加试验气体的浓度,直至试样发出报警信号,记录试样的报警动作值。

4.3.2 试验设备

试验设备应满足 GB 15322.1—2019 中附录 B 的要求。

4.4 量程指示偏差试验(适用于具有浓度显示功能的试样)

4.4.1 试验步骤

使试样处于正常监视状态。分别使被监测区域内的可燃气体浓度达到其满量程的 25%、50% 和 75%,试验期间,每个浓度的试验气体应至少保持 60 s,记录试样的浓度显示值。

4.4.2 试验设备

试验设备应满足 GB 15322.1—2019 中附录 B 的要求。

4.5 响应时间试验

4.5.1 试验步骤

4.5.1.1 使试样处于正常监视状态。

4.5.1.2 具有浓度显示功能的试样,向其通入流量为 500 mL/min,浓度为满量程的 60% 的试验气体,保持 60 s,记录试样的显示值作为基准值。将试样置于正常环境中通电 5 min,以相同流量再次向试样通入浓度为满量程的 60% 的试验气体并开始计时,当试样的显示值达到 90% 基准值时停止计时,记录试样的响应时间 t_{90}。

4.5.1.3 不具有浓度显示功能的试样,向其通入流量为 500 mL/min,浓度为报警设定值 1.6 倍的试验气体并开始计时,当试样发出报警信号时停止计时,记录试样的响应时间。

4.5.2 试验设备

试验设备包括气体分析仪、计时器。

4.6 方位试验

4.6.1 试验步骤

将试样安装于试验箱中,使其处于正常监视状态。试样在安装平面内顺时针旋转,每次旋转45°,按4.3规定的方法,分别测量试样在不同方位的报警动作值。

4.6.2 试验设备

试验设备应满足GB 15322.1—2019中附录B的要求。

4.7 报警重复性试验

4.7.1 试验步骤

按4.3规定的方法重复测量同一试样的报警动作值6次。

4.7.2 试验设备

试验设备应满足GB 15322.1—2019中附录B的要求。

4.8 预热期间报警试验

4.8.1 试验步骤

将试样在正常大气条件下放置24 h,期间试样不通电。将被监测区域内的可燃气体浓度升至30% LEL。对于探测一氧化碳的试样,将一氧化碳浓度升至$380×10^{-6}$(体积分数)。对试样恢复供电并开始计时,当试样发出报警信号后停止计时,记录试样恢复供电后的报警时间。

4.8.2 试验设备

试验设备包括气体分析仪、计时器。

4.9 防爆性能试验

4.9.1 试验步骤

将试样安装于隔爆试验箱中,按3.3.8的规定将试验箱内的可燃气体浓度升至对应值,期间试样不通电,保持5 min。对试样恢复供电并开始计时,保持5 min,观察并记录试验箱内的试验气体是否发生引燃或爆炸现象。

4.9.2 试验设备

试验设备包括隔爆试验箱、气体分析仪、计时器。

4.10 电压波动试验(不适用于仅以电池供电的试样)

4.10.1 试验步骤

将试样的供电电压分别调至其额定电压的85%和115%,按4.3规定的方法测量试样的报警动作值。

4.10.2 试验设备

试验设备应满足GB 15322.1—2019中附录B的要求。

4.11 电池容量试验

4.11.1 试验步骤

4.11.1.1 仅以电池供电的试样,将满容量电池以25倍的试样最大工作电流放电30 d后,将电池装入试样中,检查并记录试样的电池电量指示情况。在指示电池电量低时,检查并记录试样的声、光指示信号是否与报警信号有明显区别,检查试样的控制输出接口是否能正常驱动其配接产品或执行部件,并按4.3规定的方法测量试样的报警动作值。

4.11.1.2 具有备用电池的试样,检查并记录试样在不同供电条件下的状态指示是否有区别。使试样在满容量备用电池供电条件下正常工作8 h后,检查并记录试样的备用电池电量指示情况。在指示备用电池电量低时,检查并记录试样的声、光指示信号是否与报警信号有明显区别,检查试样的控制输出接口是否能正常驱动其配接产品或执行部件,并按4.3规定的方法测量试样的报警动作值。

4.11.2 试验设备

试验设备应满足GB 15322.1—2019中附录B的要求。

4.12 绝缘电阻试验

4.12.1 试验步骤

在正常大气条件下,用绝缘电阻试验装置,分别对试样的下述部位施加500 V±50 V直流电压,持续60 s±5 s,测量试样的绝缘电阻值:
a) 工作电压大于50 V的外部带电端子与外壳间;
b) 工作电压大于50 V的电源插头或电源接线端子与外壳间(电源开关置于开位置,不接通电源)。

4.12.2 试验设备

应采用满足下述技术要求的绝缘电阻试验装置:
a) 试验电压:500 V±50 V;
b) 测量范围:0 MΩ~500 MΩ;
c) 最小分度:0.1 MΩ;
d) 计时:60 s±5 s。

4.13 电气强度试验

4.13.1 试验步骤

4.13.1.1 将试样的接地保护元件拆除。用电气强度试验装置,以100 V/s~500 V/s的升压速率,分别对试样的下述部位施加1 250 V/50 Hz的试验电压,持续60 s±5 s,再以100 V/s~500 V/s的降压速率使试验电压低于试样额定电压后,方可断电:
a) 工作电压大于50 V的外部带电端子与外壳间;
b) 工作电压大于50 V的电源插头或电源接线端子与外壳间(电源开关置于开位置,不接通电源)。

4.13.1.2 试验后,对试样进行功能检查。

4.13.2 试验设备

应采用满足下述技术要求的电气强度试验装置:

a) 试验电压:电压为 0 V～1 250 V(有效值)连续可调,频率为 50 Hz;
b) 升、降压速率:100 V/s～500 V/s;
c) 计时:60 s±5 s;
d) 击穿报警预置电流:20 mA。

4.14 静电放电抗扰度试验

4.14.1 试验步骤

将试样按 GB/T 17626.2—2018 的规定进行试验布置,试样处于正常监视状态。按 GB/T 17626.2—2018 规定的试验方法对试样及耦合板施加符合表 1 所示条件的静电放电干扰。条件试验结束后,按4.3规定的方法测量试样的报警动作值。

4.14.2 试验设备

试验设备应满足 GB/T 17626.2—2018 的要求。

4.15 射频电磁场辐射抗扰度试验

4.15.1 试验步骤

将试样按 GB/T 17626.3—2016 的规定进行试验布置,试样处于正常监视状态。按 GB/T 17626.3—2016 规定的试验方法对试样施加符合表 1 所示条件的射频电磁场辐射干扰。条件试验结束后,按4.3规定的方法测量试样的报警动作值。

4.15.2 试验设备

试验设备应满足 GB/T 17626.3—2016 的要求。

4.16 电快速瞬变脉冲群抗扰度试验(不适用于仅以电池供电的试样)

4.16.1 试验步骤

将试样按 GB/T 17626.4—2018 的规定进行试验布置,试样处于正常监视状态。按 GB/T 17626.4—2018 规定的试验方法对试样施加符合表 1 所示条件的电快速瞬变脉冲群干扰。条件试验结束后,按4.3规定的方法测量试样的报警动作值。

4.16.2 试验设备

试验设备应满足 GB/T 17626.4—2018 的要求。

4.17 浪涌(冲击)抗扰度试验(不适用于仅以电池供电的试样)

4.17.1 试验步骤

将试样按 GB/T 17626.5—2008 的规定进行试验布置,试样处于正常监视状态。按 GB/T 17626.5—2008 规定的试验方法对试样施加符合表 1 所示条件的浪涌(冲击)干扰。条件试验结束后,按 4.3 规定的方法测量试样的报警动作值。

4.17.2 试验设备

试验设备应满足 GB/T 17626.5—2008 的要求。

4.18 射频场感应的传导骚扰抗扰度试验（不适用于仅以电池供电的试样）

4.18.1 试验步骤

将试样按 GB/T 17626.6—2017 的规定进行试验布置，试样处于正常监视状态。按 GB/T 17626.6—2017 规定的试验方法对试样施加符合表1所示条件的射频场感应的传导骚扰。条件试验结束后，按4.3 规定的方法测量试样的报警动作值。

4.18.2 试验设备

试验设备应满足 GB/T 17626.6—2017 的要求。

4.19 高温（运行）试验

4.19.1 试验步骤

将试样安装于试验箱中，使其处于正常监视状态。启动通风机，使试验箱内气流速率稳定在 0.8 m/s±0.2 m/s。以不大于 1 ℃/min 的升温速率将试样所处环境的温度升至 55 ℃±2 ℃，保持 2 h。在高温环境条件下，按 4.3 规定的方法测量试样的报警动作值。

4.19.2 试验设备

试验设备应满足 GB 15322.1—2019 中附录 B 的要求。

4.20 低温（运行）试验

4.20.1 试验步骤

将试样安装于试验箱中，使其处于正常监视状态。启动通风机，使试验箱内气流速率稳定在 0.8 m/s±0.2 m/s。以不大于 1 ℃/min 的降温速率将试样所处环境的温度降至 −10 ℃±2 ℃，保持 2 h。在低温环境条件下，按 4.3 规定的方法测量试样的报警动作值。

4.20.2 试验设备

试验设备应满足 GB 15322.1—2019 中附录 B 的要求。

4.21 恒定湿热（运行）试验

4.21.1 试验步骤

将试样安装于试验箱中，使其处于正常监视状态。启动通风机，使试验箱内气流速率稳定在 0.8 m/s±0.2 m/s。以不大于 1 ℃/min 的升温速率将试样所处环境的温度升至 40 ℃±2 ℃，然后以不大于 5%/min 的加湿速率将环境的相对湿度升至 93%±3%，保持 2 h。在湿热环境条件下，按 4.3 规定的方法测量试样的报警动作值。

4.21.2 试验设备

试验设备应满足 GB 15322.1—2019 中附录 B 的要求。

4.22 振动（正弦）（运行）试验

4.22.1 试验步骤

将试样按照制造商规定的正常方式刚性安装，使其处于正常监视状态。按 GB/T 16838 中振动（正弦)(运行)试验规定的试验方法对试样施加符合表 3 所示条件的振动(正弦)(运行)试验。条件试验结束后,检查试样外观及紧固部位,按 4.3 规定的方法测量试样的报警动作值。

4.22.2 试验设备

试验设备应满足 GB/T 16838 的要求。

4.23 振动(正弦)(耐久)试验

4.23.1 试验步骤

将试样按照制造商规定的正常方式刚性安装,试验期间,试样不通电。按 GB/T 16838 中振动(正弦)(耐久)试验规定的试验方法对试样施加符合表 3 所示条件的振动(正弦)(耐久)试验。条件试验结束后,检查试样外观及紧固部位,按 4.3 规定的方法测量试样的报警动作值。

4.23.2 试验设备

试验设备应满足 GB/T 16838 的要求。

4.24 跌落试验

4.24.1 试验步骤

按表 3 所示的试验条件,将非包装状态的试样自由跌落在平滑、坚硬的地面上,期间试样不通电。条件试验结束后,检查试样外观及紧固部位,按 4.3 规定的方法测量试样的报警动作值。

4.24.2 试验设备

试验设备应满足 GB 15322.1—2019 中附录 B 的要求。

4.25 抗气体干扰性能试验

4.25.1 试验步骤

使试样处于正常监视状态,将其置于浓度为 $(6\,000\pm200)\times10^{-6}$(体积分数)的乙酸气体环境中 30 min,试验后使试样处于正常监视状态 1 h,按 4.3 规定的方法测量试样的报警动作值。使试样处于正常监视状态 24 h 后,将其置于浓度为 $(2\,000\pm200)\times10^{-6}$(体积分数)的乙醇气体环境中 30 min,试验后使试样处于正常监视状态 1 h,按 4.3 规定的方法测量试样的报警动作值。

4.25.2 试验设备

试验设备应满足 GB 15322.1—2019 中附录 B 的要求。

4.26 抗中毒性能试验

4.26.1 试验步骤

使试样处于正常监视状态,将其置于可燃气体浓度为 1%LEL[对于探测一氧化碳的试样,一氧化碳浓度为 10×10^{-6}(体积分数)],和六甲基二硅醚蒸气浓度为 $(10\pm3)\times10^{-6}$(体积分数)的混合气体环境中 40 min。条件试验结束后,使试样处于正常监视状态 20 min,按 4.3 规定的方法测量试样的报警动作值。

4.26.2 试验设备

试验设备应满足 GB 15322.1—2019 中附录 B 的要求。

4.27 低浓度运行试验

4.27.1 试验步骤

使试样处于正常监视状态。将其置于可燃气体浓度为20%低限报警设定值的环境中,保持4 h。条件试验结束后,使试样处于正常监视状态20 min,按4.3规定的方法测量试样的报警动作值。

4.27.2 试验设备

试验设备应满足GB 15322.1—2019中附录B的要求。

4.28 长期稳定性试验

4.28.1 试验步骤

使试样在正常大气条件下连续工作28 d,期间观察并记录试样的工作状态。运行结束后,按4.3规定的方法测量试样的报警动作值。

4.28.2 试验设备

试验设备应满足GB 15322.1—2019中附录B的要求。

4.29 一氧化碳低浓度响应性能试验(仅适用于探测一氧化碳的试样)

4.29.1 试验步骤

使试样处于正常监视状态,将其置于一氧化碳浓度为$(70\pm5)\times10^{-6}$(体积分数)的环境中,保持60 min,期间观察并记录试样的工作状态。如试样未发出报警信号或故障信号,继续保持该试验气体浓度并重新计时,期间观察并记录试样的工作状态,直至试样发出报警信号或计时时间达到180 min,停止计时。

4.29.2 试验设备

试验设备包括气体分析仪、计时器。

5 检验规则

5.1 出厂检验

5.1.1 制造商在产品出厂前应对探测器至少进行下述试验项目的检验:
 a) 基本性能试验;
 b) 报警动作值试验;
 c) 量程指示偏差试验;
 d) 响应时间试验;
 e) 长期稳定性试验;
 f) 绝缘电阻试验;
 g) 电气强度试验。

5.1.2 制造商应规定抽样方法、检验和判定规则。

5.2 型式检验

5.2.1 型式检验项目为第4章规定的全部试验项目。检验样品在出厂检验合格的产品中抽取。

5.2.2 有下列情况之一时，应进行型式检验：
a) 新产品或老产品转厂生产时的试制定型鉴定；
b) 正式生产后，产品的结构、主要部件或元器件、生产工艺等有较大的改变，可能影响产品性能；
c) 产品停产1年以上恢复生产；
d) 发生重大质量事故整改后；
e) 质量监督部门依法提出要求。

5.2.3 检验结果按GB 12978中规定的型式检验结果判定方法进行判定。

6 标志

6.1 总则

标志应清晰可见，且不应贴在螺丝或其他易被拆卸的部件上。

6.2 产品标志

6.2.1 每只探测器均应有清晰、耐久的中文产品标志，产品标志应包括以下内容：
a) 产品名称和型号；
b) 产品执行的标准编号；
c) 制造商名称、生产地址；
d) 制造日期和产品编号；
e) 产品主要技术参数（供电方式及参数、探测气体种类、量程及报警设定值）。

6.2.2 产品标志信息中如使用不常用符号或缩写时，应在与探测器一起提供的使用说明书中说明。

6.3 质量检验标志

每只探测器均应有清晰的质量检验合格标志。

附 录 A
（资料性附录）
可燃气体探测器报警历史记录读取装置

A.1 一般规定

A.1.1 将可燃气体探测器报警历史记录读取装置（以下简称读取装置）与家用可燃气体探测器的报警历史记录读取接口连接，能读取探测器内部的各类报警历史记录。

A.1.2 通信接口应采用四线制，探测器内部具有接口标识或防反接措施。

A.2 物理特性

A.2.1 电气特性

探测器内部的读取接口使用2.54 mm间距的四针单排排针，排针的1号～4号位定义说明如表A.1所示。

表A.1 数据接口定义说明

序号	1	2	3	4
标识/PCB丝印	GND/G	Up/U	TXD/T	RXD/R
说明	参考电平	接口工作电源输出	发送数据端	接收数据端

A.2.2 电平规定

读取接口采用TTL负逻辑串行通信信号电平，通信信号电平规则如表A.2所示。

表A.2 通信信号电平规则

低电平（二进制"1"）	高电平（二进制"0"）
输入：≤0.8 V	输入：≥2 V
输出：0 V～0.4 V	输出：2.4 V～U_p

A.2.3 工作电源

读取接口的工作电源由探测器提供，电源在3.0 V～5.5 V直流电压范围，工作电流不小于30 mA。

A.3 通信协议

A.3.1 通信方式

读取装置或可燃气体报警控制器与探测器采用主从站、半双工通信方式，读取装置或可燃气体报警控制器为主站，探测器为从站。

A.3.2 数据传输

A.3.2.1 传输响应

数据传输过程以主站向从站发出请求命令帧开始，从站接收到命令后作出响应。收到命令帧后的响应延时在 30 ms～100 ms 范围,字节之间停顿时间不大于 30 ms。

A.3.2.2 差错控制

字节校验为偶校验,帧校验为纵向信息校验和,接收方无论检测到偶校验出错或纵向信息校验和出错,均放弃该信息帧,不予响应。

A.3.2.3 通信速率

标准通信速率为 4 800 bps,其他通信速率由制造商规定。

A.3.3 字节格式

每字节含 8 位二进制码,传输时加上一个起始位(0)、一个偶校验位和一个停止位(1),共 11 位。传输序列如图 A.1 所示。其中,D0 是字节的最低有效位,D7 是字节的最高有效位。传输顺序为先低位、后高位。

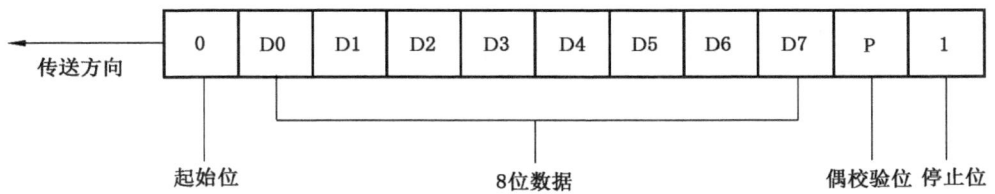

图 A.1 字节传输序列

A.3.4 帧格式

A.3.4.1 数据帧定义

数据帧是传送信息的基本单元,数据帧格式如表 A.3 所示。

表 A.3 数据帧格式

名称	代码	字节数
帧起始符	AAH	1
控制码	C1	1
	C2	1
数据域长度	L	1
数据域	DATA	n
校验码	CS	1
结束符	55H	1

A.3.4.2 帧起始符

标识一帧信息的开始,其值为 AAH=10101010B。

A.3.4.3 控制码 C1、C2

控制码 C1 格式如图 A.2 所示。控制码 C2 格式如图 A.3 所示。

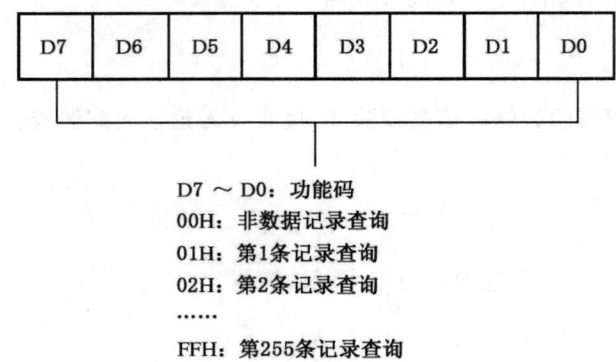

图 A.2 控制码 C1 格式

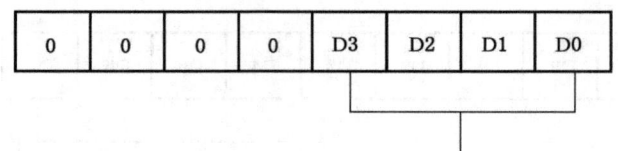

D3～D0：功能码
00H：查询各类记录总数
01H：查询第 n 条探测器报警记录
02H：查询第 n 条探测器报警恢复记录
03H：查询第 n 条探测器故障记录
04H：查询第 n 条探测器故障恢复记录
05H：查询第 n 条探测器掉电记录
06H：查询第 n 条探测器上电记录
07H：查询气体传感器失效记录
08H：查询探测器内部计时器当前时间
09H～0FH：保留

图 A.3 控制码 C2 格式

A.3.4.4 数据域长度 L

L 为数据域的字节数，$L=0$ 表示无数据域。

A.3.4.5 数据域 DATA

数据域包括数据标识等信息，其结构内容随控制码的功能而改变。

A.3.4.6 校验码 CS

从帧起始符开始到校验码之前所有字节的和的模 256，即各字节不计超过 255 的溢出值的二进制算术和。

A.3.4.7 结束符

标识一帧信息的结束，其值为 55H=01010101B。

A.3.5 数据读取

A.3.5.1 主站请求帧(1)

用于请求查询各类记录的总数。控制码为C1=00H、C2=00H,请求帧格式如图A.4所示。

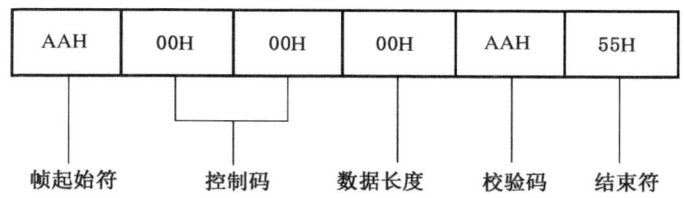

图 A.4 请求帧(1)格式

A.3.5.2 从站应答帧(1)

控制码为C1=00H、C2=00H,数据域长度L=07H。应答帧格式如图A.5所示。

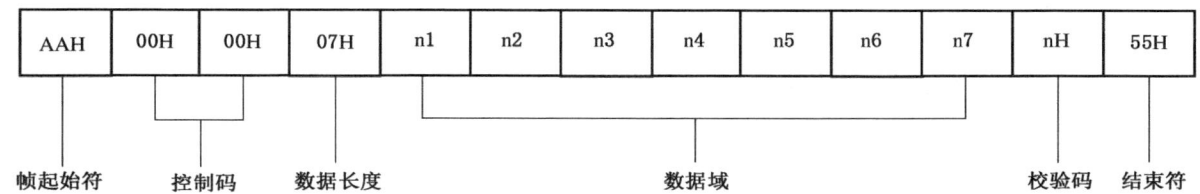

图 A.5 应答帧(1)格式

在从站应答帧(1)中:
a) n1:探测器报警记录总数;
b) n2:探测器报警恢复记录总数;
c) n3:探测器故障记录总数;
d) n4:探测器故障恢复记录总数;
e) n5:探测器掉电记录总数;
f) n6:探测器上电记录总数;
g) n7:气体传感器失效记录。

A.3.5.3 主站请求帧(2)

用于请求查询第n条探测器报警记录。控制码为C1=nH、C2=01H,请求帧格式如图A.6所示。

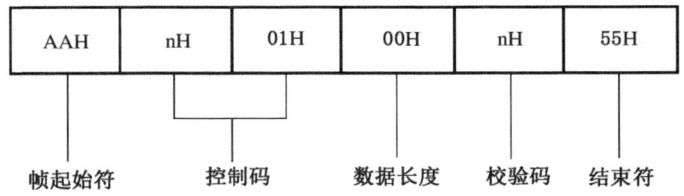

图 A.6 请求帧(2)格式

A.3.5.4 从站应答帧(2)

控制码为C1=nH、C2=01H,数据域长度L=07H。应答帧格式如图A.7所示。

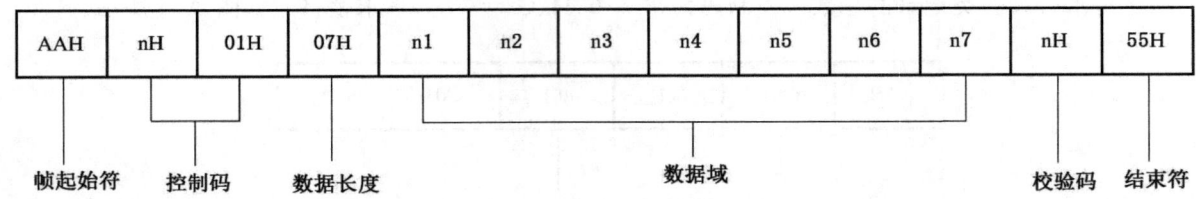

图 A.7 应答帧(2)格式

在从站应答帧(2)中：
a) n1:第n条探测器报警记录；
b) n2~n3:年；
c) n4:月；
d) n5:日；
e) n6:时；
f) n7:分。

年、月、日、时、分字节格式分别如图A.8～图A.12所示。

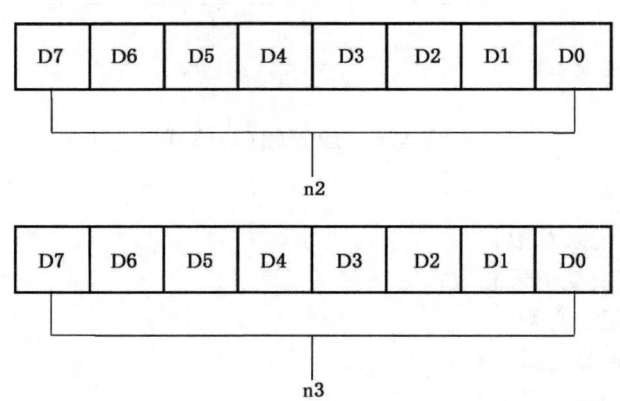

图 A.8 年字节格式

在年字节格式中：
a) n2:十六进制年数据的高字节；
b) n3:十六进制年数据的低字节。

示例:2013年由十六进制表示为07DDH,n2=0×07,n3=0×DD。

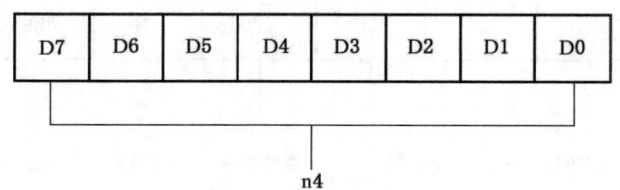

图 A.9 月字节格式

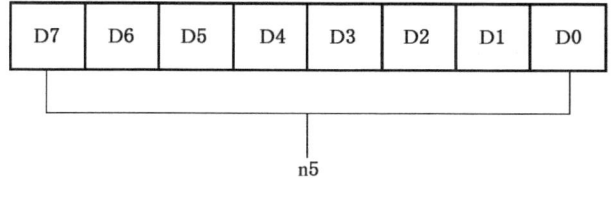

图 A.10 日字节格式

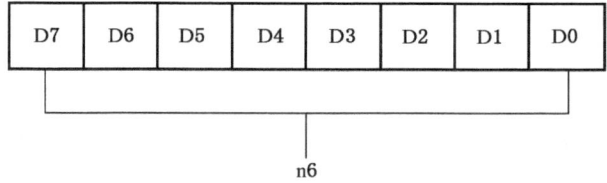

图 A.11 时字节格式

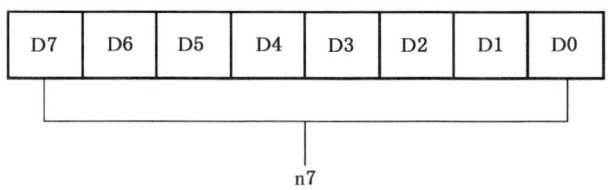

图 A.12 分字节格式

A.3.5.5 主站请求帧(3)

用于请求查询第 n 条探测器报警恢复记录。控制码为 C1＝nH、C2＝02H,请求帧格式如图 A.13 所示。

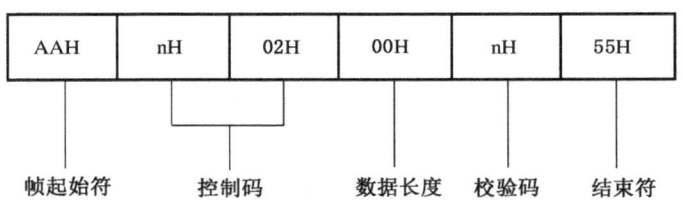

图 A.13 请求帧(3)格式

A.3.5.6 从站应答帧(3)

控制码为 C1＝nH、C2＝02H,数据域长度 L＝07H。应答帧格式如图 A.14 所示。

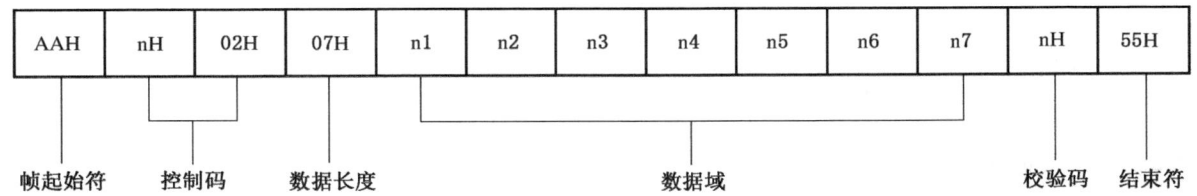

图 A.14 应答帧(3)格式

在从站应答帧(3)中：
a) n1:第 n 条探测器报警恢复记录；
b) n2～n3:年；
c) n4:月；
d) n5:日；
e) n6:时；
f) n7:分。

年、月、日、时、分字节格式分别如图 A.8～图 A.12 所示。

A.3.5.7 主站请求帧(4)

用于请求查询第 n 条探测器故障记录。控制码为 C1＝nH；C2＝03H，请求帧格式如图 A.15 所示。

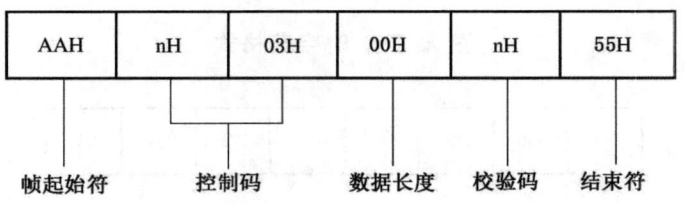

图 A.15 请求帧(4)格式

A.3.5.8 从站应答帧(4)

控制码为 C1＝nH、C2＝03H，数据域长度：L＝07H。应答帧格式如图 A.16 所示。

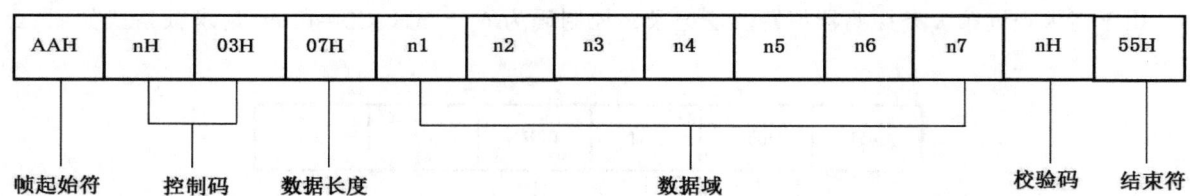

图 A.16 应答帧(4)格式

在从站应答帧(4)中：
a) n1:第 n 条探测器故障记录；
b) n2～n3:年；
c) n4:月；
d) n5:日；
e) n6:时；
f) n7:分。

年、月、日、时、分字节格式分别如图 A.8～图 A.12 所示。

A.3.5.9 主站请求帧(5)

用于请求查询第 n 条探测器故障恢复记录。控制码为 C1＝nH、C2＝04H，请求帧格式如图 A.17 所示。

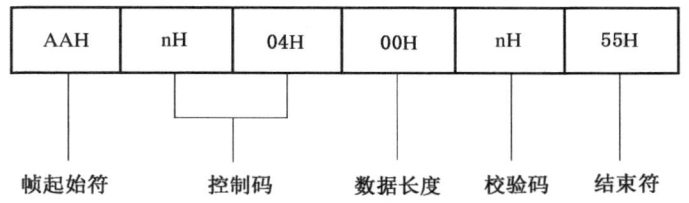

图 A.17 请求帧(5)格式

A.3.5.10 从站应答帧(5)

控制码为 C1＝nH、C2＝04H,数据域长度 L＝07H。应答帧格式如图 A.18 所示。

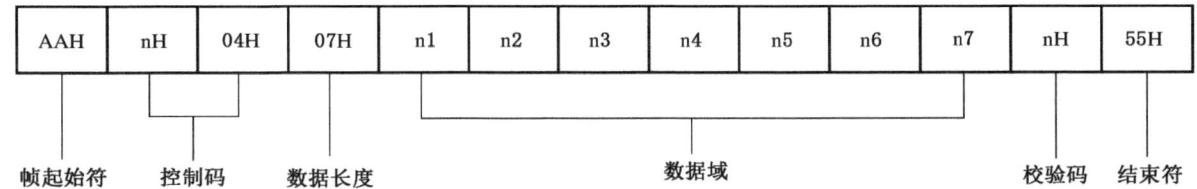

图 A.18 应答帧(5)格式

在从站应答帧(5)中：
a) n1:第 n 条探测器故障恢复记录；
b) n2～n3:年；
c) n4:月；
d) n5:日；
e) n6:时；
f) n7:分。

年、月、日、时、分字节格式分别如图 A.8～图 A.12 所示。

A.3.5.11 主站请求帧(6)

用于请求查询第 n 条探测器掉电记录。控制码为 C1＝nH、C2＝05H,请求帧格式如图 A.19 所示。

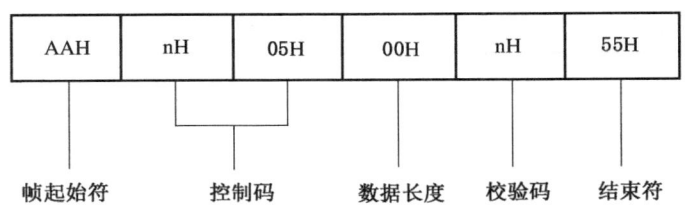

图 A.19 请求帧(6)格式

A.3.5.12 从站应答帧(6)

控制码为 C1＝nH、C2＝05H,数据域长度 L＝07H。应答帧格式如图 A.20 所示。

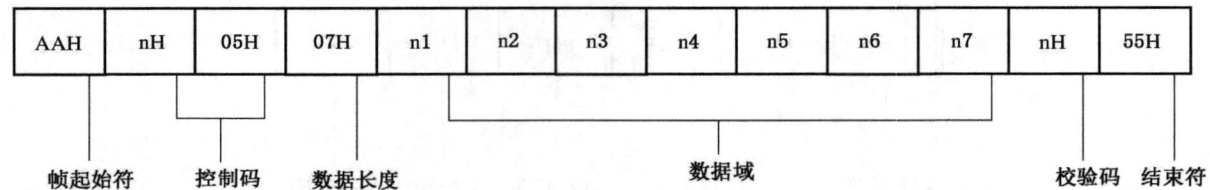

图 A.20 应答帧(6)格式

在从站应答帧(6)中：
a) n1:第 n 条探测器掉电记录；
b) n2～n3:年；
c) n4:月；
d) n5:日；
e) n6:时；
f) n7:分。

年、月、日、时、分字节格式分别如图 A.8～图 A.12 所示。

A.3.5.13 主站请求帧(7)

用于请求查询第 n 条探测器上电记录。控制码为 C1＝nH、C2＝06H,请求帧格式如图 A.21 所示。

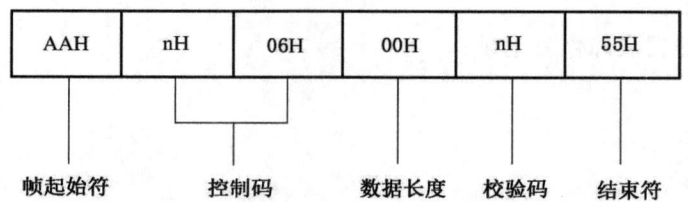

图 A.21 请求帧(7)格式

A.3.5.14 从站应答帧(7)

控制码为 C1＝nH、C2＝06H,数据域长度 L＝07H。应答帧格式如图 A.22 所示。

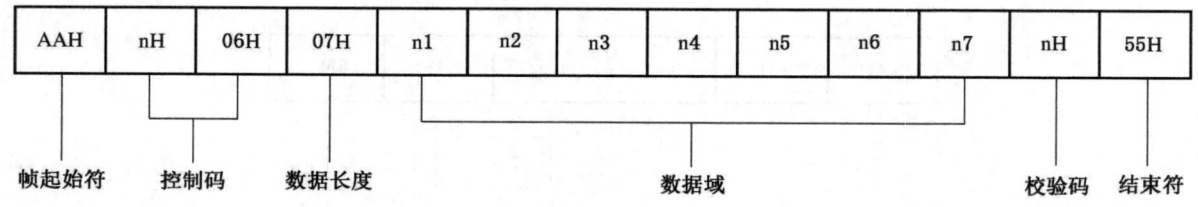

图 A.22 应答帧(7)格式

在从站应答帧(7)中：
a) n1:第 n 条探测器上电记录；
b) n2～n3:年；

c) n4:月;
d) n5:日;
e) n6:时;
f) n7:分。

年、月、日、时、分字节格式分别如图 A.8～图 A.12 所示。

A.3.5.15 主站请求帧(8)

用于请求查询气体传感器失效记录。控制码为 C1=00H、C2=07H,请求帧格式如图 A.23 所示。

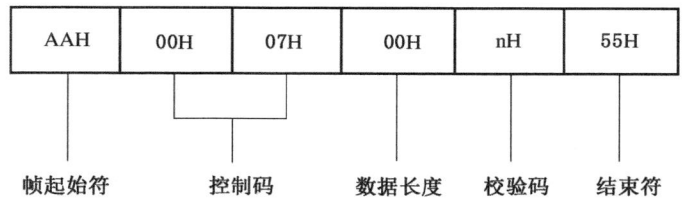

图 A.23 请求帧(8)格式

A.3.5.16 从站应答帧(8)

控制码为 C1=00H、C2=07H,数据域长度 $L=07H$。应答帧格式如图 A.24 所示。

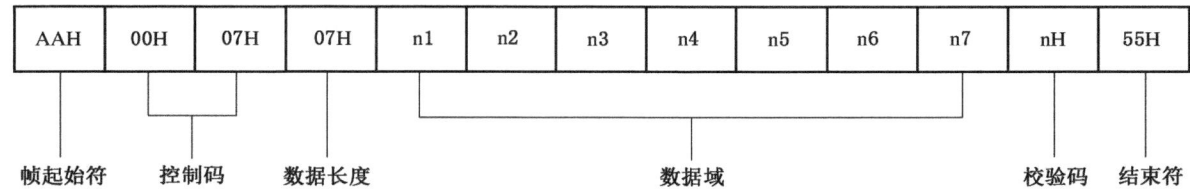

图 A.24 应答帧(8)格式

在从站应答帧(8)中:
a) n1:气体传感器失效标志。0 表示气体传感器未失效,失效日期时间均为 0。1 表示气体传感器失效,n2～n7 为传感器失效的日期时间;
b) n2～n3:年;
c) n4:月;
d) n5:日;
e) n6:时;
f) n7:分。

年、月、日、时、分字节格式分别如图 A.8～图 A.12 所示。

A.3.5.17 主站请求帧(9)

用于请求查询探测器内部计时器当前时间。控制码为 C1=00H、C2=08H,请求帧格式如图 A.25 所示。

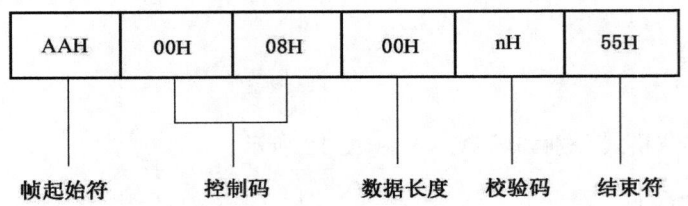

图 A.25 请求帧(9)格式

A.3.5.18 从站应答帧(9)

控制码为 C1=00H、C2=08H，数据域长度 L=06H。应答帧格式如图 A.26 所示。

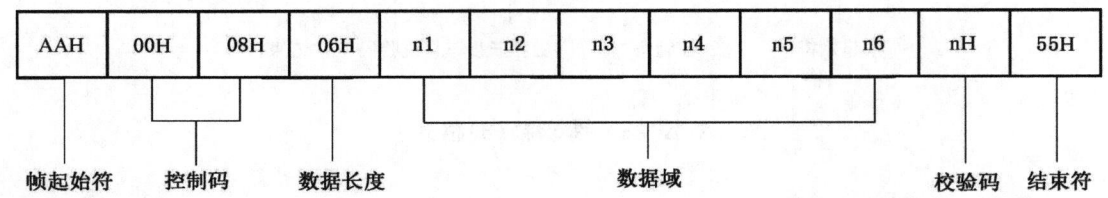

图 A.26 应答帧(9)格式

在从站应答帧(9)中：
a) n1～n2：年；
b) n3：月；
c) n4：日；
d) n5：时；
e) n6：分。

年、月、日、时、分字节格式分别如图 A.8～图 A.12 所示。

ICS 13.220.20
C 81

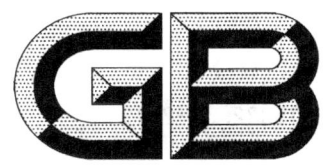

中华人民共和国国家标准

GB 15322.3—2019
代替 GB 15322.3—2003，GB 15322.6—2003

可燃气体探测器
第 3 部分：工业及商业用途便携式
可燃气体探测器

Combustible gas detectors—Part 3: Portable combustible gas
detectors for industrial and commercial use

2019-10-14 发布　　　　　　　　　　　　　　　　　　　　2020-11-01 实施

国家市场监督管理总局
国家标准化管理委员会　发布

前　言

本部分的全部技术内容为强制性。

GB 15322《可燃气体探测器》分为以下部分：
——第 1 部分：工业及商业用途点型可燃气体探测器；
——第 2 部分：家用可燃气体探测器；
——第 3 部分：工业及商业用途便携式可燃气体探测器；
——第 4 部分：工业及商业用途线型光束可燃气体探测器。

本部分为 GB 15322 的第 3 部分。

本部分按照 GB/T 1.1—2009 给出的规则起草。

本部分代替 GB 15322.3—2003《可燃气体探测器　第 3 部分：测量范围为 0～100%LEL 的便携式可燃气体探测器》和 GB 15322.6—2003《可燃气体探测器　第 6 部分：测量人工煤气的便携式可燃气体探测器》。本部分与 GB 15322.3—2003 和 GB 15322.6—2003 相比，主要技术变化如下：

——将 GB 15322.3—2003 和 GB 15322.6—2003 的内容合并为一个部分；
——按照测量范围将探测器分为三种：测量范围在 3%LEL～100%LEL 之间的探测器、测量范围在 3%LEL 以下的探测器和测量范围在 100%LEL 以上的探测器。按照工作方式将探测器分为两种：连续工作型探测器和单次测量型探测器（见第 3 章，GB 15322.3—2003 和 GB 15322.6—2003 的第 4 章）；
——增加了探测器浓度显示功能的要求（见 4.3.1.5）；
——修改了高温（运行）试验和低温（运行）试验的试验条件，以及在各项试验条件下对探测器报警动作值的要求（见第 4 章，GB 15322.3—2003 和 GB 15322.6—2003 的第 5 章）；
——增加了抗中毒性能试验（见 4.3.12）；
——增加了低浓度运行试验（见 4.3.14）。

本部分由中华人民共和国应急管理部提出并归口。

本部分起草单位：应急管理部沈阳消防研究所、成都安可信电子股份有限公司、汉威科技集团股份有限公司、阜阳华信电子仪器有限公司、济南本安科技发展有限公司、英吉森安全消防系统（上海）有限公司、北京惟泰安全设备有限公司、西安博康电子有限公司、上海达江电子仪器有限公司。

本部分主要起草人：郭春雷、费春祥、关明阳、郭锐、谢锋、丁宏军、康卫东、张颖琮、赵宇、王强、蒋妙飞、邓丽红、赵英然、姜波、孟宇、朱刚、王玉祥、李克亭、贾冬梅。

本部分所代替标准的历次版本发布情况为：
——GB 15322—1994；
——GB 15322.3—2003；
——GB 15322.6—2003。

可燃气体探测器
第3部分：工业及商业用途便携式可燃气体探测器

1 范围

GB 15322 的本部分规定了工业及商业用途便携式可燃气体探测器的分类、要求、试验、检验规则和标志。

本部分适用于工业及商业场所使用的用于探测烃类、醚类、酯类、醇类、一氧化碳、氢气及其他可燃性气体、蒸气的便携式可燃气体探测器（以下简称"探测器"）。工业及商业场所中使用的具有特殊性能的探测器，除特殊要求由有关标准另行规定外，亦可执行本部分。

2 规范性引用文件

下列文件对于本文件的应用是必不可少的。凡是注日期的引用文件，仅注日期的版本适用于本文件。凡是不注日期的引用文件，其最新版本（包括所有的修改单）适用于本文件。

GB 3836.1—2010 爆炸性环境 第1部分：设备 通用要求
GB/T 9969 工业产品使用说明书 总则
GB 12978 消防电子产品检验规则
GB 15322.1—2019 可燃气体探测器 第1部分：工业及商业用途点型可燃气体探测器
GB/T 16838 消防电子产品 环境试验方法及严酷等级
GB/T 17626.2—2018 电磁兼容 试验和测量技术 静电放电抗扰度试验
GB/T 17626.3—2016 电磁兼容 试验和测量技术 射频电磁场辐射抗扰度试验

3 分类

3.1 按测量范围分为：

a) 测量范围在 3%LEL～100%LEL 之间的探测器；
b) 测量范围在 3%LEL 以下的探测器（包括探测一氧化碳的探测器）；
c) 测量范围在 100%LEL 以上的探测器。

注：爆炸下限（LEL）为可燃气体或蒸气在空气中的最低爆炸浓度。

3.2 按工作方式分为：

a) 连续工作型探测器；
b) 单次测量型探测器。

4 要求

4.1 总则

探测器应满足第 4 章的相关要求，并按第 5 章的规定进行试验，以确认探测器对第 4 章要求的符合性。

4.2 外观要求

4.2.1 探测器应具备产品出厂时的完整包装,包装中应包含质量检验合格标志和使用说明书。

4.2.2 探测器表面应无腐蚀、涂覆层脱落和起泡现象,无明显划伤、裂痕、毛刺等机械损伤,紧固部位无松动。

4.3 性能

4.3.1 一般要求

4.3.1.1 探测器应采用电池供电。采用可更换电池的探测器应具有防止极性反接的电池安装结构。

4.3.1.2 探测器应具有工作状态指示灯,指示其正常监视、故障、报警工作状态。正常监视状态指示应为绿色,故障状态指示应为黄色,报警状态指示应为红色,低限和高限报警状态指示应能明确区分。指示灯应有中文功能注释。在 5 lx～500 lx 光照条件下、正前方 1 m 处,指示灯的状态应清晰可见。

注:正常监视状态指探测器接通电源正常工作,且未发出报警信号或故障信号时的状态。

4.3.1.3 在额定工作电压条件下,探测器报警声信号在其正前方 1 m 处的最大声压级(A 计权)应不小于 70 dB,不大于 115 dB。

4.3.1.4 探测器在被监测区域内的可燃气体浓度达到报警设定值时,应能发出报警声、光信号。再将探测器置于正常环境下中,30 s 内应能自动(或手动)恢复到正常监视状态。

4.3.1.5 探测器应具有浓度显示功能。在 5 lx～500 lx 光照条件下、正前方 0.5 m 处,显示信息应清晰可见。当被监测区域内的可燃气体浓度超过其量程时,探测器应具有明确的超量程指示。

4.3.1.6 探测器的量程和报警设定值规定如下:

a) 测量范围在 3%LEL～100%LEL 之间的探测器,其低限报警设定值应在 5%LEL～25%LEL 范围,如具有高限报警设定值,应为 50%LEL。低限报警设定值如可调,其低限报警设定值应在 5%LEL～25%LEL 范围内可调。

b) 探测一氧化碳的探测器,其低限报警设定值应在 $150×10^{-6}$(体积分数)～$300×10^{-6}$(体积分数)范围,如具有高限报警设定值,应为 $500×10^{-6}$(体积分数)。低限报警设定值如可调,其低限报警设定值应在 $150×10^{-6}$(体积分数)～$300×10^{-6}$(体积分数)范围内可调。

c) 测量范围在 3%LEL 以下的探测器和测量范围在 100%LEL 以上的探测器应由制造商规定其量程和报警设定值。

d) 探测器使用说明书中应注明量程和报警设定值等参数。

4.3.1.7 探测器采用插拔结构气体传感器时,应具有结构性的防脱落措施。气体传感器发生脱落时,探测器应能在 30 s 内发出有明显区别的故障声、光信号。

4.3.1.8 探测器应具有声光部件手动自检功能。

4.3.1.9 探测器应在使用说明书中注明气体传感器的使用期限。

4.3.1.10 探测器应采用满足 GB 3836.1—2010 要求的防爆型式。

4.3.1.11 探测器的型号编制应符合 GB 15322.1—2019 中附录 A 的规定。

4.3.1.12 探测器的使用说明书应满足 GB/T 9969 的相关要求。

4.3.2 报警动作值

4.3.2.1 在本部分规定的试验项目中,测量范围在 3%LEL～100%LEL 之间的探测器的报警动作值不应低于 5%LEL。探测一氧化碳的探测器,其报警动作值不应低于 $50×10^{-6}$(体积分数)。

4.3.2.2 探测器的报警动作值与报警设定值之差规定如下:

a) 测量范围在3%LEL～100%LEL之间的探测器,其报警动作值与报警设定值之差的绝对值不应大于3%LEL;

b) 测量范围在3%LEL以下的探测器,其报警动作值与报警设定值之差的绝对值不应大于3%量程和$50×10^{-6}$(体积分数)之中的较大值。探测一氧化碳的探测器,其报警动作值与报警设定值之差的绝对值不应大于$50×10^{-6}$(体积分数);

c) 测量范围在100%LEL以上的探测器,其报警动作值与报警设定值之差的绝对值不应大于3%量程。

4.3.3 量程指示偏差

在探测器量程内选取若干试验点作为基准值,使被监测区域内的可燃气体浓度分别达到对应的基准值。探测器的显示值与基准值之差规定如下:

a) 测量范围在3%LEL～100%LEL之间的探测器,其试验点上的可燃气体浓度显示值与基准值之差的绝对值不应大于5%LEL。

b) 测量范围在3%LEL以下的探测器,其试验点上的可燃气体浓度显示值与基准值之差的绝对值不应大于5%量程和$80×10^{-6}$(体积分数)之中的较大值。探测一氧化碳的探测器,其浓度显示值与基准值之差的绝对值不应大于$80×10^{-6}$(体积分数)。

c) 测量范围在100%LEL以上的探测器,其试验点上的可燃气体浓度显示值与基准值之差的绝对值不应大于5%量程。

4.3.4 响应时间

向探测器通入流量为500 mL/min,浓度为满量程的60%的试验气体,保持60 s,记录探测器的显示值作为基准值。显示值达到基准值的90%所需的时间为探测器的响应时间。探测一氧化碳的探测器,其响应时间不应大于60 s,其他气体探测器的响应时间不应大于30 s。

4.3.5 方位

探测器正面板在水平面内顺时针旋转,每次旋转45°,分别测量探测器的报警动作值,报警动作值应满足4.3.2.2的要求。

4.3.6 报警重复性

对同一只探测器重复测量报警动作值6次,其报警动作值应满足4.3.2.2的要求。

4.3.7 高速气流

4.3.7.1 在试验气流速率为6 m/s±0.2 m/s的条件下,测量探测器的报警动作值。

4.3.7.2 探测器的报警动作值与报警设定值之差规定如下:

a) 测量范围在3%LEL～100%LEL之间的探测器,其报警动作值与报警设定值之差的绝对值不应大于5%LEL。

b) 测量范围在3%LEL以下的探测器,其报警动作值与报警设定值之差的绝对值不应大于5%量程和$80×10^{-6}$(体积分数)之中的较大值。探测一氧化碳的探测器,其报警动作值与报警设定值之差的绝对值不应大于$80×10^{-6}$(体积分数)。

c) 测量范围在100%LEL以上的探测器,其报警动作值与报警设定值之差的绝对值不应大于5%量程。

4.3.8 电池容量

4.3.8.1 在电池电量低时,探测器应能发出与报警信号有明显区别的声、光指示信号。在指示电池电量低之前,连续工作型探测器的电池容量应能保证其正常工作不少于8 h,单次测量型探测器的电池容量应能保证其完整工作不少于200次。

4.3.8.2 在指示电池电量低时,使连续工作型探测器再工作15 min,单次测量型探测器再完整工作10次后,测量探测器的报警动作值,其报警动作值应满足4.3.7.2的要求。

注:单次测量型探测器完整工作1次是指探测器开机后进入待机状态,接到手动发出的探测指令后,完成气体探测、浓度显示和报警指示,然后返回待机状态的过程。

4.3.9 电磁兼容性能

探测器应能耐受表1所规定的电磁干扰条件下的各项试验,试验期间,探测器不应发出报警信号或故障信号。试验后,探测器的报警动作值应满足4.3.7.2的要求。

表 1 电磁兼容试验参数

试验名称	试验参数	试验条件	工作状态
静电放电抗扰度试验	放电电压 kV	空气放电(绝缘体外壳):8 接触放电(导体外壳和耦合板):6	正常监视状态
	放电极性	正、负	
	放电间隔 s	≥1	
	每点放电次数	10	
射频电磁场辐射抗扰度试验	场强 V/m	10	正常监视状态
	频率范围 MHz	80～1 000	
	扫描速率 10 oct/s	$\leq 1.5 \times 10^{-3}$	
	调制幅度	80%(1 kHz,正弦)	

4.3.10 气候环境耐受性

探测器应能耐受表2所规定的气候环境条件下的各项试验,试验期间,探测器不应发出报警信号或故障信号。试验后,探测器的报警动作值与报警设定值之差规定如下:

a) 测量范围在3%LEL～100%LEL之间的探测器,其报警动作值与报警设定值之差的绝对值不应大于7%LEL。

b) 测量范围在3%LEL以下的探测器,其报警动作值与报警设定值之差的绝对值不应大于7%量程和120×10^{-6}(体积分数)之中的较大值。探测一氧化碳的探测器,其报警动作值与报警设定值之差的绝对值不应大于120×10^{-6}(体积分数)。

c) 测量范围在100%LEL以上的探测器,其报警动作值与报警设定值之差的绝对值不应大于7%量程。

表 2 气候环境试验参数

试验名称	试验参数	试验条件	工作状态
高温（运行）试验	温度 ℃	55±2	正常监视状态
	持续时间 h	2	
低温（运行）试验	温度 ℃	−25±2	正常监视状态
	持续时间 h	2	
恒定湿热（运行）试验	温度 ℃	40±2	正常监视状态
	相对湿度	93%±3%	
	持续时间 h	2	

4.3.11 机械环境耐受性

探测器应能耐受表3所规定的机械环境条件下的各项试验，运行试验期间，探测器不应发出报警信号或故障信号。试验后，探测器不应有机械损伤和紧固部位松动，其报警动作值应满足4.3.7.2的要求。

表 3 机械环境试验参数

试验名称	试验参数	试验条件	工作状态
振动（正弦）（运行）试验	频率范围 Hz	10～150	正常监视状态
	加速度 m/s²	10	
	扫频速率 oct/min	1	
	轴线数	3	
	每个轴线扫频次数	1	
振动（正弦）（耐久）试验	频率范围 Hz	10～150	不通电状态
	加速度 m/s²	10	
	扫频速率 oct/min	1	
	轴线数	3	
	每个轴线扫频次数	20	

表 3（续）

试验名称	试验参数	试验条件	工作状态
跌落试验	跌落高度 mm	质量不大于 2 kg：1 000 质量大于 2 kg 且不大于 5 kg：500 质量大于 5 kg：不进行试验	不通电状态
	跌落次数	2	

4.3.12 抗中毒性能

使两只连续工作型探测器分别在下述混合气体环境中工作 40 min，两只单次测量型探测器分别在下述气体环境中完整工作 20 次，期间探测器不应发出报警信号或故障信号（测量范围在 3%LEL 以下的探测器可发出报警信号）：

a) 可燃气体浓度为 1%LEL［探测一氧化碳的探测器，一氧化碳浓度为 $10×10^{-6}$（体积分数）］，和六甲基二硅醚蒸气浓度为 $(10±3)×10^{-6}$（体积分数）的混合气体；

b) 可燃气体浓度为 1%LEL［探测一氧化碳的探测器，一氧化碳浓度为 $10×10^{-6}$（体积分数）］，和硫化氢浓度为 $(10±3)×10^{-6}$（体积分数）的混合气体。

环境干扰后使探测器处于正常监视状态 20 min，然后分别测量其报警动作值。两只探测器的报警动作值与报警设定值之差规定如下：

a) 测量范围在 3%LEL～100%LEL 之间的探测器，其报警动作值与报警设定值之差的绝对值均不应大于 10%LEL。

b) 测量范围在 3%LEL 以下的探测器，其报警动作值与报警设定值之差的绝对值均不应大于 10%量程和 $160×10^{-6}$（体积分数）之中的较大值。探测一氧化碳的探测器，其报警动作值与报警设定值之差的绝对值均不应大于 $160×10^{-6}$（体积分数）。

c) 测量范围在 100%LEL 以上的探测器，其报警动作值与报警设定值之差的绝对值均不应大于 10%量程。

4.3.13 抗高浓度气体冲击性能

将体积分数为 100% 的试验气体（探测一氧化碳的探测器，使用体积分数为 150%量程的试验气体）以 500 mL/min 的流量输送到探测器的采样部位，连续工作型探测器保持 2 min，单次测量型探测器完整工作 2 次。再使探测器处于正常监视状态 30 min，然后测量其报警动作值，报警动作值应满足 4.3.7.2 的要求。

4.3.14 低浓度运行

使连续工作型探测器工作在可燃气体浓度为 20%低限报警设定值的环境中 4 h，单次测量型探测器完整工作 100 次。运行期间，探测器不应发出报警信号或故障信号。使探测器处于正常监视状态 20 min，然后测量其报警动作值，报警动作值应满足 4.3.7.2 的要求。

4.4 探测除甲烷、丙烷、一氧化碳以外气体的响应性能

表 4 为常见可燃性气体、蒸气的分子式及爆炸下限。对于能够探测表 4 所示的或其他可燃性气体及蒸气的探测器，应首先以甲烷、丙烷或一氧化碳当中的一种作为基本探测气体进行试验，并应满足 4.3 的要求。然后按照制造商声称的目标气体或采用等效方法进行量程指示偏差试验和响应时间试验，试验结果应符合制造商的规定。

表4 常见可燃性气体、蒸气的分子式及爆炸下限

气体名称	分子式	爆炸下限（体积分数）	气体名称	分子式	爆炸下限（体积分数）
甲烷	CH_4	5.0%	丙烷	C_3H_8	2.2%
丁烷（异丁烷）	C_4H_{10}	1.8%	戊烷（正戊烷）	C_5H_{12}	1.7%
庚烷（正庚烷）	C_7H_{16}	1.1%	苯乙烯	C_8H_8	1.1%
乙炔	C_2H_2	2.3%	甲苯	C_7H_8	1.2%
二甲苯	C_8H_{10}	1.0%	丙酮	C_3H_6O	2.5%
甲醇	CH_3OH	5.5%	乙醇	C_2H_5OH	3.3%
乙酸	CH_3COOH	4.0%	乙酸乙酯	$CH_3COOC_2H_5$	2.0%
氢气	H_2	4.0%	—		

5 试验

5.1 试验纲要

5.1.1 大气条件

如在有关条文中没有说明，各项试验均在下述正常大气条件下进行：
——温度：15 ℃～35 ℃；
——相对湿度：25%～75%；
——大气压力：86 kPa～106 kPa。

5.1.2 试验样品

试验样品（以下简称"试样"）数量为12只，试验前应对试样予以编号。对于报警设定值可调的试样，试样数量应为24只，将其随机分为两组，两组试样的报警设定值分别设为可调范围的上限和下限，完成表5所规定的全部试验项目。

5.1.3 外观检查

试样在试验前应进行外观检查，检查结果应满足4.2的要求。

5.1.4 试验前准备

5.1.4.1 按制造商规定对试样进行调零和标定操作。
5.1.4.2 将试样在不通电条件下依次置于以下环境中：
   a) －25 ℃±3 ℃，保持24 h；
   b) 正常大气条件，保持24 h；
   c) 55 ℃±2 ℃，保持24 h；
   d) 正常大气条件，保持24 h。

5.1.5 试样的安装

试验前,试样应按照制造商规定的正常使用方式安装于试验设备处,使其在正常大气条件下通电预热 20 min。

5.1.6 容差

各项试样数据的容差均为±5%。

5.1.7 试验气体

配制试验气体应采用制造商声称的探测气体种类和报警设定值要求,除相关试验另行规定外,试验气体应由可燃气体与洁净空气混合而成,试验气体湿度应符合正常湿度条件,配气误差应不超过报警设定值的±2%。采用甲烷、丙烷、一氧化碳当中的一种作为可燃气体配制试验气体时,可燃气体的纯度应不低于99.5%;对于制造商声称的其他类型探测气体,可采用满足制造商要求的标准气体配制试验气体。

5.1.8 试验程序

试验程序见表5。

表5 试验程序

序号	章条	试验项目	试样编号											
			1	2	3	4	5	6	7	8	9	10	11	12
1	5.1.3	外观检查	√	√	√	√	√	√	√	√	√	√	√	√
2	5.2	基本性能试验	√	√	√	√	√	√	√	√	√	√	√	√
3	5.3	报警动作值试验	√	√	√	√	√	√	√	√	√	√	√	√
4	5.4	量程指示偏差试验				√	√							
5	5.5	响应时间试验				√	√							
6	5.6	方位试验	√											
7	5.7	报警重复性试验			√									
8	5.8	高速气流试验	√											
9	5.9	电池容量试验				√								
10	5.10	静电放电抗扰度试验									√			
11	5.11	射频电磁场辐射抗扰度试验										√		
12	5.12	高温(运行)试验	√											
13	5.13	低温(运行)试验			√									
14	5.14	恒定湿热(运行)试验				√								
15	5.15	振动(正弦)(运行)试验											√	
16	5.16	振动(正弦)(耐久)试验											√	

表5（续）

序号	章条	试验项目	试样编号											
			1	2	3	4	5	6	7	8	9	10	11	12
17	5.17	跌落试验											√	
18	5.18	抗中毒性能试验							√	√				
19	5.19	抗高浓度气体冲击性能试验												√
20	5.20	低浓度运行试验												√

5.2 基本性能试验

5.2.1 检查采用可更换电池的试样是否具有防止极性反接的电池安装结构。

5.2.2 检查并记录试样工作状态指示灯的指示和功能注释情况是否符合4.3.1.2的规定。

5.2.3 向试样通入试验气体使其发出报警信号，检查并记录试样的量程和报警设定值设置是否符合4.3.1.6的规定。测量试样正前方1 m处报警声信号的声压级(A计权)。将试样置于正常环境中并开始计时，检查并记录其报警状态的恢复情况。

5.2.4 向试样通入试验气体，检查并记录试样的浓度显示情况。使试样气体浓度超过试样的量程，检查其是否具有明确的超量程指示。

5.2.5 试样的气体传感器如采用插拔结构，检查其是否具有结构性的防脱落措施。移除气体传感器，检查并记录试样的故障状态指示情况。

5.2.6 对试样进行自检操作，检查并记录其声光部件的自检情况。

5.2.7 检查试样是否采用符合GB 3836.1—2010要求的防爆型式。

5.2.8 检查试样的型号编制是否符合GB 15322.1—2019中附录A的规定。

5.2.9 检查试样的说明书是否符合GB/T 9969的相关要求，其中是否注明气体传感器的使用期限，是否注明探测器的量程和报警设定值等参数。

5.3 报警动作值试验

5.3.1 试验步骤

5.3.1.1 将试样安装于试验箱中，使其处于正常监视状态。启动通风机，使试验箱内气流速率稳定在0.8 m/s±0.2 m/s，再以不大于每分钟满量程1%的速率增加试验气体的浓度，直至试样发出报警信号，记录试样的报警动作值。

5.3.1.2 在满足制造商规定的条件下，也可采用其他等效方法测量试样的报警动作值。

5.3.2 试验设备

试验设备应满足GB 15322.1—2019中附录B的要求。

5.4 量程指示偏差试验

5.4.1 试验步骤

使试样处于正常监视状态。测量范围在3%LEL～100%LEL之间的试样，分别使被监测区域内的可燃气体浓度达到其满量程的20%、30%、40%、50%和60%；测量范围在3%LEL以下的试样和测量范围在100%LEL以上的试样,分别使被监测区域内的可燃气体浓度达到其满量程的25%、50%和75%。试验期间,每个浓度的试验气体应至少保持60 s,记录试样的浓度显示值。

5.4.2 试验设备

试验设备应满足GB 15322.1—2019中附录B的要求。

5.5 响应时间试验

5.5.1 试验步骤

使试样处于正常监视状态。向试样通入流量为500 mL/min,浓度为满量程的60%的试验气体,保持60 s,记录试样的显示值作为基准值。将试样置于正常环境中通电5 min,以相同流量再次向试样通入浓度为满量程的60%的试验气体并开始计时,当试样的显示值达到90%基准值时停止计时,记录试样的响应时间 t_{90}。

5.5.2 试验设备

试验设备包括气体分析仪、计时器。

5.6 方位试验

5.6.1 试验步骤

将试样安装于试验箱中,正面板处于水平面上,使其处于正常监视状态。试样在水平面内顺时针旋转,每次旋转45°,按5.3规定的方法,分别测量试样在不同方位的报警动作值。

5.6.2 试验设备

试验设备应满足GB 15322.1—2019中附录B的要求。

5.7 报警重复性试验

5.7.1 试验步骤

按5.3规定的方法重复测量同一试样的报警动作值6次。

5.7.2 试验设备

试验设备应满足GB 15322.1—2019中附录B的要求。

5.8 高速气流试验

5.8.1 试验步骤

将试样安装于试验箱中,使其处于正常监视状态。启动通风机,使试验箱内气流速率稳定在6 m/s±0.2 m/s,再以不大于每分钟满量程1%的速率增加试验气体的浓度,直至试样发出报警信号,记录试样的报警动作值。

5.8.2 试验设备

试验设备应满足GB 15322.1—2019中附录B的要求。

5.9 电池容量试验

5.9.1 试验步骤

5.9.1.1 使试样连续工作至指示其电池电量低,检查并记录试样电池电量低时的声、光指示情况。

5.9.1.2 在电池满容量条件下,使连续工作型试样正常工作 8 h,单次测量型试样完整工作 200 次后,检查并记录试样的电池电量指示情况。

5.9.1.3 试样工作至指示其电池电量低时,使连续工作型试样再工作 15 min,单次测量型试样再完整工作 10 次后,按 5.3 规定的方法测量试样的报警动作值。

5.9.2 试验设备

试验设备应满足 GB 15322.1—2019 中附录 B 的要求。

5.10 静电放电抗扰度试验

5.10.1 试验步骤

将试样按 GB/T 17626.2—2018 的规定进行试验布置,试样处于正常监视状态。按 GB/T 17626.2—2018 规定的试验方法对试样及耦合板施加符合表 1 所示条件的静电放电干扰。条件试验结束后,按 5.3 规定的方法测量试样的报警动作值。

5.10.2 试验设备

试验设备应满足 GB/T 17626.2—2018 的要求。

5.11 射频电磁场辐射抗扰度试验

5.11.1 试验步骤

将试样按 GB/T 17626.3—2016 的规定进行试验布置,试样处于正常监视状态。按 GB/T 17626.3—2016 规定的试验方法对试样施加符合表 1 所示条件的射频电磁场辐射干扰。条件试验结束后,按 5.3 规定的方法测量试样的报警动作值。

5.11.2 试验设备

试验设备应满足 GB/T 17626.3—2016 的要求。

5.12 高温(运行)试验

5.12.1 试验步骤

将试样安装于试验箱中,使其处于正常监视状态。启动通风机,使试验箱内气流速率稳定在 0.8 m/s±0.2 m/s。以不大于 1 ℃/min 的升温速率将试样所处环境的温度升至 55 ℃±2 ℃,保持 2 h。在高温环境条件下,按 5.3 规定的方法测量试样的报警动作值。

5.12.2 试验设备

试验设备应满足 GB 15322.1—2019 中附录 B 的要求。

5.13 低温(运行)试验

5.13.1 试验步骤

将试样安装于试验箱中,使其处于正常监视状态。启动通风机,使试验箱内气流速率稳定在

0.8 m/s±0.2 m/s。以不大于1 ℃/min的降温速率将试样所处环境的温度降至－25 ℃±2 ℃,保持2 h。在低温环境条件下,按5.3规定的方法测量试样的报警动作值。

5.13.2 试验设备

试验设备应满足GB 15322.1—2019中附录B的要求。

5.14 恒定湿热(运行)试验

5.14.1 试验步骤

将试样安装于试验箱中,使其处于正常监视状态。启动通风机,使试验箱内气流速率稳定在0.8 m/s±0.2 m/s。以不大于1 ℃/min的升温速率将试样所处环境的温度升至40 ℃±2 ℃,然后以不大于5%/min的加湿速率将环境的相对湿度升至93%±3%,保持2 h。在湿热环境条件下,按5.3规定的方法测量试样的报警动作值。

5.14.2 试验设备

试验设备应满足GB 15322.1—2019中附录B的要求。

5.15 振动(正弦)(运行)试验

5.15.1 试验步骤

将试样刚性安装于振动台上,使其处于正常监视状态。按GB/T 16838中振动(正弦)(运行)试验规定的试验方法对试样施加符合表3所示条件的振动(正弦)(运行)试验。条件试验结束后,检查试样外观及紧固部位,按5.3规定的方法测量试样的报警动作值。

5.15.2 试验设备

试验设备应满足GB/T 16838的要求。

5.16 振动(正弦)(耐久)试验

5.16.1 试验步骤

将试样刚性安装于振动台上,试验期间,试样不通电。按GB/T 16838中振动(正弦)(耐久)试验规定的试验方法对试样施加符合表3所示条件的振动(正弦)(耐久)试验。条件试验结束后,检查试样外观及紧固部位,按5.3规定的方法测量试样的报警动作值。

5.16.2 试验设备

试验设备应满足GB/T 16838的要求。

5.17 跌落试验

5.17.1 试验步骤

按表3所示的试验条件,将非包装状态的试样自由跌落在平滑、坚硬的地面上,试验期间,试样不通电。条件试验结束后,检查试样外观及紧固部位,按5.3规定的方法测量试样的报警动作值。

5.17.2 试验设备

试验设备应满足GB 15322.1—2019中附录B的要求。

5.18 抗中毒性能试验

5.18.1 试验步骤

使试样处于正常监视状态,将其中一只试样置于可燃气体浓度为1%LEL[探测一氧化碳的试样,一氧化碳浓度为10×10^{-6}(体积分数)]和六甲基二硅醚蒸气浓度为$(10\pm3)\times10^{-6}$(体积分数)的混合气体环境中,连续工作型探测器放置40 min,单次测量型试样完整工作20次。将另一试样置于可燃气体浓度为1%LEL[探测一氧化碳的试样,一氧化碳浓度为10×10^{-6}(体积分数)]和硫化氢浓度为$(10\pm3)\times10^{-6}$(体积分数)的混合气体环境中,连续工作型探测器放置40 min,单次测量型试样完整工作20次。条件试验结束后,使试样处于正常监视状态20 min,按5.3规定的方法分别测量试样的报警动作值。

5.18.2 试验设备

试验设备应满足GB 15322.1—2019中附录B的要求。

5.19 抗高浓度气体冲击性能试验

5.19.1 试验步骤

使试样处于正常监视状态,将体积分数为100%的试验气体(探测一氧化碳的试样,使用体积分数为150%量程的试验气体)以500 mL/min的流量输送到试样的采样部位,连续工作型探测器保持2 min,单次测量型试样完整工作2次。条件试验结束后,使试样处于正常监视状态30 min,按5.3规定的方法测量试样的报警动作值。

5.19.2 试验设备

试验设备应满足GB 15322.1—2019中附录B的要求。

5.20 低浓度运行试验

5.20.1 试验步骤

使试样处于正常监视状态,将其置于可燃气体浓度为20%低限报警设定值的环境中,连续工作型探测器保持4 h,单次测量型试样完整工作100次。条件试验结束后,使试样处于正常监视状态20 min,按5.3规定的方法测量试样的报警动作值。

5.20.2 试验设备

试验设备应满足GB 15322.1—2019中附录B的要求。

6 检验规则

6.1 出厂检验

6.1.1 制造商在产品出厂前应对探测器至少进行下述试验项目的检验:
  a) 基本性能试验;
  b) 报警动作值试验;
  c) 量程指示偏差试验;
  d) 响应时间试验。

6.1.2 制造商应规定抽样方法、检验和判定规则。

6.2 型式检验

6.2.1 型式检验项目为第5章规定的全部试验项目。检验样品在出厂检验合格的产品中抽取。

6.2.2 有下列情况之一时,应进行型式检验：
   a) 新产品或老产品转厂生产时的试制定型鉴定；
   b) 正式生产后,产品的结构、主要部件或元器件、生产工艺等有较大的改变,可能影响产品性能；
   c) 产品停产1年以上恢复生产；
   d) 发生重大质量事故整改后；
   e) 质量监督部门依法提出要求。

6.2.3 检验结果按GB 12978中规定的型式检验结果判定方法进行判定。

7 标志

7.1 总则

标志应清晰可见,且不应贴在螺丝或其他易被拆卸的部件上。

7.2 产品标志

7.2.1 每只探测器均应有清晰、耐久的中文产品标志,产品标志应包括以下内容：
   a) 产品名称和型号；
   b) 产品执行的标准编号；
   c) 制造商名称、生产地址；
   d) 制造日期和产品编号；
   e) 产品主要技术参数(供电方式及参数、探测气体种类、量程及报警设值)。

7.2.2 产品标志信息中如使用不常用符号或缩写时,应在与探测器一起提供的使用说明书中注明。

7.3 质量检验标志

每只探测器均应有清晰的质量检验合格标志。

ICS 13.220.20
C 81

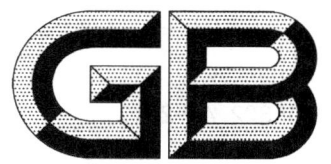

中华人民共和国国家标准

GB 15322.4—2019

可燃气体探测器
第4部分：工业及商业用途线型光束可燃气体探测器

Combustible gas detectors—Part 4: Line-type optical beam
combustible gas detectors for industrial and commercial use

2019-10-14 发布　　　　　　　　　　　　　　　　2020-11-01 实施

国家市场监督管理总局
国家标准化管理委员会　发布

前　言

本部分的全部技术内容为强制性。

GB 15322《可燃气体探测器》分为以下部分：
——第1部分：工业及商业用途点型可燃气体探测器；
——第2部分：家用可燃气体探测器；
——第3部分：工业及商业用途便携式可燃气体探测器；
——第4部分：工业及商业用途线型光束可燃气体探测器。

本部分为GB 15322的第4部分。

本部分按照GB/T 1.1—2009给出的规则起草。

本部分由中华人民共和国应急管理部提出并归口。

本部分起草单位：应急管理部沈阳消防研究所、北京市消防救援总队、英吉森安全消防系统（上海）有限公司、成都安可信电子股份有限公司、汉威科技集团股份有限公司、西安博康电子有限公司、北京品傲光电科技有限公司、无锡格林通安全装备有限公司。

本部分主要起草人：赵宇、王文青、卢韶然、郭春雷、关明阳、李云浩、丁宏军、张颖琮、刘筱璐、蒋玲、孙珍慧、刘凯、赵康柱、费春祥、李鑫、李志刚、熊伟。

可燃气体探测器
第4部分：工业及商业用途线型光束可燃气体探测器

1 范围

GB 15322 的本部分规定了工业及商业用途线型光束可燃气体探测器的术语和定义、分类、要求、试验、检验规则及标志要求。

本部分适用于工业及商业场所安装使用的采用光谱吸收原理探测烃类、醚类、酯类、醇类等可燃性气体、蒸气的线型光束可燃气体探测器（以下简称"探测器"）。工业及商业场所中使用的具有特殊性能的探测器，除特殊要求应由有关标准另行规定外，亦可执行本部分。

2 规范性引用文件

下列文件对于本文件的应用是必不可少的。凡是注日期的引用文件，仅注日期的版本适用于本文件。凡是不注日期的引用文件，其最新版本（包括所有的修改单）适用于本文件。

GB/T 2423.17—2008　电工电子产品环境试验　第2部分：试验方法　试验 Ka：盐雾
GB 3836.1—2010　爆炸性环境　第1部分：设备　通用要求
GB/T 9969　工业产品使用说明书　总则
GB 12978　消防电子产品检验规则
GB 15322.1—2019　可燃气体探测器　第1部分：工业及商业用途点型可燃气体探测器
GB/T 16838　消防电子产品环境试验方法及严酷等级
GB/T 17626.2—2018　电磁兼容　试验和测量技术　静电放电抗扰度试验
GB/T 17626.3—2016　电磁兼容　试验和测量技术　射频电磁场辐射抗扰度试验
GB/T 17626.4—2018　电磁兼容　试验和测量技术　电快速瞬变脉冲群抗扰度试验
GB/T 17626.5—2008　电磁兼容　试验和测量技术　浪涌（冲击）抗扰度试验
GB/T 17626.6—2017　电磁兼容　试验和测量技术　射频场感应的传导骚扰抗扰度

3 术语和定义

下列术语和定义适用于本文件。

3.1
光路长度　optical path length
发射装置、接收装置（或反射装置）间探测光束的传播距离。

3.2
积分浓度　integral concentration
可燃气体的浓度沿光路长度的数学积分值。
注1：爆炸下限（LEL）为可燃气体或蒸气在空气中的最低爆炸浓度。
注2：可燃气体的浓度以 LEL 为单位，光路长度以 m 为单位，积分浓度以 LEL·m 为单位。

3.3
发射装置　transmitter

发射探测光束的探测器部件。

3.4
接收装置　receiver

接收探测光束的探测器部件。

3.5
反射装置　reflector

将探测光束反射回接收装置的探测器部件。

4 分类

按使用环境条件分为：
a) 室内使用型探测器；
b) 室外使用型探测器。

5 要求

5.1 总则

探测器应满足第 5 章的相关要求，并按第 6 章的规定进行试验，以确认探测器对第 5 章要求的符合性。

5.2 探测器组成

探测器应由发射装置、接收装置、反射装置等部件组成。

5.3 外观要求

5.3.1 探测器应具备产品出厂时的完整包装，包装中应包含质量检验合格标志和使用说明书。

5.3.2 探测器表面应无腐蚀、涂覆层脱落和起泡现象，无明显划伤、裂痕、毛刺等机械损伤，紧固部位无松动。

5.4 性能

5.4.1 一般要求

5.4.1.1 对探测器进行调零、标定、更改参数等通电条件下的操作不应改变其外壳的完整性。

5.4.1.2 探测器应采用 36 V 及以下的直流电压供电，并具有极性反接的保护措施。

5.4.1.3 探测器应具有独立的工作状态指示灯，分别指示其正常监视、故障、报警工作状态。正常监视状态指示应为绿色，故障状态指示应为黄色，报警状态指示应为红色。指示灯应有中文功能注释。在 5 lx～500 lx 光照条件下、正前方 5 m 处，指示灯的状态应清晰可见。探测器的每个独立通电部件都应具有通电状态指示。

注：正常监视状态指探测器接通电源正常工作，且未发出报警信号或故障信号时的状态。

5.4.1.4 探测器在被监视区域内的可燃气体积分浓度达到报警设定值时，应能发出报警信号。再将探测器置于正常环境中，30 s 内应能自动（或手动）恢复到正常监视状态。

5.4.1.5 探测器的光路长度应不大于 100 m。

5.4.1.6 探测器应能够输出与其测量的可燃气体积分浓度和工作状态相对应的信号。信号的类型、参数等信息应在使用说明书中注明。

5.4.1.7 探测器的量程上限应不大于 5 LEL·m。报警设定值应在10%量程~70%量程范围,且不小于 0.5 LEL·m。

5.4.1.8 探测器如具有报警输出接口,报警输出接口的类型和容量应与制造商规定的配接产品或执行部件相匹配,且应在使用说明书中注明。如探测器的报警输出接口具有延时功能,其最大延时时间不应超过 30 s。

5.4.1.9 探测器具有多级报警功能时,各级报警状态指示和输出应能明确区分。

5.4.1.10 当探测光束被完全遮挡时,应在 30 s 后、100 s 内发出故障信号。光束遮挡消除后 30 s 内,对应的故障信号应能自动恢复。

5.4.1.11 探测器在正常安装条件下探测光束沿光轴的最大允许偏转角度应在使用说明书中注明。

5.4.1.12 探测器与其他辅助设备(例如远程确认灯、控制继电器等)间的连接线发生断路或短路时,不应影响探测器正常工作。

5.4.1.13 探测器应采用满足 GB 3836.1—2010 要求的防爆型式。

5.4.1.14 探测器的型号编制应符合 GB 15322.1—2019 中附录 A 的规定。

5.4.1.15 探测器的使用说明书应满足 GB/T 9969 的相关要求。

5.4.2 报警动作性能

5.4.2.1 在被监视区域内的可燃气体积分浓度不大于 0.05 LEL·m 时,探测器不应发出报警信号。

5.4.2.2 在被监视区域内的可燃气体积分浓度为 80%报警设定值和报警设定值减去10%量程两者间的较小值时,探测器不应发出报警信号。

5.4.2.3 在被监视区域内的可燃气体积分浓度为 120%报警设定值和报警设定值加上10%量程两者间的较大值时,探测器应能发出报警信号。报警响应时间不应大于 10 s。

5.4.3 量程指示偏差

在探测器量程内选取若干试验点作为基准值,使被监测区域内的可燃气体积分浓度分别达到对应的基准值。探测器在试验点上的积分浓度显示值与基准值之差的绝对值不应大于20%基准值或10%量程当中的较大值。

5.4.4 长期稳定性

使探测器在正常大气条件下连续运行 28 d。运行期间,探测器不应发出报警信号或故障信号。长期运行后,探测器的报警动作性能应满足 5.4.2 的要求。

5.4.5 光强衰减适应性能

在最大光路长度条件下,室外使用型探测器应能在探测光束辐射通量衰减 90%的情况下保持正常监视状态,室内使用型探测器应能在探测光束辐射通量衰减 50%的情况下保持正常监视状态。在探测光束辐射通量衰减条件下,探测器的报警动作性能应满足 5.4.2 的要求。

5.4.6 光束偏转适应性能

在最大光路长度条件下,使探测器的探测光束在制造商规定的最大允许角度范围内偏转,探测器不应发出报警信号或故障信号。在最大允许偏转角度条件下,探测器的报警动作性能应满足 5.4.2 的要求。

5.4.7 抗光干扰性能

在接收装置受到总光照辐射强度为(800±50) W/m² 的光干扰条件下运行时,探测器不应发出报警信号或故障信号,其报警动作性能应满足 5.4.2 的要求。

5.4.8 抗蒸汽干扰性能

在如附录 A 所示的蒸汽干扰试验条件下运行时,探测器不应发出报警信号或故障信号,其报警动作性能应满足 5.4.2 的要求。

5.4.9 电压波动

将探测器的供电电压分别调至其额定电压的 85% 和 115%,探测器的报警动作性能应满足 5.4.2 的要求。

5.4.10 电磁兼容性能

探测器应能耐受表1所规定的电磁干扰条件下的各项试验,试验期间,探测器不应发出报警信号或故障信号。试验后,探测器的报警动作性能应满足 5.4.2 的要求。

表 1 电磁兼容试验参数

试验名称	试验参数	试验条件	工作状态
静电放电抗扰度试验	放电电压 kV	空气放电(绝缘体外壳):8 接触放电(导体外壳和耦合板):6	正常监视状态
	放电极性	正、负	
	放电间隔 s	≥1	
	每点放电次数	10	
射频电磁场辐射抗扰度试验	场强 V/m	10	正常监视状态
	频率范围 MHz	80~1 000	
	扫描速率 10 oct/s	≤1.5×10⁻³	
	调制幅度	80%(1 kHz,正弦)	
电快速瞬变脉冲群抗扰度试验	瞬变脉冲电压 kV	1×(1±0.1)	正常监视状态
	重复频率 kHz	5×(1±0.2)	
	极性	正、负	
	时间 min	1	

表 1（续）

试验名称	试验参数	试验条件	工作状态
浪涌（冲击）抗扰度试验	浪涌（冲击）电压 kV	线-地：1×(1±0.1)	正常监视状态
	极性	正、负	
	试验次数	5	
	试验间隔 s	60	
射频场感应的传导骚扰抗扰度试验	频率范围 MHz	0.15～80	正常监视状态
	电压 dBμV	140	
	调制幅度	80%（1 kHz，正弦）	

5.4.11 气候环境耐受性

探测器应能耐受表2所规定的气候环境条件下的各项试验，试验期间，探测器不应发出报警信号或故障信号。试验后，探测器应无破坏涂覆和腐蚀现象，其报警动作性能应满足5.4.2的要求。

表 2 气候环境试验参数

试验名称	试验参数	试验条件		工作状态
		室内使用型	室外使用型	
高温（运行）试验	温度 ℃	55±2	70±2	正常监视状态
	持续时间 h	2	2	
低温（运行）试验	温度 ℃	−10±2	−40±2	正常监视状态
	持续时间 h	2	2	
恒定湿热（运行）试验	温度 ℃	40±2		正常监视状态
	相对湿度	93%±3%		
	持续时间 h	2		
交变湿热（运行）试验	温度 ℃	55±2		正常监视状态
	循环周期	2		

表 2（续）

试验名称	试验参数	试验条件		工作状态
		室内使用型	室外使用型	
盐雾试验	盐溶液浓度 %（质量比）	5±1		不通电状态
	温度 ℃	35±2		
	持续时间 h	96		

5.4.12 机械环境耐受性

探测器应能耐受表 3 所规定的机械环境条件下的各项试验。试验后，探测器应满足下述要求：
a) 探测器不应有机械损伤和紧固部位松动；
b) 探测器应能正常工作且报警动作性能满足 5.4.2 的要求。

表 3 机械环境试验参数

试验名称	试验参数	试验条件	工作状态
振动（正弦）（耐久）试验	频率范围 Hz	10～150	不通电状态
	加速度 m/s²	10	
	扫频速率 oct/min	1	
	轴线数	3	
	每个轴线扫频次数	20	
跌落试验	跌落高度 mm	质量不大于 2 kg：1 000 质量大于 2 kg 且不大于 5 kg：500 质量大于 5 kg：不进行试验	不通电状态
	跌落次数	2	

6 试验

6.1 试验纲要

6.1.1 大气条件

如在有关条文中没有说明，各项试验均在下述正常大气条件下进行：
—— 温度：15 ℃～35 ℃；
—— 相对湿度：25%～75%；
—— 大气压力：86 kPa～106 kPa。

6.1.2 试验样品

试验样品(以下简称"试样")数量为3套,试验前应对试样予以编号。

6.1.3 外观检查

试样在试验前应进行外观检查,检查结果应满足5.3的要求。

6.1.4 试验前准备

6.1.4.1 按制造商规定对试样进行调零和标定操作。

6.1.4.2 将试样在不通电条件下依次置于以下环境中:
   a) -25 ℃±3 ℃,保持24 h;
   d) 正常大气条件,保持24 h;
   c) 55 ℃±2 ℃,保持24 h;
   d) 正常大气条件,保持24 h。

6.1.5 试样的安装

试验前,试样应按照制造商规定的正常使用方式安装,并与制造商规定的可燃气体报警控制器连接,使其在正常大气条件下通电预热20 min。预热期间,试样的探测光束不应被遮挡。除相关试验要求外,应采取制造商允许的措施使光路长度满足试验条件并使试样正常工作。

6.1.6 容差

各项试验数据的容差均为±5%。

6.1.7 试验气体

配制试验气体应采用制造商声称的探测气体种类和报警设定值要求,除相关试验另行规定外,试验气体应由可燃气体与洁净空气混合而成,试验气体湿度应符合正常湿度条件,配气误差应不超过报警设定值的±2%。采用甲烷、丙烷、一氧化碳当中的一种作为可燃气体配制试验气体时,可燃气体的纯度应不低于99.5%;对于制造商声称的其他类型探测气体,可采用满足制造商要求的标准气体配制试验气体。

6.1.8 试验程序

试验程序见表4。

表4 试验程序

序号	章条	试验项目	试样编号 1	试样编号 2	试样编号 3
1	6.1.3	外观检查	√	√	√
2	6.2	基本性能试验	√	√	√
3	6.3	报警动作性能试验	√	√	√
4	6.4	量程指示偏差试验		√	
5	6.5	长期稳定性试验			√
6	6.6	光强衰减试验	√		

表 4（续）

序号	章条	试验项目	试样编号 1	试样编号 2	试样编号 3
7	6.7	光束偏转试验	√		
8	6.8	光干扰试验	√		
9	6.9	蒸汽干扰试验	√		
10	6.10	电压波动试验			√
11	6.11	静电放电抗扰度试验	√		
12	6.12	射频电磁场辐射抗扰度试验		√	
13	6.13	电快速瞬变脉冲群抗扰度试验	√		
14	6.14	浪涌（冲击）抗扰度试验	√		
15	6.15	射频场感应的传导骚扰抗扰度试验		√	
16	6.16	高温（运行）试验		√	
17	6.17	低温（运行）试验		√	
18	6.18	恒定湿热（运行）试验		√	
19	6.19	交变湿热（运行）试验		√	
20	6.20	盐雾试验		√	
21	6.21	振动（正弦）（耐久）试验	√		
22	6.22	跌落试验			√

6.2 基本性能试验

6.2.1 试样处于正常监视状态，对其进行调零、标定、更改参数等操作，检查并记录该类操作是否改变试样外壳的完整性。

6.2.2 检查并记录试样的供电方式是否符合 5.4.1.2 的规定。

6.2.3 检查并记录试样工作状态指示灯的指示和功能注释情况是否符合 5.4.1.3 的规定。

6.2.4 检查并记录试样的最大光路长度。试样处于正常监视状态，将充入可燃气体的气室放入试样的探测光路，使其发出报警信号，检查并记录试样的量程和报警设定值设置是否符合 5.4.1.7 的规定。移除气室并开始计时，检查并记录其报警状态的恢复情况。

6.2.5 将试样与制造商规定的可燃气体报警控制器连接，向试样的监视区域内通入试验气体，改变试样的工作状态，检查并记录可燃气体报警控制器上试样的积分浓度测量值和工作状态显示情况。

6.2.6 试样如具有报警输出接口，将其与制造商规定的配接产品或执行部件连接，使试样发出报警信号，检查并记录试样的报警输出接口是否动作。报警输出接口如具有延时功能，测量并记录其最大延时时间。

6.2.7 试样如具有多级报警功能，检查其各级报警状态指示和输出是否能明确区分。

6.2.8 试样处于正常监视状态，将其探测光束完全遮挡并开始计时，记录试样发出故障信号的时间。消除探测光束的遮挡并开始计时，记录对应故障信号的恢复时间。

6.2.9 如果试样存在辅助设备，将试样与其他辅助设备间的连接线断路或短路，检查试样是否能正常工作。

6.2.10 检查试样是否采用符合 GB 3836.1—2010 要求的防爆型式。

6.2.11 检查试样的型号编制是否符合 GB 15322.1—2019 中附录 A 的规定。

6.2.12 检查试样的说明书是否符合 GB/T 9969 的相关要求,其中是否注明气体传感器的使用期限,是否注明探测器输出信号的类型、参数等信息,是否注明探测器报警输出接口的类型和容量,是否注明探测器在正常安装条件下探测光束沿光轴的最大允许偏转角度。

6.3 报警动作性能试验

6.3.1 试验步骤

6.3.1.1 将试样以最大光路长度安装,使其处于正常监视状态。

6.3.1.2 向气室中通入可燃气体,使可燃气体沿探测光束方向的积分浓度达到报警设定值的80%与报警设定值减去10%量程当中的较小值,但不应低于0.05 LEL·m。将气室放入试样的探测光路,使探测光束以正入射方式穿过气室,该操作应在5 s内完成。保持60 s,观察并记录试样的工作状态。

6.3.1.3 使试样处于正常监视状态,向气室中通入可燃气体,使其沿探测光束方向的积分浓度达到报警设定值的120%与报警设定值加上10%量程当中的较大值。将气室放入试样的探测光路并开始计时,当试样发出报警信号时停止计时,记录试样的报警响应时间。

6.3.1.4 试样具有多级报警功能时,对其各级报警设定值分别进行6.3.1.1~6.3.1.3规定的试验。

6.3.2 试验设备

试验设备如下:
a) 气室(内部气体压力应为正常大气压力,将充满洁净空气的气室放入探测光路后,试样的零点偏差不应超过±2%量程);
b) 气体分析仪;
c) 计时器。

6.4 量程指示偏差试验

6.4.1 试验步骤

将试样以最大光路长度安装,使其处于正常监视状态。向气室中通入可燃气体,使其沿探测光束方向的积分浓度分别达到试样满量程的25%、50%和75%。将气室放入试样的探测光路,每个积分浓度的气室应至少保持60 s,记录试样的积分浓度显示值。

6.4.2 试验设备

试验设备见6.3.2。

6.5 长期稳定性试验

6.5.1 试验步骤

使试样在正常大气条件下连续工作28 d,期间观察并记录试样的工作状态。运行结束后,按6.3规定的方法测量试样的报警动作性能。

6.5.2 试验设备

试验设备见6.3.2。

6.6 光强衰减试验

6.6.1 试验步骤

6.6.1.1 将试样以最大光路长度安装,使其处于正常监视状态。

6.6.1.2 利用减光片使试样的探测光束辐射通量衰减50%（室内使用型试样）或90%（室外使用型试样），期间观察并记录试样的工作状态。

6.6.1.3 在探测光束辐射通量衰减条件下，按6.3规定的方法测量试样的报警动作性能。

6.6.2 试验设备

试验设备如下：
a) 减光片（对探测光束辐射通量的衰减比例的偏差不应超过试验要求的±1%）；
b) 气室；
c) 气体分析仪；
d) 计时器。

6.7 光束偏转试验

6.7.1 试验步骤

6.7.1.1 将试样以最大光路长度安装，使其处于正常监视状态。

6.7.1.2 将试样的接收装置分别向左和向右偏转，使其视锥角的轴线与光轴的夹角为制造商规定的最大允许偏转角度，期间观察并记录试样的工作状态。

6.7.1.3 在试样处于最大允许偏转角度的条件下，按6.3规定的方法测量试样的报警动作性能。

6.7.1.4 将试样的接收装置调整到试验前位置，以其视锥角的轴线为轴将接收部件顺时针旋转90°，重复6.7.1.2和6.7.1.3的试验步骤。

6.7.2 试验设备

试验设备如下：
a) 角度尺；
b) 气室；
c) 气体分析仪；
d) 计时器。

6.8 光干扰试验

6.8.1 试验步骤

6.8.1.1 使试样处于正常监视状态，利用金属卤钨灯作为光源照射试样的接收装置，光源与接收装置的距离应不小于0.5 m，使接收装置视窗部位的总光照辐射强度为(800±50)W/m^2，保持20 min。期间观察并记录试样的工作状态。

6.8.1.2 在光干扰条件下，按6.3规定的方法测量试样的报警动作性能。

6.8.2 试验设备

试验设备如下：
a) 金属卤钨灯；
b) 光照辐射计；
c) 气室；
d) 气体分析仪；
e) 计时器。

6.9 蒸汽干扰试验

6.9.1 试验步骤

6.9.1.1 将试样按附录A的规定进行试验布置,保持20 min。期间观察并记录试样的工作状态。

6.9.1.2 在蒸汽干扰条件下,按6.3规定的方法测量试样的报警动作性能。

6.9.2 试验设备

试验设备如下:
a) 满足附录A要求的蒸汽发生装置;
b) 气室;
c) 气体分析仪;
d) 计时器。

6.10 电压波动试验

6.10.1 试验步骤

将试样的供电电压分别调至其额定电压的85%和115%,按6.3规定的方法测量试样的报警动作性能。

6.10.2 试验设备

试验设备见6.3.2。

6.11 静电放电抗扰度试验

6.11.1 试验步骤

将试样按GB/T 17626.2—2018的规定进行试验布置,试样处于正常监视状态。按GB/T 17626.2—2018规定的试验方法对试样及耦合板施加符合表1所示条件的静电放电干扰。条件试验结束后,按6.3规定的方法测量试样的报警动作性能。

6.11.2 试验设备

试验设备应满足GB/T 17626.2—2018的要求。

6.12 射频电磁场辐射抗扰度试验

6.12.1 试验步骤

将试样按GB/T 17626.3—2016的规定进行试验布置,试样处于正常监视状态。按GB/T 17626.3—2016规定的试验方法对试样施加符合表1所示条件的射频电磁场辐射干扰。条件试验结束后,按6.3规定的方法测量试样的报警动作性能。

6.12.2 试验设备

试验设备应满足GB/T 17626.3—2016的要求。

6.13 电快速瞬变脉冲群抗扰度试验

6.13.1 试验步骤

将试样按GB/T 17626.4—2018的规定进行试验布置,试样处于正常监视状态。按GB/T 17626.4—

2018规定的试验方法对试样施加符合表1所示条件的电快速瞬变脉冲群干扰。条件试验结束后,按6.3规定的方法测量试样的报警动作性能。

6.13.2 试验设备

试验设备应满足GB/T 17626.4—2018的要求。

6.14 浪涌(冲击)抗扰度试验

6.14.1 试验步骤

将试样按GB/T 17626.5—2008的规定进行试验布置,试样处于正常监视状态。按GB/T 17626.5—2008规定的试验方法对试样施加符合表1所示条件的浪涌(冲击)干扰。条件试验结束后,按6.3规定的方法测量试样的报警动作性能。

6.14.2 试验设备

试验设备应满足GB/T 17626.5—2008的要求。

6.15 射频场感应的传导骚扰抗扰度试验

6.15.1 试验步骤

将试样按GB/T 17626.6—2017的规定进行试验布置,试样处于正常监视状态。按GB/T 17626.6—2017规定的试验方法对试样施加符合表1所示条件的射频场感应的传导骚扰。条件试验结束后,按6.3规定的方法测量试样的报警动作性能。

6.15.2 试验设备

试验设备应满足GB/T 17626.6—2017的要求。

6.16 高温(运行)试验

6.16.1 试验步骤

将试样安装于试验箱中,使其处于正常监视状态。以不大于1 ℃/min的升温速率将试样所处环境的温度升至表2规定的温度,保持2 h。条件试验结束后,在正常大气条件下按6.3规定的方法测量试样的报警动作性能。

6.16.2 试验设备

试验设备应满足GB/T 16838的要求。

6.17 低温(运行)试验

6.17.1 试验步骤

将试样安装于试验箱中,使其处于正常监视状态。以不大于1 ℃/min的降温速率将试样所处环境的温度降至表2规定的温度,保持2 h。条件试验结束后,在正常大气条件下按6.3规定的方法测量试样的报警动作性能。

6.17.2 试验设备

试验设备应满足GB/T 16838的要求。

6.18 恒定湿热(运行)试验

6.18.1 试验步骤

将试样安装于试验箱中,使其处于正常监视状态。以不大于 1 ℃/min 的升温速率将试样所处环境的温度升至 40 ℃±2 ℃,然后以不大于 5%/min 的加湿速率将环境的相对湿度升至 93%±3%,保持 2 h。条件试验结束后,在正常大气条件下按 6.3 规定的方法测量试样的报警动作性能。

6.18.2 试验设备

试验设备应满足 GB/T 16838 的要求。

6.19 交变湿热(运行)试验

6.19.1 试验步骤

将试样安装于试验箱中,使其处于正常监视状态。按 GB/T 16838 中交变湿热(运行)试验规定的试验方法对试样施加温度为 55 ℃±2 ℃、2 个循环周期的交变湿热(运行)试验。条件试验结束后,在正常大气条件下按 6.3 规定的方法测量试样的报警动作性能。

6.19.2 试验设备

试验设备应满足 GB/T 16838 的要求。

6.20 盐雾试验

6.20.1 试验步骤

按 GB/T 2423.17—2008 规定的试验方法对试样各部件施加符合表 2 所示条件的盐雾试验。试验期间,试样不通电。条件试验结束后,清洗试样外表面,检查试样表面腐蚀情况。在正常大气条件下恢复 1 h 后,按 6.3 规定的方法测量试样的报警动作性能。

6.20.2 试验设备

试验设备应满足 GB/T 2423.17—2008 的要求。

6.21 振动(正弦)(耐久)试验

6.21.1 试验步骤

将试样按照制造商规定的正常方式刚性安装,试验期间,试样不通电。按 GB/T 16838 中振动(正弦)(耐久)试验规定的试验方法对试样施加符合表 3 所示条件的振动(正弦)(耐久)试验。条件试验结束后,检查试样外观及紧固部位,按 6.3 规定的方法测量试样的报警动作性能。

6.21.2 试验设备

试验设备应满足 GB/T 16838 的要求。

6.22 跌落试验

6.22.1 试验步骤

按表 3 所示的试验条件,将非包装状态的试样自由跌落在平滑、坚硬的地面上,试验期间,试样不通电。条件试验结束后,检查试样外观及紧固部位,按 6.3 规定的方法测量试样的报警动作性能。

6.22.2 试验设备

试验设备见6.3.2。

7 检验规则

7.1 出厂检验

7.1.1 制造商在产品出厂前应对探测器至少进行下述试验项目的检验：
   a) 基本性能试验；
   b) 报警动作性能试验；
   c) 量程指示偏差试验；
   d) 长期稳定性试验。

7.1.2 制造商应规定抽样方法、检验和判定规则。

7.2 型式检验

7.2.1 型式检验项目为第6章规定的全部试验项目。检验样品在出厂检验合格的产品中抽取。

7.2.2 有下列情况之一时，应进行型式检验：
   a) 新产品或老产品转厂生产时的试制定型鉴定；
   b) 正式生产后，产品的结构、主要部件或元器件、生产工艺等有较大的改变，可能影响产品性能；
   c) 产品停产1年以上恢复生产；
   d) 发生重大质量事故整改后；
   e) 质量监督部门依法提出要求。

7.2.3 检验结果按GB 12978中规定的型式检验结果判定方法进行判定。

8 标志

8.1 总则

标志应清晰可见，且不应贴在螺丝或其他易被拆卸的部件上。

8.2 产品标志

8.2.1 每只探测器均应有清晰、耐久的中文产品标志，产品标志应包括以下内容：
   a) 产品名称和型号；
   b) 产品执行的标准编号；
   c) 制造商名称、生产地址；
   d) 制造日期和产品编号；
   e) 产品主要技术参数（供电方式及参数、探测气体种类、量程、报警设定值、光路长度及使用环境）。

8.2.2 产品标志信息中如使用不常用符号或缩写时，应在与探测器一起提供的使用说明书中注明。

8.3 质量检验标志

每只探测器均应有清晰的质量检验合格标志。

附 录 A
（规范性附录）
蒸汽干扰试验

A.1 试验布置

蒸汽干扰试验布置图如图 A.1。在水槽中注入蒸馏水，水面沿探测光束方向的长度为 2 m，水面与探测光束光轴间的距离为 0.1 m。

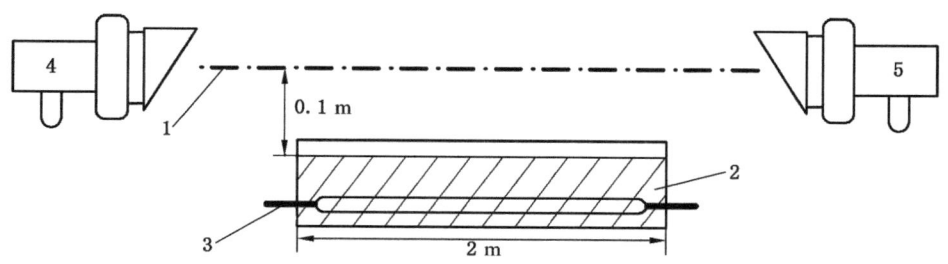

说明：
1——探测光束；
2——水槽；
3——加热器；
4——发射装置；
5——接收装置。

图 A.1 蒸汽干扰试验布置图

A.2 试验要求

使试样处于正常监视状态。利用加热器对水槽中的蒸馏水持续加热，使其保持沸腾状态。条件试验期间，水蒸气不应在发射装置和接收装置的视窗表面凝结。

ICS 13.220.20
C 81

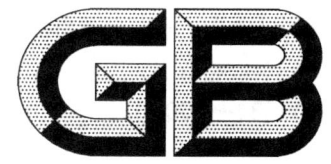

中华人民共和国国家标准

GB 15631—2008
代替 GB 15631—1995

特种火灾探测器

Special type fire detectors

2008-09-01 发布

2009-05-01 实施

中华人民共和国国家质量监督检验检疫总局
中国国家标准化管理委员会 发布

前 言

本标准的第 4、5、6、7 章内容为强制性,其余为推荐性。

本标准代替 GB 15631—1995《点型红外火焰探测器性能要求及试验方法》,与 GB 15631—1995 相比较主要变化如下:
——本标准在技术要求方面增加了吸气式感烟火灾探测器、图像型火灾探测器、点型一氧化碳火灾探测器的要求;
——本标准采用了最新版本的电磁兼容要求,选择了适当的严酷等级,便于与国际接轨。

本标准的附录 A、附录 B 为规范性附录。

本标准由中华人民共和国公安部提出。

本标准由全国消防标准化技术委员会第六分技术委员会归口。

本标准负责起草单位:公安部沈阳消防研究所。

本标准参加起草单位:安徽省消防局、西安博康电子有限公司、深圳市赋安安全系统有限公司、科大立安安全技术有限责任公司。

本标准主要起草人:丁宏军、屈励、窦保东、郭春雷、袁宏永、张颖琮、张学军、费春祥、王文青、宋立巍、梅志斌、李海涛、李宁宁、孙爽、李瑞、邓丽红。

本标准所代替标准的历次版本发布情况为:
——GB 15631—1995。

特种火灾探测器

1 范围

本标准规定了特种火灾探测器(以下简称探测器)的分类、技术要求、试验方法、检验规则、标志和使用说明书。

本标准适用于一般工业与民用建筑中安装使用的特种火灾探测器。其他环境中安装使用的具有特殊要求的特种火灾探测器,除特殊要求由有关标准另行规定外,亦应执行本标准。

2 规范性引用文件

下列文件中的条款通过本标准的引用而成为本标准的条款。凡是注日期的引用文件,其随后所有的修改单(不包括勘误的内容)或修订版均不适用于本标准,然而,鼓励根据本标准达成协议的各方研究是否可使用这些文件的最新版本。凡是不注日期的引用文件,其最新版本适用于本标准。

GB 4706.1—1998 家用和类似用途电器的安全 第一部分:通用要求(eqv IEC 335-1:1991)

GB 4715 点型感烟火灾探测器

GB 9969.1 工业产品使用说明书 总则

GB 12978 消防电子产品检验规则

GB 16838 消防电子产品环境试验方法及严酷等级

3 分类

3.1 特种火灾探测器按探测原理可分为:
   a) 点型红外火焰探测器;
   b) 吸气式感烟火灾探测器;
   c) 图像型火灾探测器;
   d) 点型一氧化碳火灾探测器。

3.2 点型一氧化碳火灾探测器按使用方式可分为:
   a) 独立式;
   b) 系统式。

3.3 吸气式感烟火灾探测器按其响应阈值范围可分为:
   a) 普通型;
   b) 灵敏型;
   c) 高灵敏型。

3.4 吸气式感烟火灾探测器按其功能构成方式可分为:
   a) 探测型;
   b) 探测报警型。

3.5 吸气式感烟火灾探测器按其采样方式可分为:
   a) 管路采样式;
   b) 点型采样式。

4 技术要求

4.1 通用要求

4.1.1 报警确认灯

探测器应具有红色报警确认灯。当被监视区域火灾参数符合报警条件时,探测器报警确认灯应点亮,并保持至被复位。通过报警确认灯显示探测器其他工作状态时,被显示状态应与火灾报警状态有明显区别。可拆卸探测器的报警确认灯可安装在探头或其底座上。确认灯点亮时在其正前方 6 m 处,照度不超过 500 lx 的环境条件下,应清晰可见。

4.1.2 辅助设备连接

探测器连接其他辅助设备(例如远程确认灯,控制继电器等)时,与辅助设备间连接线的开路和短路不应影响探测器的正常工作。

4.1.3 出厂设置

除非使用特殊手段(如专用工具或密码)或破坏封条,否则探测器的出厂设置不应被改变。

4.1.4 响应性能现场设置

探测器的响应性能如果可在探测器或在与其相连的控制和指示设备上进行现场设置,则应满足以下要求:
  a) 当制造商声明所有设置均满足本标准的要求时,探测器在任意设置的条件下均应满足本标准的要求,且对于现场设置应只能通过专用工具、密码或探头与底座的分离等手段实现;
  b) 当制造商声明某一设置不满足本标准的要求时,该设置应只能通过专用工具、密码手段实现,且应在探测器上或有关文件中明确标明该项设置不能满足本标准的要求。

4.1.5 防止外界物体侵入性能

探测器应能防止直径为(1.3±0.05)mm 的球形物体侵入探测室。

4.1.6 使用说明书

探测器应有相应的中文说明书。说明书的内容应满足 GB 9969.1 要求,并与产品性能一致。

4.1.7 气候环境试验

4.1.7.1 运行试验

探测器应能耐受表1所规定气候环境条件下的各项试验。试验期间及试验后应满足下列要求。
  a) 试验期间,探测器不应发出火灾报警信号或故障信号;
  b) 试验后,探测器应能正常工作;点型红外火焰探测器的响应阈值与其在一致性试验中的响应阈值相比较,最大响应阈值与最小响应阈值之比应不大于 1.3;吸气式感烟火灾探测器和点型一氧化碳火灾探测器的响应阈值与其在一致性试验中的响应阈值相比较,最大响应阈值与最小响应阈值之比应不大于 1.6;图像型火灾探测器的响应阈值应满足 4.4.1 要求。

表 1 运行试验的气候环境条件要求

试验名称	试验参数	试验条件	工作状态
高温(运行)试验	温度 ℃	55±2	正常监视状态
	持续时间 h	2	
低温(运行)试验	温度 ℃	-10±3	正常监视状态
	持续时间 h	2	
恒定湿热(运行)试验	温度/℃	40±2	正常监视状态
	相对湿度 %	93±3	
	持续时间 d	4	

4.1.7.2 耐久试验

探测器应能耐受表2所规定的气候环境条件下的各项试验,试验后应满足下列要求。

a) 试验后恢复到正常监视状态时,探测器不应发出火灾报警信号或故障信号;
b) 试验后,探测器应能正常工作;点型红外火焰探测器的响应阈值与其在一致性试验中的响应阈值相比较,最大响应阈值与最小响应阈值之比应不大于1.3;吸气式感烟火灾探测器和点型一氧化碳火灾探测器的响应阈值与其在一致性试验中的响应阈值相比较,最大响应阈值与最小响应阈值之比应不大于1.6;图像型火灾探测器的响应阈值应满足4.4.1要求。

表 2 耐久试验的气候环境条件要求

试验名称	试验参数	试验条件	工作状态
恒定湿热(耐久)试验	温度 ℃	40±2	不通电状态
	相对湿度 %	93±3	
	持续时间 d	21	
腐蚀试验	温度 ℃	25±2	不通电状态
	相对湿度 %	93±3	
	持续时间 d	21	
	SO_2 浓度 10^{-6}	25±5	

4.1.8 机械环境试验

4.1.8.1 运行试验

探测器应能耐受表3所规定的机械环境条件下的各项试验,试验期间及试验后探测器应满足下列要求。
a) 试验期间,探测器不应发出火灾报警信号或故障信号;
b) 试验后,探测器不应有机械损伤和紧固部位松动现象;
c) 试验后,探测器基本性能正常;点型红外火焰探测器的响应阈值与其在一致性试验中的响应阈值相比较,最大响应阈值与最小响应阈值之比应不大于1.3;吸气式感烟火灾探测器和点型一氧化碳火灾探测器的响应阈值与其在一致性试验中的响应阈值相比较,最大响应阈值与最小响应阈值之比应不大于1.6;图像型火灾探测器的响应阈值应满足4.4.1要求。

表 3 运行试验的机械环境条件要求

试验名称	试验参数	试验条件	工作状态
振动试验 (正弦) (运行)	频率范围 Hz	10~150~10	正常监视状态
	加速度 m/s²	9.8	
	扫频速率 oct/min	1	
	轴线数	3	
	每个轴线扫频次数	20	
冲击试验	峰值加速度 m/s²	(100−20m)×10(质量 m≤4.75 kg 时) 0(质量 m>4.75 kg 时)	正常监视状态
	脉冲时间 ms	6	
	冲击方向	6	
碰撞试验	锤头速度 m/s	1.5±0.125	正常监视状态
	碰撞动能 J	1.9±0.1	
	碰撞次数	1	

4.1.8.2 耐久试验

探测器应能耐受表4所规定的机械环境条件下的各项试验,试验后应满足下列要求。
a) 试验后恢复到正常监视状态时,探测器不应发出火灾报警信号或故障信号;
b) 试验后,探测器应能正常工作;点型红外火焰探测器的响应阈值与其在一致性试验中的响应阈值相比较,最大响应阈值与最小响应阈值之比应不大于1.3;吸气式感烟火灾探测器和点型一氧化碳火灾探测器的响应阈值与其在一致性试验中的响应阈值相比较,最大响应阈值与最小响应阈值之比应不大于1.6;图像型火灾探测器的响应阈值应满足4.4.1要求。

表 4 耐久试验的机械环境条件要求

试验名称	试验参数	试验条件	工作状态
振动试验 （正弦） （耐久）	频率范围 Hz	10～150～10	不通电状态
	加速度 m/s²	10	
	扫频速率 oct/min	1	
	轴线数	3	
	每个轴线扫频次数	20	

4.1.9 电磁兼容试验

探测器应能耐受表5所规定的电磁兼容性试验,试验期间及试验后应满足下列要求。

a) 试验期间,探测器不应发出火灾报警信号或故障信号；

b) 试验后,探测器应能正常工作；点型红外火焰探测器的响应阈值与其在一致性试验中的响应阈值相比较,最大响应阈值与最小响应阈值之比应不大于1.3;吸气式感烟火灾探测器和点型一氧化碳火灾探测器的响应阈值与其在一致性试验中的响应阈值相比较,最大响应阈值与最小响应阈值之比应不大于1.6;图像型火灾探测器的响应阈值应满足4.4.1要求。

表 5 电磁兼容性试验条件要求

试验名称	试验参数	试验条件	工作状态
射频电磁场辐射 抗扰度试验	场强 V/m	10	正常监视状态
	频率范围 MHz	80～1000	
	调制幅度	80%(1 Hz,正弦)	
	扫频速率 10oct/s	≤1.5×10⁻³	
射频场感应的传导骚扰 抗扰度试验	电压 dBμV	140	正常监视状态
	频率范围 MHz	0.15～100	
	调制幅度	80%(1 Hz,正弦)	
	扫频速率 10oct/s	≤1.5×10⁻³	
静电放电抗扰度试验	放电电压 kV	空气放电(外壳为绝缘体试样)8	正常监视状态
		接触放电(外壳为导体试样和耦合板)6	

表 5（续）

试验名称	试验参数	试验条件	工作状态
静电放电抗扰度试验	每点放电次数	10	正常监视状态
	放电极性	正、负	
	时间间隔 s	≥1	
电快速瞬变脉冲群抗扰度试验	电压峰值 kV	1×(1±0.1)	正常监视状态
	重复频率 kHz	5×(1±0.2)	
	极性	正、负	
	时间	每次 1 min	
浪涌(冲击)抗扰度试验	浪涌冲击电压 kV	线—地 1×(1±0.1)	正常监视状态
	极性	正、负	
	试验次数	5	

4.2 点型红外火焰探测器

4.2.1 响应阈值分布的一致性

在正常环境条件下，测量每只探测器的响应阈值，其最大响应阈值与最小响应阈值的比应不大于 2.0。

4.2.2 重复性

在正常环境条件下，任意一方位上连续 6 次测量同一只探测器的响应阈值，其最大响应阈值与最小响应阈值的比应不大于 1.3。

4.2.3 方位

使探测器的轴线与光轴的夹角分别为 0°、15°、30°、45°，各测量一次响应阈值，探测器的视锥角应不小于 45°，其最大响应阈值与最小响应阈值的比应不大于 2.0。

4.2.4 通电

探测器应能在正常监视状态下连续运行 7 d。试验期间，试样不应发出火灾报警信号或故障信号。试验后，其响应阈值与该探测器在一致性试验中的响应阈值相比较，最大响应阈值与最小响应阈值之比应不大于 1.3。

4.2.5 电源参数波动

探测器的供电电压为额定工作电压的 −15% 和 +10%，测量探测器的响应阈值，与一致性试验中的响应阈值相比较，其最大响应阈值与最小响应阈值的比应不大于 1.6。

4.2.6 环境光线干扰

探测器在以下环境光线作用期间,不应发出火灾报警信号或故障信号。环境光线干扰结束后,在白炽灯和荧光灯同时点亮的条件下测量探测器响应阈值,其响应阈值与该探测器在一致性试验中的响应阈值相比较,最大响应阈值与最小响应阈值之比应不大于1.6。试验后,试样响应阈值比 $S_{max}:S_{min}$ 应不大于1.3。

a) 用两只25 W的白炽灯(色温为2 850 K±100 K),亮1 s熄1 s,共20次。
b) 用一只直径308 mm、30 W的环形荧光灯,亮1 s熄1 s,共20次。
c) 用上述白炽灯和荧光灯,亮2 h。

4.2.7 火灾灵敏度

在表6规定的试验火灾条件下,探测器应在30 s内发出火灾报警信号。发出火灾报警信号时试样与试验火中心距离为25 m时为Ⅰ级灵敏度,17 m时为Ⅱ级灵敏度,12 m时为Ⅲ级灵敏度。

表 6 火灾灵敏度试验火条件要求

试验火名称		试验火条件
正庚烷火	燃料	正庚烷(分析纯级),加3%(体积分数)甲苯
	质量	650 g
	布置	将燃料放置于用2 mm厚钢板制成、底面尺寸为33 cm×33 cm、高为5 cm的容器中
	点火方式	火焰或电火花
乙醇明火	燃料	工业乙醇(乙醇含量90%以上,含少量甲醇)
	质量	2 000 g
	布置	将燃料放置于用2 mm厚钢板制成、底面尺寸为33 cm×33 cm、高为5 cm的容器中
	点火方式	火焰或电火花

4.3 吸气式感烟火灾探测器

4.3.1 管路采样式吸气感烟火灾探测器主要部件性能

4.3.1.1 指示灯

4.3.1.1.1 探测器上应有黄色故障指示灯。当探测器发生故障信号时,该指示灯应点亮,并保持至故障排除。该指示灯点亮时,在其正前方3 m处,周围环境光照度在5 lx~500 lx的条件下,应清晰可见。

4.3.1.1.2 探测器上应有绿色电源指示灯。当探测器接通电源时,该指示灯应点亮,并保持。该指示灯点亮时,在其正前方3 m处,周围环境光照度在5 lx~500 lx的条件下,应清晰可见。

4.3.1.1.3 指示灯功能应有标注,使用文字标注时应有中文。

4.3.1.2 字母(符)-数字显示器

当探测器有字母(符)-数字显示器时,该显示器处于显示状态时,在其正前方0.8 m处,环境光照度为5 lx~500 lx条件下应可读。

4.3.1.3 熔断器

用于电源线路的熔断器或其他过流保护器件,其额定电流值一般应不大于探测器最大工作电流的2倍。当最大工作电流大于6 A时,熔断器电流值可取其1.5倍。在靠近熔断器或其他过流保护器件处应清楚地标注其参数值。

4.3.1.4 接线端子

每一接线端子上都应清晰、牢固地标注上其编号或符号,相应用途应在有关文件中说明。

4.3.1.5 开关和按键

探测器的开关和按键应在其上或靠近的位置至少用中文清楚地标注出其功能。

4.3.1.6 吸气管路

吸气管路应坚固耐用,并应涂成红色或沿管路涂有不小于2 mm宽的红色标记,并在其两端1 m内标有探测器吸气管路字样,字高不超过5 mm。吸气管路上的吸气孔的直径不小于2 mm。

4.3.1.7 音响器件

探测报警型吸气式感烟火灾探测器应设指示火灾报警和故障的音响器件。在正常工作条件下,音响器件在其正前方1 m处的声压级(A计权)应大于65 dB,小于115 dB。在85%额定工作电压条件应能工作。

4.3.2 基本性能

4.3.2.1 故障报警功能

探测器吸气管路破漏和堵塞时,导致探测器吸气流量大于正常吸气流量的150%或小于正常吸气流量的50%时,应在100 s内发出故障信号。

4.3.2.2 火灾报警功能

探测器在任一采样孔获取的火灾烟参数符合报警条件时,应在120 s内发出火灾报警信号。

4.3.2.3 探测报警型探测器特殊性能

4.3.2.3.1 火灾报警功能

探测器应能发出火灾报警声、光信号,指示火灾发生部位,记录火灾报警时间(探测器时钟的日计时误差不应超过30 s),并予以保持,直至复位;报警声信号应能手动消除。对于有多路火灾报警功能的探测器,当有新的火灾发生时,应能再次发出火灾报警声、光信号。火灾报警信号应优先于故障报警信号。

4.3.2.3.2 故障报警功能

探测器与其连接的部件间发生故障时,应能在100 s内发出与火灾报警信号有明显区别的故障声、光信号,故障光信号应保持至故障排除。探测器的声信号应能手动消除,当有新的故障信号时声信号发生时应能再启动。探测器应能显示下述故障的类型:
a) 主电源断电或欠压;
b) 给备用电源充电的充电器与备用电源之间连接线断线、短路;
c) 备用电源与其负载之间连接线断线、短路或由备用电源单独供电时其电压不足以保障探测器正常工作。

4.3.2.3.3 电源功能

a) 交流供电

探测器采用交流供电时,在110%和85%额定工作电压条件下,应能正常工作,并具有主、备电源转换功能。当主电源断电时,应能自动转换到备用电源;当主电源恢复时,应能自动转换到主电源;应有主、备电源的工作状态指示,主电源应有过流保护措施。主、备电源的转换不应使探测器发出火灾报警信号。

b) 备用电源

备用电源在放电至终止电压条件下,充电24 h,其容量应能保证探测器在正常监视状态下工作8 h后,在报警状态条件下工作30 min。

4.3.2.3.4 自检

探测器应具有手动检查其面板所有指示灯、显示器的功能。在执行自检期间,受其控制的输出接点均不应动作。探测器自检时间超过1 min或其不能自动停止自检功能时,探测器的自检功能应不影响非自检部位和探测器本身的火灾报警功能。

4.3.2.3.5 复位

探测器的复位应仅能通过专用工具、密码等手段实现。

4.3.2.3.6 开、关电源

开、关探测器的电源应仅能通过专用工具、密码等手段实现。

4.3.3 响应阈值

4.3.3.1 探测器的响应阈值应符合表7的要求。

表 7 响应阈值要求

探测器类型	响应阈值 m(用减光率表示)
高灵敏	$m \leqslant 0.8\%\text{obs/m}$
灵敏	$0.8\%\text{obs/m} < m \leqslant 2\%\text{obs/m}$
普通	$m > 2\%\text{obs/m}$

当探测器的响应阈值在表1中两个及两个以上区间可调时,应有响应阈值所在区间指示,并满足相应要求。

4.3.3.2 探测器的响应阈值的测量方法应按下述方法进行:

4.3.3.2.1 试验的正常监视状态

若在试验方法中要求探测器在正常监视状态下工作时,应将试样与制造商提供的控制和指示设备连接;在有关条文中没有特殊要求时,应保证探测器的工作电压为额定工作电压,并在试验期间保持工作电压稳定。

注:探测器的检测报告应注明试验期间探测器配接的控制和指示设备的型号、制造商等内容。

4.3.3.2.2 探测器安装

管路采样式探测器应按制造商规定的最大管路长度的正常安装方式安装,如果说明书给出多种安装方式,试验中应采用对探测器工作最不利的安装方式,在最不利采样孔测量响应阈值。点型采样式探

测器应按制造商规定的正常安装方式安装。如果说明书给出多种安装方式，试验中应采用对探测器工作最不利的安装方式。

4.3.3.3 对具有可调响应阈值的探测器，应按制造商规定的可调阈值级别上分别进行测量。

4.3.4 重复性

在试样正常工作位置的任意一个采样孔上连续测量6次响应阈值。其最大响应阈值与最小响应阈值的比应不大于1.6。

4.3.5 响应阈值分布的一致性

在正常环境条件下，测量每只探测器的响应阈值，其最大响应阈值与响应阈值的平均值的比应不大于1.33，响应阈值的平均值与最小响应阈值的比应不大于1.5。

4.3.6 电源参数波动

探测器的供电电压为额定工作电压的－15％和＋10％，测量探测器的响应阈值，与一致性试验中的响应阈值相比较，其最大响应阈值与最小响应阈值的比应不大于1.6。

4.3.7 绝缘性能

探测器有绝缘要求的外部带电端子与机壳间的绝缘电阻值应不小于20 MΩ；试样的电源输入端与机壳间的绝缘电阻值应不小于50 MΩ。

4.3.8 泄漏电流

探测器在1.06倍额定电压工作时，泄漏电流应不超过0.5 mA。

4.3.9 电源瞬变

使探测器主电源按"通电（9 s）～断电（1 s）"的固定程序连续通断500次，探测器在试验期间应保持正常监视状态；试验后，探测器基本性能正常；其响应阈值与该探测器在一致性试验中的响应阈值相比较，最大响应阈值与最小响应阈值之比应不大于1.6。

4.3.10 电压跌落

使探测器主电压下滑60％，持续20 ms，重复进行10次；再将使主电压下滑100％，持续10 ms，重复进行10次。探测器在试验期间应保持正常监视状态；试验后，探测器基本性能正常；其响应阈值与该探测器在一致性试验中的响应阈值相比较，最大响应阈值与最小响应阈值之比应不大于1.6。

4.3.11 火灾灵敏度

按GB 4715要求将2只试样按最不利方式安装在燃烧试验室的顶棚表面上，其余探测管路安装在燃烧试验室外侧，按要求使试样处于正常监视状态。应依据制造商的说明书对试样进行安装和调试，对具有可调响应阈值的试样，应将其阈值设在最大极限值上。

探测器在每种试验火结束前均应发出火灾报警信号。

4.4 图像型火灾探测器

4.4.1 响应阈值

4.4.1.1 试样在一级防火和二级防火监测状态下可发现的最小火焰尺寸、定位精度，应符合表8的要求。

4.4.1.2 从发生火灾到发出火灾报警信号的响应时间应不大于 20 s。

表 8 一级、二级防火监测参数表

距离 D m	镜头 mm	视场角 水平 α	视场角 垂直 β	燃烧盘尺寸 m×m 一级防火	燃烧盘尺寸 m×m 二级防火	定位精度 m ΔX	定位精度 m ΔY
5	4	64°	50°	0.020×0.020	0.060×0.060	±0.100	±0.147
	6	42°	32°	0.020×0.020	0.040×0.040	±0.100	±0.142
	8	32°	24°	0.020×0.020	0.030×0.030	±0.100	±0.142
	12	22°	17°	0.020×0.020	0.020×0.020	±0.100	±0.142
25	4	64°	50°	0.090×0.090	0.400×0.400	±0.488	±0.806
	6	42°	32°	0.060×0.060	0.250×0.250	±0.300	±0.754
	8	32°	24°	0.040×0.040	0.150×0.150	±0.225	±0.727
	12	22°	17°	0.030×0.030	0.090×0.090	±0.153	±0.723
50	6	42°	32°	0.150×0.150	0.550×0.550	±0.600	±1.931
	8	32°	24°	0.090×0.090	0.400×0.400	±0.450	±1.643
	12	22°	17°	0.060×0.060	0.250×0.250	±0.306	±1.494
100	12	22°	17°	0.150×0.150	0.600×0.600	±0.612	±3.360

4.4.2 重复性

连续 3 次测量同一只探测器的响应阈值，通电 7 d 后再连续 3 次测量同一只探测器的响应阈值，通电期间，探测器不应发出火灾报警信号或故障信号，其响应阈值应满足 4.4.1 要求。

4.4.3 电源参数波动

探测器的供电电压为额定工作电压的 −15% 和 +10%，测量探测器的响应阈值，其响应阈值应满足 4.4.1 要求。

4.4.4 环境光线干扰

探测器在以下环境光线作用期间，不应发出火灾报警信号或故障信号；试验后，探测器响应阈值应满足 4.4.1 要求。

a) 用两只 25 W 的白炽灯（色温为 2850 K±100 K），亮 1 s 熄 1 s，共 20 次。
b) 用一只直径 308 mm、30 W 的环形荧光灯，亮 1 s 熄 1 s，共 20 次。
c) 用上述白炽灯和荧光灯，亮 2 h。

4.5 点型一氧化碳火灾探测器

4.5.1 固定响应阈值的测量

4.5.1.1 探测器的响应阈值应在表 9 规定的范围内选择。

4.5.1.2 探测器响应阈值的测量应在气体检验装置中进行，气体检验装置应符合附录 A 的规定，并满足方位、电压波动、气流、高温等试验的要求。检验装置安装的气体传感器应符合附录 B 的规定。

4.5.1.3 探测器按 5.1.2 要求安装在气体检验装置中。在有关条文中没有特殊要求时，探测器的方位应为最不利方位，探测器周围的气流应为 (0.2±0.04)m/s，气流温度应为 (23±5)℃。

4.5.1.4 气体的浓度用体积比的百万分之几表示(以下称 μL/L)。

4.5.1.5 试验前,气体试验装置和探测器内部一氧化碳的浓度应低于 5 μL/L。在有关条文中没有特殊要求时,探测器应在正常监视状态下稳定工作 15 min。

4.5.1.6 按(5 μL/L)/min 的速率将气体检验装置中一氧化碳浓度增加至 15 μL/L,保持 10 min。探测器不应发出火灾报警或故障信号。

4.5.1.7 继续按(5 μL/L)/min 的速率向气体检验装置中加入一氧化碳,直至探测器发出火灾报警信号或一氧化碳的浓度达到 100 μL/L。记录探测器发出报警信号时的一氧化碳浓度值。这一浓度值即为探测器的响应阈值(S)。

4.5.1.8 探测器响应阈值(S)应符合表 9 的规定。应能通过探测器或其连接的控制和指示设备查询探测器的设定的响应阈值(S_0)。

表 9 固定响应阈值

响应阈值	设定的响应阈值(S_0)	最小响应阈值	最大响应阈值
μL/L	26~45	$0.7S_0$	$1.5S_0$

4.5.2 可调响应阈值的测量

4.5.2.1 探测器的响应阈值应在表 10 规定 S_0 的范围内连续可调。

4.5.2.2 将探测器分别调整为最大和最小设定响应阈值,按 4.5.1.1~4.5.1.7 进行响应阈值试验。

4.5.2.3 探测器响应阈值(S)应符合表 10 的规定。应能通过探测器或其连接的控制和指示设备查询探测器的设定的响应阈值。

4.5.2.4 除试验要求有特殊规定外,探测器的响应阈值可在规定的任一设定值上进行试验。

表 10 可调响应阈值

响应阈值	设定的响应阈值(S_0)	最小响应阈值	最大响应阈值
μL/L	23~66	$0.7S_0$	$1.5S_0$

4.5.3 独立式探测器的基本性能

4.5.3.1 当被监视区域发生火灾,其参数达到报警条件时,探测器应发出声、光火灾报警信号。

4.5.3.2 在距探测器 3 m 远处,火灾报警信号声压级应大于 60 dB(A 计权)。

4.5.3.3 探测器应具有自检功能,自检时探测器应发出声、光火灾报警信号。

4.5.3.4 具有多个指示灯的探测器,指示灯应以颜色标识。火警指示灯应为红色,故障指示灯应为黄色,采用交流电源供电的探测器,应具有交流电源工作指示灯,交流电源工作指示灯应为绿色。

4.5.3.5 探测器的电源应满足如下要求:

4.5.3.5.1 对内部电池供电的探测器和外部电池供电的探测器,电池的容量应能保证探测器正常工作不少于 6 个月;在电池不能使探测器处于报警状态前,应发出与火灾报警声信号有明显区别的声音故障信号;声音故障信号至少在 7 d 连续每分钟至少提示一次,在此之后,探测器应能发出火灾报警信号,火灾报警信号应至少持续 4 min。

4.5.3.5.2 对外部电源供电且配有内部备用电池的探测器,当外部电源不能正常工作时,应自动切换至备用电池供电,备用电池应能保证探测器处于正常监视状态至少 72 h,在电池将不能使探测器处于报警状态前,应发出与火灾声报警信号有明显区别的声音故障信号。

4.5.3.5.3 探测器电源极性反接不应造成探测器损坏。

4.5.4 气体干扰

探测器在表11规定的浓度的气体中保持暴露1 h。试验期间,探测器不应发出火灾报警信号或故障信号。

表 11 干扰气体浓度

气体种类	浓度值 μL/L
甲烷	500
丁烷	300
庚烷	500
乙酸乙酯	200
异丙醇	200
二氧化碳	1 000

4.5.5 重复性

在探测器正常工作位置的任意一方位上连续6次测量同一只探测器的响应阈值,其最大响应阈值与最小响应阈值的比应不大于1.6,最小响应阈值不应小于响应阈值设定值的0.8倍。

4.5.6 方位

使探测器按同一方向绕其垂直轴线旋转45°,共旋转8次,各测量一次响应阈值,其最大响应阈值与最小响应阈值的比应不大于1.6,最小响应阈值不应小于响应阈值设定值的0.8倍。最大响应阈值和最小响应阈值对应的方位在以后的试验中分别称为"最不利"和"最有利"方位。

4.5.7 响应阈值分布的一致性

分别测量每只探测器的响应阈值,其最大响应阈值与响应阈值的平均值的比应不大于1.33,响应阈值的平均值与最小响应阈值的比应不大于1.5。最小响应阈值不应小于响应阈值设定值的0.7倍,最大响应阈值不应大于响应阈值设定值的1.5倍。

4.5.8 长期稳定性

使探测器处于正常监视状态,保持3个月。试验期间,探测器不应发出故障信号。试验后,其响应阈值与该探测器在一致性试验中的响应阈值相比较,最大响应阈值与最小响应阈值之比应不大于1.6。

4.5.9 高浓度淹没

探测器在以(5 μL/L)/min的速率增加至浓度为500 μL/L的一氧化碳气体中保持2 h后,在正常大气条件下恢复4 h,试验后,其响应阈值与该探测器在一致性试验中的响应阈值相比较,最大响应阈值与最小响应阈值之比应不大于1.6。

4.5.10 一氧化碳响应敏感度

探测器在一氧化碳浓度为70 μL/L,其他干扰气体浓度分别为表12给定浓度的环境下保持1 h。试验期间,试样应保持火灾报警信号。

表 12 气体浓度

气体种类	气体浓度 μL/L
氢气	20
一氧化氮	10

4.5.11 电源参数波动

探测器的供电电压为额定工作电压的-15%和+10%,测量探测器的响应阈值,与一致性试验中的响应阈值相比较,其最大响应阈值与最小响应阈值的比应不大于1.6,最小响应阈值不应小于响应阈值设定值的0.8倍。

4.5.12 气流

探测器在周围气流速度为(0.2 ± 0.04) m/s 和 (1.0 ± 0.2) m/s 条件下,分别测量"最不利"和"最有利"方位上的响应阈值,分别用 $S_{(0.2)max}$[1]、$S_{(0.2)min}$ 和 $S_{(1.0)max}$[2] 和 $S_{(1.0)min}$ 表示。

探测器响应阈值应满足:$0.625 \leqslant (S_{(0.2)max}+S_{(0.2)min})/(S_{(1.0)max}+S_{(1.0)min}) \leqslant 1.6$。

5 试验方法

5.1 总则

5.1.1 试验的大气条件

除在有关条文另有说明外,则各项试验均在下述大气条件下进行:
——温度:15 ℃～35 ℃;
——湿度:25%RH～75%RH;
——大气压力:86 kPa～106 kPa。

5.1.2 试验的正常监视状态

若在试验方法中要求探测器(以下简称试样)在正常监视状态下工作时,应将试样与制造商提供的控制和指示设备连接;在有关条文中没有特殊要求时,应保证探测器的工作电压为额定工作电压,并在试验期间保持工作电压稳定。

注:探测器的检测报告应注明试验期间探测器配接的控制和指示设备的型号、制造商等内容。

5.1.3 容差

除在有关条文另有说明外,各项试验数据的容差均为±5%;环境条件参数偏差应符合 GB 16838 要求。

5.1.4 试验前检查

5.1.4.1 试样在试验前进行外观检查,应符合下述要求:
a) 表面无腐蚀、涂覆层脱落和起泡现象,无明显划伤、裂痕、毛刺等机械损伤;
b) 紧固部位无松动。

---

[1] 下标0.2表示气流速度为(0.2 ± 0.04) m/s。
[2] 下标1.0表示气流速度为(1.0 ± 0.2) m/s。

5.1.4.2 试样在试验前应按4.1.1～4.1.6要求对试样进行检查,符合要求后方可进行试验。

5.1.5 试验样品(以下称试样)

5.1.5.1 点型红外火焰探测器

10套探测器,并在试验前予以编号。

5.1.5.2 吸气式感烟火灾探测器

4只探测器(由探测器的所有部分组成,包括需要配接的控制和指示设备),并在试验前予以编号。

5.1.5.3 图像型火灾探测器

4套探测器,并在试验前予以编号。

5.1.5.4 点型一氧化碳火灾探测器

16套探测器,并在试验前予以编号。

5.1.6 探测器的安装

探测器应按制造商规定的正常安装方式安装。如果说明书给出多种安装方式,试验中应采用对探测器工作最不利的安装方式。

5.1.7 试验程序

按表13规定的程序进行试验。

表 13 试验程序

序号	条目	试验项目	点型红外火焰探测器	吸气式感烟火灾探测器	图像型火灾探测器	点型一氧化碳火灾探测器
1	5.2～5.5	探测器基本性能试验	1～10	1～4	1～4	1～16
2	5.6	高温(运行)试验	2	3[a]	1	4
3	5.7	低温(运行)试验	3	4	2	5
4	5.8	恒定湿热(运行)试验	4	1	3	6
5	5.9	恒定湿热(耐久)试验	5	2	4	7
6	5.10	腐蚀试验	6	1[a]	1	8
7	5.11	振动(正弦)(运行)试验	7	2	2	9
8	5.12	冲击试验	8	2	3	10
9	5.13	碰撞试验	9	2	4	11
10	5.14	振动(正弦)(耐久)试验	10	2	2	11
11	5.15	射频电磁场辐射抗扰度试验	2	1	3	12
12	5.16	射频场感应的传导骚扰抗扰度试验	3	1	4	13
13	5.17	静电放电抗扰度试验	4	1	2	14
14	5.18	电快速瞬变脉冲群抗扰度试验	5	1	3	15
15	5.19	浪涌(冲击)抗扰度试验	6	1	4	16
16	5.20	火灾灵敏度试验	7～10	3～4	—	
[a] 适用于点型采样式。						

5.2 点型红外火焰探测器基本性能试验

5.2.1 响应阈值测量

5.2.1.1 目的

测量探测器的响应阈值。

5.2.1.2 设备

红外火焰探测器检测装置是一台专用设备,它由光学轨道、红外光源、减光片、快门、调制器、试样支架和其他有关部件组成(如图1所示)。该设备应满足5.2.1、5.2.3～5.2.7的试验要求。

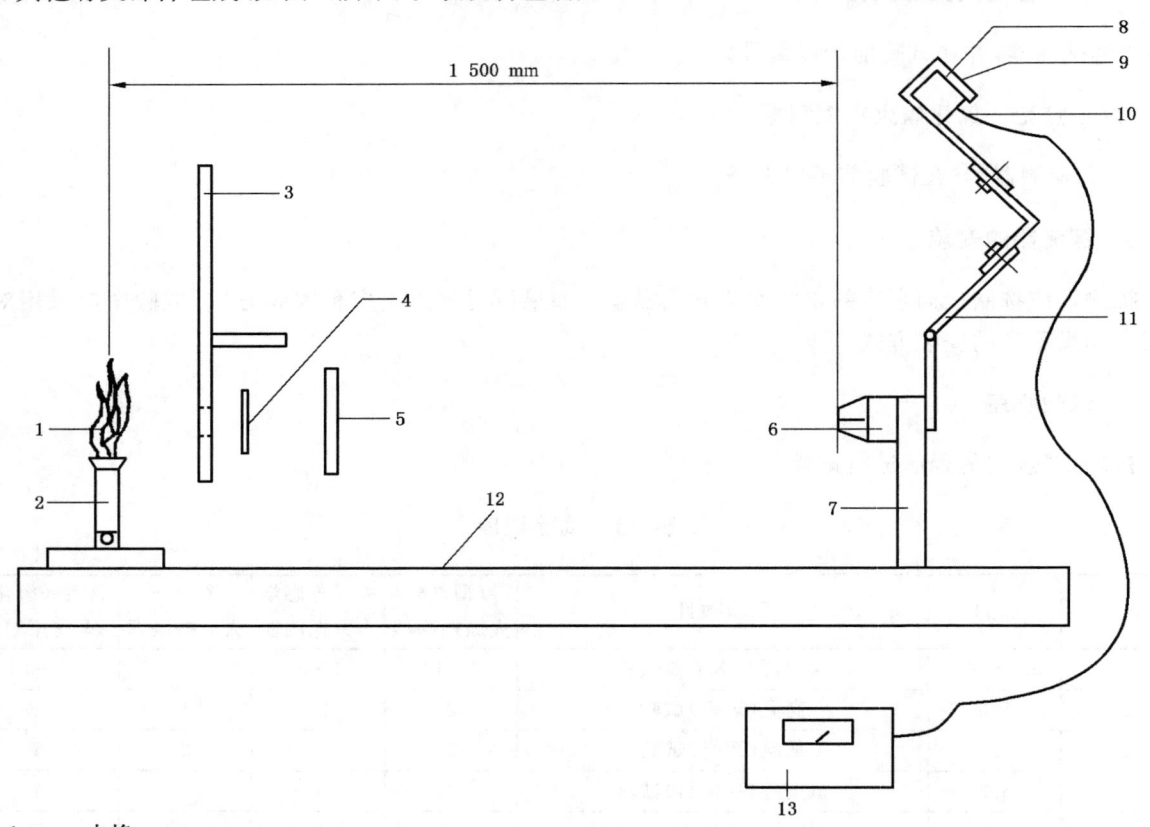

1——火焰;
2——甲烷气燃烧炉;
3——调制器;
4——减光片;
5——快门;
6——试样;
7——试样支架;
8——传感器接收面;
9——红外滤光片;
10——传感器;
11——可调机构;
12——光学轨道;
13——辐射计。

图 1 红外火焰试样检测装置结构图

5.2.1.2.1 光学轨道

主要技术参数：
——长度：2 m；
——平直度：小于 0.04 mm。

5.2.1.2.2 红外光源

红外光源采用纯度不低于 99.9% 的甲烷燃烧产生的火焰。在试验过程中，光源辐射能的变化量不应大于±5%。

5.2.1.2.3 减光片

减光片起衰减红外辐射作用，本检测装置中采用中性红外减光片，可通过波长大于 850 nm、小于 1 050 nm 的红外辐射，其透过率视具体试验要求而定。

5.2.1.2.4 调制器（选用）

调制器由斩光器和直流电动机组成，直流电动机驱动斩光器以所需频率旋转，对火焰燃烧产生的辐射进行调制（如图 2 所示）。

单位为毫米

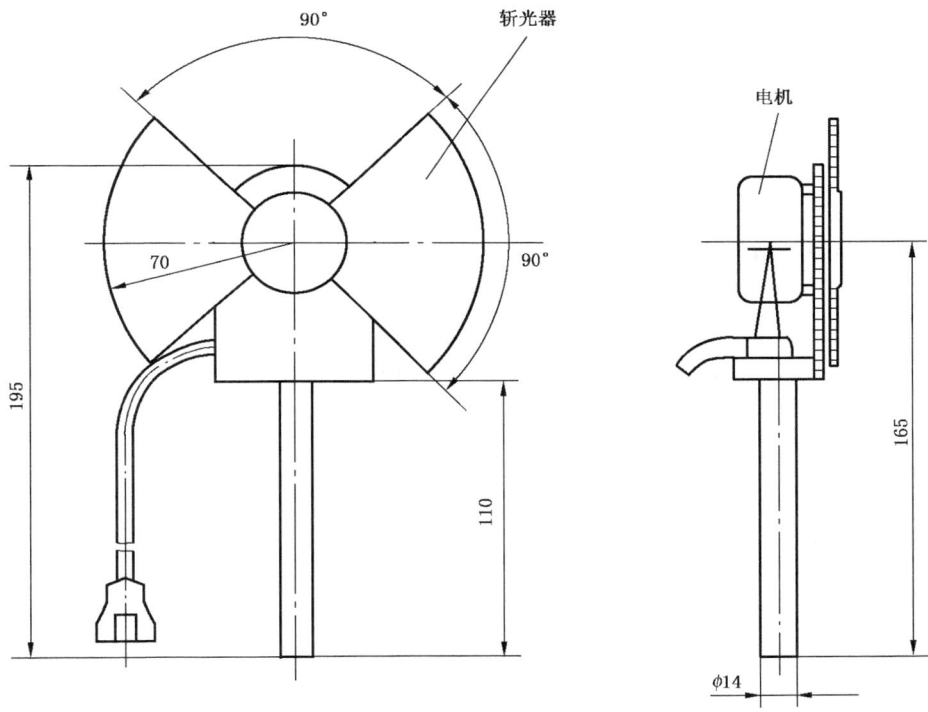

图 2 调制器结构图

5.2.1.2.5 安装支架

安装支架可以安装不同型号的试样并能沿光学轨道滑动。支架的高度可调，同时能以光学轨道轴心的垂线为轴心旋转。支架本身应进行黑化处理，表面不应发生反射。

5.2.1.3 方法

5.2.1.3.1 安装试样

将试样安装在试验装置的支架上,使其与光源处于同一水平线上,能最大限度地接受红外光源的辐射,接通控制或指示设备,使其处于正常监视状态并保持稳定。

用辐射计在距光源 1 500 mm 处测量光源的辐射能。

将试样的支架移到距光源 1 500 mm 处。

5.2.1.3.2 测量试样响应点 D 值

沿着光学轨道反复移动试样的安装支架,确定试样在 30 s 内可靠响应且距光源距离最大时的位置,即试样响应点。测量该点与光源的距离,即试样响应点 D 值。

根据光学原理,试样响应点与光源之间的距离 D 的平方与光源对试样传感面辐射的有效功率 S 成反比关系,即:

$$S = K/D^2 (K 为变换常数)$$

对于随机响应特性的试样,必须先反复测量其响应阈值至少 6 次,直至下一次的响应阈值的变化不超出前几次测量的响应阈值平均值的 10%。

对于有闪烁频率要求的试样,必须将调制器调在厂方给定的闪烁频率上(包括 0)。

5.2.1.3.3 计算响应阈值比

比较两次测量的响应阈值,大者为 S_{max},小者为 S_{min},分别对应 D_{max} 和 D_{min},响应阈值比 $S_{max} : S_{min} = D_{max}^2 : D_{min}^2$。

5.2.2 一致性试验

5.2.2.1 目的

检验探测器的响应阈值分布的一致性。

5.2.2.2 方法

按 5.2.1.3 规定方法,分别测量 10 只试样响应点 D 值,其中最大值为 D_{max},最小值为 D_{min},计算响应阈值比 $S_{max} : S_{min}$。

5.2.2.3 要求

探测器应满足 4.2.1 规定。

5.2.2.4 设备

红外火焰试样检测装置。

5.2.3 重复性试验

5.2.3.1 目的

检验探测器连续工作的稳定性。

5.2.3.2 方法

按 5.2.5.3 规定方法,在试样正常工作的任意一方位上连续测量 6 次响应点 D 值,其中最大值为

D_{max}，最小值为 D_{min}，计算响应阈值比 $S_{max}:S_{min}$。

5.2.3.3 要求

探测器应满足4.2.2规定。

5.2.3.4 试验设备

红外火焰试样检测装置。

5.2.4 方位试验

5.2.4.1 目的

确定探测器视锥角，检验试样在视锥角内不同角度的响应性能。

5.2.4.2 方法

按5.2.1.3规定方法测量试样响应点 D 值。每测量一次后，将试样转动一个角度，使试样的轴线与光轴的夹角分别为0°、15°、30°、45°。其中最大值为 D_{max}，最小值为 D_{min}，计算响应阈值比 $S_{max}:S_{min}$。

5.2.4.3 要求

探测器应满足4.2.3规定。

5.2.4.4 设备

红外火焰试样检测装置。

5.2.5 通电试验

5.2.5.1 目的

检验探测器在正常大气条件下工作的稳定性。

5.2.5.2 方法

使试样在正常监视状态下连续运行7 d。试验后，按5.2.1.3规定方法测量试样响应点 D 值，与该试样在一致性试验中的响应点 D 值相比较，大者为 D_{max}，小者为 D_{min}，计算响应阈值比 $S_{max}:S_{min}$。

5.2.5.3 要求

探测器应满足4.2.4规定。

5.2.5.4 试验设备

红外火焰试样检测装置。

5.2.6 电源参数波动试验

5.2.6.1 目的

检验探测器对电源参数变化的适应性。

5.2.6.2 方法

分别使试样工作电压比额定电压降低15%和升高10%，按5.2.1.3规定方法测量响应点 D 值。

与该试样在一致性试验中的响应点 D 值相比较,三者中最大值为 D_{max},最小值为 D_{min},计算响应阈值比 $S_{max}:S_{min}$。

5.2.6.3 要求

探测器应满足 4.2.5 规定。

5.2.6.4 设备

红外火焰试样检测装置。

5.2.7 环境光线干扰试验

5.2.7.1 目的

检验探测器在环境光线作用下性能的稳定性。

5.2.7.2 方法

5.2.7.2.1 安装试样

将环境光线干扰模拟装置放置在紫外火焰试样检测装置光源与试样之间(如图 3 所示),使其与试样的距离为 500 mm。

单位为毫米

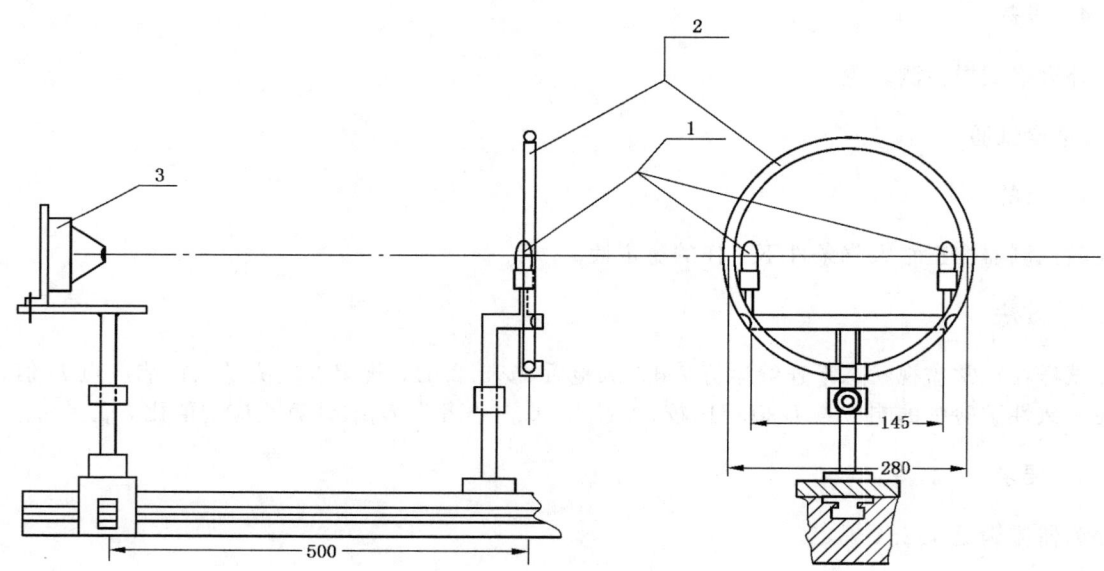

1——白炽灯;
2——环形荧光灯;
3——试样。

图 3 环境光线干扰模拟装置结构图

5.2.7.2.2 试验步骤

a) 所有灯不亮。
b) 用两只 25 W 的白炽灯(色温为 2 850 K±100 K),亮 1 s 熄 1 s,共 20 次。
c) 用一只直径 308 mm、30 W 的环形荧光灯,亮 1 s 熄 1 s,共 20 次。

d) 用上述白炽灯和荧光灯,亮 2 h。按 5.2.1.3 规定方法测量响应点 D 值。
e) 所有灯不亮。
f) 按 5.2.1.3 规定方法测量响应点 D 值。

5.2.7.2.3 计算响应阈值比

按 5.2.1.3 规定方法测量试样响应点 D 值,与该试样在一致性试验中的 D 值相比较,大者为 D_{max},小者为 D_{min} 值,计算响应阈值比 $S_{max}:S_{min}$。

5.2.7.3 要求

探测器应满足 4.2.6 规定。

5.2.7.4 试验设备

红外火焰试样检测装置、环境光线干扰模拟装置。

5.3 吸气式感烟火灾探测器基本性能试验

5.3.1 主要部件性能试验

5.3.1.1 目的

检查探测器主要部件的性能。

5.3.1.2 方法

5.3.1.2.1 检查并记录试样指示灯、显示器的颜色标识、可见程度及功能标注等情况。
5.3.1.2.2 检查并记录试样熔断器的参数标注情况及其实际容量值。
5.3.1.2.3 检查并记录试样各开关和按键功能标注情况。
5.3.1.2.4 检查并记录试样接线端子标注情况。
5.3.1.2.5 检查并记录试样吸气管路标记情况。
5.3.1.2.6 使试样处于火灾报警状态,测量并记录试样声报警信号的声压级,然后使电源电压降至85%额定电压,观察并记录试样声报警信号情况。

5.3.1.3 要求

探测器应满足 4.3.1 规定。

5.3.2 基本性能试验

5.3.2.1 目的

检查探测器的基本性能。

5.3.2.2 方法

5.3.2.2.1 使试样在任一采样孔获取的烟参数样本达到报警时的浓度,观察并记录试样显示变化、火灾报警情况和时间间隔。
5.3.2.2.2 分别使试样吸气管路的器吸气流量大于正常吸气流量的 150% 和小于正常吸气流量的 50%,观察并记录试样故障声、光信号、故障时间间隔。
5.3.2.2.3 在试样正前方 1 m 处,分别测量火灾报警声信号和故障声信号的声压级(A 计权)。

5.3.2.2.4 使试样发出火灾报警信号,测量试样发出火灾报警信号的时间间隔,观察并记录试样发出火灾报警声、光信号情况及计时情况。手动消除火灾报警声信号,有多路火灾报警功能的探测器的另一路发出火灾报警信号,检查试样消音功能和再次火灾报警功能。

5.3.2.2.5 按4.3.2.3.2的要求,对试样各项故障功能进行测试,观察并记录试样故障声、光信号、故障时间间隔和类型区分情况。手动消除故障声信号,并使另一部件发出故障信号,检查试样消音功能和故障声信号再启动功能。

5.3.2.2.6 使试样先处于故障状态,再处于火灾报警状态,观察并记录试样报警优先情况。

5.3.2.2.7 在试样处于正常监视状态下,切断试样的主电源,使试样由备用电源供电,再恢复主电源,检查并记录试样主、备电源的转换、状态的指示情况及其主电源过流保护情况。

5.3.2.2.8 将试样的备用电源放电至终止电压,再对其进行24 h充电。关闭试样主电源,8 h后,在使试样处于火灾报警状态30 min,分别观察并记录试样的状态。

5.3.2.2.9 手动操作试样自检机构,观察并记录试样火灾报警声、光信号及输出接点动作情况;对于自检时间超过1 min或不能自动停止自检功能的试样,在自检期间,使任一非自检部位处于火灾报警状态,观察并记录试样火灾报警情况。

5.3.2.2.10 观察并记录试样复位操作情况。

5.3.2.2.11 观察并记录试样的开、关电源情况。

5.3.2.3 要求

试样的基本性能应能满足4.3.2的要求。

5.3.3 重复性试验

5.3.3.1 目的

检验单只探测器多次报警时响应阈值的一致性。

5.3.3.2 方法

5.3.3.2.1 按要求,在试样正常工作位置的任意一个采样孔上连续测量6次响应阈值。

5.3.3.2.2 6个响应阈值中的最大值用m_{max}表示,最小值用m_{min}表示。

5.3.3.3 要求

探测器应满足4.3.4规定。

5.3.3.4 设备

响应阈值的检验装置测量范围在0.01%obs/m~20%obs/m,测量误差小于±5%。

5.3.4 一致性试验

5.3.4.1 目的

检验探测器响应阈值的一致性。

5.3.4.2 方法

5.3.4.2.1 按5.1.2和5.1.6要求,依次测量4只试样的响应阈值。

5.3.4.2.2 计算出4只试样响应阈值的平均值,用m_{rep}表示。

5.3.4.2.3 4只试样中,最大响应阈值用m_{max}表示,最小响应阈值用m_{min}表示。

5.3.4.3 要求

探测器应满足 4.3.5 规定。

5.3.4.4 设备

响应阈值的检验装置测量范围在 0.01%obs/m～20%obs/m，测量误差小于±5%。

5.3.5 电源参数波动试验

5.3.5.1 目的

检验探测器在电源参数波动条件下响应阈值的稳定性。

5.3.5.2 方法

5.3.5.2.1 探测型的探测器

按制造商规定的供电参数上、下限值（如未规定，则上、下限参数分别为额定参数110%和85%）给试样供电，分别测量响应阈值。与该试样在一致性试验中的响应阈值相比较，三者中最大响应阈值用 m_{max} 表示，最小响应阈值用 m_{min} 表示。

5.3.5.2.2 探测报警型的探测器

调节试验装置，使试样的输入电压分别为 187 V(50 Hz)、242 V(50 Hz) 或按制造厂规定的额定工作电压上、下限值测量响应阈值，分别测量响应阈值。与该试样在一致性试验中的响应阈值相比较，三者中最大响应阈值用 m_{max} 表示，最小响应阈值用 m_{min} 表示。

5.3.5.3 要求

探测器应满足 4.3.6 规定。

5.3.5.4 设备

响应阈值的检验装置测量范围在 0.01%obs/m～20%obs/m，测量误差小于±5%。

5.3.6 绝缘电阻试验

5.3.6.1 目的

检验探测器的绝缘性能。

5.3.6.2 方法

分别对试样的下述部分施加 500 V±50 V 直流电压，持续 60 s±5 s 后，测量其绝缘电阻值。
a) 有绝缘要求的外部带电端子与机壳之间；
b) 电源插头（或电源接线端子）与机壳之间（电源开关置于接通位置，但电源插头不接入电网）。

5.3.6.3 要求

探测器应满足 4.3.7 规定。

5.3.6.4 试验设备

绝缘电阻试验设备要满足下列技术要求：

——试验电压:直流 500 V±50 V(地端为金属板);
——测量范围:0 MΩ～500 MΩ;最小分度:0.1 MΩ;记时:60 s±5 s。

5.3.7 泄漏电流试验

5.3.7.1 目的

检验探测器的抗泄漏电流能力。

5.3.7.2 方法

将试样处于正常监视状态,调节主电供电电压为试样额定电压的 1.06 倍,测量并记录其总泄漏电流值。

5.3.7.3 要求

探测器应满足 4.3.8 规定。

5.3.7.4 试验设备

符合 GB 4706.1—1998 附录 G 中规定的测量泄漏电流的电路。

5.3.8 电源瞬变试验

5.3.8.1 目的

检验探测器抗电源瞬变干扰的能力。

5.3.8.2 方法

5.3.8.2.1 按正常监视状态要求,将试样与等效负载连接,连接试样到电源瞬变试验装置上,使其处于正常监视状态。

5.3.8.2.2 开启试验装置,使试样主电源按"通电(9 s)～断电(1 s)"的固定程序连续通断 500 次,试验期间,观察并记录试样的工作状态;试验后,按 5.2 进行功能试验。

5.3.8.2.3 按要求测量响应阈值。将测得的响应阈值与该试样在一致性试验中的响应阈值相比较,其中大的响应阈值用 m_{max} 表示,小的响应阈值用 m_{min} 表示。

5.3.8.3 要求

探测器应满足 4.3.9 规定。

5.3.8.4 试验设备

能产生满足 5.3.8.2 的要求试验条件的电源装置。

5.3.9 电压暂降、短时中断和电压变化的抗扰度试验

5.3.9.1 目的

检验探测器在电压暂降、短时中断和电压变化(如主配电网络上,由于负载切换和保护元件的动作等)情况下的抗干扰能力。

5.3.9.2 方法

5.3.9.2.1 按正常监视状态要求,将试样与等效负载连接,连接试样到主电压下滑和中断试验装置上,

使其处于正常监视状态。

5.3.9.2.2 使主电压下滑60%,持续20 ms,重复进行10次;再将使主电压下滑100%,持续10 ms,重复进行10次。试验期间,观察并记录试样的工作状态;试验后,按5.3.2进行功能试验。

5.3.9.2.3 按要求测量响应阈值。将测得的响应阈值与该试样在一致性试验中的响应阈值相比较,其中大的响应阈值用m_{max}表示,小的响应阈值用m_{min}表示。

5.3.9.3 要求

探测器应满足4.3.2规定。

5.3.9.4 试验设备

试验设备应满足GB 16838的相关规定。

5.4 图像型火灾探测器基本性能试验

5.4.1 响应阈值试验

5.4.1.1 目的

检查探测器对规定试验火的响应时间和定位精度。

5.4.1.2 方法

5.4.1.2.1 采用一套试样和四套不同焦距的镜头(4 mm,6 mm,8 mm和12 mm)进行试验。

5.4.1.2.2 使用4 mm焦距的镜头,将试样与配套的控制和指示设备连接,使系统处于监视状态。

5.4.1.2.3 在距离试样前端25 m处放置试验燃烧盘,试验燃烧盘处于摄像机视场内;点燃燃烧液,待火焰高度稳定后,进行一级防火操作;观察并记录声、光报警情况、报警响应时间和火灾坐标值。

5.4.1.2.4 在距离试样前端25 m处放置试验燃烧盘,试验燃烧盘处于摄像机视场内;点燃燃烧液,待火焰高度稳定后,进行二级防火操作;观察并记录声、光报警情况、报警响应时间和火灾坐标值。

5.4.1.2.5 使用不同焦距的镜头(6 mm、8 mm、12 mm),并查取表8中对应的燃烧盘尺寸,重复5.4.1.2.2～5.4.1.2.4的试验过程。

5.4.1.2.6 定位精度

$$|\Delta X|=|x_1-x_2|, |\Delta Y|=|y_1-y_2|$$

式中,(x_1,y_1)为燃烧盘中心坐标,(x_2,y_2)为报警时控制主机显示的火灾坐标值。

5.4.1.3 要求

探测器的响应阈值应满足4.4.1规定。

5.4.1.4 试验设备

试验设备如图4所示,由试验燃烧盘、计时器、标尺、安装支架等设备组成:
a) 试验火焰
   试验火焰采用煤油与汽油混合液的燃烧火焰,混合比为(10:1)。
b) 试验燃烧盘
   试验燃烧盘的尺寸见表8;燃烧盘的深度大于0.02 m。
c) 安装高度
   试样的安装高度为4 m;同时应保证试样能以上下90°和左右180°的角度转动。
d) 试验场所

试验场所是一个长度不小于 25 m、宽度不小于 5 m、高度不小于 6 m 的空间，如图 4 所示。

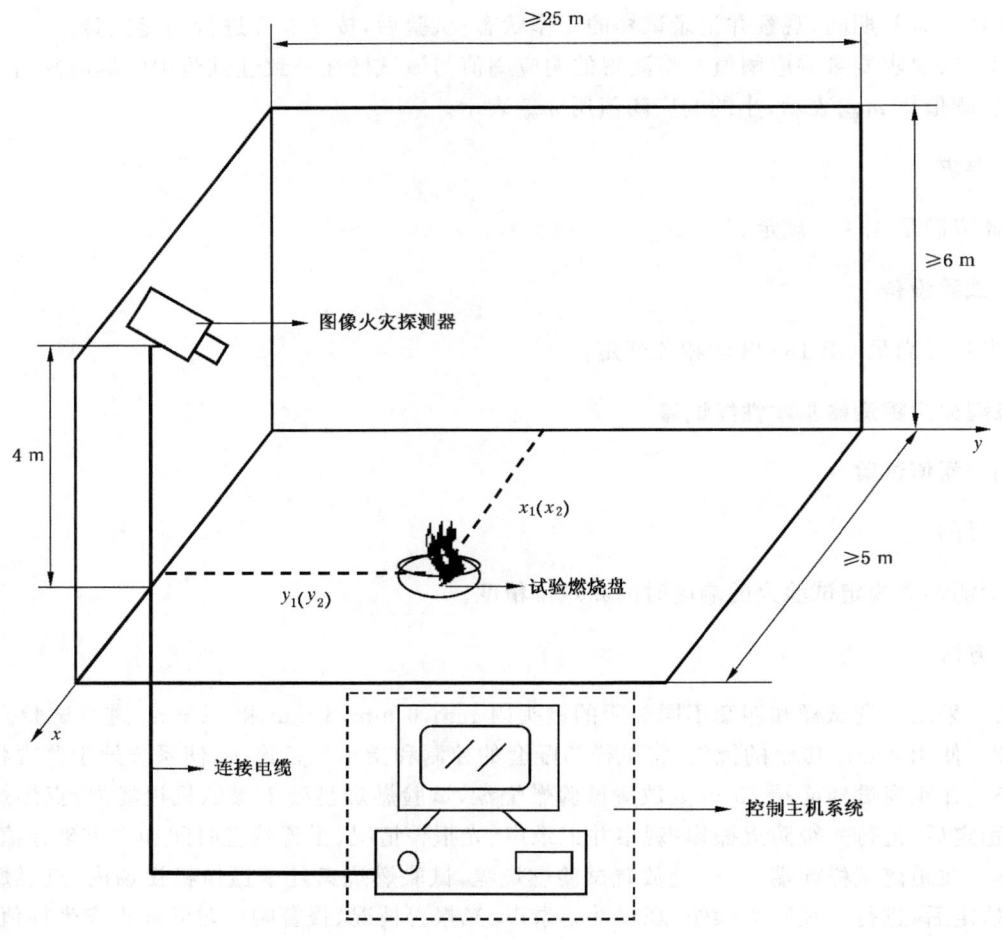

图 4　试验设备和场所示意图

5.4.2　重复性试验

5.4.2.1　目的

检验探测器连续工作的稳定性。

5.4.2.2　方法

5.4.2.2.1　将试样与配套的控制和指示设备连接。

5.4.2.2.2　按 5.4.1.2 规定测量 3 次响应时间，两次测量的时间间隔不应小于 10 min，但不大于 1 h。最后一次测量后，保持试样状态不变。

5.4.2.2.3　将试样不间断通电 7 d，然后按 5.4.1.2 规定测量 3 次响应时间，两次测量的时间间隔不应小于 10 min，但不大于 1 h。

5.4.2.3　要求

探测器应满足 4.4.2 规定。

5.4.3 电源参数波动试验

5.4.3.1 目的

检验探测器对电源参数变化的适应性。

5.4.3.2 试验方法

5.4.3.2.1 供电电源为直流恒压的试样

将试样与配套的控制和指示设备连接。分别使额定工作电压降低15%和升高10%或按制造商规定的额定工作电压上、下限按5.4.1.2规定测量试样的响应时间。

5.4.3.2.2 供电电源为脉动电压的试样

将试样通过长度为1 000 m，截面积为1.0 mm² 的铜质双绞导线（或按照制造商提供的条件）与配套的控制和指示设备连接。分别使额定工作电压降低15%和升高10%或按制造商规定的额定工作电压上、下限测量试样的响应时间。

5.4.3.3 要求

探测器应满足4.4.3规定。

5.4.4 环境光干扰试验

5.4.4.1 目的

检验探测器在环境光线作用下性能的稳定性。

5.4.4.2 方法

将试样按正常工作位置固定在安装支架的固定面上，并接通控制和指示设备，使其处于正常监视状态。将环境光线干扰模拟装置（简称光干扰装置，如图5所示）安放在距试样500 mm处。

试验步骤：
a) 所有灯不亮。
b) 用两只25 W的白炽灯（色温为2 850 K±100 K），亮1 s熄1 s，共20次。
c) 用一只直径308 mm、30 W的环形荧光灯，亮1 s熄1 s，共20次。
d) 用上述白炽灯和荧光灯，同时亮2 h。试验期间测量试样响应阈值。
e) 所有灯不亮。
f) 按5.4.1.2规定测量试样响应阈值。

5.4.4.3 要求

探测器应满足4.4.4规定。

5.4.4.4 试验设备

a) 25 W白炽灯按图5所示位置安设。使用前应老化1 h，累计使用时间不应超过750 h。
b) 30 W环形荧光灯按图5所示位置安设。使用前应老化100 h，累计使用时间不应超过2 000 h。

单位为毫米

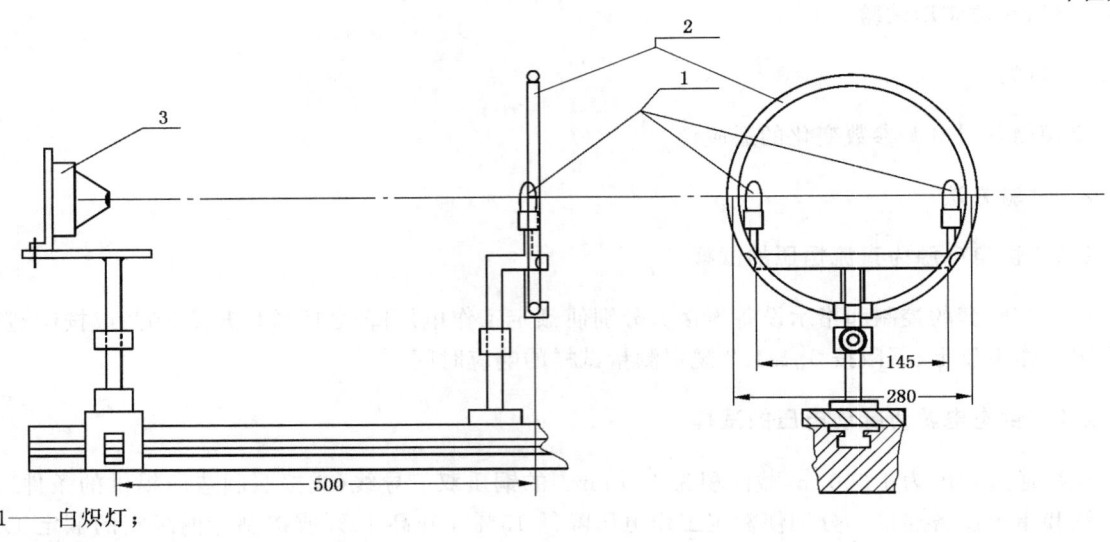

1——白炽灯；
2——环形荧光灯；
3——试样。

图 5　环境光干扰试验装置结构图

5.5　点型一氧化碳火灾探测器基本性能试验

5.5.1　独立式探测器的基本性能试验

5.5.1.1　目的

检查独立式探测器的基本性能。

5.5.1.2　方法

5.5.1.2.1　使试样处于火灾报警状态，观察并记录试样声、光报警信号情况。

5.5.1.2.2　在试样正前方1 m处，测量声报警信号的声压级（A计权）。

5.5.1.2.3　操作试样自检，观察并记录试样声、光报警信号情况。

5.5.1.2.4　检查并记录试样指示灯的颜色标识情况。

5.5.1.2.5　对非内部电池供电的报警器，将其外部供电电源线的极性反接，除非报警器发出故障或火灾报警信号，这种状态要保持2 h。如果报警器使用时是互联式，那么，他们之间的连接线也必须进行反接。

5.5.1.2.6　对于电池供电的报警器（包括备用电池），如报警器的结构允许，将电池与报警器上的电池连接端子之间互相反接，除非报警器发出故障或火灾报警信号，这种状态要保持2 h。

5.5.1.2.7　电池供电的报警器（包括备用电池），以故障电压供电，观察报警器是否发出故障信号。

5.5.1.2.8　进行上述操作后，重新连接报警器供电电源，并且按5.5.1.2.1～5.5.1.2.6的要求检查试样的基本功能。

5.5.1.3　要求

探测器应满足4.5.3规定。

5.5.2　气体干扰试验

5.5.2.1　目的

检验探测器暴露在特定浓度的非一氧化碳气体中的防误报能力。

5.5.2.2 方法

5.5.2.2.1 按 4.5.1.2～4.5.1.3 要求,使试样处于正常监视状态稳定工作至少 15 min。如果试样响应阈值可调,应将试样的响应阈值设定为最小。

5.5.2.2.2 按表 11 规定,将试样暴露在规定浓度的气体中保持 1 h。

5.5.2.3 要求

探测器应满足 4.5.4 规定。

5.5.3 重复性试验

5.5.3.1 目的

检验单只探测器多次报警时响应阈值的一致性。

5.5.3.2 方法

5.5.3.2.1 按 4.5.1 或 4.5.2 要求,在试样正常工作位置的任意一个方位上连续 6 次测量试样的响应阈值。

5.5.3.2.2 6 个响应阈值中的最大值用 S_{max} 表示,最小值用 S_{min} 表示。

5.5.3.3 要求

探测器应满足 4.5.5 规定。

5.5.4 方位试验

5.5.4.1 目的

检验探测器在不同方位上的进气性能,并确定探测器响应的"最有利"和"最不利"方位。

5.5.4.2 方法

5.5.4.2.1 按 4.5.1 或 4.5.2 要求测量响应阈值。每测完 1 次,试样应按同一方向绕其垂直轴线旋转 45°,共测量 8 次。

5.5.4.2.2 记录试样最大响应阈值和最小响应阈值对应的方位。在以后的试验中,这两个方位分别称为"最不利"和"最有利"方位。

5.5.4.3 最大响应阈值用 S_{max} 表示,最小响应阈值用 S_{min} 表示。

5.5.4.4 要求

探测器应满足 4.5.6 规定。

5.5.5 一致性试验

5.5.5.1 目的

检验多只探测器响应阈值的一致性。

5.5.5.2 方法

5.5.5.2.1 按 4.5.1 或 4.5.2 要求,依次测量 16 只试样的响应阈值。

5.5.5.2.2 计算出 16 只试样响应阈值的平均值,用 S_{rep} 表示。

5.5.5.2.3 16 只试样中,最大响应阈值用 S_{max} 表示,最小响应阈值用 S_{min} 表示。

5.5.5.3 要求

探测器应满足4.5.7规定。

5.5.6 长期稳定性

5.5.6.1 目的

检验探测器在正常大气条件下长期运行的稳定性。

5.5.6.2 方法

5.5.6.2.1 在5.1.1规定的大气条件下,按5.1.2要求使试样处于正常监视状态,保持3个月。

5.5.6.2.2 按4.5.1或4.5.2要求,测量试样的响应阈值,并与该试样在一致性试验中的响应阈值相比较,其中大的响应阈值用S_{max}表示,小的响应阈值用S_{min}表示。

5.5.6.3 要求

探测器应满足4.5.8规定。

5.5.7 高浓度淹没试验

5.5.7.1 目的

检验探测器在高浓度一氧化碳气体工作的适应性。

5.5.7.2 方法

5.5.7.2.1 试样按5.1.2要求安装在气体检验装置中。

5.5.7.2.2 试验前,气体试验装置和试样内部一氧化碳的浓度应低于5 μL/L。使试样在正常监视状态下稳定工作至少15 min。

5.5.7.2.3 按(5 μL/L)/min的速率将气体检验装置中一氧化碳浓度增加至500 μL/L,保持2 h。

5.5.7.2.4 将试样在正常大气条件下恢复4 h后,按4.5.1或4.5.2要求,测量试样的响应阈值,并与该试样在一致性试验中的响应阈值相比较,其中大的响应阈值用S_{max}表示,小的响应阈值用S_{min}表示。

5.5.7.3 要求

探测器应满足4.5.9规定。

5.5.8 一氧化碳响应敏感度试验

5.5.8.1 目的

检验探测器在一氧化碳气体与其他气体共存时的响应敏感度。

5.5.8.2 方法

5.5.8.2.1 试样按5.1.2要求安装在气体检验装置中。

5.5.8.2.2 试验前,气体试验装置和试样内部一氧化碳的浓度应低于5 μL/L。使试样在正常监视状态下稳定工作至少15 min。

5.5.8.2.3 将气体检验装置中一氧化碳浓度增至70 μL/L,其他干扰气体浓度分别按表10给定的浓度,保持1 h。

5.5.8.3 要求

探测器应满足4.5.10规定。

5.5.9 电源参数波动试验

5.5.9.1 目的

检验探测器在电源参数波动条件下响应阈值的稳定性。

5.5.9.2 方法

5.5.9.2.1 供电电源为恒压的探测器

按制造商规定的供电参数上、下限值(如未规定,则上、下限参数分别为额定参数110%和85%)给试样供电,按4.5.1或4.5.2要求分别测量响应阈值。与该试样在一致性试验中的响应阈值相比较,三者中最大响应阈值用S_{max}表示,最小响应阈值用S_{min}表示。

5.5.9.2.2 供电电源为脉动电压的探测器

将试样通过长度为1 000 m,截面积为1.0 mm² 的铜质双绞导线(或按照制造商提供的条件)与配套的控制和指示设备连接,使其处于正常监视状态。调节试验装置,使控制和指示设备的输入电压分别为187 V(50 Hz)、242 V(50 Hz),按4.5.1或4.5.2要求分别测量试样响应阈值。与该试样在一致性试验中的响应阈值相比较,三者中最大响应阈值用S_{max}表示,最小响应阈值用S_{min}表示。

5.5.9.3 要求

探测器应满足4.5.11规定。

5.5.10 气流试验

5.5.10.1 目的

检验探测器抗气流干扰的能力和在气流干扰条件下响应阈值的稳定性。

5.5.10.2 试验方法

在试样周围气流速度为(0.2 ± 0.04)m/s条件下,按4.5.1或4.5.2要求,分别在试样的"最不利"和"最有利"方位上测量响应阈值,并分别用$S_{(0.2)max}$和$S_{(0.2)min}$表示。在试样周围气流速度为(1.0 ± 0.2)m/s条件下,重做上述试验,响应阈值分别用$S_{(1.0)max}$和$S_{(1.0)min}$表示。

5.5.10.3 要求

探测器应满足4.5.12规定。

5.6 高温(运行)试验

5.6.1 目的

检验探测器在高温条件下使用的适应性。

---

3) 下标0.2表示气流速度为(0.2 ± 0.04)m/s。

4) 下标1.0表示气流速度为(1.0 ± 0.2)m/s。

5.6.2 方法

5.6.2.1 将试样及其底座放在高温试验箱中,接通控制和指示设备,使其处于正常监视状态。

5.6.2.2 在温度23 ℃±5 ℃的条件下,以不大于0.5 ℃/min的升温速率,将温度升至55 ℃±2 ℃,在此条件下保持2 h。试验期间,观察并记录试样的工作状态。

5.6.2.3 试验后,取出试样,在正常大气条件下放置1 h。然后按相应的5.2.1.3、4.3.3.2、5.4.1.2、4.5.1、4.5.2规定方法测量响应阈值。

5.6.3 要求

探测器应满足4.1.7.1规定。

5.6.4 试验设备

试验设备应符合GB 16838的有关规定。

5.7 低温(运行)试验

5.7.1 目的

检验探测器在低温条件下使用的适应性。

5.7.2 方法

5.7.2.1 将试样及其底座放在低温试验箱中,接通控制和指示设备,使其处于正常监视状态。

5.7.2.2 在温度15 ℃～20 ℃、相对湿度不大于70%的条件下保持1 h,然后以不大于0.5 ℃/min的降温速率,将温度降至-10 ℃±3 ℃,在此条件下保持2 h(试样不应有结冰现象)。试验期间,观察并记录试样的工作状态。

5.7.2.3 试验后,取出试样,在正常大气条件下放置1 h。然后按相应的5.2.1.3、4.3.3.2、5.4.1.2、4.5.1、4.5.2规定方法测量响应阈值。

5.7.3 要求

探测器应满足4.1.7.1规定。

5.7.4 试验设备

试验设备应符合GB 16838的有关规定。

5.8 恒定湿热(运行)试验

5.8.1 目的

检验探测器在高湿度环境中使用的适应性。

5.8.2 方法

5.8.2.1 将试样及其底座放在湿热试验箱中,接通控制和指示设备,使其处于正常监视状态。

5.8.2.2 调节湿热试验箱,使试样在温度为40 ℃±2 ℃、相对湿度为93%±3%的条件下持续4 d。试验期间,观察并记录试样的工作状态。

5.8.2.3 试验后,取出试样,在正常大气条件下放置1 h。然后按相应的5.2.1.3、4.3.3.2、5.4.1.2、4.5.1、4.5.2规定方法测量响应阈值。

5.8.3 要求

探测器应满足 4.1.7.1 规定。

5.8.4 试验设备

试验设备应符合 GB 16838 的有关规定。

5.9 恒定湿热（耐久）试验

5.9.1 目的

检验探测器耐受高湿度环境的能力。

5.9.2 方法

5.9.2.1 将试样及其底座放在湿热试验箱中。

5.9.2.2 调节湿热试验箱，使试样在温度为 40 ℃±2 ℃、相对湿度为 93%±3% 的条件下持续 21 d。

5.9.2.3 试验后，取出试样，在正常大气条件下放置 1 h。然后按相应的 5.2.1.3、4.3.3.2、5.4.1.2、4.5.1、4.5.2 规定方法测量响应阈值。

5.9.3 要求

探测器应满足 4.1.7.2 规定。

5.9.4 试验设备

试验设备应符合 GB 16838 的有关规定。

5.10 腐蚀试验

5.10.1 目的

检验探测器抗腐蚀的能力。

5.10.2 方法

5.10.2.1 将试样及其底座放入腐蚀试验箱中。

5.10.2.2 对试样施加下述严酷等级的试验：

a) 温度：25 ℃±2 ℃；
b) 相对湿度：90%～96%；
c) SO_2 浓度：$(25+5)\times 10^{-6}$（体积比）；
d) 试验周期：21 d。

5.10.2.3 试验后，取出试样，在正常大气条件下放置 16 h。然后按相应的 5.2.1.3、4.3.3.2、5.4.1.2、4.5.1、4.5.2 规定方法测量响应阈值。

5.10.3 要求

探测器应满足 4.1.7.2 规定。

5.10.4 试验设备

试验设备应符合 GB 16838 的有关规定。

5.11 振动(正弦)(运行)试验

5.11.1 目的

检验探测器长时间承受振动影响的能力。

5.11.2 方法

5.11.2.1 将试样及其底座固定在振动试验台上,接通控制和指示设备,使其处于正常监视状态。

5.11.2.2 依次在三个互相垂直的轴线上,在 10 Hz～150 Hz 的频率循环范围内,以 5 m/s² 的加速度幅值,1 倍频程每分的扫频速率,各进行 1 次扫频循环。

5.11.2.3 振动结束后,按相应的 5.2.1.3、4.3.3.2、5.4.1.2、4.5.1、4.5.2 规定方法测量响应阈值。

5.11.3 要求

探测器应满足 4.1.8.1 规定。

5.11.4 试验设备

试验设备应符合 GB 16838 的规定。

5.12 冲击试验

5.12.1 目的

检验探测器对非经常性机械冲击的抗干扰性。

5.12.2 试验方法

5.12.2.1 将试样及其底座固定在冲击试验台上,接通控制和指示设备,使其处于正常监视状态。

5.12.2.2 对质量为 m(kg) 的试样,当 $m \leqslant 4.75$ 时,峰值加速度为 $(100-20m) \times 10$ m/s²;当 $m > 4.75$ 时,峰值加速度为 0,脉冲时间为 6 ms。启动冲击试验台,对试样的 6 个方向进行冲击。

5.12.2.3 试验后,按相应的 5.2.1.3、4.3.3.2、5.4.1.2、4.5.1、4.5.2 规定方法测量响应阈值。

5.12.3 要求

探测器应满足 4.1.8.1 规定。

5.12.4 试验设备

试验设备应符合 GB 16838 的规定。

5.13 碰撞试验

5.13.1 目的

检验管路采样式探测器表面部件在经受碰撞时的可靠性和其他类型探测器承受机械碰撞的适应性。

5.13.2 试验方法

5.13.2.1 对于管路采样式探测器按要求使其处于正常监视状态,对试样表面上的每个易损部件(如指示灯、显示器等)施加 3 次能量为 0.5 J±0.04 J 的碰撞。在进行试验时应小心进行,以确保上一组(3 次)碰撞的结果不对后续各组碰撞的结果产生影响,在认为可能产生影响时,应不考虑发现的缺陷,取一新的试样,在同一位置重新进行碰撞试验。试验期间,观察并记录试样的工作状态。

5.13.2.2 对于其他类型探测器按要求将试样及其底座按正常的工作位置固定在碰撞试验台的水平安装板上,接通控制和指示设备,使其处于正常监视状态。试样在试验前应至少通电 15 min。

调整碰撞试验设备,使锤头碰撞面的中心能够从水平方向碰撞试样,并对准使试样最易遭受破坏的部位。然后以 1.5 m/s±0.125 m/s 的锤头速度、1.9 J±0.1 J 的碰撞动能碰撞试样 1 次。试验期间,观察并记录试样的工作状态。

5.13.2.3 试验后,按相应的 5.2.1.3、4.3.3.2、5.4.1.2、4.5.1、4.5.2 规定方法测量响应阈值。

5.13.3 要求

探测器应满足 4.1.8.1 规定。

5.13.4 试验设备

管路采样式吸气式感烟火灾探测器碰撞试验设备应符合国家标准 GB 16838 的相关规定。

其他类型探测器试验装置(如图 6 所示)主体是一个摆锤机构,摆锤的锤头由硬质铝合金 AlCu$_4$SiMg (经固溶、时效处理)制成,外形为具有一个斜的碰撞面的六面体。锤头的摆杆固定在带球轴承的钢轮毂上,球轴承装在硬钢架的固定钢轴上。硬钢架的结构应保证在未安装试样时能够使摆锤自由旋转。

单位为毫米

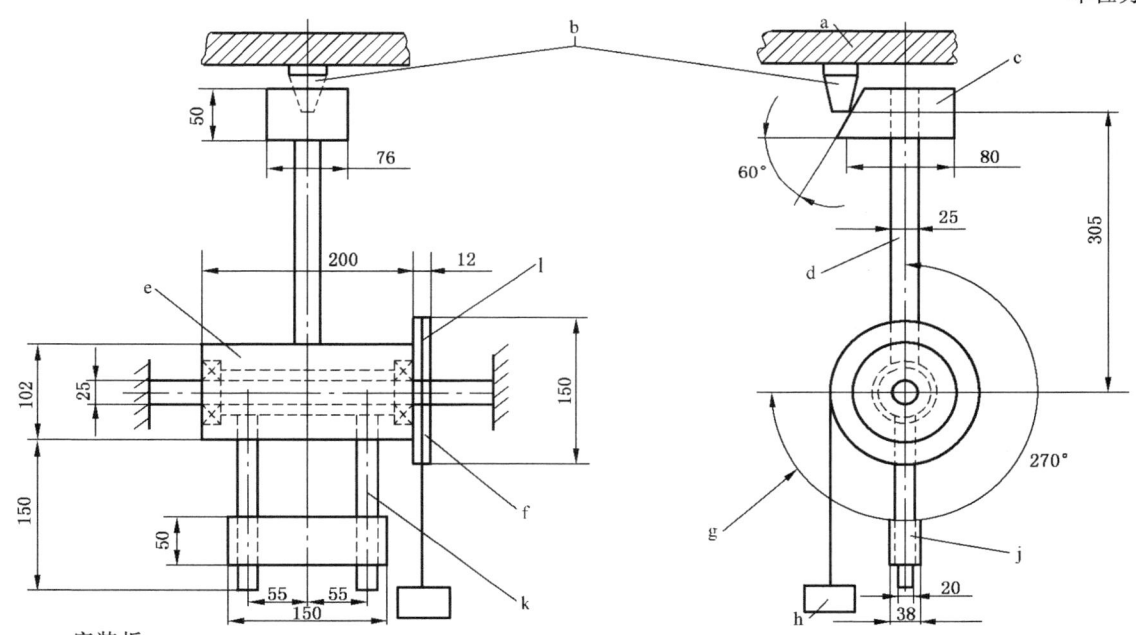

a——安装板;
b——试样;
c——锤头;
d——摆杆;
e——钢轮毂;
f——球轴承;
g——转动 270°;
h——工作重锤;
j——配重块;
k——配重臂;
l——滑轮。

图 6 碰撞试验装置结构图

锤头的外形尺寸为长 94 mm、宽 76 mm、高 50 mm,质量约为 0.79 kg。锤头的斜切面与纵轴之间的夹角为 60°±1°。锤头的摆杆外径为 25 mm±0.1 mm,壁厚为 1.6 mm±0.1 mm。

锤头的纵轴距旋转轴线的径向距离为 305 mm,锤头的摆杆轴线要保证与旋转轴线垂直。外径为 102 mm,长为 200 mm 的钢轮毂同心组装在直径为 25 mm 的钢轴上。钢轴直径的精度取决于所用轴承尺寸公差。

在钢轮毂与摆杆相对的方向上装有两个外径为 20 mm、长为 185 mm 的钢质配重臂,其伸出长度为 150 mm。在两个配重臂上装一个位置可调的配重块,以便使锤头与配重臂平衡。在钢轮毂的一端上装一个厚 12 mm、直径为 150 mm 的铝合金滑轮,在滑轮上缠绕一条缆绳,缆绳的一端固定在滑轮上,另一端系上工作重锤,工作重锤的质量约为 0.55 kg。

安装试样的水平安装板由钢架支撑,安装板可以上下调整,以便使锤头的碰撞面中心从水平方向碰撞试样。

在使用试验设备时,首先要按图 6 调整试样和安装板的位置。调好后,把安装板固定在钢架上,然后摘下工作重锤,通过调整配重块平衡摆锤机构。调整平衡后,把摆杆拉到水平位置上,系上工作重锤,当摆锤机构释放时,工作重锤使锤头旋转 270°碰撞试样。

5.14 振动(正弦)(耐久)试验

5.14.1 目的

检验探测器长时间承受振动影响的能力。

5.14.2 方法

5.14.2.1 将试样及其底座固定在振动试验台上。

5.14.2.2 依次在三个互相垂直的轴线上,在 10 Hz~150 Hz 的频率循环范围内,以 10 m/s^2 的加速度幅值,1 倍频程每分的扫频速率,各进行 20 次扫频循环。

5.14.2.3 试验后,按相应的 5.2.1.3、4.3.3.2、5.4.1.2、4.5.1、4.5.2 规定方法测量响应阈值。

5.14.3 要求

探测器应满足 4.1.8.2 规定。

5.14.4 试验设备

试验设备应符合 GB 16838 的规定。

5.15 射频电磁场辐射抗扰度试验

5.15.1 目的

检验探测器在射频电磁场辐射环境下工作的适应性。

5.15.2 方法

5.15.2.1 将试样安放在不导电支座上,接通电源,使试样处于正常监视状态 15 min。

5.15.2.2 按 GB 16838 中的要求,对试样施加表 5 所示条件的电磁干扰。

5.15.2.3 干扰期间,观察并记录试样工作状态。

5.15.2.4 干扰环境结束后,按相应的 5.2.1.3、4.3.3.2、5.4.1.2、4.5.1、4.5.2 规定方法测量响应阈值。

5.15.3 要求

探测器应满足4.1.9规定。

5.15.4 试验设备

试验设备应满足GB 16838的有关要求。

5.16 射频场感应的传导骚扰抗扰度试验

5.16.1 目的

检验探测器在来自射频发射机产生的电磁骚扰环境下工作的适应性。

5.16.2 方法

5.16.2.1 将试样安放在绝缘台上，接通电源，使试样处于正常监视状态，保持15 min。

5.16.2.2 按GB 16838中的要求，对试样施加表5所示条件的电磁干扰。

5.16.2.3 干扰期间，观察并记录试样工作状态。

5.16.2.4 干扰结束后，按相应的5.2.1.3、4.3.3.2、5.4.1.2、4.5.1、4.5.2规定方法测量响应阈值。

5.16.3 要求

探测器应满足4.1.9规定。

5.16.4 试验设备

试验设备应满足GB 16838的规定。

5.17 静电放电抗扰度试验

5.17.1 目的

检验探测器对带静电人员、物体造成的静电放电的适应性。

5.17.2 方法

5.17.2.1 将试样放在距接地参考平面0.8 m的支架上。接通电源，使试样处于正常监视状态，保持15 min。

5.17.2.2 对绝缘体外壳的试样，实施空气放电；对导体外壳的试样，实施接触放电。

5.17.2.3 按GB 16838中的要求，对试样施加表5所示条件的电磁干扰。

5.17.2.4 干扰期间，观察并记录试样的工作状态。

5.17.2.5 干扰结束后，按相应的5.2.1.3、4.3.3.2、5.4.1.2、4.5.1、4.5.2规定方法测量响应阈值。

5.17.3 要求

探测器应满足4.1.9规定。

5.17.4 试验设备

试验设备应满足GB 16838的规定。

5.18 电快速瞬变脉冲群抗扰度试验

5.18.1 目的

检验探测器抗电快速瞬变脉冲群干扰的能力。

5.18.2 方法

5.18.2.1 将试样安放在绝缘台上，接通电源，使试样处于正常监视状态，保持15 min。

5.18.2.2 按GB 16838中的要求，对试样施加表5所示条件的电磁干扰。

5.18.2.3 干扰期间，观察并记录试样工作状态。

5.18.2.4 干扰结束后，按相应的5.2.1.3、4.3.3.2、5.4.1.2、4.5.1、4.5.2规定方法测量响应阈值。

5.18.3 要求

探测器应满足4.1.9规定。

5.18.4 试验设备

试验设备应满足GB 16838的有关要求。

5.19 浪涌（冲击）抗扰度试验

5.19.1 目的

检验探测器对附近闪电或供电系统的电源切换及低电压网络、包括大容性负载切换等产生的电压瞬变（电浪涌）干扰的适应性。

5.19.2 方法

5.19.2.1 将试样安放在绝缘台上，接通电源，使试样处于正常监视状态，保持15 min。

5.19.2.2 按GB 16838中的要求，对试样施加表5所示条件的电磁干扰。

5.19.2.3 干扰期间，观察并记录试样工作状态。

5.19.2.4 干扰结束后，按相应的5.2.1.3、4.3.3.2、5.4.1.2、4.5.1、4.5.2规定方法测量响应阈值。

5.19.3 要求

探测器应满足4.1.9规定。

5.19.4 试验设备

试验设备应满足GB 16838的有关要求。

5.20 火灾灵敏度试验

5.20.1 目的

检验探测器在试验火条件下的响应性能。

5.20.2 方法

5.20.2.1 点型红外火焰探测器

5.20.2.1.1 将4只试样平行固定在1.5 m±0.1 m的高处并与试验火隔离，接通控制和指示设备，使其处于正常监视状态。

点燃试验火,经过一段时间辐射稳定后,除去隔离物并开始计时。

试验中试样与试验火中心的距离分别为 12 m、17 m 和 25 m。

5.20.2.1.2 正庚烷火

a) 燃料:正庚烷(分析纯级),加体积分数为 3% 的甲苯;
b) 质量:650 g;
c) 布置:将燃料放置于用 2 mm 厚钢板制成、底面尺寸为 33 cm×33 cm、高为 5 cm 的容器中;
d) 点火方式:火焰或电火花。

5.20.2.1.3 乙醇明火

a) 燃料:工业乙醇(乙醇含量 90% 以上,含少量甲醇);
b) 质量:2 000 g;
c) 布置:将燃料放置于用 2 mm 厚钢板制成、底面尺寸为 33 cm×33 cm、高为 5 cm 的容器中;
d) 点火方式:火焰或电火花。

5.20.2.2 吸气式感烟火灾探测器

5.20.2.2.1 按 GB 4715 要求,将 2 只试样按最不利方式安装在燃烧试验室的顶棚表面上,按要求使试样处于正常监视状态。对具有可调响应阈值的试样,应将其阈值设在最大极限值上。

5.20.2.2.2 按 GB 4715 要求,在试验前,使试样处于洁净空气中,并使试样稳定工作 30 min。

5.20.2.2.3 按 GB 4715 要求对每种试验火进行点火。点火后,试验人员应立即离开试验室,并要注意防止空气流动影响试验火。所有门、窗或其他开口均应关闭。试验期间应随时测量 ΔT、m、y 等火灾参数。

5.20.3 要求

点型红外火焰探测器应满足 4.2.7 规定;吸气式感烟火灾探测器应满足 4.3.11 规定。

6 检验规则

6.1 产品出厂检验

6.1.1 点型红外火焰探测器产品出厂检验

企业在产品出厂前应对探测器进行下述试验项目的检验:
a) 一致性试验;
b) 方位试验;
c) 重复性试验;
d) 低温(运行)试验。

制造商应规定抽样方法、检验和判定规则。

6.1.2 吸气式感烟火灾探测器产品出厂检验

企业在产品出厂前应对探测器进行下述试验项目的检验:
a) 探测报警型探测器的功能试验;
b) 重复性试验;
c) 一致性试验;
d) 绝缘电阻试验;
e) 泄漏电流试验。

制造商应规定抽样方法、检验和判定规则。

6.1.3 图像型火灾探测器产品出厂检验

企业在产品出厂前应对探测器进行下述试验项目的检验：

a) 响应阈值试验；

b) 重复性试验；

c) 高温试验；

d) 环境光线干扰试验。

制造商应规定抽样方法、检验和判定规则。

6.1.4 点型一氧化碳火灾探测器产品出厂检验

企业在产品出厂前应对探测器进行下述试验项目的检验：

a) 一致性试验；

b) 重复性试验；

c) 碰撞试验；

d) 低温（运行）试验；

e) 恒定湿热（运行）试验；

f) 电源参数波动试验。

制造商应规定抽样方法、检验和判定规则。

6.2 型式检验

6.2.1 型式检验项目为本标准第 5 章规定的试验项目。检验样品在出厂检验合格的产品中抽取。

6.2.2 有下列情况之一时，应进行型式检验：

a) 新产品或老产品转厂生产时的试制定型鉴定；

b) 正式生产后，产品的结构、主要部件或元器件、生产工艺等有较大的改变，可能影响产品性能或正式投产满 4 年；

c) 产品停产一年以上，恢复生产；

d) 出厂检验结果与上次型式检验结果差异较大；

e) 发生重大质量事故。

6.2.3 检验结果按 GB 12978 中规定的型式检验结果判定方法进行判定。

7 标志

7.1 总则

7.1.1 产品标志应在探测器安装维护过程中清晰可见。

7.1.2 产品标志不应贴在螺丝或其他易被拆卸的部件上。

7.2 标志

7.2.1 点型红外火焰探测器产品标志

7.2.1.1 每只探测器均应清晰地标注下列信息：

a) 产品名称；

b) 执行标准；

c) 制造商名称或商标；
d) 型号；
e) 接线柱标注；
f) 制造日期、产品编号、产地和探测器内软件版本号；
g) 产品主要技术参数（包括试样响应的火焰辐射光谱范围、试样的灵敏度）。

7.2.1.2 对于可拆卸探测器，探头上的标志内容应包括上述 a)、b)、c)、d)、f)、g)的内容，底座的标志内容应至少包括 d)和 e)的内容。

7.2.1.3 产品标志信息中如使用不常用符号或缩写时，应在探测器使用说明书中说明。

7.2.2 吸气式感烟火灾探测器产品标志

每只探测器应有清晰、耐久的产品标志，产品标志应包括以下内容：
a) 制造商名称、地址；
b) 产品名称；
c) 产品型号；
d) 产品主要技术参数；
e) 制造日期及产品编号；
f) 执行标准。

7.2.3 图像型火灾探测器产品标志

7.2.3.1 每只探测器均应清晰地标注下列信息：
a) 产品名称、型号；
b) 制造商名称、地址；
c) 执行标准；
d) 接线柱的标注；
e) 制造日期及产品编号和试样内软件的版本号；
f) 产品主要技术参数（包括最小火焰尺寸、定位精度、视场角）。

7.2.3.2 对于可拆卸探测器，探头上的标志内容应包括上述 a)、b)、c)、e)和 f)的内容，底座的标志内容应至少包括 d)的内容。

7.2.3.3 产品标志中有不常用的符号和缩写时，应在与探测器相关的说明书中详细说明。

7.2.4 点型一氧化碳火灾探测器产品标志

7.2.4.1 每只探测器均应清晰地标注下列信息：
a) 产品名称；
b) 型号；
c) 制造商名称或商标；
d) 执行标准；
e) 接线柱标注；
f) 制造日期、产品编号、产地和探测器内软件版本号。

对于可拆卸探测器，探头上的标志应包括上述 a)、b)、c)、d)和 f)，底座上的标志应至少包括 b)和 e)。

7.2.4.2 产品标志信息中使用不常用符号或缩写时，应在与探测器一起提供的使用说明书中说明。

7.3 质量检验标志

每只探测器均应有质量检验合格标志。

附 录 A
（规范性附录）
气 体 检 验 装 置

A.1 试验设备

A.1.1 测量区、试验仪器及探测器的布置见图 A.1。

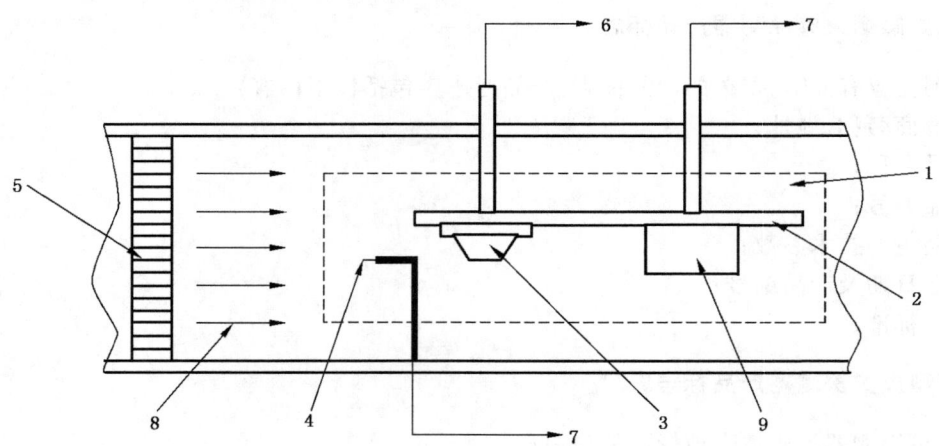

1——测量工作区；
2——测量平台；
3——探测器；
4——温度传感器；
5——整流栅；
6——控制和指示设备连接处；
7——气体检验装置控制指示设备连接处；
8——气流；
9——气体传感器。

图 A.1 探测器、试验仪器布置图

A.1.2 气体检验装置应能保证测量工作区内的气流速度满足试验要求。

A.1.3 气体检验装置应能以不大于 1 ℃/min 的升温速率将测量工作区内的温度升到 55 ℃±2 ℃。

附 录 B
（规范性附录）
气 体 传 感 器

B.1.1 气体检验装置测量用传感器应能测量氧气、一氧化碳、甲烷、丁烷、庚烷、乙酸乙酯、异丙醇、二氧化碳、氢气、一氧化氮等气体的浓度。

B.1.2 传感器的测量精度至少应为 $5\ \mu L/L$。

ICS 13.220.20
C 81

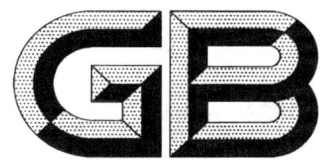

中华人民共和国国家标准

GB 16280—2014
代替 GB 16280—2005、GB/T 21197—2007

线型感温火灾探测器

Line type heat fire detectors

2014-06-24 发布　　　　　　　　　　　　　　2015-06-01 实施

中华人民共和国国家质量监督检验检疫总局
中国国家标准化管理委员会　发布

前 言

本标准的第 4 章和第 6 章为强制性的,其余为推荐性的。

本标准按照 GB/T 1.1—2009 给出的规则起草。

本标准代替 GB 16280—2005《线型感温火灾探测器》和 GB/T 21197—2007《线型光纤感温火灾探测器》。本标准以 GB 16280—2005 为主,整合了 GB/T 21197—2007 的内容,与 GB 16280—2005 相比,除编辑性修改外主要技术变化如下:

——增加了敏感部件形式、定位功能及探测报警功能分类方式(见 3.1、3.4、3.5);
——增加了外观要求(见 4.2.1);
——增加了标准报警长度和敏感部件长度的要求(见 4.2.2、4.2.3);
——增加了分布式光纤线型感温火灾探测器、光纤光栅线型感温火灾探测器、线式多点型感温火灾探测器的技术要求(见第 4 章);
——增加了高温运行动作性能和低温运行动作性能要求(见 4.10、4.11);
——修改了探测器响应时间的测量方法(见 5.8,2005 版的 5.6);
——增加了工频磁场抗扰度性能要求(见 5.26)。

本标准在修订过程中参考了 ISO 7240-5《火灾探测报警系统 第 5 部分:点型感温火灾探测器》和 UL-521《消防报警系统中的感温火灾探测器》。

本标准由中华人民共和国公安部提出。

本标准由全国消防标准化技术委员会火灾探测与报警分技术委员会(SAC/TC 113/SC 6)归口。

本标准负责起草单位:公安部沈阳消防研究所。

本标准参加起草单位:首安工业消防有限公司、武汉理工光科股份有限公司、无锡圣敏传感科技有限公司、宁波振东光电有限公司、沈阳消防电子设备厂、西安盛赛尔电子有限公司、中山大学、上海波汇通信科技有限公司、北京品傲光电科技有限公司。

本标准主要起草人:丁宏军、刘凯、黄军团、王文青、刘作利、姜德生、张颖琮、宋珍、唐晓亮、杜魏青、刘忠顺、严洪、宋立巍、杨颖、李宁宁、李伟刚、姚浩伟、秦一涛、张雄飞、叶晓平、林宗强。

本标准所代替标准的历次版本发布情况为:

——GB 16280—1996、GB 16280—2005;
——GB/T 21197—2007。

线型感温火灾探测器

1 范围

本标准规定了线型感温火灾探测器的产品分类、技术要求、试验方法、检验规则和标志。

本标准适用于工业与民用建筑中安装使用的缆式线型感温火灾探测器、空气管式线型感温火灾探测器、分布式光纤线型感温火灾探测器、光纤光栅线型感温火灾探测器、线式多点型感温火灾探测器等。

2 规范性引用文件

下列文件对于本文件的应用是必不可少的。凡是注日期的引用文件，仅注日期的版本适用于本文件。凡是不注日期的引用文件，其最新版本（包括所有的修改单）适用于本文件。

GB/T 2423.4 电工电子产品环境试验 第2部分：试验方法 试验Db：交变湿热（12 h+12 h循环）

GB/T 2423.18 环境试验 第2部分：试验方法 试验Kb：盐雾，交变（氯化钠溶液）

GB 4716 点型感温火灾探测器

GB/T 9969 工业产品使用说明书 总则

GB 12978 消防电子产品检验规则

GB 16838 消防电子产品 环境试验方法及严酷等级

GB/T 17626.2 电磁兼容 试验和测量技术 静电放电抗扰度试验

GB/T 17626.3 电磁兼容 试验和测量技术 射频电磁场辐射抗扰度试验

GB/T 17626.4 电磁兼容 试验和测量技术 电快速瞬变脉冲群抗扰度试验

GB/T 17626.5 电磁兼容 试验和测量技术 浪涌（冲击）抗扰度试验

GB/T 17626.6 电磁兼容 试验和测量技术 射频场感应的传导骚扰抗扰度

GB/T 17626.8 电磁兼容 试验和测量技术 工频磁场抗扰度试验

GB 23757—2009 消防电子产品防护要求

3 产品分类

3.1 按敏感部件形式分类：

a) 缆式；
b) 空气管式；
c) 分布式光纤；
d) 光纤光栅；
e) 线式多点型。

3.2 按动作性能分类：

a) 定温；
b) 差温；
c) 差定温。

3.3 按可恢复性能分类：
   a) 可恢复式；
   b) 不可恢复式。

3.4 按定位方式分类：
   a) 分布定位；
   b) 分区定位。

3.5 按探测报警功能分类：
   a) 探测型；
   b) 探测报警型。

4 技术要求

4.1 总则

线型感温火灾探测器（以下统称时简称探测器）应符合本章要求，并按第5章的规定进行试验。

4.2 通用要求

4.2.1 外观要求

探测器表面应无腐蚀、涂覆层脱落和起泡现象，无明显划伤、裂痕、毛刺等机械损伤，紧固部位无松动。

4.2.2 探测器组成及标准报警长度

4.2.2.1 探测器应由敏感部件和与其相连的信号处理单元等部分组成。敏感部件可分为感温电缆、空气管、感温光纤、光纤光栅及其接续部件、点式感温元件及其接续部件等。

4.2.2.2 探测器的拆装以及部件的连接应仅能使用专用工具方可进行。

4.2.2.3 探测器的标准报警长度不应大于制造商标称的标准报警长度，且应符合下列要求：
   a) 缆式线型感温火灾探测器的标准报警长度不应大于1 m。
   b) 空气管式线型感温火灾探测器的标准报警长度不应大于最大使用长度的10%，且不大于10 m。
   c) 分布式光纤线型感温火灾探测器的标准报警长度不应大于3 m。
   d) 光纤光栅线型感温火灾探测器和线式多点型感温火灾探测器的标准报警长度不应大于10 m，每个标准报警长度应至少包含一个完整的感温元件，并应符合下列要求之一：
      ——不大于1 m；
      ——大于1 m，且不大于3 m；
      ——大于3 m时，分布定位式探测器的每个感温元件应能按部位识别，分区定位式探测器的每个感温元件应能按分区识别，且每一分区敏感部件的长度不应大于100 m。

   注：标准报警长度是指探测器符合本标准探测器动作性能要求所需的最短受热长度。

4.2.3 探测器敏感部件

4.2.3.1 每只探测器敏感部件长度应符合下列要求：
   a) 分布式光纤线型感温火灾探测器和光纤光栅线型感温火灾探测器敏感部件总长度不大于10 km；
   b) 空气管式线型感温火灾探测器单个敏感部件长度应在20 m～100 m之间，总长度不大于800 m；

c) 缆式线型感温火灾探测器和线式多点型感温火灾探测器敏感部件总长度不大于 2 km。

4.2.3.2 光纤光栅线型感温火灾探测器和线式多点型感温火灾探测器,感温元件的间距 L 应符合下列要求之一:

a) 标准报警长度不大于 1 m,L 不能改变;
b) 标准报警长度大于 1 m,且不大于 3 m,L 可在 1 m~3 m 范围内变化;
c) 标准报警长度大于 3 m,L 可在 3 m~10 m 范围内变化。

4.2.3.3 光纤光栅线型感温火灾探测器和线式多点型感温火灾探测器在感温元件处应有明显的非粘贴性标识或在敏感部件外护套设有以 1 m 为间隔的标示,标示的间隔误差不大于 10 mm,每隔 50 m 应有可以标识敏感部件实际长度的以米为单位的长度标示。

4.2.3.4 缆式线型感温火灾探测器和分布式光纤线型感温火灾探测器的敏感部件外护套应设有以 1 m 为间隔的标示,标示的间隔误差不大于 10 mm,每隔 50 m 应有可以标识敏感部件实际长度的以米为单位的长度标示。

4.2.4 探测器信号处理单元

4.2.4.1 分布式光纤线型感温火灾探测器和线式多点型感温火灾探测器信号处理单元的通道数不应大于 4 个。

4.2.4.2 应设独立的火灾报警、故障和运行状态指示灯,火灾报警状态用红色指示灯表示,故障状态用黄色指示灯表示,运行状态用绿色指示灯表示。

4.2.5 主要部件性能

4.2.5.1 一般要求

探测器的主要部件应采用符合国家有关标准要求的定型产品,同时应符合下述要求。

4.2.5.2 指示灯

4.2.5.2.1 所有指示灯都应采用中文清晰地标注其功能。

4.2.5.2.2 各指示灯处于点亮状态时,在其正前方 3 m 处、在光照度不超过 500 lx 的环境条件下,应清晰可见。

4.2.5.3 显示屏(器)

4.2.5.3.1 显示屏(器)均应至少采用中文显示信息。

4.2.5.3.2 显示屏(器)处于显示状态时,在光照度不超过 500 lx 的环境条件下,显示的信息应在其正前方 0.8 m 处、22.5°视角范围内清晰可读。

4.2.5.4 音响器件

在正常工作条件下,在探测器音响器件正前方 1 m 处的声压级(A 计权)应大于 65 dB,小于 115 dB。

4.2.5.5 开关和按键

开关和按键(钮)应操作灵活、可靠,功能标注清晰。

4.2.5.6 辅助设备连接

探测器连接其他辅助设备(远程确认灯、控制继电器等)时,与辅助设备间连接线的开路和短路不应影响探测器的正常工作。

4.2.5.7 接线端子

4.2.5.7.1 接线端子应设在探测器内部。
4.2.5.7.2 接线端子的功能应标注清晰。
4.2.5.7.3 不同电压等级的接线端子应分开设置。

4.2.5.8 电源过流保护器件

探测器电源过流保护器件，其额定保护动作电流值一般不应大于探测器最大工作电流的2倍；当最大工作电流大于6A时，额定保护动作电流值可取其1.5倍。在靠近该器件处应清楚标注其参数值。

4.2.6 防护性能

探测器的防护性能应符合GB 23757—2009中3.2的要求。

4.2.7 使用说明书

探测器应有相应的中文使用说明书，且使用说明书的内容应满足GB/T 9969的要求。

4.3 基本功能

4.3.1 一般要求

4.3.1.1 当探测器监视区域温度参数符合标准规定的报警条件时，探测器应输出火灾报警信号，点亮火灾报警指示灯；具有多通道的探测器应指示出报警通道，并保持至复位；具有定位功能的探测器应能指示报警定位信息，并将上述报警信息上传至火灾报警控制器。

4.3.1.2 探测器在发生下列故障时，应在100 s内输出故障信号，点亮故障指示灯，具有多通道的探测器应指示出故障通道，具有定位功能的探测器应能指示故障定位信息，并将上述故障信息上传至火灾报警控制器，标准报警长度大于3 m的光纤光栅线型感温火灾探测器和线式多点型感温火灾探测器应能指示故障感温元件的部位或分区：

a) 空气管式线型感温火灾探测器在管路发生泄漏时；
b) 探测器线路在开路或短路条件下；
c) 光纤光栅线型感温火灾探测器和线式多点型感温火灾探测器在任一感温元件故障条件下；
d) 具有多通道的探测器，在任一通道断开的状态下。

4.3.1.3 具有多通道的探测器，探测器的故障通道不应影响非故障通道的正常工作，探测器火灾报警信号的输出与指示应优先于故障信号的输出与指示。

4.3.1.4 探测器供电电源故障时，应在100 s内输出故障信号，输出接口性能应符合制造商标称的要求。

4.3.2 探测报警型探测器附加要求

4.3.2.1 探测器的指示功能应符合下列要求：

a) 探测器火灾报警时，应能发出火灾报警声、光信号，用文字信息显示火灾发生部位，记录火灾报警时间（日计时误差不应超过30 s），并应保持至复位；
b) 探测器应有专用火警指示灯（器），探测器处于火灾报警状态时，火警指示灯（器）应点亮，探测器的火灾报警声信号应能手动消除，当有新的火灾报警发生时，声信号应能再启动；
c) 探测器应能显示报警部位，具有多通道的探测器应能显示每一通道的信息；多个通道的信息不能同时显示时，可通过自动或手动切换进行查询显示，且手动操作优先；

d) 对当前报警信息的查询,不应影响探测器的火灾报警功能;
e) 报警信息至少记录999条,且在探测器断电后至少能保持14 d;
f) 探测器发生故障时,应能发出与火灾报警信号有明显区别的故障声、光信号,指示故障类型和/或部位,故障光信号应保持至故障排除,探测器的故障声信号应能手动消除,当有新的故障发生时,声信号应能再启动。

4.3.2.2 探测器的自检功能应符合下列要求:
a) 探测器应具有手动检查其声、光指示的功能;
b) 在执行自检期间,受探测器控制的输出接点状态均不应改变;
c) 探测器的自检功能应不影响探测器的正常工作。

4.3.2.3 探测器的复位应仅能通过使用专用工具或密码等手段实现。

4.3.3 出厂设置

探测器的出厂设置应仅能通过使用专用工具或密码等手段改变。

4.4 探测器的供电要求

4.4.1 直流供电的探测器

4.4.1.1 探测器应优先采用DC24 V供电,在制造商标称的额定工作电压范围内(额定工作电压的上限不低于正常工作电压的110%,额定工作电压下限不高于正常工作电压的85%),应能正常工作。

4.4.1.2 探测器电源应有过流保护措施。

4.4.1.3 有绝缘要求的外部带电端子与机壳间的绝缘电阻应不小于20 MΩ。

4.4.2 交流供电的探测器

4.4.2.1 探测器在制造商标称的额定工作电压范围内(额定工作电压的上限不低于正常工作电压的110%,额定工作电压下限不高于正常工作电压的85%),应能正常工作。

4.4.2.2 探测器应具有主、备电源转换功能。当主电源断电时,应能自动转换到备用电源;当主电源恢复时,应能自动转换到主电源;主、备电源的转换不应使探测器发出火灾报警信号。

4.4.2.3 探测器备用电源在放电至终止电压条件下充电24 h,其容量应能保证探测器在正常监视状态下工作8 h后,在报警状态条件下工作30 min。

4.4.2.4 探测器应有电源过流保护措施,并应指示下述故障:
a) 主电源断电或欠压;
b) 给备用电源充电的充电器与备用电源之间连接线断线、短路;
c) 备用电源与其负载之间连接线断线、短路或由备用电源单独供电时其电压不足以保障探测器正常工作。

4.4.2.5 有绝缘要求的外部带电端子与机壳间的绝缘电阻应不小于20 MΩ,主电源输入端与机壳间的绝缘电阻应不小于50 MΩ。

4.4.2.6 主电源接线端子与机壳间应能耐受频率为$50×(1±0.01)$ Hz、有效值$1250×(1±0.1)$ V的交流电压、历时60 s±5 s的电气强度试验,试验期间,不应发生闪络或击穿现象;试验后接通电源,探测器应能正常工作。

4.5 标准温度动作性能

4.5.1 定温探测器

4.5.1.1 在25 ℃±2 ℃的起始温度(对于动作温度设定值不小于138 ℃的试样,起始温度为50 ℃±2 ℃)、气流速率为 0.8 m/s±0.1 m/s 的条件下,对探测器任一段标准报警长度的敏感部件,以 1 ℃/min 的升温速率升温,定温和差定温探测器设定的动作温度和不动作温度应符合表1规定。

表 1 定温和差定温探测器设定动作温度和不动作温度要求   单位为摄氏度

探测器动作温度	探测器不动作温度
60	40
70	45
85	60
105	75
138	85
180	108
注:产品的允许使用环境最高温度不超过不动作温度。	

4.5.1.2 探测器动作温度误差不应大于设定值的10%,且不大于制造商标称的最小误差。

4.5.1.3 具有多个报警温度点的探测器,探测器设定的动作温度和不动作温度值应在表1中给出的数值内对应选取,且每一个报警温度点均应满足4.5.1.2的规定。

4.5.1.4 定温和差定温探测器的响应时间应满足表2的规定。

表 2 定温和差定温探测器的响应时间要求

探测器动作温度(T) ℃	探测器响应时间 s
$60 \leqslant T < 85$	≤15
$85 \leqslant T < 100$	≤30
$T \geqslant 100$	≤45

4.5.2 差温探测器

在 25 ℃±2 ℃ 的起始温度、气流速率为 0.8 m/s±0.1 m/s 的条件下,对探测器任一段标准报警长度的敏感部件,分别以 10 ℃/min、20 ℃/min、30 ℃/min 的升温速率升温,探测器的响应时间应满足表3的规定。

表 3 差温探测器的响应时间要求

升温速率 ℃/min	响应时间下限值 s	响应时间上限值 s
10	30	180
20	22.5	95
30	15	70

4.5.3 差定温探测器

差定温探测器应同时满足4.5.1和4.5.2的要求。

4.6 定温报警不动作性能

对探测器任一段表4中要求长度的敏感部件,在25 ℃±2 ℃的起始温度条件下,分别以1 ℃/min的升温速率升温至表1规定的不动作温度,保持4 h。升温和保持期间,探测器不应发出火灾报警或故障信号。

表4 不动作试验要求敏感部件的长度

探测器类别	敏感部件长度1	敏感部件长度2	敏感部件长度3
缆式线型感温火灾探测器	0.1倍制造商标称最大使用长度	0.4倍制造商标称最大使用长度	0.9倍制造商标称最大使用长度
空气管式线型感温火灾探测器			
线式多点型感温火灾探测器			
分布式光纤线型感温火灾探测器	3倍标准报警长度		
光纤光栅线型感温火灾探测器			

具有多通道的探测器,敏感部件最大使用长度按式(1)计算:

$$L_{max} = L_{dmax}/N_{chn} \quad \cdots\cdots\cdots\cdots\cdots\cdots\cdots\cdots(1)$$

式中:

L_{max}——敏感部件最大使用长度;

L_{dmax}——制造商标称的探测器敏感部件的最大使用长度;

N_{chn}——通道数。

4.7 差温报警不动作性能

对探测器任一段表4要求长度的敏感部件,在25 ℃±2 ℃的起始温度条件下,以2 ℃/min的升温速率升温,按下列要求升温,探测器不应发出火灾报警或故障信号:

a) 设定的动作温度不大于70 ℃的差定温探测器,升温至对应的不动作温度;

b) 设定的动作温度大于70 ℃的差定温探测器和差温探测器,升温15 min。

4.8 响应时间及一致性

在正常大气条件下,将探测器任一段标准报警长度的敏感部件立即置于温度为T_1±2 ℃的环境温度中,探测器的响应时间应满足表2的要求,且任意两只探测器的响应时间相差不应大于5 s。

T_1按式(2)计算:

$$T_1 = 1.4 \times T_a \quad \cdots\cdots\cdots\cdots\cdots\cdots\cdots\cdots(2)$$

式中:

T_a——定温或差定温探测器设定动作温度。

4.9 定位性能

4.9.1 分布定位式探测器应能准确指示出任一标准报警长度敏感部件的部位,其中以感温元件部位号标示时,部位号应准确无误;以敏感部件长度标示时,其定位偏差不应大于探测器标准报警长度值且不大于制造商标称的定位偏差值。

4.9.2 分区定位式探测器应能准确指示出任一标准报警长度敏感部件所在的分区。

4.10 高温运行动作性能

4.10.1 环境温度条件

表5规定了制造商标称的敏感部件和信号处理器单元适用环境温度范围对应的高温运行、低温运行动作性能的环境温度条件。

表5 高温运行、低温运行动作性能环境温度要求

适用环境温度范围	环境温度条件 ℃	
	低温	高温
A	－10±3	$(T_{na}-2)±2$
B	－40±3	$(T_{na}-2)±2$
C	－10±3	50±2
D	－40±3	50±2
E	－10±3	70±2
F	－40±3	70±2
注：A、B——设定动作温度不大于70 ℃的定温、差定温探测器； C、D——差温探测器，设定动作温度为85 ℃的定温、差定温探测器； E、F——差温探测器，设定动作温度不小于105 ℃的定温、差定温探测器； T_{na}——不动作温度。		

4.10.2 定温探测器

根据制造商标称的适用环境温度等级，在25 ℃±2 ℃的起始温度条件下，将敏感部件和信号处理器单元以不大于1 ℃/min的升温速率升温至表5要求的高温环境温度条件下，并保持4 h（具有多通道的探测器，任意选取一个通道配接的敏感部件进行高温运行动作性能试验，其余通道配接的敏感部件置于正常大气条件下），升温和保持期间，探测器不应发出火灾报警或故障信号。在保持试验环境温度不变的条件下，对探测器任一段标准报警长度的敏感部件（具有多通道的探测器，选定试验通道配接的任一段标准报警长度的敏感部件），以5 ℃/min的升温速率升温至$T_2±5$ ℃并保持恒定30 s，其间，探测器应发出火灾报警信号。

T_2按式(3)计算：

$$T_2 = 1.2 \times T_a \quad \cdots\cdots\cdots\cdots\cdots\cdots (3)$$

4.10.3 差温探测器

在25 ℃±2 ℃的条件下，根据制造商标称的适用环境温度等级，将敏感部件和信号处理器单元以不大于1 ℃/min的升温速率升温至表5要求的高温环境温度条件下，并保持4 h（具有多通道的探测器，任意选取一个通道配接的敏感部件进行高温运行动作性能试验，其余通道配接的敏感部件置于正常大气条件下），升温和保持期间，探测器不应发出火灾报警或故障信号。在保持试验环境温度不变的条件下，对探测器任一段标准报警长度的敏感部件（具有多通道的探测器，选定试验通道配接的任一段标准报警长度的敏感部件），以10 ℃/min的升温速率升温，探测器应在5 min内发出火灾报警信号。

4.10.4 差定温探测器

满足 4.10.2 或 4.10.3 的要求。

4.11 低温运行动作性能

4.11.1 定温探测器

在 25 ℃±2 ℃的条件下,根据制造商标称的适用环境温度等级将敏感部件和信号处理器单元以不大于 1 ℃/min 的降温速率降温至表 5 要求的低温环境温度条件下,并保持 4 h(具有多通道的探测器,任意选取一个通道配接的敏感部件进行低温运行动作性能试验,其余通道配接的敏感部件置于正常大气条件下),降温和保持期间,探测器不应发出火灾报警或故障信号。在保持试验环境温度不变的条件下,对探测器任一段标准报警长度的敏感部件(具有多通道的探测器,选定试验通道配接的任一段标准报警长度的敏感部件),以 5 ℃/min 的升温速率升温至 T_2±5 ℃并保持恒定 30 s,其间,探测器应发出火灾报警信号。T_2 按式(3)计算。

4.11.2 差温探测器

在 25 ℃±2 ℃的条件下,根据制造商标称的适用环境温度等级将敏感部件和信号处理器单元以不大于 1 ℃/min 的降温速率降温至表 5 要求的低温环境温度条件下,并保持 4 h(具有多通道的探测器,任意选取一个通道配接的敏感部件进行低温运行动作性能试验,其余通道配接的敏感部件置于正常大气条件下),降温和保持期间,探测器不应发出火灾报警或故障信号。在保持试验环境温度不变的条件下,对探测器任一段标准报警长度的敏感部件(具有多通道的探测器,选定试验通道配接的任一段标准报警长度的敏感部件),以 10 ℃/min 的升温速率升温,探测器应在 5 min 内发出火灾报警信号。

4.11.3 差定温探测器

满足 4.11.1 或 4.11.2 的要求。

4.12 环境温度变化条件下的响应性能

对探测器任一段标准报警长度的敏感部件,在 25 ℃±2 ℃的起始温度、气流速率为 0.8 m/s±0.1 m/s 的条件下,以 2 ℃/min 的升温速率升温;同时对探测器剩余的敏感部件,在 25 ℃±2 ℃的起始温度条件下,以 1 ℃/min 的升温速率升温至探测器的不动作温度并保持恒温。探测器的动作温度应满足 4.5.1.2 的要求。

4.13 抗拉性能

在不通电的条件下,对探测器任一段长度为 5 m 的敏感部件(光纤光栅线型感温火灾探测器和线式多点型感温火灾探测器应至少包含一个完整的感温元件)施加 100 N 的拉力保持 1 min,敏感部件不应有机械损伤;试验后接通电源,探测器不应发出火灾报警或故障信号。

4.14 冷弯性能

在 −10 ℃±2 ℃、不通电的条件下,连续 3 次将探测器任一段长度为 1.5 倍标准报警长度的敏感部件,弯成直径为 300 mm 的圆圈,然后自然释放;试验后接通电源,探测器不应发出火灾报警或故障信号。

4.15 交变湿热(运行)适应性能

使探测器的敏感部件和信号处理器单元[具有多通道的探测器,任意选取一个通道配接的敏感部件进行交变湿热(运行)试验,其余通道配接的敏感部件置于正常大气条件下]处于温度为 40 ℃±2 ℃、2 个循环周期的交变湿热试验条件下,试验期间探测器不应发出火灾报警或故障信号;在正常大气条件下恢复 2 h 后,受试验段任一段标准报警长度的敏感部件的标准温度动作性能应满足 4.5 的要求。

4.16 高温暴露耐受性能

将探测器任一段标准报警长度的敏感部件置于表 6 要求的环境温度中通电运行 15 d(剩余敏感器件置于正常大气条件下;具有多通道的探测器,任意选取一个通道配接的任一段标准报警长度的敏感部件进行高温暴露试验,剩余敏感器件和其余通道配接的敏感部件置于正常大气条件下),探测器不应发出火灾报警或故障信号;在正常大气条件下恢复 24 h 后,受试验段敏感部件的标准温度动作性能应满足 4.5 的要求。

表 6 高温暴露耐受试验环境温度要求

探测器类别及敏感部件		环境温度 ℃
定温和差定温		$(T_{Low}-4)\pm 2$
差温	C、D	50±2
	E、F	70±2
注:C、D——差温探测器,设定动作温度为 85 ℃的定温、差定温探测器。 E、F——差温探测器,设定动作温度不小于 105 ℃的定温、差定温探测器。 T_{Low}——设定动作温度下限。		

4.17 电磁兼容性能

探测器应能适应表 7 所规定条件下的各项试验要求。试验期间,探测器不应发出火灾报警或故障信号;试验后,任一段标准报警长度的敏感部件的标准温度动作性能应满足 4.5 的要求。

表 7 电磁兼容性试验条件

试验名称	试验参数	试验条件	工作状态
射频电磁场辐射抗扰度试验	场强 V/m	10	正常监视状态
	频率范围 MHz	80~1 000	
	扫描速率 10 oct/s	≤1.5×10⁻³	
	调制幅度	80%(1 kHz,正弦)	
射频场感应的传导骚扰抗扰度试验	频率范围 MHz	0.15~80	正常监视状态
	电压 dBμV	140	
	调制幅度	80%(1 kHz,正弦)	

表 7（续）

试验名称	试验参数	试验条件		工作状态
静电放电抗扰度试验	放电电压 kV	空气放电(外壳为绝缘体试样)8		正常监视状态
		接触放电(外壳为导体试样和耦合板)6		
	放电极性	正、负		
	放电间隔 s	≥1		
	每点放电次数	10		
电快速瞬变脉冲群抗扰度试验	瞬变脉冲电压 kV	AC电源线	2×(1±0.1)	正常监视状态
		其他连接线	1×(1±0.1)	
	重复频率 kHz	AC电源线	2.5×(1±0.2)	
		其他连接线	5×(1±0.2)	
	极性	正、负		
	时间	每次 1 min		
浪涌(冲击)抗扰度试验	浪涌(冲击)电压 kV	AC电源线	线-线 1×(1±0.1)	正常监视状态
			线-地 2×(1±0.1)	
		其他连接线	线-地 1×(1±0.1)	
	极性	正、负		
	试验次数	5		
工频磁场抗扰度试验	稳定持续磁场强度 A/m	30		正常监视状态

4.18 小尺寸高温响应性能

在正常大气条件下，将探测器任一段长度为 100 mm 的敏感部件，立即置于温度为 280 ℃ 的温度环境中，探测器的响应时间应满足表 2 的规定。

4.19 SO_2 腐蚀(耐久)耐受性能

将任一段长度为 1.5 倍标准报警长度的敏感部件，在表 8 中所示的试验条件下进行试验，试验后，敏感部件应无明显破坏涂覆和腐蚀现象；在正常大气条件下恢复 7 d 后，连续 3 次将受试验段敏感部件弯成直径为 300 mm 的圆圈，然后自然释放，敏感部件不应有机械损伤。

表 8 SO_2 腐蚀(耐久)试验条件

试验名称	试验条件				
	温度 ℃	SO_2 体积分数	相对湿度 %	持续时间 d	工作状态
SO_2 腐蚀(耐久)试验	25±2	(25±5)×10⁻⁶	90～96	21	不通电

4.20 盐雾腐蚀(耐久)耐受性能

将任一段长度为1.5倍标准报警长度的敏感部件，在表9中所示的试验条件下进行试验，试验后，敏感部件应无明显破坏涂覆和腐蚀现象；在正常大气条件下恢复7 d后，连续3次将受试验段敏感部件弯成直径为300 mm的圆圈，然后自然释放，敏感部件不应有机械损伤。

表9 盐雾腐蚀(耐久)试验条件

试验名称	试验条件				
盐雾腐蚀（耐久）试验	温度 ℃	氯化钠质量分数	相对湿度 %	持续时间 h	工作状态
	40±2	$(5\pm1)\times10^{-2}$	90～96	$(2+22)\times3$	不通电

5 试验方法

5.1 试验纲要

5.1.1 如在有关条文中没有说明时，各项试验均应在下述大气条件下进行：
- ——温度：15 ℃～35 ℃；
- ——相对湿度：25%～75%；
- ——大气压力：86 kPa～106 kPa。

5.1.2 在有关条文中没有特殊要求时，应保证探测器的工作电压为额定工作电压，并在试验期间保持工作电压稳定。试验时，应将探测器与制造商提供的配接的火灾报警控制器连接，使其处于正常工作状态。

5.1.3 试验时，应按制造商规定的正常安装方式安装。如使用说明书给出多种安装方式，试验中应采用对探测器工作最不利的安装方式。

5.1.4 除在有关条文另有说明外，各项试验数据的容差均为±5%；环境条件参数偏差应符合GB 16838的要求。

5.1.5 除在有关条文另有说明的情况下，具有多通道的探测器，任意选取一个通道按第4章要求进行各项试验。

5.1.6 具有多个报警温度点的探测器，应设定不同的动作温度，按照4.5、4.6、4.8的要求分别进行试验；选取最低设定动作温度按照4.15的要求进行试验；选取最高设定动作温度按照4.16的要求进行试验；任选一个设定温度进行其他试验。

5.1.7 试验前，制造商应提供符合下列要求的探测器作为试验样品（以下简称试样），同时提供配接的火灾报警控制器：

a) 应按标称的满负荷要求提供探测器作为试验样品。样品的满负荷应满足下列要求：
- ——缆式线型感温火灾探测器、空气管式线型感温火灾探测器和分布式光纤线型感温火灾探测器的信号处理单元应配接制造商标称的最大使用长度的敏感部件，缆式线型感温火灾探测器单个敏感部件长度不小于150 m；
- ——光纤光栅线型感温火灾探测器和线式多点型感温火灾探测器的信号处理单元应配接制造商标称的最大数量的感温元件；
- ——具有多通道的探测器，每个通道均应平均配接敏感部件按第4章要求进行各项试验；同时提供一段制造商标称单通道能够配接最大使用长度的敏感部件及用于其余通道配接的有效负载，按4.8要求进行试验。

b) 光纤光栅线型感温火灾探测器和线式多点型感温火灾探测器的感温元件具有多种间距时,应按4.2.3.2规定的最大和最小间距要求分别提供试验样品,最小间距的样品按第4章的要求进行各项试验,最大间距的样品应按4.5、4.9的要求进行试验;
c) 探测器数量要求:
　　——可恢复式探测器:3只;
　　——不可恢复式探测器:24只。

5.1.8 试验前检查

探测器在试验前应按下列要求进行检查,符合要求后方可进行试验:
a) 按4.2的要求对试样进行检查;
b) 将可恢复式探测器任一长度为1.5倍标准报警长度的敏感部件1段,放置于制造商标称的探测器设定动作温度上限温度环境中,恒温2 h。恒温期间,探测器不通电;恒温结束后,探测器在标准大气环境下恢复2 h,接通电源后探测器不应发出火灾报警信号或故障信号。

5.1.9 试验前应对试样予以编号,可恢复式差、定温探测器的试验程序见表10,不可恢复式定温探测器的试验程序见表11。

5.2 基本功能试验

5.2.1 使试样处于正常监视状态,采用实际加温或手动模拟报警的方式使试样报火警,观察火警指示灯的状态。

5.2.2 使试样处于下述状态,观察试样故障报警情况:
a) 信号处理单元与敏感部件之间的任一连接线路开路;
b) 敏感部件之间的任一连接线路开路;
c) 信号处理单元与敏感部件之间的连接线路两两短路;
d) 敏感部件之间的连接线路两两短路;
e) 感温元件故障;
f) 空气管式敏感部件末端泄漏。

5.2.3 使多通道探测器处于正常监视状态,断开其中任一通道的敏感部件,待探测器报故障后,使另一通道报火警,观察探测器的状态。

5.2.4 使试样处于正常监视状态,断开信号处理单元的供电电源,按照制造商标称的要求检查输出接口性能。

表10 可恢复式差、定温探测器试验程序

序号	章条	试验项目	探测器编号		
			1	2	3
1	5.1.8	试验前检查试验	√	√	√
2	5.2	基本功能试验	√	√	√
3	5.3	电源性能试验	√		
4	5.4	标准温度的定温报警动作温度试验[a]	√	√	√
5	5.5	标准温度的差温报警动作性能试验[b]	√	√	√
6	5.6	定温报警不动作试验[a]	√	√	√
7	5.7	差温报警不动作试验[b]	√	√	√
8	5.8	响应时间及一致性试验[a]	√	√	√

表 10（续）

序号	章条	试验项目	探测器编号		
			1	2	3
9	5.9	定位性能试验[e]		√	
10	5.10	高温运行定温报警动作温度试验[a]	√		
11	5.11	高温运行差温报警动作性能试验[b]	√		
12	5.12	低温运行定温报警动作温度试验[a]	√		
13	5.13	低温运行差温报警动作性能试验[b]	√		
14	5.14	环境温度变化条件下的响应性能试验[a,c]	√		
15	5.15	抗拉试验			√
16	5.16	冷弯试验			√
17	5.17	交变湿热（运行）试验	√		
18	5.18	高温暴露耐受试验			√
19	5.19	绝缘电阻试验		√	
20	5.20	电气强度试验		√	
21	5.21	射频电磁场辐射抗扰度试验		√	
22	5.22	射频场感应的传导骚扰抗扰度试验		√	
23	5.23	静电放电抗扰度试验		√	
24	5.24	电快速瞬变脉冲群抗扰度试验		√	
25	5.25	浪涌（冲击）抗扰度试验		√	
26	5.26	工频磁场抗扰度试验		√	
27	5.27	小尺寸高温响应性能试验[d]	√		
28	5.28	SO_2 腐蚀（耐久）试验	√		
29	5.29	盐雾腐蚀（耐久）试验	√		

注 1：缆式线型感温火灾探测器、空气管式线型感温火灾探测器、线式多点型感温火灾探测器 1 号试样按表 4 中要求随机选取长度为"敏感部件长度 1"的敏感部件，2 号试样按表 4 要求随机选取长度为"敏感部件长度 2"的敏感部件，3 号试样按表 4 要求随机选取长度为"敏感部件长度 3"的敏感部件进行 5.6、5.7 试验。

注 2：在 1 号试样的敏感部件中随机抽取长度为 1.5 倍标准报警长度的敏感部件作为试样 1-1 进行 SO_2 腐蚀（耐久）试验。

注 3：在 1 号试样的敏感部件中另外随机抽取长度为 1.5 倍标准报警长度的敏感部件作为试样 1-2 进行盐雾腐蚀（耐久）试验。

注 4："√"表示进行该项试验。

[a] 适用于定温、差定温探测器。
[b] 适用于差温、差定温探测器。
[c] 适用于缆式线型感温火灾探测器、空气管式线型感温火灾探测器、线式多点型感温火灾探测器。
[d] 适用于标准报警长度不大于 1 m 的探测器。
[e] 适用于分布定位探测器和分区定位探测器。

表 11 不可恢复式定温探测器试验程序

序号	章条	试验项目	探测器编号
1	5.1.8	试验前检查试验	1~24
2	5.2	基本功能试验	1~24
3	5.3	电源性能试验	1
4	5.4	标准温度的定温报警动作温度试验	1~3
5	5.6	定温报警不动作试验	4~6
6	5.8	响应时间及一致性试验	4~6
7	5.9	定位性能试验[a]	7
8	5.10	高温运行定温报警动作温度试验	8
9	5.12	低温运行定温报警动作温度试验	9
10	5.15	抗拉试验	10
11	5.16	冷弯试验	11
12	5.17	交变湿热（运行）试验	12
13	5.18	高温暴露耐受试验	13
14	5.19	绝缘电阻试验	14
15	5.20	电气强度试验	15
16	5.21	射频电磁场辐射抗扰度试验	16
17	5.22	射频场感应的传导骚扰抗扰度试验	17
18	5.23	静电放电抗扰度试验	18
19	5.24	电快速瞬变脉冲群抗扰度试验	19
20	5.25	浪涌（冲击）抗扰度试验	20
21	5.26	工频磁场抗扰度试验	21
22	5.27	小尺寸高温响应性能试验[b]	22
23	5.28	SO_2 腐蚀（耐久）试验	23
24	5.29	盐雾腐蚀（耐久）试验	24

[a] 适用于分布定位探测器和分区定位探测器。
[b] 适用于标准报警长度不大于 1 m 的探测器。

5.2.5 探测报警型探测器附加功能试验应满足下列要求：
a) 使试样处于火灾报警状态，观察并记录显示情况，手动消音，使试样再次发生火灾报警，观察并记录显示情况，复位火警，手动复位试样，观察并记录试样状态；
b) 使多于两个通道处于报警状态，观察并记录信息显示情况和多个报警通道信息的切换操作情况；
c) 手动操作查询当前报警信息，并使其他通道发出火灾报警信号，观察并记录试样状态，查询报警信息记录情况；

d) 使试样处于故障报警状态,观察并记录显示情况,手动消音,使试样再次发生故障,观察并记录显示情况,复位故障,观察并记录试样状态;

e) 使试样处于正常监视状态,手动操作试样自检机构,观察并记录试样及输出接点状态;

f) 使试样处于正常监视状态,手动复位试样,记录试样手动复位手段。

5.3 电源性能试验

5.3.1 直流供电的探测器电源功能试验

5.3.1.1 接通电源,使试样处于正常工作状态,调节试验装置,使电源分别工作在制造商标称的额定工作电压上、下限(制造商未标称探测器的额定工作电压,额定电压的上限为正常工作电压的110%,额定电压的下限为正常工作电压的85%),观察并记录试样的状态。

5.3.1.2 检查并记录试样保险丝的规格。

5.3.2 交流供电的探测器电源功能试验

5.3.2.1 接通主、备电源,使试样处于正常工作状态,调节试验装置,使电源分别工作在制造商标称的额定工作电压上、下限(制造商未标称探测器的额定工作电压,额定电压的上限为正常工作电压的110%,额定电压的下限为正常工作电压的85%),观察并记录试样的状态。

5.3.2.2 切断试样的主电源,然后再接通主电源检查试样主、备电源的转换和电源状态的指示情况,再使试样处于备电供电状态下工作8 h,然后处于报警状态下直至备电不足以保证试样正常工作,记录备电工作时间。

5.3.2.3 调节试验装置,使试样的主电源电压降低到转入备电源工作,检查故障情况;将试样的备用电源与其充电器之间的连接线开路、短路,检查试样的故障情况;将试样与为其供电的备用电源之间的连接线开路、短路,检查试样的故障情况。

5.4 标准温度的定温报警动作温度试验

5.4.1 试验步骤

5.4.1.1 随机选取4.5.1要求长度的敏感部件3段,分别按5.1.3中的规定安装在温箱中,按5.1.2中的规定使其处于正常监视状态。

5.4.1.2 调节温箱使温箱处于4.5.1要求的工作状态,稳定10 min(或制造商标称时间)。

5.4.1.3 按4.5.1的要求的升温速率升温至试样动作,记录试样不同部位的动作温度。

5.4.2 试验设备

温箱性能应满足GB 4716的要求。

5.5 标准温度的差温报警动作性能试验

5.5.1 试验步骤

5.5.1.1 随机选取4.5.2要求长度的敏感部件3段,分别按5.1.3中的规定安装在温箱中,按5.1.2中的规定使其处于正常监视状态。

5.5.1.2 调节温箱使温箱处于4.5.2要求的工作状态,稳定10 min(或制造商标称时间)。

5.5.1.3 分别按4.5.2的要求的升温速率升温至试样动作,记录试样不同部位的响应时间。

5.5.2 试验设备

温箱性能应满足GB 4716的要求。

5.6 定温报警不动作试验

5.6.1 试验步骤

5.6.1.1 随机选取表4要求长度的敏感部件1段,分别按5.1.3中的规定安装在环境试验箱内,按5.1.2中的规定使其处于正常监视状态。

5.6.1.2 调节环境试验箱使环境试验箱处于4.6要求的工作状态,稳定10 min(或制造商标称时间)。

5.6.1.3 环境试验箱按4.6要求的升温速率升温至4.6要求的温度,保持4 h。试验期间,观察并记录试样的工作情况。

5.6.2 试验设备

环境试验性能应满足GB 16838的要求。

5.7 差温报警不动作试验

5.7.1 试验步骤

5.7.1.1 随机选取表4要求长度的敏感部件1段,分别按5.1.3中的规定安装在环境试验箱中,按5.1.2中的规定使其处于正常监视状态。

5.7.1.2 调节环境试验箱使环境试验箱处于4.7要求的工作状态,稳定10 min(或制造商标称时间)。

5.7.1.3 分别按4.7要求的升温速率升温。试验期间,观察并记录试样的工作情况。

5.7.2 试验设备

环境试验箱性能应满足GB 16838的要求。

5.8 响应时间及一致性试验

5.8.1 按5.1.2中的规定使探测器处于正常监视状态。

5.8.2 随机选取4.8要求长度的敏感部件1段,放入一定温度的油槽中(油槽温度按4.8要求设定),同时开始计时,直到试样动作发出报警信号,记录各试样的响应时间(具有多通道的探测器,在每个通道随机选取4.8要求长度的敏感部件1段,一同放入一定温度的油槽中,当通道数大于4个时,随机选取4个通道进行试验)。

5.8.3 具有多通道的分布式光纤线型感温火灾探测器,依次将每个通道连接制造商标称单通道能够配接最大使用长度的敏感部件,其他通道连接有效负载,重复5.8.1和5.8.2。

5.9 定位性能试验

5.9.1 按5.1.2中的规定使探测器处于正常监视状态。

5.9.2 在敏感部件上随机选取长度为标准报警长度的区段,记录其定位标识。

5.9.3 将选取的试样处于报警温度条件下,使试样动作发出火灾报警信号,记录报警部位指示。

5.9.4 分布式光纤线型感温火灾探测器,继续重复5.9.3试验不少于6次后,根据记录的报警部位值或部位区间起始值(以m为单位)按式(4)计算标准偏差 σ(四舍五入至小数点后1位)。

$$\sigma = \sqrt{\frac{1}{n-1}\sum_{i=1}^{n}[x_i - M(x)]^2} \quad \cdots\cdots\cdots\cdots\cdots\cdots (4)$$

式中:

x_i ——报警位置值或位置区间起始值;

n ——试验重复次数;

$M(x)$——x_i 的算术平均值。

5.10 高温运行定温报警动作温度试验

5.10.1 试验步骤

5.10.1.1 根据表 5 中对探测器敏感部件和信号处理单元要求的试验环境条件,将敏感部件和信号处理单元同时置于环境试验箱 A 中(敏感部件和信号处理单元的试验环境相同),或分别置于环境试验箱 A 和环境试验箱 B 中(敏感部件和信号处理单元的试验环境不同),随机选取长度为标准报警长度的敏感部件 1 段,置于快速加热装置中(快速加热装置和敏感部件一同置于环境试验箱 A 中),按 5.1.2 规定使其处于正常监视状态。

5.10.1.2 稳定 10 min(或制造商标称时间)。

5.10.1.3 各环境试验箱以不大于 1 ℃/min 的升温速率升温至表 5 要求的环境温度,恒定 4 h,观察并记录试样的工作情况。

5.10.1.4 保持环境试验箱温度不变,接通快速加热装置的电源,快速加热装置按照 4.10.2 要求的升温要求升温,观察并记录试样的工作情况。

5.10.2 试验设备

5.10.2.1 各环境试验箱的性能应满足 GB 16838 的要求。

5.10.2.2 快速加热装置:升温速率不大于 5 ℃/min,温度误差为 ±5 ℃。

5.11 高温运行差温报警动作性能试验

5.11.1 试验步骤

5.11.1.1 根据表 5 中对探测器敏感部件和信号处理单元要求的试验环境条件,将敏感部件和信号处理单元同时置于环境试验箱 A 中(敏感部件和信号处理单元的试验环境相同),或分别置于环境试验箱 A 和环境试验箱 B 中(敏感部件和信号处理单元的试验环境不同),随机选取长度为标准报警长度的敏感部件 1 段,置于快速加热装置中(快速加热装置和敏感部件一同置于环境试验箱 A 中),按 5.1.2 中的规定使其处于正常监视状态。

5.11.1.2 稳定 10 min(或制造商标称时间)。

5.11.1.3 各环境试验箱以不大于 1 ℃/min 的升温速率升温至表 5 要求的环境温度,恒定 4 h,观察并记录试样的工作情况。

5.11.1.4 保持环境试验箱温度不变,接通快速加热装置的电源,快速加热装置按照 4.10.3 要求的升温要求升温,观察并记录试样的工作情况。

5.11.2 试验设备

5.11.2.1 各环境试验箱的性能应满足 GB 16838 的要求。

5.11.2.2 快速加热装置:升温速率不小于 10 ℃/min。

5.12 低温运行定温报警动作温度试验

5.12.1 试验步骤

5.12.1.1 根据表 5 中对探测器敏感部件和信号处理单元要求的试验环境条件,将敏感部件和信号处理单元同时置于环境试验箱 A 中(敏感部件和信号处理单元的试验环境相同),或分别置于环境试验箱 A 和环境试验箱 B 中(敏感部件和信号处理单元的试验环境不同),随机选取长度为标准报警长度的敏感部件1段，置于快速加热装置中(快速加热装置和敏感部件一同置于环境试验箱A中)，按5.1.2规定使其处于正常监视状态。

5.12.1.2 稳定10 min(或制造商标称时间)。

5.12.1.3 各环境试验箱以不大于1 ℃/min的降温速率降温至表5要求的环境温度，恒定4 h，观察并记录试样的工作情况。

5.12.1.4 保持环境试验箱温度不变，接通快速加热装置的电源，快速加热装置按照4.11.1要求的升温要求升温，观察并记录试样的工作情况。

5.12.2 试验设备

5.12.2.1 各环境试验箱的性能应满足GB 16838的要求。

5.12.2.2 快速加热装置：升温速率不大于5 ℃/min，温度误差±5 ℃。

5.13 低温运行差温报警动作性能试验

5.13.1 试验步骤

5.13.1.1 根据表5中对探测器敏感部件和信号处理单元要求的试验环境条件，将敏感部件和信号处理同时置于环境试验箱A中(敏感部件和信号处理单元的试验环境相同)，或分别置于环境试验箱A和环境试验箱B中(敏感部件和信号处理单元的试验环境不同)，随机选取长度为标准报警长度的敏感部件1段，置于快速加热装置中(快速加热装置和敏感部件一同置于环境试验箱A中)，按5.1.2中的规定使其处于正常监视状态。

5.13.1.2 稳定10 min(或制造商标称时间)。

5.13.1.3 各环境试验箱以不大于1 ℃/min的降温速率降温至表5要求的环境温度，恒定4 h，观察并记录试样的工作情况。

5.13.1.4 保持环境试验箱温度不变，接通快速加热装置的电源，快速加热装置按照4.11.2要求的升温要求升温，观察并记录试样的工作情况。

5.13.2 试验设备

5.13.2.1 各环境试验箱的性能应满足GB 16838的要求。

5.13.2.2 快速加热装置：升温速率不小于10 ℃/min。

5.14 环境温度变化条件下的响应性能试验

5.14.1 试验步骤

5.14.1.1 随机选取长度为标准报警长度的敏感部件1段，按5.1.3中的规定安装在温箱A中，调节温箱使温箱处于4.12要求的工作状态；剩余敏感部件放入另一环境试验箱B中，调节环境试验箱使环境试验箱处于4.12要求的工作状态，按5.1.2中的规定使试样处于正常监视状态。

5.14.1.2 按10 min或制造商标称的时间进行稳定。

5.14.1.3 环境试验箱B按照4.12要求的升温速率开始升温至4.12要求的温度并保持恒温；温箱A按照4.12要求的升温速率升温至试样定温报警动作温度上限值并保持恒温5 min。观察并记录试样的工作情况。

5.14.2 试验设备

5.14.2.1 温箱应满足GB 4716的要求。

5.14.2.2 环境试验箱应满足GB 16838的要求。

5.15 抗拉试验

5.15.1 随机选取4.13要求长度的敏感部件1段,施加100 N的拉力,保持1 min。试验期间,试样不通电。

5.15.2 试验后,检查试样外观,按5.1.2中的规定接通电源,观察并记录试样的工作情况。

5.16 冷弯试验

5.16.1 随机选取4.14要求长度的敏感部件1段,放入温度为-10 ℃±2 ℃的环境试验箱中,持续1 h,低温期间试样不通电。

5.16.2 取出试样后立即将其弯成直径为300 mm的圆圈,然后自然释放;连续重复3次。

5.16.3 试验后,检查试样外观,按5.1.2中的规定接通电源,观察并记录试样的工作情况。

5.17 交变湿热(运行)试验

5.17.1 试验步骤

5.17.1.1 按4.15的要求将试样放入试验箱内,按5.1.2规定使试样处于正常监视状态。

5.17.1.2 按GB/T 2423.4中规定的试验方法对试样施加高温温度为40 ℃±2 ℃、2个循环周期的交变湿热试验,其间,观察并记录试样状态。

5.17.1.3 取出试样,在正常大气条件下恢复2 h,其间,探测器不通电。

5.17.1.4 接通电源,按5.1.2中的规定使试样处于正常监视状态,按4.14要求随机选取长度为标准报警长度的敏感部件1段,按5.4和/或5.5的规定进行试验。

5.17.2 试验设备

试验设备应满足GB/T 2423.4的要求。

5.18 高温暴露耐受试验

5.18.1 试验步骤

5.18.1.1 随机选取4.16要求长度的敏感部件1段放入温度为25 ℃±2 ℃的环境试验箱中,剩余敏感部件按4.16要求放置,按5.1.2中的规定使试样处于正常监视状态。

5.18.1.2 环境试验箱以不大于1 ℃/min的升温速率升温至表6要求的环境温度,恒定15 d,观察并记录试样的工作情况。

5.18.1.3 取出试样,在正常大气条件下恢复24 h,其间,探测器不通电。

5.18.1.4 接通电源,按5.1.2中的规定使试样处于正常监视状态,按4.16要求随机选取长度为标准报警长度的敏感部件1段,按5.4和/或5.5的规定进行试验。

5.18.2 试验设备

试验设备应满足GB 16838的要求。

5.19 绝缘电阻试验

5.19.1 试验步骤

通过绝缘电阻试验装置,分别对试样的下述部分施加500(1±0.1)V直流电压,持续60 s±5 s,测量其绝缘电阻值。

a) 试样的外部带电端子与壳体之间;

b) 电源接线端子与外壳之间(电源开关置于开位置,不接通电源)。

试验时,应保证接触点有可靠的接触。

5.19.2 试验设备

绝缘电阻试验装置应满足下述技术要求：
——试验电压:500(1±0.1)V；
——测量范围:0 MΩ～500 MΩ；
——最小分度:0.1 MΩ；
——计时:60 s±5 s。

5.20 电气强度试验

5.20.1 试验步骤

5.20.1.1 通过试验装置,以 100 V/s～500 V/s 的升压速率,对试样电源线与机壳间施加 50(1±0.01)Hz、1 250(1±0.1)V(有效值)的试验电压,持续 60 s±5 s,观察并记录试验中所发生的现象。

5.20.1.2 以 100 V/s～500 V/s 的降压速率使电压降至低于试样额定工作电压值后,切断试验装置的电压输出。

5.20.1.3 试验后,按5.1.2规定接通电源,观察并记录试样的工作情况。

5.20.2 试验设备

试验装置应满足下述技术条件：
——试验电源:电压 0 V～1 250 V(有效值)连续可调,频率 50(1±0.01)Hz；
——升(降)压速率:100 V/s～500 V/s；
——计时:60 s±5 s。

5.21 射频电磁场辐射抗扰度试验

5.21.1 试验步骤

5.21.1.1 将试样按GB/T 17626.3中规定进行试验布置,按5.1.2中的规定接通电源,使其处于正常监视状态 20 min。

5.21.1.2 按GB/T 17626.3中规定的试验方法对试样施加表7所示条件的干扰试验。试验期间,观察并记录试样的工作情况。

5.21.1.3 试验后,随机选取长度为标准报警长度的敏感部件1段,按5.4和/或5.5的规定进行试验。

5.21.2 试验设备

试验设备应满足GB/T 17626.3的要求。

5.22 射频场感应的传导骚扰抗扰度试验

5.22.1 试验步骤

5.22.1.1 将试样按GB/T 17626.6中规定进行试验布置,按5.1.2中的规定接通电源,使其处于正常监视状态 20 min。

5.22.1.2 按GB/T 17626.6中规定的试验方法对试样施加表7所示条件的干扰试验。试验期间,观察并记录试样的工作情况。

5.22.1.3 试验后,随机选取长度为标准报警长度的敏感部件1段,按5.4和/或5.5的规定进行试验。

5.22.2 试验设备

试验设备应满足GB/T 17626.6的相关规定。

5.23 静电放电抗扰度试验

5.23.1 试验步骤

5.23.1.1 将试样按GB/T 17626.2中规定进行试验布置,按5.1.2中的规定接通电源,使其处于正常监视状态20 min。

5.23.1.2 按GB/T 17626.2中规定的试验方法对试样及耦合板施加表7所示条件的干扰试验。试验期间,观察并记录试样的工作情况。

5.23.1.3 试验后,随机选取长度为标准报警长度的敏感部件1段,按5.4和/或5.5的规定进行试验。

5.23.2 试验设备

试验设备应满足GB/T 17626.2的要求。

5.24 电快速瞬变脉冲群抗扰度试验

5.24.1 试验步骤

5.24.1.1 将试样按GB/T 17626.4中规定进行试验布置,按5.1.2中的规定接通电源,使其处于正常监视状态20 min。

5.24.1.2 按GB/T 17626.4中规定的试验方法对试样施加表7所示条件的干扰试验。试验期间,观察并记录试样的工作情况。

5.24.1.3 试验后,随机选取长度为标准报警长度的敏感部件1段,按5.4和/或5.5的规定进行试验。

5.24.2 试验设备

试验设备应满足GB/T 17626.4的要求。

5.25 浪涌(冲击)抗扰度试验

5.25.1 试验步骤

5.25.1.1 将试样按GB/T 17626.5中规定进行试验布置,按5.1.2中的规定接通电源,使其处于正常监视状态20 min。

5.25.1.2 按GB/T 17626.5中规定的试验方法对试样施加表7所示条件的干扰试验。试验期间,观察并记录试样的工作情况。

5.25.1.3 试验后,随机选取长度为标准报警长度的敏感部件1段,按5.4和/或5.5的规定进行试验。

5.25.2 试验设备

试验设备应满足GB/T 17626.5的要求。

5.26 工频磁场抗扰度试验

5.26.1 试验步骤

5.26.1.1 将试样按GB/T 17626.8中规定进行试验布置,按5.1.2中的规定接通电源,使其处于正常监视状态20 min。

5.26.1.2 按GB/T 17626.8中规定的试验方法对试样施加表7所示条件的干扰试验。试验期间,观察并记录试样的工作情况。

5.26.1.3 试验后,随机选取长度为标准报警长度的敏感部件1段,按5.4和/或5.5的规定进行试验。

5.26.2 试验设备

试验设备应满足GB/T 17626.8的要求。

5.27 小尺寸高温响应性能试验

5.27.1 试验步骤

5.27.1.1 按5.1.2中的规定使探测器处于正常监视状态。

5.27.1.2 随机选取4.18要求长度的敏感部件1段,放入小尺寸高温模拟装置,设定温度为280 ℃,同时开始计时,直到试样动作发出报警信号,记录各试样的响应时间。

5.27.2 试验设备

小尺寸高温模拟装置:加热长度100 mm,温度误差±10 ℃,最高加热温度300 ℃。

5.28 SO_2 腐蚀(耐久)试验

5.28.1 试验步骤

5.28.1.1 随机抽取4.19要求长度的敏感部件1段,按4.19的要求将试样放入表8所示条件的试验箱中,持续21 d。

5.28.1.2 腐蚀环境后,将试样放置在温度为40 ℃±2 ℃、相对湿度低于50%的试验箱中干燥16 h后,再将试样取出,在正常大气条件下恢复7 d,检查试样的外观。

5.28.1.3 将试样弯成直径为300 mm的圆圈,然后自然释放,连续重复3次,检查试样外观。

5.28.2 试验设备

试验设备应满足GB 16838的要求。

5.29 盐雾腐蚀(耐久)试验

5.29.1 试验步骤

5.29.1.1 随机抽取4.20要求长度的敏感部件1段,按4.20的要求将试样放入表9所示条件的盐雾箱内,在15 ℃~35 ℃温度下连续喷雾2 h,喷雾结束后,将试样放入温度40 ℃±2 ℃、相对湿度为90%~96%的湿热箱中,持续22 h,连续3个周期。

5.29.1.2 试验结束后,将试样取出,在正常大气条件下恢复7 d,检查试样的外观。

5.29.1.3 将试样弯成直径为300 mm的圆圈,然后自然释放,连续重复3次,检查试样外观。

5.29.2 试验设备

试验设备应满足GB/T 2423.18的要求。

6 检验规则

6.1 产品出厂检验

出厂检验项目为:

a) 试验前检查试验;
b) 标准温度的定温报警动作温度试验;
c) 定温报警不动作试验;
d) 标准温度的差温报警动作性能试验;
e) 差温报警不动作试验;
f) 响应时间及一致性试验;
g) 抗拉试验。

6.2 型式检验

6.2.1 型式检验项目为第5章规定的全部试验项目。型式检验样品在出厂检验合格的产品中随机抽取。

6.2.2 有下列情况之一时,应进行型式检验:

a) 新产品或老产品转厂生产时的试制定型鉴定;
b) 正式生产后,产品的结构、主要部件或元器件、生产工艺等有较大的改变可能影响产品性能;
c) 产品停产一年以上,恢复生产;
d) 出厂检验结果与上次型式检验结果差异较大;
e) 发生重大质量事故;
f) 质量监督部门依法提出要求。

6.2.3 型式检验结果按GB 12978规定的判定方法进行判定。

7 标志

7.1 总则

标志应清晰可见,且不应贴在螺丝或其他易被拆卸的部件上。

7.2 产品标志

7.2.1 探测器的敏感部件应在每隔不大于10 m处清晰地标注下列信息(空气管式线型感温火灾探测器除外):

a) 产品型号;
b) 执行标准编号;
c) 制造商名称或商标。

7.2.2 探测器的信号处理单元应清晰地标注下列信息:

a) 产品名称和型号;
b) 执行标准编号;
c) 探测器的类别(定温、差定温还应标注动作温度参数);
d) 探测器适用环境温度范围;
e) 制造商名称或商标;
f) 制造日期和产品编号。

7.3 质量检验标志

探测器应有质量检验合格标志。

ICS 13.220.01
CCS C 81

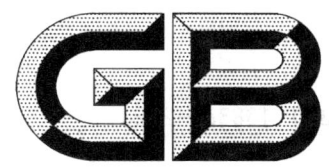

中华人民共和国国家标准

GB/T 16838—2021
代替 GB/T 16838—2005

消防电子产品环境试验方法及严酷等级

Environmental test and severities for fire electronic products

2021-08-20 发布

2022-03-01 实施

国家市场监督管理总局
国家标准化管理委员会 发布

前言

本文件按照GB/T 1.1—2020《标准化工作导则 第1部分：标准化文件的结构和起草规则》的规定起草。

本文件代替GB/T 16838—2005《消防电子产品环境试验方法及严酷等级》，与GB/T 16838—2005相比，除结构调整和编辑性改动外，主要技术变化如下：

——将严酷等级的分类由原来的4个级别改为5个级别(见4.3.1，2005年版的3.3)；
——修改了高温(运行)试验、高温(耐久)试验、低温(运行)试验、低温(耐久)试验、恒定湿热(运行)试验、恒定湿热(耐久)试验、交变湿热(运行)试验、交变湿热(耐久)试验、水试验、电压波动抗扰度试验、电压暂降、短时中断和电压变化的抗扰度试验、静电放电抗扰度试验、射频电磁场辐射抗扰度试验、电快速瞬变脉冲群抗扰度试验、浪涌(冲击)抗扰度试验和射频场感应的传导骚扰抗扰度试验(见5.1~5.8、5.18~5.25，2005年版的4.1~4.8、4.14~4.19和4.21)；
——新增了对消防电子产品安全完整性等级的要求(见4.2)；
——新增了自由跌落试验、长霉试验、盐雾试验、沙尘试验、工频磁场抗扰度试验、交流电源端口谐波、谐间波及电网信号的低频抗扰度试验项目(见5.14、5.15、5.16、5.17、5.26、5.27)。

本文件由中华人民共和国应急管理部提出。

本文件由全国消防标准化技术委员会(SAC/TC 113)归口。

本文件起草单位：应急管理部沈阳消防研究所、吉林省消防救援总队、北京利达华信电子有限公司、首安工业消防有限公司、英宏消防技术(福建)有限公司。

本文件主要起草人：仝瑞涛、郭锐、李海涛、王宇行、郭金龙、赵宇、王艳娥、刘美华、朱峰、陈洪颖、李伟刚、李鑫。

本文件及其所代替文件的历次版本发布情况为：
——1997年首次发布为GB 16838—1997，2005年第一次修订；
——本次为第二次修订。

消防电子产品环境试验方法及严酷等级

1 范围

本文件规定了消防电子产品的环境试验方法、严酷等级及功能安全要求。

本文件适用于各类消防电子产品。对于特殊场所使用的消防电子产品,如采用比本文件更为严酷的环境试验条件,除试验参数另行规定外,试验方法亦可参照本文件。

2 规范性引用文件

下列文件中的内容通过文中的规范性引用而构成本文件必不可少的条款。其中,注日期的引用文件,仅该日期对应的版本适用于本文件;不注日期的引用文件,其最新版本(包括所有的修改单)适用于本文件。

GB/T 2423.1—2008　电工电子产品环境试验　第2部分:试验方法　试验A:低温
GB/T 2423.2—2008　电工电子产品环境试验　第2部分:试验方法　试验B:高温
GB/T 2423.3—2016　环境试验　第2部分:试验方法　试验Cab:恒定湿热试验
GB/T 2423.4—2008　电工电子产品环境试验　第2部分:试验方法　试验Db:交变湿热(12 h+12 h循环)
GB/T 2423.7—2018　环境试验　第2部分:试验方法　试验Ec:粗率操作造成的冲击(主要用于设备型样品)
GB/T 2423.16—2008　电工电子产品环境试验　第2部分:试验方法　试验J及导则:长霉
GB/T 2423.18—2012　环境试验　第2部分:试验方法　试验Kb:盐雾,交变(氯化钠溶液)
GB/T 2423.19—2013　环境试验　第2部分:试验方法　试验Kc:接触点和连接件的二氧化硫试验
GB/T 2423.37—2006　电工电子产品环境试验　第2部分:试验方法　试验L:沙尘试验
GB/T 2423.38—2008　电工电子产品环境试验　第2部分:试验方法　试验R:水试验方法和导则
GB/T 4208—2017　外壳防护等级(IP代码)
GB/T 17626.2—2018　电磁兼容　试验和测量技术　静电放电抗扰度试验
GB/T 17626.3—2016　电磁兼容　试验和测量技术　射频电磁场辐射抗扰度试验
GB/T 17626.4—2018　电磁兼容　试验和测量技术　电快速瞬变脉冲群抗扰度试验
GB/T 17626.5—2019　电磁兼容　试验和测量技术　浪涌(冲击)抗扰度试验
GB/T 17626.6—2017　电磁兼容　试验和测量技术　射频场感应的传导骚扰抗扰度
GB/T 17626.8—2006　电磁兼容　试验和测量技术　工频磁场抗扰度试验
GB/T 17626.11—2008　电磁兼容　试验和测量技术　电压暂降、短时中断和电压变化的抗扰度试验
GB/T 17626.13—2006　电磁兼容　试验和测量技术　交流电源端口谐波、谐间波及电网信号的低频抗扰度试验
GB/T 17626.14—2005　电磁兼容　试验和测量技术　电压波动抗扰度试验
GB/T 20438.1—2017　电气/电子/可编程电子安全相关系统的功能安全　第1部分:一般要求
GB/T 20438.3—2017　电气/电子/可编程电子安全相关系统的功能安全　第3部分:软件要求

3 术语和定义

本文件没有需要界定的术语和定义。

4 总则

4.1 一般要求

消防电子产品应根据使用环境和应用场所进行分类,确定其在耐受各类环境试验影响的严酷等级,及其在特定场合应用时所需达到的安全完整性等级(FSIL)。

4.2 消防电子产品的安全完整性等级(FSIL)

4.2.1 消防电子产品根据其使用要求可分为四个安全完整性等级,其等级划分等同于 GB/T 20438.1—2017 中的规定。其中,安全完整性等级最高为 4(FSIL4),安全完整性等级最低为 1(FSIL1)。

4.2.2 消防电子产品的安全完整性分为硬件安全完整性和软件安全完整性两部分,仅当硬件安全完整性和软件安全完整性均满足安全完整性等级要求时,方能声称该消防电子产品的安全完整性等级满足本文件要求。

4.2.3 为满足消防电子产品所在的安全相关系统的功能安全要求,生产者应根据应用场所确定其所需达到的安全完整性等级,并进行相应的安全完整性评估。

4.2.4 对消防电子产品安全完整性等级的评估应满足附录 A 的要求。

4.3 严酷等级分类

4.3.1 根据产品类型及安装使用地区和场所将消防电子产品按照下列要求划分为 0、Ⅰ、Ⅱ、Ⅲ 和 Ⅳ 五个等级:

   a) 安装、使用在建筑内和类似场合的报警控制、联动、指示设备和供电设备等产品划为 0 级或 Ⅰ 级;
   b) 安装、使用在建筑内和类似场合的各类火灾参数探测器、警报器、触发器件、模块等产品划为 Ⅱ 级;
   c) 安装、使用在半封闭式场馆、隧道等类似场合以及环境影响比较严重的场合的产品划为 Ⅲ 级;
   d) 安装、使用在户外以及环境影响严重场合的产品和车用、船用及便携式产品划为 Ⅳ 级。

4.3.2 对于每一项环境试验,消防电子产品可根据产品类型及安装、使用场所选择合适的试验方法和严酷等级。

4.4 试验的分类

4.4.1 环境试验分为运行试验和耐久试验。

4.4.2 运行试验用来确定消防电子产品在环境试验条件下是否满足功能要求,目的是检验产品在使用环境中正常工作的能力和验证产品在这种环境下的适应能力。产品在其试验过程中,均处于正常工作状态。

4.4.3 耐久试验是为了加速正常使用环境条件对消防电子产品的影响,考核试验环境对产品在非工作状态下产生的残留影响(非瞬时影响),目的是验证产品长时间承受使用环境的能力。

注:虽然在耐久试验过程中试验样品处于不通电状态,但可为样品提供短暂记忆存储器备用电池,以保障在试验过程中存储器的内容不丢失。

4.5 试验项目

4.5.1 试验项目见表1,试验要求附图按照附录B进行。

4.5.2 消防电子类产品应根据产品的特点和应用场合,从中选择合适的试验项目和严酷等级。其中,应用在石油化工领域等工业环境的消防电子产品应至少进行表1中的5.1、5.3、5.5、5.7、5.9～5.12、5.15～5.17、5.19～5.25等试验;车用、船用、便携式消防电子产品应至少进行表1中的5.1～5.13、5.14(便携式产品)、5.15～5.18等试验;应用在户外的消防电子产品应至少进行5.1～5.9、5.16～5.18等试验。

表 1 试验项目

运行试验		耐久试验	
章条号	试验项目	章条号	试验项目
5.1	高温(运行)试验	5.2	高温(耐久)试验
5.3	低温(运行)试验	5.4	低温(耐久)试验
5.5	恒定湿热(运行)试验	5.6	恒定湿热(耐久)试验
5.7	交变湿热(运行)试验	5.8	交变湿热(耐久)试验
5.10	冲击(运行)试验	5.9	二氧化硫(SO_2)腐蚀(耐久)试验
5.11	碰撞试验	5.13	振动(正弦)(耐久)试验
5.12	振动(正弦)(运行)试验	5.14	自由跌落试验
5.18	水试验	5.15	长霉试验
5.19	电压波动抗扰度试验	5.16	盐雾试验
5.20	电压暂降、短时中断和电压变化的抗扰度试验	5.17	沙尘试验
5.21	静电放电抗扰度试验		
5.22	射频电磁场辐射抗扰度试验		
5.23	电快速瞬变脉冲群抗扰度试验		
5.24	浪涌(冲击)抗扰度试验		
5.25	射频场感应的传导骚扰抗扰度试验		
5.26	工频磁场抗扰度试验		
5.27	交流电源端口谐波、谐间波及电网信号的低频抗扰度试验		

5 试验及严酷等级

5.1 高温(运行)试验

5.1.1 目的

确定消防电子产品在高温环境下使用的适应性。

5.1.2 要求

5.1.2.1 试验程序按GB/T 2423.2—2008的规定进行。

5.1.2.2 散热试验样品应按照 GB/T 2423.2—2008 的试验 Be 要求,采用温度渐变方式进行试验,将试验样品放入温度为试验室温度的试验箱中,给试验样品通电使其处于正常工作状态,调节试验箱内温度至规定的严酷等级温度,达到稳定后,保持至规定的持续时间;非散热试验样品应按照 GB/T 2423.2—2008 的试验 Bb 要求,采用温度渐变方式进行试验,将试验样品放入温度为试验室温度的试验箱中,调节试验箱内温度至规定的严酷等级温度,达到稳定后给试验样品通电使其处于正常工作状态,在该高温条件下保持至规定的持续时间。当规定的试验持续时间结束时,试验样品应保持在试验箱内,然后将温度下降至试验标准条件的温度偏差范围内。试验箱内的温度变化应不超过 1 ℃/min(不超过 5 min 时间的平均值)。恢复时间应足以使温度达到稳定,至少应达到 1 h。

5.1.2.3 中间检测通常在条件试验结束时进行。最后检测宜在恢复期结束后进行。对某些类型的产品(例如感温、感烟火灾探测器等)允许其性能检测在特定的标准检验设备中进行。

5.1.3 严酷等级

高温(运行)试验的严酷等级应满足表 2 的要求。

表 2 高温(运行)试验严酷等级

分级	0 和 Ⅰ		Ⅱ		Ⅲ 和 Ⅳ	
温度 ℃	40±2		55±2		70±2	
持续时间 h	2[a]	16[b]	2[a]	16[b]	2[a]	16[b]

[a] 持续时间 2 h 适用于小件试验样品,小件试验样品通常为体积小的产品,如探测器类产品。
[b] 持续时间 16 h 适用于大件试验样品,大件试验样品通常为体积大的产品,如控制器类产品。

5.1.4 设备

试验设备应符合 GB/T 2423.2—2008 的相关规定。

5.2 高温(耐久)试验

5.2.1 目的

确定消防电子产品长时间在高温环境下运输、放置或贮存的适应性。

5.2.2 要求

5.2.2.1 试验程序按 GB/T 2423.2—2008 的规定进行。

5.2.2.2 按照 GB/T 2423.2—2008 的试验 Bb 要求,采用温度渐变方式进行试验。在试验过程中,试验样品处于非通电状态。将试验样品放入温度为试验室温度的试验箱中,调节试验箱内温度至规定的严酷等级温度,达到稳定后,在该高温条件下保持至规定的持续时间。当规定的试验持续时间结束时,试验样品应保持在试验箱内,然后将温度下降至试验标准条件的温度偏差范围内。试验箱内温度变化应不超过 1 ℃/min(不超过 5 min 时间的平均值)。恢复时间应足以使温度达到稳定,至少应持续 1 h。

5.2.2.3 中间检测通常在条件试验结束时进行。最后检测宜在恢复期结束后进行。对某些类型的产品(例如感温、感烟火灾探测器等)允许其性能检测在特定的标准检验设备中进行。

5.2.3 严酷等级

高温(耐久)试验的严酷等级应满足表 3 的要求。

表 3 高温(耐久)试验严酷等级

分级	0 和 Ⅰ	Ⅱ	Ⅲ 和 Ⅳ
温度 ℃	不试验	55±2	70±2
持续时间 d		14	14

5.2.4 设备

试验设备应符合 GB/T 2423.2—2008 的相关规定。

5.3 低温(运行)试验

5.3.1 目的

确定消防电子产品在低温环境下使用的适应性。

5.3.2 要求

5.3.2.1 试验程序按 GB/T 2423.1—2008 中规定进行。

5.3.2.2 散热试验样品应按照 GB/T 2423.1—2008 的试验 Ae 要求,采用温度渐变方式进行试验,将试验样品放入温度为试验室温度的试验箱中,给试验样品通电使其处于正常工作状态,调节试验箱内温度至规定的严酷等级温度,达到稳定后,保持至规定的持续时间;非散热试验样品应按照 GB/T 2423.1—2008 的试验 Ab 要求,采用温度渐变方式进行试验,将试验样品放入温度为试验室温度的试验箱中,调节试验箱内温度至规定的严酷等级温度,达到稳定后,给试验样品通电使其处于正常工作状态,在该低温条件下保持至规定的持续时间。当规定的试验持续时间结束时,试验样品应保留在试验箱内,然后将温度慢慢升至试验标准条件的温度偏差范围内。试验箱内的温度变化应不超过 1 ℃/min(不超过 5 min 时间的平均值)。恢复时间应足以使温度达到稳定,至少应持续 1 h。

5.3.2.3 中间检测通常在条件试验结束时进行。最后检测宜在恢复期结束后进行。对某些类型的产品(例如感温、感烟火灾探测器等)允许其性能检测在特定的标准检验设备中进行。

5.3.3 严酷等级

低温(运行)试验的严酷等级应满足表 4 的要求。

表 4 低温(运行)试验严酷等级

分级	0		Ⅰ 和 Ⅱ		Ⅲ		Ⅳ	
温度 ℃	−5±2		−10±2		−25±2		−40±2	
持续时间 h	2[a]	16[b]	2[a]	16[b]	2[a]	16[b]	2[a]	16[b]
[a] 持续时间 2 h 适用于小件试验样品。								
[b] 持续时间 16 h 适用于大件试验样品。								

5.3.4 设备

试验设备应符合 GB/T 2423.1—2008 的相关规定。

5.4 低温(耐久)试验

5.4.1 目的

确定消防电子产品长时间在低温环境下运输、放置或贮存的适应性。

5.4.2 要求

5.4.2.1 试验程序按 GB/T 2423.1—2008 中规定进行。

5.4.2.2 按照 GB/T 2423.1—2008 的试验 Ab 要求，采用温度渐变方式进行试验。在试验过程中，试验样品处于非通电状态。将试验样品放入温度为试验室温度的试验箱中，调节试验箱内温度至规定的严酷等级温度，达到稳定后在该低温条件下保持至规定的持续时间。当规定的试验持续时间结束时，试验样品应保留在试验箱内，然后将温度慢慢升至试验标准条件的温度偏差范围内。试验箱内温度变化应不超过 1 ℃/min(不超过 5 min 时间的平均值)。恢复时间应足以使温度达到稳定，至少应持续 1 h。

5.4.2.3 中间检测通常在条件试验结束时进行。最后检测宜在恢复期结束后进行。对某些类型的产品(例如感温、感烟火灾探测器等)允许其性能检测在特定的标准检验设备中进行。

5.4.3 严酷等级

低温(耐久)试验的严酷等级应满足表 5 的要求。

表 5 低温(耐久)试验严酷等级

分级	0、Ⅰ和Ⅱ	Ⅲ和Ⅳ
温度 ℃	−25±2	−40±2
持续时间 h	72	72

5.4.4 设备

试验设备应符合 GB/T 2423.1—2008 的相关规定。

5.5 恒定湿热(运行)试验

5.5.1 目的

确定消防电子产品在高温度、高湿度环境下使用的适应性。

5.5.2 要求

5.5.2.1 试验方法按 GB/T 2423.3—2016 中规定进行。

5.5.2.2 将试验样品放入试验箱内，试验箱和试验样品均处于标准大气环境条件下。给试验样品通电使其处于正常工作状态，调节试验箱内温度，使其达到所要求的严酷等级规定的温度值。调节温度时，温度变化速率不应超过 1 ℃/min，温度稳定的平均时间不超过 5 min，且在这一过程中不应产生试验样品凝露现象(可以通过不提高试验箱内的绝对湿度来避免试验样品产生凝露)。温度稳定后的2 h内,通过调整试验箱内的湿度达到规定的试验严酷等级。待试验箱内温度和相对湿度达到规定值并稳定后,开始计算试验持续时间。

5.5.2.3 试验后应进行恢复,恢复条件为在试验结束后0.5 h内将相对湿度降到(75±2)%,在之后的0.5 h内将温度调节到试验室温度,且温度容差为±1 ℃。恢复时间应足以使温度达到稳定,至少应持续1 h。

5.5.2.4 在条件试验过程中试验样品应接通电源并处于正常工作状态。中间检测通常在条件试验结束时进行。最后检测宜在恢复期结束后进行。

5.5.3 严酷等级

恒定湿热(运行)试验的严酷等级应满足表6的要求。

表6 恒定湿热(运行)试验严酷等级

分级	0和Ⅰ	Ⅱ和Ⅲ	Ⅳ
温度 ℃	40±2	不试验[a]	不试验[b]
相对湿度 %	93±3		
持续时间 d	4		

[a] 对于等级Ⅱ和Ⅲ的产品一般不采用恒定湿热(运行)试验,通常采用交变湿热(运行)试验,若不合适,可采用等级Ⅰ的试验条件。
[b] 对于等级Ⅳ的产品一般不采用恒定湿热(运行)试验,可采用交变湿热(运行)试验。

5.5.4 设备

试验设备应符合GB/T 2423.3—2016的相关规定。

5.6 恒定湿热(耐久)试验

5.6.1 目的

确定消防电子产品长时间在高温度、高湿度环境下运输、放置或贮存的适应性。

5.6.2 要求

5.6.2.1 试验方法按GB/T 2423.3—2016中规定进行。

5.6.2.2 将试验样品放入试验箱内,试验箱和试验样品均处于标准大气环境条件下,试验样品处于非通电状态。调节试验箱内温度,使其达到所要求的严酷等级规定的温度值。调节温度期间,温度变化的速率不超过1 ℃/min,温度稳定的平均时间不超过5 min,且在这一过程中不应产生试验样品凝露现象。温度稳定后的2 h内,调整试验箱内相对湿度达到规定的试验严酷等级。待试验箱内温度和相对湿度达到规定值并稳定后,开始计算试验持续时间。

5.6.2.3 试验后应按照5.5.2.3的规定进行恢复。

5.6.2.4 在条件试验过程中试验样品应处于非通电状态。中间检测通常在条件试验结束时进行。最后检测宜在恢复期结束后进行。

5.6.3 严酷等级

恒定湿热(耐久)试验的严酷等级应满足表7的要求。

表7 恒定湿热(耐久)试验严酷等级

分级	0、Ⅰ、Ⅱ、Ⅲ和Ⅳ
温度 ℃	40±2
相对湿度 %	93±3
持续时间 d	21

5.6.4 设备

试验设备应符合 GB/T 2423.3—2016 的相关规定。

5.7 交变湿热(运行)试验

5.7.1 目的

确定消防电子产品在高湿度与温度循环变化组合且通常会在试验样品表面产生凝露的环境下使用的适应性。

5.7.2 要求

5.7.2.1 试验方法按 GB/T 2423.4—2008 中规定进行。

5.7.2.2 将试验样品放入试验箱,将试验箱温度调至(25±3)℃,并保持到试验样品达到温度稳定为止。达到温度稳定期间,其相对湿度应在规定的试验用标准大气条件的限值内。试验样品在试验箱内稳定之后,箱内相对湿度应升到不小于95%,环境温度为(25±3)℃。如图B.1所示,本阶段温度和湿度在图中阴影区域的界限内。

5.7.2.3 连续进行2次如下24 h的循环。

a) 箱内温度3 h±30 min之内升到规定的高温值,其升温速率应保持在图B.2a)和图B.2b)中阴影区域的界限内。该阶段的相对湿度应不小于95%,最后15 min内的相对湿度应不小于90%。

b) 温度应保持在规定的高温限值±2 ℃,直至从循环开始的12 h±30 min为止,本阶段最初和最后15 min内相对湿度应在90%~100%,其余时间的相对湿度应在(93±3)%。

c) 温度可按照以下给定的两种方法的一种降低。

1) 方法1[见图B.2a)]:
温度应在3 h~6 h内降到(25±3)℃。在最初的1.5 h的降温速率按图B.2a)所示,在3 h±15 min内温度达到(25±3)℃。在最初的15 min相对湿度应不小于90%外,其余时间的相对湿度应不小于95%。

2) 方法2[见图B.2b)]：

温度应在3 h～6 h内降到(25±3)℃,但没有方法1中最初1.5 h的附加要求。相对湿度应不小于80%。

d) 温度应保持在(25±3)℃,同时相对湿度不小于95%,直至24 h一个循环结束。

5.7.2.4 试验后的恢复应在受控恢复条件进行(见图B.3)。在试验结束1 h内将试验箱内相对湿度降低到(75±2)%,在随后的1 h内将试验箱内温度调整到试验室温度±1 ℃;试验样品也可以在试验结束后转移到另一个试验箱按照受控的恢复条件进行恢复,转移时间不应超过10 min;恢复时间从符合恢复条件时开始计算,持续1 h～2 h。

5.7.2.5 在条件试验过程中试验样品应接通电源并处于正常工作状态。中间检测通常在条件试验结束后立即进行。最后检测宜在恢复期结束后马上进行。

5.7.3 严酷等级

交变湿热(运行)试验的严酷等级应满足表8的要求。

表8 交变湿热(运行)试验严酷等级

分级	0和Ⅰ	Ⅱ和Ⅲ	Ⅳ
温度 ℃	不试验[a]	40[b]±2	55±2
循环周期		2	2
[a] 对于等级0和Ⅰ的产品一般不采用交变湿热(运行)试验,可采用恒定湿热(运行)试验。			
[b] 对于等级Ⅱ和Ⅲ的产品不适合采用交变湿热(运行)试验时,可采用恒定湿热(运行)试验。			

5.7.4 设备

试验设备应符合GB/T 2423.4—2008的相关规定。

5.8 交变湿热(耐久)试验

5.8.1 目的

确定消防电子产品在高湿度与温度循环变化组合且通常会在试验样品表面产生凝露的条件下运输、放置或贮存的适应性。

5.8.2 要求

5.8.2.1 试验方法按GB/T 2423.4—2008的规定进行。

5.8.2.2 把试验样品放置在试验箱,将试验箱温度调至(25±3)℃,并保持至试验样品达到温度稳定为止。达到温度稳定期间,其相对湿度应在规定的试验用标准大气条件的限值内。试验样品在试验箱内稳定之后,箱内的相对湿度应升到不小于95%,环境温度为(25±3)℃。

5.8.2.3 连续进行6次符合5.7.2.3规定的24 h循环。

5.8.2.4 试验后应按照5.7.2.4的规定进行恢复。

5.8.2.5 在条件试验过程中试验样品处于非通电状态。性能检测宜在恢复期结束后立即进行。

5.8.3 严酷等级

交变湿热(耐久)试验的严酷等级应满足表9的要求。

表 9 交变湿热(耐久)试验严酷等级

分级	0、Ⅰ和Ⅱ	Ⅲ和Ⅳ
温度 ℃	不试验[a]	55±2
循环周期		6

[a] 对于等级0、Ⅰ和Ⅱ的产品一般不采用交变湿热(耐久)试验,可采用恒定湿热(耐久)试验。

5.8.4 设备

试验设备应符合 GB/T 2423.4—2008 的相关规定。

5.9 二氧化硫(SO_2)腐蚀(耐久)试验

5.9.1 目的

确定消防电子产品承受大气污染之一二氧化硫气体腐蚀作用的能力。

5.9.2 要求

5.9.2.1 试验方法按 GB/T 2423.19—2013 的规定进行。

5.9.2.2 试验条件要保持试验样品表面温度在露点以上。在条件试验过程中样品处于非通电状态。

5.9.2.3 试验后,试验样品立即置于温度为(40±2)℃、相对湿度小于50%的条件下干燥16 h,然后在正常大气条件下恢复1 h~2 h,恢复期结束后进行性能检测。

5.9.3 严酷等级

二氧化硫(SO_2)腐蚀(耐久)试验的严酷等级应满足表10的要求。试验样品可根据产品特性选取相对湿度为(75±5)%或(93±3)%的试验条件。

表 10 二氧化硫(SO_2)腐蚀(耐久)试验严酷等级

分级	0	Ⅰ、Ⅱ、Ⅲ和Ⅳ	
二氧化硫含量 10^{-6}(体积比)	不试验	25±5	
温度 ℃		25±2	
相对湿度 %		75±5	93±3
持续时间 d		21	

5.9.4 设备

试验设备应符合 GB/T 2423.19—2013 及表10的规定。

5.10 冲击(运行)试验

5.10.1 目的

确定消防电子产品承受实际使用环境中可能发生的机械冲击的能力。

5.10.2 要求

将试验样品直接紧固或通过夹具紧固刚性安装在冲击试验台上,使试验样品处于正常工作状态。启动冲击试验台,对质量为 m(单位为 kg)的试验样品,以峰值加速度为 $(100-20\times m)\times 10\ m/s^2$,脉冲持续时间为 6 ms 的半正弦波脉冲,对试验样品 3 个相互垂直的轴线中每个方向连续冲击 3 次,总计 18 次。在条件试验过程中观察试验样品的状态。性能检测在条件试验后进行。

5.10.3 严酷等级

冲击试验的严酷等级应满足表 11 的要求。在表 11 中,m 为试验样品的质量,单位为 kg。本试验适用于质量 $m \leqslant 4.75$ kg 的试验样品,当试验样品质量 $m > 4.75$ kg 时,不进行该项试验。

表 11 冲击试验严酷等级

分级	0	Ⅰ、Ⅱ、Ⅲ和Ⅳ
脉冲波形的类型	不试验	半正弦波
脉冲持续时间 ms		6
峰值加速度 m/s²		$(100-20\times m)\times 10$
冲击方向数		6
每个方向冲击数		3

5.10.4 设备

试验设备应符合表 11 中的规定。

5.11 碰撞试验

5.11.1 目的

确定消防电子产品承受正常使用环境中可能发生的对其表面产生机械碰撞的能力。

5.11.2 要求

5.11.2.1 试验采用两种不同的试验方法。

5.11.2.2 方法 A 是利用一只摆动锤头对试验样品进行碰撞试验,对试验样品边缘产生瞬间的冲击作用,适用于安装在天棚或墙面小件试验样品(例如探测器、报警按钮等)。将试验样品按其正常的工作位置安装在试验设备的刚性水平安装板上(见图 B.4),并使样品处于正常工作状态,试验样品在试验前应至少通电 15 min。

5.11.2.3 调整碰撞试验设备,使锤头碰撞面的中心能够从水平方向碰撞试验样品,并对准试验样品最易遭受破坏的部位进行碰撞。性能检测宜在条件试验后进行。

5.11.2.4 方法B是利用一只半球形的锤子对试验样品各裸露面进行碰撞试验,适用于控制与显示类产品(例如火灾报警控制器、消防电气控制装置、火灾显示盘等)。

5.11.2.5 按正常工作的要求,使试验样品处于正常工作状态。对试验样品表面上每个易损部件(如指示灯、显示器等)施加三次碰撞。在进行试验时要小心进行,以确保上一组(三次)碰撞结果不对后续各组碰撞结果产生影响,在认为可能产生影响时,不考虑发现的缺陷,取一新的试验样品,在同一位置重新进行试验。性能检测宜在条件试验后进行。

5.11.3 严酷等级

碰撞试验(试验方法A)的严酷等级应满足表12的要求。碰撞试验(试验方法B)的严酷等级应满足表13的要求。

表12 碰撞试验(试验方法A)严酷等级

分级	0、Ⅰ、Ⅱ、Ⅲ和Ⅳ
碰撞能量 J	1.9±0.1
锤速 m/s	1.5±0.125
每个方向碰撞次数	1

表13 碰撞试验(试验方法B)严酷等级

分级	0、Ⅰ、Ⅱ、Ⅲ和Ⅳ
碰撞能量 J	0.5±0.04
每点碰撞次数	3

5.11.4 设备

5.11.4.1 试验方法A

5.11.4.1.1 试验设备(见图B.4)主体是一个摆锤机构。摆锤的锤头由硬质铝合金AlCu$_4$SiMg(经固溶、时效处理)制成,外形为具有一个斜碰撞面的六面体。锤头的摆杆固定在带球轴承的钢轮毂上,球轴承装在硬钢架的固定钢轴上。硬钢架的结构应保证在未安装试验样品时能够使摆锤自由旋转。

5.11.4.1.2 锤头的外形尺寸为长94 mm、宽76 mm、高50 mm。锤头斜切面与锤头纵轴之间的夹角为60°±1°,锤头的摆杆外径为(25±0.1)mm,壁厚为(1.6±0.1)mm。

5.11.4.1.3 锤头的纵轴距旋转轴线的径向距离为305 mm,锤头的摆杆轴线要保证与旋转轴线垂直。外径为102 mm、长为200 mm的钢轮毂同心组装在直径为25 mm的钢轴上。钢轴直径的精度取决于所用的轴承尺寸公差。

5.11.4.1.4 在钢轮毂与摆杆相对的方向上装有两个外径为20 mm、长为185 mm的钢质配重臂,其伸出长度为150 mm。在两个配重臂上装一个位置可调的配重块,以便使锤头与配重臂平衡。在钢轮毂的一端上装一个厚为12 mm、直径为150 mm的铝合金滑轮,在滑轮上缠绕一条缆绳,缆绳的一端固定在滑轮上,另一端系上工作重锤。

5.11.4.1.5 安装试验样品的水平安装板由钢架支撑着。安装板可以上下调整,以便使锤头的碰撞面中心从水平方向碰撞试验样品,如图 B.4 所示。在使用试验设备时,首先要按图 B.4 调整试验样品和安装板的位置,调好后,把安装板固紧在钢架上,然后摘下工作重锤通过调整配重块平衡摆锤机构。调整平衡后,把摆杆拉到水平位置上,系上工作重锤,当摆锤机构释放时,工作重锤将使锤头旋转$(3\pi/2)$rad 碰撞试验样品。工作重锤的质量 m 为$(0.388/3\pi r)$kg,其中:r 为滑轮的有效半径,当 r 为 75 mm 时,工作重锤质量约为 0.55 kg,锤头质量约为 0.79 kg。

5.11.4.2 试验方法 B

5.11.4.2.1 由弹簧操纵的碰撞试验仪器如图 B.5 所示。该仪器由三个主要部分组成:主体、碰撞件及装卸和释放弹簧的圆锥体。主体包括机壳、碰撞件导引器、释放机构和所有刚性固定部分。碰撞件包括锤头、锤轴和球形旋塞捏手。

5.11.4.2.2 锤头形状为半球形,半径为 10 mm,采用聚酰胺材料制成。锤头被固定在锤轴上,当碰撞件在释放点时,从锤头顶到圆锥体碰撞面的距离的近似值为表 14 中弹簧的压缩值。

表 14 弹簧压缩值

碰撞前的动能 J	弹簧压缩的大约值 mm
0.20±0.02	13
0.35±0.03	17
0.50±0.04	20
0.70±0.05	24
1.20±0.05	28
注:碰撞前的动能 E(单位为 J)的近似值由下面的公式计算: $E = 0.5 F \cdot C \times 10^{-3}$ 式中: F——弹簧被压缩时所受的力,单位为牛顿(N); C——锤弹簧被压缩的值,单位为毫米(mm)。	

5.11.4.2.3 当释放夹片在释放碰撞件的点上时,圆锥体弹簧受力约为 5 N。调节释放机构弹簧以便它们具有刚好足够的压力来保持释放夹片在预定的位置上。释放碰撞件所需的压力不能超过 10 N。

5.11.4.2.4 锤轴、锤头的结构及锤弹簧的调节应达到如下效果,在锤头顶经过碰撞面前约 1 mm 时,锤弹簧已经释放了它的所有势能。

5.11.4.2.5 在其碰撞前的最后 1 mm 的运行中,碰撞件只有动能,没有势能。此外,锤头顶经过碰撞面之后,若没有其他干扰,碰撞件至少再自由运行 8 mm。

5.12 振动(正弦)(运行)试验

5.12.1 目的

确定消防电子产品在使用环境中对振动的适应性。

5.12.2 要求

5.12.2.1 将试验样品按正常安装方式刚性安装在振动试验台上,使同方向的重力作用和其使用时一样

（重力影响可忽略时除外），其中的一个轴线应垂直于试验样品的正常安装平面。试验样品在上述安装方式下可放于任何高度。

5.12.2.2 振动应在试验样品的三个互相垂直的轴线上依次进行。在条件试验过程中试验样品应接通电源并处于正常工作状态。对每个规定的功能方式（例如正常工作状态、火灾报警状态或故障状态）施加给定频率范围（最小—最大—最小）的扫描循环，性能检测在条件试验结束之后进行。

5.12.2.3 对于需要在使用场所现场组装的试验样品，可根据实际情况考虑是否进行试验。

5.12.2.4 振动（正弦）（运行）试验可与振动（正弦）（耐久）试验结合进行，以使试验样品在每一轴线进行运行试验后进行耐久试验，然后进行性能检测。

5.12.3 严酷等级

振动（正弦）（运行）试验的严酷等级应满足表15的要求。试验样品可根据产品特性选取定位移或定加速度（或两者都要求）的幅值。

表15 振动（正弦）（运行）试验严酷等级

分级	0 和 Ⅰ	Ⅱ 和 Ⅲ	Ⅳ
频率范围 Hz	10～150	10～150	10～150
加速度幅值 m/s²	1 或 5	5 或 10	20
位移幅值 mm	0.15	0.15	0.15
轴线数	3	3	3
扫频速率 oct/min	1	1	1
每个功能状态、每个轴线上扫频循环数	1	1	1

5.12.4 设备

试验设备应符合5.12.2和表15的规定。

5.13 振动（正弦）（耐久）试验

5.13.1 目的

确定消防电子产品长时间承受振动影响的能力。

5.13.2 要求

5.13.2.1 将试验样品刚性安装在振动试验台上，使同方向的重力作用和其使用时一样（重力影响可忽略时除外），其中的一个轴线应垂直于试验样品的正常安装平面。试验样品在上述安装方式下可放于任何高度。

5.13.2.2 振动将在试验样品三个相互垂直的轴线上依次进行。

5.13.2.3 在条件试验过程中试验样品处于非通电状态。性能检测在条件试验结束后进行。

5.13.2.4 振动（正弦）（耐久）试验可与振动（正弦）（运行）试验结合进行，以使试验样品在每一轴线进行运行试验后进入耐久试验,然后进行性能检测。

5.13.3.5 对于需要在使用场所现场组装的试验样品,可根据实际情况考虑是否进行试验。

5.13.3 严酷等级

振动(正弦)(耐久)试验的严酷等级应满足表16的要求。试验样品可根据产品特性选取定位移或定加速度(或两者都要求)的幅值。

表16 振动(正弦)(耐久)试验严酷等级

分级	0和Ⅰ	Ⅱ和Ⅲ	Ⅳ
频率范围 Hz	10～150	10～150	10～150
加速度幅值 m/s²	5	10	20
位移幅值 mm	0.15	0.15	0.15
轴线数	3	3	3
扫频速率 oct/min	1	1	1
每个功能状态、每个轴线上扫频循环数	20	20	20

5.13.4 设备

试验设备应符合5.13.2和表16的规定。

5.14 自由跌落试验

5.14.1 目的

确定消防电子产品承受自由跌落的能力。

5.14.2 要求

5.14.2.1 试验方法按照GB/T 2423.7—2018中自由跌落(方法1)的规定进行。

5.14.2.2 在试验过程中试验样品应处于非通电工作状态,试验表面应是混凝土或钢制成的平滑、坚硬且保持水平的刚性表面。

5.14.2.3 跌落高度是指试验样品在跌落前悬挂着的时候,试验表面与离它最近的样品部位之间的高度。

5.14.2.4 释放试验样品的方法是使试验样品从悬挂着的位置自由跌落。

5.14.2.5 试验后进行试验样品的外观、机械性能和功能检测。

5.14.3 严酷等级

自由跌落试验的严酷等级应满足表17的要求。质量为50 kg及以上的试验样品不进行该项试验。

表 17 自由跌落试验严酷等级

分级	0	Ⅰ、Ⅱ、Ⅲ和Ⅳ		
跌落高度 mm	不试验	1 000	500	200
跌落次数		2	2	2
试验样品质量 kg		<1	<10	<50

5.14.4 设备

试验设备应符合 GB/T 2423.7—2018 的相关规定。

5.15 长霉试验

5.15.1 目的

确定消防电子产品在潮湿的长霉条件下贮存及使用的适应性。

5.15.2 要求

5.15.2.1 试验方法按照 GB/T 2423.16—2008 中规定的试验方法 1 进行。试验方法 1 不适用的情况下,可以考虑采用 GB/T 2423.16—2008 中规定的试验方法 2。

5.15.2.2 采用的试验菌种见表 18,表中列出每种菌种预期的侵染性能以供参考。不管试验样品的性质如何,混合悬浮液应该使用所有这些菌种孢子。菌种和冷冻干孢子应从已认可的真菌菌种保藏中心获取。将它们放在标有接种日期的容器里。菌种培养物充分形成孢子后,制备孢子悬浮液。大多数情况下,在 (29 ± 1) ℃条件下经过 7 d～14 d 培养就可以形成孢子。

5.15.2.3 孢子悬浮液的制备:首先用无菌蒸馏水制备悬浮液,其中添加浓度为 0.005%～0.01% 的湿润剂,基于 N-甲级牛磺酸或二辛基硫代丁二酸钠的溶剂比较合适。湿润剂中不应含有促进或抑制霉菌生长的物质。向各菌管缓慢加入含有湿润剂的无菌水 10 mL。将铂丝或者镍镉丝在火焰上烧至赤红以消毒并冷却,用其轻轻刮菌种表面以释放出孢子。轻轻震荡液体以使孢子分散而不分离出菌丝碎片。将悬浮液通过无菌玻璃纤维薄层或者孔径为 40 μm～100 μm 的微过滤器过滤到一个无菌离心管。过滤后的孢子悬浮液离心分离后,去掉上层清液。用不少于 10 mL 的无菌蒸馏水将沉淀物再悬浮、离心。如此清洗孢子 3 次。

表 18 试验菌种

序号	名称	菌种编号[a]	侵染性能
1	黑曲霉	ATCC 6275	许多材料
2	土曲霉	ATCC 10690	塑料
3	球毛壳霉	ATCC 6205	纤维素
4	树脂子囊霉	DSM 1203	碳氢化合物为主的润滑剂
5	宛氏拟青霉	ATCC 18502	塑料和皮革

表 18（续）

序号	名称	菌种编号[a]	侵染性能
6	绳状青霉	ATCC 36839	许多材料特别是织物
7	短帚霉	ATCC 36840	橡胶
8	绿色木霉	ATCC 9645	纤维素、织物以及塑料

[a] 有关菌种相应的中国微生物研究所菌种保藏号：黑曲霉 AS 3.3928、土曲霉 AS 3.3935、球毛壳霉 AS 3.963、宛氏拟青霉 AS 3.4253、绳状青霉 AS 3.3875、短帚霉 AS 3.3985、绿色木霉 AS 3.2942。

5.15.2.4 试验方法1的准备：选用下列溶液稀释孢子沉淀物：如果试验样品要求外观检查，用表19中的无机盐溶液，但不含蔗糖；如果试验样品要求检查性能或测量电性能，则选用无菌蒸馏水。

5.15.2.5 用显微计数法或浊度法将孢子浓度稀释到 $1\times10^6/mL \sim 2\times10^6/mL$ 之间。按照相关接种规程，将相同体积的单一孢子溶液混合制备成最终孢子接种悬浊液。采用无机盐溶液配制的要在45 h内使用，无菌蒸馏水配制的要求在 6 h 内使用。喷洒接种要制备 100 mL；浸渍或涂刷接种要制备 500 mL。

5.15.2.6 试验方法2的准备：根据对照条（见5.15.2.7）用营养溶液稀释孢子沉淀物，调整孢子浓度到 $1\times10^6/mL \sim 2\times10^6/mL$。按照相关接种规程，将相同体积的单一孢子溶液混合制备成最终孢子接种悬浮液。孢子接种悬浮液要求在 6 h 内使用。

5.15.2.7 对照条：对照条由白色滤纸或未经处理棉织品制成。制备对照条的营养液成分见表19。在 20 ℃下营养液pH值应为6.0~6.5，如果有需要可以用 0.01 mol 的 NaOH 溶液调节，然后放在高压蒸汽锅中(120±1)℃下灭菌 20 min。对照条用营养液浸泡，接种前，从营养液中取出、滴干。

表 19 制备对照条的营养液成分

试剂	浓度/(g/L)	试剂	浓度/(g/L)
磷酸二氢钾(KH_2PO_4)	0.7	氯化钾(KCl)	0.5
磷酸氢二钾(K_2HPO_4)	0.3	硫酸亚铁($FeSO_4 \cdot 7H_2O$)	0.01
硫酸镁($MgSO_4 \cdot 7H_2O$)	0.5	蔗糖	30.0
硝酸钠($NaNO_3$)	2.0		

5.15.2.8 喷洒接种应使用医疗护理用超声雾化器，并与接种箱安全柜连接。

5.15.2.9 给小件试验样品接种时，应采用带盖子的、能够放置或悬挂样品及对照装置的玻璃或者塑料容器。容器的大小和形状应保证底部有足够敞露的水表面积，以保持容器内的相对湿度大于90%。悬挂放置应保证放置的试验样品不浸在水中或溅到水滴。将容器放入试验箱中以培养样品和对照条，试验箱内整个工作空间温度应均匀保持在 28 ℃~30 ℃ 范围内。控温器运作引起的温度周期循环变化不应超过 1 ℃/h。

5.15.2.10 给大件试验样品接种时，应采用具有良好密封门的湿度试验箱，以防止箱内和试验室之间的空气交换。整个工作空间的相对湿度应保持到大于90%，不应有冷凝水从试验箱顶部或壁上滴到样品和对照条上。整个工作空间温度应均匀保持在 28 ℃~30 ℃ 范围内。控温器运行引起的温度周期循环变化不应超过 1 ℃/h。为了使整个工作空间达到规定的均匀的温度和湿度，可以使箱内空气强迫循环，样品表面的空气流速不应超过 1 m/s。

5.15.2.11 在接种前,样品应当在温度(29±1)℃、相对湿度90%～100%的条件下至少贮存4 h。

5.15.2.12 培养条件为温度(29±1)℃、相对湿度90%～100%。对于小件试验样品,接种后将试验样品和3个对照条分开间距放置在容器内,并把容器放在培养箱;阴性对照样品应放置在与存放试验样品的容器相同但无菌的容器中,不放置对照条,并将容器放在培养箱中。对于容器不能容纳的大件试验样品,接种以后将对照条和试验样品一起放在培养箱中,阴性对照样品应放置在单独专用、经过消毒的试验箱中。

容器或湿度箱在下列情况下打开:
——7 d后检查对照条,确定孢子的活性及培养条件;
——每7 d为容器提供一次氧气,直至规定的培养周期结束;
——目测,进行中间检查。

开放时间不宜超过5 min。培养7 d后,在每个对照条上用肉眼应观察到不同霉菌的生长。否则该试验无效,需要重新开始。

5.15.2.13 试验期间,试验样品处于非通电状态。条件试验后进行试验样品的外观和性能检测。

5.15.3 严酷等级

长霉试验方法1的严酷等级应满足表20的要求。

表20 长霉试验严酷等级(试验方法1)

分级	0和Ⅰ	Ⅱ[a]	(Ⅲ和Ⅳ)[b]
培养周期 d	不试验	28	28 或 56

[a] 可根据产品的使用环境确定是否进行试验。
[b] 可根据产品的特点和相关规范的要求选择不同的培养周期。

长霉试验方法2的严酷等级应满足表21的要求。

表21 长霉试验严酷等级(试验方法2)

分级	0和Ⅰ	Ⅱ[a]、Ⅲ和Ⅳ
培养周期 d	不试验	28

[a] 可根据产品的使用环境确定是否进行试验。

5.15.4 设备

试验设备应符合GB/T 2423.16—2008的规定。

5.16 盐雾试验

5.16.1 目的

确定消防电子产品在含盐大气条件下使用的适应性。

5.16.2 要求

5.16.2.1 试验方法按照GB/T 2423.18—2012中规定进行。

5.16.2.2 盐溶液：试验所用的盐应是高品质的氯化钠（NaCl），干燥时，碘化钠的含量不超过0.1%，杂质的总含量不超过0.3%。盐溶液的质量分数应为(5±1)%。溶液应通过以下的方法制备，将质量为(5±1)份的盐溶解在质量为95份的蒸馏水或者去离子水中。盐溶液的pH值在温度为(20±2)℃时应在6.5~7.2之间。条件试验时，pH值应维持在该范围内。在保证氯化钠浓度的前提下，可以使用稀盐酸或者氢氧化钠溶液调节pH值。每一批新配置的溶液都应测量pH值。喷雾用过的盐溶液不应重复使用。

5.16.2.3 气源：进入喷雾装置的压缩空气应不含任何杂质，如油、灰尘等。要采取措施使压缩空气的湿度满足试验条件的要求。空气的压力应适用于产生细小、潮湿、密集的雾。为了防止盐沉积堵塞喷雾装置，推荐喷嘴处的空气相对湿度应不低于85%。一种可行的方法是让气流以非常小的气泡形式通过一个自动保持水位的水塔，水温不应低于试验箱的温度。空气压力应能调节，以保证试验对溶液收集率的要求。

5.16.2.4 预处理：要规定试验前对试验样品所采用的清洁程序，清洁方法不应影响盐雾对试验样品的作用，且不能引入任何的二次腐蚀。同时规定是否需要移除临时性表面保护层。试验前尽量避免用手接触试验样品表面。

5.16.2.5 条件试验：将试验样品放入盐雾箱，按照正常使用状态进行试验。试验样品之间不应有接触，也不能与其他金属部件接触。在试验箱温度为15 ℃~35 ℃下喷盐雾2 h。所有的暴露区域都应维持盐雾条件，用水平收集面积为80 cm² 的洁净器皿放置在暴露区域的任意一点，在收集周期内平均每小时收集量应在1.0 mL~2.0 mL溶液。至少应采用两个收集器，收集器应放置不受试验样品遮挡的位置，并避免搜集到各类冷凝水。为了得到精确的测量结果，在校准试验箱的喷雾速率时，喷雾周期不应少于8 h。每次喷雾周期结束后，将试验样品转移到湿热箱中贮存，贮存条件是：温度为(40±2)℃，相对湿度为(93±3)%，贮存时间按照表22中严酷等级的规定执行。

5.16.2.6 恢复：试验结束后，试验样品应在自来水下冲洗5 min，然后用蒸馏水或去离子水冲洗，然后晃动或者用气流干燥去掉水滴。清洗用水的温度不应超过35 ℃。试验样品应在标准恢复条件下放置不少于1 h，且不超过2 h。

5.16.2.7 条件试验期间，试验样品处于非通电状态，条件试验后进行试验样品的外观和性能检测。

5.16.3 严酷等级

盐雾试验的严酷等级应满足表22的要求。对于在海洋环境或在近海地区使用的产品宜选择168 h的湿热贮存周期时间进行试验，对于在含盐大气与干燥大气之间频繁交替使用的产品宜选择22 h的湿热贮存周期时间进行试验。选择22 h的湿热贮存周期时间进行试验时，试验循环周期结束后，有一个在试验用标准大气[温度(23±2)℃，相对湿度为45%~55%]下为期3 d的贮存周期，可以根据产品的特点选择该循环周期的重复次数为1、2、4或8。

表22 盐雾试验严酷等级

分级	0、Ⅰ和Ⅱ	Ⅲ和Ⅳ
喷雾周期	不试验	4
每个喷雾周期时间 h		2
湿热贮存周期		4
每个湿热贮存周期时间 h		168 或 22

5.16.4 设备

试验设备应符合 GB/T 2423.18—2012 中的规定。

5.17 沙尘试验

5.17.1 目的

确定消防电子产品的抵御灰尘的密封性能。

5.17.2 要求

5.17.2.1 试验方法按照 GB/T 2423.37—2006 中规定的方法 La2 进行。

5.17.2.2 试验用尘是干燥的非磨蚀性的细粉尘，能够通过筛孔为 75 μm，金属丝直径为 50 μm 的平面网状筛。本试验中可以使用滑石粉。试验用尘使用次数不应超过 20 次，应注意维持干燥以保持尘粉细度。使用前应在 80 ℃ 下烘干 2 h。试验用尘的数量至少为 2 kg/m³×V(试验箱体积)。

5.17.2.3 试验箱内的气流主要是自上而下的垂直气流，而非层流。气流速度应使尘在箱内均匀分布。

5.17.2.4 试验箱内的相对湿度应小于 25%，可以通过提高试验箱温度获得。

5.17.2.5 将试验样品放入试验箱，并按正常使用位置安装。所有开放的孔保持开放。如果包含多个样品，要注意样品间不接触，不互相遮挡尘。条件试验结束后，试验样品仍然保留在试验箱内直至尘全部沉降。

5.17.2.6 条件试验期间，试验样品处于非通电状态，条件试验后进行试验样品的目视检查和性能检测。

5.17.3 严酷等级

沙尘试验的严酷等级应满足表 23 的要求。

表 23 沙尘试验严酷等级

分级	0、Ⅰ 和 Ⅱ	Ⅲ 和 Ⅳ
气压	不试验	标准大气压
持续时间 h		8

5.17.4 设备

试验设备应符合 GB/T 2423.37—2006 中的相关规定。

5.18 水试验

5.18.1 目的

确定消防电子产品在使用环境中抵御水的性能。

5.18.2 要求

5.18.2.1 按照 GB/T 2423.38—2008 中规定进行。

5.18.2.2 在条件试验过程中试验样品处于不通电状态。条件试验后立即进行性能检测，并对试验样品的任何注水口进行检查。

5.18.2.3 对于冲水试验,试验期间,将试验样品安放在正常工作位置,完全裸露。水雾从垂直方向及与垂直方向成 60°夹角方向向试验样品喷注。图 B.6 和图 B.7 为两种试验设备的试验简图,可任选其中一种进行试验。图 B.6 为固定式雨淋试验设备。进行试验时,试验样品与喷孔之间的最小距离不大于 200 mm,水流量为 1.8 L/min,可用流量计测量,试验时间为 5 min,将试验样品水平转动 90°,再继续进行 5 min。图 B.7 为手持式雨淋试验设备,且带有可移动的防护罩。进行试验时,试验样品与喷孔之间的最小距离为 300 mm~500 mm,水流量为 10 L/min,试验时间至少为 5 min。

5.18.2.4 对于浸水试验,将试验样品完全浸入到水箱中为了便于发现泄漏,在水中可加入水溶性染料,如荧光素。浸水深度为 0.15 m,持续时间为 0.5 h。

5.18.3 严酷等级

本试验用于安装在户外、地面的产品或对防水有要求的其他产品。严酷等级及对应的防护要求按照 GB/T 4208—2017 的规定。

5.18.4 设备

试验设备应符合 GB/T 2423.38—2008 的相关规定。

5.19 电压波动抗扰度试验

5.19.1 目的

确定消防电子产品在公用和工业供电网络中使用遭受正和负的低幅值电压波动的适应性。

5.19.2 要求

5.19.2.1 按照 GB/T 17626.14—2005 中规定进行。

5.19.2.2 在条件试验过程中试验样品处于正常工作状态。对选定的严酷等级,顺序进行三次电压波动试验,每次电压波动序列的时间间隔最小为 60 s 的两倍。在起始电压为 U_n(标称电压)、$U_n-10\%U_n$、$U_n+10\%U_n$ 这三种典型运行模式下均需进行试验。条件试验后进行性能检测。

5.19.2.3 对于三相供电的试验样品,同时对三相进行试验。

5.19.3 严酷等级

电压波动抗扰度试验的严酷等级应满足表 24 的要求。公用网络或其他轻骚扰网络的产品优先选择 $\Delta U=8\%U_n$ 级别,工业网络优先选择 $\Delta U=12\%U_n$ 级别。采用直流电压工作的产品不进行试验。

表 24 电压波动抗扰度试验严酷等级

分级		0、Ⅰ、Ⅱ、Ⅲ和Ⅳ
电压阶跃幅值	起始电压为 U_n 时	$\Delta U=\pm 8\%U_n$ $\Delta U=\pm 12\%U_n$
	起始电压为 $U_n-10\%U_n$ 时	$\Delta U=+8\%U_n$ $\Delta U=+12\%U_n$
	起始电压为 $U_n+10\%U_n$ 时	$\Delta U=-8\%U_n$ $\Delta U=-12\%U_n$
电压波动的重复周期 s		5

表 24（续）

分级	0、Ⅰ、Ⅱ、Ⅲ和Ⅳ
每周期的电压波动持续时间 s	2
每种起始电压的试验持续时间 min	2

5.19.4 设备

试验设备应符合 GB/T 17626.14—2005 的相关规定。

5.20 电压暂降、短时中断和电压变化的抗扰度试验

5.20.1 目的

确定与低压供电网络连接的消防电子产品对电压暂降、短时中断和电压变化的适应性。

5.20.2 要求

试验布置按照 GB/T 17626.11—2008 的规定进行。在条件试验过程中试验样品要接通电源并处于正常工作状态。条件试验后进行性能检测。按每一种选定的试验等级和持续时间组合，顺序进行三次跌落或中断试验，两次试验之间最小间隔 10 s，电源电压的突变发生在电压过零处（或优先选择 45°、90°、135°、180°、225°、270°和 315°），对于三相供电的试验样品，三相应同时进行试验。

5.20.3 严酷等级

电压暂降、短时中断和电压变化的抗扰度试验的严酷等级应满足表 25 的要求。

表 25 电压暂降、短时中断和电压变化的抗扰度试验严酷等级

分级	0、Ⅰ、Ⅱ、Ⅲ和Ⅳ		
电压等级（为参考电压的百分比）%	70	40	0
持续时间 周期	25	10	1

5.20.4 设备

试验设备应符合 GB/T 17626.11—2008 的规定。

5.21 静电放电抗扰度试验

5.21.1 目的

确定消防电子产品对带静电人员、物体接触引起的静电放电现象的适应性。

5.21.2 要求

5.21.2.1 试验配置遵循 GB/T 17626.2—2018 的规定。台式设备试验布置实例见图 B.8，落地式设

备试验的布置见图 B.9,静电放电发生器输出电流波形见图 B.10,静电放电发生器电原理图见图 B.11,静电放电发生器的放电电极见图 B.12。

5.21.2.2 在条件试验过程中试验样品要接通电源并处于工作状态,条件试验后进行性能检测。

5.21.2.3 对试验样品直接施加的放电试验按以下要求进行。

——静电放电仅施加于操作人员正常使用试验样品时可能接触的点和面上。

——静电放电发生器应保持与实施放电的表面垂直。对试验样品的导电表面实施接触放电;对试验样品的绝缘表面实施空气放电。对于表面涂漆的情况,应采用以下的操作程序:如设备生产者未说明漆膜为绝缘层,则发生器的电极应穿入漆膜,以便与导电层接触。如生产者指明漆膜是绝缘层,则应只进行空气放电。

——试验应以单次放电的方式进行。在预选点上实施放电的时候,发生器的放电回路电缆应与受试设备的距离至少应保持 0.2 m,至少施加 10 次单次放电(最敏感的极性)。连续单次放电之间的时间间隔建议至少 1 s。

——在接触放电的情况下,放电电极的顶端应在操作放电开关之前接触受试设备。

——在空气放电的情况下,放电电极的圆形放电头应尽可能快地接近并触及受试设备(不要造成机械损伤)。每次放电之后,应将静电放电发生器的放电电极从受试设备移开,然后重新触发发生器,进行新的单次放电,这个程序应当重复直至放电完成为止。

5.21.2.4 对试验样品间接施加的放电试验按以下要求进行。

——对于放置于或安装在受试设备附近的物体放电,应采用静电放电发生器对耦合板接触放电的方式进行模拟。

——对于放置在受试设备下方的水平耦合板,放电时,放电电极的长轴与水平耦合板应处于同一平面,并与水平耦合板的边缘垂直。在距受试设备中心点对面的 0.1 m 处水平耦合板边缘,以最敏感的极性至少对水平耦合板施加 10 次单次放电(见图 B.8)。

——对于垂直耦合板,应将尺寸为 0.5 m×0.5 m 的耦合板平行于受试设备放置且保持 0.1 m 的距离,应对耦合板的一个垂直边的中心,以最敏感的极性至少施加 10 次单次放电。放电应施加在耦合板上,通过调整耦合板位置,使受试设备四面不同的位置都受到放电试验(见图 B.8、图 B.9)。

——安装后试验的配置遵循 GB/T 17626.2—2018 的规定。

5.21.3 严酷等级

静电放电抗扰度试验的严酷等级应满足表 26 的要求。

表 26 静电放电抗扰度试验严酷等级

分级	0、Ⅰ、Ⅱ、Ⅲ和Ⅳ
试验电压:接触放电 kV	6
空气放电 kV	8
每个试验点放电次数	10

5.21.4 设备

试验设备应符合 GB/T 17626.2—2018 的规定。

5.22 射频电磁场辐射抗扰度试验

5.22.1 目的

确定消防电子产品在辐射电磁场环境下工作的适应性。

5.22.2 要求

5.22.2.1 试验布置按 GB/T 17626.3—2016 的规定进行,图 B.13 为典型的试验设施举例。图 B.14 为落地式试验设备的试验布置图,图 B.15 为台式试验样品的试验布置图。

5.22.2.2 在条件试验过程中试验样品要接通电源并处于工作状态。条件试验后进行性能检测。

5.22.2.3 首先使试验样品的一面与均匀域平面重合,用 1 kHz 的正弦波对信号进行 80% 的幅度调制后,在 80 MHz~1 000 MHz 的频率范围内进行扫描。当需要时,可以暂停扫描以调整射频信号电平和振荡器波段开关和天线。扫频过程频率逐步增加,步长不超过前一频率的 1%。每一频率点上扫描驻留时间不应短于试验样品操作和反应所需时间,且不得短于 0.5 s。敏感点(如时钟频率)应个别考虑。

5.22.2.4 应对试验样品的四个面分别进行试验。试验样品能以不同方向(如垂直或水平)放置使用时,各个侧面均应试验。对试验样品的每一侧面要在发射天线的两种极化状态下进行试验,一次在天线垂直极化位置,一次在天线水平极化位置。

5.22.3 严酷等级

射频电磁场辐射抗扰度试验的严酷等级应满足表27的要求。采用无线通信及其他射频发射装置的产品或其他特殊场合使用的产品可根据其工作频段及特点扩大试验的频率范围为 0.8 GHz~6 GHz,并不要求试验在整个频率范围内连续进行。

表 27 射频电磁场辐射抗扰度试验严酷等级

分级	0、Ⅰ、Ⅱ、Ⅲ和Ⅳ
频率范围 MHz	80~1 000
场强 V/m	10

5.22.4 设备

试验设备应符合 GB/T 17626.3—2016 的规定。

5.23 电快速瞬变脉冲群抗扰度试验

5.23.1 目的

确定消防电子产品对感性负载瞬变产生的各种快速低能量脉冲干扰的适应性。

5.23.2 要求

5.23.2.1 在试验室进行的试验,试验配置遵循 GB/T 17626.4—2018 的规定。

5.23.2.2 图 B.16 为 AC 电源线试验用耦合/去耦网络,图 B.17 为其他外连接线试验用电容耦合夹,图 B.18 为 50 Ω 负载时单脉冲波形图,图 B.19 为一组脉冲波形图,图 B.20 为电瞬变脉冲发生器电原理图。

5.23.2.3 在条件试验过程中试验样品要接通电源并处于工作状态。条件试验后进行性能检测。

5.23.2.4 用图 B.16 所示耦合/去耦网络对试验样品的电源线施加规定的电压及频率的正负极性瞬变脉冲电压;用图 B.17 所示电容耦合夹对试验样品的其他外接线施加规定的电压及频率的正负极性瞬变脉冲电压,每 300 ms 施加瞬变脉冲电压 15 ms,施加两次瞬变脉冲群电压的时间间隔为 10 s。

5.23.3 严酷等级

电快速瞬变脉冲群抗扰度试验的严酷等级应满足表 28 的要求。工业用产品应选用表中的最大值进行试验。

表 28 电快速瞬变脉冲群抗扰度试验严酷等级

分级	0、Ⅰ、Ⅱ、Ⅲ 和 Ⅳ	
重复频率 kHz	5 或 100	
试验电压峰值 kV	供电电源端口,保护接地(PE)	I/O(输入/输出)信号、数据和控制端口
	0.5	0.25
	1	0.5
	2	1
	4	2
极性	正、负	
施加电压次数	3	
每次脉冲群施加电压的时间 min	1	

5.23.4 设备

试验设备应符合 GB/T 17626.4—2018 的规定。

5.24 浪涌(冲击)抗扰度试验

5.24.1 目的

确定消防电子产品对开关和雷电瞬变过电压引起的单极性浪涌(冲击)的适应性。

5.24.2 要求

5.24.2.1 试验配置按 GB/T 17626.5—2019 的规定进行。

5.24.2.2 图 B.21 为交/直流线上电容耦合试验配置示例(线-线耦合),图 B.22 为交/直流线上电容耦合试验配置示例(线-地耦合),图 B.23 为交流线(三相)上电容耦合的试验配置示例(线 L_3-线 L_1 耦合),图 B.24 为交流线(三相)上电容耦合的试验配置示例(线 L_3-地耦合,信号发生器输出接地),图 B.25 为非屏蔽不对称互连线试验配置示例,图 B.26、图 B.27 为非屏蔽对称工作线路试验配置示例。

5.24.2.3 在条件试验过程中试验样品应接通电源并处于工作状态。条件试验后进行性能检测。

5.24.2.4 按图 B.21～图 B.24 所示对试验样品的交/直流线分别施加浪涌脉冲,按图 B.25 对非屏蔽不对称互连线施加浪涌脉冲,按图 B.26、图 B.27 对非屏蔽对称工作线路施加浪涌脉冲。

5.24.2.5 在选定的点上施加浪涌脉冲至少五次正极性、五次负级性,浪涌脉冲重复率至少为每分钟一次。

5.24.2.6 按线-线和线-地的方式施加浪涌脉冲。进行线-地试验时,如果没有其他规定,试验电压需依次地加到每根线和地之间。

5.24.2.7 图 B.28 为试验过程中开路电压波形,图 B.29 为试验过程中短路电流波形。图 B.30 为组合波发生器电路原理图。

5.24.3 严酷等级

浪涌(冲击)抗扰度试验的严酷等级应满足表 29 的要求。试验样品可根据产品特性选取表中对应的开路电压进行试验,工业用产品宜选用表中开路电压的最大值进行试验。

表 29 浪涌(冲击)抗扰度试验严酷等级

分级	0、Ⅰ、Ⅱ、Ⅲ和Ⅳ	
	线-线	线-地
开路试验电压 kV	0.5	1.0
	1.0	2.0
	2.0	4.0

5.24.4 设备

试验设备应符合 GB/T 17626.5—2019 的规定。

5.25 射频场感应的传导骚扰抗扰度试验

5.25.1 目的

确定消防电子产品对来自 150 kHz～80 MHz 频率范围内射频发射机电磁骚扰的适应性。

5.25.2 要求

5.25.2.1 试验配置按 GB/T 17626.6—2017 的规定进行。

5.25.2.2 图 B.31 为单一试验样品试验布置图;图 B.32 为多单元系统的试验布置图。

5.25.2.3 条件试验过程中试验样品要接通电源并处于正常工作状态,在条件试验后进行性能检测。

5.25.2.4 按试验程序设定的信号电平在 150 kHz～80 MHz 频率范围内扫频,骚扰信号为 1 kHz 正弦波调幅,调制幅度为 80%。如果需要,暂停试验并调整射频信号电平或切换耦合装置。频率递增扫频时,步长不应超过开始频率的 1%。此后,步进的大小不应超过前一频率值的 1%。在每一频率上的驻留时间,不应少于受试设备所需的运行和响应时间,但不应低于 0.5 s。对于敏感频率(例如时钟频率)应单独进行分析。

5.25.3 严酷等级

射频场感应的传导骚扰抗扰度试验的严酷等级应满足表 30 的要求。试验样品可根据产品特性选取表中合适的电压进行试验,工业用产品宜选用表中的最大值进行试验。

表 30 射频场感应的传导骚扰抗扰度试验严酷等级

分级	0、Ⅰ、Ⅱ、Ⅲ和Ⅳ		
频率范围	150 kHz～80 MHz		
电压 dBμV (V)	120 (1)	129.5 (3)	140 (10)

5.25.4 设备

试验设备应符合 GB/T 17626.6—2017 的规定。

5.26 工频磁场抗扰度试验

5.26.1 目的

确定消防电子产品在使用环境中对工频磁场干扰的适应性。

5.26.2 要求

5.26.2.1 试验方法按照 GB/T 17626.8—2006 的规定进行。

5.26.2.2 试验室的电磁条件应能保证正确操作试验样品,而不致影响试验结果。否则,试验应在法拉第笼中进行。试验室的背景电磁场应至少比所选定的试验等级低 20 dB。

5.26.2.3 对于台式试验样品,试验应处于标准尺寸(1 m×1 m)的感应线圈产生的试验磁场中。随后感应线圈应旋转 90°,以使试验样品暴露在不同方向的试验磁场中。

5.26.2.4 对于立式试验样品,试验样品应处于适当大小的感应线圈所产生的试验磁场中,试验应通过移动感应线圈来重复进行,在每个正交方向对试验样品整体进行试验。试验以线圈最短的一边的 50% 为步长,沿试验样品的侧面将线圈移动到不同的位置重复进行。为使试验样品暴露在不同方向的试验磁场中,感应线圈应旋转 90°,按相同的程序进行试验。

5.26.2.5 条件试验过程中试验样品要接通电源并处于正常工作状态,在条件试验后进行性能检测。

5.26.3 严酷等级

工频磁场抗扰度试验的严酷等级应满足表 31 的要求。

表 31 工频磁场抗扰度试验严酷等级

分级	0 和 Ⅰ	Ⅱ	Ⅲ和Ⅳ
磁场强度 A/m	1	3	10 30[a]
[a] 剩余电流式电气火灾监控探测器或类似场合使用的产品应选用的等级。			

5.26.4 设备

试验设备应符合 GB/T 17626.8—2006 的规定。

5.27 交流电源端口谐波、谐间波及电网信号的低频抗扰度试验

5.27.1 目的

确定消防电子产品在使用环境中对低压电网(50 Hz)中的谐波干扰的适应性。

5.27.2 要求

5.27.2.1 试验方法按照 GB/T 17626.13—2006 的规定进行。

5.27.2.2 试验期间,扫频的幅值依赖于频率范围。频率扫描(模拟)或阶跃(数字)的速率不小于每 10 倍频程 5 min,扫描中遇到的试验样品的性能异常的频率点以及所有的谐振点,应驻留,每个频率点的驻留时间至少为 120 s。谐振点的确定应在完成扫频试验时进行。

5.27.2.3 对于三相试验样品,谐波或谐间波畸变电压应同时施加在三相的线-中性点之间,并且每个线-中性点电压中的谐波应与相应的基波电压波形有相同的相位关系,即相互有120°相位移。本方法要求试验发生器的输出应有中性点,并且不应有不传输同极性的3的倍数次谐波的三相输出变压器。该方法不适用于无中性点连接的三相试验样品。

5.27.2.4 条件试验过程中试验样品要接通电源并处于正常工作状态,在条件试验后进行性能检测。

5.27.3 严酷等级

0级、Ⅰ级、Ⅱ级产品采用 GB/T 17626.13—2006 规定的等级 2,Ⅲ级和Ⅳ级产品采用 GB/T 17626.13—2006 规定的等级 3。

5.27.4 设备

试验设备应符合 GB/T 17626.13—2006 的规定。

附 录 A
（规范性）
消防电子产品安全完整性等级的评估

A.1 消防电子产品的整体安全生命周期

A.1.1 消防电子产品的整体安全生命周期见图A.1。对消防电子产品安全完整性等级的评估应覆盖其整体生命安全周期的各个阶段。

A.1.2 生产者应规定能够有效执行消防电子产品整体安全生命周期各阶段所需的信息，这些信息应文档化。对文档的编制、执行、管理和控制等活动应满足GB/T 20438.1—2017第5章的要求。

A.1.3 消防电子产品在整体安全生命周期各个阶段的活动，如风险分析，确定安全完整性等级和执行标准，产品实现，安装和试运行，安全确认和测试，操作、维护和修理，修改和改型，以及退役或处置等均应满足GB/T 20438.1—2017第7章的要求。

A.1.4 消防电子产品应在功能安全评估前按实际使用状态组成完整系统或等效系统。

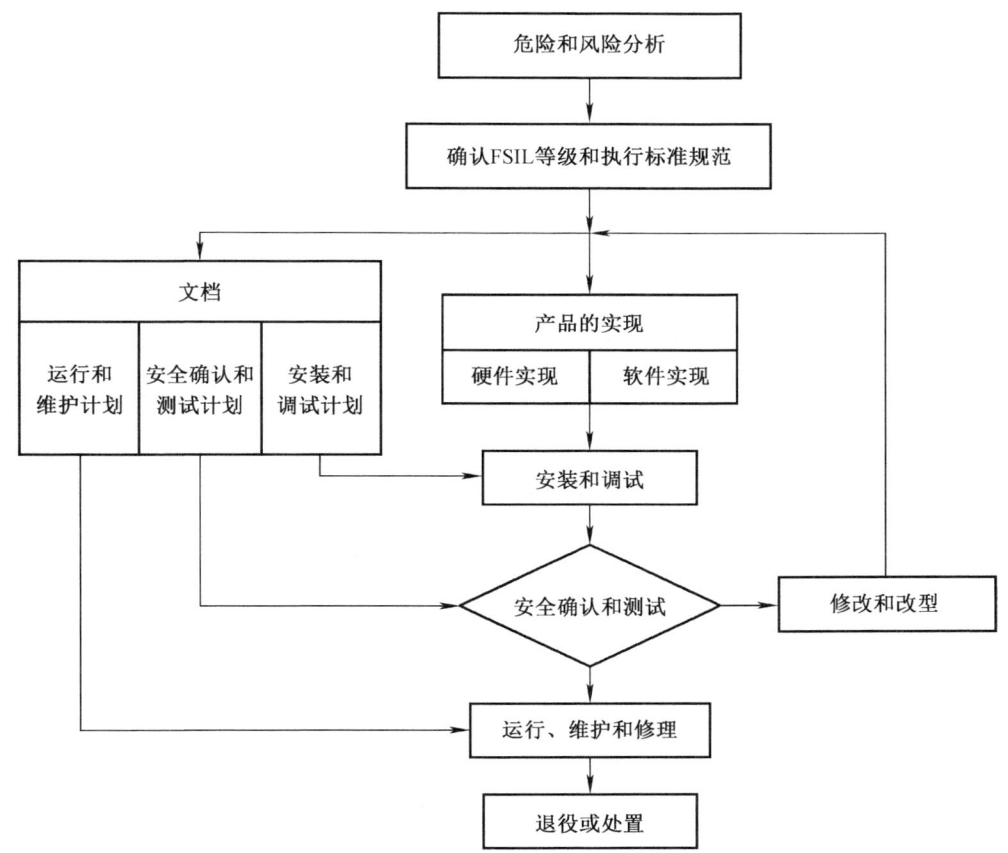

图 A.1 消防电子产品的整体安全生命周期

A.2 硬件安全完整性等级评估

A.2.1 流程

消防电子产品硬件安全完整性等级评估流程见图A.2。

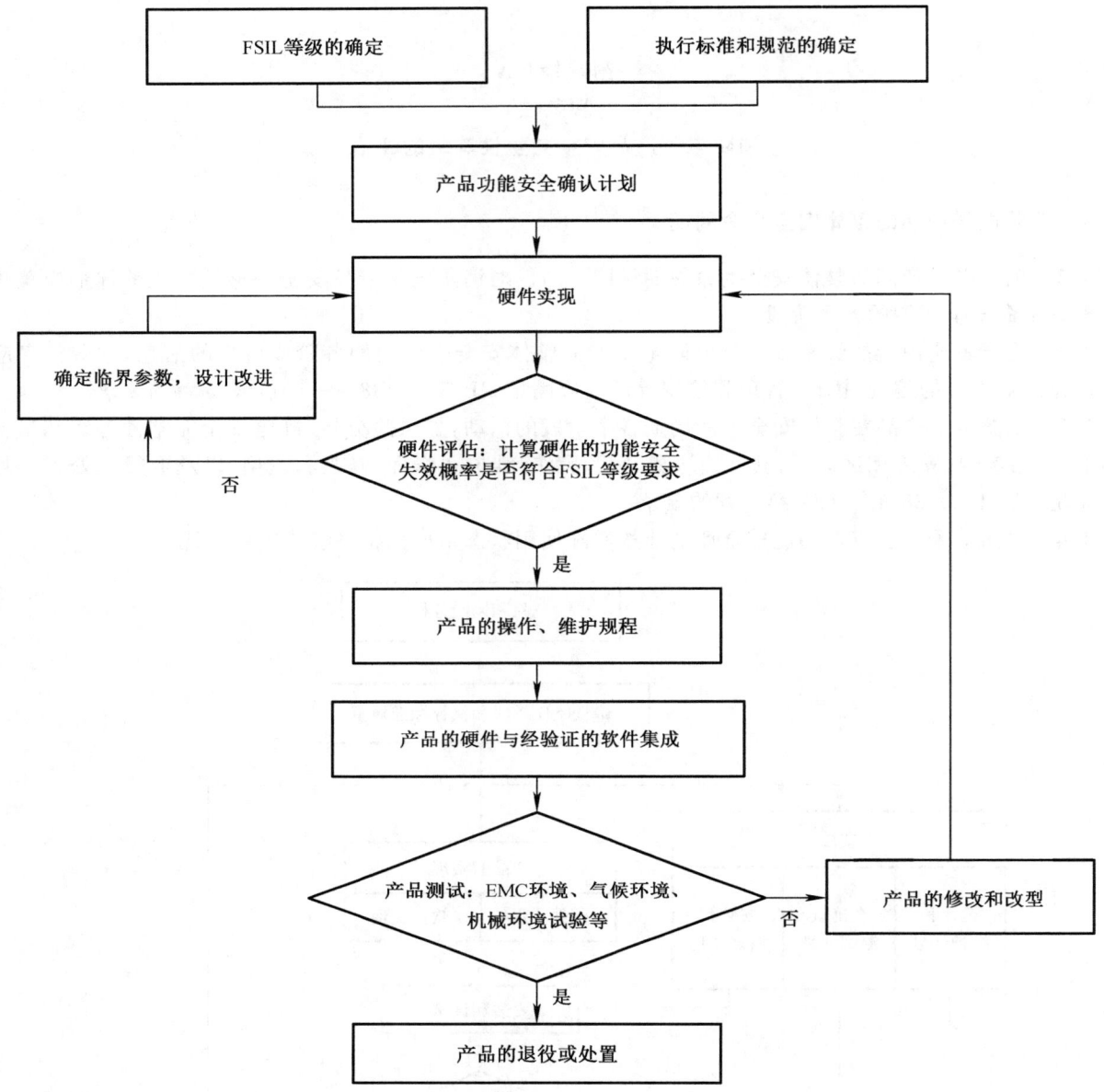

图A.2 消防电子产品硬件安全完整性等级评估流程图

A.2.2 文件审核

应将所有能够保证消防电子产品的硬件实现并满足其功能安全要求的信息文档化。对文件的审核应覆盖消防电子产品硬件实现的各个阶段，如 FSIL 等级的确定，执行标准和规范的确定，功能安全确认计划的编制，产品硬件的实现，产品的操作、维护和修理，产品的修改和改型，以及产品的退役或处置等。文档的编制、执行、管理和控制等活动应满足 A.1.3 的要求。

A.2.3 硬件评估

按照 GB/T 20438.1—2017 的规定计算消防电子产品在低要求操作模式下的平均失效概率（PFDAVG），或在高要求或连续操作模式下的每小时危险失效概率（PFH），评估消防电子产品的硬件设计是否满足其声称的安全完整性等级（FSIL）的要求。

A.2.4 产品测试

消防电子产品应根据其产品标准进行性能测试。对于应用在特定场合的消防电子产品,还应根据其声称的安全完整性等级,确定其在耐受各类环境试验影响的严酷等级。

A.3 软件安全完整性等级评估

A.3.1 评估流程

如图A.3所示为消防电子产品软件安全完整性等级评估的流程图。软件安全完整性等级的评估分为文件审核和软件评估两部分。

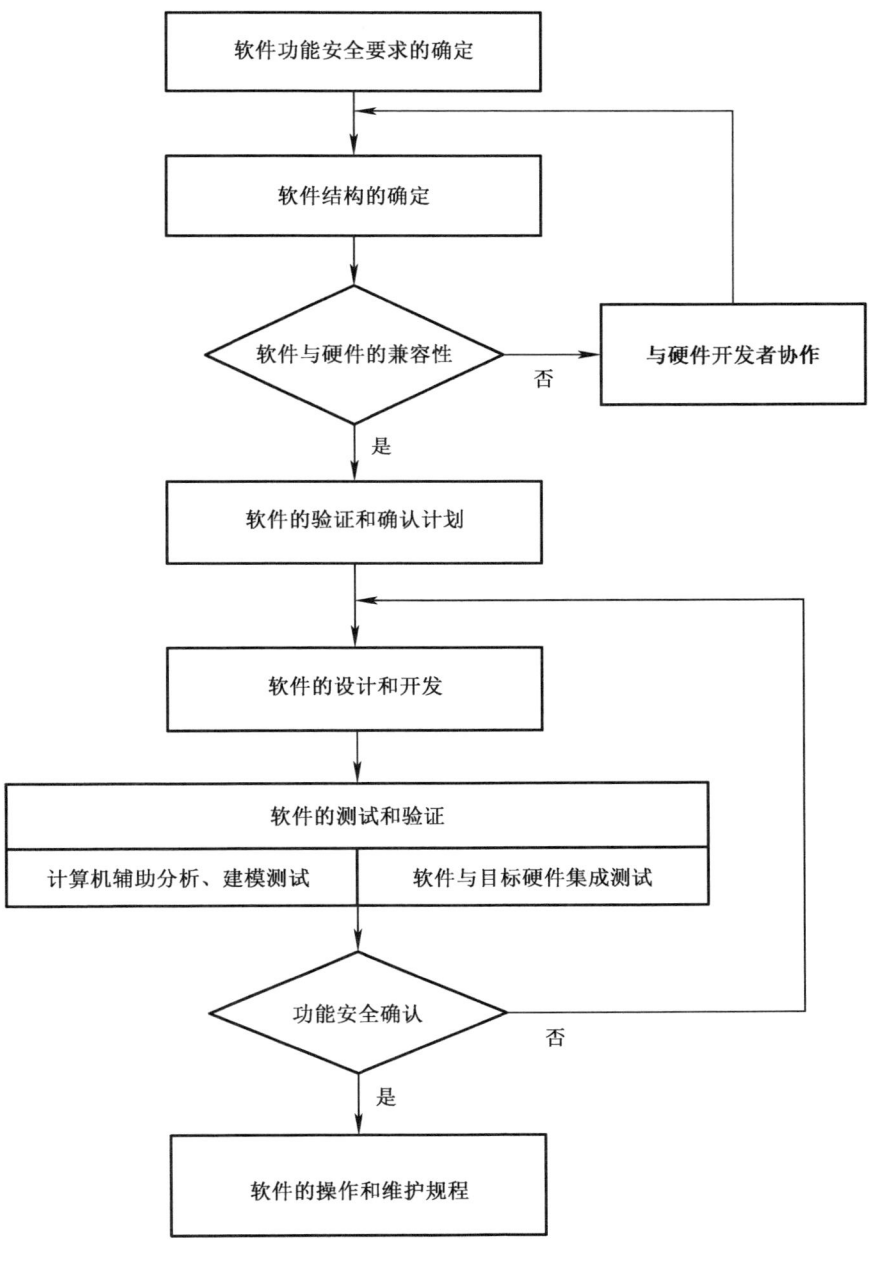

图A.3 消防电子产品软件安全完整性等级的评估流程图

A.3.2 文件审核

应将所有能够保证消防电子产品的软件实现并满足其功能安全要求的信息文档化。对文件的审核应覆盖消防电子产品软件实现的各个阶段，如软件功能安全要求的确定，软件结构的确定，软件与硬件的兼容性分析，软件验证和确认计划的编制，软件的设计和开发，验证或测试用软件的选择，软硬件的集成，软件的测试，功能安全的确认，软件的操作和维护等。文档的编制、执行、管理和控制等活动应满足A.1.3的要求。

A.3.3 软件评估

对消防电子产品的软件评估应符合 GB/T 20438.3—2017 的规定。软件设计和开发所采用的技术，软件的集成、测试、验证、维护和修改所采取的措施均应符合 GB/T 20438.3—2017 中附录 A 的规定。

附 录 B
（规范性）
试验要求附图

试验稳定阶段如图 B.1 所示。

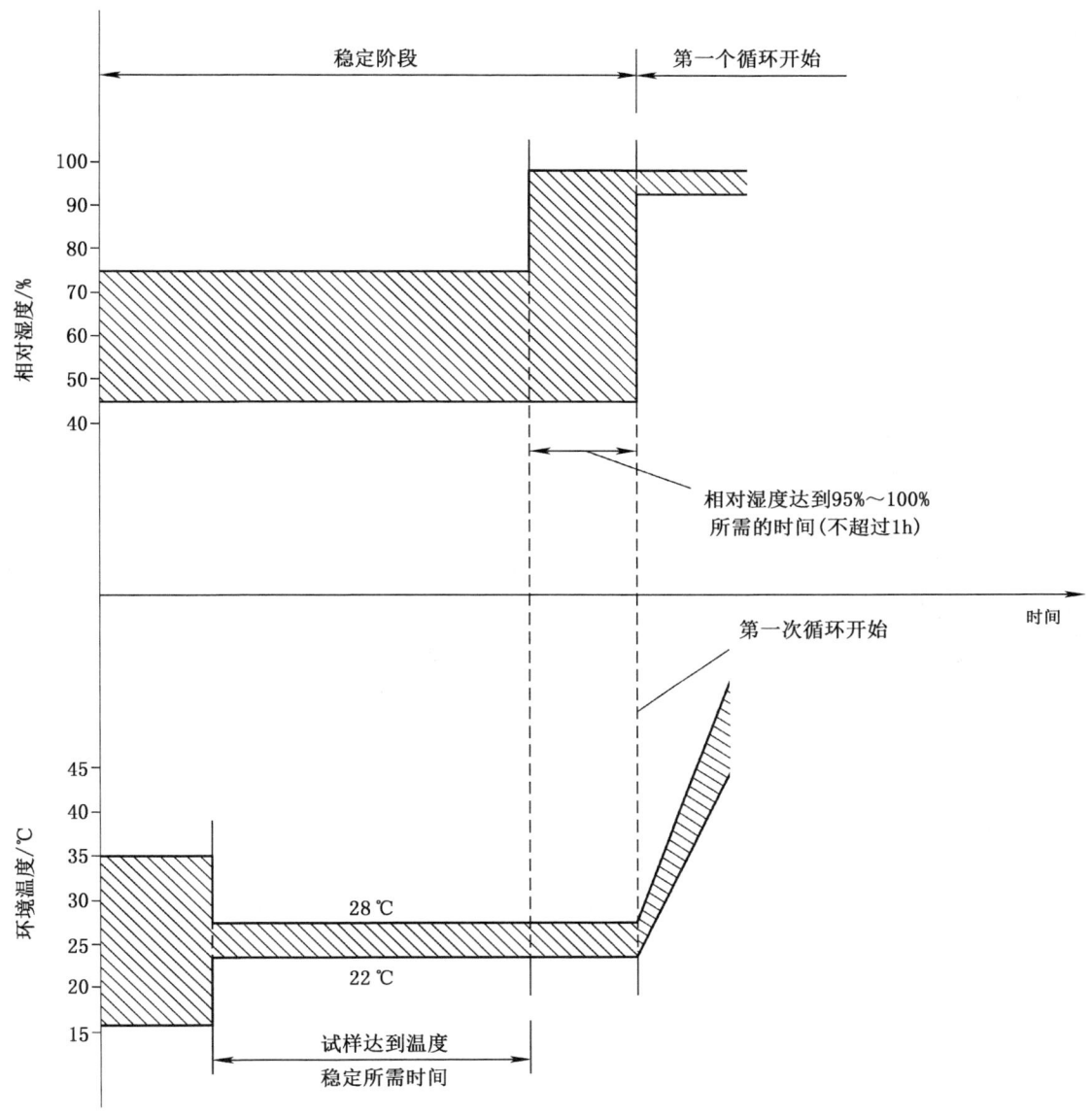

图 B.1 试验稳定阶段

试验循环方法如图B.2所示。

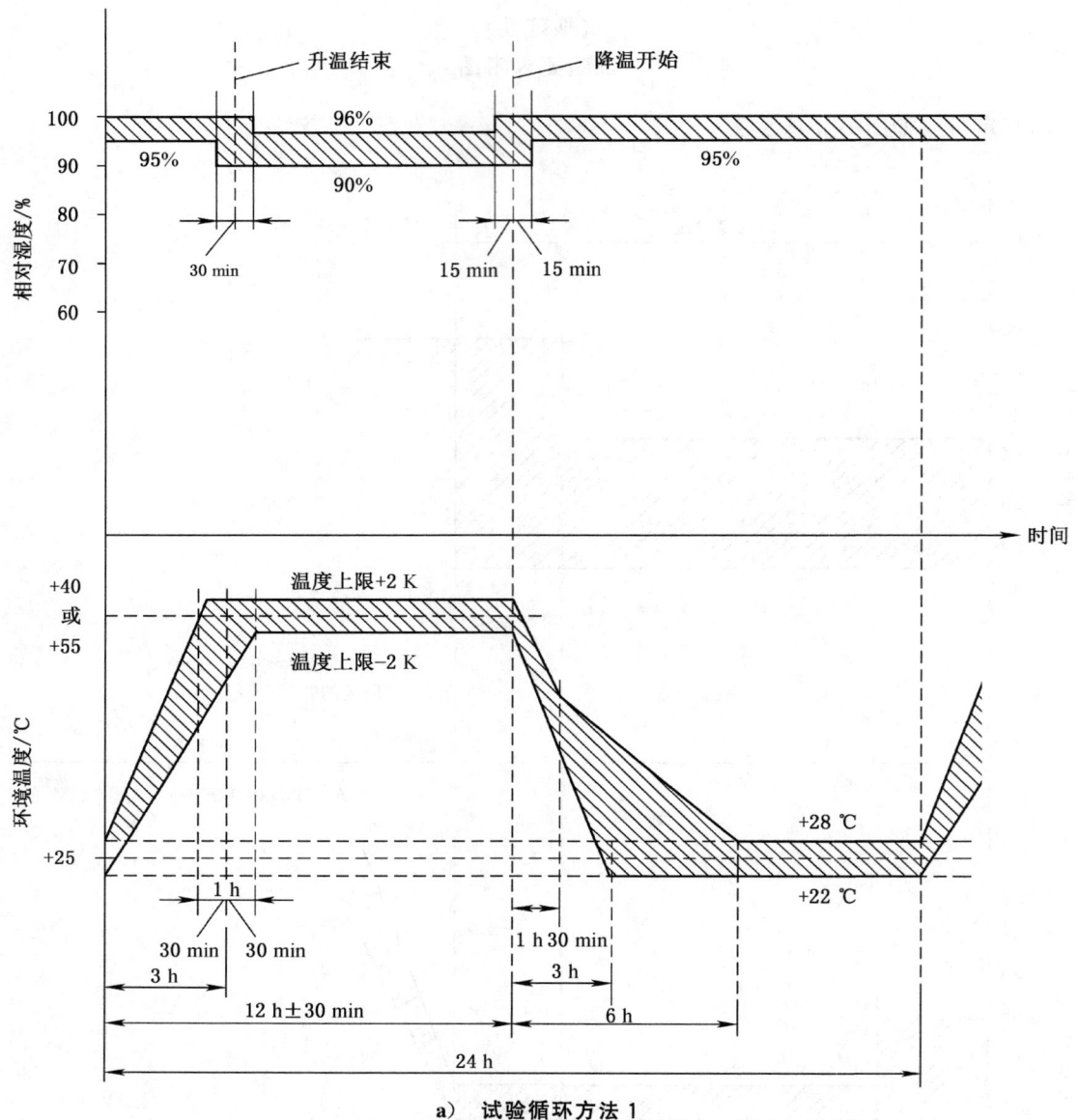

a) 试验循环方法1

图 B.2 试验循环方法

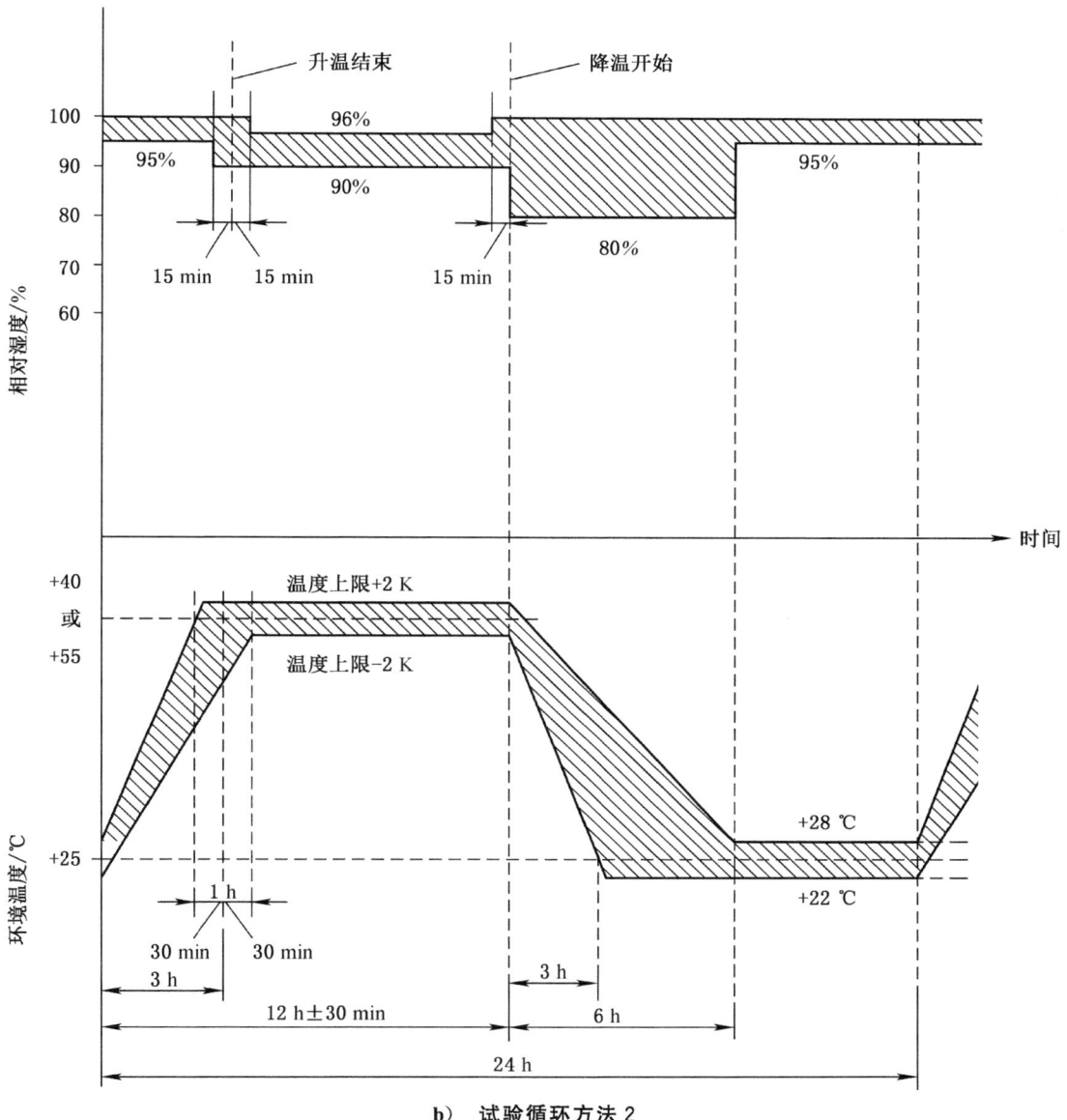

b) 试验循环方法2

图 B.2（续）

受控条件下恢复如图B.3所示。

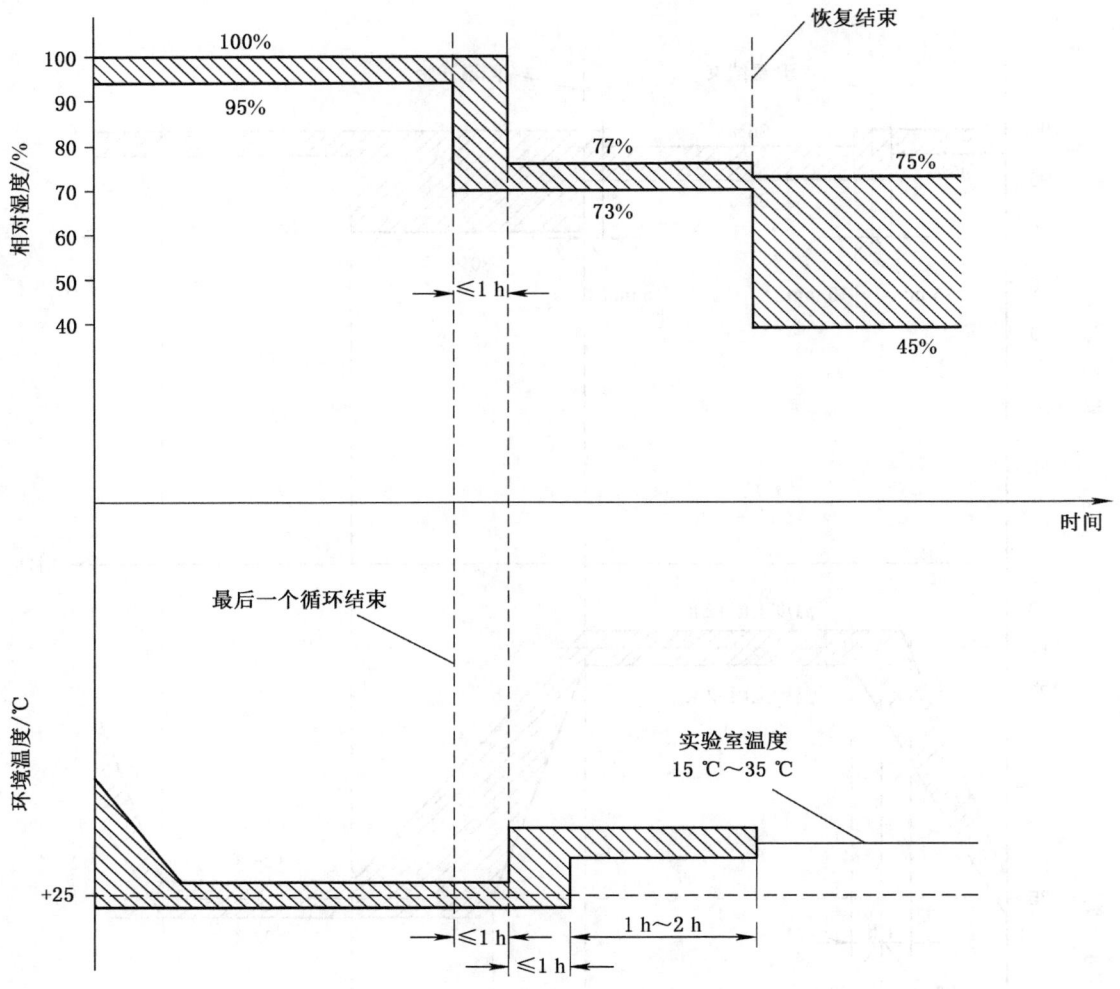

图 B.3 受控条件下的恢复

碰撞试验设备如图 B.4 所示。

单位为毫米

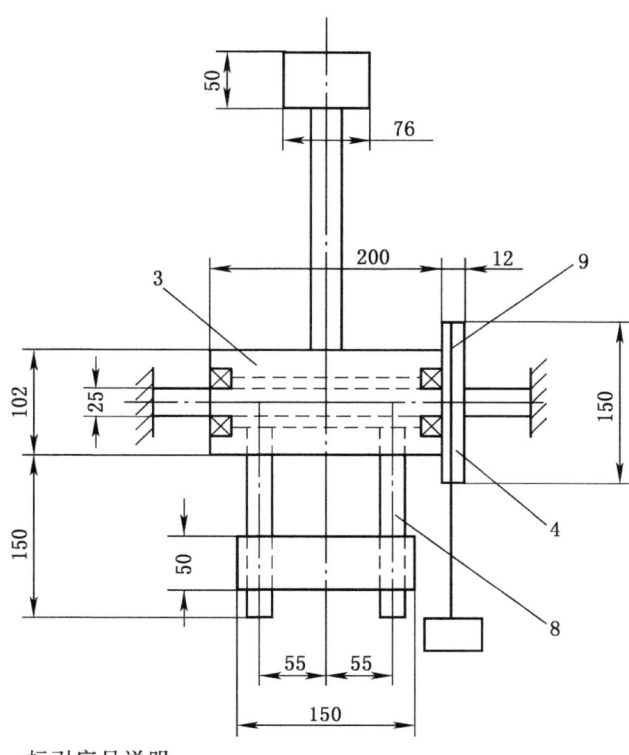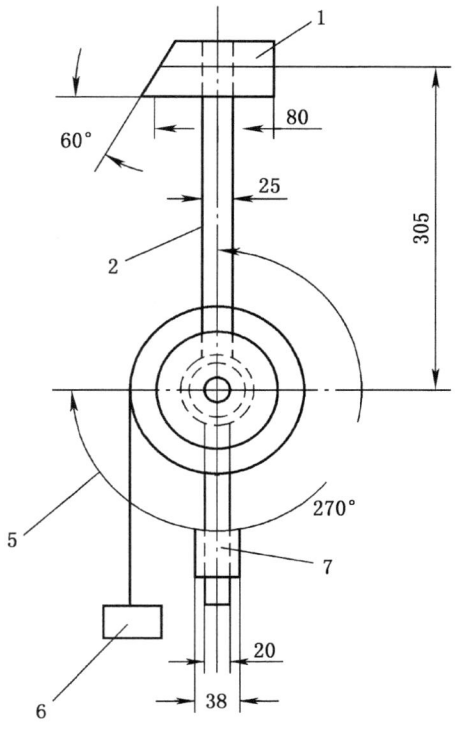

标引序号说明：
1——锤头；
2——摆杆；
3——钢轮毂；
4——球轴承；
5——转动 270°；
6——工作重锤；
7——配重块；
8——配重臂；
9——滑轮。

图 B.4 碰撞试验设备图

弹簧操纵的碰撞试验仪器如图 B.5 所示。

单位为毫米

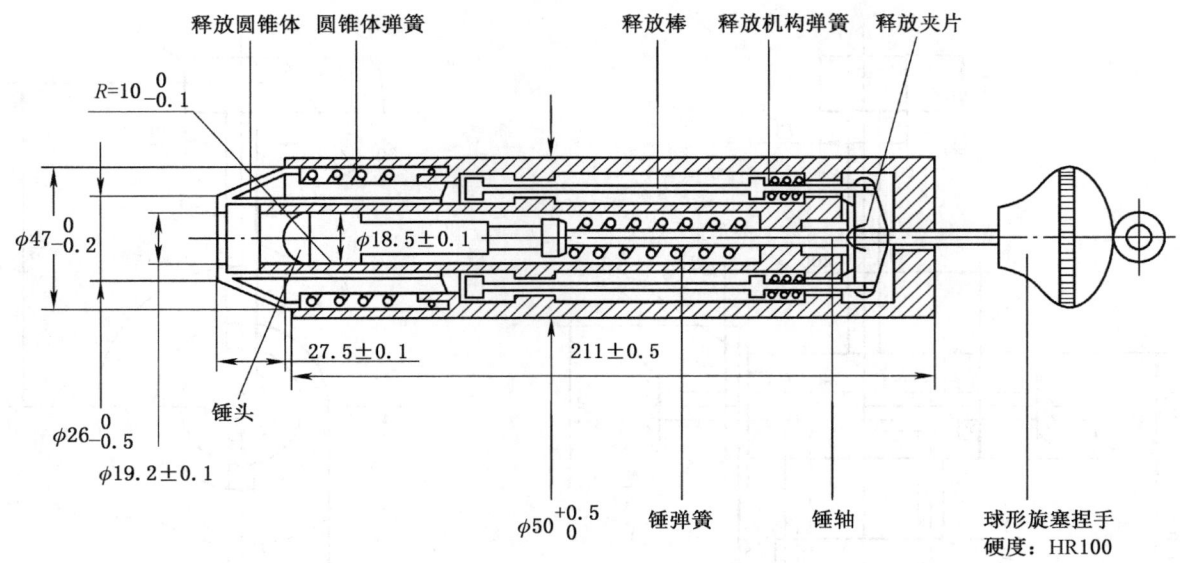

图 B.5 弹簧操纵的碰撞试验仪器

固定式雨淋试验装置简图如图 B.6 所示。

单位为毫米

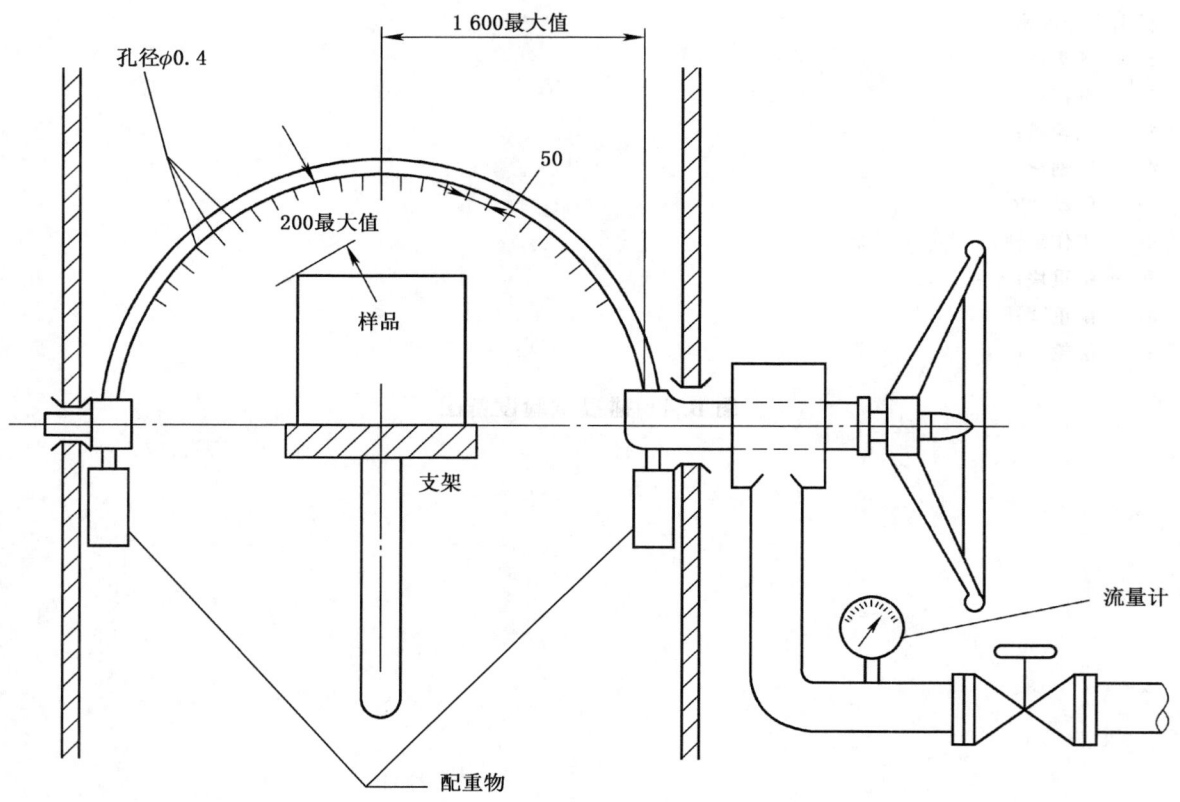

图 B.6 固定式雨淋试验装置简图

手持式雨淋试验装置简图如图B.7所示。

单位为毫米

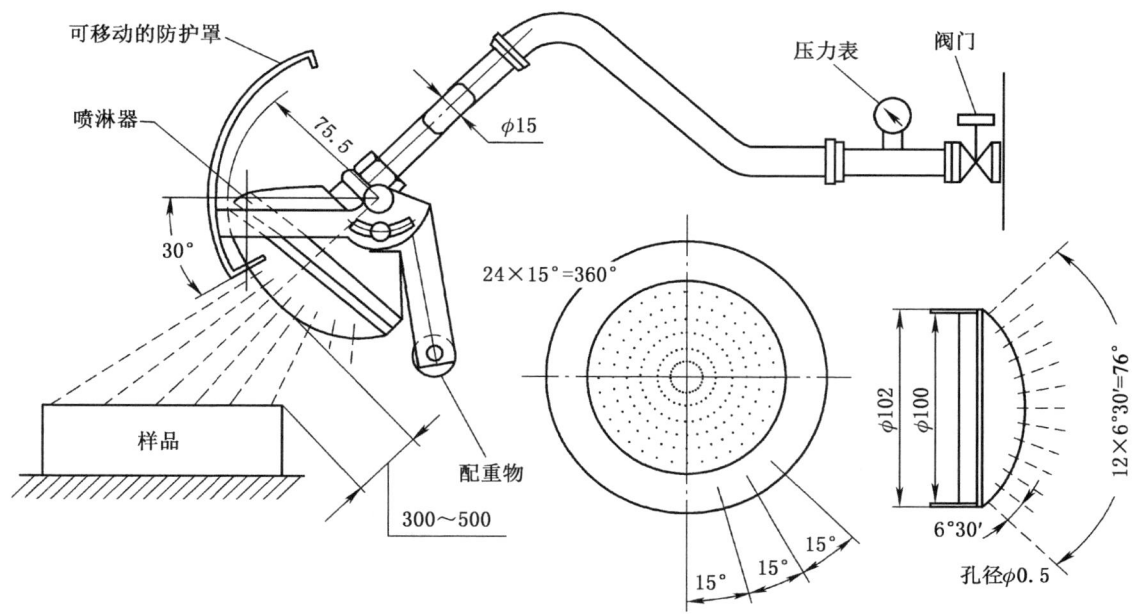

图 B.7 手持式雨淋试验装置简图

台式试验样品的试验简图如图B.8所示。

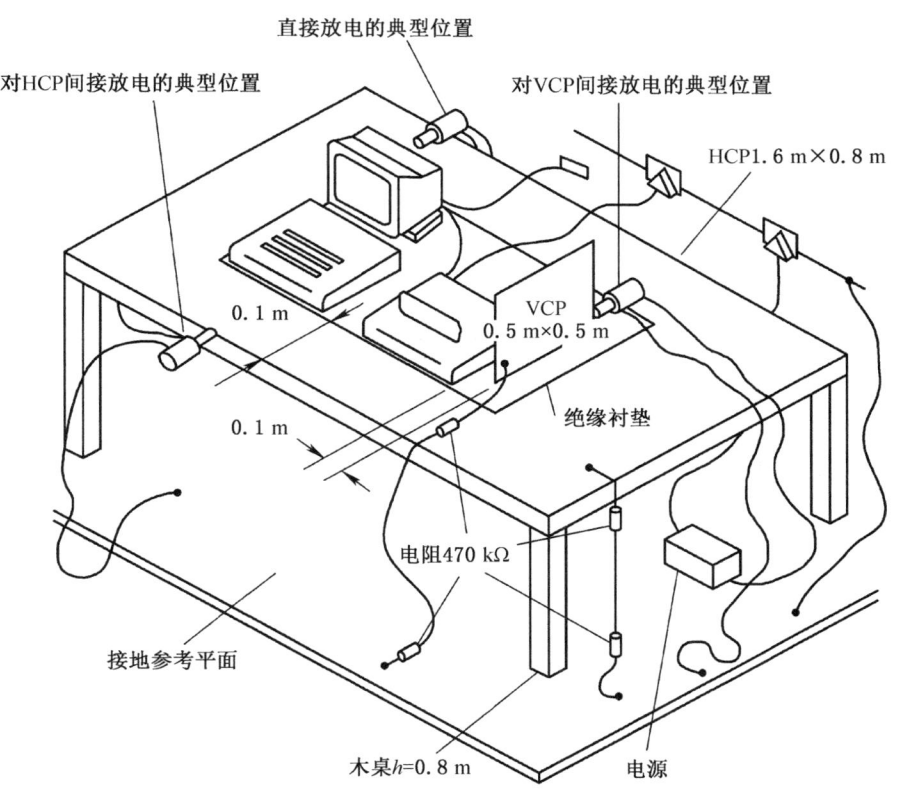

图 B.8 台式试验样品的试验简图

柜式样品的试验简图如图 B.9 所示。

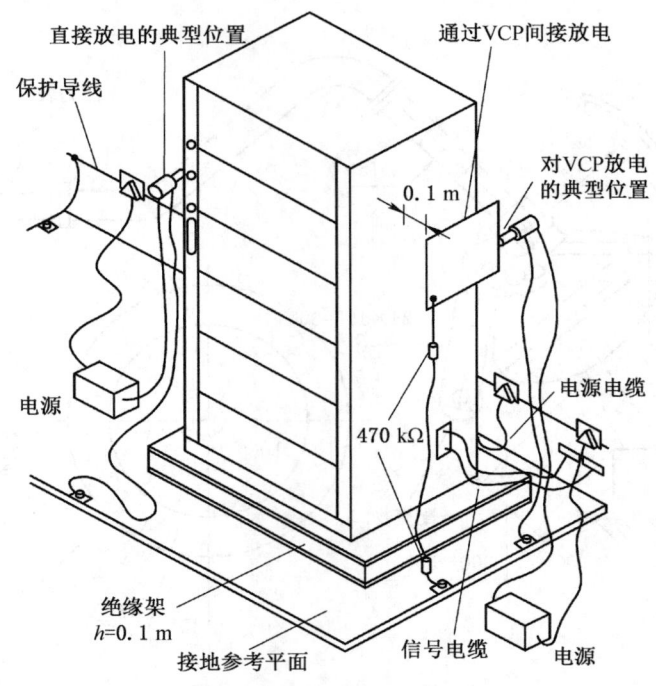

图 B.9　柜式样品的试验简图

静电放电发生器输出电流波形如图 B.10 所示。

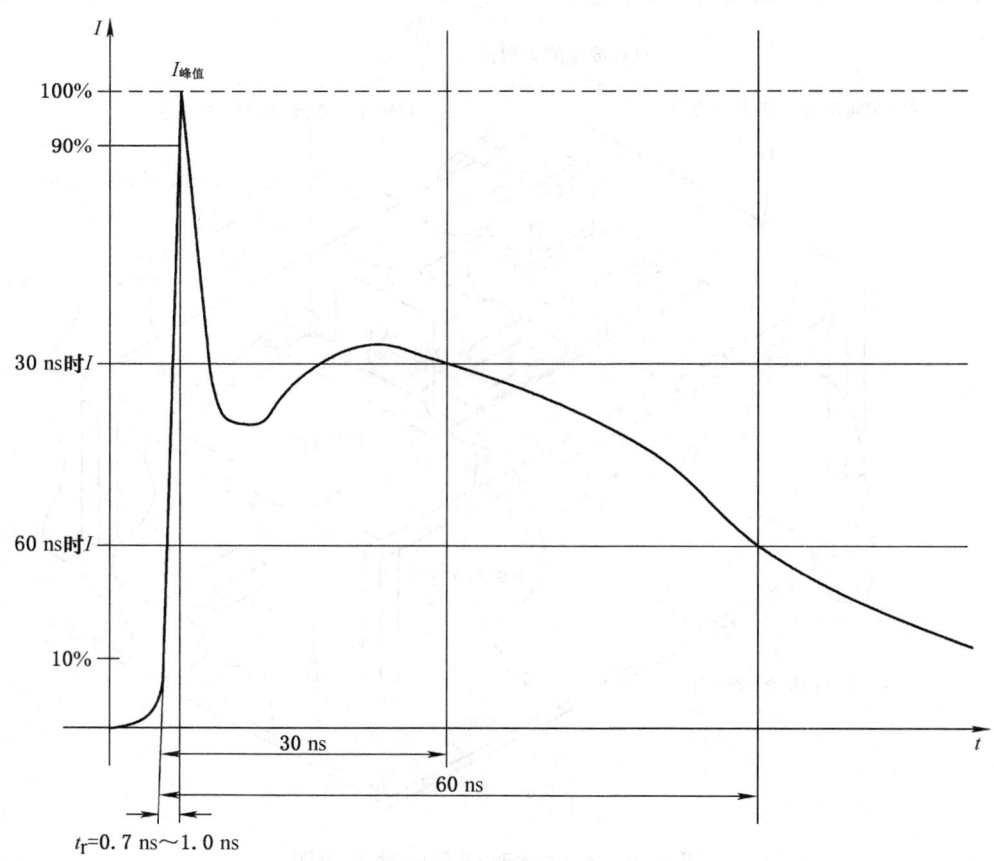

图 B.10　静电放电发生器输出电流波形

静电放电发生器电原理如图 B.11 所示。

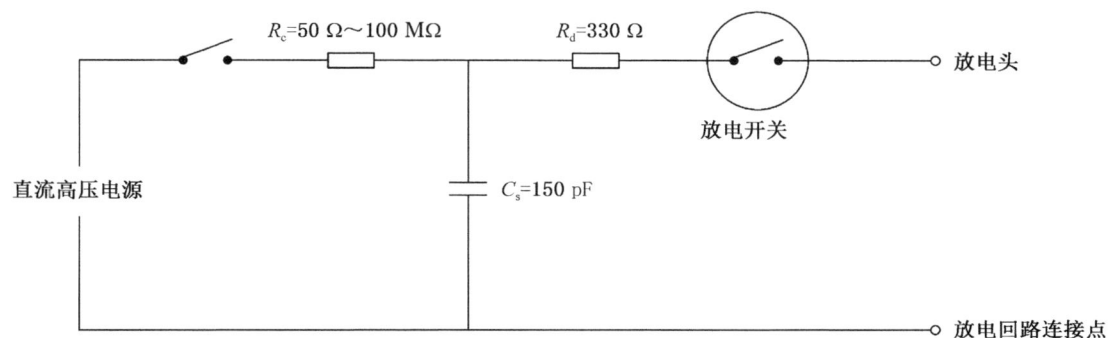

注：图中省略的 C_d 是存在于发生器与受试设备，接地参考平面以及耦合板之间的分布电容。由于此电容分布在整个发生器上，因此，在该回路中不可能标明。

图 B.11　静电放电发生器电原理图

静电放电发生器的放电电极如图 B.12 所示。

单位为毫米

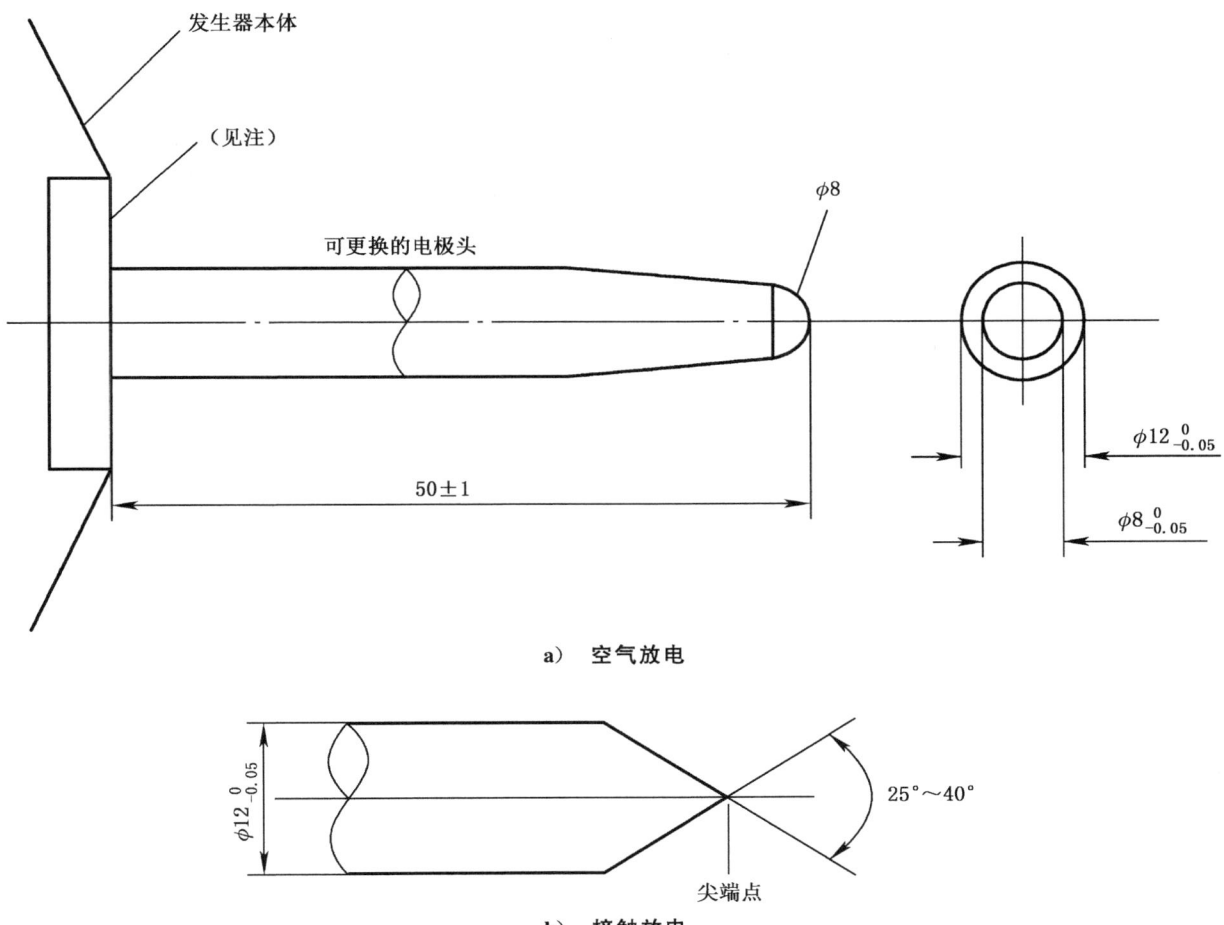

放电开关（例如，真空继电器）应尽可能靠近放电电极头安装。

图 B.12　静电放电发生器的放电电极

典型的试验设施举例如图 B.13 所示。

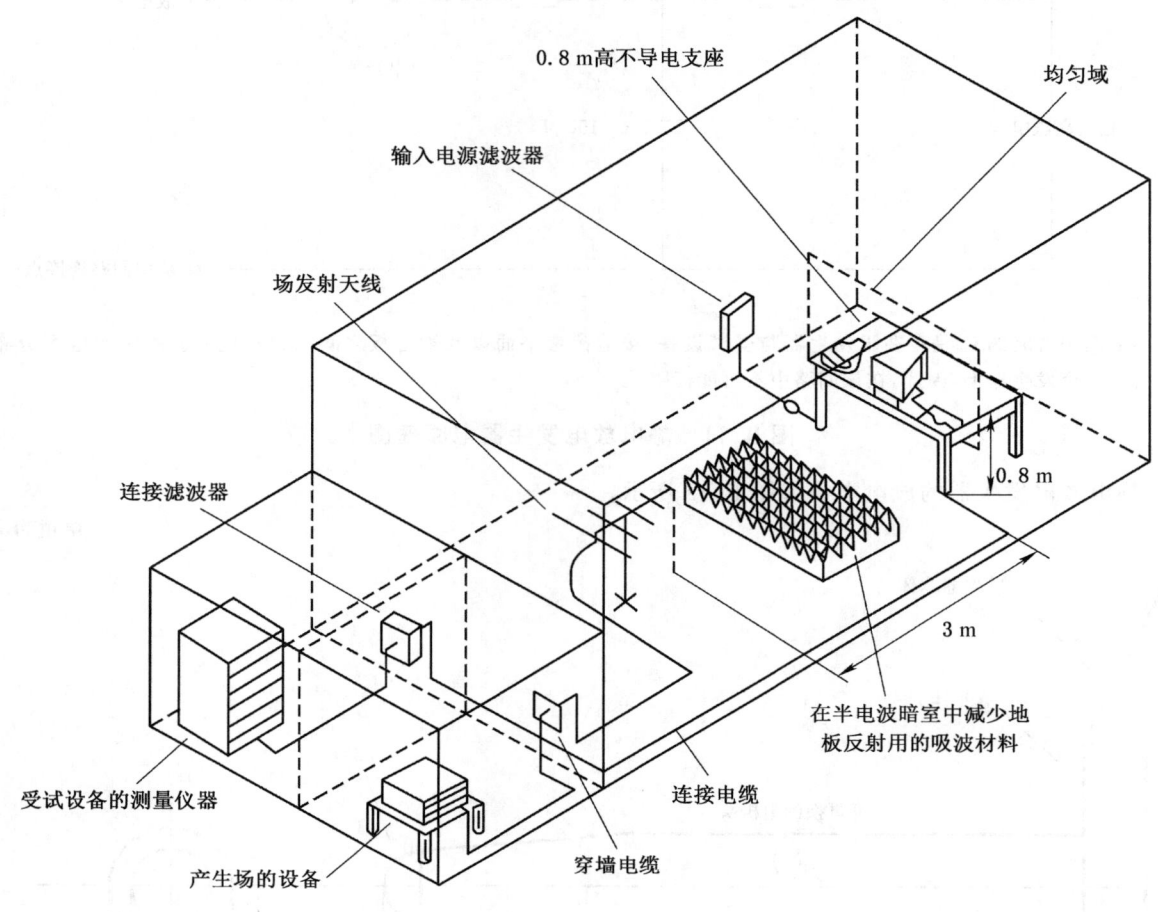

注：图中为了简明而省略了墙上和顶部的吸波材料。

图 B.13 典型的试验设施举例

落地式试验设备的试验布置如图 B.14 所示。

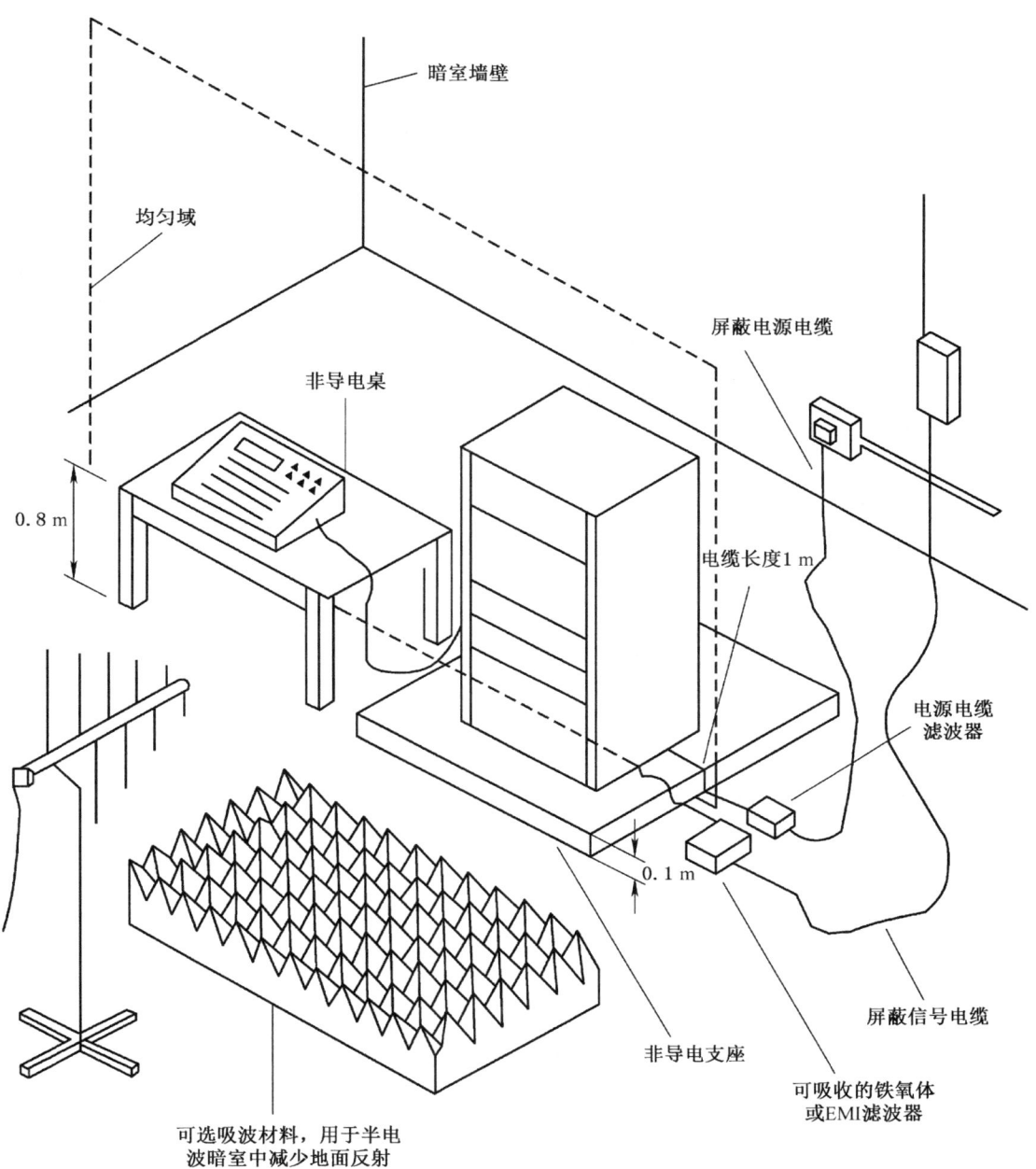

注：本图为了简明而省略了墙上的吸波材料。

图 B.14 落地式试验设备的试验布置

台式设备的试验布置如图 B.15 所示。

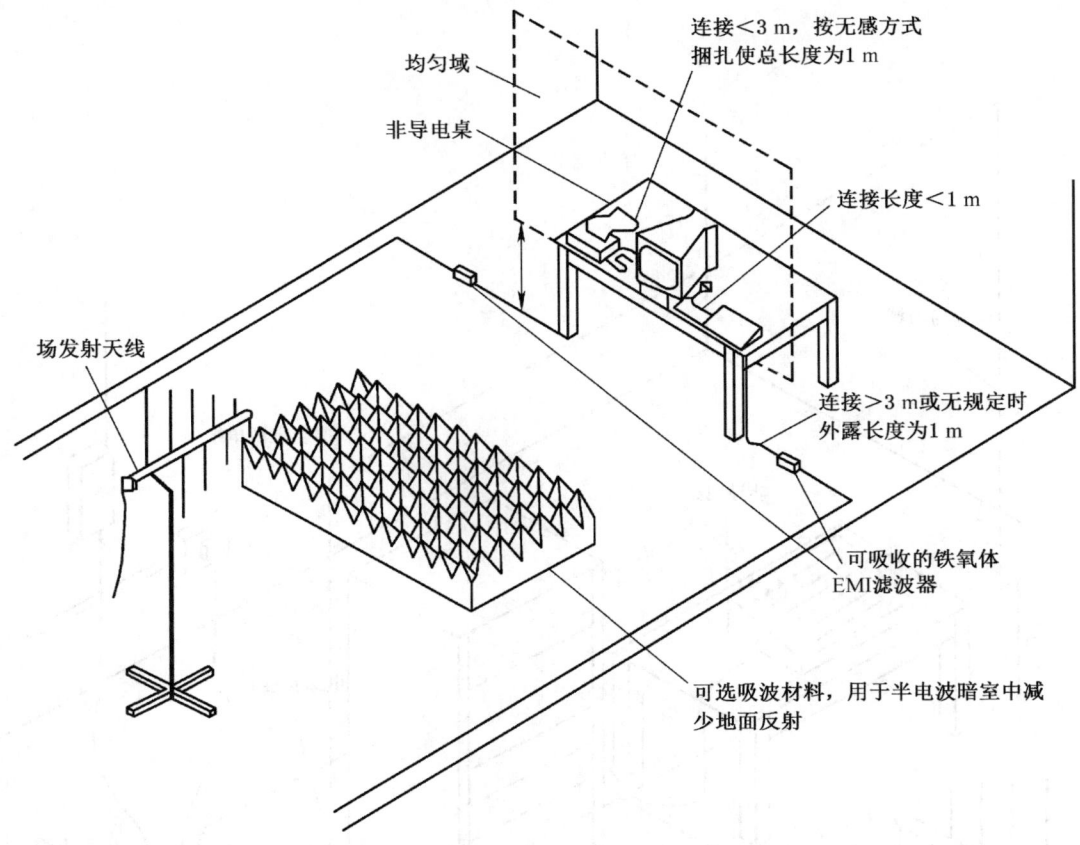

图 B.15　台式设备的试验布置

AC 电源线试验用耦合/去耦网络如图 B.16 所示。

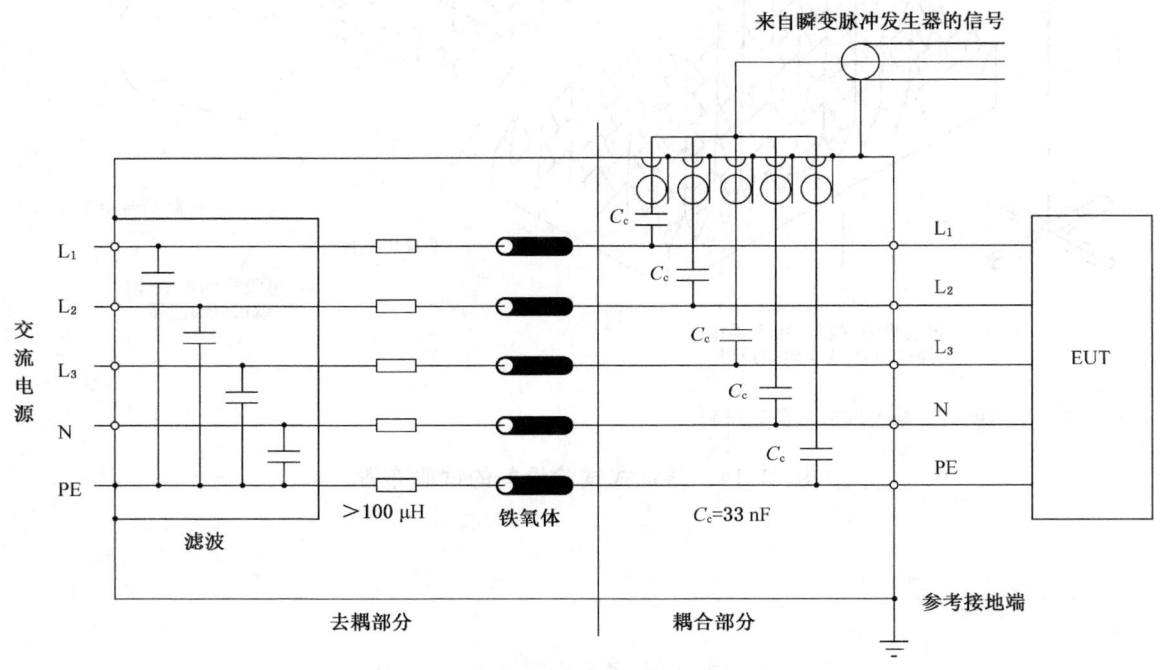

图 B.16　AC 电源线试验用耦合/去耦网络

其他外连接线试验用电容耦合夹如图B.17所示。

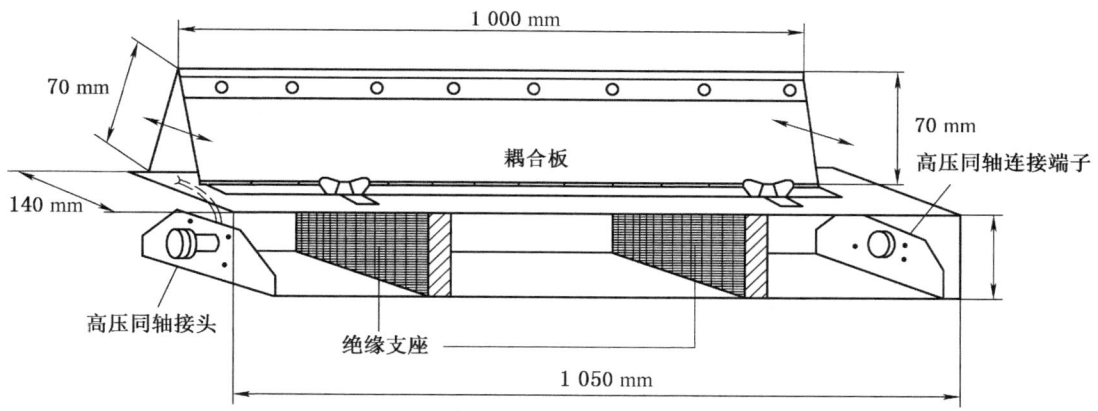

图 B.17 其他外连接线试验用电容耦合夹

50 Ω 负载时单脉冲波形如图 B.18 所示。

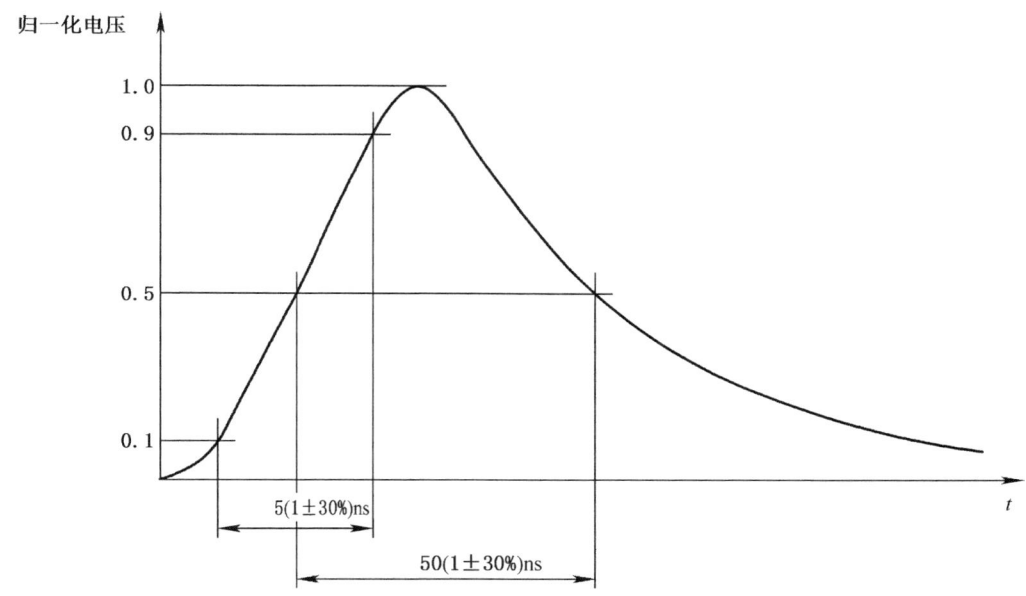

图 B.18 50 Ω 负载时单脉冲波形

一组脉冲波形如图 B.19 所示。

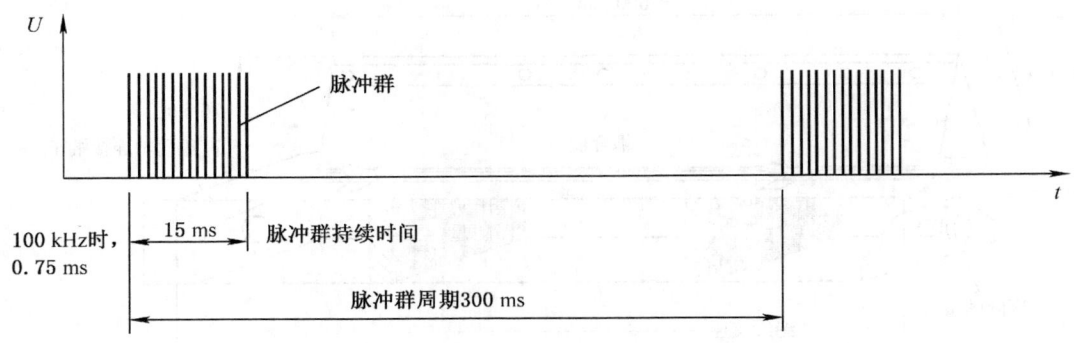

图 B.19 一组脉冲波形图

电瞬变脉冲发生器电原理如图 B.20 所示。

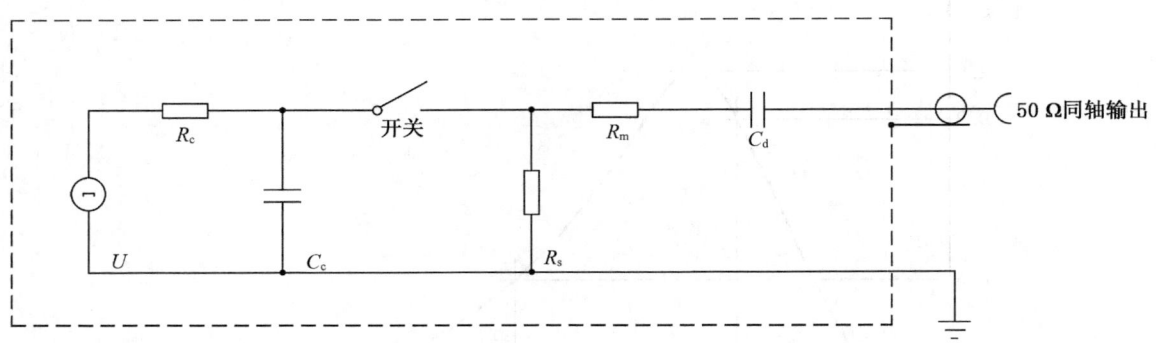

标引序号说明：
U ——高压源；
R_c ——充电电阻；
C_c ——储能电容器；
R_s ——脉冲持续时间形成电阻；
R_m ——阻抗匹配电阻；
C_d ——隔直电容。

图 B.20 电瞬变脉冲发生器电原理图

交/直流线上电容耦合的试验配置示例(线-线耦合)如图 B.21 所示。

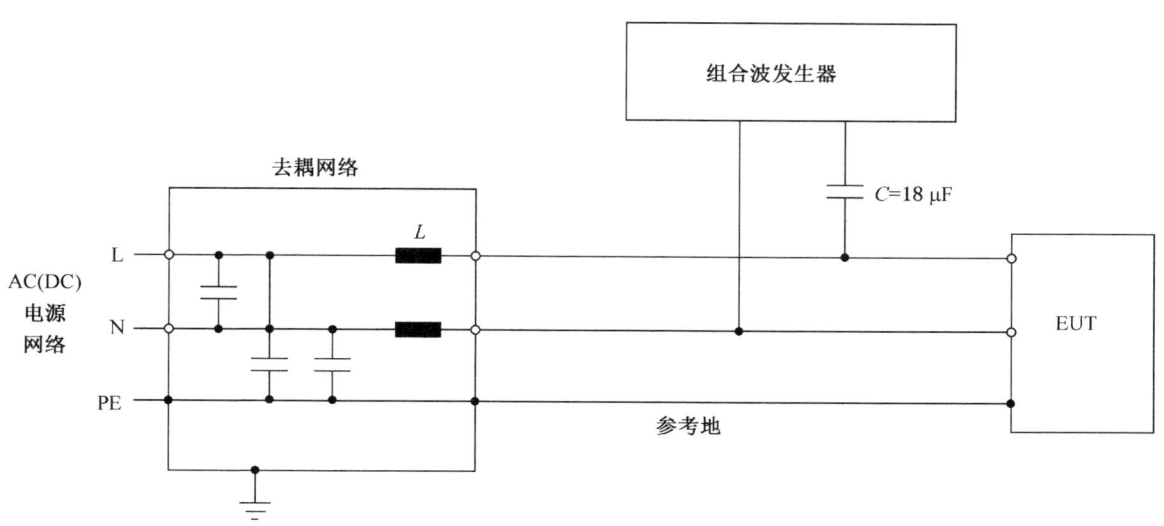

图 B.21 交/直流线上电容耦合的试验配置示例(线-线耦合)

交/直流线上电容耦合的试验配置示例(线-地耦合)如图 B.22 所示。

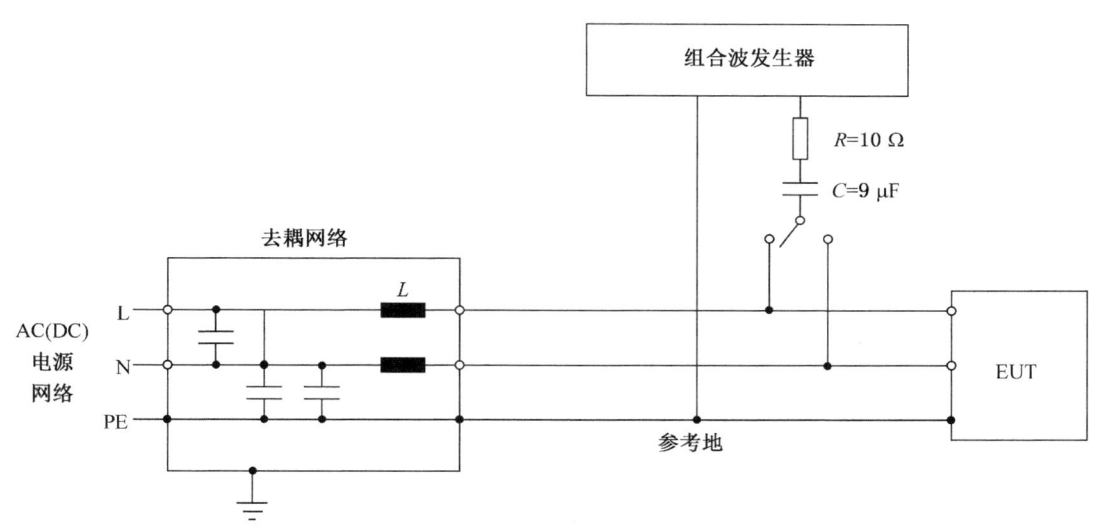

图 B.22 交/直流线上电容耦合的试验配置示例(线-地耦合)

交流线(三相)上电容耦合的试验配置示例(线 L_3-线 L_1 耦合)如图 B.23 所示。

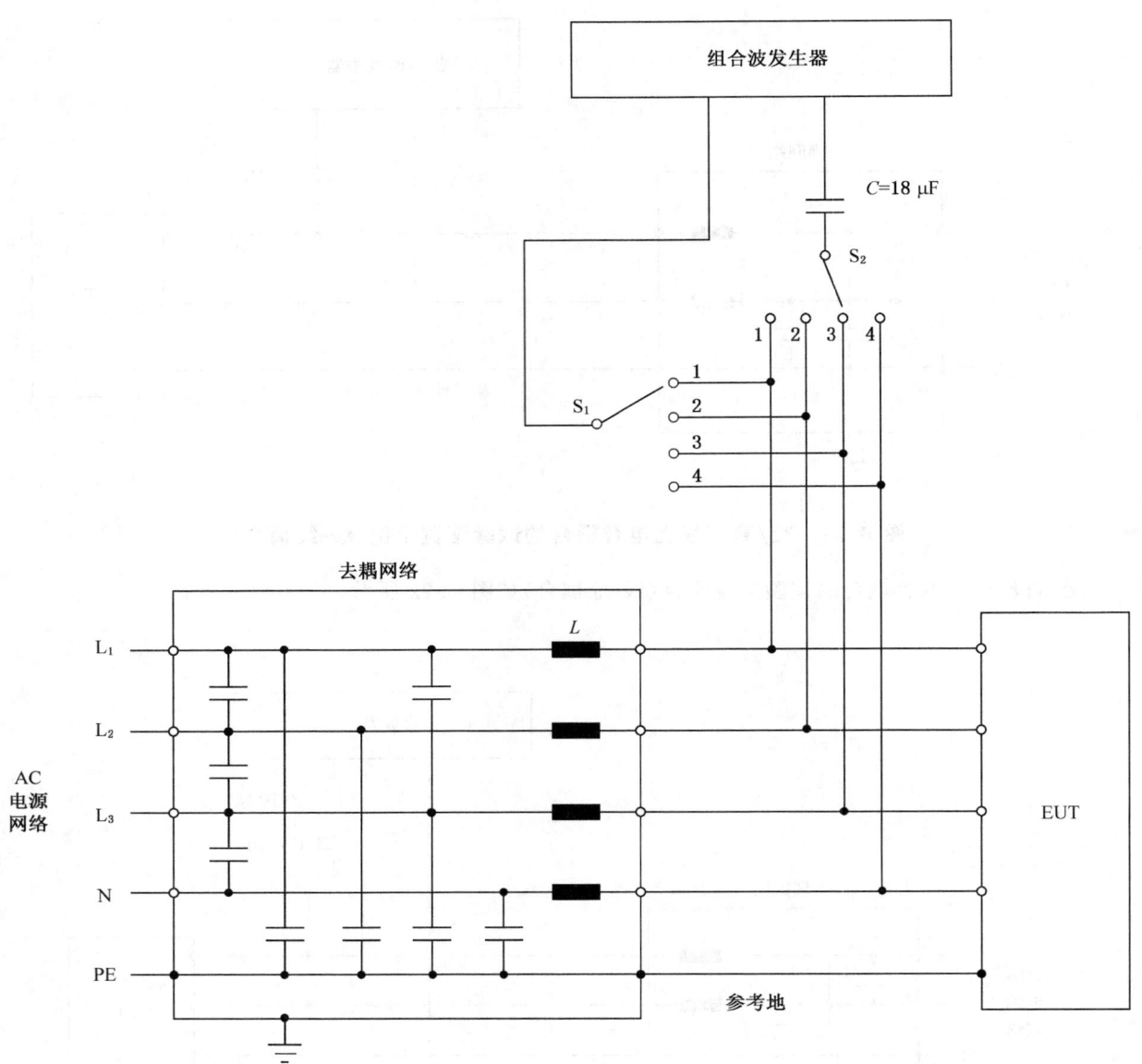

图 B.23　交流线(三相)上电容耦合的试验配置示例(线 L_3-线 L_1 耦合)

交流线(三相)上电容耦合的试验配置示例(线 L_3-地耦合)如图 B.24 所示。

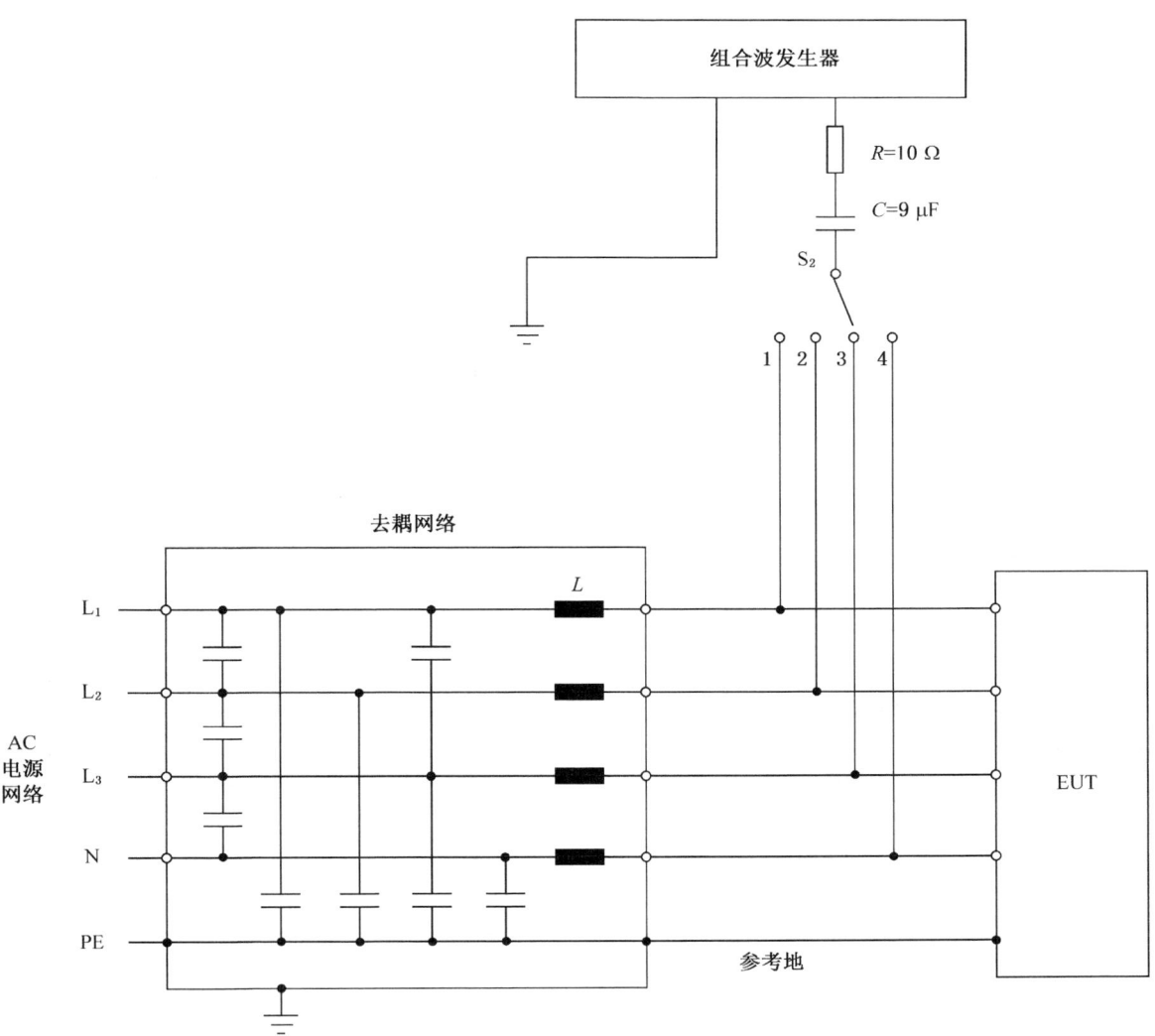

图 B.24 交流线(三相)上电容耦合的试验配置示例(线 L_3-地耦合)

非屏蔽不对称互连线的试验配置示例(线-线/线-地耦合)如图 B.25 所示。

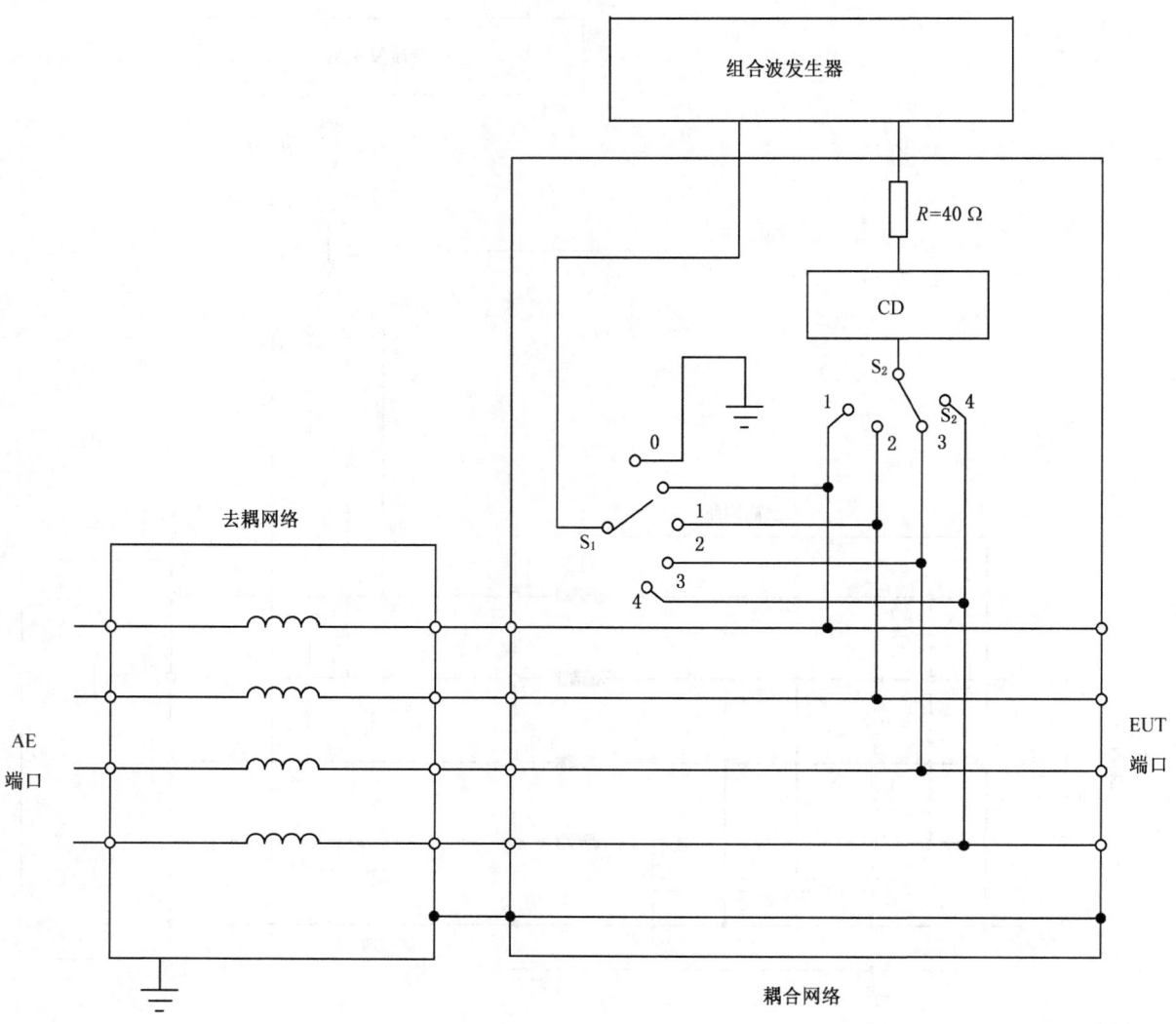

注1：开关 S_1：线-地，置于"0"；线-线，置于"1"～"4"。
注2：开关 S_2：试验时置于"1"～"4"但与 S_1 不在相同的位置。
注3：图中 CD 为隔离和耦合装置。

图 B.25　非屏蔽不对称互连线的试验配置示例(线-线/线-地耦合)

非屏蔽对称工作线路试验配置示例(线-地耦合)如图 B.26 所示。

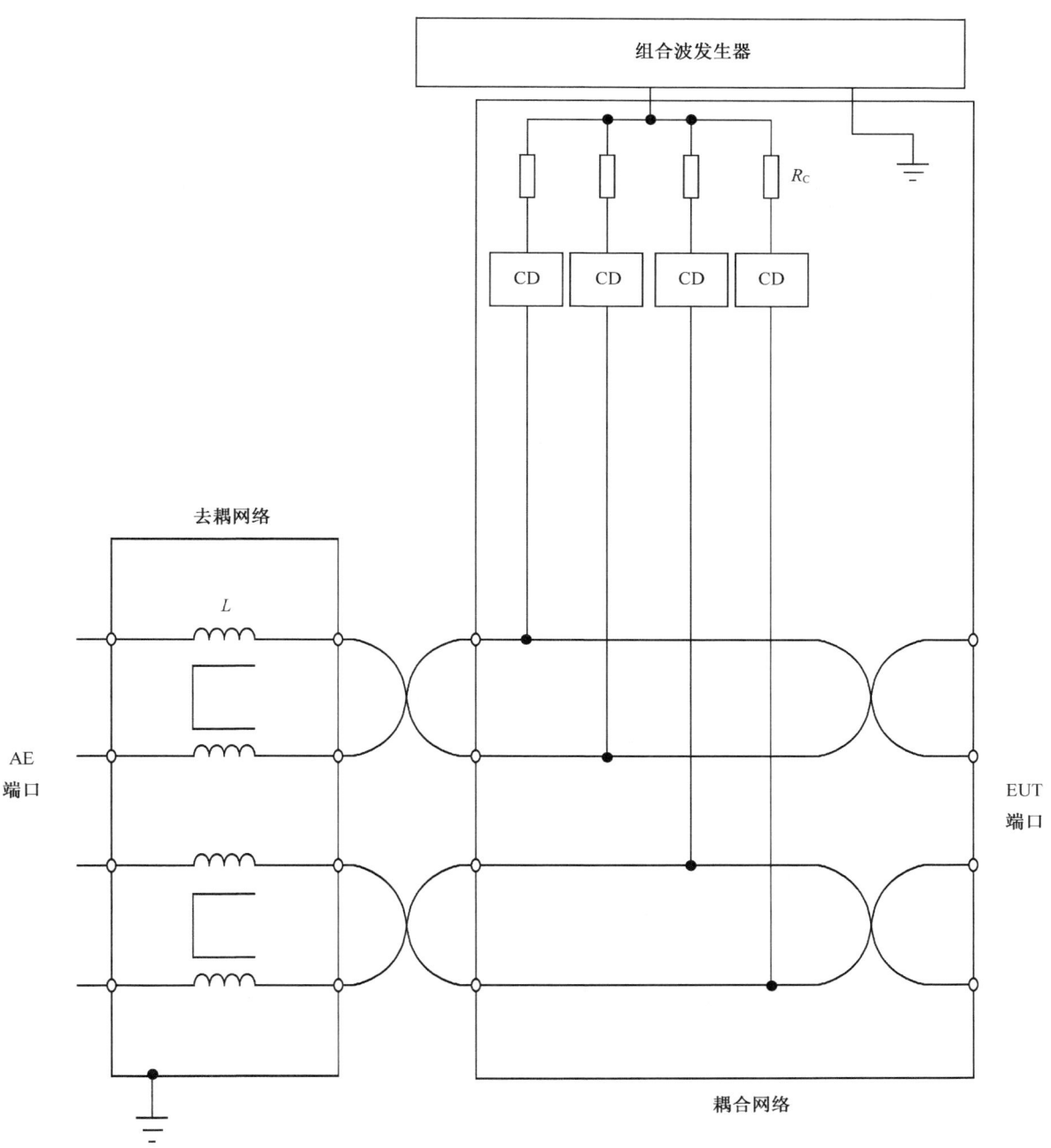

耦合电阻值 R_C 的计算：
例如：当 $n=4$ 时，$R_C=4×40\ \Omega=160\ \Omega$。
选择耦合电阻值使得其并联电阻为 40 Ω。对于 4 线端口的试验，要求 4 个 160 Ω 的电阻。
作为电流补偿的 L，可以包含全部 4 个线圈，也可以仅包含图中被使用的成对线圈。

图 B.26　非屏蔽对称工作线路试验配置示例(线-地耦合)

非屏蔽对称工作线路试验配置示例(线-地耦合,用电容耦合)如图 B.27 所示。

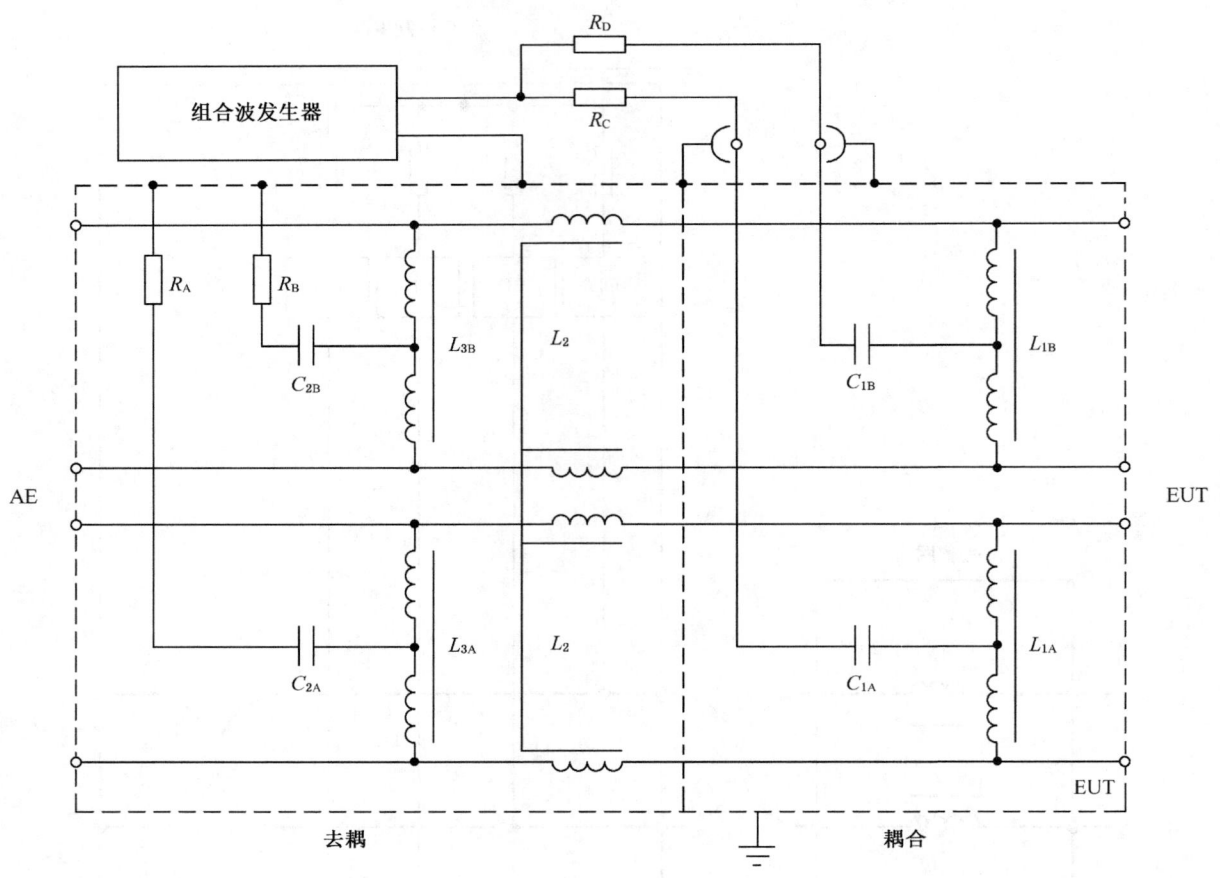

耦合电阻值和电容值的计算：

R_C 和 R_D：选择耦合电阻,使其并联电阻为 40 Ω。因此,以 2 对线端口的试验为例,要求 2 个电阻,阻值分别为 80 Ω；以 4 对线端口为例,要求 4 个电阻,阻值分别为 160 Ω。

R_A、R_B、C_1、C_2、L_1、L_2、L_3：应对所有组件进行选择,以满足规定的脉冲参数。

图 B.27 非屏蔽对称工作线路试验配置示例(线-地耦合,用电容耦合)

未连接CDN的发生器输出端的开路电压波形如图B.28所示。

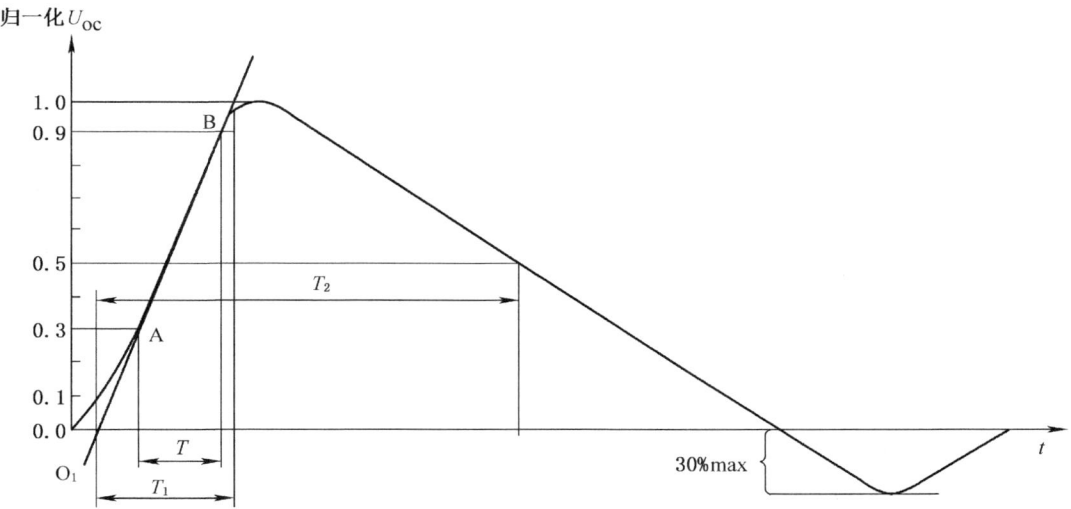

波前时间：$T_1=1.67×T=1.2×(1±30\%)\mu s$。

持续时间：$T_2=50×(1±20\%)\mu s$。

图B.28　未连接CDN的发生器输出端的开路电压波形（1.2/50 μs）

未连接CDN的发生器输出端的短路电流波形如图B.29所示。

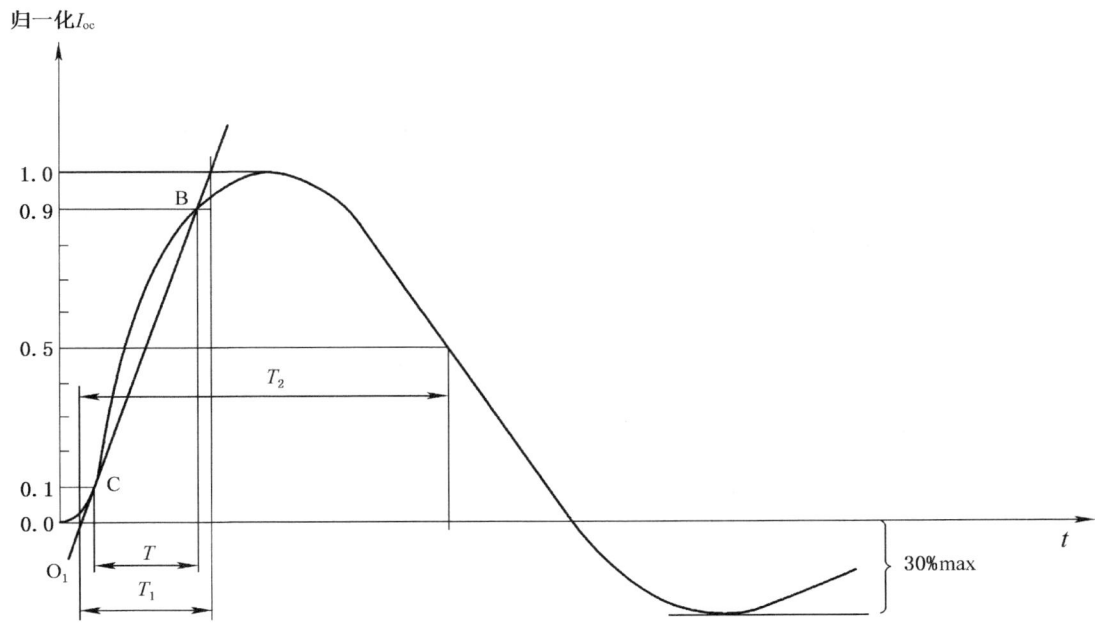

波前时间：$T_1=1.25×T=8×(1±20\%)\mu s$。

持续时间：$T_2=20×(1±20\%)\mu s$。

图B.29　未连接CDN的发生器输出端的短路电流波形（8/20 μs）

组合波发生器的电路原理如图 B.30 所示。

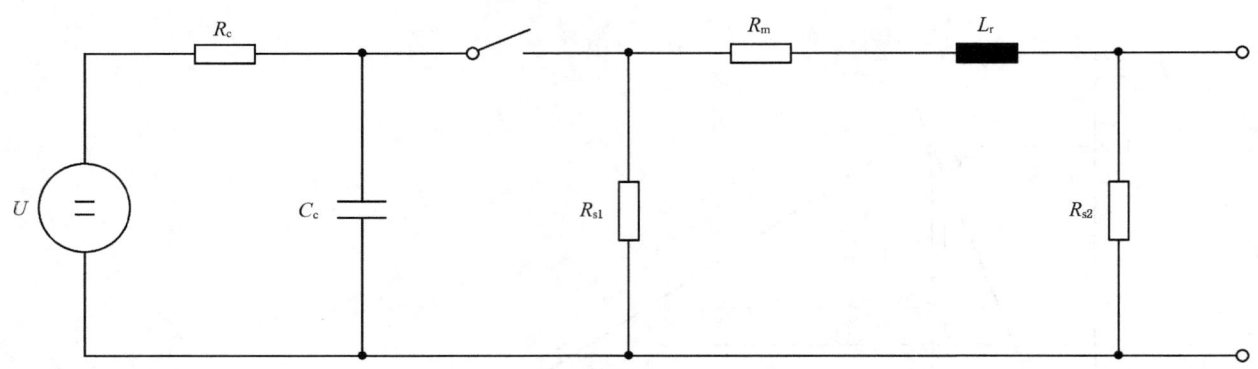

标引序号说明：
- U ——高压源；
- R_c ——充电电阻；
- C_c ——储能电容；
- R_{s1}、R_{s2} ——脉冲持续时间形成电阻；
- R_m ——阻抗匹配电阻；
- L_r ——上升时间形成电感。

图 B.30 组合波发生器的电路原理图

单一试验样品布置如图 B.31 所示。

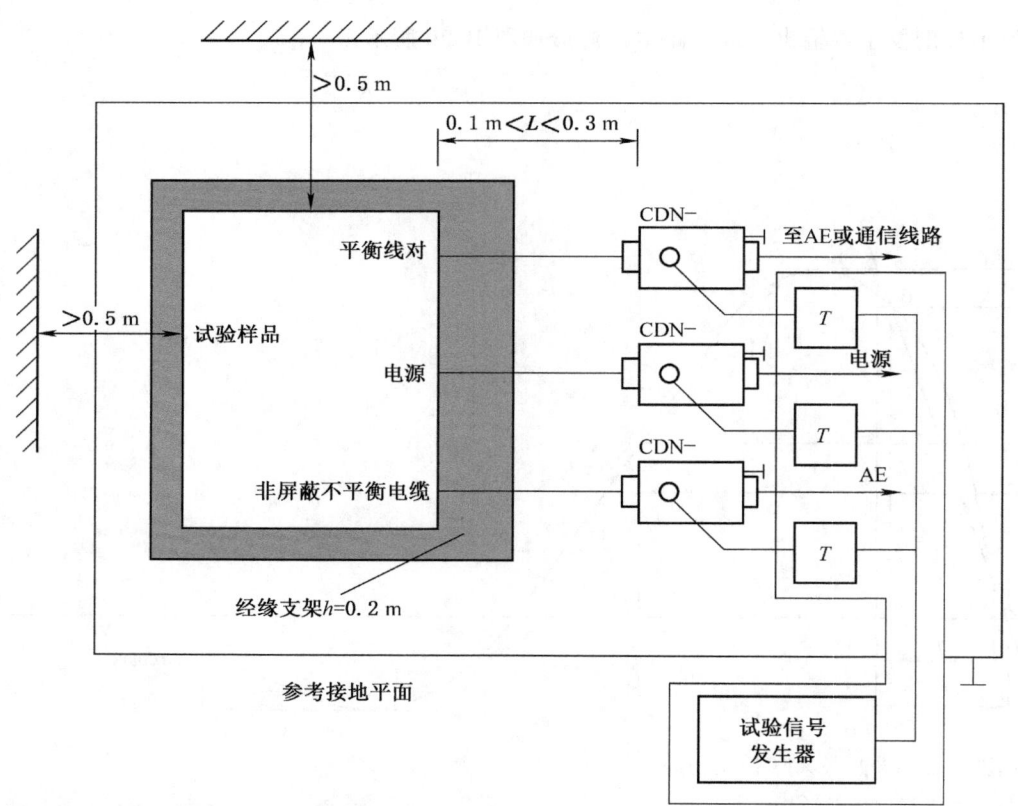

样品到任何金属障碍物的距离应至少为 0.5 m。
CDNs（耦合和去耦网络）所有非激励的输入端口应用 50 Ω 负载连接。
T 应为 50 Ω 的终端电阻。

图 B.31 单一试验样品布置图

多单元系统的试验布置如图 B.32 所示。

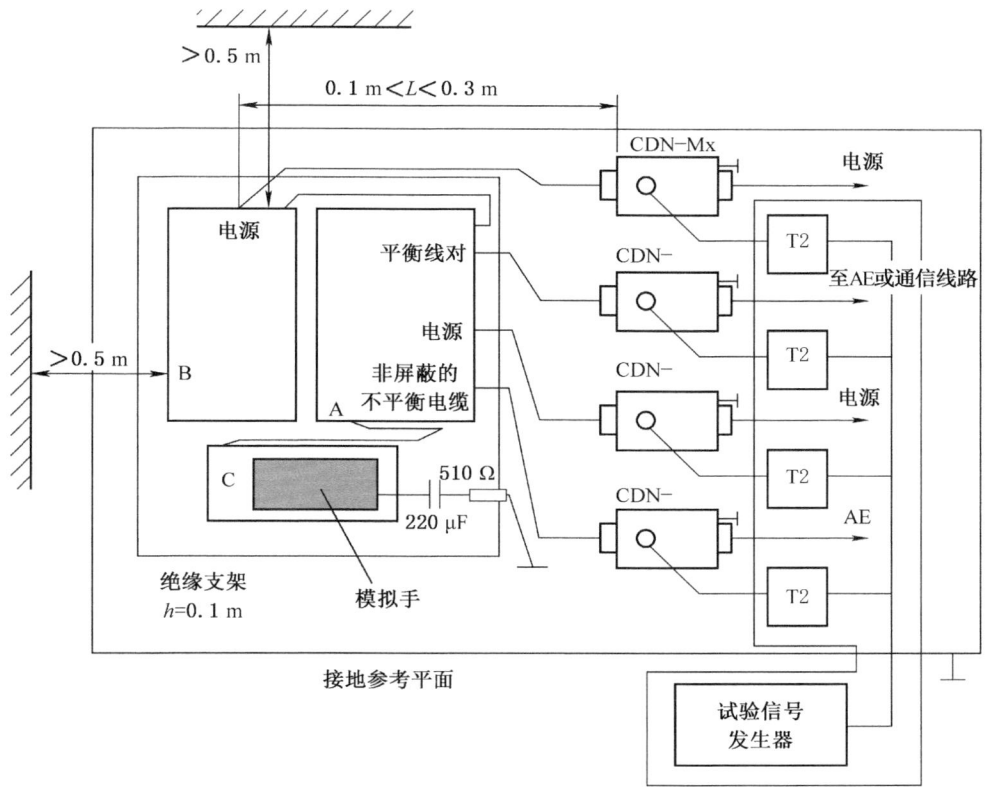

样品到任何金属障碍物的距离应至少为 0.5 m。
CDNs(耦合和去耦网络)所有非激励的输入端口应用 50 Ω 负载连接。
T2 应为功率衰减器(6 dB)。
负载端接属于样品的互联电缆(≤1 m)应置于绝缘座上。

图 B.32 多单元系统的试验布置图

ICS 13.220.20
C 81

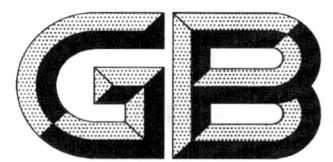

中华人民共和国国家标准

GB 17429—2011
代替 GB 17429—1998

火灾显示盘

Fire indicating panel

2011-07-29 发布　　　　　　　　　　　　　　2012-01-01 实施

中华人民共和国国家质量监督检验检疫总局
中国国家标准化管理委员会　发布

前 言

本标准的第 3 章、第 5 章、第 6 章为强制性的,其余为推荐性的。

本标准按照 GB/T 1.1—2009 给出的规则起草。

本标准代替 GB 17429—1998《火灾显示盘通用技术条件》。

本标准与 GB 17429—1998 相比,主要变化如下:
——将原标准的基本功能试验细分为火灾报警显示功能试验、故障显示功能试验、监管报警显示功能试验、自检功能试验、信息显示与查询功能试验和电源功能试验(见 4.2,1998 年版的 4.3);
——增加了泄漏电流试验、射频场感应的传导骚扰抗扰度试验、浪涌(冲击)抗扰度试验、电压暂降、短时中断和电压变化的抗扰度试验、振动(正弦)(耐久)试验等试验项目(见 4.4、4.7、4.10、4.11 和 4.16);
——删除了通电试验、高温试验、冲击试验和低温贮存试验(1998 年版的 4.4、4.12、4.15 和 4.17);
——增加了使用说明书和检验规则的要求(见 3.5 和 5)。

请注意本文件的某些内容可能涉及专利。本文件的发布机构不承担识别这些专利的责任。

本标准由中华人民共和国公安部提出。

本标准由全国消防标准化技术委员会火灾探测与报警分技术委员会(SAC/TC 113/SC 6)归口。

本标准负责起草单位:公安部沈阳消防研究所。

本标准主要起草人:王艳娥、仝瑞涛、谢锋、王宇行、李小白、郭金龙、李惠菁、闫茹。

本标准所代替标准的历次版本发布情况为:
——GB 17429—1998。

火灾显示盘

1 范围

本标准规定了火灾显示盘的要求、试验、检验规则和标志。

本标准适用于一般工业与民用建筑中安装使用的火灾显示盘,其他环境中安装的具有特殊性能的火灾显示盘,除特殊要求由有关标准另行规定外,参照执行本标准。

2 规范性引用文件

下列文件对于本文件的应用是必不可少的。凡是注日期的引用文件,仅注日期的版本适用于本文件。凡是不注日期的引用文件,其最新版本(包括所有的修改单)适用于本文件。

GB 156 标准电压

GB 4706.1 家用和类似用途电器的安全 第1部分:通用要求

GB/T 9969 工业产品使用说明书 总则

GB 12978 消防电子产品检验规则

GB 16838 消防电子产品 环境试验方法及严酷等级

GB/T 17626.2 电磁兼容 试验和测量技术 静电放电抗扰度试验

GB/T 17626.3 电磁兼容 试验和测量技术 射频电磁场辐射抗扰度试验

GB/T 17626.4 电磁兼容 试验和测量技术 电快速瞬变脉冲群抗扰度试验

GB/T 17626.5 电磁兼容 试验和测量技术 浪涌(冲击)抗扰度试验

GB/T 17626.6 电磁兼容 试验和测量技术 射频场感应的传导骚扰抗扰度

GB/T 17626.11 电磁兼容 试验和测量技术 电压暂降、短时中断和电压变化的抗扰度试验

3 要求

3.1 总则

火灾显示盘应符合本章相关要求,并按第4章的规定进行试验以确认对本章要求的符合性。

3.2 整机性能

3.2.1 火灾显示盘可采用主电源为220 V、50 Hz的交流电源供电,也可直接采用火灾报警控制器或消防设备电源输出的直流电源供电,电源线输入端应设接线端子。

3.2.2 火灾显示盘采用主电源为220V、50Hz交流电源供电时,应设有备用电源。

3.2.3 火灾显示盘直接采用火灾报警控制器或消防设备电源输出的直流电源供电时,直流电压应符合GB 156的规定,优先采用直流24 V。

3.2.4 火灾显示盘不应为其他部件供电。

3.2.5 火灾显示盘不应对其他部件有控制功能。

3.2.6 火灾显示盘的按键和指示灯应具有中文功能标注。

3.2.7 火灾显示盘在使用文字显示信息时,应采用中文显示。

3.3 基本功能

3.3.1 火灾报警显示功能

3.3.1.1 火灾显示盘应能接收与其连接的火灾报警控制器发出的火灾报警信号,并在火灾报警控制器发出火灾报警信号后 3 s 内发出火灾报警声、光信号,显示火灾发生部位;火灾报警声信号应能手动消除,当再有火灾报警信号输入时,应再次启动;火灾报警光信号应保持至火灾报警控制器复位。

3.3.1.2 当接收的火灾报警信号为手动火灾报警按钮报警信号时,火灾显示盘应能显示该火灾报警信号为手动火灾报警按钮报警。

3.3.1.3 火灾显示盘应设有专用火警总指示灯,火灾显示盘处于火灾报警状态时,该指示灯应点亮。

3.3.1.4 火灾显示盘应能显示其设定区域范围内的所有火灾报警信息。采用显示器显示火灾报警信息时,如不能同时显示所有火灾报警信息,应显示首个火灾报警信息,后续火灾报警信息应能手动可查,每手动查询一次,只能查询一个火灾报警部位及相关信息,查询结束 1 min 内,应自动返回显示首个火灾报警信息;采用自动循环显示方式显示后续火灾报警信息时,每次应显示一条完整的火灾报警信息,首个火灾报警信息应在显示器顶部或采用独立的显示器单独显示,手动查询应操作优先。

3.3.1.5 火灾显示盘如能显示火灾报警的时间,则该时间应与火灾报警控制器显示的时间一致。

3.3.1.6 除火灾报警控制器的复位操作外,对火灾显示盘的任何操作均不应影响其接收和发出火灾报警信号。

3.3.2 故障显示功能

3.3.2.1 采用主电源为 220 V、50 Hz 交流电源供电的火灾显示盘,在发生以下情况时,应在 100 s 内发出故障声、光信号,并显示故障的类型;故障声信号应与火灾报警声信号有明显区别;故障声信号应能手动消除,再有故障信号输入时,应再次启动;故障光信号应保持至故障排除或火灾报警控制器复位。

  a) 给备用电源充电的充电器与备用电源之间的连接线断路、短路;
  b) 备用电源与其负载之间的连接线断路、短路及备用电源单独供电时其电压不足以保证火灾显示盘正常工作;
  c) 主电源欠压。

3.3.2.2 具有故障显示功能的火灾显示盘应设有专用故障总指示灯,当有故障信号存在时,该指示灯应点亮。

3.3.2.3 具有接收火灾报警控制器传来的火灾探测器、手动火灾报警按钮及其他火灾报警触发器件的故障信号功能的火灾显示盘,应在火灾报警控制器发出故障信号后 3 s 内发出故障声、光信号,指示故障发生部位;故障声信号应与火灾报警声信号有明显区别;故障声信号应能手动消除,再有故障信号输入时,应再次启动;故障光信号应与火灾报警控制器相应的状态一致。

3.3.2.4 具有故障显示功能的火灾显示盘应能显示其设定区域范围内的所有故障信息,在不能同时显示所有故障信息时,未显示的故障信息应手动可查。

3.3.2.5 任一故障均不应影响非故障部分的正常工作。

3.3.3 监管报警显示功能

3.3.3.1 监管报警显示功能要求仅适用于具有此项功能的火灾显示盘。

3.3.3.2 具有监管报警显示功能的火灾显示盘应设有专用的监管总指示灯,只要有监管报警信号输入,该指示灯应点亮。

3.3.3.3 具有监管报警显示功能的火灾显示盘应能接收火灾报警控制器传来的监管报警信号,并在火灾报警控制器发出监管报警信号后 3 s 内发出监管报警声、光信号,指示监管报警部位;监管报警声信号应与火灾报警声信号有明显区别;监管报警声信号应能手动消除,再有监管报警信号输入时,应再次启动;监管报警光信号应与火灾报警控制器相应的状态一致。

3.3.3.4 具有监管报警显示功能的火灾显示盘应能显示其设定区域范围内的所有监管报警信息,在不能同时显示所有监管报警信息时,未显示的监管报警信息应手动可查。

3.3.4 自检功能

火灾显示盘应有手动检查其音响器件、面板上所有指示灯和显示器等的工作状态的功能。自检时间超过 1 min 或不能自动停止自检时,如有信号输入,应自动指示相应的状态,并显示相应的信息。

3.3.5 信息显示与查询功能

3.3.5.1 火灾显示盘的信息显示应按火灾报警、监管报警、故障的顺序由高至低排列显示等级,高等级的信息应优先显示,低等级的信息显示不应影响高等级信息显示,显示的信息应与对应的状态一致且易于辨识。

3.3.5.2 当火灾显示盘处于某一高等级的信息显示时,应能通过手动操作查询其他低等级的信息。

3.3.5.3 各等级的信息不应交替显示。

3.3.6 电源功能

3.3.6.1 采用主电源为 220 V、50 Hz 交流电源供电的火灾显示盘应具有以下功能:
  a) 应具有主电源和备用电源转换功能。当主电源断电时,应自动转换到备用电源;当主电源恢复时,应自动转换到主电源;应有主、备电源工作状态指示;主、备电源的转换不应影响火灾显示盘的正常工作;
  b) 主电源应能保证火灾显示盘在火灾报警状态下连续工作 4 h,且应有过流保护措施;
  c) 当交流供电电压变动幅度在额定电压(220 V)的 85%～110%范围内、频率为 50 Hz±1 Hz 时,火灾显示盘应能正常工作;
  d) 备用电源在放电至终止电压条件下,充电 24 h,其容量应可提供火灾显示盘在正常监视状态下工作 8 h 后,在火灾报警状态下工作 30 min。

3.3.6.2 采用火灾报警控制器或消防设备电源供电的火灾显示盘在额定电压的 85%～110%范围内应能正常工作,在火灾报警状态下应能连续工作 4 h。

3.4 主要部(器)件性能

3.4.1 主要部(器)件选择

火灾显示盘的主要部(器)件,应采用符合相关标准的定型产品。

3.4.2 指示灯

3.4.2.1 应以红色指示灯指示火灾报警状态、监管报警状态;黄色指示灯指示故障状态;绿色指示灯指示电源工作状态和正常运行状态。

3.4.2.2 指示灯应用中文清晰地标注其功能。

3.4.2.3 在不大于 500 lx 环境光条件下,在正前方 22.5°视角范围内,状态指示灯和电源指示灯应在 3 m 处清晰可见;其他指示灯应在 0.8 m 处清晰可见。

3.4.3 显示器

在不大于 500 lx 环境光线条件下,在正前方 22.5°视角范围内,显示器显示的字符或文字应在

0.8 m 处清晰可读。

3.4.4 音响器件

3.4.4.1 在正常工作条件下,音响器件在其正前方 1 m 处的声压级(A 计权)应大于 65 dB,小于 115 dB。

3.4.4.2 在 85% 额定电压供电条件下,火灾显示盘的音响器件应能正常工作。

3.4.5 熔断器

用于电源线路的熔断器或其他过电流保护器件,其额定电流值一般应不大于其最大工作电流的 2 倍。在靠近熔断器或其他过电流保护器件处应清楚地标注其参数值。

3.4.6 接线端子

3.4.6.1 每一接线端子上都应清晰、牢固地标注其编号或符号,相应用途应在有关文件中说明。

3.4.6.2 主电源采用 220 V、50 Hz 交流电源供电的火灾显示盘应有保护接地端子和接地标识。

3.4.7 充电器及备用电源

3.4.7.1 备用电源的正、负极连接导线应以颜色标识,正极应为红色,负极应为黑色或蓝色。

3.4.7.2 备用电源的充电电流应不大于电池制造商规定的额定值。

3.4.8 开关和按键

开关和按键应在其上或靠近的位置用中文清楚地标注出其功能。

3.4.9 操作级别

火灾显示盘的操作级别应符合表 1 要求。进入Ⅱ、Ⅲ级操作功能状态应采用操作号码或钥匙,用于进入Ⅲ级操作功能状态的操作号码或钥匙可用于进入Ⅱ级操作功能状态,但用于进入Ⅱ级操作功能状态的操作号码或钥匙不能用于进入Ⅲ级操作功能状态。

表 1 火灾显示盘操作级别划分表

序号	操作项目	操作级别		
		Ⅰ	Ⅱ	Ⅲ
1	消除声信号	O	M	M
2	查询信息	O	M	M
3	自检	P	M	M
4	输入或更改数据	P	P	M
5	接通、断开或调整电源	P	P	M
6	修改或改变软、硬件	P	P	M
注:P——禁止本级操作;O——可选择是否由本级操作;M——可进行本级及本级以下操作。				

3.5 使用说明书

火灾显示盘应有相应的中文使用说明书。使用说明书的内容应符合 GB/T 9969 的要求,并与产品的性能一致。

3.6 绝缘电阻

有绝缘要求的外部带电端子与机壳间的绝缘电阻值应不小于 20 MΩ；采用 220 V、50 Hz 交流电源供电的火灾显示盘的电源输入端与机壳间的绝缘电阻值应不小于 50 MΩ。

3.7 泄漏电流

采用 220 V、50 Hz 交流电源供电的火灾显示盘在 1.06 倍额定电压工作时，泄漏电流应不大于 0.5 mA。

3.8 电气强度

采用 220 V、50 Hz 交流电源供电的火灾显示盘的电源插头（或电源接线端子）与机壳间应能耐受频率为 50 Hz、有效值为 1 250 V 的交流电压历时 1 min 的电气强度试验。试验期间，不应发生击穿现象；试验后，基本功能应与试验前保持一致。

3.9 电磁兼容性能

火灾显示盘应能适应表 2 所规定条件下的各项试验要求。试验期间，应保持正常监视状态；试验后，基本功能应与试验前保持一致。

表 2 电磁兼容性试验条件

试验名称	试验条件				
射频电磁场辐射抗扰度试验	场强 V/m	频率范围 MHz	扫描速率十倍频程每秒	调制幅度	工作状态
	10	80～1000	$\leq 1.5 \times 10^{-3}$	80%（1 kHz，正弦）	正常监视状态
射频场感应的传导骚扰抗扰度试验	频率范围 MHz	电压 dBμV	调制幅度		工作状态
	0.15～80	140	80%（1 kHz，正弦）		正常监视状态
静电放电抗扰度试验	放电电压 kV	放电极性	放电间隔 s	每点放电次数	工作状态
	空气放电（外壳为绝缘体）8 接触放电（外壳为导体）6	正、负	≥1	10	正常监视状态
电快速瞬变脉冲群抗扰度试验	电压峰值 kV	重复频率 kHz	极性	时间 min	工作状态
	AC 电源线：2×(1±0.1) 其他连接线：1×(1±0.1)	AC 电源线：2.5×(1±0.2) 其他连接线：5×(1±0.2)	正、负	每次 1	正常监视状态
浪涌（冲击）抗扰度试验	浪涌（冲击）电压 kV	极性	持续时间 ms	试验次数	工作状态
	AC 电源线线-线：1×(1±0.1) AC 电源线线-地：2×(1±0.1) 其他连接线线-地：1×(1±0.1)	正、负	10（下滑 100%）	AC 电源线：5 其他连接线：20	正常监视状态

表 2（续）

试验名称	试验条件		
电压暂降、短时中断和电压变化的抗扰度试验	试验时间 额定电压周期	试验次数	工作状态
	10（40%供电电压） 1（0 V）	10	正常监视状态

3.10 电源瞬变耐受性

火灾显示盘的主电源按"通电（9 s）～断电（1 s）"的固定程序连续通断500次。试验期间，应保持正常监视状态；试验后，基本功能应与试验前保持一致。

3.11 气候环境耐受性

火灾显示盘应能耐受住表3中所规定的气候环境条件下的各项试验。试验期间，应保持正常监视状态；试验后，应无破坏涂覆和腐蚀现象，基本功能应与试验前保持一致。

表 3 气候环境条件

试验名称	试验条件			
低温（运行）试验	温度 ℃	持续时间 h	工作状态	
	0±3	16	正常监视状态	
恒定湿热（运行）试验	温度 ℃	相对湿度 %	持续时间 d	工作状态
	40±2	90～95	4	正常监视状态

3.12 机械环境耐受性

火灾显示盘应能耐受住表4中所规定的机械环境条件下的各项试验。试验期间，处于通电状态的火灾显示盘应保持正常监视状态；试验后，不应有机械损伤和紧固部位松动现象，基本功能应与试验前保持一致。

表 4 机械环境条件

试验名称	试验条件					
振动（正弦）（运行）试验	频率循环范围 Hz	加速幅值 m/s²	扫频速率 oct/min	每个轴线扫频次数	振动方向	工作状态
	10～150	0.981	1	1	X、Y、Z	正常监视状态
振动（正弦）（耐久）试验	频率循环范围 Hz	加速幅值 m/s²	扫频速率 oct/min	每个轴线扫频次数	振动方向	工作状态
	10～150	4.905	1	20	X、Y、Z	不通电状态

表 4（续）

试验名称	试验条件		
碰撞试验	碰撞能量 J	碰撞次数	工作状态
	0.5±0.04	3	正常监视状态

4 试验

4.1 总则

4.1.1 试验程序

火灾显示盘试验程序见表5。

表 5 火灾显示盘试验程序

序号	章条	试验项目	试样编号	
			1	2
1	4.1.5	试验前检查	√	√
2	4.2	基本功能试验	√	√
3	4.3	绝缘电阻试验		√
4	4.4	泄漏电流试验		√
5	4.5	电气强度试验		√
6	4.6	射频电磁场辐射抗扰度试验	√	
7	4.7	射频场感应的传导骚扰抗扰度试验	√	
8	4.8	静电放电抗扰度试验	√	
9	4.9	电快速瞬变脉冲群抗扰度试验	√	
10	4.10	浪涌(冲击)抗扰度试验	√	
11	4.11	电压暂降、短时中断和电压变化的抗扰度试验	√	
12	4.12	电源瞬变试验	√	
13	4.13	低温(运行)试验	√	
14	4.14	恒定湿热(运行)试验	√	
15	4.15	振动(正弦)(运行)试验		√
16	4.16	振动(正弦)(耐久)试验		√
17	4.17	碰撞试验		√

4.1.2 试验样品

试验样品(以下简称试样)为2台,试样应在试验前予以编号。

4.1.3 试验的大气条件

如在有关条文中没有说明,则各项试验均在下述大气条件下进行:
——温度:15 ℃～35 ℃;
——湿度:25%RH～75%RH;
——大气压力:86 kPa～106 kPa。

4.1.4 容差

如在有关条文中没有说明,各项试验数据的容差均为±5%。

4.1.5 试验前检查

试样在试验前均应进行外观和主要部(器)件检查,符合下述要求时方可进行试验:
a) 文字、符号和标志清晰齐全;
b) 试样表面无腐蚀、涂覆层脱落和起泡现象,无明显划伤、裂痕、毛刺等机械损伤;
c) 紧固部位无松动;
d) 整机性能应满足3.2的要求;
e) 主要部(器)件性能应能满足3.4的要求;
f) 使用说明书应满足3.5的要求。

4.2 基本功能试验

4.2.1 火灾报警显示功能试验

4.2.1.1 将试样与制造商提供的火灾报警控制器(火灾报警控制器应根据试验需要连接手动火灾报警按钮和火灾探测器)相连接,接通电源,使试样处于正常监视状态。

4.2.1.2 设置一个火灾报警信号,记录从火灾报警控制器发出火灾报警信号到试样发出火灾报警信号的时间间隔,观察并记录试样状态指示和信息显示情况;试样手动操作消音后,再设置另一个火灾报警信号,观察并记录试样火灾报警声信号再次启动情况和信息显示情况。

4.2.1.3 在手动火灾报警按钮报警状态下,观察并记录试样信息显示情况。

4.2.1.4 手动复位火灾报警控制器,观察并记录试样状态指示和信息显示情况。

4.2.1.5 对试样进行手动操作时,设置一个火灾报警信号,观察并记录试样接收和发出火灾报警信号情况。

4.2.1.6 在多个火灾报警信息存在的情况下,查看并记录试样的信息显示情况。

4.2.2 故障显示功能试验

4.2.2.1 将试样与制造商提供的火灾报警控制器相连接,接通电源,使其处于正常监视状态。

4.2.2.2 对于主电源采用220 V、50 Hz交流电源供电的试样,分别设置3.3.2.1的a)、b)、c)三种故障情况,观察并记录试样的状态指示和信息显示情况。

4.2.2.3 使火灾报警控制器发出一个火灾报警触发器件的故障信号,记录从火灾报警控制器发出故障信号到试样发出故障信号的时间间隔,观察并记录试样状态指示和信息显示情况;试样手动操作消音后,再设置另一个故障信号,观察并记录试样故障声信号再次启动情况和信息显示情况。

4.2.2.4 将故障排除,观察并记录火灾报警控制器状态指示和信息显示情况和试样的状态指示和信息显示情况。在试样处于故障状态下,手动复位火灾报警控制器,观察并记录试样的状态指示和信息显示情况。

4.2.2.5 在多个故障信息存在的情况下,查看并记录试样的信息显示情况。

4.2.2.6 使试样的某一部件处于故障状态,检查非故障部分的工作情况。

4.2.3 监管报警显示功能试验

4.2.3.1 将试样与制造商提供的火灾报警控制器相连接,接通电源,使其处于正常监视状态。

4.2.3.2 设置一个监管报警信号,记录从火灾报警控制器发出监管报警信号到试样发出监管报警信号的时间间隔,观察并记录试样状态指示和信息显示情况。

4.2.3.3 消音后,再设置另一个监管报警信号,观察并记录试样监管报警声信号再次启动情况和信息显示情况。

4.2.3.4 在多个监管报警信号存在的情况下,查看并记录试样的信息显示情况。

4.2.3.5 手动复位火灾报警控制器,观察并记录试样的状态指示和信息显示情况。

4.2.4 自检功能试验

4.2.4.1 将试样与制造商提供的火灾报警控制器相连接,接通电源,使其处于正常监视状态。

4.2.4.2 手动操作试样的自检功能,观察并记录试样的音响器件、面板上所有的状态指示灯和显示器等的工作情况。

4.2.4.3 试样自检时间如果超过 1 min 或不能自动停止自检功能时,分别设置火灾报警信号和其他输入信号,观察并记录试样的状态指示和信息显示情况。

4.2.5 信息显示与查询功能试验

4.2.5.1 将试样与制造商提供的火灾报警控制器相连接,接通电源,使其处于正常监视状态。

4.2.5.2 分别按照火灾报警、监管报警和故障状态的顺序,查看并记录试样的状态指示和信息显示情况。

4.2.5.3 再按照上述顺序的逆顺序设置各种状态,查看并记录试样的状态指示和信息显示情况。

4.2.5.4 在高等级的信息显示状态下,手动操作查询功能,查看并记录其他等级的信息显示情况。

4.2.6 电源功能试验

4.2.6.1 检查主电源采用 220 V、50 Hz 交流电源供电的试样的主、备电源自动转换和状态显示情况。

4.2.6.2 按 3.3.6.1 中 b)的要求检查并记录主电源的容量性能。

4.2.6.3 在额定电压的 85%～110%的范围内调节主电源的供电电压,检查并记录试样的工作情况。

4.2.6.4 在备用电源放电终止条件下,连续充电 24 h 后,根据 3.3.6.1 中 d)的要求检查并记录试样备用电源容量情况。

4.2.6.5 在额定电压的 85%～110%的范围内,调节直接采用直流电源供电的试样的供电电压,检查并记录试样的工作情况,按照 3.3.6.2 的要求检查并记录电源性能。

4.3 绝缘电阻试验

4.3.1 试验步骤

通过绝缘电阻试验装置,分别对试样的下述部分施加 500 V±50 V 直流电压,持续 60 s±5 s,测量其绝缘电阻值:

a) 试样的外部带电端子与机壳之间;
b) 电源插头(或电源接线端子)与机壳之间(电源开关置于接通位置,但电源插头不接入电网)。

试验时,应保证接触点可靠接触。

4.3.2 试验设备

采用满足下述技术要求的绝缘电阻试验装置：
a) 试验电压：500 V±50 V；
b) 测量范围：0 MΩ～500 MΩ；
c) 最小分度：0.1 MΩ；
d) 记时：60 s±5 s。

4.4 泄漏电流试验

4.4.1 试验步骤

将试样与制造商提供的火灾报警控制器相连接，接通电源，使其处于正常监视状态。调节供电电压为试样主电源额定电压的1.06倍，测量并记录其泄漏电流值。

4.4.2 试验设备

采用符合GB 4706.1规定的测量泄漏电流的试验设备。

4.5 电气强度试验

4.5.1 试验步骤

4.5.1.1 通过试验装置，以100 V/s～500 V/s的升压速率，对试样的电源线与机壳间施加50 Hz、1 250 V（有效值）的试验电压，持续60 s±5 s，观察并记录试验期间所发生的现象。

4.5.1.2 以100 V/s～500 V/s的降压速率使电压降至低于试样额定工作电压值后，切断试验装置的电压输出。

4.5.1.3 将试样与制造商提供的火灾报警控制器相连接，接通电源，使其处于正常监视状态。

4.5.1.4 进行基本功能试验。

4.5.2 试验设备

采用满足下述条件的试验装置：
a) 试验电压：电压0 V～1 250 V（有效值）连续可调，频率50 Hz；
b) 升、降压速率：100 V/s～500 V/s；
c) 记时：60 s±5 s。

4.6 射频电磁场辐射抗扰度试验

4.6.1 试验步骤

4.6.1.1 将试样按GB/T 17626.3规定进行试验布置，并将试样与制造商提供的火灾报警控制器相连接，接通电源，使其处于正常监视状态20 min。

4.6.1.2 按GB/T 17626.3规定的试验方法对试样施加表2所示条件的干扰试验。观察并记录试样工作状态。

4.6.1.3 进行基本功能试验。

4.6.2 试验设备

采用符合GB/T 17626.3规定的试验设备。

4.7 射频场感应的传导骚扰抗扰度试验

4.7.1 试验步骤

4.7.1.1 将试样按GB/T 17626.6的规定进行试验布置,并将试样与制造商提供的火灾报警控制器相连接,接通电源,使其处于正常监视状态20 min。

4.7.1.2 按GB/T 17626.6规定的试验方法对试样施加表2所示条件的干扰试验。观察并记录试样工作状态。

4.7.1.3 进行基本功能试验。

4.7.2 试验设备

采用符合GB/T 17626.6规定的试验设备。

4.8 静电放电抗扰度试验

4.8.1 试验步骤

4.8.1.1 将试样按GB/T 17626.2规定进行试验布置,并将试样与制造商提供的火灾报警控制器相连接,接通电源,使其处于正常监视状态20 min。

4.8.1.2 按GB/T 17626.2中规定的试验方法对试样及耦合板施加表2所示条件的干扰试验。观察并记录试样工作状态。

4.8.1.3 进行基本功能试验。

4.8.2 试验设备

采用符合GB/T 17626.2规定的试验设备。

4.9 电快速瞬变脉冲群抗扰度试验

4.9.1 试验步骤

4.9.1.1 将试样按GB/T 17626.4规定进行试验布置,并将试样与制造商提供的火灾报警控制器相连接,接通电源,使其处于正常监视状态20 min。

4.9.1.2 按GB/T 17626.4规定的试验方法对试样施加表2所示条件的干扰试验。观察并记录试样工作状态。

4.9.1.3 进行基本功能试验。

4.9.2 试验设备

采用符合GB/T 17626.4规定的试验设备。

4.10 浪涌(冲击)抗扰度试验

4.10.1 试验步骤

4.10.1.1 将试样按GB/T 17626.5规定进行试验布置,并将试样与制造商提供的火灾报警控制器相连接,接通电源,使其处于正常监视状态20 min。

4.10.1.2 按GB/T 17626.5规定的试验方法对试样施加表2所示条件的干扰试验。观察并记录试样工作状态。

4.10.1.3 进行基本功能试验。

4.10.2 试验设备

采用符合 GB/T 17626.5 规定的试验设备。

4.11 电压暂降、短时中断和电压变化的抗扰度试验

4.11.1 试验步骤

4.11.1.1 将试样连接到试验设备上,并将试样与制造商提供的火灾报警控制器相连接,接通电源,使其处于正常监视状态。

4.11.1.2 按 GB/T 17626.11 规定的试验方法对试样施加表2所示条件的干扰试验。观察并记录试样工作状态。

4.11.1.3 进行基本功能试验。

4.11.2 试验设备

采用符合 GB/T 17626.11 规定的试验设备。

4.12 电源瞬变试验

4.12.1 试验步骤

4.12.1.1 将试样连接到电源瞬变试验装置上,并与制造商提供的火灾报警控制器相连接。

4.12.1.2 开启试验装置,使试样主电源按"通电(9 s)～断电(1 s)"的固定程序连续通断500次,试验期间,观察并记录试样的工作状态。

4.12.1.3 进行基本功能试验。

4.12.2 试验设备

采用符合4.12.1.2试验条件的试验设备。

4.13 低温(运行)试验

4.13.1 试验步骤

4.13.1.1 试验前,将试样在正常大气条件下放置2 h～4 h。然后将试样与制造商提供的火灾报警控制器相连接,接通电源,使其处于正常监视状态。

4.13.1.2 调节试验箱温度,使其在20 ℃±2 ℃温度下保持30 min±5 min,然后,以不大于1 ℃/min的速率降温至0 ℃±3 ℃。

4.13.1.3 按表3的试验条件进行温度保持,16 h后进行基本功能试验。

4.13.1.4 调节试验箱温度,使其以不大于1 ℃/min的速率升温至20 ℃±2 ℃,并保持30 min±5 min。

4.13.1.5 取出试样,在正常大气条件下放置1 h～2 h。

4.13.1.6 检查试样表面涂覆情况。

4.13.1.7 进行基本功能试验。

4.13.2 试验设备

采用符合 GB 16838 规定的试验设备。

4.14 恒定湿热(运行)试验

4.14.1 试验步骤

4.14.1.1 试验前,将试样在正常大气条件下放置 2 h～4 h。然后将试样与制造商提供的火灾报警控制器相连接,接通电源,使其处于正常监视状态。

4.14.1.2 按表3的试验条件调节试验箱,使温度为 40 ℃±2 ℃、相对湿度为 90%～95%(先调节温度,当温度达到设定温度且稳定后再加湿),连续保持 4 d 后进行基本功能试验。

4.14.1.3 取出试样,在正常大气条件下,处于正常监视状态 1 h～2 h。

4.14.1.4 检查试样表面涂覆情况。

4.14.1.5 进行基本功能试验。

4.14.2 试验设备

采用符合 GB 16838 规定的试验设备。

4.15 振动(正弦)(运行)试验

4.15.1 试验步骤

4.15.1.1 将试样按正常安装方式刚性安装,使同方向的重力作用与其使用时一样(重力影响可忽略时除外),试样在上述安装方式下可放于任何高度。接通电源,使试样处于正常监视状态。

4.15.1.2 按表4的试验条件,依次在三个互相垂直的轴线上,在 10 Hz～150 Hz 的频率循环范围内,以 0.981 m/s² 的加速度幅值,1 倍频程每分的扫频速率,各进行 1 次扫频循环。试验期间,观察并记录试样的工作状态。

4.15.1.3 检查试样外观及紧固部位。

4.15.1.4 进行基本功能试验。

4.15.2 试验设备

采用符合 GB 16838 规定的试验设备(振动台及夹具)。

4.16 振动(正弦)(耐久)试验

4.16.1 试验步骤

4.16.1.1 将试样按正常安装方式刚性安装(重力影响可忽略时除外),试样在上述安装方式下可放于任何高度,试验期间试样不通电。

4.16.1.2 按表4的试验条件,依次在三个互相垂直的轴线上,在 10 Hz～150 Hz 的频率循环范围内,以 4.905 m/s² 的加速度幅值,1 倍频程每分的扫频速率,各进行 20 次扫频循环。

4.16.1.3 检查试样外观及紧固部位。

4.16.1.4 接通电源,使试样处于正常监视状态。

4.16.1.5 进行基本功能试验。

4.16.2 试验设备

采用符合 GB 16838 规定的试验设备(振动台及夹具)。

4.17 碰撞试验

4.17.1 试验步骤

4.17.1.1 将试样与制造商提供的火灾报警控制器相连接,接通电源,使其处于正常监视状态。

4.17.1.2 按表 4 的试验条件,对试样表面上的每个易损部件(如指示灯、显示器等)施加 3 次能量为 0.5 J±0.04 J 的碰撞。在进行试验时应小心进行,以确保上一组(3 次)碰撞的结果不对后续各组碰撞的结果产生影响,在认为可能产生影响时,应不考虑发现的缺陷,取一新的试样,在同一位置重新进行碰撞试验。观察并记录试样的工作状态。

4.17.1.3 进行基本功能试验。

4.17.2 试验设备

采用符合 GB 16838 规定的试验设备。

5 检验规则

5.1 出厂检验

制造商在产品出厂前应对火灾显示盘按 4.1.5 要求进行检查,并至少进行下述试验项目的检验:
a) 基本功能试验;
b) 绝缘电阻试验;
c) 泄漏电流试验;
d) 电气强度试验。

采用直流电源供电的火灾显示盘只进行 a)、b)项试验。

5.2 型式检验

5.2.1 型式检验项目为 4.1.5、4.2~4.17 规定的试验项目。在出厂检验合格的产品中抽取检验样品。

5.2.2 有下列情况之一时,应进行型式检验:
a) 新产品或者老产品转厂生产时的试制定型鉴定;
b) 正式生产后,产品的结构、主要部件或元器件、生产工艺等有较大的改变,可能影响产品性能时,或正式投产满 5 年时;
c) 产品停产 1 年以上,恢复生产时;
d) 出厂检验结果与上次型式检验结果差异较大时;
e) 质量监督机构提出进行型式检验要求时。

5.2.3 检验结果按 GB 12978 规定的型式检验结果判定方法进行判定。

6 标志

6.1 产品标志

每台火灾显示盘均应有清晰、耐久的产品标志,产品标志应包括以下内容:
a) 产品名称;
b) 产品型号;
c) 执行标准代号;
d) 制造商名称或商标;

e) 产地；

f) 制造日期、产品编号和软件版本号；

g) 产品主要技术参数。

6.2 质量检验标志

每台火灾显示盘均应有质量检验合格标志。

ICS 13.220.20
C 81

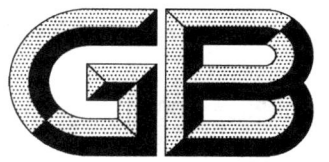

中华人民共和国国家标准

GB 19880—2005

手动火灾报警按钮

Manual fire call points

2005-09-01 发布　　　　　　　　　　　　　　　　　　　　2006-06-01 实施

中华人民共和国国家质量监督检验检疫总局
中国国家标准化管理委员会　发布

GB 19880—2005

前　言

本标准的3、4、5和6章内容为强制性，其余为推荐性。

本标准参考了EN 54-11:2001《火灾探测报警系统　第11部分:手动火灾报警按钮》和ISO/FDIS7240-11《火灾探测报警系统　第11部分:手动火灾报警按钮》。

本标准的附录A为规范性附录。

本标准由中华人民共和国公安部提出。

本标准由全国消防标准化技术委员会第六分技术委员会归口。

本标准负责起草单位:公安部沈阳消防研究所。

本标准主要起草人:张德成、杨波、康卫东、王学来、黄军团、孙爽、许峰。

GB 19880—2005

手动火灾报警按钮

1 范围

本标准规定了手动火灾报警按钮的一般要求、要求与试验方法、检验规则和标志。

本标准适用于一般工业与民用建筑中安装使用的手动火灾报警按钮,其他具有特殊功能的火灾报警启动按钮亦应执行本标准。

2 规范性引用文件

下列文件中的条款通过本标准的引用而成为本标准的条款。凡是注日期的引用文件,其随后所有的修改单(不包括勘误的内容)或修订版均不适用于本标准,然而,鼓励根据本标准达成协议的各方研究是否可使用这些文件的最新版本。凡是不注日期的引用文件,其最新版本适用于本标准。

GB 9969.1 工业产品使用说明书 总则

GB 12978 消防电子产品检验规则

GB 16838 消防电子产品环境试验方法及严酷等级

GB/T 17626.2—1998 电磁兼容 试验和测量技术 静电放电抗扰度试验(idt IEC 61000-4-2:1995)

GB/T 17626.3—1998 电磁兼容 试验和测量技术 射频电磁场辐射抗扰度试验(idt IEC 61000-4-3:1995)

GB/T 17626.4—1998 电磁兼容 试验和测量技术 电快速瞬变脉冲群抗扰度试验(idt IEC 61000-4-4:1995)

GB/T 17626.5—1999 电磁兼容 试验和测量技术 浪涌(冲击)抗扰度试验(idt IEC 61000-4-5:1995)

GB/T 17626.6—1998 电磁兼容 试验和测量技术 射频场感应的传导骚扰抗扰度(idt IEC 61000-4-6:1996)

3 一般要求

3.1 总则

手动火灾报警按钮(以下称报警按钮)若要符合本标准,应首先满足本章要求,然后按第4章规定进行试验,并满足试验要求。

3.2 使用说明书

报警按钮应有相应的中文说明书。说明书应满足 GB 9969.1 的要求。

3.3 启动零件

3.3.1 正常监视状态

报警按钮的正常监视状态可通过其前面板外观清晰识别,启动零件不应破碎、变形或移位。

3.3.2 报警状态

报警按钮从正常监视状态进入报警状态可以通过如下操作完成,并应能从前面板外观变化识别且与正常监视状态有明显区别：

  a) 击碎启动零件；
  b) 使启动零件移位。

3.4 报警确认灯

报警按钮应设红色报警确认灯，报警按钮启动零件动作，报警确认灯应点亮，并保持至报警状态被复位。如通过报警确认灯显示报警按钮其他工作状态，被显示状态应与火灾报警指示时的状态有明显区别。确认灯点亮时在其正前方 2 m 处，光照度不超过 500 lx 的环境条件下，应清晰可见。

3.5 复位

报警按钮动作后应仅能使用工具通过下述方法进行复位：

  a) 对启动零件不可重复使用的，更换新的启动零件；
  b) 对启动零件可重复使用的，复位启动零件。

3.6 测试手段

启动零件不可重复使用的报警按钮应有专门测试手段，在不击碎启动零件情况下进行模拟报警及复位测试。

3.7 结构设计

3.7.1 安全性

操作启动零件时不应对操作者产生伤害。

报警按钮外壳的边角应钝化，减少使人受伤的可能性。

3.7.2 形状、尺寸和颜色

3.7.2.1 形状

报警按钮的前面板宜采用图 1 或图 2 所示形状及表 1 列出的尺寸。

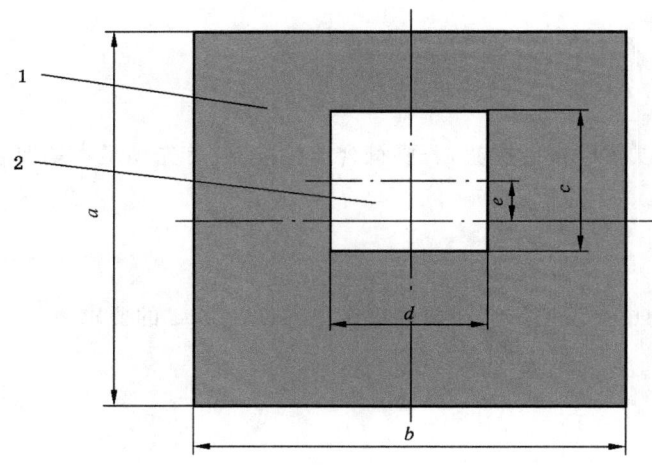

1——前面板；
2——操作面板；
$a \sim e$ 见表 1。

图 1　方形启动零件报警按钮形状

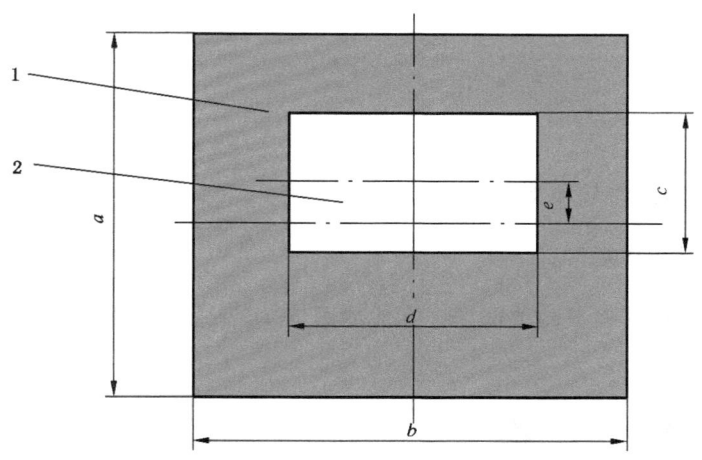

1——前面板;
2——操作面板;
a~e 见表1。

图 2 长方形启动零件报警按钮形状

表 1 报警按钮的外形尺寸

尺寸	图1或图2中的符号	报警按钮 正方形操作面板	报警按钮 长方形操作面板
前面板高度	a	85 mm≤a≤135 mm	85 mm≤a≤135 mm
前面板宽度	b	85 mm≤b≤135 mm	85 mm≤b≤135 mm
前面板宽度与高度之比	b/a	0.95≤b/a≤1.05	0.95≤b/a≤1.05
操作面板高度	c	0.5a±5 mm	0.4a±5 mm
操作面板宽度	d	0.5a±5 mm	0.8a±5 mm
操作面板宽度与高度之比	d/c	0.95≤d/c≤1.05	1.9≤d/c≤2.1
操作面板最大偏移量	e	±0.1a	±0.1a

报警按钮的操作面板宜为正方形(见图1)或长方形(见图2)及符合表1和下述要求:
a) 在前面板垂直中心线的正中间;
b) 可以设计成允许与前面板水平中心线有垂直偏差。
报警按钮的操作面板应与前面板在同一水平面或嵌入前面板里,但不能凸出前面板外。

3.7.2.2 尺寸

报警按钮前面板覆盖面积(含操作面板)应大于6 400 mm²,操作面板面积应大于1 000 mm²。前面板和操作面板尺寸宜在表1规定的范围内。

报警按钮按制造商规定的安装方式安装后,前面板应与安装面平行,且凸出安装面至少15 mm。

3.7.2.3 颜色

报警按钮按制造商规定的安装方式安装后,除下述部位外,可视的表面颜色应为红色:
a) 操作面板;
b) 3.7.3.2中规定的符号和文字。

操作面板的颜色除3.7.3.3中指定的符号和文字外宜为白色。

3.7.3 符号和文字

3.7.3.1 总则

报警按钮应采用适当的符号和文字进行标识。

3.7.3.2 前面板上符号和文字

3.7.3.2.1 宜在报警按钮前面板的上部居中标注如图3a)所示的图形符号或起同等作用的文字,符号和文字应为白色。

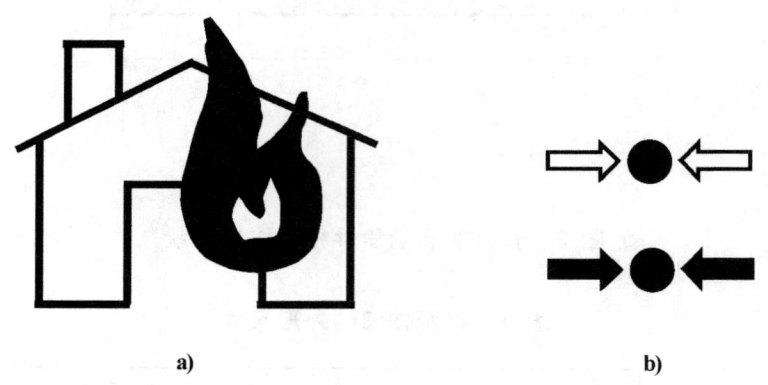

图 3 报警按钮标识

3.7.3.2.2 除3.7.3.2.1中规定,其他符号、文字均应在前面板水平中心线下方。非红色标识部分总面积不应超过前面板面积的5%。

3.7.3.3 操作面板上符号和文字

3.7.3.3.1 报警按钮的操作面板上应标注图3b)所示的图形符号。图形标识可附有补充性文字(如:按下报警)。符号和文字宜为黑色,其总面积不应超过操作面板总面积的10%。

3.7.3.3.2 其他符号、文字不应影响3.7.3.3.1中规定的图形标识,且限制在操作面板上部和/或下部25%区域内。除3.7.3.3.1中规定的图形标识,操作面板上与操作面板颜色不同的标识总面积不应超过操作面板面积的5%。

3.7.4 使用环境

制造商应规定报警按钮的使用环境(户内或户外)。

3.7.5 辅助接点

报警按钮如具有其他启动或辅助功能,应至少有一常开或常闭接点,接点容量应在使用说明书中说明。

4 要求与试验方法

4.1 总则

4.1.1 试验环境条件

除在有关条文中说明外,则各项试验均应在下述正常大气条件下进行:

温度：15 ℃～35 ℃；
湿度：25%RH～75%RH；
大气压力：86 kPa～106 kPa。

4.1.2 试验正常监视状态

如试验时要求试样处于正常监视状态，应将试样与制造商提供的电源和监视设备连接。

4.1.3 试样安装

试验时，应按制造商规定的正常安装方式安装。

4.1.4 容差

如在有关条文中没有说明时，则各项试验数据的容差均为±5%。环境条件参数偏差应符合 GB 16838 要求。

4.1.5 响应时间

试样启动零件动作后，电源和监视设备应在 10 s 内发出火灾报警信号。

4.1.6 试样

试样数量应符合下述要求：
a) 户内型报警按钮为 12 只；
b) 户外型报警按钮为 13 只。

4.1.7 试验前检查

4.1.7.1 试验前对试样进行外观检查，应符合下述要求：
a) 表面无腐蚀、涂覆层脱落和起泡现象，无明显划伤、裂痕、毛刺等机械损伤；
b) 紧固部位无松动。

4.1.7.2 试验前应按第 3 章要求对试样进行检查，符合要求后方可进行试验。

4.1.8 试验程序

4.1.8.1 试验前应对试样予以编号。
4.1.8.2 试验程序见表 2。

表 2 报警按钮试验程序

编号	试验项目	章节	试样编号	户内	户外
1	动作性能试验	4.2	1～13	√	√
2	电源参数波动试验	4.6	1	√	√
3	高温（运行）试验	4.7	2	√	√
4	高温（耐久）试验	4.8	2		√
5	低温（运行）试验	4.9	1	√	√
6	交变湿热（运行）试验	4.10	3	√	√
7	恒定湿热（耐久）试验	4.11	4	√	√

表 2（续）

编号	试验项目	章节	试样编号	户内	户外
8	SO_2 腐蚀（耐久）试验	4.12	2	√	√
9	冲击（运行）试验	4.13	5	√	√
10	碰撞（运行）试验	4.14	6	√	√
11	振动（正弦）（运行）试验	4.15	7	√	√
12	振动（正弦）（耐久）试验	4.16	7	√	√
13	静电放电抗扰度试验	4.17	8	√	√
14	射频电磁场辐射抗扰度试验	4.18	9	√	√
15	射频场感应的传导骚扰抗扰度试验	4.19	10	√	√
16	电快速瞬变脉冲群抗扰度试验	4.20	11	√	√
17	浪涌（冲击）抗扰度试验	4.21	12	√	√
18	雨淋试验	4.22	13		√

注 1：户内型试样不进行 4.8 和 4.22 两项试验；
注 2：仅具有电阻、二极管等类电子元件的试样不进行 4.17～4.21 五项试验。

4.2 动作性能试验

4.2.1 目的

检验报警按钮的动作性能。

4.2.2 方法

4.2.2.1 不动作试验

将试样按 4.1.3 的规定安装在图 A.1 所示设备上，并按 4.1.2 的规定使试样处于正常监视状态。以不大于 5 N/s 的速率向启动零件操作标识两箭头之间中心位置施加水平方向的力，达到 22.5 N±2.5 N 时，保持 5 s，然后以不大于 5 N/s 的速率释放，观察并记录试样状态。

4.2.2.2 动作试验

将试样按 4.1.3 的规定安装在图 A.2 所示设备上，并按 4.1.2 的规定使试样处于正常监视状态。把铜球拉至其中心距试样启动零件操作标识两箭头之间中心位置垂直距离 350_{-10}^{0} mm 处，然后自由摆动落下，撞击启动零件一次，观察并记录试样状态。

4.2.3 要求

a) 不动作试验，启动零件不应动作，试样不应发出火灾报警或故障信号；
b) 动作试验，启动零件应动作，试样应发出火灾报警信号，并符合 4.1.5 的要求。

4.2.4 试验设备

试验设备应满足本标准附录 A 要求。

4.3 功能试验

4.3.1 目的

检验报警按钮的电气部分实现报警的功能。

4.3.2 方法

可按 4.2.2.2 的规定的试验方法或使用测试手段对试样进行报警功能测试。

4.3.3 要求

试样应发出火灾报警信号,并符合 4.1.5 的要求。

4.4 测试手段检查

4.4.1 目的

检验报警按钮的测试手段。

4.4.2 方法

按 4.1.2 的规定使试样处于正常监视状态。按使用说明书中规定的测试手段对试样进行测试。

4.4.3 要求

a) 进行测试时,试样应发出火灾报警信号,并符合 4.1.5 的要求;
b) 测试期间,试样不应发出故障信号;
c) 复位后,试样应恢复到正常监视状态。

4.5 可靠性试验

4.5.1 目的

检验报警按钮触点的可靠性。

4.5.2 方法

按 4.1.2 的规定使试样处于正常监视状态。使试样的触点按"动作～复位"程序进行 250 次,记录试样工作状态。然后,按 4.2 的规定进行动作性能试验。

4.5.3 要求

a) 试样应无机械损伤;
b) 动作性能试验结果应满足 4.2.3 的要求。

4.6 电源参数波动试验

4.6.1 目的

检验报警按钮在电源参数波动条件下工作的适应性。

4.6.2 方法

4.6.2.1 按制造商规定的供电参数上、下限值(如未规定,则上、下限参数分别为额定参数 110% 和

85%)给试样供电,分别稳定 5 min,在稳定时间结束时按4.3的规定分别进行功能试验,功能试验后复位试样。

4.6.2.2 如试样采用脉动电压供电,将试样通过长度为 1 000 m、截面积为 1.0 mm² 的铜质双绞导线(或按照制造商提供的条件)与电源和监视设备连接,使其处于正常监视状态。将电源和监视设备的输入电压调至 187 V(50 Hz)和 242 V(50 Hz),分别稳定 5 min,在稳定时间结束时按4.3条规定进行功能试验,功能试验后复位试样。

4.6.3 要求

a) 除功能试验外,试样不应发出火灾报警或故障信号;
b) 功能试验结果应满足4.3.3的要求;
c) 复位后,试样不应发出火灾报警或故障信号。

4.7 高温(运行)试验

4.7.1 目的

检验报警按钮在高温条件下工作的适应性。

4.7.2 方法

4.7.2.1 将试样放入试验箱内,按4.1.2的规定使试样处于正常监视状态。在正常大气条件下保持1 h,然后以不大于 1 ℃/min 的升温速率,使试验箱内温度升至 70 ℃±2 ℃(适用于户外型试样)或 55 ℃±2 ℃(适用于户内型试样),在此条件下稳定 16 h,观察并记录试样状态。在稳定期间最后 30 min 内,按4.3的规定进行功能试验。

4.7.2.3 关断电源和监视设备,取出试样,在正常大气条件下恢复 1 h 以上。然后复位试样,按4.2的规定进行动作性能试验。

4.7.3 要求

a) 高温环境期间,除功能试验外,试样不应发出火灾报警或故障信号;
b) 功能试验结果应满足4.3.3的要求;
c) 动作性能试验结果应满足4.2.3的要求。

4.7.4 试验设备

试验设备应满足 GB 16838 的规定。

4.8 高温(耐久)试验

4.8.1 目的

检验户外型报警按钮承受长时间高温老化的能力。

4.8.2 方法

4.8.2.1 将试样放在温度为 70 ℃±2 ℃试验箱内,持续 21 d。高温环境期间试样不通电。

4.8.2.2 取出试样,在正常大气条件下恢复 1 h 以上。按4.1.2的规定连接,并接通电源,观察并记录试样状态。若试样能处于正常监视状态,按4.5的规定进行可靠性试验。

4.8.3 要求

a) 高温环境后,接通电源和监视设备,试样不应发出故障信号;

b) 可靠性试验结果应满足4.5.3的要求；

4.8.4 试验设备

试验设备应满足GB 16838的规定。

4.9 低温（运行）试验

4.9.1 目的

检验报警按钮在低温条件下工作的适应性。

4.9.2 方法

4.9.2.1 将试样放入试验箱内，按4.1.2的规定使试样处于正常监视状态。在正常大气条件下保持1 h，然后以不大于1 ℃/min的降温速率将温度降到−25 ℃±3 ℃（适用于户外型试样）或−10 ℃±3 ℃（适用于户内型试样），在此条件下稳定16 h。观察并记录试样状态。在稳定期间最后30 min内，按4.3的规定进行功能试验。

4.9.2.2 关断电源和监视设备，以不大于1 ℃/min的升温速率升温至环境温度，取出试样，在正常大气条件下恢复1 h以上。然后复位试样，按4.2的规定进行动作性能试验。

4.9.3 要求

a) 低温环境期间，除功能试验外，试样不应发出火灾报警或故障信号；
b) 功能试验结果应满足4.3.3的要求；
c) 动作性能试验结果应满足4.2.3的要求。

4.9.4 试验设备

试验设备应满足GB 16838的规定。

4.10 交变湿热（运行）试验

4.10.1 目的

检验报警按钮试样在相对湿度高（无凝露）的环境下正常工作的能力。

4.10.2 方法

4.10.2.1 将试样放入试验箱内，按4.1.2的规定使试样处于正常监视状态。

4.10.2.2 按GB 16838中相应条款规定的试验方法，对试样进行高温温度为55 ℃±2 ℃（适用于户外型试样）或40 ℃±2 ℃（适用于户内型试样）、2个循环周期的交变湿热（运行）试验。其间观察并记录试样状态。

4.10.2.3 关断电源和监视设备，取出试样，在正常大气条件下恢复1 h以上。然后按4.2的规定进行动作性能试验。

4.10.3 要求

a) 湿热环境期间，试样不应发出火灾报警或故障信号；
b) 动作性能试验结果应满足4.2.3的要求。

4.10.4 试验设备

试验设备应满足GB 16838的相关规定。

4.11 恒定湿热(耐久)试验

4.11.1 目的

检验报警按钮长时间承受实际使用环境中的湿度影响的能力。

4.11.2 方法

4.11.2.1 将试样在温度为 40 ℃±2 ℃的试验箱中放置 2 h 后,调节试验箱,使试样在温度为 40 ℃±2 ℃、相对湿度为 93%±3%的条件下持续 21 d。湿热环境期间试样不通电。

4.11.2.2 取出试样,在正常大气条件下恢复 1 h 以上,然后按 4.1.2 的规定连接,并接通电源,观察并记录试样状态。若试样能处于正常监视状态,按 4.5 的规定进行可靠性试验。

4.11.3 要求

a) 湿热环境后,接通电源和监视设备,试样不应发出故障信号;
b) 可靠性试验结果应满足 4.5.3 的要求。

4.11.4 试验设备

试验设备应满足 GB 16838 的规定。

4.12 SO_2 腐蚀(耐久)试验

4.12.1 目的

检验报警按钮抗 SO_2 腐蚀的能力。

4.12.2 方法

4.12.2.1 试样连接足够长的非镀锡铜导线,以保证腐蚀环境后可直接进行动作性能试验。腐蚀环境期间试样不通电。

4.12.2.2 将试样按 4.1.3 的规定安装在一个温度为 25 ℃±2 ℃、SO_2 浓度为 $(25±5)×10^{-6}$(体积比)、相对湿度为 93%±3%的试验箱中,持续 21 d。

4.12.2.3 腐蚀环境后,将试样放置在温度为 40 ℃±2 ℃、相对湿度低于 50%的试验箱中干燥 16 h 后,再将试样取出,在正常大气条件下恢复 1 h 以上,按 4.1.2 的规定连接,并接通电源,观察并记录试样状态。若试样能处于正常监视状态,然后按 4.2 的规定进行动作性能试验。

4.12.3 要求

a) 腐蚀环境后,接通电源和监视设备,试样不应发出故障信号;
b) 动作性能试验结果应满足 4.2.3 的要求。

4.12.4 试验设备

试验设备应满足 GB 16838 的规定。

4.13 冲击(运行)试验

4.13.1 目的

检验报警按钮经受多次重复性冲击的适应性及其结构的完好性。

注：质量大于 4.75 kg 的试样不进行此项试验。

4.13.2 方法

4.13.2.1 将试样按 4.1.3 的规定刚性安装在冲击试验台上，按 4.1.2 的规定使试样处于正常监视状态。

4.13.2.2 启动冲击试验台，对质量为 M(kg) 的试样，以峰值加速度为 $(100-20M) \times 10 \text{ m/s}^2$，脉冲持续时间为 6 ms 的半正弦波脉冲，对试样的 3 个相互垂直的轴线中的每个方向连续冲击 3 次，总计 18 次。冲击结束后，保持 2 min。观察并记录试样状态。

4.13.2.3 检查试样外观及紧固部位，然后按 4.2 的规定进行动作性能试验。

4.13.3 要求

a) 冲击期间及其后 2 min 内，试样不应发出火灾报警或故障信号；
b) 冲击后，试样不应有机械损伤和紧固部位松动现象；
c) 动作性能试验结果应满足 4.2.3 的要求。

4.13.4 试验设备

试验设备应满足 GB 16838 的规定。

4.14 碰撞(运行)试验

4.14.1 目的

检验报警按钮承受机械碰撞的适应性。

4.14.2 方法

4.14.2.1 将试样按 4.1.3 的规定刚性安装在碰撞试验设备的安装板上，按 4.1.2 的规定使试样处于正常监视状态。

4.14.2.2 调整碰撞试验设备，使锤头碰撞面能够分别从图 4 和图 5 所示的两个方向，以 1.5 m/s±0.13 m/s 的锤头速度、1.9 J±0.1 J 的碰撞动能碰撞试样一次。碰撞后，保持 2 min，观察并记录试样状态。

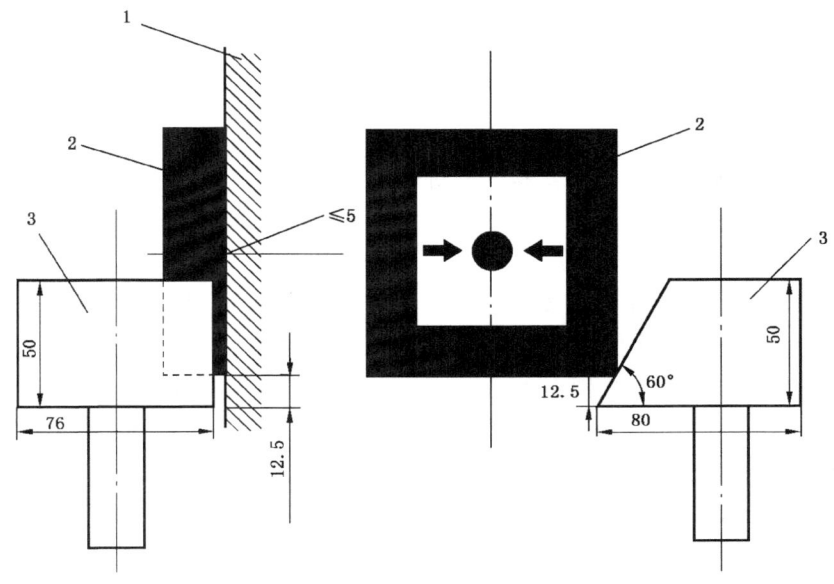

图 4 第一次碰撞方位示意图

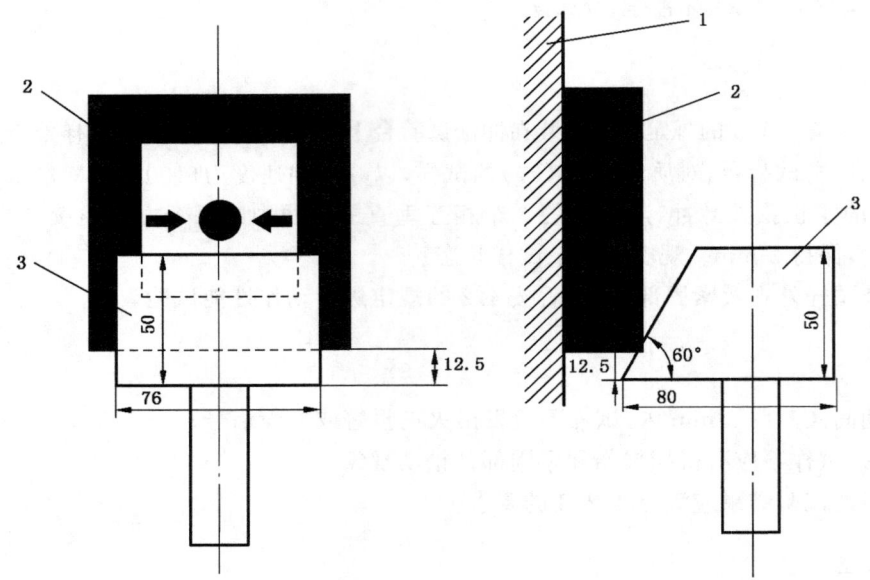

图 5 第二次碰撞方位示意图

4.14.2.3 检查探测器外观及紧固部位,然后按 4.2 的规定进行动作性能试验。

4.14.3 要求

试验结果应满足下述要求:
a) 碰撞期间及其后 2 min 内,试样不应发出火灾报警或故障信号;
b) 碰撞后,试样不应有机械损伤和紧固部位松动现象;
c) 动作性能试验结果应满足 4.2.3 的要求。

4.14.4 试验设备

试验设备应满足国家标准 GB 16838 的规定。

4.15 振动(正弦)(运行)试验

4.15.1 目的

检验报警按钮经受振动的适应性及结构的完好性。

4.15.2 方法

4.15.2.1 将试样按 4.1.3 的规定刚性安装在振动台上,按 4.1.2 的规定使试样处于正常监视状态。

4.15.2.2 启动振动试验台,使其在 10 Hz～150 Hz～10 Hz 的频率循环范围内,以 4.905 m/s² 的加速度幅值、1 倍频程每分的扫频速率,分别在 X、Y、Z 三个互相垂直的轴线上进行 1 次扫频循环,观察并记录试样状态。

4.15.2.3 检查探测器外观及紧固部位,然后按 4.2 的规定进行动作性能试验。

4.15.3 要求

a) 振动期间,试样不应发出火灾报警或故障信号;
b) 振动后,试样不应有机械损伤和紧固部位松动现象;

c) 动作性能试验结果应满足 4.2.3 的要求。

4.15.4 试验设备

试验设备应满足 GB 16838 的规定。

4.16 振动(5E 弦)(耐久)试验

4.16.1 目的

检验报警按钮长时间承受振动影响的能力。

4.16.2 方法

4.16.2.1 将试样按 4.1.3 的规定刚性安装在振动台上。振动期间试样不通电。

4.16.2.2 启动振动试验台,使其在 10 Hz~150 Hz~10 Hz 的频率循环范围内,以 9.810 m/s² 的加速度幅值、1 倍频程每分的扫频速率,分别在 X、Y、Z 三个互相垂直的轴线上进行 20 次扫频循环。

4.16.2.3 检查试样的外观及紧固部位。按 4.1.2 的规定连接,并接通电源,观察并记录试样状态。若试样能处于正常监视状态,按 4.2 的规定进行动作性能试验。

4.16.3 要求

a) 振动后,试样不应有机械损伤和紧固部位松动现象,接通电源和监视设备,不应发出故障信号;
b) 动作性能试验结果应满足 4.2.3 的要求。

4.16.4 试验设备

试验设备应满足 GB 16838 的规定。

4.17 静电放电抗扰度试验

4.17.1 目的

检验报警按钮对带静电人员、物体造成的静电放电的适应性。

4.17.2 方法

4.17.2.1 将试样按 GB/T 17626.2 中 7.1.1 的规定进行试验布置,按 4.1.2 的规定使试样处于正常监视状态。

4.17.2.2 按 GB/T 17626.2 中第 8 章规定的试验方法对试样及耦合板施加表 3 所示条件下的干扰试验,其间观察并记录试样状态。

表 3 静电放电抗扰度试验条件

放电电压 kV	空气放电(外壳为绝缘体试样) 8
	接触放电(外壳为导体试样和耦合板) 6
放电极性	正、负
放电间隔 s	≥1
每点放电次数	10

4.17.2.3 上述试验完成后,按4.3的规定进行功能试验,然后复位。

4.17.3 要求

a) 干扰环境期间,试样不应发出火灾报警或故障信号;
b) 功能试验结果应满足4.3.3的要求;
c) 复位后,试样不应发出火灾报警或故障信号。

4.17.4 试验设备

试验设备应满足 GB/T 17626.2 的规定。

4.18 射频电磁场辐射抗扰度试验

4.18.1 目的

检验报警按钮在射频电磁场辐射环境下工作的适应性。

4.18.2 方法

4.18.2.1 将试样按 GB/T 17626.3 中7.1的规定进行试验布置,按4.1.2的规定使试样处于正常监视状态。

4.18.2.2 按 GB/T 17626.3 中第8章规定的试验方法对试样施加表4所示条件下的干扰试验,其间观察并记录试样状态。

表 4 射频电磁场辐射抗扰度试验条件

场强 V/m	10
频率范围 MHz	80～1 000
扫频速率 十倍频程每秒	$\leqslant 1.5 \times 10^{-3}$
调制幅度	80%(1 kHz,正弦)

4.18.2.3 上述试验完成后,按4.3的规定进行功能试验,然后复位。

4.18.3 要求

a) 干扰环境期间,试样不应发出火灾报警或故障信号;
b) 功能试验结果应满足4.3.3的要求;
c) 复位后,试样不应发出火灾报警或故障信号。

4.18.4 试验设备

试验设备应满足 GB/T 17626.3 的规定。

4.19 射频场感应的传导骚扰抗扰度试验

4.19.1 目的

检验报警按钮对射频场感应的传导骚扰的适应性。

4.19.2 方法

4.19.2.1 将试样按 GB/T 17626.6 中第 7 章规定进行试验配置,按 4.1.2 的规定使试样处于正常监视状态。

4.19.2.2 按 GB/T 17626.6 中第 8 章规定的试验方法对试样施加表 5 所示条件下的干扰试验,其间观察并记录试样状态。

表 5 射频场感应传导骚扰抗扰度试验条件

频率范围 MHz	0.15～100
电压 dBμV	140
调制幅度	80%(1 kHz,正弦)

4.19.2.3 上述试验完成后,按 4.3 的规定进行功能试验,然后复位。

4.19.3 要求

a) 干扰环境期间,试样不应发出火灾报警或故障信号;
b) 功能试验结果应满足 4.3.3 的要求;
c) 复位后,试样不应发出火灾报警或故障信号。

4.19.4 试验设备

试验设备应满足 GB/T 17626.6 的规定。

4.20 电快速瞬变脉冲群抗扰度试验

4.20.1 目的

检验报警按钮抗电快速瞬变脉冲群干扰的能力。

4.20.2 方法

4.20.2.1 将试样按 GB/T 17626.4 中 7.2 的规定进行试验配置,按 4.1.2 的规定使试样处于正常监视状态。

4.20.2.2 按 GB/T 17626.4 中第 8 章规定的试验方法对试样施加表 6 所示条件下的干扰试验,其间观察并记录试样状态。

表 6 电快速瞬变脉冲群抗扰度试验条件

瞬变脉冲电压 kV	AC 电源线 2×(1±0.1)
	其他连接线 1×(1±0.1)
重复频率 kHz	AC 电源线 2.5×(1±0.2)
	其他连接线 5×(1±0.2)
极性	正、负
时间	每次 1 min

4.20.2.3 上述试验完成后,按4.3的规定进行功能试验,然后复位。

4.20.3 要求

a) 干扰环境期间,试样不应发出火灾报警或故障信号;
b) 功能试验结果应满足4.3.3的要求;
c) 复位后,试样不应发出火灾报警或故障信号。

4.20.4 试验设备

试验设备应满足GB/T 17626.4的规定。

4.21 浪涌(冲击)抗扰度试验

4.21.1 目的

检验报警按钮对附近闪电或供电系统的电源切换及低电压网络、包括大容性负载切换等产生的电压瞬变(电浪涌)干扰的适应性。

4.21.2 方法

4.21.2.1 将试样按GB/T 17626.5中第7章规定进行试验配置,按4.1.2的规定使试样处于正常监视状态。

4.21.2.2 按GB/T 17626.5中第8章规定的试验方法对试样施加表7所示条件下的干扰试验,其间观察并记录试样状态。

表7 浪涌(冲击)抗扰度试验条件

浪涌(冲击)电压 kV	AC电源线	线-线 1×(1±0.1)
		线-地 2×(1±0.1)
	其他连接线	线-地 1×(1±0.1)
极性		正、负
试验次数		5

4.21.2.3 上述试验完成后,按4.3的规定进行功能试验,然后复位。

4.21.3 要求

a) 干扰环境期间,试样不应发出火灾报警或故障信号;
b) 功能试验结果应满足4.3.3的要求;
c) 复位后,试样不应发出火灾报警或故障信号。

4.21.4 试验设备

试验设备应满足GB/T 17626.5的规定。

4.22 雨淋试验

4.22.1 目的

检验户外型报警按钮的防雨能力。

4.22.2 方法

4.22.2.1 将试样按 4.1.3 的规定安装于试验箱内,按 4.1.2 的规定使试样处于正常监视状态。

4.22.2.2 按 GB 16838 中对雨淋试验规定的试验方法对试样施加雨淋试验,其间观察并记录试样状态。

4.22.2.3 雨淋试验后,按 4.2 的规定进行动作性能试验,然后检查试样内部积水情况。

4.22.3 要求

a) 雨淋期间,试样不应发出火灾报警或故障信号;
b) 动作性能试验结果应满足 4.2.3 的要求;
c) 试验后,试样的内部不应积水。

4.22.4 试验设备

试验设备应满足 GB 16838 的规定。

5 检验规则

5.1 产品出厂检验

5.1.1 制造商在产品出厂前应对报警按钮至少进行下述试验项目的检验:

a) 动作性能试验;
b) 可靠性试验;
c) 电源参数波动试验;
d) 高温(运行)试验;
e) 碰撞(运行)试验。

5.1.2 制造商应规定抽样方法、检验和判定规则。

5.2 型式检验

5.2.1 型式检验项目为本标准第 4 章 4.1.7、4.2～4.22 的规定试验项目。

5.2.2 有下列情况之一时,应进行型式检验:

a) 新产品或老产品转厂生产时的试制定型鉴定;
b) 正式生产后,产品的结构、主要部件或元器件、生产工艺等有较大的改变可能影响产品性能或正式投产满 5 年;
c) 产品停产一年以上,恢复生产;
d) 出厂检验结果与上次型式检验结果差异较大;
e) 发生重大质量事故。

5.2.3 检验结果按 GB 12978 中规定的型式检验结果判定方法进行判定。

6 标志

6.1 产品标志

报警按钮的标志应符合下述要求:

a) 每只报警按钮应清晰标注如下信息:

1) 本标准标准号；
2) 制造商名称或商标；
3) 型号；
4) 接线端子标注；
5) 制造日期、产品编号和产地。
b) 标志上如使用不常用的符号或缩写，应在报警按钮的使用说明书中说明；
c) 标志在报警按钮安装维护过程中应清晰可见；
d) 标志不应贴在螺丝或其他易被拆卸的部件上。

6.2 质量检验标志

报警按钮应有质量检验合格标志。

附 录 A
（规范性附录）
手动火灾报警按钮动作性能试验装置

A.1 非动作试验装置

非动作试验装置详见图 A.1。

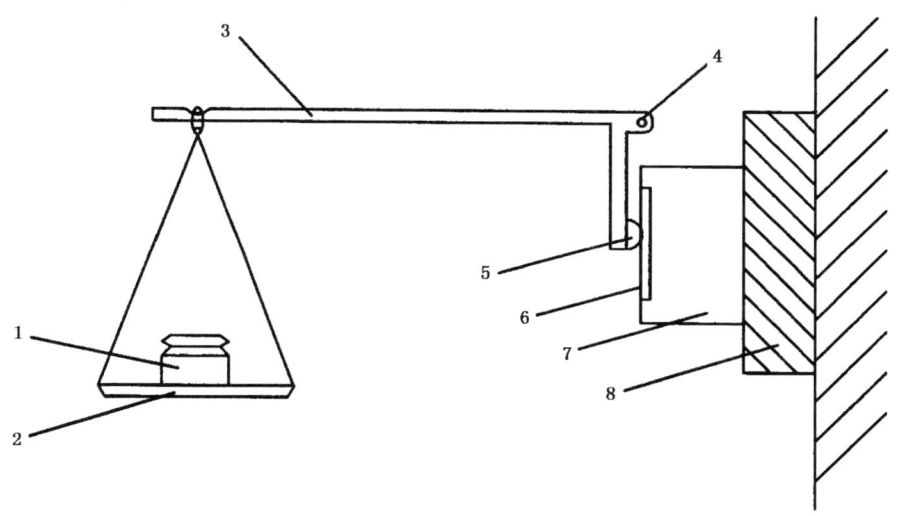

1——砝码；
2——托盘；
3——金属杆；
4——支点；
5——橡胶；
6——启动零件；
7——报警按钮；
8——固定在硬质结构上的报警按钮安装板。

图 A.1 非动作试验装置

A.2 动作试验装置

动作试验装置详见图 A.2。该装置包括一个黄铜球 1，该黄铜球通过线绳 3 悬挂在固定手动报警按钮的相应机构的垂直平面的前面。悬挂点可以垂直、水平调节，以保证黄铜球垂直击打在报警按钮启动零件的中心区域。4 和 9 的悬挂距离大于 420 mm。

黄铜球固定在释放机构上，摆高如图 A.2－7 所规定，应可以自由摆动。释放机构释放黄铜球，黄铜球按悬挂点所确定的角度自由摆动，单击启动零件。

安装手动报警按钮的固定板为硬质结构，黄铜球及释放机构为其中的一部分。

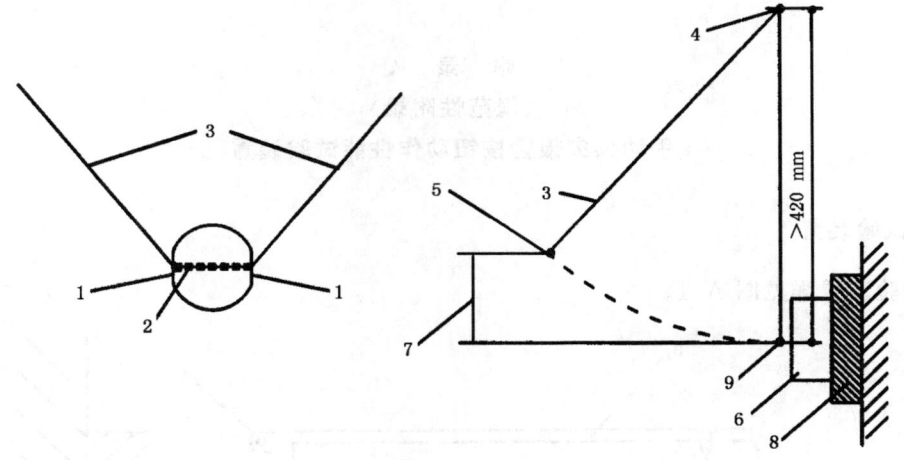

　　　　a) 总质量为85 g±1 g的黄铜球　　　　　　b) 试验装置原理

1——用于调节质量的平面；
2——直径为 $1.2^{+0.2}_{0}$ mm 的黄铜球钻孔；
3——直径 1.2 mm 的线绳；
4——悬挂点；
5——黄铜球的质量中心；
6——报警按钮；
7——黄铜球摆高：350^{0}_{-10} mm(动作试验)；
8——固定在硬质结构上的报警按钮安装板；
9——启动零件的中心点。

图 A.2　动作试验装置

ICS 13.220.20
C 81

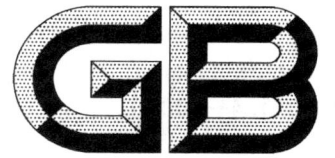

中华人民共和国国家标准

GB 22134—2008

火灾自动报警系统组件兼容性要求

Compatibility requirements of automatic fire alarm system components

(ISO 7240-13:2005,NEQ)

2008-12-30 发布

2010-02-01 实施

中华人民共和国国家质量监督检验检疫总局
中国国家标准化管理委员会 发布

前 言

本标准的第 4 章和第 5 章为强制性的,其余为推荐性的。

本标准对应于 ISO 7240-13:2005《火灾探测报警系统 第 13 部分:系统组件兼容性评估》(英文版),与 ISO 7240-13 的一致性程度为非等效。

本标准的附录 A、附录 B 和附录 C 为规范性附录。

本标准由中华人民共和国公安部提出。

本标准由全国消防标准化技术委员会第六分技术委员会(SAC/TC 113/SC 6)归口。

本标准起草单位:公安部沈阳消防研究所。

本标准主要起草人:张德成、卢韶然、杨波、刘美华、郭锐。

本标准为首次发布。

火灾自动报警系统组件兼容性要求

1 范围

本标准规定了火灾自动报警系统组件兼容性和可连接性的要求。
本标准适用于火灾自动报警系统组件兼容性和可连接性的评估。

2 规范性引用文件

下列文件中的条文通过本标准的引用而成为本标准的条文。凡是注日期的引用文件，其随后所有的修改单（不包括勘误的内容）或修订版均不适用于本标准，然而，鼓励根据本标准达成协议的各方研究是否可使用这些文件的最新版本。凡是不注日期的引用文件，其最新版本适用于本标准。

GB 4717 火灾报警控制器
GB 14287.1 电气火灾监控系统 第1部分：电气火灾监控设备
GB 16806 消防联动控制系统
GB 16808 可燃气体报警控制器

3 术语和定义

下列术语和定义适用于本标准。

3.1
第一类组件 component type 1
国家标准或规范要求具有保护生命财产安全功能的装置。

3.2
第二类组件 component type 2
国家标准或规范没有要求具有保护生命财产安全功能的装置。

3.3
兼容性 compatibility
第一类组件与第一类组件连接工作的能力。

3.4
可连接性 connectability
第二类组件与第一类组件连接工作的能力。

4 一般要求

4.1 总则

火灾自动报警系统（系统功能见附录A）组件的兼容性和可连接性应首先满足本章要求，然后按第5章要求进行试验，并满足试验要求。火灾自动报警系统组件还应按第6章要求进行兼容性和可连接性的评估，并满足评估的试验要求。

4.2 兼容性要求

4.2.1 火灾自动报警系统及连接设备(或部件)的组件划分应符合附录 B 的规定。第一类组件应采用经国家消防产品质量监督检验机构检验合格的产品。第二类组件的工作应不影响火灾自动报警系统的正常工作。

4.2.2 火灾自动报警系统中的独立(区域)火灾报警控制器、可燃气体报警控制器、电气火灾监控设备与火灾探测器、手动火灾触发器件、可燃气体探测器、电气火灾监控探测器、火灾警报装置等组件连接后,应分别满足下述要求:

  a) 独立(区域)火灾报警控制器应满足 GB 4717 中火灾报警功能、火灾报警控制功能、故障报警功能、自检功能、软件控制功能、电源功能等基本功能要求;

  b) 可燃气体报警控制器应满足 GB 16808 的基本功能要求;

  c) 电气火灾监控设备应满足 GB 14287.1 的基本功能要求;

  d) 与独立(区域)火灾报警控制器连接的各类组件应满足相应标准中基本性能要求,如该组件由独立(区域)火灾报警控制器设置其探测参数或动作性能,该组件还应满足相应标准中相关要求;

  e) 与可燃气体报警控制器连接的各类组件应满足相应标准中基本性能要求,如该组件由可燃气体报警控制器设置其探测参数或动作性能,该组件还应满足相应标准中相关要求;

  f) 与电气火灾监控设备连接的各类组件应满足相应标准中基本性能要求,如该组件由电气火灾监控设备设置其探测参数或动作性能,该组件还应满足相应标准中相关要求。

4.2.3 火灾自动报警系统中的消防联动控制器与气体灭火控制器、消防电气控制装置、消防设备应急电源、消防应急广播设备、消防电话、传输设备、消防控制中心图形显示装置、模块、消防电动装置、消火栓按钮等组件连接后,应分别满足下述要求:

  a) 消防联动控制器应满足 GB 16806 中消防联动控制器的控制功能、故障报警功能、自检功能、信息显示与查询功能、电源功能等基本功能要求;

  b) 与消防联动控制器连接的气体灭火控制器、消防电气控制装置、消防设备应急电源、消防应急广播设备、消防电话、传输设备、消防控制中心图形显示装置、模块、消防电动装置、消火栓按钮等各类组件应满足 GB 16806 的基本性能要求。

4.2.4 火灾自动报警系统中的区域火灾报警控制器、可燃气体报警控制器、电气火灾监控设备、消防联动控制器与集中火灾报警控制器连接后,应分别满足下述要求:

  a) 区域火灾报警控制器应能向集中火灾报警控制器发送火灾报警、火灾报警控制、故障报警、自检以及可能具有的监管报警、屏蔽、延时等各种完整信息,并应能接收、处理集中火灾报警控制器的相关指令;

  b) 可燃气体报警控制器应能向集中火灾报警控制器发送报警、故障等信息;

  c) 电气火灾监控设备应能向集中火灾报警控制器发送报警、故障等信息;

  d) 消防联动控制器应能向集中火灾报警控制器发送联动控制等信息;

  e) 集中火灾报警控制器应能接收和显示 a)、b)、c)、d)规定的信息并进入相应状态,b)、c)、d)规定的信息不能影响 a)规定信息的显示,b)、c)、d)规定的信息在同一显示区域内显示时应有区别;

  f) 集中火灾报警控制器应能向区域火灾报警控制器发出控制指令;

  g) 集中火灾报警控制器应能向消防联动控制器发送火灾报警信息;

  h) 消防联动控制器应能接收集中火灾报警控制器的火灾报警信息;

  i) 集中火灾报警控制器在与其连接的区域火灾报警控制器、可燃气体报警控制器、电气火灾监控设备、消防联动控制器间传输线路发生断路、短路和影响功能的接地时应能进入故障状态并显示部位。

4.3 抗电磁干扰要求

组成火灾自动报警系统的各类组件的抗电磁干扰性能应符合相应标准要求。

4.4 文件

4.4.1 总则

火灾自动报警系统文件应包含兼容性评估和可连接性评估所需的文件。

4.4.2 兼容性评估所需文件

为了完成兼容性的评估工作,应提供下述文件:
a) 组成火灾自动报警系统的组件清单,每个组件包括软件版本标识;
b) 证明兼容性的技术信息;
c) 组件符合相关标准的依据(如检验报告或合格证书);
d) 各类组件之间传输线路的特性参数,包括电缆特性参数;
e) 火灾自动报警系统使用的局限性(配置、组件的数量、功能性等)。

4.4.3 可连接性评估所需文件

为了完成可连接性的评估工作,应提供下述文件:
a) 组件清单,每个组件包括标识和功能;
b) 证明第二类组件可连接性的技术信息;
c) 每个组件和第一类组件之间传输线路的特性参数,包括电缆特性参数;
d) 火灾自动报警系统使用的局限性(配置、组件的数量、功能性等)。

4.4.4 软件文件

如火灾自动报警系统的功能性需要软件执行,软件应满足组件相应标准中软件要求。

5 要求和试验方法

5.1 总则

5.1.1 试验的环境条件

除有关条文另有说明外,各项试验均在下述大气条件下进行:
温度:15 ℃～35 ℃;
湿度:25%RH～75%RH;
大气压力:86 kPa～106 kPa。

5.1.2 安装

组件应按照制造商规定的正常安装方式安装。如说明书给出多种安装方式,试验中应采用对组件最不利的安装方式。

5.2 兼容性试验

5.2.1 目的

检验各类组件连接组成的火灾自动报警系统功能是否能正常执行。

5.2.2 方法和要求

5.2.2.1 将各类组件按制造商规定的要求连接组成火灾自动报警系统,并使其处于正常监视状态。
5.2.2.2 各类组件应满足4.2.2和4.2.3要求。
5.2.2.3 集中火灾自动报警系统还应满足4.2.4要求。

5.3 可连接性试验

5.3.1 目的

检验第二类组件在制造商规定的范围内是否影响火灾自动报警系统的正常工作。

5.3.2 方法

从正常监视状态或火灾报警状态开始,按照制造商说明书的规定启动和复位连接到传输线路上的第二类组件中包含的一个或多个功能。

5.3.3 要求

第二类组件的启动应不影响火灾自动报警系统第一类组件的正常工作,第二类组件传输的有关火灾自动报警系统功能信息应与第一类组件发出的信息相一致。

注:第二类组件的故障可使火灾报警控制器进入故障报警状态。

5.4 抗电磁干扰试验

5.4.1 目的

检验各类组件连接组成的火灾自动报警系统功能是否受到电磁干扰影响。

5.4.2 方法和要求

将各类组件按制造商规定的要求连接组成火灾自动报警系统,并使其处于正常监视状态。按各组件的相应标准的抗电磁干扰试验要求,分别对各组件进行抗电磁干扰试验,各组件均应满足相应标准的试验要求。

6 评估方法

6.1 应按附录C要求对火灾自动报警系统组件的兼容性和可连接性进行理论分析,明确需要进行除第5章以外的其他试验。
6.2 试验应依据理论分析的结果并在理论分析之后进行。

附 录 A
（规范性附录）
火灾自动报警系统功能

图 A.1 指的是功能，并不是代表实际组件。该图说明火灾自动报警系统内所包含的功能（功能包含在虚线内）。如功能在虚线上，这些功能可能在火灾自动报警系统和另一个系统之间。

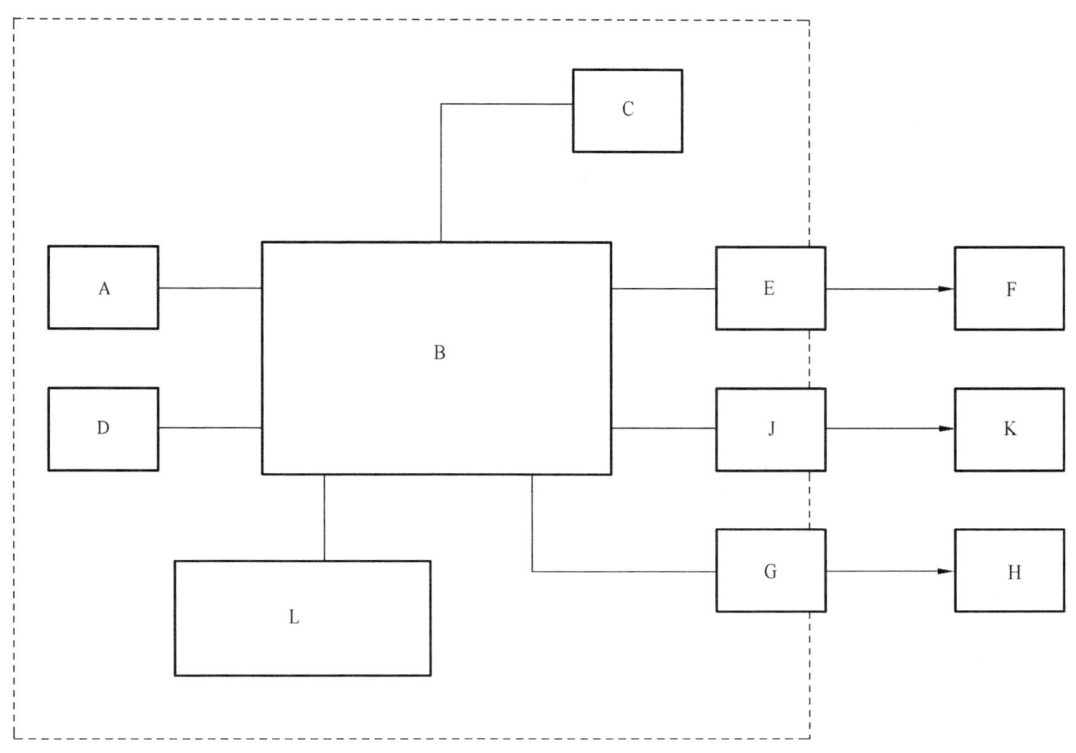

A——火灾自动探测功能；
B——控制和指示功能；
C——火灾警报功能；
D——手动触发功能；
E——火灾报警传输功能；
F——远程监控中心火灾报警接收功能；
G——消防联动控制功能；
H——消防联动功能；
J——故障报警传输功能；
K——远程监控中心故障报警接收功能；
L——电源功能。

图 A.1 火灾自动报警系统功能示意图

附 录 B
（规范性附录）
火灾自动报警系统组件分类

B.1 目的

把组件划分为第一类组件或第二类组件。

B.2 火灾探测功能

所有的火灾探测器（如感烟、感温、火焰、气体、点型或线型）和手动火灾报警按钮都是基本组件，这些组件应被划分为第一类组件。短路隔离器和火灾探测器连接到回路上的接口应被划分为第一类组件。

B.3 火灾报警功能

B.3.1 向值班人员报警

向值班人员报警是一项基本功能，向人员执行报警功能的所有组件应被划分为第一类组件，如警铃、声和/或光警报器等。在报警通过移动电话或传呼机传输时，所需的输出器件应被划分为第一类组件。

B.3.2 呼唤外援的报警（一般是消防队）

如火灾自动报警系统具有呼唤外部救援组织的装置，该装置应被划分为第一类组件。

B.4 启动消防联动功能

B.4.1 火灾自动报警系统直接触发的设备

用于控制门常开装置、关闭防火阀、排烟、控制通风等输出功能（控制器的端子或输出器件）都是基本功能，触发这些设备的每个组件应被划分为第一类组件。

B.4.2 火灾自动报警系统联动功能启动的设备

启动灭火系统、控烟系统、防火分隔系统、门禁系统等输出功能都是基本功能，触发这些系统的每个组件应被划分为第一类组件。

B.5 外部指示装置

划分外部指示装置为第一类组件还是第二类组件可依据国家法规确定。如消防队显示盘是一种必备的组件，该显示盘应被划分为第一类组件。打印机和向建筑管理系统发送信息的器件应被划分为第二类组件。

B.6 输入功能

执行输入功能的器件应被划分为第二类组件。如该器件用于接收来自如水喷淋系统的火灾探测报警信息，该器件应被划分为第一类组件。

B.7 输出功能

执行输出功能的器件应被划分为第二类组件。如该器件用于向消防联动设备发送火灾报警信息，该器件应被划分为第一类组件。

B.8 传输线路间的连接器件

这种器件应被划分为第一类组件。

注： 接线盒不应被划分为第一类或第二类组件。

附 录 C
（规范性附录）
理论分析方法

C.1 引言

所有组件只有在一起连接时，火灾自动报警系统才能正常工作，而且只有在组件互通时，火灾自动报警系统才能完成功能。

火灾报警控制器是火灾自动报警系统的核心，要求其他所有组件都要有效地与火灾报警控制器通信。通信不仅要求通信协议，其他方面如电源要求和数据传输特性也应予以考虑。

C.2 方法

C.2.1 总则

理论分析应当从审查火灾自动报警系统配置文件开始，审查的目的是了解最复杂的配置和分析其性能，然后按照下述方法进行分析：
a) 机械连接；
b) 电源；
c) 数据交换；
d) 功能；
e) 抗电磁干扰。

在整个分析过程中，应当考虑分析环境的兼容性。

C.2.2 特性表

C.2.2.1 机械连接

考虑传输线路接线端子及组件的连接是否与电缆相兼容，以及附件是否符合传输线路规定。

C.2.2.2 电源

C.2.2.2.1 电压范围

考虑所有负载条件下电源提供的最大电压是否小于或等于通电组件的最大规定电压。在考虑传输线路电压降的影响情况下，考虑所有负载条件下电源提供的最小电压是否大于或等于通电组件的最小规定电压。

C.2.2.2.2 电流

考虑电源提供的电流是否满足最大需要，并考虑是否采取适宜措施把电流限制到安全水平。

C.2.2.2.3 电源特性

考虑组件在电源输出频率、调制、失真和相位方面出现最坏情况下是否能正常工作。

C.2.2.2.4 容差

考虑组件在电源容差出现最坏情况时是否能正常工作，并考虑环境温度和输入电压变化容差的影响。

C.2.2.2.5 故障处理

考虑在供电传输线路发生短路故障时是否能采用方法处理,如提供适宜的电流限制组件以防止电流过载。

C.2.2.3 数据交换

C.2.2.3.1 总则

所有连接到传输线路的有源组件,都依赖接收或发送数据执行其功能。该数据可通过与供电线路相同的传输线路上交换,也可通过一个单独的传输线路交换。在这两种情况下所进行的分析应当遵循相同的方法。

C.2.2.3.2 传输特性

C.2.2.3.2.1 总则

考虑传输信号的电特性是否与传输线路上其他组件正常接收数据的要求相一致。

C.2.2.3.2.2 电压范围

考虑所有正常负载条件下的传输信号的最大电压是否小于或等于接收组件规定的最大电压。在考虑传输线路电压降的影响情况下,考虑所有正常负载条件下的传输信号的最小电压是否大于或等于接收组件规定的最小电压。

C.2.2.3.2.3 电流

考虑作为传输组件工作结果的信号电流是否能满足接收组件的要求,在过流情况下是否采取限制措施。

C.2.2.3.2.4 时间

考虑信号传输的时间是否在接收组件要求的范围内。

C.2.2.3.2.5 失真和相位

考虑传输线路规定的失真和相位阻抗是否与接收组件在所有负载状态下制造商的规定相一致。

C.2.2.3.2.6 容差

考虑接收组件是否能在传输线路特性出现最坏情况下正常接收数据。

C.2.2.3.2.7 故障处理

考虑传输线路上发生的断路和短路故障是否能按标准要求处理。

C.2.2.3.3 传输协议

考虑传输线路及传输线路上的组件之间交换的数据是否采用统一协议。

C.2.2.4 功能

连接到传输线路上的所有组件均应具有相应标准规定的功能。

ICS 13.220.20
C 81

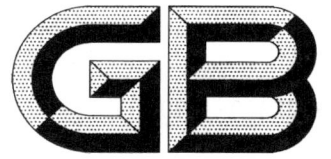

中华人民共和国国家标准

GB 22370—2008

家用火灾安全系统

Fire alarm and safety system for household

2008-09-01 发布　　　　　　　　　　　　　　　　　2009-05-01 实施

中华人民共和国国家质量监督检验检疫总局
中国国家标准化管理委员会　发布

前 言

本标准的第 4、5、6、7 章内容为强制性,其余为推荐性。

本标准由中华人民共和国公安部提出。

本标准由全国消防标准化技术委员会第六分技术委员会归口。

本标准负责起草单位:公安部沈阳消防研究所。

本标准参加起草单位:秦皇岛富通电子企业有限公司、深圳市智安达电子有限公司、海湾安全技术有限公司、深圳市赋安安全系统有限公司。

本标准主要起草人:丁宏军、张颖琮、仝瑞涛、王建刚、陈南、关大巍、周天、安冰、刘长安、林强。

本标准为首次发布。

家用火灾安全系统

1 范围

本标准规定了家用火灾安全系统的系统组成、一般要求、要求和试验方法、检验规则、标志。
本标准适用于家庭安装的火灾安全系统。

2 规范性引用文件

下列文件中的条款通过本标准的引用而成为本标准的条款。凡是注日期的引用文件，其随后所有的修改单（不包括勘误的内容）或修订版均不适用于本标准，然而，鼓励根据本标准达成协议的各方研究是否可使用这些文件的最新版本。凡是不注日期的引用文件，其最新版本适用于本标准。

GB/T 156 标准电压
GB 4208—1993 外壳防护等级
GB 4706.1—1998 家用和类似用途电器的安全 第一部分：通用要求（eqv IEC 335-1:1991）
GB 4715 点型感烟火灾探测器
GB 4716 点型感温火灾探测器
GB 9969.1 工业产品使用说明书 总则
GB 12978 消防电子产品检验规则
GB 14287.2 电气火灾监控系统 第2部分：剩余电流式电气火灾监控探测器
GB 16838 消防电子产品环境试验方法及严酷等级

3 系统组成

家用火灾安全系统在实际应用过程中根据保护对象的具体情况可分为以下四种类型：

——A类：具有集中控制和集中管理功能的家用火灾安全系统，适应于有集中物业管理的住宅小区。系统至少由一般工业与民用建筑中使用的火灾自动报警系统中的火灾报警控制器、火灾探测器、手动报警开关和火灾声警报器组成；或至少由火灾报警控制器、家用火灾探测器、手动报警开关等设备组成。

——B类：具有集中监管功能的家用火灾安全系统，适应于有集中物业管理的住宅小区。至少由控制中心监控设备、家用火灾报警控制器、家用火灾探测器、手动报警开关组成，一般还包括监管报警器、遥控开关等设备。

——C类：没有集中监管功能的家用火灾安全系统，适应于没有集中物业管理的住宅或已经投入使用的住宅。至少由家用火灾报警控制器、家用火灾探测器、手动报警开关组成，一般还包括监管报警器、遥控开关等设备。

——D类：没有集中监管功能的家用火灾安全系统，适应于没有集中物业管理的住宅或已经投入使用的住宅。由独立式感烟火灾探测报警器、独立式可燃气体探测器等设备组成。

注：火灾探测器包括感烟火灾探测器、感温火灾探测器、可燃气体探测器、剩余电流式电气火灾监控探测器等。

4 一般要求

4.1 家用火灾安全系统通用要求

4.1.1 总则

组成家用火灾安全系统的各类设备,除 A 类家用火灾安全系统中的火灾报警控制器、火灾探测器、火灾声警报器和 D 类家用火灾安全系统中的独立式感烟火灾探测报警器应由有关标准另行规定外,其他设备若要符合本标准,应首先满足本章相关要求,然后按第 5 章规定进行试验,并满足试验的要求。

4.1.2 主要部件性能要求

4.1.2.1 基本要求

家用火灾安全系统各类设备的主要部件,应采用符合国家有关标准的定型产品,同时应满足以下各有关要求。

4.1.2.2 指示灯

4.1.2.2.1 应以颜色标识,红色指示报警信号;黄色指示故障、屏蔽、回路自检等系统异常状态;绿色表示主电源和备用电源工作正常。

4.1.2.2.2 指示灯应标注功能。

4.1.2.2.3 在 5 lx～500 lx 环境光条件下,在正前方 22.5°视角范围内,功能指示灯和电源指示灯应在 3 m 处清晰可见;其他指示灯应在 0.8 m 处清晰可见。

4.1.2.2.4 采用闪动方式的指示灯(器)每次点亮时间应不小于 0.25 s,其启动信号指示灯(器)闪动频率应不小于 1 Hz,故障指示灯(器)闪动频率应不小于 0.2 Hz。

4.1.2.2.5 用一个指示灯同时显示故障、屏蔽和自检三项功能时,故障指示应为闪亮,屏蔽和自检指示应为常亮。

4.1.2.3 字母(符)-数字显示器

在 5 lx～500 lx 环境光条件下,显示字符应在正前方 22.5°视角内,0.8 m 处可读。

4.1.2.4 熔断器

用于电源线路的熔断器或其他过流保护器件,其额定电流值一般应不大于最大工作电流的 2 倍。当最大工作电流大于 6 A 时,熔断器额定电流值可取其 1.5 倍。在靠近熔断器或其他过流保护器件处应清楚地标注其参数值。

4.1.2.5 接线端子

每一接线端子上都应清晰、牢固地标注编号或符号,相应用途应在有关文件中说明。

4.1.2.6 备用电源

4.1.2.6.1 电源正极连接导线为红色,负极为黑色或蓝色。

4.1.2.6.2 备用电源为可多次充放电的蓄电池时,在不超过生产厂商规定的极限放电情况下,应能将电池在 24 h 内充至额定容量 80% 以上,再充 48 h 后应能充满。

4.1.2.6.3 备用电源在低于过放保护电压时应发出电池欠压警告。

4.1.2.7 开关和按键(钮)

开关和按键(钮)(在其上或靠近的位置上)应清楚地标注功能。

4.1.2.8 导线及线槽

家用火灾安全系统中家用火灾报警控制器的主电路配线应采用工作温度参数大于105 ℃的阻燃导线(或电缆),且接线牢固;连接线槽应选用不燃材料或难燃材料(氧指数不小于28)制造。

4.1.2.9 元件温升

家用火灾安全系统各类设备内部主要电子、电气元件的最大温升不应大于60 ℃。环境温度为(25±3)℃条件下的内置变压器、镇流器等发热元部件的表面最大温度不应超过90 ℃。电池周围(不触及电池)环境最大温度不应超过45 ℃。

4.1.3 防护等级

家用火灾安全系统各类设备的外壳防护等级应符合GB 4208—1993中IP30的要求。

4.1.4 使用说明书

家用火灾安全系统各类设备应有相应的中文说明书。说明书的内容应满足GB 9969.1要求,并与产品性能一致。

4.1.5 通信协议

家用火灾安全系统各类设备之间通信应采用标准通信协议,协议内容应满足国内相关标准要求。

4.1.6 系统兼容性

家用火灾安全系统中各类设备之间的工作电压范围、工作电流范围、报警阈值等工作指标应相符,组成系统后,系统功能应符合4.2.2、4.2.3、4.10和5.14～5.19要求。

4.2 家用火灾报警控制器

4.2.1 一般要求

4.2.1.1 家用火灾报警控制器主电源应采用220 V,50 Hz交流电源,电源线输入端应设接线端子。

4.2.1.2 采用金属外壳的家用火灾报警控制器应设有保护接地端子。

4.2.1.3 家用火灾报警控制器应能为其连接的部件供电(无线系统除外),直流工作电压应符合GB/T 156规定,可优先采用直流12 V或24 V。

4.2.1.4 家用火灾报警控制器试验性能应符合5.11～5.26规定。

4.2.1.5 家用火灾报警控制器应具有中文功能标注;采用文字显示信息时,应使用中文。

4.2.2 火灾报警功能

4.2.2.1 家用火灾报警控制器应设专用火灾报警状态指示灯,无论家用火灾报警控制器处于何种状态,只要有火灾报警信号输入,该指示灯应点亮。

4.2.2.2 家用火灾报警控制器应能分别接收和显示系统内的感烟火灾探测器、感温火灾探测器、可燃气体探测器、剩余电流探测器及手动报警开关和其他火灾报警触发器件发出火灾报警信号,在10 s内发出火灾报警声、光信号,并保持至手动复位。

4.2.2.3 火灾报警声信号应能手动消除,当再有火灾报警信号输入时,应能再次启动。

4.2.2.4 家用火灾报警控制器发出火灾报警信号后,应在预定时间内启动至少两个输出接点,接点参数应符合产品使用说明书要求。

4.2.2.5 具有语音呼入与应答功能和/或图像显示功能的家用火灾报警控制器,在发出火灾报警信号后,应能控制其对应防盗门锁自动打开。

4.2.3 监管功能

4.2.3.1 监管报警功能(仅适用于具有此项功能的家用火灾报警控制器)

4.2.3.1.1 具有监管报警功能的家用火灾报警控制器应具有设置和解除监管警戒状态的功能,并能指示监管警戒状态。

4.2.3.1.2 在监管警戒状态,家用火灾报警控制器在监管报警器发出报警信号后,应在10 s内发出监管报警声、光信号,指示报警类型,并保持至手动复位。

4.2.3.1.3 监管报警声信号应能手动消除,当再有监管报警信号输入时,应能再次启动。

4.2.3.1.4 家用火灾报警控制器在解除监管警戒状态后,应不能接收监管报警器发出的报警信号,且不应影响火灾报警功能。

4.2.3.1.5 家用火灾报警控制器在设置监管警戒状态不成功时,应有声提示信号,声信号应能手动消除。

4.2.3.2 家居管理功能(仅适用于具有此项功能的家用火灾报警控制器)

4.2.3.2.1 具有视频图像显示功能的家用火灾报警控制器应在接收到触发信号后3 s内显示相应的图像信息;图像信息应清晰,图像采用模拟音视频处理时应符合表1要求,图像采用数字音视频处理时应符合表2的要求。

表 1 模拟音视频处理时的图像要求

显示器类型	黑白显示屏	彩色液晶显示屏
图像要求	视频信号:PAL制式合成视频信号	视频信号:PAL制式合成视频信号
	信号幅度:1 VP-P	信号幅度:1 VP-P
	输入阻抗:75 Ω	输入阻抗:75 Ω
	全屏最大亮度:≥100cd/m²	全屏最大亮度:≥250 cd/m²
	灰度等级:≥8级	对比度:≥250:1
	水平分辨率:≥320电视线	像素点阵:水平方向≥480点,垂直方向≥234点

表 2 数字音视频处理时的图像要求

视频信号	JPEG、M-JPEG、MPEG2 MPEG4
分辨率	≥320×234
帧速率	≥1 帧/s
误码率	≤10^{-6}
全屏最大亮度	≥250 cd/m²
音频信号速率	≤128 kBps

4.2.3.2.2 具有音频呼入与接听功能的家用火灾报警控制器应在接收到触发信号后 3 s 内发出声提示信号,且能在手动操作后接听和发出语音信息,音频通话性能应符合表 3 要求。

表 3 音频通话性能

音频通话性能	要求
主呼通道、应答通道音频响应	在 300 Hz～3 400 Hz 范围内,相对于 1 000 Hz 的幅度变化应在±3 dB
主呼通道、应答通道谐波失真	谐波失真应不大于 5%
信噪比	应答通道信噪比应不小于 35 dB
	主呼通道信噪比应不小于 40 dB
音频输出不失真功率	应答通道音频输出不失真功率应不小于 100 mW
	主呼通道音频输出不失真功率应不小于 5 mW
通道输入电平要求	应答通道输入电平应不大于 40 mV
	主呼通道输入电平应不大于 30 mV
振铃声压	不小于 70 dB(A)

4.2.3.3 灯光、电器控制功能

4.2.3.3.1 具有灯光控制、电器控制功能的家用火灾报警控制器应能通过手动、定时、远程等控制方式实现灯光、家用电器的开启、关闭,且满足制造商提出的控制要求。

4.2.3.3.2 家用火灾报警控制器在发出灯光、电器控制信号后,被控设备应在 3 s 内动作。

4.2.3.3.3 控制器与其控制的灯光、电器设备间的连接线的断路短路不应影响控制器的火灾报警和监管报警功能。

4.2.3.4 小区信息通信功能

具有小区通信功能的家用火灾报警控制器应能具有小区管理中心与住户间的双向通信功能,通信采用文字信息时,应包括中文;具有语音留言功能的家用火灾报警控制器应能符合制造商提出的要求。

4.2.4 通信功能

4.2.4.1 家用火灾报警控制器应至少有两组电话号码的存储与自动拨出功能。

4.2.4.2 家用火灾报警控制器在火灾报警和监管报警状态下应能按照设计程序自动拨出电话。

4.2.4.3 家用火灾报警控制器应能(可通过相关部件)与控制中心监控设备进行通讯,将系统的各种报警状态信息发送到控制中心监控设备;控制中心监控设备与家用火灾报警控制器的信息应同步;家用火灾报警控制器在收到控制中心监控设备的回答信号前应不断发送预定的信息。

4.2.4.4 家用火灾报警控制器在制造商规定的通讯距离内应能与相关部件、控制中心监控设备间正常通讯。

4.2.5 故障报警功能

4.2.5.1 当发生下列故障时,采用有线通信的家用火灾报警控制器应在 100 s 内发出故障声、光信号,并指示故障类型;采用无线通信的家用火灾报警控制器应在 24 h 内发出故障声、光信号,并指示故障类型;故障声信号应能手动消除,再有故障信号输入时,应能再启动;故障光信号应保持至故障排除。

    a) 与所连接的部件之间的通信故障;

b) 给备用电源(电池)充电的充电器与备用电源间连接线的断路、短路;
c) 备用电源与其负载间连接线的断路、短路;
d) 主电源欠压。

4.2.5.2 家用火灾报警控制器的故障信号在故障排除后,应能自动或手动复位。复位后,家用火灾报警控制器应在 24 h 内重新显示尚存在的故障。

4.2.5.3 家用火灾报警控制器在主电源断电时,应能自动切换到备用电源工作;在备用电源不能保证其正常工作时,应发出故障声信号并保持 1 h 以上;在主电源恢复时,应能自动切换到主电源工作;主、备电源的转换不应引起其误报警或误动作。

4.2.5.4 家用火灾报警控制器任一故障均不应影响非故障部分的正常工作。

4.2.5.5 家用火灾报警控制器与各非火灾报警设备间连接线的故障不应影响其火灾报警功能。

4.2.6 自检功能

家用火灾报警控制器应能对本机进行功能检查(以下称自检),自检期间,受其控制的外接设备和输出接点均不应动作;自检时间超过 1 min 或自检不能自动停止时,其非自检部位、探测区和本身的火灾报警功能应不受影响。

4.2.7 信息显示、查询功能

采用数字、字母显示工作状态的家用火灾报警控制器应按显示火灾报警、监管报警及其他状态顺序由高至低排列信息显示等级,高等级的状态信息应优先显示,低等级状态信息显示不应影响高等级状态信息显示,显示的信息应与对应的状态一致且易于辨识。当家用火灾报警控制器处于某一高等级状态显示时,应能通过手动操作查询其他低等级状态信息,各状态信息不应交替显示。

4.2.8 声压级

家用火灾报警控制器在各种报警状态下的声压级(正前方 1 m 处)应不小于 75 dB(A 计权)。

4.3 点型家用感烟火灾探测器

4.3.1 烟参数达到预定值时,点型家用感烟火灾探测器应发出声火灾报警信号,并向家用火灾报警控制器发出火灾报警信号,声报警信号的声压级应在 45 dB~75 dB(A 计权)之间,并应采用逐渐增大方式,初始声压级不应大于 45 dB。

4.3.2 点型家用感烟火灾探测器在电源极性反接时不应被损坏。

4.3.3 点型家用感烟火灾探测器的性能还应满足 GB 4715 的要求。

4.4 点型家用感温火灾探测器

4.4.1 温参数达到预定值时,点型家用感温火灾探测器应发出声火灾报警信号,并向家用火灾报警控制器发出火灾报警信号,声报警信号的声压级应在 45 dB~75 dB(A 计权)之间,并应采用逐渐增大方式,初始声压级不应大于 45 dB。

4.4.2 点型家用感温火灾探测器在电源极性反接时不应被损坏。

4.4.3 点型家用感温火灾探测器的性能还应满足 GB 4716 的要求。

4.5 可燃气体探测器及燃气管道专用电动阀

4.5.1 可燃气体探测器应满足国家有关标准要求,接入家用火灾报警控制器后应满足 4.1.6 规定。

4.5.2 可燃气体探测器在发出报警信号时,应有控制关断燃气管道专用电动阀的输出接点,接点参数应符合产品使用说明书要求。

4.5.3 燃气管道专用电动阀的电控参数应与可燃气体探测器的输出接点参数相匹配。

4.5.4 燃气管道专用电动阀在管道中的气体流量大于设计流量15%的条件下应能够自动关闭。

4.5.5 可燃气体探测器应能够连续50次发出报警信号同时驱动并关断与其配接的燃气管道专用电动阀。

4.5.6 燃气管道专用电动阀还应满足5.11～5.26规定。

4.6 剩余电流式电气火灾监控探测器

剩余电流式电气火灾监控探测器应满足GB 14287.2的要求，接入家用火灾报警控制器后应满足4.1.6规定。

4.7 手动报警开关

4.7.1 手动报警开关应设红色启动确认灯，启动零件动作后，应能向家用火灾报警控制器发出报警信号，并点亮启动确认灯，确认灯应保持至启动状态被复位。

4.7.2 手动报警开关应采用自复式开关，启动零件在启动报警后应回复到正常位置，且在连续启动500次后，仍能正常工作。

4.7.3 手动报警开关还应符合5.11～5.26规定。

4.8 控制中心监控设备

4.8.1 通信功能

4.8.1.1 控制中心监控设备应能接收家用火灾报警控制器发出的报警信号及相关信息，在接收后发出相应的反馈信号，并能在3 s内进入报警状态，显示相应信息。控制中心监控设备与家用火灾报警控制器的信息显示应同步。

4.8.1.2 控制中心监控设备应能监视并显示与家用火灾报警控制器通信的工作状态。

4.8.1.3 控制中心监控设备在与家用火灾报警控制器之间不能正常通信时，应在24 h内发出故障声、光信号，故障声信号应能手动消除，故障光信号应保持至故障排除。控制中心监控设备在与家用火灾报警控制器之间在通信中断并恢复通讯后，控制中心监控设备应能重新接收并正确显示家用火灾控制器存在的各种状态信息。

4.8.1.4 控制中心监控设备在制造商规定的通信距离内应能与家用火灾报警控制器、相关部件间正常通信。

4.8.1.5 控制中心监控设备应具有向上一级报警监控中心传输信息的通信功能。

4.8.2 报警信息显示

4.8.2.1 当有报警信号输入时，控制中心监控设备应发出声、光报警信号，显示报警部位、报警类型等信息，记录报警时间；火灾报警信息应与监管报警信息分开显示。

4.8.2.2 控制中心监控设备处于报警状态时应有专用状态指示，且该指示不受控制中心监控设备复位操作以外的任何操作的影响。

4.8.2.3 控制中心监控设备应单独显示首火警部位。

4.8.2.4 显示多个报警部位时，同类报警部位应连续显示或循环显示，报警信息应手动可查，每手动操作一次，只能查询一个报警信息。

4.8.2.5 控制中心监控设备应能在操作复位后的100 s内（采用无线通信的系统可在24 h内）重新显示系统内各家用火灾报警控制器仍然存在的各种状态信息，其火灾报警和监管报警功能在20 s后应恢复正常。

4.8.2.6 控制中心监控设备在发出声、光报警信号时,声信号应能手动消除,当再有报警信号输入时,应能再次启动,音响器件在其正前方 1 m 处的声压级(A 计权)应在 65 dB~115 dB 之间。

4.8.3 故障信息显示

4.8.3.1 控制中心监控设备若能接收控制器发出的故障信号,应在故障信号输入 100 s 内(采用无线通信的系统可在 24 h 内),显示故障状态信息。

4.8.3.2 在火灾报警和/或监管报警状态下,控制中心监控设备可以显示故障信息,但不能影响火灾报警和/或监管报警信息的显示。

4.8.4 操作级别及操作功能

4.8.4.1 控制中心监控设备的操作级别应符合表 4 要求。

表 4 控制中心监控设备操作级别划分表

序号	操作项目	Ⅰ	Ⅱ	Ⅲ
1	查询信息	O	M	M
2	消除声信号	O	M	M
3	复位(带复位功能的控制中心监控设备)	P	M	M
4	系统程序的退出	P	P	M
5	修改或改变软件	P	P	M

注1:P—禁止本级别操作;O—可选择是否由本级操作;M—可进行本级及本级以下操作。
注2:进入Ⅱ、Ⅲ级操作功能状态应采用钥匙、操作密码,用于进入Ⅲ级操作功能状态的钥匙或操作密码可用于进入Ⅱ级操作功能状态,但用于进入Ⅱ级操作功能状态的钥匙或操作密码不能用于进入Ⅲ级操作功能状态。

4.8.4.2 控制中心监控设备不能对家用火灾控制器的火灾报警信号进行复位、系统设定等操作。

4.8.5 信息记录功能

4.8.5.1 具有火灾报警和监管报警历史记录功能的控制中心监控设备,应记录报警时间、报警部位、值班人员等信息,记录存储容量不应少于 10 000 条。

4.8.5.2 控制中心监控设备应记录系统程序的进入和退出时间及操作人员等信息。

4.8.5.3 控制中心监控设备应不能删除接收到的报警信息,信息备份后方可被覆盖。

4.8.5.4 控制中心监控设备可具有记录打印功能。

4.9 监管报警器

监管报警器根据其不同工作原理应分别满足国家有关标准要求,接入家用火灾报警控制器后应满足 4.1.6 规定。

4.10 具有语音呼入与应答功能和/或图像显示功能的家用火灾报警控制器的呼入开关(按键)和/或图像成像装置

4.10.1 呼入开关(按键)应采用自复式开关(按键),对该开关(按键)的任何操作,均不应使家用火灾报警控制器产生误动作,且开关(按键)在连续启动 5 000 次后,仍能正常工作。

4.10.2 图像成像装置的工作参数应与家用火灾报警控制器的图像显示装置的工作参数相符,且不应影响家用火灾报警控制器的火灾报警显示功能,也不应使的家用火灾报警控制器产生误动作。

4.10.3 接入家用火灾报警控制器后应满足4.1.6规定。

4.10.4 可以安装在室外的呼入开关(按键)和/或图像成像装置的外壳防护等级应符合GB 4208—1993中IP33的要求。

5 要求与试验方法

5.1 总则

5.1.1 试验程序

试验程序见表5。

表5 试验程序

序号	章条	试验项目	编号 1	编号 2
1	5.2	家用火灾报警控制器功能试验	√	√
2	5.3	点型家用感烟火灾探测器功能试验	√	√
3	5.4	点型家用感温火灾探测器功能试验	√	√
4	5.5	可燃气体探测器及燃气管道专用电动阀功能试验	√	√
5	5.6	剩余电流式电气火灾监控探测器功能试验	√	√
6	5.7	手动报警开关功能试验	√	√
7	5.8	控制中心监控设备功能试验	√	√
8	5.9	监管报警器功能试验	√	√
9	5.10	呼入开关(按键)和/或图像成像装置功能试验	√	√
10	5.11	绝缘电阻试验	√	√
11	5.12	泄漏电流试验	√	√
12	5.13	电气强度试验	√	√
13	5.14	射频电磁场辐射抗扰度试验	√	
14	5.15	射频场感应的传导骚扰抗扰度试验	√	
15	5.16	静电放电抗扰度试验	√	
16	5.17	电快速瞬变脉冲群抗扰度试验	√	
17	5.18	浪涌(冲击)抗扰度试验		√
18	5.19	电源瞬变试验		√
19	5.20	电压暂降、短时中断和电压变化的抗扰度试验	√	
20	5.21	低温(运行)试验	√	
21	5.22	恒定湿热(运行)试验	√	
22	5.23	恒定湿热(耐久)试验		√
23	5.24	振动(正弦)(运行)试验	√	
24	5.25	振动(正弦)(耐久)试验	√	
25	5.26	碰撞试验		√

5.1.2 试验样品(以下称试样)

试样为家用火灾安全系统 2 套,在试验前予以编号。

5.1.3 试验大气环境

如在有关条文中没有说明,则各项试验均在下述大气条件下进行:
—— 温度:15 ℃~35 ℃;
—— 湿度:25%RH~75%RH;
—— 大气压力:86 kPa~106 kPa。

5.1.4 容差

如在有关条文中没有说明时,各项试验数据的容差均为±5%;环境条件参数偏差应符合 GB 16838 要求。

5.1.5 试验前检查

试样在试验前均应进行外观及主要部(器)件检查,符合下述要求时方可进行试验。
a) 文字、符号和标志清晰齐全,使用说明书满足相关要求;
b) 试样表面无腐蚀、涂覆层脱落和起泡现象,无明显划伤、裂痕、毛刺等机械损伤;
c) 紧固部位无松动;
d) 主要部件性能应能满足 4.1.2 的要求。

5.2 家用火灾报警控制器功能试验

5.2.1 目的

检验家用火灾报警控制器的功能。

5.2.2 试验方法

5.2.2.1 将试样按制造商的要求连接相关部件,组成家用火灾安全系统,并使其处于正常监视状态。
5.2.2.2 按照 4.2.1~4.2.8 内容依次检查试样的火灾报警功能、监管功能、通讯功能、故障报警功能、自检功能、信息显示查询功能、声压级。

5.2.3 要求

试样应满足 4.2 要求。

5.3 点型家用感烟火灾探测器功能试验

5.3.1 目的

检验点型家用感烟火灾探测器的功能。

5.3.2 试验方法

5.3.2.1 将试样按制造商的要求与家用火灾报警控制器连接,接通电源并使其处于正常监视状态。
5.3.2.2 按照 4.3.1~4.3.3 内容依次检查试样的功能。

5.3.3 要求

试样应满足 4.3 要求。

5.4 点型家用感温火灾探测器功能试验

5.4.1 目的

检验点型家用感温火灾探测器的功能。

5.4.2 试验方法

5.4.2.1 将试样按制造商的要求与家用火灾报警控制器连接,接通电源并使其处于正常监视状态。

5.4.2.2 按照4.4.1～4.4.3内容依次检查试样的功能。

5.4.3 要求

试样应满足4.4要求。

5.5 可燃气体探测器及燃气管道专用电动阀功能试验

5.5.1 目的

检验可燃气体探测器及燃气管道专用电动阀的功能。

5.5.2 试验方法

5.5.2.1 将试样按制造商的要求与家用火灾报警控制器连接,接通电源并使其处于正常监视状态。

5.5.2.2 按照4.5.1～4.5.6内容依次检查试样的功能。

5.5.3 要求

试样应满足4.5要求。

5.6 剩余电流式电气火灾监控探测器功能试验

5.6.1 目的

检验剩余电流式电气火灾监控探测器的功能。

5.6.2 试验方法

5.6.2.1 将试样按制造商的要求与家用火灾报警控制器连接,接通电源并使其处于正常监视状态。

5.6.2.2 按照4.6内容依次检查试样的功能。

5.6.3 要求

试样应满足4.6要求。

5.7 手动报警开关功能试验

5.7.1 目的

检验手动报警开关的功能。

5.7.2 试验方法

5.7.2.1 将试样按制造商的要求与家用火灾报警控制器连接,接通电源并使其处于正常监视状态。

5.7.2.2 按照4.7.1～4.7.3内容依次检查试样的功能。

5.7.3 要求

试样应满足4.7要求。

5.8 控制中心监控设备功能试验

5.8.1 目的

检验控制中心监控设备的通讯功能。

5.8.2 试验方法

5.8.2.1 将试样按制造商的要求连接相关部件,组成家用火灾安全系统,并使其处于正常监视状态。

5.8.2.2 按照4.8.1~4.8.5内容依次检查试样的功能。

5.8.3 要求

试样应满足4.8的要求。

5.9 监管报警器功能试验

5.9.1 目的

检验监管报警器的功能。

5.9.2 试验方法

5.9.2.1 将试样按制造商的要求与家用火灾报警控制器连接,接通电源并使其处于正常监视状态。

5.9.2.2 按照4.2.3.1内容依次检查试样监管报警功能的系统兼容性。

5.9.2.3 按照4.9内容检查接入系统后的兼容性。

5.9.3 要求

试样应满足4.1.6的要求。

5.10 呼入开关(按键)和/或图像成像装置

5.10.1 目的

检验呼入开关(按键)和/或图像成像装置的功能。

5.10.2 试验方法

5.10.2.1 将试样按制造商的要求与家用火灾报警控制器连接,接通电源并使其处于正常监视状态。

5.10.2.2 按照4.10.1~4.10.4内容依次检查试样的功能。

5.10.3 要求

试样应满足4.10要求。

5.11 绝缘电阻试验

5.11.1 目的

检验家用火灾安全系统各类设备的绝缘性能。

5.11.2 试验方法

通过绝缘电阻试验装置,分别对试样的下述部分施加 500 V±50 V 直流电压,持续 60 s±5 s 后,测量其绝缘电阻值。

a) 有绝缘要求的外部带电端子与机壳之间;
b) 电源插头(或电源接线端子)与机壳之间(电源开关置于接通位置,但电源插头不接入电网)。

试验时,应保证接触点有可靠的接触,引线间的绝缘电阻应足够大,以保证读数准确。

5.11.3 要求

试样有绝缘要求的外部带电端子与机壳间的绝缘电阻值应不小于 20 MΩ;试样的电源输入端与机壳间的绝缘电阻值应不小于 50 MΩ。

5.11.4 试验设备

满足下述技术要求的绝缘电阻试验装置(也可用兆欧表或摇表测试):

——试验电压:500 V±50 V;
——测量范围:0 MΩ～500 MΩ;
——最小分度:0.1 MΩ;
——记时:60 s±5 s。

5.12 泄漏电流试验

5.12.1 目的

检验家用火灾安全系统各类设备抗泄漏电流的能力。

5.12.2 试验方法

将试样处于正常监视状态,调节主电供电电压为试样额定电压的 1.06 倍,测量并记录其总泄漏电流值。

5.12.3 要求

试样在 1.06 倍额定电压工作时,泄漏电流应不超过 0.5 mA。

5.12.4 试验设备

符合 GB 4706.1—1998 附录 G 中规定的测量泄漏电流的电路。

5.13 电气强度试验

5.13.1 目的

检验家用火灾安全系统各类设备的电气强度。

5.13.2 试验方法

试验前,将试样的接地保护元件拆除。通过试验装置,以 100 V/s～500 V/s 的升压速率,对试样的电源线与机壳间施加 50 Hz、1 250 V 的试验电压。持续 60 s±5 s,观察并记录试验中所发生的现象。试验后,以 100 V/s～500 V/s 的降压速率使电压降至低于额定电压值后,方可断电。接通试样电源,按要求进行功能试验。

5.13.3 要求

试样的电源插头与机壳间应能耐受频率为 50 Hz,有效值电压为 1 250 V 的交流电压历时 1 min 的电气强度试验,试验期间试样不应发生击穿现象,试验后,试样功能应与试验前的功能保持一致。

5.13.4 试验设备

满足下述条件的试验装置:
a) 试验电压:电压 0 V～1 250 V(有效值)连续可调,频率 50 Hz,短路电流 10 A(有效值);
b) 升、降压速率:100 V/s～500 V/s;
c) 计时:60 s±5 s。

5.14 射频电磁场辐射抗扰度试验

5.14.1 目的

检验家用火灾安全系统各类设备在射频电磁场辐射环境下工作的适应性。

5.14.2 试验方法

5.14.2.1 将试样按 GB 16838 中规定进行试验布置,接通电源,使试样处于正常监视状态 20 min。

5.14.2.2 按 GB 16838 中规定的试验方法对试样施加表 6 所示条件的电磁干扰试验。试验期间观察并记录试样状态。试验后,按要求进行功能试验。

表 6 射频电磁场辐射抗扰度试验条件

场强 (V/m)	10
频率范围 MHz	80～1 000
扫频速率 (10 oct/s)	≤1.5×10^{-3}
调制幅度	80%(1 kHz,正弦)

5.14.3 要求

试验期间,试样应保持正常监视状态;试验后,试样功能应与试验前的功能保持一致。

5.14.4 试验设备

试验设备应满足 GB 16838 中规定。

5.15 射频场感应的传导骚扰抗扰度试验

5.15.1 目的

检验家用火灾安全系统各类设备对射频场感应的传导骚扰的适应性。

5.15.2 试验方法

5.15.2.1 将试样按 GB 16838 中规定进行试验配置,接通电源,使试样处于正常监视状态 20 min。

5.15.2.2 按 GB 16838 中规定的试验方法对试样施加表 7 所示条件的电磁干扰试验。试验期间观察并记录试样状态。试验后,按要求进行功能试验。

表 7 射频场感应传导骚扰抗扰度试验条件

频率范围 MHz	0.15～80
电压 dBμV	140
调制幅度	80%(1 kHz,正弦)

5.15.3 要求

试验期间,试样应保持正常监视状态;试验后,试样功能应与试验前的功能保持一致。

5.15.4 试验设备

试验设备应满足 GB 16838 中规定。

5.16 静电放电抗扰度试验

5.16.1 目的

检验家用火灾安全系统各类设备对带静电人员、物体接触造成的静电放电的适应性。

5.16.2 试验方法

5.16.2.1 将试样按 GB 16838 中规定进行试验布置,接通电源,使试样处于正常监视状态 20 min。

5.16.2.2 按 GB 16838 中规定的试验方法对试样及耦合板施加表8所示条件的电磁干扰试验。试验期间观察并记录试样状态。试验后,按要求进行功能试验。

表 8 静电放电抗扰度试验条件

放电电压 kV	空气放电(外壳为绝缘体)8
	接触放电(外壳为导体)6
放电极性	正、负
放电间隔 s	≥1
每点放电次数	10

5.16.3 要求

试验期间,试样应保持正常监视状态;试验后,试样功能应与试验前的功能保持一致。

5.16.4 试验设备

试验设备应满足 GB 16838 中规定。

5.17 电快速瞬变脉冲群抗扰度试验

5.17.1 目的

检验家用火灾安全系统各类设备抗电快速瞬变脉冲群干扰的能力。

5.17.2 试验方法

5.17.2.1 将试样按 GB 16838 中规定进行试验配置,接通电源,使其处于正常监视状态 20 min。

5.17.2.2 按 GB 16838 中规定的试验方法对试样施加表 9 所示条件的电磁干扰试验。试验期间观察并记录试样状态。试验后,按要求进行功能试验。

表 9 电快速瞬变脉冲群抗扰度试验条件

瞬变脉冲电压 kV	AC 电源线 2×(1±0.1)
	其他连接线 1×(1±0.1)
重复频率 kHz	AC 电源线 2.5×(1±0.2)
	其他连接线 5×(1±0.2)
极性	正、负
时间	每次 1 min

5.17.3 要求

试验期间,试样应保持正常监视状态;试验后,试样功能应与试验前的功能保持一致。

5.17.4 试验设备

试验设备应满足 GB 16838 中规定。

5.18 浪涌(冲击)抗扰度试验

5.18.1 目的

检验家用火灾安全系统各类设备对附近闪电或供电系统的电源切换及低电压网络、包括大容性负载切换等产生的电压瞬变(电浪涌)干扰的适应性。

5.18.2 试验方法

5.18.2.1 将试样按 GB 16838 中规定进行试验配置,接通电源,使其处于正常监视状态 20 min。

5.18.2.2 按 GB 16838 中规定的试验方法对试样施加表 10 所示条件的电磁干扰试验。试验期间观察并记录试样状态。试验后,按要求进行功能试验。

表 10 浪涌(冲击)抗扰度试验条件

浪涌(冲击)电压 kV	AC 电源线	线-线 1×(1±0.1)
		线-地 2×(1±0.1)
	其他连接线	线-地 1×(1±0.1)
极性		正、负
试验次数		5

5.18.3 要求

试验期间,试样应保持正常监视状态;试验后,试样功能应与试验前的功能保持一致。

5.18.4 试验设备

试验设备应满足 GB 16838 中规定。

5.19 电源瞬变试验

5.19.1 目的

检验家用火灾安全系统各类设备抗电源瞬变干扰的能力。

5.19.2 试验方法

5.19.2.1 按正常监视状态要求,将试样与等效负载连接,连接试样到电源瞬变试验装置上,使其处于正常监视状态。

5.19.2.2 开启试验装置,使试样主电源按"通电(9 s)～断电(1 s)"的固定程序连续通断500次,试验期间,观察并记录试样的工作状态;试验后,按要求进行功能试验。

5.19.3 要求

试验期间,试样应保持正常监视状态;试验后,试样功能应与试验前的功能保持一致。

5.19.4 试验设备

能产生满足5.18.2要求试验条件的电源装置。

5.20 电压暂降、短时中断和电压变化的抗扰度试验

5.20.1 目的

检验家用火灾安全系统各类设备在电压暂降、短时中断和电压变化(如主配电网络上,由于负载切换和保护元件的动作等)情况下的抗干扰能力。

5.20.2 试验方法

5.20.2.1 按正常监视状态要求,将试样与等效负载连接,连接试样到主电压暂降和中断试验装置上,使其处于正常监视状态。

5.20.2.2 使主电压下滑至40%,持续20 ms,重复进行十次;再将使主电压下滑至0 V,持续10 ms,重复进行十次。试验期间,观察并记录试样的工作状态;试验后,按要求进行功能试验。

5.20.3 要求

试验期间,试样应保持正常监视状态;试验后,试样功能应与试验前的功能保持一致。

5.20.4 试验设备

试验设备应满足 GB 16838 的规定。

5.21 低温(运行)试验

5.21.1 目的

检验家用火灾安全系统各类设备在低温条件下工作的适应性。

5.21.2 试验方法

5.21.2.1 试验前,将试样在正常大气条件下放置 2 h~4 h。然后按正常监视状态要求,将试样与等效负载连接,接通电源。

5.21.2.2 调节试验箱温度,使其在 20 ℃±2 ℃ 温度下保持 30 min±5 min,然后,以不大于 1 ℃/min 的速率降温至 0 ℃±3 ℃。

5.21.2.3 在 0 ℃±3 ℃ 温度下,保持 16 h 后,立即按 4.2~4.7 进行功能试验。

5.21.2.4 调节试验箱温度,使其以不大于 1 ℃/min 的速率升温至 20 ℃±2 ℃,并保持 30 min± 5 min。

5.21.2.5 取出试样,在正常大气条件下放置 1 h~2 h 后,检查试样表面涂覆情况,按要求进行功能试验。

5.21.3 要求

试验期间,试样应保持正常监视状态;试验后,试样无破坏涂覆和腐蚀现象,试验后,试样功能应与试验前的功能保持一致。

5.21.4 试验设备

试验设备应符合 GB 16838 的规定。

5.22 恒定湿热(运行)试验

5.22.1 目的

检验家用火灾安全系统各类设备在相对湿度高(无凝露)的环境下正常工作的能力。

5.22.2 试验方法

5.22.2.1 试验前,将试样在正常大气条件下放置 2 h~4 h。然后按正常监视状态要求,将试样与等效负载连接,接通电源,使其处于正常监视状态。

5.22.2.2 调节试验箱,使温度为 40 ℃±2 ℃,相对湿度 90%~95%(先调节温度,当温度达到稳定后再加湿),连续保持 4 d 后,按要求进行功能试验。

5.22.2.3 取出试样,在正常大气条件下,处于正常监视状态 1 h~2 h 后,检查试样表面涂覆情况,按要求进行功能试验。

5.22.3 要求

试验期间,试样应保持正常监视状态;试验后,试样无破坏涂覆和腐蚀现象,试样功能应与试验前的功能保持一致。

5.22.4 试验设备

试验设备应符合 GB 16838 的规定。

5.23 恒定湿热(耐久)试验

5.23.1 目的

检验家用火灾安全系统各类设备长时间承受使用环境中湿度影响的能力。

5.23.2 试验方法

5.23.2.1 在不通电的情况下,将试样至于试验箱内。

5.23.2.2 调节试验箱,使温度为 40 ℃±2 ℃,相对湿度 90%～95%(先调节温度,当温度达到稳定后再加湿),连续保持 21 d。

5.23.2.3 取出试样,在正常大气条件下,恢复 12 h 后,检查试样表面涂覆情况,按要求进行功能试验。

5.23.3 要求

试验期间,试样应保持在该试验要求的状态;试验后,试样无破坏涂覆和腐蚀现象,试样功能应与试验前的功能保持一致。

5.23.4 试验设备

试验设备应符合 GB 16838 的规定。

5.24 振动(正弦)(运行)试验

5.24.1 目的

检验家用火灾安全系统各类设备承受振动影响的能力。

5.24.2 试验方法

5.24.2.1 将试样按正常安装方式刚性安装,使同方向的重力作用像其使用时一样(重力影响可忽略时除外),试样在上述安装方式下可放于任何高度,试验期间试样处于正常监视状态。

5.24.2.2 依次在三个互相垂直的轴线上,在 10 Hz～150 Hz 的频率循环范围内,以 0.981 m/s^2 的加速度幅值,1 oct/min 的扫频速率,各进行 1 次扫频循环。

5.24.2.3 试验后,立即检查试样外观及紧固部位,按要求进行功能试验。

5.24.3 要求

试验期间,试样应保持正常监视状态;试验后,试样不应有机械损伤和紧固部位松动现象,试样功能应与试验前的功能保持一致。

5.24.4 试验设备

试验设备(振动台及夹具)应符合 GB 16838 的规定。

5.25 振动(正弦)(耐久)试验

5.25.1 目的

检验家用火灾安全系统各类设备长时间承受振动影响的能力。

5.25.2 试验方法

5.25.2.1 将试样按正常安装方式刚性安装(重力影响可忽略时除外),试样在上述安装方式下可放于任何高度,试验期间试样不通电。

5.25.2.2 依次在三个互相垂直的轴线上,在 10 Hz～150 Hz 的频率循环范围内,以 4.905 m/s^2 的加速度幅值,1oct/min 的扫频速率,各进行 20 次扫频循环。

5.25.2.3 试验后,立即检查试样外观及紧固部位,按要求进行功能试验。

5.25.3 要求

试验期间,试样应保持在该试验要求的工作状态;试验后,试样不应有机械损伤和紧固部位松动现象,试样功能应与试验前的功能保持一致。

5.25.4 试验设备

试验设备(振动台及夹具)应符合 GB 16838 的规定。

5.26 碰撞试验

5.26.1 目的

检验家用火灾安全系统各类设备表面部件在经受碰撞时的可靠性。

5.26.2 试验方法

5.26.2.1 按正常监视状态要求,将试样与等效负载连接,接通电源,使其处于正常监视状态。

5.26.2.2 对试样表面上的每个易损部件(如指示灯、显示器等)施加 3 次能量为 $0.5 J \pm 0.04 J$ 的碰撞。在进行试验时应小心进行,以确保上一组(3次)碰撞的结果不对后续各组碰撞的结果产生影响,在认为可能产生影响时,应不考虑发现的缺陷,取一新的试样,在同一位置重新进行碰撞试验。试验期间,观察并记录试样的工作状态;试验后,按要求进行功能试验。

5.26.3 要求

试验期间,试样应保持正常监视状态;试验后,试样不应有机械损伤和紧固部位松动现象,试样功能应与试验前的功能保持一致。

5.26.4 试验设备

试验设备应符合 GB 16838 的规定。

6 检验规则

6.1 产品出厂检验

企业在产品出厂前应对家用火灾安全系统进行下述试验项目的检验:
a) 功能试验;
b) 绝缘电阻试验;
c) 泄漏电流试验。

制造商应规定抽样方法、检验和判定规则。

6.2 型式检验

6.2.1 型式检验项目为第 5 章规定的试验项目。检验样品在出厂检验合格的产品中抽取。

6.2.2 有下列情况之一时,应进行型式检验:
a) 新产品或老产品转厂生产时的试制定型;
b) 正式生产后,产品的结构、主要部(器)件或元器件、生产工艺等有较大的改变,可能影响产品性能或正式投产满 5 年;
c) 产品停产一年以上,恢复生产;

d) 出厂检验结果与上次型式检验结果差异较大；
e) 发生重大质量事故。

6.2.3 检验结果按 GB 12978 的规定进行判定。

7 标志

7.1 产品标志

家用火灾安全系统各类设备应有清晰、耐久的产品标志，产品标志应包括以下内容：
a) 产品名称；
b) 本标准标准号；
c) 制造商名称或商标；
d) 型号；
e) 接线柱标注；
f) 制造日期、产品编号、产地和家用火灾安全系统内软件版本号。

7.2 质量检验标志

家用火灾安全系统各类设备应有质量检验合格标志。

ICS 13.220.20
C 81

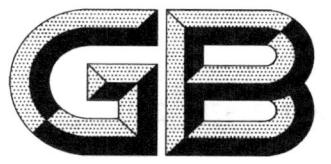

中华人民共和国国家标准化指导性技术文件

GB/Z 24978—2010

火灾自动报警系统性能评价

Performance assessment of fire detection and alarm system

2010-08-09 发布　　　　　　　　　　　　　　　　2010-12-01 实施

中华人民共和国国家质量监督检验检疫总局
中国国家标准化管理委员会　发布

前 言

火灾自动报警系统日趋多样化，系统保护对象和安装场所也日趋复杂化，需要对火灾自动报警系统进行科学的评价。

本指导性技术文件仅供参考。有关对本指导性技术文件的建议和意见，向国务院标准化行政主管部门反映。

本指导性技术文件的附录 A 为资料性附录。

本指导性技术文件由中华人民共和国公安部提出。

本指导性技术文件由全国消防标准化技术委员会火灾探测和报警分技术委员会(SAC/TC 113/SC 6)归口。

本指导性技术文件负责起草单位：公安部沈阳消防研究所。

本指导性技术文件参加起草单位：辽宁省公安消防总队、海湾安全技术有限公司、西安盛赛尔电子有限公司。

本指导性技术文件主要起草人：梅志斌、宋珍、宋立巍、董文辉、关大巍、陈广、丁宏军、刘卫华、张雄飞、高锴、翁立坚、吴炳龙、田永利。

火灾自动报警系统性能评价

1 范围

本指导性技术文件给出了火灾自动报警系统的产品、设计和运行评价的要求和方法。

本指导性技术文件适用于火灾自动报警系统的产品性能、设计性能和运行性能的评价。

2 规范性引用文件

下列文件中的条款通过本指导性技术文件的引用而成为本指导性技术文件的条款。凡是注日期的引用文件，其随后所有的修改单（不包括勘误的内容）或修订版均不适用于本指导性技术文件，然而，鼓励根据本指导性技术文件达成协议的各方研究是否可使用这些文件的最新版本。凡是不注日期的引用文件，其最新版本适用于本指导性技术文件。

GB/T 4718—2006 火灾报警设备专业术语
GB 50116 火灾自动报警系统设计规范
GB 50166 火灾自动报警系统施工及验收规范

3 术语和定义

GB/T 4718—2006 确立的以及下列术语和定义适用于本指导性技术文件。

3.1
主观评价法 subjective assessment method

评价人员针对被评价系统和技术文件，依据实际工作经验，按照一定的评价程序，对全部或部分评价指标做出主观判断并给出相应评价结论的方法。

3.2
客观评价法 objective assessment method

评价人员通过具体试验、模拟测试或仿真计算，对系统或组件的特定评价指标做出评价结论的方法。

3.3
现场检查法 spot inspection method

评价人员通过工程实际运行现场的考察和测试，对系统的全部或部分评价指标做出评价结论的方法。

3.4
审核检查法 check inspection method

评价人员针对被评价系统和技术文件，依据国家相关标准，按照一定的评价程序，对全部或部分评价指标做出评价结论的方法。

3.5
设备完好率 equipment availability

系统中技术性能完好设备台（只）数占全部设备的百分率。

3.6
系统利用率 system utilization

系统中控制器完好工作时间与制度工作时间的比值。

3.7
系统有效性 system effectiveness
用户完成特定消防功能任务和达到特定目标时系统所具有的正确和完整程度。

4 分类

火灾自动报警系统性能评价按照评价活动及其目标可分为以下三种评价模式：
a) 产品评价：对系统及其组件特定性能或适用性能进行试验，以确认是否达到设计目标或是否满足特殊应用要求；
b) 设计评价：对大型复杂火灾自动报警系统设计方案进行论证，判断满足系统设计目标的程度；
c) 运行评价：对系统运行性能进行检查和试验，以评价系统完好有效性。

5 一般要求

5.1 总则

5.1.1 火灾自动报警系统性能评价应首先满足本章要求，并按照第 6、7、8 章相应规定进行评价，否则不能声称符合本指导性技术文件。
5.1.2 评价主体应具备的条件：
a) 评价机构应为火灾自动报警系统技术领域的消防技术中介服务机构，具备独立法人资格和相关人员、设备等评价所需的资源条件，并依法获得相应的资质、资格；
b) 评价人员应为火灾自动报警系统技术领域具备相关专业经验的技术人员。参加评价活动至少 5 人，其中具有高级技术职称的人员不少于 2 人。

5.2 评价原则

5.2.1 火灾自动报警系统性能评价，可以根据系统产品制造商、工程建设单位或系统管理单位的要求，按照相应评价模式，选择全部或部分评价指标进行。
5.2.2 火灾自动报警系统性能评价，应遵循公正、公平、公开的原则。
5.2.3 评价机构应对接受评价的系统技术资料保密。

5.3 评价流程

本指导性技术文件的评价流程见图 1。

5.4 评价报告

对火灾自动报警系统性能评价的结果应写出报告，报告原则上应包括下列主要内容：
a) 被评价火灾自动报警系统（或其组件）的产品信息/工程项目名称；
b) 委托要求/评价模式；
c) 评价指标体系及评价记录；
d) 评价结论；
e) 评价机构，评价人员，评价地点和日期。

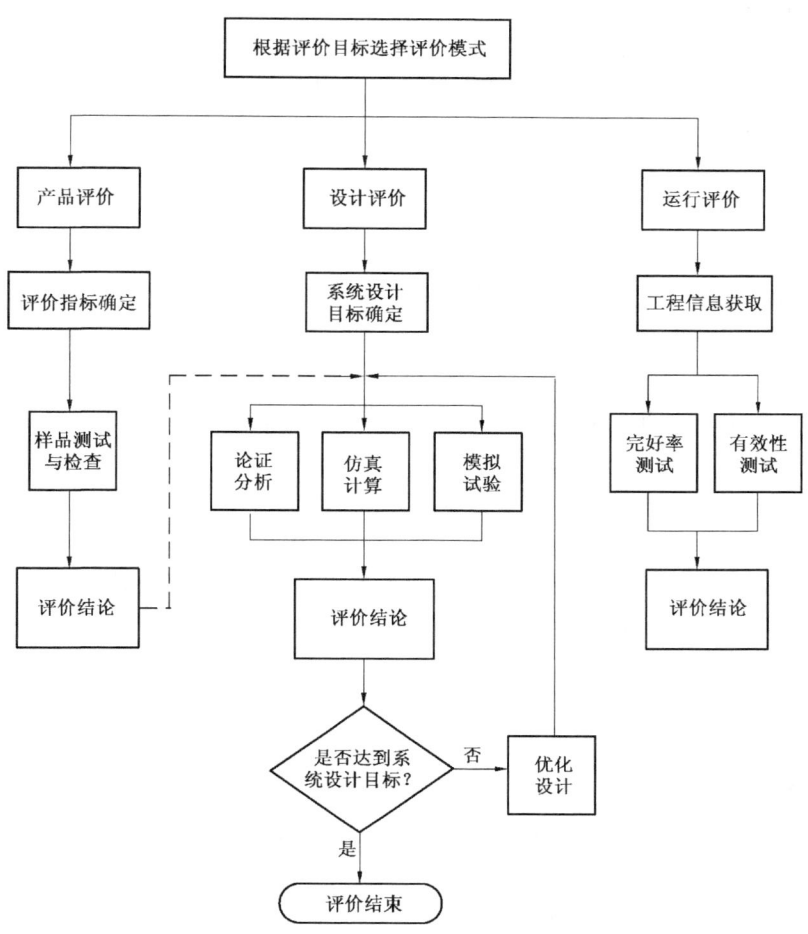

图 1 火灾自动报警系统性能评价流程

6 产品评价

6.1 产品评价指标体系

6.1.1 产品评价指标应由评价委托方提出。

6.1.2 产品评价指标可分为：
   a) 制造商宣称的、高于国家相关标准规定或国家相关标准未规定的技术性能和指标；
   b) 特定应用场所要求系统或其组件应具有的特殊技术性能和指标。

6.1.3 对系统或其组件进行产品评价，宜包括可靠性、环境适应性、兼容性、可维护性、可扩展性和易用性等一级评价指标：
   a) 可靠性是指被评对象在规定条件下和规定时间内，完成规定功能的能力。火灾自动报警系统可靠性是指系统应具有可靠的信号采集和准确的辨识能力，具有可靠的信号传输能力，具有较强的故障自诊断能力以及系统主要设备应有充分的冗余备份能力。火灾探测器的可靠性包括火灾响应能力以及抑制误报能力。
   b) 环境适应性是指系统设备在其寿命周期内对各种不同环境（气候环境、机械环境、电磁环境等）的适应能力，即在规定环境条件下稳定工作并实现其预定功能的能力。
   c) 兼容性是指系统组件之间的相互配套兼容能力。

d) 可维护性是指系统维护保养的能力。主要包括自诊断能力、组件更换能力、主要设备独立部件互换能力以及远程维护能力等。
e) 可扩展性是指系统具有扩展的能力。主要表现为系统扩容能力以及系统扩展不影响已有设备运行的能力。
f) 易用性是指系统易于操作、学习和方便使用的能力。

6.2 产品评价要求

评价委托方应提供规定数量的产品样品和相关技术资料。

6.3 产品评价方法

产品评价主要采用客观评价法,部分指标可以采用主观评价法,各评价指标对应的评价要求与方法由评价机构给出。

6.4 产品评价结论

提供产品达到或未达到各项委托评价指标的试验数据,并给出性能评价结论。评价结论可作为系统设备选型确定或调整的依据,并为设计评价提供参考。

7 设计评价

7.1 设计评价要求

7.1.1 接受评价的火灾自动报警系统工程设计方案,应按照 GB 50116 和国家相关工程建设消防技术标准进行设计。

7.1.2 评价委托方应按评价机构要求提供设计资料和相关产品技术资料。

7.2 设计评价指标体系

设计评价指标体系见表1。

表 1 设计评价指标体系

评价指标		评价方法
一级指标	二级指标	
系统整体性	系统基本技术要求	7.3.2.1
	系统网络构成与管理模式	7.3.2.2
	系统兼容	7.3.2.3
	控制器容量冗余与扩展	7.3.2.4
火灾探测	火灾探测器选择和选型	7.3.3.1
	火灾触发器件设置	7.3.3.2
疏散安全	疏散联动控制设备选择	7.3.4.1
	火灾警报与应急广播设计	7.3.4.2
	疏散通道设备综合联动控制逻辑关系	7.3.4.3
	人员密集复杂区域疏散路线引导指示	7.3.4.4

表 1（续）

评价指标		评价方法
一级指标	二级指标	
灭火联动控制	灭火系统联动控制设备选择	7.3.5.1
	灭火系统联动控制逻辑关系	7.3.5.2
防火分隔	防火分隔联动控制设备选择	7.3.6.1
	防火分隔设备联动控制逻辑关系	7.3.6.2
设施监控	防排烟风机和防排烟阀监控	7.3.7.1
	疏散通道防火门监控	7.3.7.2
	灭火设施监控	7.3.7.3
	现场消防电源监控	7.3.7.4
外部救援帮助	火灾过程与范围信息指示	7.3.8.1
	火灾危险部位指示	7.3.8.2
	消防电梯联动控制	7.3.8.3

7.3 设计评价方法

7.3.1 总则

7.3.1.1 设计评价采用主观评价法、客观评价法和审核检查法。

7.3.1.2 系统设计目标应包括早期探测火灾类别、有效火灾报警、消防设施可靠联动控制与监视、信息远程传输等方面具体的消防保护性能要求，且不应低于国家工程建设消防技术标准的安全水平，并与应用实际情况相结合。

7.3.2 系统整体性

7.3.2.1 系统基本技术要求

检查系统主要技术参数、主要功能、设备配置，判断是否满足 GB 50116 和国家相关工程建设消防技术标准的要求。

7.3.2.2 系统网络构成与管理模式

检查或考察系统组网方式、信息传输方式、信息共享模式，判断是否能够满足系统内部信息传输的要求。

7.3.2.3 系统兼容

检查系统对外信息传输硬件接口方式和软件接口协议，判断系统与已存在系统和其他系统（楼宇、安防、门禁系统等）是否能可靠的进行信息共享。

7.3.2.4 控制器容量冗余与扩展

检查控制器回路的扩展能力和单回路带载量冗余设计情况，判断是否能够满足工程中可能发生的回路组件数量增加的要求。

7.3.3 火灾探测

7.3.3.1 火灾探测器选择和选型

以国家工程建设消防技术标准、产品评价结论以及应用场所火灾早期特性分析为依据,检查或测试火灾探测器类型的选择、型号的选取情况,判断是否能够满足火灾早期探测的要求。

7.3.3.2 火灾触发器件设置

检查或测试火灾触发器件设置部位和设置数量,判断是否满足国家相关工程建设消防技术标准和早期发现火灾的系统设计目标。

7.3.4 疏散安全

7.3.4.1 疏散联动控制设备选择

检查疏散相关联动控制设备类型和数量,判断是否与建筑结构、内部人员特征相匹配,是否能够满足人员疏散安全的要求。

7.3.4.2 火灾警报与应急广播设计

检查火灾警报与应急广播设置部位、设计数量和联动逻辑关系,判断是否满足被保护场所有效报警的要求。

7.3.4.3 疏散通道设备综合联动控制逻辑关系

检查各疏散设备联动控制逻辑关系,判断是否满足 GB 50116 和国家相关工程建设消防技术标准的要求。

7.3.4.4 人员密集复杂区域疏散路线引导指示

检查或测试人员密集复杂区域疏散路线引导指示设置情况以及疏散引导的联动逻辑关系,判断是否能够满足复杂区域疏散路线引导指示和人员疏散时间的要求。

7.3.5 灭火联动控制

7.3.5.1 灭火系统联动控制设备选择

检查灭火系统相关联动控制设备类型和数量,判断是否与建筑结构、易燃物特征相匹配,是否能够满足灭火控火的要求。

7.3.5.2 灭火系统联动控制逻辑关系

检查各灭火系统(自动喷水灭火系统、水喷雾灭火系统、消火栓系统、气体灭火系统、泡沫灭火系统、干粉灭火系统等)联动控制逻辑关系,判断是否满足 GB 50116 和国家相关工程建设消防技术标准的要求。

7.3.6 防火分隔

7.3.6.1 防火分隔联动控制设备选择

检查系统各防火分隔设施控制设备选择,判断是否符合国家工程建设消防技术标准要求,是否满足工程防火分隔的实际情况。

7.3.6.2 防火分隔设备联动控制逻辑关系

检查各防火分隔设备(防火卷帘、水幕等)联动控制逻辑关系,判断是否满足 GB 50116 的要求。

7.3.7 设施监控

7.3.7.1 防排烟风机和防排烟阀监控

检查系统是否能够监控防排烟风机的正常、启动、停止、故障(包括供电电源缺相、错相故障)、手动控制、自动控制状态,检查系统是否能够监控防排烟阀的开启、关闭、故障状态。

7.3.7.2 疏散通道防火门监控

检查系统是否能够监控疏散通道防火门的开启、闭合、故障状态。

7.3.7.3 灭火设施监控

检查系统是否能够监控灭火设施的正常、启动、停止、故障(包括供电电源缺相、错相故障)、手动控制、自动控制状态。

7.3.7.4 现场消防电源监控

检查系统是否能够监控现场消防电源的正常、异常、故障状态。

7.3.8 外部救援帮助

7.3.8.1 火灾过程与范围信息指示

检查或考察系统是否能够在消防控制室的图形显示装置上利用图形方式显示火灾探测器的响应顺序和范围信息。

7.3.8.2 火灾危险部位指示

检查或考察系统是否能够在消防控制室的图形显示装置上显示建筑内火灾危险部位信息。

7.3.8.3 消防电梯联动控制

检查消防电梯联动控制逻辑关系,判断是否满足 GB 50116 的要求。

7.4 设计评价总体结论

7.4.1 判定二级指标是否满足系统设计目标,满足设计目标则认为合格,否则为不合格,最终形成设计评价总体结论。

7.4.2 设计评价总体结论可分为:
 a) 设计方案的各项评价指标均合格,设计方案适用、合理;
 b) 设计方案的各项评价指标至少有一条不合格,列出不合格项,设计方案应进行优化设计,并重新评价。火灾自动报警系统优化设计流程参见附录 A。

8 运行评价

8.1 运行评价要求

8.1.1 接受评价的火灾自动报警系统,应按照 GB 50166 的要求施工并验收合格。

8.1.2 接受评价的火灾自动报警系统,连续运行时间应至少达到30 d,并具有符合要求的运行记录。

8.1.3 根据评价指标对系统运行所起作用的重要程度,将不合格的评价指标判定为:
——A类缺陷:直接关系到火灾自动报警系统运行功能和可能对人身安全造成危害;
——B类缺陷:对火灾自动报警系统的工程运行状况有重要影响,可能间接影响系统功能;
——C类缺陷:对火灾自动报警系统的工程运行状况有轻微影响。

8.1.4 获取的工程信息宜包括接受评价的火灾自动报警系统安装场所的建筑构造、使用功能、火灾危险部位、人员分布以及火灾自动报警系统运行记录等。

8.2 运行评价指标体系

运行评价指标体系见表2。

表 2 运行评价指标体系

评价指标		评价方法
一级指标	二级指标	
系统利用率	—	8.3.2
设备完好率	控制器完好率	8.3.3.1
	探测器完好率	8.3.3.2
	模块完好率	8.3.3.3
	消火栓按钮完好率	8.3.3.4
	手动报警按钮完好率	8.3.3.5
探测有效性	火灾探测报警和联动负载性能	8.3.4.1
	黑烟响应	8.3.4.2
	阴燃火/有烟明火响应	8.3.4.3
	探测功能障碍环境检查	8.3.4.4
疏散有效性	疏散楼梯防排烟联动性能	8.3.5.1
	人员密集的复杂区域疏散引导及设备联动性能	8.3.5.2
	电梯及疏散通道门联动性能	8.3.5.3
防火分隔有效性	共享空间防火分隔联动性能	8.3.6.1
	防火阀联动性能	8.3.6.2
灭火有效性	关键灭火设备冗余控制性能	8.3.7.1
	管网末端消火栓按钮启泵性能	8.3.7.2
	自动喷水灭火系统联动性能	8.3.7.3
	气体、泡沫、干粉等灭火系统联动性能	8.3.7.4
重要消防设施监控	消防水箱(池)水位信息	8.3.8.1
	消防泵、喷淋泵工作条件信息	8.3.8.2
	联动设备现场供电直流电源信息	8.3.8.3

8.3 运行评价方法

8.3.1 总则

运行评价以采用现场检查法为主,个别评价指标必要时采用客观评价法和审核检查法。

8.3.2 系统利用率

测试系统运行时间内的完好性程度,用公式(1)表示。

$$P_t = \frac{nT_t - T_s}{nT_t} \times 100\% \quad \cdots\cdots\cdots\cdots\cdots\cdots\cdots (1)$$

式中:

P_t——系统利用率;

T_t——系统运行总时间,即系统从验收合格(或上一次评价)至本次评价的时间间隔;

T_s——各控制器停机的累计时间,含控制器存在影响火灾报警或联动控制功能的故障时间;控制器包括火灾报警控制器、火灾报警控制器(联动型)、消防联动控制器、可燃气体报警控制器、电气火灾监控设备、消防电话主机和消防应急广播主机;

n——控制器数量总和。

检查数量:系统中全部控制器。

8.3.3 设备完好率

8.3.3.1 控制器完好率

按照 GB 50166 的要求,对系统的各控制器基本功能进行试验,测试各控制器运行完好程度。若控制器能够实现基本功能,则该控制器完好率计为 1;若控制器有一项基本功能不能实现,则该控制器完好率为 0。用公式(2)统计控制器的完好率。

$$P_c = \frac{\sum_{i=1}^{n} P_i}{n} \times 100\% \quad \cdots\cdots\cdots\cdots\cdots\cdots\cdots (2)$$

式中:

P_c——控制器完好率;

P_i——某台控制器的完好率;

n——系统中控制器的数量。

检查数量:系统中的全部控制器。

8.3.3.2 探测器完好率

8.3.3.2.1 利用控制器的查询功能,分别统计不同种类的火灾探测器的故障和屏蔽数量,得出某类火灾探测器的查询完好率,用公式(3)表示。

$$P_Q = \frac{N - N_f}{N} \times 100\% \quad \cdots\cdots\cdots\cdots\cdots\cdots\cdots (3)$$

式中:

P_Q——该类探测器查询完好率;

N——该类探测器总数量;

N_f——该类探测器故障总数和屏蔽总数之和。

检查数量:全数检查,每种探测器分别检查。

8.3.3.2.2 利用模拟火灾方式,抽查所有重点及火灾危险部位某类火灾探测器的报警响应性能。如果探测器能够正常报警,则该探测器判定为合格,用公式(4)表示该类探测器的抽查合格率。

$$R_c = \frac{N_q}{n} \times 100\% \quad\quad\quad\quad\quad\quad\quad (4)$$

式中:

R_c——该类探测器抽查合格率;

N_q——该类探测器合格数量;

n ——该类探测器的抽查数量。

检查数量:总安装数量的20%,且抽查总数不能低于20只,不足20只则全数检查。

8.3.3.2.3 该类探测器的完好率=该类探测器查询完好率×该类探测器抽查合格率。用公式(5)表示。

$$P_c = P_Q \times R_c \quad\quad\quad\quad\quad\quad\quad (5)$$

式中:

P_c——该类探测器完好率;

P_Q——该类探测器查询完好率;

R_c——该类探测器抽查合格率。

8.3.3.3 模块完好率

8.3.3.3.1 利用控制器的查询功能,分别统计输入、输出、输入/输出模块和中继模块的故障和屏蔽数量,得出模块的查询完好率,用公式(3)表示。

式中:

P_Q——模块查询完好率;

N ——模块总数量;

N_f——模块故障总数和屏蔽总数之和。

检查数量:全数检查。

8.3.3.3.2 抽查测试模块动作情况。如果任一只模块能够正常工作,则该模块判定合格,用公式(4)表示模块的抽查合格率

式中:

R_c——模块抽查合格率;

N_q——模块合格数量;

n ——模块的抽查数量。

检查数量:重点及火灾危险部位模块总安装数量的20%,且抽查总数不能低于20只,不足20只则全数检查。

8.3.3.3.3 模块完好率=模块查询完好率×模块抽查合格率。用公式(5)表示。

式中:

P_c——模块完好率;

P_Q——模块查询完好率;

R_c——模块抽查合格率。

8.3.3.4 消火栓按钮完好率

8.3.3.4.1 利用控制器的查询功能,统计消火栓按钮的故障和屏蔽数量,得出消火栓按钮的查询完好率,用公式(3)表示。

式中:

P_Q——消火栓按钮查询完好率;

N ——消火栓按钮总数量;

N_f——消火栓按钮故障总数和屏蔽总数之和。

检查数量:全数检查。

8.3.3.4.2 抽查重点及火灾危险部位的消火栓按钮起泵动作情况。如果抽查的消火栓按钮能够正常起泵,则该消火栓按钮判定为合格,用公式(4)计算消火栓按钮的抽查合格率。

式中:

R_c——消火栓按钮的抽查合格率;

N_q——消火栓按钮合格数量;

n ——消火栓按钮的抽查数量。

检查数量:按实际安装数量的10%比例抽检,且抽查总数不能低于10只,不足10只则全数检查。

8.3.3.4.3 消火栓按钮完好率=消火栓按钮查询完好率×消火栓按钮抽查合格率。用公式(5)表示。

式中:

P_c——消火栓按钮完好率;

P_Q——消火栓按钮查询完好率;

R_c——消火栓按钮抽查合格率。

8.3.3.5 手动报警按钮完好率

8.3.3.5.1 利用控制器的查询功能,统计手动报警按钮的故障和屏蔽数量,得出手动报警按钮的查询完好率,用公式(3)表示。

式中:

P_Q——手动报警按钮查询完好率;

N ——手动报警按钮总数量;

N_f——手动报警按钮故障总数和屏蔽总数之和。

检查数量:全数检查。

8.3.3.5.2 抽查重点及火灾危险部位的手动报警按钮动作情况。如果抽查的每只手动报警按钮能够正常动作,则该手动报警按钮判定为合格,用公式(4)计算手动报警按钮的抽查合格率。

式中:

R_c——手动报警按钮的抽查合格率;

N_q——手动报警按钮合格数量;

n ——手动报警按钮的抽查数量。

检查数量:按实际安装数量的20%比例抽检,且抽查总数不能低于20只,不足20只则全数检查。

8.3.3.5.3 手动报警按钮完好率=手动报警按钮查询完好率×手动报警按钮抽查合格率。用公式(5)表示。

式中:

P_c——手动报警按钮完好率;

P_Q——手动报警按钮查询完好率;

R_c——手动报警按钮抽查合格率。

8.3.4 探测有效性

8.3.4.1 火灾探测报警和联动负载性能

在总线距离最长的回路末端,选取至少10只火灾探测器进行模拟火灾试验,同时手动启动至少10只(若少于10只,全部启动)输出模块,测试火灾探测器响应性能和模块动作性能。

如果任一只探测器不报火警,或任一只模块未动作,则判定为A类缺陷。

8.3.4.2 黑烟响应

在可能发生黑烟的场所,利用模拟火灾方式,测试点型光电感烟火灾探测器黑烟响应性能。

检查方式为抽查检验,检查数量应不少于10只,对于安装的火灾探测器数量少于10只的全部抽检;对于重点防火部位应至少抽取1只火灾探测器。

如果被检查的火灾探测器全部报火警,则判定为合格。如果有任一只火灾探测器不报火警,则判定为A类缺陷。

8.3.4.3 阴燃火/有烟明火响应

针对既能够产生阴燃火又能产生有烟明火的大空间场所,利用模拟火灾方式,测试感烟火灾探测器阴燃火/有烟明火响应性能。

检查方式为抽查检验,抽查数量至少是一个探测区域的火灾探测器。

如果该探测区域不能有效报警,则判定为A类缺陷。

8.3.4.4 探测功能障碍环境检查

检查火灾探测器探测区域内是否存在影响火灾探测性能的障碍物、格栅吊顶或干扰源。

检查数量:全数检查。

如果影响火灾探测器的火灾探测功能,则判定为A类缺陷;如果引起火灾探测器误报火警,则判定为B类缺陷。

8.3.5 疏散有效性

8.3.5.1 疏散楼梯防排烟联动性能

按照GB 50166要求的方法和数量,测试疏散楼梯防排烟风机、通风空调以及防烟排烟阀门的联动功能,并同时测试防排烟风机供电故障信息的监控功能。

如果有一项不能正确动作,或无法监控,则判定为A类缺陷;如果能够全部动作,并且阀门之间的动作互不影响,则判定为合格。

8.3.5.2 人员密集的复杂区域疏散引导及设备联动性能

控制器处于自动工作状态,利用模拟火灾方式,测试人员密集和疏散路线复杂区域的疏散引导及设备联动功能。

检查数量:全数检查。

如果疏散路线生成快速准确,疏散路线与火灾报警位置有关联,并且与其他设备联动配合正确,则判定合格;如果不能达到上述要求,并严重影响人员疏散的,则判定为A类缺陷;如果存在缺陷,且影响人员疏散程度一般,则判定为B类缺陷;如果存在其他问题,但不影响人员疏散的,则判定为C类缺陷。

8.3.5.3 电梯及疏散通道门联动性能

控制器处于自动工作状态,利用模拟火灾方式,测试电梯、门禁系统以及涉及疏散的电动栅杆联动功能,并同时测试消防控制室监控疏散通道防火门状态和电动防火门故障信息的功能。

如果正确动作,联动控制和时序合理,则判定为合格;如果不能正确动作,严重影响人员疏散,则判定为A类缺陷。

如果能够监控全部信息,则判定为合格;如果有一种信息无法监控,则判定为B类缺陷。

8.3.6 防火分隔有效性

8.3.6.1 共享空间防火分隔联动性能

在共享空间内或相邻的防火分区模拟火灾,测试首层及其他层防火卷帘动作情况,并同时测试消防控制室监控防火卷帘状态和故障信息的功能。

检查数量:按照实际安装数量的10%~20%抽查。

如果正确动作,则判定为合格;如果不能正确动作,则判定为A类缺陷;如果能正确动作,但存在其他问题,则判定为C类缺陷。

如果能够监控全部信息,则判定为合格;如果有一种信息无法监控,则判定为B类缺陷。

8.3.6.2 防火阀联动性能

利用模拟火灾方式,对穿越重要或火灾危险性大的房间风管内设置的防火阀,进行联动动作情况测试。

检查数量:全数检查。

如果正确动作,则判定为合格;如果不能正确动作,则判定为A类缺陷;如果能正确动作,但存在其他问题,则判定为C类缺陷。

8.3.7 灭火有效性

8.3.7.1 关键灭火设备冗余控制性能

8.3.7.1.1 分别以消防控制室自动控制方式、消防控制室专线启动控制方式以及现场手动启动方式测试消防泵、喷淋泵和泡沫液泵等联动动作情况。

检查数量:全数检查。

如果任意一种方式无法实现控制,则判定为A类缺陷;如果可以实现控制,但存在其他问题,则判定为C类缺陷。

8.3.7.1.2 分别在消防主控室和分控室测试控制关键灭火设备的动作情况。

检查数量:全数检查。

如果都能实现控制,则判定为合格;如果其中一个不能实现控制,则判定为A类缺陷。

8.3.7.2 管网末端消火栓按钮启泵性能

按下管网末端的消火栓按钮,测试消防泵动作情况。

如果正确动作,消防控制室能够正确接受相关信息,则判定为合格;如果不能正确动作,则判定为A类缺陷;如果能够正确动作,但存在其他问题,则判定为C类缺陷。

8.3.7.3 自动喷水灭火系统联动性能

测试同一管网首层、最高层以及重点部位所在楼层末端的自动喷水灭火系统的联动动作情况,并同时测试自动喷水灭火系统管网过压、欠压以及手动阀的开闭状态信息的监控功能。

检查数量:GB 50166规定的数量。

如果能够正确联动,且水流指示器、信号阀、压力开关以及电动(磁)阀等指示或动作正确,则判定为合格;如果不能正确动作,则判定为A类缺陷。

如果有任一种信息无法返回到消防控制室,则判定为B类缺陷。

8.3.7.4 气体、泡沫、干粉等灭火系统联动性能

断开联动的真实负载,利用模拟火灾方式,测试气体、泡沫、干粉等灭火系统模拟联动动作情况。

检查数量：GB 50166 规定的数量。

如果正常工作，动作时序、联动逻辑关系正确，则判定为合格；如果不能正常工作，则判定为 A 类缺陷；如果能够动作，但动作时序或联动逻辑关系不正确，则判定为 B 类缺陷；如果能够正确工作，但存在其他问题，则判定为 C 类缺陷。

8.3.8 重要消防设施监控

8.3.8.1 消防水箱（池）水位信息

测试消防水箱（池）水位以及低温报警信息的监控功能。

检查数量：全数检查。

如果水位低于补水水位，还没有补水，且控制室也未收到无法补水信息，则判定为 A 类缺陷；如果水箱（池）水温低于冰点而不报警，则判定为 B 类缺陷；如果溢流不报警，则判定为 C 类缺陷。

8.3.8.2 消防泵、喷淋泵等工作条件信息

测试消防泵、喷淋泵等手、自动工作状态以及供电故障信息的监控功能。

检查数量：全数检查。

如果能够监控全部信息，则判定为合格；如果有任一种信息无法监控，则判定为 B 类缺陷。

8.3.8.3 联动设备现场供电直流电源信息

测试消防控制室监控联动设备现场供电直流电源工作信息的功能。

如果能够监控，并且将现场故障信号回传到消防控制室，则判定为合格；如果无法监控，则判定为 B 类缺陷。

8.4 运行评价总体结论

8.4.1 给出系统利用率以及设备完好率的各项测试数据。

8.4.2 系统有效性应依据测试的探测、疏散、防火分隔、灭火有效性以及重要消防设施监控指标的缺陷数量给出：

    a) 如果测试数据中有 $A \geqslant 1$，则系统有效性为差；

    b) 如果 $A=0$，且 $B>2$，或 $B+C>$ 检查项的 5%，则系统有效性为一般；

    c) 如果 $A=0$，且 $B \leqslant 2$，且 $B+C \leqslant$ 检查项的 5%，则系统有效性为良好。

附 录 A
（资料性附录）
火灾自动报警系统优化设计流程

火灾自动报警系统优化设计流程见图 A.1。

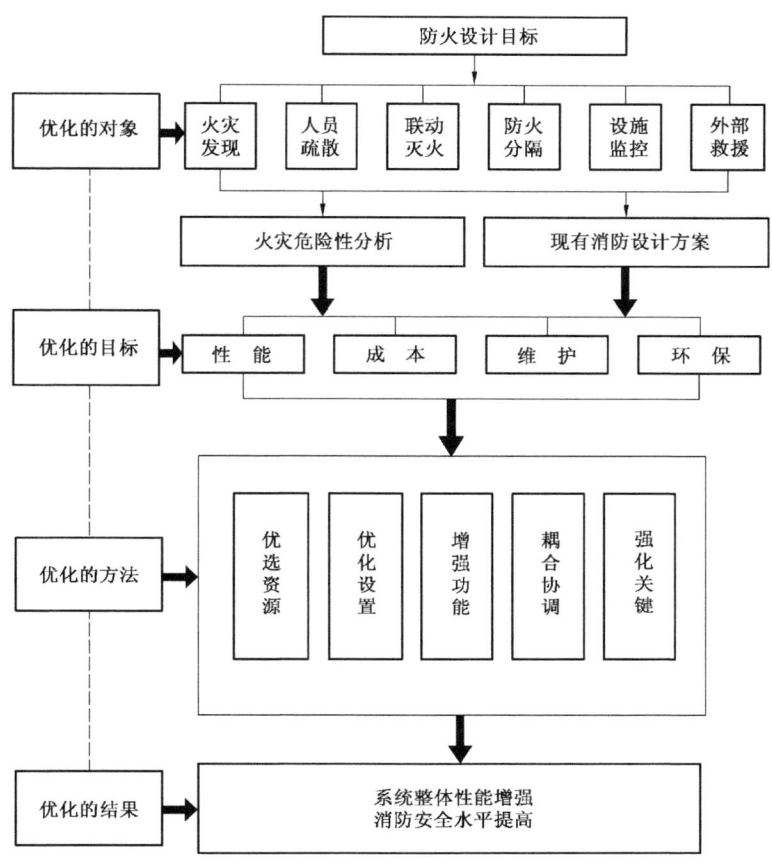

图 A.1 火灾自动报警系统优化设计流程图

ICS 13.220.20
C 81

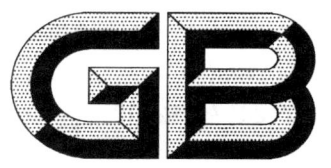

中华人民共和国国家标准化指导性技术文件

GB/Z 24979—2010

点型感烟/感温火灾探测器性能评价

Performance assessment of point type smoke and/or heat fire detector

2010-08-09 发布

2010-12-01 实施

中华人民共和国国家质量监督检验检疫总局
中国国家标准化管理委员会 发布

前　言

点型感烟/感温火灾探测器在特殊及复杂应用条件下的火灾响应、抗干扰能力等综合性能需要进行科学的评价，以确保防火目标的实现。

本指导性技术文件仅供参考。有关对本指导性技术文件的建议和意见，向国务院标准化行政主管部门反映。

本指导性技术文件的附录B、附录C、附录D为规范性附录，附录A为资料性附录。

本指导性技术文件由中华人民共和国公安部提出。

本指导性技术文件由全国消防标准化技术委员会火灾探测和报警分技术委员会(SAC/TC 113/SC 6)归口。

本指导性技术文件负责起草单位：公安部沈阳消防研究所。

本指导性技术文件参加起草单位：辽宁省公安消防总队、西安盛赛尔电子有限公司、海湾安全技术有限公司。

本指导性技术文件主要起草人：董文辉、梅志斌、龚溥、王卓甫、宋珍、刘玉宝、关大巍、张雄飞、王爱中、高贵宾。

点型感烟/感温火灾探测器性能评价

1 范围

本指导性技术文件给出了点型感烟/感温火灾探测器性能评价的评价流程和评价方法。

本指导性技术文件适用于点型感烟火灾探测器、点型感温火灾探测器、点型烟温复合火灾探测器，为点型感烟/感温火灾探测器的性能评价提供了准则。

本指导性技术文件也适用于点型感烟、点型感温、点型烟温复合火灾探测算法的性能评价。

2 规范性引用文件

下列文件中的条款通过本指导性技术文件的引用而成为本指导性技术文件的条款。凡是注日期的引用文件，其随后所有的修改单（不包括勘误的内容）或修订版均不适用于本指导性技术文件，然而，鼓励根据本指导性技术文件达成协议的各方研究是否可使用这些文件的最新版本。凡是不注日期的引用文件，其最新版本适用于本指导性技术文件。

GB 4208—2008　外壳防护等级（IP代码）（IEC 60529:2001,IDT）
GB 4715—2005　点型感烟火灾探测器
GB 4716—2005　点型感温火灾探测器
GB/T 4718—2006　火灾报警设备专业术语

3 术语和定义

GB/T 4718—2006中确立的以及下列术语和定义适用于本指导性技术文件。

3.1
主观评价法　subjective assessment method

评价人员针对被评价火灾探测器和技术文件，依据实际工作经验，按照一定的评价程序，对全部或部分评价指标做出主观判断并给出相应评价结论的方法。

3.2
客观评价法　objective assessment method

评价人员通过具体试验、模拟测试或仿真计算，对被评价火灾探测器的特定评价指标做出评价结论的方法。

3.3
缓慢发展火　slowly developed fire

以大于每小时 $A/4$（A 为探测器不加补偿的初始响应阈值）的升烟速率慢速发展的火灾。

4 要求

4.1 总则

4.1.1 参与评价的点型感烟/感温火灾探测器应首先满足本章要求，然后按照第5章规定进行评价。

GB/Z 24979—2010

4.1.2 除了在产品开发过程中开展的评价活动以外,点型感烟/感温火灾探测器在性能评价前应通过国家产品质量监督检验。

4.2 评价流程

点型感烟/感温火灾探测器的性能评价应按照图1所示的流程实施。

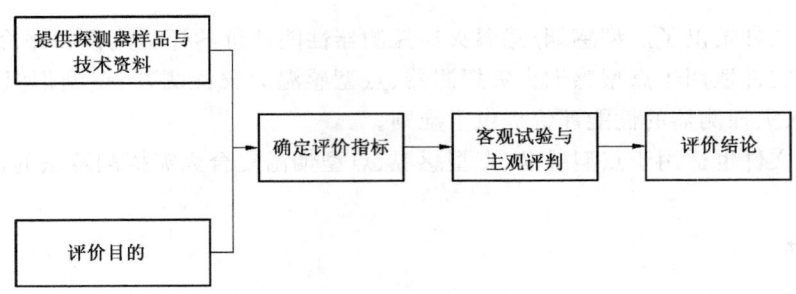

图 1 评价流程框图

4.3 评价指标体系

点型感烟/感温火灾探测器的评价指标体系见表1。

表 1 评价指标体系

一级指标	二级指标	三级指标	感烟	感温	复合	评价方法
火灾探测性能	标准试验火	木材明火	•		•	选择三级指标中的一个或几个进行评价,评价方法见5.2
		木材热解阴燃火				
		棉绳阴燃火				
		聚氨酯塑料火				
		正庚烷火				
		十氢化萘火				
		新闻纸燃烧火				
	缓慢发展火	—	•	—	•	评价方法见5.3
	其他试验火	—	•	—	•	评价方法见5.4
	响应时间	—		•		评价方法见5.5
防误报性能	气溶胶误报	大气尘	•		•	选择三级指标中的一个或几个进行评价,评价方法见5.6
		黄土尘				
		煤飞灰				
		水雾				
		烹调油烟				
	热源误报	瞬间温升		•		评价方法见5.7
		高温应用				

表 1（续）

一级指标	二级指标	三级指标	感烟	感温	复合	评价方法
环境适应性	气候环境	温度	•	•	•	选择三级指标中的一个或几个进行评价，评价方法见5.8
		湿度	•	•	•	
		湿热	•	•	•	
		气流	•	•	•	
	电磁环境	EMC等级	•	•	•	
	防护等级	外壳防护等级（GB 4208—2008）	•	•	•	
		防爆等级	•	•	•	
	外观	对外观的主观评价	•	•	•	
	环保	环保认证等级	•	•	•	
维护性	自诊断与报修	常见故障的自诊断和报修	•	•	•	评价方法见5.9
	专用工具	保养维护时提供的工具	•	•	•	
	组件兼容	系列产品的兼容	•	•	•	
注：•表示该项评价指标适合该类探测器。						

5 评价方法

5.1 总则

5.1.1 评价方法分类

本指导性技术文件的评价方法分为主观评价法和客观评价法。

5.1.2 评价主体条件

评价主体应具备如下条件：

a) 评价机构应为火灾自动报警技术领域的消防技术服务机构，具备独立法人资格和相关人员、设备等评价所需的资源条件，并依法获得相应的资质、资格；

b) 评价人员应为具备相关消防工作经验的技术服务人员。参加评价活动人员不少于5人，其中具有高级技术职称的人员不少于2人。

5.1.3 试验样品

对于需要提供试验样品的评价，试验前，应提供下列试验样品（探测器加底座）：

a) 对于感烟火灾探测器或感温火灾探测器，提供7只样品；

b) 对于烟温复合火灾探测器，提供7只样品；

c) 对于烟温一氧化碳三复合火灾探测器，提供11只样品；

d) 火灾报警控制器或控制指示设备1台。

5.1.4 试验设备及环境

本评价试验方法中所用的试验设备应符合 GB 4715—2005 相关规定。有关试验环境条件、探测器安装、容差、试验前检查方面的要求应按照 GB 4715—2005 执行。

5.1.5 评分方法

5.1.5.1 得分按公式(1)进行计算。

$$S_i = \sum_{j=1}^{n} S_j \times \alpha_j \quad \cdots\cdots\cdots\cdots\cdots\cdots\cdots\cdots\cdots(1)$$

式中：
S_i——当前级指标得分；
S_j——下一级指标得分；
α_j——权重。权重由评价人员根据具体评价目的确定。

5.1.5.2 评定等级与评分如下：

A 级：(81～100)分；B 级：(61～80)分；C 级：(0～60)分。

5.1.6 评价报告内容

对点型感烟/感温火灾探测器性能评价的结果应写出报告，报告原则上应包括部分或全部如下内容：

a) 被评价探测器的生产厂家、商标、型号、类型、出厂号和出厂日期；
b) 评价指标；
c) 被评价探测器的评价结果；
d) 评价结果的分析；
e) 评价机构、评价人员、评价地点和日期。

5.2 标准试验火评价方法

标准试验火的评价方法见表2。

表 2 标准试验火的评价方法

序号	名称	试验方法	评分方法
1	木材热解阴燃火	按照 GB 4715—2005 的规定	$100-50 \times M^a$
2	棉绳阴燃火		
3	聚氨酯塑料火		
4	正庚烷火		$100-50 \times Y^a/3$
5	木材明火	见附录 B	
6	十氢化萘火	见附录 C	$100-200 \times M/3$
7	新闻纸火	见附录 D	$100-25 \times T$

注1：M：报警时的 m 值。
注2：Y：报警时的 y 值。
注3：T：报警时刻。

^a 有关 m 值、y 值的计算公式与测量方法见 GB 4715—2005。

5.3 缓慢发展火评价方法

5.3.1 本试验按照 GB 4715—2005 执行。

5.3.2 试验结果评判如下：

探测器的得分按公式(2)进行计算。

$$[1-(t/1.6\times A/R)]\times 100 \qquad\qquad\qquad\qquad (2)$$

式中：

t——报警时间-100，单位为秒(s)。

5.4 其他试验火评价方法

根据具体的评价要求，对被评价探测器进行其他试验火的评价活动，其试验方法和得分方法参照 5.2 规定执行。

5.5 响应性能评价方法

5.5.1 本试验按照 GB 4716—2005 执行。

5.5.2 试验结果评判如下：

探测器的得分按公式(3)进行计算。

$$\frac{1}{6}\sum_{i=1}^{6}\frac{2T_{min}}{t_1+t_2} \qquad\qquad\qquad\qquad (3)$$

式中：

T_{min}——GB 4716—2005 规定的 6 种升温速率的响应时间下限值；

t_1、t_2——试样的实际响应时间。

5.6 气溶胶误报评价方法

根据具体的评价要求，通过附录 A 规定的火灾探测性能综合模拟评估试验平台测试探测器的抗气溶胶误报干扰的能力并给出结果。

5.7 热源误报评价方法

根据具体的评价要求，通过附录 A 规定的火灾探测性能综合模拟评估试验平台测试探测器的抗热源干扰的能力并给出结果。

5.8 环境适应性评价方法

环境适应性评价采用主观评价法，结论分为 A、B、C 三类，A 类对应分值为 100 分；B 类对应分值为 80 分；C 类对应分值为 60 分。环境适应性评价具体方法见表 3。

表 3 环境适应性评价方法

项目		评分		
		A	B	C
气候环境	温度			
	湿度			
	湿热			
	气流			
电磁环境		满足较高认证	满足基本认证	—
防护等级	外壳防护等级	满足较高认证	满足基本认证	—
	防爆等级			

表 3（续）

项目	评分		
	A	B	C
外观	非常好	较好	一般
环保	非常好	较好	一般
注1：▢：工程要求的实际参数区间。			
注2：▨：被评价探测器的参数区间。			

5.9 维护性评价方法

维护性评价按表4进行，对被评价探测器是否具有该功能进行确认，具备全部功能得分100，具备80%以上功能得80分，具备60%以上得60分，其余0分。维护性评价检查表见表4。

表 4 维护性评价检查表

项目		是否具备该功能	
		是	否
自诊断与报修	感烟探测器迷宫污染报修		
	火警确认灯故障报修		
	传感器故障报修		
	存储器故障报修		
	模拟量基值超限报修		
	工作电压超限报修		
专用工具	火警测试		
	地址编码		
	感烟探测器迷宫更换或清洗		
	探测器拆卸		
组件兼容	底座		
	探测器系列		

附 录 A
（资料性附录）
火灾探测性能综合模拟评估试验平台

A.1 引言

本平台主体结构为矩形截面的通风管道，由计算机控制，配备模拟发生装置和数据采集系统，模拟点型火灾探测器所面临的火灾早期烟气环境和各种典型干扰背景，主要包括：气流、温度、湿度、一氧化碳、石蜡气溶胶、丙烯黑烟、水蒸气、粉尘以及小尺寸火灾试验等。本平台可以完成点型火灾探测器（点型感烟、点型烟/温复合、一氧化碳火灾探测器）应用于不同目标场所的火灾响应能力试验、环境适应能力和抗误报能力等性能测试。

A.2 主要技术参数

火灾探测性能综合模拟评估试验平台的主要技术参数如表 A.1 所示。

表 A.1 火灾探测性能综合模拟评估试验平台参数表

参数	范围
风速	(0.2～5)m/s
温度	≤+90 ℃
灰尘浓度	(0～5000)mg/m³
水雾浓度	(0～5000)mg/m³
白烟	(0～2)dB/m
黑烟	(0～2)dB/m
烹调油烟	(0～2)dB/m
一氧化碳	(0～200)sccm

A.3 试验种类

在火灾探测性能综合模拟评估试验平台上可进行的试验种类如表 A.2 所示。

表 A.2 试验列表

试验种类	试验项目	说明
模拟试验	石蜡气溶胶、丙烯黑烟	模拟火灾产生的烟雾，用来测试感烟探测器对烟雾敏感的广谱性
干扰试验	灰尘干扰、水雾干扰烹调油烟等	测试感烟探测器对实际环境中的典型误报干扰的抑制能力
小尺寸火试验	木材阴燃、棉绳阴燃聚氨酯塑料、正庚烷等	模拟小尺寸火灾情况，测试探测器的响应情况
其他试验	多传感组合试验	测试多种火灾参数同时作用的情况下，复合或多传感探测器的响应情况
	慢速发展火灾	测试具有漂移补偿功能的探测器对慢速发展火灾的响应情况
	设计试验	根据探测器的功能以及实际应用环境特点开展的一些有针对性的试验。例如一般建筑内感烟探测器的长期运行效果试验等

附 录 B
（规范性附录）
木 材 明 火

B.1 燃料：大约70根尺寸为 1 cm×2 cm×25 cm 的干山毛榉木棍（含水量小于3‰）。

B.2 布置：木棍交错摞成方阵形，底面积为(50×50)cm²，最少摞成七层，中间形成空隙。

B.3 点火材料：5 cm³ 甲基化酒精装在直径为 5 cm 的金属圆盘里。

B.4 点火位置：置于上述木棍叠落方阵底部的中心处，用明火点燃。

B.5 试验结束判据：y 值＝6。

附 录 C
（规范性附录）
十氢化萘火

C.1 燃料：大约170 g的十氢化萘（$C_{10}H_{18}$，一种分子量138.25 g/mol、密度0.88 kg/L的同分异构体混合物）。

C.2 布置：将十氢化萘放入尺寸为10 cm×10 cm，深2 cm的正方形铁盘里燃烧。

C.3 点火方式：火焰或电火花等，应使用少量干净的燃料（5 g乙醇 C_2H_5OH）用来支持燃烧。

C.4 试验结束的判据：$m=1.5$ dB/m，试验结束时温升ΔT应不少于10 ℃。

附 录 D
（规范性附录）
新 闻 纸 火

D.1 燃料：被裁成(6～10)mm 宽，(25.4～102)mm 长，总质量为 42.6 g 的新闻纸碎片倒入容器中，容器底端临时盖上一个扁平的盘子，在倒入新闻纸的过程中不断地将容器中的新闻纸夯实，直到纸的顶端低于容器边缘 102 mm，并使新闻纸的中央从上到下形成一个直径大约在 25.4 mm 的洞，然后取下底端的临时盘子，安装在一个离地面 0.9 m 高，直径为 127 mm 的环形支撑物上。

D.2 容器：用直径 102 mm，高 0.3 m，厚 0.8 mm 的薄金属焊接而成，在焊接处没有空气缝隙，底端是一个 152 mm 的正方形支撑边缘。

D.3 点火位置：点燃装置的顶端放在容器底部的中心位置并持续 5 s。

D.4 试验结束判据：时间不超过 4 min。

ICS 13.220.20
C 81

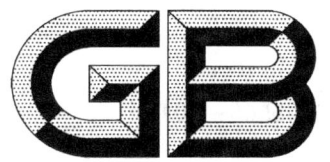

中华人民共和国国家标准

GB 25506—2010

消防控制室通用技术要求

General technical requirements for fire control center

2011-01-10 发布

2011-07-01 实施

中华人民共和国国家质量监督检验检疫总局
中国国家标准化管理委员会 发布

前　言

本标准的第 4 章、第 5 章、第 6 章和第 7 章为强制性的,其余为推荐性的。

本标准的附录 A 和附录 B 为规范性附录。

本标准由中华人民共和国公安部提出。

本标准由全国消防标准化技术委员会火灾探测与报警分技术委员会(SAC/TC 113/SC 6)归口。

本标准负责起草单位:公安部沈阳消防研究所。

本标准参加起草单位:辽宁省公安消防总队、浙江省公安消防总队、西安盛赛尔电子有限公司、海湾安全技术有限公司、上海市松江电子仪器厂、北京利达华信电子有限公司、北京狮岛消防电子有限公司、河北北大青鸟环宇消防设备有限公司、南京消防器材股份有限公司、中国中安消防安全工程有限公司、北京利华消防工程公司。

本标准主要起草人:丁宏军、马恒、潘刚、沈纹、屈励、张颖琮、刘阿芳、赵庆平、马辛、宇平。

消防控制室通用技术要求

1 范围

本标准规定了消防控制室的一般要求、资料和管理要求、控制和显示要求、图形显示装置的信息记录要求、信息传输要求。

本标准适用于 GB 50116 中规定的集中火灾报警系统、控制中心报警系统中的消防控制室或消防控制中心；亦适用于未设置消防控制室但设置本标准涉及的自动消防系统的建筑。

2 规范性引用文件

下列文件中的条款通过本标准的引用而成为本标准的条款。凡是注日期的引用文件，其随后所有的修改单（不包括勘误的内容）或修订版均不适用于本标准，然而，鼓励根据本标准达成协议的各方研究是否可使用这些文件的最新版本。凡是不注日期的引用文件，其最新版本适用于本标准。

GB 25201 建筑消防设施的维护管理
GB 50116 火灾自动报警系统设计规范

3 一般要求

3.1 消防控制室内设置的消防设备应包括火灾报警控制器、消防联动控制器、消防控制室图形显示装置、消防电话总机、消防应急广播控制装置、消防应急照明和疏散指示系统控制装置、消防电源监控器等设备，或具有相应功能的组合设备。

3.2 消防控制室内设置的消防设备应能监控并显示建筑消防设施运行状态信息，并应具有向城市消防远程监控中心（以下简称监控中心）传输这些信息的功能。建筑消防设施运行状态信息见附录 A。

3.3 消防控制室内应保存 4.1 规定的资料和附录 B 规定的消防安全管理信息，并可具有向监控中心传输消防安全管理信息的功能。

3.4 具有两个或两个以上消防控制室时，应确定主消防控制室和分消防控制室。主消防控制室的消防设备应对系统内共用的消防设备进行控制，并显示其状态信息；主消防控制室内的消防设备应能显示各分消防控制室内消防设备的状态信息，并可对分消防控制室内的消防设备及其控制的消防系统和设备进行控制；各分消防控制室之间的消防设备之间可以互相传输、显示状态信息，但不应互相控制。

3.5 消防控制室内设置的消防设备应为符合国家市场准入制度的产品。消防控制室的设计、建设和运行应符合国家现行有关标准的规定。

3.6 消防设备组成系统时，各设备之间应满足系统兼容性要求。

4 资料和管理要求

4.1 消防控制室资料

消防控制室内应保存下列纸质和电子档案资料：
a) 建（构）筑物竣工后的总平面布局图、建筑消防设施平面布置图、建筑消防设施系统图及安全出口布置图、重点部位位置图等；

b) 消防安全管理规章制度、应急灭火预案、应急疏散预案等；
c) 消防安全组织结构图，包括消防安全责任人、管理人、专职、义务消防人员等内容；
d) 消防安全培训记录、灭火和应急疏散预案的演练记录；
e) 值班情况、消防安全检查情况及巡查情况的记录；
f) 消防设施一览表，包括消防设施的类型、数量、状态等内容；
g) 消防系统控制逻辑关系说明、设备使用说明书、系统操作规程、系统和设备维护保养制度等；
h) 设备运行状况、接报警记录、火灾处理情况、设备检修检测报告等资料，这些资料应能定期保存和归档。

4.2 消防控制室管理及应急程序

4.2.1 消防控制室管理应符合下列要求：
a) 应实行每日24 h专人值班制度，每班不应少于2人，值班人员应持有消防控制室操作职业资格证书；
b) 消防设施日常维护管理应符合GB 25201的要求；
c) 应确保火灾自动报警系统、灭火系统和其他联动控制设备处于正常工作状态，不得将应处于自动状态的设在手动状态；
d) 应确保高位消防水箱、消防水池、气压水罐等消防储水设施水量充足，确保消防泵出水管阀门、自动喷水灭火系统管道上的阀门常开；确保消防水泵、防排烟风机、防火卷帘等消防用电设备的配电柜启动开关处于自动位置（通电状态）。

4.2.2 消防控制室的值班应急程序应符合下列要求：
a) 接到火灾警报后，值班人员应立即以最快方式确认；
b) 火灾确认后，值班人员应立即确认火灾报警联动控制开关处于自动状态，同时拨打"119"报警，报警时应说明着火单位地点、起火部位、着火物种类、火势大小、报警人姓名和联系电话；
c) 值班人员应立即启动单位内部应急疏散和灭火预案，并同时报告单位负责人。

5 控制和显示要求

5.1 消防控制室图形显示装置

消防控制室图形显示装置应符合下列要求：
a) 应能显示4.1规定的资料内容及附录B规定的其他相关信息；
b) 应能用同一界面显示建（构）筑物周边消防车道、消防登高车操作场地、消防水源位置，以及相邻建筑的防火间距、建筑面积、建筑高度、使用性质等情况；
c) 应能显示消防系统及设备的名称、位置和5.2～5.7规定的动态信息；
d) 当有火灾报警信号、监管报警信号、反馈信号、屏蔽信号、故障信号输入时，应有相应状态的专用总指示，在总平面布局图中应显示输入信号所在的建（构）筑物的位置，在建筑平面图上应显示输入信号所在的位置和名称，并记录时间、信号类别和部位等信息；
e) 应在10 s内显示输入的火灾报警信号和反馈信号的状态信息，100 s内显示其他输入信号的状态信息；
f) 应采用中文标注和中文界面，界面对角线长度不应小于430 mm；
g) 应能显示可燃气体探测报警系统、电气火灾监控系统的报警信息、故障信息和相关联动反馈信息。

5.2 火灾报警控制器

火灾报警控制器应符合下列要求：
a) 应能显示火灾探测器、火灾显示盘、手动火灾报警按钮的正常工作状态、火灾报警状态、屏蔽状态及故障状态等相关信息；
b) 应能控制火灾声光警报器启动和停止。

5.3 消防联动控制器

5.3.1 应能将5.3.2～5.3.10消防系统及设备的状态信息传输到消防控制室图形显示装置。

5.3.2 对自动喷水灭火系统的控制和显示应符合下列要求：
a) 应能显示喷淋泵电源的工作状态；
b) 应能显示喷淋泵（稳压或增压泵）的启、停状态和故障状态，并显示水流指示器、信号阀、报警阀、压力开关等设备的正常工作状态和动作状态、消防水箱（池）最低水位信息和管网最低压力报警信息；
c) 应能手动控制喷淋泵的启、停，并显示其手动启、停和自动启动的动作反馈信号。

5.3.3 对消火栓系统的控制和显示应符合下列要求：
a) 应能显示消防水泵电源的工作状态；
b) 应能显示消防水泵（稳压或增压泵）的启、停状态和故障状态，并显示消火栓按钮的正常工作状态和动作状态及位置等信息、消防水箱（池）最低水位信息和管网最低压力报警信息；
c) 应能手动和自动控制消防水泵启、停，并显示其动作反馈信号。

5.3.4 对气体灭火系统的控制和显示应符合下列要求：
a) 应能显示系统的手动、自动工作状态及故障状态；
b) 应能显示系统的驱动装置的正常工作状态和动作状态，并能显示防护区域中的防火门（窗）、防火阀、通风空调等设备的正常工作状态和动作状态；
c) 应能手动控制系统的启、停，并显示延时状态信号、紧急停止信号和管网压力信号。

5.3.5 对水喷雾、细水雾灭火系统的控制和显示应符合下列要求：
a) 水喷雾灭火系统、采用水泵供水的细水雾灭火系统应符合5.3.2的要求；
b) 采用压力容器供水的细水雾灭火系统应符合5.3.4的要求。

5.3.6 对泡沫灭火系统的控制和显示应符合下列要求：
a) 应能显示消防水泵、泡沫液泵电源的工作状态；
b) 应能显示系统的手动、自动工作状态及故障状态；
c) 应能显示消防水泵、泡沫液泵的启、停状态和故障状态，并显示消防水池（箱）最低水位和泡沫液罐最低液位信息；
d) 应能手动控制消防水泵和泡沫液泵的启、停，并显示其动作反馈信号。

5.3.7 对干粉灭火系统的控制和显示应符合下列要求：
a) 应能显示系统的手动、自动工作状态及故障状态；
b) 应能显示系统的驱动装置的正常工作状态和动作状态，并能显示防护区域中的防火门窗、防火阀、通风空调等设备的正常工作状态和动作状态；
c) 应能手动控制系统的启动和停止，并显示延时状态信号、紧急停止信号和管网压力信号。

5.3.8 对防烟排烟系统及通风空调系统的控制和显示应符合下列要求：
a) 应能显示防烟排烟系统风机电源的工作状态；
b) 应能显示防烟排烟系统的手动、自动工作状态及防烟排烟系统风机的正常工作状态和动作状态；

c) 应能控制防烟排烟系统及通风空调系统的风机和电动排烟防火阀、电控挡烟垂壁、电动防火阀、常闭送风口、排烟阀（口）、电动排烟窗的动作，并显示其反馈信号。

5.3.9 对防火门及防火卷帘系统的控制和显示应符合下列要求：
  a) 应能显示防火门控制器、防火卷帘控制器的工作状态和故障状态等动态信息；
  b) 应能显示防火卷帘、常开防火门、人员密集场所中因管理需要平时常闭的疏散门及具有信号反馈功能的防火门的工作状态；
  c) 应能关闭防火卷帘和常开防火门，并显示其反馈信号。

5.3.10 对电梯的控制和显示应符合下列要求：
  a) 应能控制所有电梯全部回降首层，非消防电梯应开门停用，消防电梯应开门待用，并显示反馈信号及消防电梯运行时所在楼层；
  b) 应能显示消防电梯的故障状态和停用状态。

5.4 消防电话总机

消防电话总机应符合下列要求：
  a) 应能与各消防电话分机通话，并具有插入通话功能；
  b) 应能接收来自消防电话插孔的呼叫，并能通话；
  c) 应有消防电话通话录音功能；
  d) 应能显示各消防电话的故障状态，并能将故障状态信息传输给消防控制室图形显示装置。

5.5 消防应急广播控制装置

消防应急广播控制装置应符合下列要求：
  a) 应能显示处于应急广播状态的广播分区、预设广播信息；
  b) 应能分别通过手动和按照预设控制逻辑自动控制选择广播分区、启动或停止应急广播，并在扬声器进行应急广播时自动对广播内容进行录音；
  c) 应能显示应急广播的故障状态，并能将故障状态信息传输给消防控制室图形显示装置。

5.6 消防应急照明和疏散指示系统控制装置

消防应急照明和疏散指示系统控制装置应符合下列要求：
  a) 应能手动控制自带电源型消防应急照明和疏散指示系统的主电工作状态和应急工作状态的转换；
  b) 应能分别通过手动和自动控制集中电源型消防应急照明和疏散指示系统、集中控制型消防应急照明和疏散指示系统从主电工作状态切换到应急工作状态；
  c) 受消防联动控制器控制的系统应能将系统的故障状态和应急工作状态信息传输给消防控制室图形显示装置；
  d) 不受消防联动控制器控制的系统应能将系统的故障状态和应急工作状态信息传输给消防控制室图形显示装置。

5.7 消防电源监控器

消防电源监控器应符合下列要求：
  a) 应能显示消防用电设备的供电电源和备用电源的工作状态和故障报警信息；
  b) 应能将消防用电设备的供电电源和备用电源的工作状态和欠压报警信息传输给消防控制室图形显示装置。

6 消防控制室图形显示装置的信息记录要求

6.1 应记录附录A中规定的建筑消防设施运行状态信息,记录容量不应少于10 000条,记录备份后方可被覆盖。

6.2 应具有产品维护保养的内容和时间、系统程序的进入和退出时间、操作人员姓名或代码等内容的记录,存储记录容量不应少于10 000条,记录备份后方可被覆盖。

6.3 应记录附录B中规定的消防安全管理信息及系统内各个消防设备(设施)的制造商、产品有效期,记录容量不应少于10 000条,记录备份后方可被覆盖。

6.4 应能对历史记录打印归档或刻录存盘归档。

7 信息传输要求

7.1 消防控制室图形显示装置应能在接收到火灾报警信号或联动信号后10 s内将相应信息按规定的通信协议格式传送给监控中心。

7.2 消防控制室图形显示装置应能在接收到建筑消防设施运行状态信息后100 s内将相应信息按规定的通信协议格式传送给监控中心。

7.3 当具有自动向监控中心传输消防安全管理信息功能时,消防控制室图形显示装置应能在发出传输信息指令后100 s内将相应信息按规定的通信协议格式传送给监控中心。

7.4 消防控制室图形显示装置应能接收监控中心的查询指令并按规定的通信协议格式将附录A、附录B规定的信息传送给监控中心。

7.5 消防控制室图形显示装置应有信息传输指示灯,在处理和传输信息时,该指示灯应闪亮,在得到监控中心的正确接收确认后,该指示灯应常亮并保持直至该状态复位。当信息传送失败时应有声、光指示。

7.6 火灾报警信息应优先于其他信息传输。

7.7 信息传输不应受保护区域内消防系统及设备任何操作的影响。

附 录 A
（规范性附录）
建筑消防设施运行状态信息

建筑消防设施运行状态信息内容应符合表 A.1 要求。

表 A.1 建筑消防设施运行状态信息

设施名称		内容
火灾探测报警系统		火灾报警信息、可燃气体探测报警信息、电气火灾监控报警信息、屏蔽信息、故障信息
消防联动控制系统	消防联动控制器	动作状态、屏蔽信息、故障信息
	消火栓系统	消防水泵电源的工作状态，消防水泵的启、停状态和故障状态，消防水箱（池）水位、管网压力报警信息及消火栓按钮的报警信息
	自动喷水灭火系统、水喷雾（细水雾）灭火系统（泵供水方式）	喷淋泵电源工作状态，喷淋泵的启、停状态和故障状态，水流指示器、信号阀、报警阀、压力开关的正常工作状态和动作状态
	气体灭火系统、细水雾灭火系统（压力容器供水方式）	系统的手动、自动工作状态及故障状态，阀驱动装置的正常工作状态和动作状态，防护区域中的防火门（窗）、防火阀、通风空调等设备的正常工作状态和动作状态，系统的启、停信息，紧急停止信号和管网压力信号
	泡沫灭火系统	消防水泵、泡沫液泵电源的工作状态，系统的手动、自动工作状态及故障状态，消防水泵、泡沫液泵的正常工作状态和动作状态
	干粉灭火系统	系统的手动、自动工作状态及故障状态，阀驱动装置的正常工作状态和动作状态，系统的启、停信息，紧急停止信号和管网压力信号
	防烟排烟系统	系统的手动、自动工作状态，防烟排烟风机电源的工作状态，风机、电动防火阀、电动排烟防火阀、常闭送风口、排烟阀（口）、电动排烟窗、电动挡烟垂壁的正常工作状态和动作状态
	防火门及卷帘系统	防火卷帘控制器、防火门控制器的工作状态和故障状态；卷帘门的工作状态，具有反馈信号的各类防火门、疏散门的工作状态和故障状态等动态信息
	消防电梯	消防电梯的停用和故障状态
	消防应急广播	消防应急广播的启动、停止和故障状态
	消防应急照明和疏散指示系统	消防应急照明和疏散指示系统的故障状态和应急工作状态信息
	消防电源	系统内各消防用电设备的供电电源和备用电源工作状态和欠压报警信息

附 录 B
（规范性附录）
消防安全管理信息

消防安全管理信息内容应符合表 B.1 要求。

表 B.1 消防安全管理信息

序号	名称		内容
1	基本情况		单位名称、编号、类别、地址、联系电话、邮政编码，消防控制室电话；单位职工人数、成立时间、上级主管（或管辖）单位名称、占地面积、总建筑面积、单位总平面图（含消防车道、毗邻建筑等）；单位法人代表、消防安全责任人、消防安全管理人及专兼职消防管理人的姓名、身份证号码、电话
2	主要建（构）筑物等信息	建（构）筑	建筑物名称、编号、使用性质、耐火等级、结构类型、建筑高度、地上层数及建筑面积、地下层数及建筑面积、隧道高度及长度等，建造日期、主要储存物名称及数量、建筑物内最大容纳人数、建筑立面图及消防设施平面布置图；消防控制室位置，安全出口的数量、位置及形式（指疏散楼梯）；毗邻建筑的使用性质、结构类型、建筑高度、与本建筑的间距
		堆场	堆场名称、主要堆放物品名称、总储量、最大堆高、堆场平面图（含消防车道、防火间距）
		储罐	储罐区名称、储罐类型（指地上、地下、立式、卧式、浮顶、固定顶等）、总容积、最大单罐容积及高度、储存物名称、性质和形态、储罐区平面图（含消防车道、防火间距）
		装置	装置区名称、占地面积、最大高度、设计日产量、主要原料、主要产品、装置区平面图（含消防车道、防火间距）
3	单位（场所）内消防安全重点部位信息		重点部位名称、所在位置、使用性质、建筑面积、耐火等级、有无消防设施、责任人姓名、身份证号码及电话
4	室内外消防设施信息	火灾自动报警系统	设置部位、系统形式、维保单位名称、联系电话；控制器（含火灾报警、消防联动、可燃气体报警、电气火灾监控等）、探测器（含火灾探测、可燃气体探测、电气火灾探测等）、手动报警按钮、消防电气控制装置等的类型、型号、数量、制造商；火灾自动报警系统图
		消防水源	市政给水管网形式（指环状、支状）及管径、市政管网向建（构）筑物供水的进水管数量及管径、消防水池位置及容量、屋顶水箱位置及容量、其他水源形式及供水量、消防泵房设置位置及水泵数量、消防给水系统平面布置图
		室外消火栓	室外消火栓管网形式（指环状、支状）及管径、消火栓数量、室外消火栓平面布置图
		室内消火栓系统	室内消火栓管网形式（指环状、支状）及管径、消火栓数量、水泵接合器位置及数量、有无与本系统相连的屋顶消防水箱

表 B.1（续）

序号	名称		内容
4	室内外消防设施信息	自动喷水灭火系统（含雨淋、水幕）	设置部位、系统形式（指湿式、干式、预作用、开式、闭式等）、报警阀位置及数量、水泵接合器位置及数量、有无与本系统相连的屋顶消防水箱、自动喷水灭火系统图
		水喷雾（细水雾）灭火系统	设置部位、报警阀位置及数量、水喷雾（细水雾）灭火系统图
		气体灭火系统	系统形式（指有管网、无管网，组合分配、独立式，高压、低压等）、系统保护的防护区数量及位置、手动控制装置的位置、钢瓶间位置、灭火剂类型、气体灭火系统图
		泡沫灭火系统	设置部位、泡沫种类（指低倍、中倍、高倍、抗溶、氟蛋白等）、系统形式（指液上、液下，固定、半固定等）、泡沫灭火系统图
		干粉灭火系统	设置部位、干粉储罐位置、干粉灭火系统图
		防烟排烟系统	设置部位、风机安装位置、风机数量、风机类型、防烟排烟系统图
		防火门及卷帘	设置部位、数量
		消防应急广播	设置部位、数量、消防应急广播系统图
		应急照明和疏散指示系统	设置部位、数量、应急照明和疏散指示系统图
		消防电源	设置部位、消防主电源在配电室是否有独立配电柜供电、备用电源形式（市电、发电机、EPS等）
		灭火器	设置部位、配置类型（指手提式、推车式等）、数量、生产日期、更换药剂日期
5	消防设施定期检查及维护保养信息		检查人姓名、检查日期、检查类别（指日检、月检、季检、年检等）、检查内容（指各类消防设施相关技术规范规定的内容）及处理结果，维护保养日期、内容
6	日常防火巡查记录	基本信息	值班人员姓名、每日巡查次数、巡查时间、巡查部位
		用火用电	用火、用电、用气有无违章情况
		疏散通道	安全出口、疏散通道、疏散楼梯是否畅通，是否堆放可燃物；疏散走道、疏散楼梯、顶棚装修材料是否合格
		防火门、防火卷帘	常闭防火门是否处于正常工作状态，是否被锁闭；防火卷帘是否处于正常工作状态，防火卷帘下方是否堆放物品影响使用
		消防设施	疏散指示标志、应急照明是否处于正常完好状态；火灾自动报警系统探测器是否处于正常完好状态；自动喷水灭火系统喷头、末端放（试）水装置、报警阀是否处于正常完好状态；室内、室外消火栓系统是否处于正常完好状态；灭火器是否处于正常完好状态
7	火灾信息		起火时间、起火部位、起火原因、报警方式（指自动、人工等）、灭火方式（指气体、喷水、水喷雾、泡沫、干粉灭火系统，灭火器，消防队等）

ICS 13.220.20
C 81

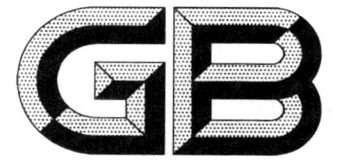

中华人民共和国国家标准

GB 26851—2011

火灾声和/或光警报器

Audible and/or visual fire alarm signaling appliances

2011-07-29 发布　　　　　　　　　　　　　　　2012-01-01 实施

中华人民共和国国家质量监督检验检疫总局
中国国家标准化管理委员会　发布

前　言

本标准的第 4、6、7 章为强制性的,其余为推荐性的。

本标准按照 GB/T 1.1—2009 给出的规则起草。

本标准参考了 EN 54-3:2001《火灾探测报警系统　第 3 部分:火灾声警报器》。

请注意本文件的某些内容可能涉及专利。本文件的发布机构不承担识别这些专利的责任。

本标准由中华人民共和国公安部提出。

本标准由全国消防标准化技术委员会(SAC/TC 113)归口。

本标准负责起草单位:公安部沈阳消防研究所。

本标准参加起草单位:西安盛赛尔电子有限公司、湖南高城消防实业有限公司、浙江恒洲电子实业有限公司。

本标准主要起草人:王学来、林强、李瑞、邓丽红、邵宇、赵宇、关明阳、吴礼龙、丁宏军。

本标准为首次发布。

火灾声和/或光警报器

1 范围

本标准规定了火灾声和/或光警报器的分类、要求、试验、检验规则和标志。

本标准适用于一般工业与民用建筑中安装使用的火灾声和/或光警报器。其他环境中安装的、具有特殊性能的火灾声和/或光警报器，除特殊要求由有关标准另行规定外，亦应执行本标准。

2 规范性引用文件

下列文件对于本文件的应用是必不可少的。凡是注日期的引用文件，仅注日期的版本适用于本文件。凡是不注日期的引用文件，其最新版本（包括所有的修改单）适用于本文件。

GB 4208　外壳防护等级（IP 代码）
GB/T 9969　工业产品使用说明书　总则
GB 12978　消防电子产品检验规则
GB 16838　消防电子产品　环境试验方法及严酷等级
GB/T 17626.2　电磁兼容　试验和测量技术　静电放电抗扰度试验
GB/T 17626.3　电磁兼容　试验和测量技术　射频电磁场辐射抗扰度试验
GB/T 17626.4　电磁兼容　试验和测量技术　电快速瞬变脉冲群抗扰度试验
GB/T 17626.5　电磁兼容　试验和测量技术　浪涌（冲击）抗扰度试验
GB/T 17626.6　电磁兼容　试验和测量技术　射频场感应的传导骚扰抗扰度

3 分类

3.1 按用途分为：
a) 火灾声警报器；
b) 火灾光警报器；
c) 火灾声光警报器；
d) 气体释放警报器。

3.2 按使用场所分为：
a) 室内型（包括住宅内使用、非住宅内使用）；
b) 室外型。

4 要求

4.1 基本功能要求

4.1.1 火灾声警报器的性能要求

4.1.1.1 室外型和非住宅内使用室内型火灾声警报器的声信号至少在一个方向上 3 m 处的声压级应不小于 75 dB（A 计权），且在任意方向上 3 m 处的声压级应不大于 120 dB（A 计权）。

4.1.1.2 住宅内使用室内型火灾声警报器的声信号从开始发出至达到稳定应采用从低到高变化的方

式运行,且从开始发出至达到稳定的时间应为 3 s～5 s。开始发出的声信号在任意方向上 3 m 处的最大声压级应不大于 45 dB(A 计权),达到稳定后的声信号至少在一个方向上 3 m 处的声压级应不小于 75 dB(A 计权),且在任意方向上 3 m 处的声压级应不大于 120 dB(A 计权)。

4.1.1.3 采用变调的火灾声警报器的变调周期应为 0.2 s～5.0 s。

4.1.1.4 具有 2 种及 2 种以上不同音调的火灾声警报器,其每种音调应有明显区别。

4.1.1.5 具有语音警报功能的火灾声警报器应采用 1 个周期警报音—2 个周期语音—1 个周期警报音或 1 个周期警报音—1 个周期语音—1 个周期警报音的反复循环警报方式。

4.1.1.6 多只火灾声警报器在同一方向上分别测得的声压级中的最大值与最小值的差值,或同一只火灾声警报器在环境试验前后同一方向上分别测得的声压级中的最大值与最小值的差值应不大于 6 dB。

4.1.2 火灾光警报器的性能要求

4.1.2.1 火灾光警报器的闪光频率应为 1 Hz～2 Hz。

4.1.2.2 火灾光警报器的光信号在 100 lx～500 lx 环境光线下,25 m 处应清晰可见。

4.1.2.3 通过显示器以文字形式发出火灾光信号的火灾光警报器应能以自动和手动两种方式使显示器显示清晰、稳定的火灾光警报信号,并保持至手动复位。

4.1.3 火灾声光警报器的性能要求

火灾声光警报器应同时满足 4.1.1 和 4.1.2 的要求。

4.1.4 气体释放警报器的性能要求

4.1.4.1 气体释放警报器应具有文字标志,文字标志应为红色发光标志,背景应为白色,文字高度应不小于 100 mm。

4.1.4.2 仅使用红色文字信息、背景不发光的气体释放警报器的文字表面最小亮度不应小于 50 cd/m^2,最大亮度不应大于 300 cd/m^2;使用红色文字信息、白色发光背景的气体释放警报器的文字表面最小亮度不应小于 5 cd/m^2,最大亮度不应大于 300 cd/m^2,白色背景与红色文字本身最大亮度与最小亮度比值不应大于 10,白色与相邻红色交界两边对应点的亮度比应不小于 5 且不大于 15。

4.1.4.3 气体释放警报器的闪亮频率应为 1 Hz～2 Hz,点亮与非点亮时间比应不小于 3∶2。

4.1.4.4 具有声警报功能的气体释放警报器还应满足 4.1.1 的要求。

4.2 运行可靠性

火灾声和/或光警报器应能在 4 h 内可靠运行,并满足下述要求:
a) 试验期间,应持续发出警报信号;
b) 试验后,基本功能应符合 4.1 的要求。

4.3 电压波动

火灾声和/或光警报器应能在制造商规定的供电电压上、下限值(如未规定,则上、下限参数分别为额定工作电压 110% 和 85%)之间保持正常工作状态,基本功能应符合 4.1 的要求。

4.4 绝缘电阻

火灾声和/或光警报器有绝缘要求的外部带电端子与机壳间的绝缘电阻值应不小于 20 MΩ;火灾声和/或光警报器的电源输入端与机壳间的绝缘电阻值应不小于 50 MΩ。

4.5 电气强度

火灾声和/或光警报器的外部带电端子与外壳间应能耐受频率为 50 Hz、有效值为 1 250 V 的交流

电压历时 1 min 的电气强度试验,并满足下述要求:
  a) 试验期间,不应发生击穿现象;
  b) 试验后,基本功能应符合 4.1 的要求。

4.6 电磁兼容性

火灾声和/或光警报器应能适应表 1 所规定的电磁兼容条件下的各项试验,并满足下述要求:
  a) 试验期间,应保持正常监视状态;
  b) 试验后,基本功能应符合 4.1 的要求。

注:正常监视状态指火灾声和/或光警报器与控制和指示设备连接并接通电源,且未发出火灾声和/或光警报信号或故障信号时的状态。

表 1 电磁兼容性试验条件

试验名称	试验条件				
静电放电抗扰度试验	放电电压 kV	放电极性	放电间隔 s	每点放电次数	工作状态
	空气放电(外壳为绝缘体):8 接触放电(外壳为导体):6	正、负	≥1	10	正常监视状态
电快速瞬变脉冲群抗扰度试验	电压峰值 kV	重复频率 kHz	极性	时间 min	工作状态
	AC 电源线:2×(1±0.1) 其他连接线:1×(1±0.1)	AC 电源线:2.5×(1±0.2) 其他连接线:5×(1±0.2)	正、负	每次 1	正常监视状态
浪涌(冲击)抗扰度试验	浪涌(冲击)电压 kV	极性	持续时间 ms	试验次数	工作状态
	AC 电源线线-线:1×(1±0.1) AC 电源线线-地:2×(1±0.1) 其他连接线线-地:1×(1±0.1)	正、负	10 (下滑100%)	AC 电源线:5 其他连接线:20	正常监视状态
射频电磁场辐射抗扰度试验	场强 V/m	频率范围 MHz	扫描速率 10 oct/s	调制幅度	工作状态
	10	80～1000	≤1.5×10⁻³	80%(1 kHz,正弦)	正常监视状态
射频场感应的传导骚扰抗扰度试验	频率范围 MHz	电压 dBμV	调制幅度		工作状态
	0.15～80	140	80%(1 kHz,正弦)		正常监视状态

4.7 气候环境耐受性

4.7.1 火灾声和/或光警报器应能耐受住表 2 所规定的气候环境条件下的各项试验,并满足下述要求:
  a) 试验期间,应保持正常监视状态;
  b) 试验后,应无破坏涂覆和腐蚀现象,基本功能应符合 4.1 要求。

表 2 气候环境条件（运行试验）

试验名称	试验条件			
高温（运行）试验	温度 ℃	持续时间 h	工作状态	
	55±3（室内使用型） 70±3（室外使用型）	16	正常监视状态	
低温（运行）试验	温度 ℃	持续时间 h	工作状态	
	0±3（室内使用型） -40±3（室外使用型）	16	正常监视状态	
恒定湿热（运行）试验	温度 ℃	相对湿度 %	持续时间 d	工作状态
	40±2	90～95	4	正常监视状态

4.7.2 火灾声和/或光警报器应能耐受住表 3 所规定的气候环境条件下的试验。试验后，应无破坏涂覆和腐蚀现象，基本功能应符合 4.1 的要求。

表 3 气候环境条件（耐久试验）

试验名称	试验条件				
SO_2 腐蚀（耐久）试验	温度 ℃	相对湿度 %	SO_2 浓度 10^{-6}	持续时间 d	工作状态
	25±2	93±3	25±5	21	不通电状态

4.8 机械环境耐受性

火灾声和/或光警报器应能耐受住表 4 所规定的机械环境条件下的各项试验，并满足下述要求：
a) 试验期间（包括冲击试验后 2 min），应保持正常监视状态；
b) 试验后，不应有机械损伤和紧固部位松动现象，基本功能应符合 4.1 要求。

表 4 机械环境条件

试验名称	试验条件				
冲击（运行）试验	峰值加速度 m/s²	脉冲持续时间 ms	冲击方向	冲击次数	工作状态
	$(100-20M)\times 10$ （质量 $M\leqslant 4.75$ kg 时）	6	6（3 个相互垂直轴线中的每个方向）	每个方向 3 次	正常监视状态
振动（正弦）（运行）试验	频率循环范围 Hz	加速幅值 m/s²	扫频速率 oct/min	每个轴线扫频次数	振动方向	工作状态
	10～150	0.981	1	1	$X、Y、Z$	正常监视状态

4.9 外壳防护等级

室外型火灾声和/或光警报器的外壳防护等级应达到GB 4208规定的IP33的要求。

4.10 使用说明书

火灾声和/或光警报器应有相应的中文使用说明书。使用说明书应满足GB/T 9969的要求,并与产品性能一致。

5 试验

5.1 总则

5.1.1 试验环境条件

试验应在下述大气条件下进行:
—— 温度:15 ℃~35 ℃;
—— 湿度:25%RH~75%RH;
—— 大气压力:86 kPa~106 kPa。

5.1.2 试样状态

试验时,如果要求试样处于正常监视状态,应将试样与控制和指示设备连接并接通电源。

5.1.3 试样安装

试验时,应按制造商规定的正常安装方式安装。如说明书给出多种安装方式,试验中应采用对试样工作最不利的安装方式。

5.1.4 容差

试验数据的容差应为±5%。环境条件参数偏差应符合GB 16838要求。

5.1.5 试样

试样的数量为6只,并在试验前予以编号。

5.1.6 试验前检查

5.1.6.1 试验前对试样进行外观检查,应符合下述要求:
a) 表面无腐蚀、涂覆层脱落和起泡现象,无明显划伤、裂痕、毛刺等机械损伤;
b) 紧固部位无松动。

5.1.6.2 按4.10要求检查使用说明书。

5.1.7 试验程序

试验程序见表5。

表 5 试验程序

序号	章条	试验项目	试样编号
1	5.2	基本功能试验	1～6
2	5.3	运行可靠性试验	1
3	5.4	电压波动试验	2
4	5.5	绝缘电阻试验	2
5	5.6	电气强度试验	2
6	5.7	射频电磁场辐射抗扰度试验	3
7	5.8	射频场感应的传导骚扰抗扰度试验	3
8	5.9	静电放电抗扰度试验	3
9	5.10	电快速瞬变脉冲群抗扰度试验	3
10	5.11	浪涌（冲击）抗扰度试验	3
11	5.12	高温（运行）试验	4
12	5.13	低温（运行）试验	4
13	5.14	恒定湿热（运行）试验	4
14	5.15	SO_2 腐蚀（耐久）试验	5
15	5.16	冲击（运行）试验	6
16	5.17	振动（正弦）（运行）试验	6
17	5.18	外壳防护等级试验	2

注1：5.6 的试验仅对额定工作电压大于 50 V 的警报器进行。
注2：仅具有电阻、二极管等类电子元件的试样不进行 5.7～5.11 项试验。
注3：5.18 的试验仅对室外型警报器进行。

5.2 基本功能试验

5.2.1 火灾声警报器的基本功能试验

在自由声场中，使火灾声警报器发出声警报信号。以试样的安装点为圆心，以 3 m 为半径，在水平和垂直两个平面的半圆上以 30°为间隔，从 15°到 165°的各点分别测量并记录声压级。对于住宅使用的室内型火灾声警报器，分别测量并记录其最小和最大声压级，以及由最小声压级升到最大声压级的时间。采用变调的火灾声警报器，测量并记录其声警报信号的变调周期。具有 2 种及 2 种以上不同音调的火灾声警报器，检查其每种音调区别情况。对于具有语音警报功能的火灾声警报器，检查其警报音循环警报情况。

5.2.2 火灾光警报器的基本功能试验

5.2.2.1 使火灾光警报器发出光警报信号，测量并记录试样基本闪光频率。在距其 25 m 处观察光警报信号的可见度。

5.2.2.2 对于采用显示器发出火灾光警报信号的火灾光警报器，使火灾光警报器处于自动状态，输入报警信号，然后手动复位，观察显示器显示情况；使火灾光警报器处于手动状态，手动启动警报器使其发出光警报信号，然后手动复位，观察显示器显示情况。

5.2.3 火灾声光警报器的基本功能试验

对于火灾声光警报器,应按5.2.1和5.2.2的要求进行试验。

5.2.4 气体释放警报器的基本功能试验

检查气体释放警报器文字标志,测量并记录试样表面亮度、闪亮频率和点亮与非点亮时间比。具有声警报功能的气体释放警报器还应按5.2.1进行试验。

5.2.5 其他功能试验

对于各型火灾声和/或光警报器,检查使用说明书中描述的其他功能。

5.3 运行可靠性试验

5.3.1 使试样发出声和/或光警报信号,保持4 h。

5.3.2 按5.2规定的方法进行基本功能试验。

5.4 电压波动试验

5.4.1 按制造商规定的供电电压上限值(如未规定,则上限参数为额定工作电压110%)给试样供电,按5.2规定的方法进行基本功能试验。

5.4.2 按制造商规定的供电电压下限值(如未规定,则下限参数为额定工作电压85%)给试样供电,按5.2规定的方法进行基本功能试验。

5.5 绝缘电阻试验

5.5.1 试验步骤

通过绝缘电阻试验装置,分别对试样的下述部分施加500 V±50 V直流电压,持续60 s±5 s后,测量其绝缘电阻值:

a) 有绝缘要求的外部带电端子与外壳之间;
b) 对于采用交流220 V电压供电的试样,电源线输入端与外壳之间。

试验时,应保证可靠接触,引线间的绝缘电阻应足够大,以保证读数准确。

5.5.2 试验设备

采用满足下述技术要求的绝缘电阻试验装置(也可用兆欧表或摇表测试):

——试验电压:500 V±50 V;
——测量范围:0 MΩ~500 MΩ;
——最小分度:0.1 MΩ;
——记时:60 s±5 s。

5.6 电气强度试验

5.6.1 试验步骤

5.6.1.1 通过试验装置,以100 V/s~500 V/s的升压速率,对试样的电源线与外壳间施加50 Hz、1 250 V的试验电压。持续60 s±5 s,观察并记录试验中所发生的现象。

5.6.1.2 以100 V/s~500 V/s的降压速率使电压降至低于额定工作电压值后,切断试验装置的电压输出。

5.6.1.3 按5.2规定的方法进行基本功能试验。

5.6.2 试验设备

采用满足下述条件的试验装置：
— 试验电压：电压0 V~1 250 V(有效值)连续可调，频率50 Hz，短路电流10 A(有效值)；
— 升、降压速率：100 V/s~500 V/s；
— 计时：60 s±5 s。

5.7 射频电磁场辐射抗扰度试验

5.7.1 试验步骤

5.7.1.1 将试样按GB/T 17626.3的规定进行试验布置，接通电源，使试样处于正常监视状态20 min。

5.7.1.2 按GB/T 17626.3规定的试验方法对试样施加表1所示条件的电磁干扰，观察并记录试样状态。

5.7.1.3 按5.2规定的方法进行基本功能试验。

5.7.2 试验设备

采用符合GB/T 17626.3规定的试验设备。

5.8 射频场感应的传导骚扰抗扰度试验

5.8.1 试验步骤

5.8.1.1 将试样按GB/T 17626.6规定进行试验配置，接通电源，使试样处于正常监视状态20 min。

5.8.1.2 按GB/T 17626.6规定的试验方法对试样施加表1所示条件的电磁干扰，观察并记录试样状态。

5.8.1.3 按5.2规定的方法进行基本功能试验。

5.8.2 试验设备

采用符合GB/T 17626.6规定的试验设备。

5.9 静电放电抗扰度试验

5.9.1 试验步骤

5.9.1.1 将试样按GB/T 17626.2的规定进行试验布置，接通电源，使试样处于正常监视状态20 min。

5.9.1.2 按GB/T 17626.2规定的试验方法对试样及耦合板施加表1所示条件的电磁干扰，观察并记录试样状态。

5.9.1.3 按5.2规定的方法进行基本功能试验。

5.9.2 试验设备

采用符合GB/T 17626.2规定的试验设备。

5.10 电快速瞬变脉冲群抗扰度试验

5.10.1 试验步骤

5.10.1.1 将试样按GB/T 17626.4的规定进行试验配置，接通电源，使其处于正常监视状态20 min。

5.10.1.2 按 GB/T 17626.4 规定的试验方法对试样施加表 1 所示条件的电磁干扰,观察并记录试样状态。

5.10.1.3 按 5.2 规定的方法进行基本功能试验。

5.10.2 试验设备

采用符合 GB/T 17626.4 规定的试验设备。

5.11 浪涌(冲击)抗扰度试验

5.11.1 试验步骤

5.11.1.1 将试样按 GB/T 17626.5 的规定进行试验配置,接通电源,使其处于正常监视状态 20 min。

5.11.1.2 按 GB/T 17626.5 规定的试验方法对试样施加表 1 所示条件的电磁干扰,观察并记录试样状态。

5.11.1.3 按 5.2 规定的方法进行基本功能试验。

5.11.2 试验设备

采用符合 GB/T 17626.5 规定的试验设备。

5.12 高温(运行)试验

5.12.1 试验步骤

5.12.1.1 将试样放入试验箱内,使试样处于正常监视状态。在正常大气条件下保持 1 h,然后以不大于 1 ℃/min 的升温速率将温度升到 55 ℃±3 ℃(室外型警报器将温度升到 70 ℃±3 ℃),在此条件下稳定 16 h,观察并记录试样状态。

5.12.1.2 关断控制和指示设备,以不大于 1 ℃/min 的降温速率降温至环境温度,取出试样,在正常大气条件下恢复 1 h 以上。

5.12.1.3 按 5.2 规定的方法进行基本功能试验。

5.12.2 试验设备

采用符合 GB 16838 规定的试验设备。

5.13 低温(运行)试验

5.13.1 试验步骤

5.13.1.1 将试样放入试验箱内,使试样处于正常监视状态。在正常大气条件下保持 1 h,然后以不大于 1 ℃/min 的降温速率将温度降至 −10 ℃±3 ℃(室外型警报器将温度降到 −25 ℃±3 ℃),在此条件下稳定 16 h,观察并记录试样状态。

5.13.1.2 关断控制和指示设备,以不大于 1 ℃/min 的升温速率升温至环境温度,取出试样,在正常大气条件下恢复 1 h 以上。

5.13.1.3 按 5.2 规定的方法进行基本功能试验。

5.13.2 试验设备

采用符合 GB 16838 规定的试验设备。

5.14 恒定湿热（运行）试验

5.14.1 试验步骤

5.14.1.1 将试样在正常大气条件下放置 2 h~4 h 后放入湿热试验箱中，使试样处于正常监视状态。调节试验箱，使温度为 40 ℃±2 ℃，温度稳定后，再调节试验箱使相对湿度为 90%~95%，保持 4 d。

5.14.1.2 取出试样，在正常大气条件下恢复 1 h~2 h。

5.14.1.3 按 5.2 规定的方法进行基本功能试验。

5.14.2 试验设备

采用符合 GB 16838 规定的试验设备。

5.15 SO_2 腐蚀（耐久）试验

5.15.1 试验步骤

5.15.1.1 给试样连接足够长的非镀锡铜导线，以保证腐蚀环境后可直接进行基本功能试验；腐蚀环境期间试样不通电。

5.15.1.2 将试样安装在一个温度为 25 ℃±2 ℃、SO_2 浓度为 $(25±5)×10^{-6}$（体积比）、相对湿度为 93%±3% 的试验箱中，持续 21 d。

5.15.1.3 腐蚀环境后，将试样放置在温度为 40 ℃±2 ℃、相对湿度低于 50% 的试验箱中干燥 16 h 后，再将试样取出，在正常大气条件下恢复 1 h 以上。

5.15.1.4 按 5.2 规定的方法进行基本功能试验。

5.15.2 试验设备

采用符合 GB 16838 规定的试验设备。

5.16 冲击（运行）试验

注：质量大于 4.75 kg 的试样不进行此项试验。

5.16.1 试验步骤

5.16.1.1 将试样刚性安装在冲击试验台上，使试样处于正常监视状态。

5.16.1.2 启动冲击试验台，对质量为 $M(kg)$ 的试样，以峰值加速度为 $(100-20M)×10$ m/s^2，脉冲持续时间为 6 ms 的半正弦波脉冲，对试样的三个相互垂直的轴线中的每个方向连续冲击 3 次，总计 18 次。冲击结束后，保持 2 min。观察并记录试样状态。

5.16.1.3 检查试样外观及紧固部位。

5.16.1.4 按 5.2 规定的方法进行基本功能试验。

5.16.2 试验设备

采用符合 GB 16838 规定的试验设备。

5.17 振动（正弦）（运行）试验

5.17.1 试验步骤

5.17.1.1 将试样按正常安装方式刚性安装，使试样处于正常监视状态。

5.17.1.2 依次在三个互相垂直的轴线上,在 10 Hz~150 Hz 的频率循环范围内,以 4.905 m/s² 的加速度幅值、1 oct/min 的扫频速率,各进行 1 次扫频循环。观察并记录试样的工作状态。

5.17.1.3 检查试样外观及紧固部位。

5.17.1.4 按 5.2 规定的方法进行基本功能试验。

5.17.2 试验设备

采用符合 GB 16838 规定的试验设备(振动台及夹具)。

5.18 外壳防护等级试验

按 GB 4208 的规定进行。

6 检验规则

6.1 产品出厂检验

6.1.1 生产企业在产品出厂前至少应对火灾声和/或光警报器进行下述项目的试验:
   a) 基本功能试验;
   b) 耐久性试验;
   c) 电压波动试验;
   d) 绝缘电阻试验;
   e) 电气强度试验;
   f) 低温(运行)试验。

6.1.2 生产企业应规定抽样方法、检验和判定规则。

6.2 型式检验

6.2.1 型式检验项目为第 5 章规定的试验项目。

6.2.2 有下列情况之一时,应进行型式检验:
   a) 新产品或老产品转厂生产时的试制定型鉴定;
   b) 正式生产后,产品的结构、主要部件或元器件、生产工艺等有较大的改变,可能影响产品性能时,或正式投产满 5 年时;
   c) 产品停产 1 年以上,恢复生产时;
   d) 出厂检验结果与上次型式检验结果差异较大时;
   e) 质量监督机构提出进行型式检验要求时。

6.2.3 检验结果按 GB 12978 中规定的型式检验结果判定方法进行判定。

7 标志

7.1 总则

7.1.1 每只火灾声和/或光警报器应有清晰、耐久的标志。

7.1.2 标志不应贴在螺丝或其他易被拆卸的部件上。

7.2 产品标志

7.2.1 每只火灾声和/或光警报器应清晰标志如下信息:

a) 产品名称、型号;
b) 执行标准编号;
c) 主要技术参数(声压级、变调周期、闪光频率等);
d) 制造日期和产品编号;
e) 产地;
f) 制造商名称或商标;
g) 接线端子标注。

7.2.2 产品标志信息中如使用不常用符号或缩写时,应在火灾声和/或光警报器的使用说明书中说明。

7.3 质量检验标志

火灾声和/或光警报器应有质量检验合格标志。

ICS 13.220.20
C 81

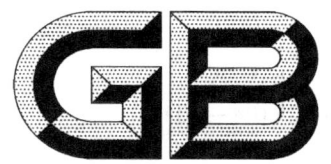

中华人民共和国国家标准

GB 28184—2011

消防设备电源监控系统

Power supply monitoring system for fire protection equipments

2011-12-30 发布

2012-08-01 实施

中华人民共和国国家质量监督检验检疫总局
中国国家标准化管理委员会 发布

前 言

本标准的第 4 章、第 6 章、第 7 章内容为强制性的,其余为推荐性的。

本标准按照 GB/T 1.1—2009 给出的规则起草。

请注意本文件的某些内容可能涉及专利。本文件的发布机构不承担识别这些专利的责任。

本标准由全国消防标准化技术委员会火灾探测与报警分技术委员会(SAC/TC 113/SC 6)归口。

本标准负责起草单位:公安部沈阳消防研究所。

本标准参加起草单位:北京恒业世纪科技股份有限公司、北京原杰电子有限责任公司。

本标准主要起草人:丁宏军、刘程、刘子巍、李惠菁、杨波、丁万君、张学军、郭树林、苏恒、李东海。

本标准为首次发布。

消防设备电源监控系统

1 范围

本标准规定了消防设备电源监控系统的术语和定义、要求、试验方法、检验规则、标志和使用说明书。

本标准适用于在一般工业与民用建筑中安装使用的消防设备电源监控系统,其他环境中安装的消防设备电源监控系统亦可参照本标准。

2 规范性引用文件

下列文件对于本文件的应用是必不可少的。凡是注日期的引用文件,仅注日期的版本适用于本文件。凡是不注日期的引用文件,其最新版本(包括所有的修改单)适用于本文件。

GB/T 156　标准电压

GB/T 9969　工业产品使用说明书　总则

GB 12978　消防电子产品检验规则

GB 16838　消防电子产品　环境试验方法及严酷等级

GB/T 17626.2　电磁兼容　试验和测量技术　静电放电抗扰度试验

GB/T 17626.3　电磁兼容　试验和测量技术　射频电磁场辐射抗扰度试验

GB/T 17626.4　电磁兼容　试验和测量技术　电快速瞬变脉冲群抗扰度试验

GB/T 17626.5　电磁兼容　试验和测量技术　浪涌(冲击)抗扰度试验

GB/T 17626.6　电磁兼容　试验和测量技术　射频场感应的传导骚扰抗扰度

GB/T 17626.11　电磁兼容　试验和测量技术　电压暂降、短时中断和电压变化的抗扰度试验

GB 23757　消防电子产品防护要求

3 术语和定义

下列术语和定义适用于本文件。

3.1
消防设备电源　power supply for fire protection equipments

为各类消防设备供电的交流或直流电源,包括主电源和备用电源。

3.2
消防设备电源监控系统　power supply monitoring system for fire protection equipments

用于监控消防设备电源工作状态,在电源发生过压、欠压、过流、缺相等故障时能发出报警信号的监控系统,由消防设备电源状态监控器、电压传感器、电流传感器、电压/电流传感器等部分或全部设备组成。

4 要求

4.1 总则

消防设备电源监控系统应首先符合4.2～4.3的要求,然后按第5章规定进行试验,试验结果应符

合第 4 章的相关要求。

4.2 基本功能

4.2.1 消防设备电源状态监控器

4.2.1.1 消防设备电源状态监控器(以下简称监控器)应能为其连接的部件供电,直流工作电压应符合 GB/T 156 规定,可优先采用直流 24 V。

4.2.1.2 监控器应具有中文功能标注,用文字显示信息时应采用中文。

4.2.1.3 监控器电源应设主电源和备用电源。主电源应采用 220 V、50 Hz 交流电源并设置过流保护措施,电源输入端应设接线端子。当交流电网供电电压变动幅度在额定电压 220 V 的 85%～110%范围内,频率偏差不超过标准频率 50 Hz 的±1%时,监控器应能正常工作。

4.2.1.4 监控器的电源部分应具有主电源和备用电源转换功能,并应有主、备电源工作状态指示。当主电源断电时,能自动转换到备用电源;主电源恢复时,能自动转换到主电源;主、备电源的转换不应影响监控器的正常工作。监控器的备用电源在放电至终止电压条件下充电 24 h 所获得的容量应能提供监控器在正常监视状态下至少工作 8 h。

注:正常监视状态指监控器在电源正常供电条件下,无故障报警、自检等操作时所处的工作状态。

4.2.1.5 监控器应能接收并显示其监控的所有消防设备的主电源和备用电源的实时工作状态信息。

4.2.1.6 监控器在下述状况下,应能在 100 s 内发出故障声、光信号,显示并记录故障的部位、类型和时间:

a) 被监控的消防设备供电中断;
b) 监控器与连接的外部部件间连接线的断路、短路和影响系统功能的接地;
c) 监控器与其分体电源间连接线断路、短路和影响功能的接地;
d) 被监控电源电压值大于额定电压的 110%或小于额定电压的 85%(仅适用于具有此功能的监控器);
e) 被监控电源发生缺相、错相、过载等供电异常现象(仅适用于具有此功能的监控器);
f) 给监控器自身备用电源充电的充电器与备用电源间连接线的断路、短路;
g) 监控器自身主电源欠压。

4.2.1.7 故障声信号应能手动消除,再有故障信号输入时,应能再启动;故障光信号应保持至故障排除。

4.2.1.8 由软件控制实现各项功能的监控器,当程序不能正常运行时,监控器应有单独的故障指示灯指示主程序故障。

4.2.1.9 任一故障均不得影响非故障部分的正常工作。

4.2.1.10 故障排除后,故障信号可自动或手动复位。复位后,监控器应在 100 s 内重新显示尚存在的故障。

4.2.1.11 监控器应至少能记录 999 条相关故障信息,并且在监控器断电后保持 14 d。记录的相关故障信息可通过监控器或其他辅助设备查询。

4.2.1.12 监控器如具有显示被监控电源的电压值或电流值的功能,其显示误差不应大于 5%。

4.2.1.13 监控器采用字母(符)-数字显示时,还应满足下述要求:

a) 应能显示当前中断供电的消防设备总数;
b) 按接收到故障的时间先后顺序连续显示各故障部位,当显示区域不足以显示全部故障部位时,应采用循环方式显示,且应设手动查询按钮,每手动查询一次,只能查询一个故障部位及相关信息;
c) 当采用公用显示器时,应优先显示电源中断供电故障信息,其他故障信息的显示不应影响电源中断供电故障信息的显示,电源中断供电故障信息不应与其他信息交替显示;

d) 被中断供电故障信息覆盖的其他信息等应手动可查。

4.2.1.14 监控器与消防联动控制器或其他消防设备集成在同一箱体内时,可以共用消防联动控制器或其他消防设备的相关指示部件;在公共显示器上显示信息时,不应影响消防联动控制器或其他消防设备原有的信息显示。

4.2.1.15 监控器应具有手动检查其音响器件、面板所有指示灯和显示器的功能。监控器的自检时间超过1 min或不能自动停止自检时,不应影响非自检部位的正常工作。

4.2.1.16 建筑内非消防电源监控信息接入监控器时,其显示不应影响消防设备供电电源监控的显示,并且具有与消防设备供电电源监控的显示有明显区别的指示或标识。

4.2.2 电压信号传感器

4.2.2.1 电压信号传感器应能按制造商的规定要求将采集的信号传输至监控器。

4.2.2.2 电压信号传感器工作范围应满足制造商的规定,其输出信号应不大于12 V。

4.2.2.3 对于能够连续采集电压值的电压信号传感器,其电压采集误差不应大于5%。

4.2.3 电流信号传感器

4.2.3.1 电流信号传感器应能按制造商的规定要求将采集的信号传输至监控器。

4.2.3.2 电流信号传感器工作范围应满足制造商的规定,其输出信号应不大于12 V。

4.2.3.3 对于能够连续采集电流值的电流信号传感器,其采集电流误差不应大于5%。

4.2.4 电压/电流信号传感器

电压/电流信号传感器应同时符合4.2.2和4.2.3的规定。

4.3 主要部(器)件性能

4.3.1 基本要求

消防设备电源监控系统内各设备的防护性能应符合GB 23757的要求,其主要部件应采用符合相关标准的定型产品,同时应符合4.3.2～4.3.9相应条款的规定。

4.3.2 指示灯和显示装置

4.3.2.1 指示灯应以颜色标识,故障状态用黄色指示;主电源和备用电源工作正常用绿色指示。

4.3.2.2 指示灯上或靠近的位置上应清楚地使用中文标注功能。

4.3.2.3 在100 lx～500 lx环境光线条件下,在正前方22.5°视角范围内,状态指示灯和电源指示灯应在3 m处清晰可见;其他指示灯(器)应在0.8 m处清晰可见。

4.3.2.4 采用闪亮方式的指示灯每次点亮时间应不小于0.25 s,故障指示灯闪动频率应不小于1 Hz。

4.3.2.5 用一个指示灯(器)显示具体部位的不同状态时,应能明确分辨。

4.3.2.6 在100 lx～500 lx环境光线条件下,字母(符)-数字显示器显示的字符应在正前方22.5°视角内,0.8 m处可读。

4.3.3 音响器件

4.3.3.1 在正常工作条件下,音响器件在其正前方1 m处的声压级(A计权)应大于65 dB,小于115 dB。

4.3.3.2 在85%额定工作电压供电条件下应能发出音响。

4.3.4 接线端子

每一接线端子上都应清晰、牢固地标注编号或符号,相应用途应在有关文件中说明。

4.3.5 开关和按键

开关和按键上或靠近的位置上应清楚地标注其功能。

4.3.6 熔断器

电源线路的熔断器或其他过电流保护器件的额定电流值不应大于产品最大工作电流的2倍,当最大工作电流大于6 A时,熔断器电流值可取其1.5倍,并应在靠近熔断器或其他过电流保护器件处清楚地标注其参数值。

4.3.7 充电器及备用电源

4.3.7.1 电源正极连接导线为红色,负极为黑色或蓝色。

4.3.7.2 充电电流应不大于电池生产企业规定的额定值。

4.3.8 接地

消防设备电源监控系统应有接地保护端子并清晰标注。

4.3.9 外观

4.3.9.1 文字、符号和标志清晰齐全。

4.3.9.2 表面应无腐蚀、涂覆层脱落和起泡现象,应无明显划伤裂痕、毛刺等机械损伤。

4.4 绝缘电阻

消防设备电源监控系统有绝缘要求的外部带电端子与机壳间的绝缘电阻值应不小于20 MΩ;采用220 V交流电源供电的消防设备电源监控系统电源输入端与机壳间的绝缘电阻值应不小于50 MΩ。

4.5 电气强度

采用220 V交流电源供电的消防设备电源监控系统的电源插头与机壳间应能耐受频率为50 Hz、有效值电压为1 250 V交流电压、历时1 min的电气强度试验。试验期间,不应发生击穿现象;试验后,基本功能应与试验前保持一致。

4.6 电磁兼容性能

消防设备电源监控系统及系统内的各设备应能适应表1所规定条件下的各项试验要求。试验期间,应保持正常监视状态;试验后,基本功能应与试验前保持一致。

4.7 电源瞬变耐受性

消防设备电源监控系统的主电源按"通电(9 s)~断电(1 s)"的固定程序连续通断500次。试验期间,应保持正常监视状态;试验后,基本功能应与试验前保持一致。

4.8 气候环境耐受性

消防设备电源监控系统及系统内的各设备应能耐受表2所规定的气候条件下的各项试验。试验期间,处于通电状态的各设备应保持正常监视状态;试验后,应无破坏涂覆和腐蚀现象,基本功能应与试验前保持一致。

表 1 电磁兼容性试验条件

试验名称	试验条件				
静电放电抗扰度试验	放电电压 kV	放电极性	放电间隔 s	每点放电次数	工作状态
	空气放电（外壳为绝缘体）：8 接触放电（外壳为导体）：6	正、负	≥1	10	正常监视状态
电快速瞬变脉冲群抗扰度试验	电压峰值 kV	重复频率 kHz	极性	时间 min	工作状态
	AC 电源线：2×(1±0.1) 其他连接线：1×(1±0.1)	AC 电源线：2.5×(1±0.2) 其他连接线：5×(1±0.2)	正、负	每次 1	正常监视状态
浪涌（冲击）抗扰度试验	浪涌（冲击）电压 kV	极性	持续时间 ms	试验次数	工作状态
	AC 电源线（线-线）：1×(1±0.1) AC 电源线（线-地）：2×(1±0.1) 其他连接线（线-地）：1×(1±0.1)	正、负	10（下滑100%）	AC 电源线：5 其他连接线：20	正常监视状态
射频电磁场辐射抗扰度试验	场强 V/m	频率范围 MHz	扫描速率 10 oct/s	调制幅度	工作状态
	10	80～1 000	≤1.5×10^{-3}	80%（1 kHz，正弦）	正常监视状态
射频场感应的传导骚扰抗扰度试验	频率范围 MHz	电压 dBμV	调制幅度		工作状态
	0.15～80	140	80%（1 kHz，正弦）		正常监视状态
电压暂降、短时中断和电压变化的抗扰度试验	试验时间 ms	试验次数			工作状态
	20（40%供电电压） 10（0 V）	10			正常监视状态

表 2 气候环境条件

试验名称	试验条件			
低温（运行）试验	温度 ℃	持续时间 h	工作状态	
	0±3	16	正常监视状态	
恒定湿热（运行）试验	温度 ℃	相对湿度 %	持续时间 d	工作状态
	40±2	90～95	4	正常监视状态
恒定湿热（耐久）试验	温度 ℃	相对湿度 %	持续时间 d	工作状态
	40±2	90～95	21	不通电状态

4.9 机械环境耐受性

消防设备电源监控系统及系统内的各设备应能耐受表3中所规定的机械环境条件下的各项试验。试验期间,处于通电状态的各设备应保持正常监视状态;试验后,不应有机械损伤和紧固部位松动现象,基本功能应与试验前保持一致。

表 3 机械环境条件

试验名称	试验条件					
振动(正弦)(运行)试验	频率循环范围 Hz	加速幅值 m/s²	扫频速率 oct/min	每个轴线扫频次数	振动方向	工作状态
	10~150	0.981	1	1	X、Y、Z	正常监视状态
振动(正弦)(耐久)试验	频率循环范围 Hz	加速幅值 m/s²	扫频速率 oct/min	每个轴线扫频次数	振动方向	工作状态
	10~150	4.905		120	X、Y、Z	不通电状态
碰撞试验	碰撞能量 J			碰撞次数		工作状态
	0.5±0.04			3		正常监视状态

5 试验方法

5.1 总则

5.1.1 试验程序见表4。

5.1.2 试验前,制造商应提供2个试验样品(以下简称试样)及相关附件、负载等,并在试验前予以编号。

5.1.3 试验应在下述大气条件下进行:
—— 温度:15 ℃~35 ℃;
—— 湿度:25%RH~75%RH;
—— 大气压力:86 kPa~106 kPa。

5.1.4 试验数据的容差为±5%。环境条件参数偏差应符合GB 16838要求。

5.1.5 试验前,对试样均应进行外观检查、主要部件检查和防护性能检查,符合要求后方可进行试验。

5.2 监控器基本功能试验

5.2.1 将试样连接两个以上的真实传感器,其他回路可分别连接等效负载,接通电源,使试样处于正常监视状态。

5.2.2 接通试样的主电源,观察并记录试样的工作状态。

5.2.3 断开试样的主电源,按要求观察并记录试样在备用电源供电状态下的工作状态。

5.2.4 观察试样显示所监控的电源的实时工作状态信息,记录试样的工作状态。

5.2.5 模拟各种故障情况,观察并记录试样的工作状态。

5.2.6 操作试样自检机构,观察并记录试样的工作状态。

5.2.7 模拟多种信息共同存在的工作状态,观察并记录试样的工作状态。

5.2.8 检查使用说明书中描述的其他功能。

表 4 试验程序

序号	章条	试验项目	编号 1	编号 2
1	5.2	监控器基本功能试验	√	√
2	5.3	电压传感器基本功能试验	√	√
3	5.4	电流传感器基本功能试验	√	√
4	5.5	电压/电流传感器基本功能试验	√	√
5	5.6	绝缘电阻试验		√
6	5.7	电气强度试验		√
7	5.8	射频电磁场辐射抗扰度试验	√	
8	5.9	射频场感应的传导骚扰抗扰度试验	√	
9	5.10	静电放电抗扰度试验	√	
10	5.11	电快速瞬变脉冲群抗扰度试验	√	
11	5.12	浪涌(冲击)抗扰度试验	√	
12	5.13	电压暂降、短时中断和电压变化的抗扰度试验	√	
13	5.14	电源瞬变试验	√	
14	5.15	低温(运行)试验	√	
15	5.16	恒定湿热(运行)试验	√	
16	5.17	恒定湿热(耐久)试验		√
17	5.18	振动(正弦)(运行)试验	√	
18	5.19	振动(正弦)(耐久)试验	√	
19	5.20	碰撞试验		√

5.3 电压传感器基本功能试验

5.3.1 将试样与监控器连接,接通电源,使试样处于正常监视状态。

5.3.2 按制造商提供的工作范围波动标准电压信号,观察并记录试样的输出参数和采集数值。

5.3.3 检查使用说明书中描述的其他功能。

5.4 电流传感器基本功能试验

5.4.1 将试样与监控器连接,接通电源,使试样处于正常监视状态。

5.4.2 按制造商提供的工作范围波动标准电压信号,观察并记录试样的输出参数和采集数值。

5.4.3 检查使用说明书中描述的其他功能。

5.5 电压/电流传感器基本功能试验

5.5.1 将试样与监控器连接,接通电源,使试样处于正常监视状态。

5.5.2 按制造商提供的工作范围波动标准电压/电流信号,观察并记录试样的输出参数和采集数值。

5.5.3 检查使用说明书中描述的其他功能。

5.6 绝缘电阻试验

5.6.1 试验步骤

5.6.1.1 将试样有绝缘要求的外部带电端子短接后,连接到绝缘电阻试验装置的正极输出端,机壳接到绝缘电阻试验装置的负极输出端。

5.6.1.2 施加 500 V±50 V 直流电压,持续 60 s±5 s 后,记录绝缘电阻值。

5.6.1.3 将试样电源插头(或电源接线端子)短接后,连接到绝缘电阻试验装置的正极输出端,机壳接到绝缘电阻试验装置的负极输出端。

5.6.1.4 施加 500 V±50 V 直流电压,持续 60 s±5 s 后,记录绝缘电阻值。

5.6.2 试验设备

采用满足下述技术要求的绝缘电阻试验装置(也可用兆欧表或摇表测试):
a) 试验电压:500 V±50 V;
b) 测量范围:0 MΩ～500 MΩ;
c) 最小分度:0.1 MΩ;
d) 记时:60 s±5 s。

5.7 电气强度试验

5.7.1 试验步骤

5.7.1.1 试验前,将试样的接地保护元件拆除。

5.7.1.2 通过试验装置,以 100 V/s～500 V/s 的升压速率,对试样的电源线与机壳间施加 50 Hz、1 250 V(有效值电压)的试验电压,持续 60 s±5 s,观察并记录试验中所发生的现象。

5.7.1.3 以 100 V/s～500 V/s 的降压速率使电压降至低于额定电压值,切断试验装置的电压输出。

5.7.1.4 接通试样电源,使其处于正常监视状态。

5.7.1.5 进行基本功能试验,并与试验前的基本功能相比较。

5.7.2 试验设备

采用满足下述条件的试验装置:
a) 试验电压:电压 0 V～1 250 V(有效值)连续可调,频率 50 Hz;
b) 升、降压速率:100 V/s～500 V/s;
c) 记时:60 s±5 s,击穿电流:20 mA。

5.8 射频电磁场辐射抗扰度试验

5.8.1 试验步骤

5.8.1.1 按 GB/T 17626.3 的规定进行试验布置,接通试样电源,使其处于正常监视状态,保持 20 min。

5.8.1.2 按 GB/T 17626.3 规定的试验方法对试样施加表 1 所示条件的电磁干扰试验,观察并记录试样的工作状态。

5.8.1.3 进行基本功能试验,并与试验前的基本功能相比较。

5.8.2 试验设备

采用符合 GB/T 17626.3 相关规定的试验设备。

5.9 射频场感应的传导骚扰抗扰度试验

5.9.1 试验步骤

5.9.1.1 按 GB/T 17626.6 的规定进行试验配置,接通试样电源,使其处于正常监视状态,保持 20 min。

5.9.1.2 按 GB/T 17626.6 规定的试验方法对试样施加表 1 所示条件的电磁干扰试验,观察并记录试样的工作状态。

5.9.1.3 进行基本功能试验,并与试验前的基本功能相比较。

5.9.2 试验设备

采用符合 GB/T 17626.6 相关规定的试验设备。

5.10 静电放电抗扰度试验

5.10.1 试验步骤

5.10.1.1 按 GB/T 17626.2 的规定进行试验布置,接通试样电源,使其处于正常监视状态,保持 20 min。

5.10.1.2 按 GB/T 17626.2 规定的试验方法对试样及耦合板施加表 1 所示条件的电磁干扰试验,观察并记录试样的工作状态。

5.10.1.3 进行基本功能试验,并与试验前的基本功能相比较。

5.10.2 试验设备

采用符合 GB/T 17626.2 相关规定的试验设备。

5.11 电快速瞬变脉冲群抗扰度试验

5.11.1 试验步骤

5.11.1.1 按 GB/T 17626.4 的规定进行试验配置,接通试样电源,使其处于正常监视状态,保持 20 min。

5.11.1.2 按 GB/T 17626.4 规定的试验方法对试样施加表 1 所示条件的电磁干扰试验。试验期间观察并记录试样的工作状态。

5.11.1.3 进行基本功能试验,并与试验前的基本功能相比较。

5.11.2 试验设备

采用符合 GB/T 17626.4 相关规定的试验设备。

5.12 浪涌(冲击)抗扰度试验

5.12.1 试验步骤

5.12.1.1 按 GB/T 17626.5 的规定进行试验配置,接通试样电源,使其处于正常监视状态,保持 20 min。

5.12.1.2 按 GB/T 17626.5 规定的试验方法对试样施加表 1 所示条件的电磁干扰试验,观察并记录试样的工作状态。

5.12.1.3 进行基本功能试验,并与试验前的基本功能相比较。

5.12.2 试验设备

采用符合 GB/T 17626.5 相关规定的试验设备。

5.13 电压暂降、短时中断和电压变化的抗扰度试验

5.13.1 试验步骤

5.13.1.1 按正常监视状态要求,将试样与负载连接,连接试样到主电压暂降和中断试验装置上,使其处于正常监视状态。

5.13.1.2 使主电压下滑至供电电压的40%,持续20 ms,重复进行10次;再将使主电压下滑至0 V,持续10 ms,重复进行10次,观察并记录试样的工作状态。

5.13.1.3 进行基本功能试验,并与试验前的基本功能相比较。

5.13.2 试验设备

采用符合GB/T 17626.11相关规定的试验设备。

5.14 电源瞬变试验

5.14.1 试验步骤

5.14.1.1 按正常监视状态要求,将试样与负载连接,连接试样到电源瞬变试验装置,使其处于正常监视状态。

5.14.1.2 开启试验装置,使试样主电源按"通电(9 s)～断电(1 s)"的固定程序连续通断500次,观察并记录试样的工作状态。

5.14.1.3 进行基本功能试验,并与试验前的基本功能相比较。

5.14.2 试验设备

采用能够满足5.14.1.2试验条件的试验装置。

5.15 低温(运行)试验

5.15.1 试验步骤

5.15.1.1 将试样在正常大气条件下放置2 h~4 h。然后按正常监视状态要求,将试样与负载连接,接通电源。

5.15.1.2 调节试验箱温度,使其在20 ℃±2 ℃温度下保持30 min±5 min,然后,以不大于1 ℃/min的速率降温至0 ℃±3 ℃。

5.15.1.3 在0 ℃±3 ℃温度条件下,保持16 h后进行基本功能试验。

5.15.1.4 调节试验箱温度,使其以不大于1 ℃/min的速率升温至20 ℃±2 ℃,并保持30 min±5 min。

5.15.1.5 取出试样,在正常大气条件下放置1 h~2 h。

5.15.1.6 检查试样表面涂覆情况。

5.15.1.7 进行基本功能试验,并与试验前的基本功能相比较。

5.15.2 试验设备

采用符合GB 16838相关规定的试验设备。

5.16 恒定湿热(运行)试验

5.16.1 试验步骤

5.16.1.1 将试样在正常大气的条件下放置2 h~4 h。然后按正常监视状态要求,将试样与负载连接,

接通电源,使其处于正常监视状态。

5.16.1.2 调节试验箱,使温度为 40 ℃±2 ℃,相对湿度 90%～95%(先调节温度,当温度达到稳定后再加湿),保持 4 d 后进行基本功能试验。

5.16.1.3 取出试样,在正常大气条件下,处于正常监视状态 1 h～2 h。

5.16.1.4 检查试样表面涂覆情况。

5.16.1.5 进行基本功能试验,并与试验前的基本功能相比较。

5.16.2 试验设备

采用符合 GB 16838 相关规定的试验设备。

5.17 恒定湿热(耐久)试验

5.17.1 试验步骤

5.17.1.1 在不通电的情况下,将试样置于试验箱内。

5.17.1.2 调节试验箱,使温度为 40 ℃±2 ℃,相对湿度 90%～95%(先调节温度,当温度达到稳定后再加湿),保持 21 d。

5.17.1.3 取出试样,在正常大气条件下,恢复 12 h。

5.17.1.4 检查试样表面涂覆情况。

5.17.1.5 接通电源,连接负载,使其处于正常监视状态。

5.17.1.6 进行基本功能试验,并与试验前的基本功能相比较。

5.17.2 试验设备

采用符合 GB 16838 相关规定的试验设备。

5.18 振动(正弦)(运行)试验

5.18.1 试验步骤

5.18.1.1 将试样按正常安装方式刚性安装,使同方向的重力作用和其使用时一样(重力影响可忽略时除外),试样在上述安装方式下可放于任何高度。接通电源,使试样处于正常监视状态。

5.18.1.2 依次在三个互相垂直的轴线上,在 10 Hz～150 Hz 的频率循环范围内,以 0.981 m/s² 的加速度幅值,1 oct/min 的扫频速率,各进行 1 次扫频循环。

5.18.1.3 检查试样外观及紧固部位。

5.18.1.4 进行基本功能试验,并与试验前的基本功能相比较。

5.18.2 试验设备

采用符合 GB 16838 相关规定的试验设备(振动台及夹具)。

5.19 振动(正弦)(耐久)试验

5.19.1 试验步骤

5.19.1.1 在不通电的情况下,将试样按正常安装方式刚性安装(重力影响可忽略时除外),试样在上述安装方式下可放于任何高度。

5.19.1.2 依次在三个互相垂直的轴线上,在 10 Hz～150 Hz 的频率循环范围内,以 4.905 m/s² 的加速度幅值,1 oct/min 的扫频速率,各进行 20 次扫频循环。

5.19.1.3 检查试样外观及紧固部位。

5.19.1.4 接通电源,连接负载,使其处于正常监视状态。

5.19.1.5 进行基本功能试验,并与试验前的基本功能相比较。

5.19.2 试验设备

采用符合 GB 16838 相关规定的试验设备(振动台及夹具)。

5.20 碰撞试验

5.20.1 试验步骤

5.20.1.1 将试样与负载连接,接通电源,使其处于正常监视状态。

5.20.1.2 对试样表面上的每个易损部件施加 3 次能量为 0.5 J±0.04 J 的碰撞。在进行试验时应小心进行,以确保上一组(3 次)碰撞的结果不对后续各组碰撞的结果产生影响,在认为可能产生影响时,应不考虑发现的缺陷,取一新的试样,在同一位置重新进行碰撞试验。观察并记录试样的工作状态。

5.20.1.3 进行基本功能试验,并与试验前的基本功能相比较。

5.20.2 试验设备

采用符合 GB 16838 相关规定的试验设备。

6 检验规则

6.1 产品出厂检验

企业在产品出厂前应对消防设备电源监控系统进行下述试验项目的检验:
a) 基本功能试验;
b) 绝缘电阻试验;
c) 电气强度试验。

6.2 型式检验

6.2.1 型式检验项目为 5.1.5、5.2~5.20 规定的试验项目。检验样品在出厂检验合格的产品中抽取。

6.2.2 有下列情况之一时,应进行型式检验:
a) 新产品或老产品转厂生产时的试制定型;
b) 正式生产后,产品的结构、主要部(器)件或元器件、生产工艺等有较大的改变,可能影响产品性能或正常生产满 4 年;
c) 产品停产 1 年以上,恢复生产;
d) 出厂检验结果与上次型式检验结果差异较大;
e) 发生重大质量事故。

6.2.3 按 GB 12978 中规定的型式检验结果判定方法进行判定。

7 标志和使用说明书

7.1 产品标志

消防设备电源监控系统应有清晰、耐久的产品标志,产品标志应包括以下内容:
a) 产品名称;

b) 执行标准代号;
c) 制造商名称或商标;
d) 型号;
e) 接线柱标注;
f) 主要技术参数(传感器探测范围等);
g) 制造日期、产品编号、产地和监控器内软件版本号。

7.2 质量检验标志

每套消防设备电源监控系统均应有质量检验合格标志。

7.3 使用说明书

消防设备电源监控系统内各设备应有相应的中文使用说明书,使用说明书的内容应符合 GB/T 9969 的规定,并与产品性能一致。

ICS 13.220.20
C 81

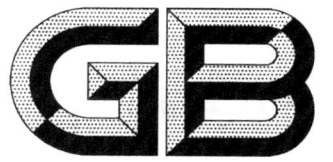

中华人民共和国国家标准

GB 29364—2012

防火门监控器

Indicating and control unit for fire resistant doorsets

2012-12-31 发布　　　　　　　　　　　　　　　　2013-07-01 实施

中华人民共和国国家质量监督检验检疫总局
中国国家标准化管理委员会　发布

前 言

本标准的第 4、6、7 章内容为强制性的,其余为推荐性的。

本标准按照 GB/T 1.1—2009 给出的规则起草。

请注意本文件的某些内容可能涉及专利。本文件的发布机构不承担识别这些专利的责任。

本标准由中华人民共和国公安部提出。

本标准由全国消防标准化技术委员会火灾探测与报警分技术委员会(SAC/TC 113/SC 6)归口。

本标准负责起草单位:公安部沈阳消防研究所。

本标准主要起草人:丁宏军、马恒、张颖琮、栾军、闫茹、丁万君、鲁林、谢锋、邵宇。

本标准为首次发布。

防火门监控器

1 范围

本标准规定了防火门监控器的术语和定义、要求、试验、检验规则、标志和使用说明书。

本标准适用于一般工业与民用建筑中安装使用的防火门监控器，其他环境中安装的监控器亦可参照本标准。

2 规范性引用文件

下列文件对于本文件的应用是必不可少的。凡是注日期的引用文件，仅注日期的版本适用于本文件。凡是不注日期的引用文件，其最新版本（包括所有的修改单）适用于本文件。

GB/T 9969　工业产品使用说明书　总则

GB 12978　消防电子产品检验规则

GB 16838　消防电子产品　环境试验方法及严酷等级

GB/T 17626.2　电磁兼容　试验和测量技术　静电放电抗扰度试验

GB/T 17626.3　电磁兼容　试验和测量技术　射频电磁场辐射抗扰度试验

GB/T 17626.4　电磁兼容　试验和测量技术　电快速瞬变脉冲群抗扰度试验

GB/T 17626.5　电磁兼容　试验和测量技术　浪涌（冲击）抗扰度试验

GB/T 17626.6　电磁兼容　试验和测量技术　射频场感应的传导骚扰抗扰度

GB/T 17626.11　电磁兼容　试验和测量技术　电压暂降、短时中断和电压变化的抗扰度试验

3 术语和定义

下列术语和定义适用于本文件。

3.1
防火门监控器　indicating and control unit for fire resistant doorsets

用于显示并控制防火门打开、关闭状态的控制装置（以下简称"监控器"）。

3.2
防火门电动闭门器　electric closer for fire resistant doorsets

能够在收到指令后将处于打开状态的防火门关闭，并将其状态信息反馈至防火门监控器的电动装置（以下简称"电动闭门器"）。

3.3
防火门电磁释放器　electromagnetic release device for fire resistant doorsets

使常开防火门保持打开状态，在收到指令后释放防火门使其关闭，并将本身的状态信息反馈至监控器的电动装置（以下简称"释放器"）。

3.4
防火门门磁开关　magnetic contact for fire resistant doorsets

用于监视防火门的开闭状态，并能将其状态信息反馈至防火门监控器的装置（以下简称"门磁开关"）。

3.5
防火门故障状态 abnormal states of fire resistant doorsets

防火门处于非正常打开的状态或非正常关闭的状态。

4 要求

4.1 外观

监控器的外观应符合下述要求：
a) 文字、符号和标志清晰齐全；
b) 试样表面无腐蚀、涂覆层脱落和起泡现象，无明显划伤、裂痕、毛刺等机械损伤；
c) 紧固部位无松动。

4.2 主要部件性能

4.2.1 一般要求

监控器部件应采用符合相关标准的定型产品，同时应符合4.2.2～4.2.6的规定。

4.2.2 指示灯、显示器

4.2.2.1 应以红色指示启动信号、电动闭门器和释放器的动作信号和门磁开关的反馈信号；黄色指示故障、自检状态；绿色指示电源工作状态和释放器的反馈信号。

4.2.2.2 指示灯、显示器功能应有清晰的中文标注。

4.2.2.3 在100 lx～500 lx环境光条件下，在正前方22.5°视角范围内，状态和电源指示灯、显示器应在3 m处清晰可见；其他指示灯显示器显示的字符应在0.8 m处清晰可读。

4.2.2.4 采用闪亮方式的指示灯、显示器每次点亮时间应不小于0.25 s，其闪动频率应不小于1 Hz。

4.2.2.5 用同一个指示灯、显示器显示具体部位的状态时，应能明确、清晰可辨。

4.2.2.6 在100 lx～500 lx环境光线条件下，显示器显示的字符应在正前方22.5°视角内，0.8 m处可读。

4.2.3 熔断器

电源线路的熔断器或其他过电流保护器件的额定电流值不应大于监控器最大工作电流的2倍；当最大工作电流大于6 A时，熔断器电流值可取其1.5倍，并应在靠近熔断器或其他过电流保护器件处清楚地标注其参数值。

4.2.4 接线端子

每一接线端子上都应清晰、牢固地标注其编号或符号，相应用途应在有关文件中说明。

4.2.5 充电器及备用电源

4.2.5.1 充电器的电流应不大于备用电源电池生产企业规定的额定值。

4.2.5.2 备用电源正极连接导线为红色，负极为黑色或蓝色。

4.2.6 开关和按键

开关和按键上或靠近的位置应用中文清楚的标注其功能。

4.3 整机性能

4.3.1 基本功能

4.3.1.1 监控器主电源应采用 220 V、50 Hz 交流电源,电源线输入端应设接线端子。

4.3.1.2 监控器为其连接的电动闭门器、释放器和门磁开关供电时,供电电压应采用直流 24 V 或 12 V;电动闭门器、释放器和门磁开关与监控器的接口参数应一致。

4.3.1.3 监控器应设有保护接地端子。

4.3.1.4 监控器使用文字显示信息时,应采用中文。

4.3.1.5 监控器应能显示与其连接的电动闭门器和释放器的开、闭状态,并应有专用状态指示灯。

4.3.1.6 监控器应能直接控制与其连接的每个电动闭门器和释放器的工作状态,并设启动总指示灯,启动信号发出时,应点亮该指示灯。

4.3.1.7 监控器应能接收来自火灾自动报警系统的火灾报警信号,并在 30 s 内向电动闭门器或释放器发出启动信号,点亮启动总指示灯。

4.3.1.8 监控器应在电动闭门器、释放器或门磁开关动作后 10 s 内收到反馈信号,并应有反馈光指示,指示名称或部位,反馈光指示应保持至受控设备恢复;发出启动信号后 10 s 内未收到要求的反馈信号时,应使启动总指示灯闪亮,并显示相应电动闭门器、释放器或门磁开关的部位,保持至监控器收到反馈信号。

4.3.1.9 监控器应有防火门故障状态总指示灯,防火门处于故障状态时,该指示灯应点亮,并发出声光报警信号。声信号的声压级(正前方 1 m 处)应为 65 dB～85 dB;故障声信号每分钟至少提示 1 次,每次持续时间应为 1 s～3 s。

4.3.1.10 监控器应能记录与其连接的防火门的状态信息(包括防火门地址,开、闭合故障状态及相应的时间等),记录容量不应少于 10 000 条,并具有将上述信息上传的功能。

4.3.2 自检功能

监控器应能对其音响部件及状态指示灯、显示器进行功能检查。监控器执行自检时,应不造成与其相连的外部设备动作。

4.3.3 备用电源功能

4.3.3.1 监控器应配有备用电源,并符合下述要求:
    a) 备用电源应采用密封、免维护充电电池。
    b) 电池容量应保证监控器在下述情况下正常可靠工作 3 h:
        1) 监控器处于通电工作状态;
        2) 提供防火门开启以及关闭所需的电源。
    c) 有防止电池过充电、过放电的功能;在不超过生产厂规定的电池极限放电情况下,应能在 24 h 内完成对电池的充电。

4.3.3.2 监控器应有主、备电源转换功能。主、备电源的工作状态应有指示,主、备电源的转换应不使监控器发生误动作。

4.3.4 故障报警功能

有下述故障时,监控器应在 100 s 内发出与报警信号有明显区别的声、光故障信号,故障声信号应能手动消除,再有故障信号输入时,应能再启动;故障光信号应保持至故障排除:
    a) 监控器的主电源断电;

b) 监控器与电动闭门器、释放器、门磁开关间连接线断路、短路；
c) 电动闭门器、释放器、门磁开关的供电电源故障；
d) 备用电源与充电器之间的连接线断路、短路；
e) 备用电源故障。

4.4 绝缘电阻

监控器有绝缘要求的外部带电端子与机壳间的绝缘电阻值应不小于 20 MΩ；电源输入端与机壳间的绝缘电阻值应不小于 50 MΩ。

4.5 电气强度

监控器的电源插头与机壳间应能耐受频率为 50 Hz，有效值电压为 1 250 V 的交流电压历时 1 min 的电气强度试验。试验期间，不应发生击穿现象；试验后，基本功能应与试验前保持一致。

4.6 电磁兼容性能

监控器应能适应表 1 规定条件下的各项试验要求。试验期间，应保持正常监视状态；试验后，基本功能应与试验前保持一致。

注：正常监视状态指监控器在电源正常供电条件下，无故障报警、自检等操作时所处的工作状态。

表 1 电磁兼容试验条件

试验名称	试验条件				
射频电磁场辐射抗扰度试验	增强 V/m	频率范围 MHz	扫描速率 10 oct/s	调制幅度	工作状态
	10	80~1 000	≤1.5×10⁻³	80% (1 kHz,正弦)	正常监视状态
射频场感应的传导骚扰抗扰度试验	频率范围 MHz	电压 dBμV	调制幅度		工作状态
	0.15~80	140	80%(1 kHz,正弦)		正常监视状态
静电放电抗扰度试验	放电电压 kV	放电极性	放电间隔 s	每点放电次数	工作状态
	空气放电(外壳为绝缘体)8 接触放电(外壳为导体)6	正、负	≥1	10	正常监视状态
电快速瞬变脉冲群抗扰度试验	电压峰值 kV	重复频率 kHz	极性	时间 min	工作状态
	AC 电源线：2×(1±0.1) 其他连接线：1×(1±0.1)	AC 电源线：2.5×(1±0.2) 其他连接线：5×(1±0.2)	正、负	每次 1	正常监视状态
浪涌(冲击)抗扰度试验	浪涌(冲击)电压 kV	极性	持续时间 ms	试验次数	工作状态
	AC 电源线线-线：1×(1±0.1) AC 电源线线-地：2×(1±0.1) 其他连接线线-地：1×(1±0.1)	正、负	10 (下滑100%)	AC 电源线：5 其他连接线：20	正常监视状态
电压暂降、短时中断和电压变化的抗扰度试验	试验时间 额定电压周期	试验次数			工作状态
	10(40%供电电压) 1(0 V)	10			正常监视状态

4.7 电源瞬变耐受性

监控器的主电源按"通电(9 s)～断电(1 s)"的固定程序连续通断500次。试验期间,应保持正常监视状态;试验后,基本功能应与试验前保持一致。

4.8 气候环境耐受性

监控器应能耐受表2规定的气候条件下的各项试验。试验期间,处于通电状态的监控器及其组件应保持正常监视状态;试验后,应无破坏涂覆和腐蚀现象,基本功能应与试验前保持一致。

表2 气候环境条件

试验名称	试验条件			
低温(运行)试验	温度 ℃	持续时间 h	工作状态	
	0±3	16	正常监视状态	
恒定湿热(运行)试验	温度 ℃	相对湿度 %	持续时间 d	工作状态
	40±2	90～95	4	正常监视状态

4.9 机械环境耐受性

监控器应能耐受表3规定的机械环境条件下的各项试验。试验期间,处于通电状态的监控器应保持正常监视状态;试验后,不应有机械损伤和紧固部位松动现象,基本功能应与试验前保持一致。

表3 机械环境条件

试验名称	试验条件					
振动(正弦) (运行)试验	频率循环范围 Hz	加速幅值 m/s²	扫频速率 oct/min	每个轴线扫频 次数	振动方向	工作状态
	10～150	0.981	1	1	X、Y、Z	正常监视状态
振动(正弦) (耐久)试验	频率循环范围 Hz	加速幅值 m/s²	扫频速率 oct/min	每个轴线扫频 次数	振动方向	工作状态
	10～150	4.905	1	20	X、Y、Z	不通电状态
碰撞试验	碰撞能量 J			碰撞次数		工作状态
	0.5±0.04			3		正常监视状态

5 试验

5.1 总则

5.1.1 试验程序见表4。

5.1.2 试验应在下述环境条件下进行:

——温度:15 ℃～35 ℃;

——湿度：25% RH～75% RH；
——大气压力：86 kPa～106 kPa。

5.1.3 电磁兼容试验设备应符合 GB/T 17626.2～17626.6 和 GB/T 17626.11 的规定，气候环境和机械环境试验设备应符合 GB 16838 的规定。

5.1.4 各项试验数据的容差为±5%。

5.1.5 试样为监控器 2 套，试验前予以编号。

5.1.6 试验前应按 4.1 和 4.2 的规定对试样进行外观和主要部件检查，符合要求方可进行试验。

表 4 试验程序

序号	章条	试验项目	编号 1	编号 2
1	4.1	外观检查	√	√
2	4.2	主要部件检查	√	√
3	5.2	基本功能试验	√	√
4	5.3	自检功能试验	√	√
5	5.4	备用电源功能试验	√	√
6	5.5	故障报警功能试验	√	√
7	5.6	绝缘电阻试验	√	
8	5.7	电气强度试验	√	
9	5.8	射频电磁场辐射抗扰度试验	√	
10	5.9	射频场感应的传导骚扰抗扰度试验	√	
11	5.10	静电放电抗扰度试验		√
12	5.11	电快速瞬变脉冲群抗扰度试验		√
13	5.12	浪涌（冲击）抗扰度试验		√
14	5.13	电压暂降、短时中断和电压变化的抗扰度试验	√	
15	5.14	电源瞬变试验		√
16	5.15	低温（运行）试验	√	
17	5.16	恒定湿热（运行）试验		√
18	5.17	振动（正弦）（运行）试验	√	
19	5.18	振动（正弦）（耐久）试验	√	
20	5.19	碰撞试验		√

5.2 基本功能试验

5.2.1 将试样连接电动闭门器、释放器和门磁开关各两个，其他回路可分别连接等效负载，接通电源，使试样处于正常监视状态。

5.2.2 检查试样电源、供电状态、显示状态和接地端子；模拟电动闭门器、释放器和门磁开关的开、闭和防火门故障状态，保持 100 s，观察并记录试样的工作状态。

5.2.3 操作电动闭门器、释放器和门磁开关令其动作，观察并记录试样和电动闭门器、释放器和门磁开关的状态。

5.2.4 向试样发出来自火灾自动报警系统的火灾报警信号,记录试样向电动闭门器、释放器发出启动信号的时间,观察并记录试样和电动闭门器、释放器状态。

5.2.5 检查试样的信息记录和信息传输功能。

5.3 自检功能试验

5.3.1 将试样连接两个以上的电动闭门器、释放器和门磁开关,接通电源,使其处于正常监视状态。

5.3.2 操作试样自检机构,观察并记录试样的工作状态。

5.4 备用电源功能试验

5.4.1 将试样一个回路按设计容量连接真实负载,其他回路连接等效负载。按照4.3.3.1的要求进行试验,观察并记录试样的工作状态。

5.4.2 在试样处于正常监视状态下,切断试样的主电源,使试样由备用电源供电,再恢复主电源,观察并记录试样的状态。

5.5 故障报警功能试验

5.5.1 将试样连接两个以上的电动闭门器、释放器和门磁开关,其他回路可分别连接等效负载,接通电源,使试样处于正常监视状态。

5.5.2 按4.3.4的要求,对试样各项故障功能进行测试,观察并记录试样的工作状态。

5.5.3 手动消除故障声信号,并使另一部位发出故障信号,检查试样消音功能、故障声信号再启动功能和故障信号显示功能。

5.5.4 手动复位试样,记录试样发出尚未排除故障信号的时间;排除所有输入的故障信号,手动复位试样后(适用于没有故障自动恢复功能的试样),观察并记录试样的指示情况。

5.6 绝缘电阻试验

5.6.1 试验设备

采用满足下列要求的绝缘电阻试验设备(也可用兆欧表或摇表测试):
a) 试验电压:500 V±50 V;
b) 测量范围:0 MΩ~500 MΩ;
c) 最小分度:0.1 MΩ;
d) 记时:60 s±5 s。

5.6.2 试验步骤

5.6.2.1 将试样有绝缘要求的外部带电端子短接后,连接到绝缘电阻试验装置的正极输出端,机壳接到绝缘电阻试验装置的负极输出端。施加500 V±50 V直流电压,持续60 s±5 s后,记录绝缘电阻值。

5.6.2.2 将试样电源插头(或电源接线端子)短接后,连接到绝缘电阻试验装置的正极输出端,机壳接到绝缘电阻试验装置的负极输出端。施加500 V±50 V直流电压,持续60 s±5 s后,记录绝缘电阻值。

5.7 电气强度试验

5.7.1 试验设备

采用满足下述条件的电器强度试验设备:
a) 试验电压:电压0 V~1 250 V(有效值)连续可调,频率50 Hz,短路电流10 A(有效值);
b) 升、降压速率:100 V/s~500 V/s;

c) 计时:60 s±5 s。

5.7.2 试验步骤

5.7.2.1 试验前,将试样的接地保护元件拆除。

5.7.2.2 通过试验装置,以 100 V/s～500 V/s 的升压速率,对试样的电源线与机壳间施加 50 Hz, 1 250 V(有效值电压)的试验电压,持续 60 s±5 s,观察并记录试验中所发生的现象。

5.7.2.3 以 100 V/s～500 V/s 的降压速率使电压降至低于额定电压值,切断试验装置的电压输出。

5.7.2.4 接通试样电源,使其处于正常监视状态。

5.7.2.5 进行基本功能试验,并与试验前的基本功能相比较。

5.8 射频电磁场辐射抗扰度试验

5.8.1 将试样按 GB/T 17626.3 的规定进行试验布置,将监控器及电动闭门器、释放器和门磁开关连接,接通电源,使其处于正常监视状态,保持 20 min。

5.8.2 按 GB/T 17626.3 规定的试验方法对试样施加表 1 所示条件的电磁干扰试验,观察并记录试样的工作状态。

5.8.3 进行基本功能试验,并与试验前的基本功能相比较。

5.9 射频场感应的传导骚扰抗扰度试验

5.9.1 将试样按 GB/T 17626.6 的规定进行试验配置,将监控器及电动闭门器、释放器和门磁开关连接,接通电源,使其处于正常监视状态,保持 20 min。

5.9.2 按 GB/T 17626.6 规定的试验方法对试样施加表 1 所示条件的电磁干扰试验,观察并记录试样的工作状态。

5.9.3 进行基本功能试验,并与试验前的基本功能相比较。

5.10 静电放电抗扰度试验

5.10.1 将试样按 GB/T 17626.2 的规定进行试验布置,将监控器及电动闭门器、释放器和门磁开关连接,接通电源,使其处于正常监视状态,保持 20 min。

5.10.2 按 GB/T 17626.2 规定的试验方法对试样及耦合板施加表 1 所示条件的电磁干扰试验,观察并记录试样的工作状态。

5.10.3 进行基本功能试验,并与试验前的基本功能相比较。

5.11 电快速瞬变脉冲群抗扰度试验

5.11.1 将试样按 GB/T 17626.4 的规定进行试验配置,将监控器及电动闭门器、释放器和门磁开关连接,接通电源,使其处于正常监视状态,保持 20 min。

5.11.2 按 GB/T 17626.4 规定的试验方法对试样施加表 1 所示条件的电磁干扰试验。试验期间观察并记录试样的工作状态。

5.11.3 进行基本功能试验,并与试验前的基本功能相比较。

5.12 浪涌(冲击)抗扰度试验

5.12.1 将试样按 GB/T 17626.5 的规定进行试验配置,将监控器及电动闭门器、释放器和门磁开关连接,接通电源,使其处于正常监视状态,保持 20 min。

5.12.2 按 GB/T 17626.5 规定的试验方法对试样施加表 1 所示条件的电磁干扰试验,观察并记录试样的工作状态。

5.12.3 进行基本功能试验,并与试验前的基本功能相比较。

5.13 电压暂降、短时中断和电压变化的抗扰度试验

5.13.1 按正常监视状态要求,将试样电动闭门器、释放器和门磁开关连接。连接试样到符合GB/T 17626.11规定的主电压暂降和中断试验装置上,使其处于正常监视状态。

5.13.2 使主电压下滑至40%,持续20 ms,重复进行10次;再将使主电压下滑至0 V,持续10 ms,重复进行10次,观察并记录试样的工作状态。

5.13.3 进行基本功能试验,并与试验前的基本功能相比较。

5.14 电源瞬变试验

5.14.1 按正常监视状态要求,将试样与电动闭门器、释放器和门磁开关连接,连接试样到符合4.7规定的电源瞬变试验装置,使其处于正常监视状态。

5.14.2 开启试验装置,使试样主电源按"通电(9 s)～断电(1 s)"的固定程序连续通断500次,观察并记录试样的工作状态。

5.14.3 进行基本功能试验,并与试验前的基本功能相比较。

5.15 低温(运行)试验

5.15.1 将试样在正常大气条件下放置2 h～4 h。然后按正常监视状态要求,将试样与等效负载连接,接通电源。

5.15.2 调节试验箱温度,使其在20 ℃±2 ℃温度下保持30 min±5 min,然后,以不大于1 ℃/min的速率降温至0 ℃±3 ℃。

5.15.3 在0 ℃±3 ℃温度条件下,保持16 h后进行基本功能试验。

5.15.4 调节试验箱温度,使其以不大于1 ℃/min的速率升温至20 ℃±2 ℃,并保持30 min±5 min。

5.15.5 取出试样,在正常大气条件下放置1 h～2 h。

5.15.6 检查试样表面涂覆情况。

5.15.7 进行基本功能试验,并与试验前的基本功能相比较。

5.16 恒定湿热(运行)试验

5.16.1 将试样在正常大气条件下放置2 h～4 h。然后按正常监视状态要求,将试样与等效负载连接,接通电源,使其处于正常监视状态。

5.16.2 调节试验箱,使温度为40 ℃±2 ℃,相对湿度90%～95%(先调节温度,当温度达到稳定后再加湿),保持4 d后进行基本功能试验。

5.16.3 取出试样,在正常大气条件下,处于正常监视状态1 h～2 h。

5.16.4 检查试样表面涂覆情况。

5.16.5 进行基本功能试验,并与试验前的基本功能相比较。

5.17 振动(正弦)(运行)试验

5.17.1 将试样按正常安装方式刚性安装,使同方向的重力作用与其使用时一致(重力影响可忽略时除外),试样在上述安装方式下可放于任何高度。接通电源,使试样处于正常监视状态。

5.17.2 依次在3个互相垂直的轴线上,在10 Hz～150 Hz的频率循环范围内,以0.981 m/s^{2}的加速度幅值,1 oct/min的扫频速率,各进行1次扫频循环。

5.17.3 检查试样外观及紧固部位。

5.17.4 进行基本功能试验,并与试验前的基本功能相比较。

5.18 振动(正弦)(耐久)试验

5.18.1 在不通电的情况下,将试样按正常安装方式刚性安装(重力影响可忽略时除外),试样在上述安装方式下可放于任何高度。

5.18.2 依次在3个互相垂直的轴线上,在10 Hz～150 Hz的频率循环范围内,以4.905 m/s^{2}的加速度幅值,1 oct/min的扫频速率,各进行20次扫频循环。

5.18.3 检查试样外观及紧固部位。

5.18.4 接通电源,使其处于正常监视状态。

5.18.5 进行基本功能试验,并与试验前的基本功能相比较。

5.19 碰撞试验

5.19.1 将试样与等效负载连接,接通电源,使其处于正常监视状态。

5.19.2 对试样表面上的每个易损部件施加3次能量为0.5 J±0.04 J的碰撞。在进行试验时应小心进行,以确保上一组(3次)碰撞的结果不对后续各组碰撞的结果产生影响,在认为可能产生影响时,应不考虑发现的缺陷,取一新的试样,在同一位置重新进行碰撞试验。观察并记录试样的工作状态。

5.19.3 进行基本功能试验,并与试验前的基本功能相比较。

6 检验规则

6.1 出厂检验

应对监控器进行下述试验项目的检验:
a) 基本功能试验;
b) 自检功能试验;
c) 绝缘电阻试验;
d) 电气强度试验。

6.2 型式检验

6.2.1 有下列情况之一,应进行型式检验:
a) 新产品试制定型及老产品转厂生产时;
b) 投产后,产品的结构、主要部件、生产工艺有较大改变,可能影响产品性能时;
c) 正式投产满三年时;
d) 产品停产一年以上,恢复生产时;
e) 出厂检验结果与上次型式检验结果差异较大时;
f) 质量监督部门提出要求时。

6.2.2 型式检验项目为5.1.6、5.2～5.19规定的试验项目。检验样品在出厂检验合格的产品中随机抽取。

6.2.3 检验结果按GB 12978规定的型式检验结果判定方法进行判定。

7 标志

7.1 产品标志

每只监控器均应有清晰、耐久的产品标志,包含以下内容:

a) 产品名称及型号;
b) 执行标准代号;
c) 制造商名称或商标;
d) 接线柱标注;
e) 制造日期或产品编号;
f) 生产地址。

7.2 质量检验标志

每只监控器均应有质量检验合格标志。

8 使用说明书

监控器应附有中文说明书。说明书的内容应符合 GB/T 9969 的要求。

ICS 13.220.20
C 81

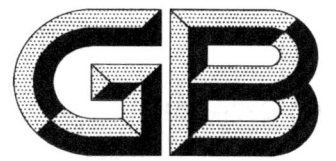

中华人民共和国国家标准

GB 29837—2013

火灾探测报警产品的维修保养与报废

Maintenance and discard for fire detection and alarm products

2013-11-12 发布

2014-08-07 实施

中华人民共和国国家质量监督检验检疫总局
中国国家标准化管理委员会 发布

前　言

本标准的第 3、4、5、6 章为强制性的，其余为推荐性的。

本标准按照 GB/T 1.1—2009 给出的规则起草。

本标准由中华人民共和国公安部提出。

本标准由全国消防标准化技术委员会火灾探测与报警分技术委员会(SAC/TC 113/SC 6)归口。

本标准负责起草单位：公安部沈阳消防研究所。

本标准参加起草单位：西安盛赛尔电子有限公司、海湾安全技术有限公司、上海松江电子仪器厂、北大青鸟环宇消防设备有限公司、北京利达华信电子有限公司。

本标准主要起草人：丁宏军、屈励、张颖琮、李宁宁、曹希锋、梅志斌、王长川、李苗、董文辉、俞颖飞、王爱中、张雄飞、蔡为民、孟宇、涂燕林。

火灾探测报警产品的维修保养与报废

1 范围

本标准规定了火灾探测报警产品的维修保养与报废要求。

本标准适用于设置在建筑中的火灾探测报警产品。其他特殊场所使用的火灾探测报警产品可参照执行。

2 规范性引用文件

下列文件对于本文件的应用是必不可少的。凡是注日期的引用文件，仅注日期的版本适用于本文件。凡是不注日期的引用文件，其最新版本（包括所有的修改单）适用于本文件。

GB 4715　点型感烟火灾探测器
GB 4716　点型感温火灾探测器
GB 4717　火灾报警控制器
GB 14003　线型光束感烟火灾探测器
GB 14287.1　电气火灾监控系统　第1部分：电气火灾监控设备
GB 14287.2　电气火灾监控系统　第2部分：剩余电流式电气火灾监控探测器
GB 14287.3　电气火灾监控系统　第3部分：测温式电气火灾监控探测器
GB 15322（所有部分）　可燃气体探测器
GB 15631　特种火灾探测器
GB 16280　线型感温火灾探测器
GB 16806　消防联动控制系统
GB 16808　可燃气体报警控制器
GB 17429　火灾显示盘
GB 19880　手动火灾报警按钮
GB/T 21197　线型光纤感温火灾探测器
GB 25201　建筑消防设施的维护管理
GBZ 122　离子感烟火灾探测器放射防护标准

3 维修

3.1 一般要求

3.1.1 火灾探测报警产品（以下简称产品）的使用或管理单位在发现产品存在问题和故障时，应及时进行维修。

3.1.2 维修一般应在48 h内完成；需要由供应商或者生产企业提供零配件时，应在5个工作日内完成。

3.1.3 火灾探测器、模块、手动报警按钮和消火栓启动按钮一般应在维修企业内进行维修，将上述部件拆下维修时，应立即更换备品，不应对相应部位实施屏蔽；没有备品时，应对该部位采取有效的消防安全措施。

3.1.4 火灾报警控制器、消防联动控制器和可燃气体控制器可在现场维修。维修期间,应换上备用控制器;没有备用控制器时,应对该受保护区域采取有效的消防安全措施,或暂停使用该区域。

3.1.5 承担维修的企业应制订维修作业指导书,对维修人员进行相关培训,确保各项维修操作符合产品使用说明书和作业指导书的要求。

3.1.6 承担维修的企业应做好维修记录,与产品使用或管理单位各执一份,并保存至该产品报废。火灾探测报警产品维修记录表的格式参见附录A。

3.2 维修流程

3.2.1 对存在问题的产品应根据故障现象,分析查找原因并记录。

3.2.2 按照相关技术文件和维修作业指导书的要求对故障产品的结构、部件等进行检查,对发现的问题应采取相应维修措施并予以记录:
  a) 虚焊、漏焊、紧固件松动的,应补焊或紧固;
  b) 部件和元器件老化、损坏的,应修复或更换;
  c) 绝缘介质损坏、击穿的,应更换;
  d) 电气参数改变、漂移的,应调整恢复;
  e) 结构发生变形、严重腐蚀的,应修复或更换。

3.2.3 更换部件和元器件时,应对产品所更换的部件、元器件及相应部位进行防潮、防盐雾、防霉处理。

3.2.4 产品维修后,应依据相关产品标准进行检验,记录检验结果,合格后应加贴检验合格标识。

3.3 探测器类和按钮类产品

3.3.1 需要将无底座的探测器或按钮拆下时,应先切断该回路的供电。

3.3.2 感烟探测器、火焰探测器及图像型火灾探测器维修后,应分别按 GB 4715、GB 15631、GB 14003 要求进行响应阈值试验,响应阈值应在生产企业成品出厂检验规程规定的响应阈值范围内。

3.3.3 感温探测器维修后,应分别按 GB 4716、GB 16280、GB/T 21197 要求进行响应时间试验,试验结果应符合标准要求。

3.3.4 可燃气体探测器维修后,应按 GB 15322 要求进行响应时间和报警动作值试验,试验结果应符合标准要求。

3.3.5 剩余电流式电气火灾监控探测器维修后,应按 GB 14287.2 要求进行报警性能试验,试验结果应符合标准要求,设定的剩余电流报警动作值应符合设计要求。

3.3.6 测温式电气火灾监控探测器维修后,应按 GB 14287.3 要求进行基本性能试验,试验结果应符合标准要求,设定的报警温度值应符合设计要求。

3.3.7 手动报警按钮和消火栓启动按钮维修后,应分别按 GB 19880、GB 16806 要求进行动作性能试验和不动作性能试验,试验结果应符合标准要求。

3.4 控制器类产品

3.4.1 火灾报警控制器、消防联动控制器、可燃气体报警控制器、电气火灾监控器、气体灭火控制器维修前应切断主电源、备用电源及所有外部控制连接线。

3.4.2 更换主程序芯片后,应至少抽取 20 只与其连接的探测器按 5.2.2 规定进行试验,并应检查控制器连接的全部探测器、手动报警按钮和模块的报警和故障功能。

3.4.3 更换主电源板或备用电池后,应分别按 GB 4715、GB 16806、GB 16808、GB 14287.1 要求进行电源试验,试验结果应符合标准要求。

3.4.4 更换回路板后,应检查该回路板连接的全部探测器、手动报警按钮和模块的报警与故障功能。

3.4.5 更换显示板后,应检查控制器的全部显示功能和自检功能。

3.4.6 气体灭火控制器维修后应先接通电源,检验在无负载状态下的各项功能;符合要求后,接通与消防联动控制器的连接,检验其接受联动控制的功能;合格后,再与负载连接,对能够进行试验的控制功能进行检验,检验结果应符合 GB 16806 和该工程原设计要求。

3.5 消防电气控制装置

3.5.1 各类消防电气控制装置维修前应切断主电源、备用电源,断开其与负载和联动控制器的连接线。

3.5.2 维修后应先接通电源,在消防电气控制装置的各项功能都符合要求后,接通与负载和联动控制器的连接,检验其接受联动控制器的联动功能、启动负载功能和负载启动后的反馈功能。检验结果应符合标准和设计要求。

3.6 其他部件

3.6.1 模块、火灾声光警报器、火灾显示盘等部件需要拆下维修时,应先切断控制器供电电源,并立即更换上备品;没有备品时,应采取相应的安全措施,否则该区域应停止使用。

3.6.2 各部件维修后,应按相关标准要求进行基本功能试验,检验结果应符合标准和设计要求。

3.6.3 增加或更换模块、火灾声光警报器等的部件后,应检验增加或更换部件的启动输出功能,同时检验本回路中其他任一个同类型产品的启动输出功能是否受到影响。

3.7 其他要求

3.7.1 维修更换电池前,应检查电池外观,不应有裂纹、变形及爬碱、漏液等现象,电池两端极性标识应正确。

3.7.2 更换保险前,应确认所更换的保险器件参数满足产品要求。

3.7.3 现场修改软件后,应对软件可能影响的功能进行全部检验,且应抽检10%但不超过50只探测器的报警功能和相同数量模块的输出功能,抽检应覆盖所有回路。

4 保养

4.1 一般要求

4.1.1 产品的使用或管理单位应根据产品使用场所环境及产品保养要求制订保养计划。保养计划应包括需保养产品的具体名称、保养内容和周期。

4.1.2 产品使用或管理单位应储备一定数量的产品易损件,或与有关产品生产企业或供应商签订相关备用品合同,保证备用品数量。

4.1.3 承担保养的企业应制订保养作业指导书,对保养人员进行相关培训,确保各项保养操作符合产品使用说明书和作业指导书的要求。

4.1.4 实施保养后,应按照 GB 25201 的规定填写《建筑消防设施维护保养记录表》。

4.2 保养周期

具有报脏功能的探测器,在报脏时应及时清洗保养。没有报脏功能的探测器,应按产品说明书的要求进行清洗保养;产品说明书没有明确要求的,应每2年清洗或标定一次。

可燃气体探测器的气敏元件达到生产企业规定的寿命年限后应及时更换。

4.3 保养方法

4.3.1 接线端子

检查探测器及底座、控制器、手动部件按钮、消火栓按钮、消防电气控制装置、其他部件等系统内所有产品的接线端子,将连接松动的端子重新紧固连接;换掉有锈蚀痕迹的螺钉、端子垫片等接线部件;去除有锈蚀的导线端、烫锡后重新连接。

4.3.2 点型感烟火灾探测器

用专业工艺设备清洗传感部件和线路板,清洗后应标定探测器响应阈值,响应阈值应在生产企业成品出厂检验规程规定的响应阈值范围内。

4.3.3 点型感温火灾探测器

用专业工艺设备清洗感温部件和线路板,清洗后应标定探测器响应时间,响应时间应在生产企业成品出厂检验规程规定的响应阈值范围内。

4.3.4 线型光束感烟火灾探测器

用专用清洁工具或软布及适当的清洁剂清洗光路通过的窗口,清洗后将探测器响应阈值标定到探测器出厂设置的阈值。

4.3.5 吸气式感烟火灾探测器

应按照产品说明书保养要求进行保养。一般保养时,应对采样管进行吹洗,更换过滤袋,吹洗后应进行报警功能试验。

4.3.6 点型火焰探测器

用专用清洁工具或软布及适当的清洁剂清洗光路通过的窗口。

4.3.7 可燃气体探测器

使用标准气体检测可燃气体探测器的报警功能。不符合要求时,应调整报警阈值或者按照产品说明书要求更换气敏元件,然后将传感器报警阈值标定到探测器出厂设定值。

4.3.8 剩余电流式电气火灾监控探测器

用专用清洁工具或软布及适当的清洁剂清洗传感器部件污染物,清洗后应将剩余电流显示值标定到实际测量值。

4.3.9 测温式电气火灾监控探测器

用专用清洁工具或软布及适当的清洁剂清洗感温部件污染物,清洗后应将温度显示值标定到实际测量值。

4.3.10 控制器类产品和消防电气控制装置

用压缩空气、毛刷等清除线路板、接线端子处灰尘;用吸尘器、潮湿软布等清除柜体内灰尘。空气潮湿场所,可在柜体内放置干燥剂。

用万用表测量控制器总线回路最末端探测器或模块的供电电压,电压值小于说明书规定值时,应更换回路板或调整线路。

4.3.11 电池类

应按照产品说明书的要求进行保养。

5 接入复检

5.1 一般要求

5.1.1 产品维修保养后经检验合格,方可再次接入火灾自动报警系统。

5.1.2 产品经维修保养接入系统后,应按本章规定进行接入复检,检查结果应符合产品标准和设计要求。复检项目检查不合格时,应再次进行维修保养或报废。

5.1.3 接入复检应由承担维修保养的企业和产品使用或管理单位相关人员共同进行。

5.1.4 接入复检应做好记录,复检记录表应由参与复检的人员签字。火灾探测报警产品接入复检记录表的格式参见附录B。

5.2 火灾报警控制器

5.2.1 检查前应断开火灾报警控制器的所有外部控制连线,与所有回路的火灾探测器、手动火灾报警按钮、火灾显示盘等均应保持连接。

5.2.2 按GB 4717规定对火灾报警控制器进行下列功能检查并记录:

a) 检查自检功能和操作级别;
b) 使控制器与探测器之间的连线断路和短路,检查控制器是否在100 s内发出故障信号(短路时发出火灾报警信号除外);在故障状态下,使任一非故障部位的探测器发出火灾报警信号,检查控制器是否在1 min内发出火灾报警信号;再使其他探测器发出火灾报警信号,检查控制器的再次报警功能;
c) 检查消音和复位功能;
d) 使控制器与备用电源之间的连线断路和短路,检查控制器是否在100 s内发出故障信号;
e) 检查屏蔽功能;
f) 使总线隔离器保护范围内的任一点短路,检查总线隔离器的隔离保护功能;
g) 使任一总线回路上不少于10只的火灾探测器同时处于火灾报警状态,检查控制器的负载功能;
h) 检查主备电源的自动转换功能;
i) 检查控制器特有的其他功能。

5.3 点型感烟、感温火灾探测器

采用专用的检测仪器或模拟火灾的方法,检查火灾探测器是否发出火灾报警信号。

5.4 线型感温火灾探测器

在不可恢复的探测器上模拟火灾和故障,检查探测器能否发出火灾报警和故障信号。

对可恢复的探测器采用专用检测仪器或模拟火灾的办法检查其能否发出火灾报警信号,并在终端盒上模拟故障,检查探测器能否发出故障信号。

5.5 线型光束感烟火灾探测器

用减光率为0.9 dB/m的减光片遮挡光路,检查探测器是否发出火灾报警信号;用产品生产企业设定减光率(1.0 dB/m～10.0 dB/m)的减光片遮挡光路,检查探测器是否发出火灾报警信号;用减光率为11.5 dB/m的减光片遮挡光路,检查探测器是否发出故障信号或火灾报警信号。

5.6 吸气式感烟火灾探测器

在采样管最末端(最不利处)采样孔加入试验烟,检查探测器或其控制装置是否在120 s内发出火

灾报警信号。

5.7 点型火焰探测器和图像型火灾探测器

采用专用检测仪器或模拟火灾的方法在探测器监视区域内最不利处检查探测器的报警功能,检查探测器是否能正确响应。

5.8 手动火灾报警按钮

对可恢复的手动火灾报警按钮,施加适当的推力,检查其是否发出火灾报警信号。

5.9 消防联动控制器

5.9.1 使消防联动控制器与火灾报警控制器、所有输入/输出模块及模块控制的设备保持连接,断开所有受控现场设备的控制连线,接通电源。

5.9.2 按 GB 16806 检查消防联动控制系统内各类用电设备的控制、接收反馈信号(可模拟现场设备启动信号)和显示功能;使消防联动控制器分别处于自动工作和手动工作状态,检查其状态显示,并按 GB 16806 进行下列功能检查并记录:
 a) 检查自检功能和操作级别;
 b) 使消防联动控制器与各模块之间的连线断路和短路时,检查消防联动控制器能否在 100 s 内发出故障信号;
 c) 使消防联动控制器与备用电源之间的连线断路和短路,检查消防联动控制器能否在 100 s 内发出故障信号;
 d) 检查消音、复位功能;
 e) 检查屏蔽功能;
 f) 使总线隔离器保护范围内的任一点短路,检查总线隔离器的隔离保护功能;
 g) 使至少 50 个输入/输出模块同时处于动作状态(模块总数少于 50 个时,使所有模块动作),检查消防联动控制器的最大负载功能;
 h) 检查主、备电源的自动转换功能。

5.9.3 使消防联动控制器的工作状态处于自动状态,按 GB 16806 和设计的联动逻辑关系进行下列功能检查并记录:
 a) 按设计的联动逻辑关系,使相应的火灾探测器发出火灾报警信号,检查消防联动控制器接收火灾报警信号情况、发出联动信号情况、模块动作情况、受控设备的动作情况、受控现场设备动作情况、接收反馈信号(对于启动后不能恢复的受控现场设备,可模拟现场设备启动反馈信号)及各种显示情况;
 b) 检查手动插入优先功能。

5.10 区域显示器(火灾显示盘)

按 GB 17429 规定检查其下列功能并记录:
 a) 使该区域内的一只火灾探测器发出火灾报警信号,检查区域显示器(火灾显示盘)能否在 3 s 内正确接收和显示;
 b) 检查消音、复位功能;
 c) 检查操作级别;
 d) 对于非火灾报警控制器供电的区域显示器(火灾显示盘),还应检查主、备电源的自动转换功能和故障报警功能。

5.11 可燃气体报警控制器

5.11.1 切断可燃气体报警控制器的所有外部控制连线,保持可燃气体探测器与可燃气体报警控制器相连接,接通电源。

5.11.2 按 GB 16808 规定对可燃气体报警控制器进行下列功能检查并记录:
- a) 检查自检功能和操作级别;
- b) 使可燃气体报警控制器与探测器之间的连线断路和短路,检查可燃气体报警控制器是否在 100 s 内发出故障信号;
- c) 在故障状态下,使任一非故障探测器发出报警信号,检查可燃气体报警控制器是否在 60 s 内发出报警信号;再使其他探测器发出报警信号,检查可燃气体报警控制器的再次报警功能;
- d) 检查消音和复位功能;
- e) 使可燃气体报警控制器与备用电源之间的连线断路和短路,检查可燃气体报警控制器是否在 100 s 内发出故障信号;
- f) 检查高限报警或低、高两段报警功能;
- g) 检查报警设定值的显示功能;
- h) 使至少 4 只可燃气体探测器同时处于报警状态(探测器总数少于 4 只时,使所有探测器均处于报警状态),检查可燃气体报警控制器最大负载功能;
- i) 检查主、备电源的自动转换功能。

5.12 可燃气体探测器

对探测器施加达到响应浓度值的可燃气体标准样气,检查探测器是否在 30 s 内响应;再排除可燃气体,检查探测器是否在 60 s 内恢复到正常监视状态。对线型可燃气体探测器,还应将发射器发出的光全部遮挡,检查该探测器相应的控制器是否在 100 s 内发出故障信号。

5.13 消防电话

在消防控制室与所有消防电话、电话插孔之间互相呼叫与通话;检查总机是否能显示每部分机或电话插孔的位置,呼叫铃声和通话语音是否清晰;检查群呼、录音等功能是否符合要求。

5.14 消防应急广播设备

以手动方式在消防控制室对所有广播分区进行选区广播,对所有共用扬声器进行强行切换;检查应急广播是否以最大功率输出;对扩音机进行全负荷试验,检查应急广播的语音是否清晰。

对接入联动系统的消防应急广播设备系统,使其处于自动工作状态,然后按设计的逻辑关系,检查应急广播的工作情况,检查系统是否按设计的逻辑广播;使任意一个扬声器断路,检查其他扬声器的工作状态是否受影响。

5.15 系统备用电源

检查系统中各种控制装置使用的备用电源容量是否与设计容量相符;使各备用电源放电终止,再充电 48 h 后,断开设备主电源,检查备用电源是否能保证设备工作 8 h,且满足相应的标准及设计要求。

5.16 消防设备应急电源

5.16.1 切断应急电源应急输出时直接启动设备的连线,接通应急电源的主电源。

5.16.2 按下列要求检查应急电源的控制功能和转换功能,并观察其输入电压、输出电压、输出电流、主电工作状态、应急工作状态、电池组及各单节电池电压的显示情况,做好记录:

a) 手动启动应急电源输出,检查应急电源的主电和备用电源是否不能同时输出,且在 5 s 内完成应急转换;
b) 手动停止应急电源的输出,检查应急电源是否能恢复到启动前的工作状态;
c) 断开应急电源的主电源,检查应急电源是否发出声提示信号,声信号是否能手动消除;接通主电源,应急电源是否恢复到主电工作状态;
d) 给具有联动自动控制功能的应急电源输入联动启动信号,检查应急电源是否在 5 s 内转入到应急工作状态,且主电源和备用电源是否不能同时输出;输入联动停止信号,检查应急电源是否恢复到主电工作状态;
e) 使具有手动和自动控制功能的应急电源处于自动控制状态,然后手动插入操作,检查应急电源是否有手动插入优先功能,同时检查自动控制状态和手动控制状态指示情况。

5.16.3 断开应急电源的负载,按下列要求检查应急电源的保护功能,并做好记录:
a) 使任一输出回路保护动作,检查其他回路输出电压是否正常;
b) 使配接三相交流负载输出的应急电源的三相负载回路中的任一相停止输出,检查应急电源是否能自动停止该回路的其他两相输出,并发出声、光故障信号;
c) 使配接单相交流负载的交流三相输出应急电源输出的任一相停止输出,检查其他两相是否能正常工作,并发出声、光故障信号。

5.16.4 将应急电源接上等效于满负载的模拟负载,使其处于应急工作状态,检查其应急工作时间是否大于设计应急工作时间。

5.16.5 使应急电源充电回路与电池之间、电池与电池之间连线断开,检查应急电源是否在 100 s 内发出声、光故障信号,声故障信号是否能手动消除。

5.17 消防控制室图型显示装置

5.17.1 操作显示装置使其显示建筑总平面图,检查总平面图是否完整、清晰。

5.17.2 操作显示装置使其显示完整系统区域覆盖模拟图和各层平面图,检查图中是否明确指示出报警区域、主要部位和各消防设备的名称和物理位置,显示界面是否清晰。

5.17.3 使火灾报警控制器和消防联动控制器分别发出火灾报警信号和联动控制信号,检查显示装置是否在 3 s 内接收,并准确显示相应信号的物理位置,是否能优先显示火灾报警信号相对应的界面。

5.17.4 使具有多个报警平面图的显示装置处于多报警平面显示状态,检查各报警平面是否能自动和手动查询,是否有总数显示,是否能手动插入使其立即显示首火警相应的报警平面图。

5.17.5 操作显示装置,检查系统内各自动消防设备的动态信息。

5.17.6 断开显示装置与其连接的各消防设备连线,检查显示装置是否在 100 s 内发出故障信号。

5.17.7 使显示装置显示故障或联动界面,输入火灾报警信号,检查显示装置是否能立即转入火灾报警界面的显示。显示装置与城市远程监控系统联网时,应同时查看显示装置(可通过传输装置)是否向远程监控中心传送信息的功能。

5.17.8 手动操作显示装置向远程监控中心传送信息的报警装置,检查其向远程监控中心的手动报警功能和信息传输功能。

5.18 气体灭火控制器

5.18.1 断开气体灭火控制器的所有外部控制连线,接通电源。

5.18.2 给气体灭火控制器输入设定的启动控制信号,检查控制器是否有启动输出,是否发出声、光启动信号。

5.18.3 输入启动设备启动的模拟反馈信号,检查气体灭火控制器是否在 10 s 内接收并显示。

5.18.4 检查气体灭火控制器的延时时间是否在 0 s~30 s 内可调。

5.18.5 使气体灭火控制器处于自动控制状态,再手动插入操作,检查手动插入操作的优先功能。
5.18.6 按设计控制逻辑操作控制器,检查设计的逻辑功能是否得到满足。
5.18.7 检查气体灭火控制器向消防联动控制器发送的反馈信号是否正确。

5.19 防火卷帘控制器

5.19.1 使防火卷帘控制器与消防联动控制器、火灾探测器、卷门机连接,接通电源。
5.19.2 手动操作防火卷帘控制器的按钮,检查防火卷帘控制器是否能向消防联动控制器发出防火卷帘启、闭合停止的反馈信号。
5.19.3 检查疏散通道上设置的防火卷帘控制器接收到首次火灾报警信号后,是否能控制防火卷帘自动关闭到中位处停止;接收到二次报警信号后,是否能控制防火卷帘继续关闭至全闭状态。
5.19.4 检查用于分隔防火分区的防火卷帘控制器在接收到防火分区内任一组火灾报警信号后,是否能控制防火卷帘到全关闭状态。

6 报废

6.1 报废条件

6.1.1 火灾探测报警产品使用寿命一般不超过12年,可燃气体探测器中气敏元件、光纤产品中激光器件的使用寿命不超过5年。生产企业应在产品说明书中明确规定产品的预期使用寿命。
6.1.2 产品达到使用寿命时一般应报废。若继续使用,应对所有达到使用寿命的产品每年逐一按本标准维修检测要求和接入复检要求进行检测,并进行系统性能测试,所有检测结果均应合格。并应每年抽取系统中的火灾探测器,进行下述试验,合格后方可继续使用:
   a) 感烟类火灾探测器,抽取4只,按GB 4715进行SH1和SH2试验火的火灾灵敏度试验;
   b) 点型感温火灾探测器,抽取4只,按GB 4716进行响应时间和动作温度试验;
   c) 缆式线型感温火灾探测器,抽取2只,按GB 16280进行动作性能试验;
   d) 线型光纤感温火灾探测器,抽取2只,按GB/T 21197进行动作性能试验;
   e) 点型红外火焰探测器、图像型火灾探测器,抽取4只,按GB 15631进行火灾灵敏度试验。
6.1.3 产品未达到使用寿命但符合下列条件时,应报废:
   a) 产品不能正常工作,且无法进行维修;
   b) 感烟类火灾探测器不能标定到生产企业规定的响应阈值范围内,且在GB 4715规定的SH1和SH2试验火结束前未响应;
   c) 感温类火灾探测器在环境温度达到GB 4716规定的该类型探测器响应时间上限值或动作温度上限值时未响应;
   d) 点型红外火焰探测器、图像型火灾探测器的火灾灵敏度不符合GB 15631的要求。

6.2 报废处理

6.2.1 产品的报废处理参见国务院第551号令《废弃电器电子产品回收处理管理条例》。产品使用或管理单位应建立并保持产品报废处理程序,做好报废处理记录。
6.2.2 离子感烟火灾探测器应按GBZ 122要求进行报废。使用单位及个人不得任意弃置离子型感烟火灾探测器,应将报废的离子感烟火灾探测器按进货渠道退回产品生产厂商、进口厂商或者他们的委托回收单位。离子感烟火灾探测器回收后,应将报废的放射源集中收集到专用的放射性废弃物容器中,然后集中送往国家指定的废物库(场)存放或处置。放射性废弃物容器及其暂存处应有电离辐射警示标志。
6.2.3 电池的报废应符合国家有关规定。

附 录 A
（资料性附录）
火灾探测报警产品维修记录表

火灾探测报警产品维修记录表的格式见表A.1。

表A.1 火灾探测报警产品维修记录表

产品名称						
送修单位						
送修日期						
维修项目						
维修单位						
故障内容	维修情况	维修人员	维修日期	检验结果	检验人员	检验日期
维修结果及处理意见：			送修单位签收意见：			
维修单位负责人：　　　年　月　日			送修单位负责人：　　　　　　　　　年　月　日			

附 录 B
（资料性附录）
火灾探测报警产品接入复检记录表

火灾探测报警产品接入复检记录表的格式见表 B.1。

表 B.1 火灾探测报警产品接入复检记录表

产品名称		规格型号		数量	
使用/管理单位					
维修/保养单位					
维修/保养项目					
返回日期		签收人			
接入复检执行标准					

复检项目	复检结果	复检人员签名		复检日期
		维修保养方	使用管理方	

维修/保养单位意见：	使用/管理单位意见：
负责人：　　　　　　年　月　日	负责人：　　　　　　年　月　日

ICS 13.220.20
C 81

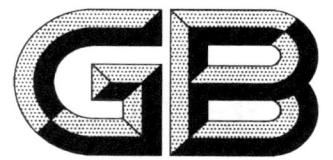

中华人民共和国国家标准

GB 31252—2014

防火监控报警插座与开关

Electrical receptacles and switches with fire monitoring and alarm function

2014-12-05 发布

2015-10-16 实施

中华人民共和国国家质量监督检验检疫总局
中国国家标准化管理委员会 发布

前　言

本标准的第 4 章和第 6 章为强制性的,其余为推荐性的。

本标准按照 GB/T 1.1—2009 给出的规则起草。

本标准由中华人民共和国公安部提出。

本标准由全国消防标准化技术委员会火灾探测与报警分技术委员会(SAC/TC 113/SC 6)归口。

本标准负责起草单位:公安部沈阳消防研究所。

本标准参加起草单位:浙江正泰建筑电器有限公司、宁波习羽电子发展有限公司。

本标准主要起草人:丁宏军、邸曼、张颖琮、郭春雷、刘程、刘子巍、康卫东、陈玉、胡少英。

本标准为首次发布。

防火监控报警插座与开关

1 范围

本标准规定了防火监控报警插座与开关的分类、要求、试验、检验规则和标识。

本标准适用于工作电压不大于交流 440 V、具有防火监控报警功能的电源插座和按键式开关。

2 规范性引用文件

下列文件对于本文件的应用是必不可少的。凡是注日期的引用文件，仅注日期的版本适用于本文件。凡是不注日期的引用文件，其最新版本（包括所有的修改单）适用于本文件。

GB 2099.1　家用和类似用途插头插座　第1部分：通用要求

GB/T 9969　工业产品使用说明书　总则

GB 12978　消防电子产品检验规则

GB 16838　消防电子产品环境试验方法及严酷等级

GB 16915.1　家用和类似用途固定式电气装置的开关　第1部分：通用要求

GB/T 17626.2　电磁兼容　试验和测量技术　静电放电抗扰度试验

GB/T 17626.4　电磁兼容　试验和测量技术　电快速瞬变脉冲群抗扰度试验

GB/T 17626.5　电磁兼容　试验和测量技术　浪涌（冲击）抗扰度试验

3 分类

产品按防火监控报警功能分为：
a) 具有探测剩余电流功能的插座与开关；
b) 具有探测温度功能的插座与开关；
c) 具有探测故障电弧功能的插座与开关。

4 要求

4.1 总则

防火监控报警插座与开关应符合 GB 2099.1 和 GB 16915.1 的规定，并满足本章要求。

4.2 外观和主要部件

4.2.1 产品外观应符合下述要求：
a) 表面无腐蚀、涂覆层脱落和起泡现象，无明显划伤、裂痕、毛刺等机械损伤；
b) 紧固部位无松动。

4.2.2 指示灯应符合以下要求：
——表示各种状态的指示灯应用颜色标识。红色表示报警，黄色表示故障，绿色表示正常；
——所有指示灯应有清楚的功能标注；
——指示灯点亮时，在其正前方 3 m 处、光照度为 100 lx～500 lx 的环境条件下，应清晰可见。

4.2.3 在正常工作条件下,距音响器件正前方1 m处的声压级(A计权)不应小于70 dB。

4.2.4 接线端子应符合以下要求：
——有保护罩；
——清晰标注功能；
——强、弱电接线端子分开设置。

4.2.5 插座应设有保护接地端子。

4.3 监控报警功能

4.3.1 防火监控报警插座与开关在探测参数达到设定的报警条件时,应在30 s内发出声、光报警信号,启动控制输出,并保持至手动复位。

4.3.2 防火监控报警功能应符合表1规定。

4.3.3 具有探测剩余电流和/或温度功能的插座与开关在低于表1规定的报警条件下工作时,不应发出声、光报警信号。

4.3.4 具有探测故障电弧功能的插座与开关在1 s内发生不多于9个半周期的故障电弧条件下工作时,不应发出声、光报警信号。

4.3.5 同时具有探测剩余电流、温度和故障电弧探测报警功能的插座与开关,应分别满足表1对应的报警条件要求。

表1 防火监控报警功能

探测参数类别	报警条件
剩余电流	报警设定值±10%,且不大于30 mA
温度	70 ℃±5 ℃
故障电弧	1 s内发生不少于14个半周期故障电弧

4.4 动作功能

4.4.1 防火监控报警插座与开关应具有断开被保护线路的功能,断开装置的触点的容量、数量及参数应在有关技术文件中说明。

4.4.2 插座与开关报警时,应在30 s内启动断开装置,断开装置的动作时间应不大于25 ms。

4.4.3 在启动断开装置后,应保持至被保护线路恢复正常,并仅能手动恢复。

4.5 耐绝缘冲击性能

防火监控报警插座与开关应能耐受峰值为6 kV的冲击电压,在耐绝缘冲击性能试验期间,不应启动断开装置；试验后,监控报警功能应符合4.3的要求,动作功能应符合4.4的要求。

4.6 电磁兼容性能

防火监控报警插座与开关应能适应表2所规定条件下的各项试验要求：
a) 试验期间,不应发出报警信号,也不应启动断开装置；
b) 试验后,监控报警功能应符合4.3的要求,动作功能应符合4.4的要求。

表 2 电磁兼容性试验条件

静电放电抗扰度试验	放电电压 kV	放电极性	放电间隔 s	每点放电次数	工作状态
	空气放电(外壳为绝缘体)8 接触放电(外壳为导体)6	正、负	≥1	10	通电状态
电快速瞬变脉冲群抗扰度试验	电压峰值 kV	重复频率 kHz	极性	时间 min	通电状态
	AC电源线:2×(1±0.1) 其他连接线:1×(1±0.1)	AC电源线:2.5×(1±0.2) 其他连接线:5×(1±0.2)	正、负	每次1	
浪涌(冲击)抗扰度试验	浪涌(冲击)电压 kV	极性	持续时间 ms	试验次数	通电状态
	AC电源线 线-线:1×(1±0.1) AC电源线 线-地:2×(1±0.1) 其他连接线 线-地:1×(1±0.1)	正、负	10(下滑100%)	AC电源线:5 其他连接线:20	

4.7 气候环境耐受性能

防火监控报警插座与开关应能耐受住表3所规定的气候环境条件下的各项试验,并满足下述要求:
a) 试验期间,不应发出报警信号,也不应启动断开装置;
b) 试验后,表面无破坏涂覆和腐蚀现象,监控报警功能应符合4.3的要求,动作功能应符合4.4的要求。

表 3 气候环境试验条件

试验名称	温度 ℃	持续时间 h	相对湿度 %	工作状态
高温试验	55±3	16	—	
低温试验	0±3	16	—	通电状态
恒定湿热试验	40±2	96	90~95	

4.8 机械环境耐受性能

防火监控报警插座与开关应能耐受住表4中所规定的机械环境条件下的各项试验。试验期间,不应发出报警信号,也不应启动断开装置;试验后不应有机械损伤和紧固部位松动现象,监控报警功能应符合4.3的要求,动作功能应符合4.4的要求。

表 4 机械环境试验条件

试验名称	频率循环范围 Hz	加速幅值 m/s²	扫频速率 oct/min	每个轴线扫频次数	振动方向	工作状态
振动(正弦)(运行)试验	10~150	0.490 5	1	1	X、Y、Z	通电状态
振动(正弦)(耐久)试验	10~150	0.981 0	1	20	X、Y、Z	非通电状态

4.9 使用说明书

防火监控报警插座与开关的功能应在相应的中文使用说明书中说明。说明书应符合 GB/T 9969 的要求,并与产品功能一致。

5 试验

5.1 总则

5.1.1 试验的大气环境

如在有关条文中没有说明,则各项试验均在下述大气条件下进行:
——温度:15 ℃~35 ℃;
——湿度:25%~75%(相对湿度);
——大气压力:86 kPa~106 kPa。

5.1.2 容差

除在有关条文另有说明外,各项试验数据的容差均为±5%;环境条件参数偏差应符合 GB 16838 要求。

5.1.3 试样

制造商应提供 3 个试样。试验前应编号。

5.1.4 外观和主要部件检查

试验前应按 4.2 要求对试样进行外观和主要部件检查,符合要求后方可进行试验。

5.1.5 试验程序

试验程序见表 5。

表 5 试验程序

条款号	试验项目	试样编号		
		1	2	3
5.1.4	外观和主要部件检查	√	√	√
5.2	监控报警功能试验	√	√	√
5.3	动作功能试验	√	√	√
5.4	耐绝缘冲击性能试验	√		
5.5	浪涌(冲击)抗扰度试验		√	
5.6	电快速瞬变脉冲群抗扰度试验			√
5.7	静电放电抗扰度试验	√		
5.8	高温(运行)试验		√	
5.9	低温(运行)试验	√		
5.10	恒定湿热(运行)试验			√
5.11	振动(正弦)(运行)试验	√		
5.12	振动(正弦)(耐久)试验		√	

5.2 监控报警功能试验

5.2.1 按使用说明书的要求安装具有探测剩余电流功能的插座与开关,使其处于正常工作状态。以不大于 10 mA/s 的速率升高试样保护线路的剩余电流至报警设定值的 85%,保持 10 min;再继续升高至报警设定值和报警设定值的 110%,各保持 1 min;记录试样状态和报警时间。

5.2.2 按使用说明书的要求安装具有探测温度功能的插座与开关,使其处于正常工作状态。以不大于 1 ℃/s 的速率升高试样保护线路的温度至 60 ℃±3 ℃,保持 10 min;再继续升高至 70 ℃±5 ℃,保持 1 min;记录试样状态和报警时间。

5.2.3 按使用说明书的要求安装具有探测故障电弧功能的插座与开关,使其处于正常工作状态。在 1 s 内施加不多于 9 个半周期的故障电弧;1 min 后,在 1 s 内施加不少于 14 个半周期的故障电弧;记录试样状态和报警时间。

5.3 动作功能试验

5.3.1 按使用说明书的要求安装试样,使其处于报警状态,保持 1 min,记录试样断开装置的动作时间。

5.3.2 使被保护线路恢复正常,检查试样状态。

5.3.3 手动恢复试样,检查试样状态。

5.4 耐绝缘冲击性能试验

5.4.1 对试样施加峰值为 6 kV 的冲击电压,具体要求是在 10 s 的间隔内随机施加 10 次或受控施加 3 次该冲击电压,其中 3 次受控施加应分别在电源电压波形过零之处、正峰值处和负峰值处。试验期间,观察并记录试样状态。

5.4.2 进行监控报警功能试验和动作功能试验。

5.5 浪涌(冲击)抗扰度试验

5.5.1 试验步骤

5.5.1.1 将试样按 GB/T 17626.5 的规定进行试验配置,接通电源,使其处于通电状态 20 min。

5.5.1.2 按 GB/T 17626.5 规定的试验方法对试样施加表 3 所示条件的电磁干扰试验。试验期间观察并记录试样状态。

5.5.1.3 进行监控报警功能试验和动作功能试验。

5.5.2 试验设备

试验设备应符合 GB/T 17626.5 的规定。

5.6 电快速瞬变脉冲群抗扰度试验

5.6.1 试验步骤

5.6.1.1 将试样按 GB/T 17626.4 的规定进行试验配置,接通电源,使其处于通电状态 20 min。

5.6.1.2 按 GB/T 17626.4 规定的试验方法对试样施加表 3 所示条件的电磁干扰试验。试验期间观察并记录试样状态。

5.6.1.3 按要求进行监控报警功能试验和动作功能试验。

5.6.2 试验设备

试验设备应符合 GB/T 17626.4 的规定。

5.7 静电放电抗扰度试验

5.7.1 试验步骤

5.7.1.1 将试样按GB/T 17626.2的规定进行试验布置,接通电源,使试样处于通电状态20 min。

5.7.1.2 按GB/T 17626.2规定的试验方法对试样及耦合板施加表3所示条件的电磁干扰试验。试验期间观察并记录试样状态。

5.7.1.3 进行监控报警功能试验和动作功能试验。

5.7.2 试验设备

试验设备应符合GB/T 17626.2的规定。

5.8 高温(运行)试验

5.8.1 试验步骤

5.8.1.1 将试样在正常大气条件下放置2 h~4 h。

5.8.1.2 接通电源,使试样处于通电状态。

5.8.1.3 调节试验箱温度,使其在20 ℃±2 ℃温度下保持30 min±5 min,然后,以不大于1 ℃/min的速率升温至55 ℃±3 ℃,保持16 h。

5.8.1.4 取出试样,在正常大气条件下放置1 h~2 h后,检查试样表面涂覆情况。

5.8.1.5 进行监控报警功能试验和动作功能试验。

5.8.2 试验设备

试验设备应符合GB/T 17626.2的规定。

5.9 低温(运行)试验

5.9.1 试验步骤

5.9.1.1 将试样在正常大气条件下放置2 h~4 h。

5.9.1.2 接通电源,使试样处于通电状态。

5.9.1.3 调节试验箱温度,使其在20 ℃±2 ℃温度下保持30 min±5 min,然后,以不大于1 ℃/min的速率降温至0 ℃±3 ℃,保持16 h。

5.9.1.4 取出试样,在正常大气条件下放置1 h~2 h后,检查试样表面涂覆情况。

5.9.1.5 进行监控报警功能试验和动作功能试验。

5.9.2 试验设备

试验设备应符合GB 16838的规定。

5.10 恒定湿热(运行)试验

5.10.1 试验步骤

5.10.1.1 将试样在正常大气条件下放置2 h~4 h。

5.10.1.2 接通电源,使试样处于通电状态。

5.10.1.3 调节试验箱温度,使温度为40 ℃±2 ℃,相对湿度90%~95%(先调节温度,当温度达到稳定后再加湿),连续保持96 h。

5.10.1.4 取出试样,在正常大气条件下放置1 h～2 h后,检查试样表面涂覆情况。

5.10.1.5 进行监控报警功能试验和动作功能试验。

5.10.2 试验设备

试验设备应符合GB 16838的规定。

5.11 振动(正弦)(运行)试验

5.11.1 试验步骤

5.11.1.1 将试样按正常安装方式刚性安装,使其处于通电状态。

5.11.1.2 使同方向的重力作用与使用时一样(重力影响可忽略时除外)。

5.11.1.3 依次在三个互相垂直的轴线上,在10 Hz～150 Hz的频率循环范围内,以0.490 5 m/s²的加速度幅值,1 oct/min的扫频速率,各进行1次扫频循环。

5.11.1.4 检查试样外观及紧固部位。

5.11.1.5 进行监控报警功能试验和动作功能试验。

5.11.2 试验设备

试验设备(振动台及夹具)应符合GB 16838的规定。

5.12 振动(正弦)(耐久)试验

5.12.1 试验步骤

5.12.1.1 将试样按正常安装方式刚性安装(重力影响可忽略时除外),试样不通电。

5.12.1.2 依次在三个互相垂直的轴线上,在10 Hz～150 Hz的频率循环范围内,以0.981 0 m/s²的加速度幅值,1 oct/min的扫频速率,各进行20次扫频循环。

5.12.1.3 检查试样外观及紧固部位。

5.12.1.4 进行监控报警功能试验和动作功能试验。

5.12.2 试验设备

试验设备(振动台及夹具)应符合GB 16838的规定。

6 检验规则

6.1 产品出厂检验

出厂检验项目为:
a) 外观和主要部件检查;
b) 监控报警功能检验;
c) 动作功能检验。

6.2 型式检验

6.2.1 型式检验项目为第5章规定的全部试验项目。检验样品在出厂检验合格的产品中抽取。

6.2.2 有下列情况之一时,应进行型式检验:
a) 新产品试制定型时;

b) 老产品转厂生产时；
c) 正式生产后，产品的结构、主要部件、生产工艺等有较大的改变可能影响产品性能时；
d) 产品停产一年以上，恢复生产时；
e) 出厂检验结果与上次型式检验结果差异较大时；
f) 质量监督部门依法提出要求。

6.2.3 检验结果按GB 12978规定的型式检验结果判定方法进行判定。

7 标志

7.1 产品标志

7.1.1 产品上应清晰牢固地标注下列信息：
a) 产品名称、型号；
b) 监控报警功能类别；
c) 主要技术参数；
d) 制造商名称。

7.1.2 产品包装箱上应清晰地标注下列信息：
a) 制造商名称、地址；
b) 产品名称、型号；
c) 监控报警功能类别；
d) 主要技术参数；
e) 制造日期及产品编号；
f) 使用环境；
g) 执行标准代号。

7.2 质量检验标志

产品出厂应经生产商质量检验部门检验合格，并附有产品质量合格证。

ICS 13.220.20
C 81

中华人民共和国消防救援行业标准

XF/T 847—2009

消防控制室图形显示装置软件
通用技术要求

General technical requirement of the software
for graph indicator in fire control center

2009-09-16 发布　　　　　　　　　　　　　　　　　　2009-10-01 实施

中华人民共和国应急管理部　　公　布

前 言

根据公安部、应急管理部联合公告(2020年5月28日)和应急管理部2020年第5号公告(2020年8月25日),本标准归口管理自2020年5月28日起由公安部调整为应急管理部,标准编号自2020年8月25日起由GA/T 847—2009调整为XF/T 847—2009,标准内容保持不变。

本标准由公安部消防局提出。

本标准由全国消防标准化技术委员会火灾探测和报警分技术委员会(SAC/TC 113/SC 6)归口。

本标准负责起草单位:公安部沈阳消防研究所。

本标准参加起草单位:海湾安全技术有限公司。

本标准主要起草人:梅志斌、刘玉宝、宋珍、王爱中、张兴权、王卓甫、董文辉、丁宏军。

XF/T 847—2009

消防控制室图形显示装置软件
通用技术要求

1 范围

本标准规定了消防控制室图形显示装置软件(以下简称软件)的一般要求、显示和操作、信息记录、信息传输和维护的要求。

本标准适用于消防控制室安装的图形显示装置的软件产品。

2 规范性引用文件

下列文件中的条款通过本标准的引用而成为本标准的条款。凡是注日期的引用文件,其随后所有的修改单(不包括勘误的内容)或修订版均不适用于本标准,然而,鼓励根据本标准达成协议的各方研究是否可使用这些文件的最新版本。凡是不注日期的引用文件,其最新版本适用于本标准。

GB/T 4327 消防技术文件用消防设备图形符号(GB/T 4327—2008,ISO 6790:1986,MOD)
GB/T 8566 信息技术 软件生存周期过程(GB/T 8566—2007,ISO/IEC 12207:1995,MOD)
GB/T 8567 计算机软件文档编制规范
GB 16806 消防联动控制系统
GA 767—2008 消防控制室通用技术要求

3 一般要求

3.1 消防控制室图形显示装置在符合 GB 16806 要求的基础上,其软件应符合本标准的要求。
3.2 软件应采用简体中文界面,文字信息应使用简体中文。
3.3 软件应能监视 GA 767—2008 的附录 A 中规定的全部消防系统及相关设备,显示其动态信息和消防安全管理信息,并向城市消防远程监控中心传输相关信息。
3.4 软件编制应符合下列基本要求:
   a) 软件设计优先采用实时多任务操作系统;
   b) 软件开发应符合 GB/T 8566;
   c) 软件文档编制应符合 GB/T 8567。
3.5 软件应有使用帮助,并优先采用 CHM 文件格式。
3.6 软件应具有唯一的版本标识。

4 显示和操作

4.1 基本要求

4.1.1 主界面要求如下:
   a) 应有菜单栏和工具栏,并位于窗口上部;
   b) 菜单栏应至少包含消防管理、平面图、应急处理、帮助等主菜单名称,并按顺序显示;
   c) 工具栏应有复位、消音、传输复位、打印等功能操作图标;

d) 在没有硬件指示灯的情况下，主界面应有火警、启动、反馈、监管、屏蔽、故障、通信等专用总指示，且指示不受显示装置复位操作以外的任何操作的影响；

e) 应实时显示当前火警、启动、反馈、监管、屏蔽、故障总数；

f) 软件操作如使用鼠标，当鼠标光标移动到工具栏按钮上时，对应的按钮应显示中文信息提示，并在鼠标光标离开图标位置时自动消失。

4.1.2 软件应分类显示火警、启动、反馈、监管、屏蔽、故障等实时信息，显示内容应包括事件类型、序号、设备类型、设备编码、发生时间、发生地点等，点击实时信息，应切换到相应平面图，并在平面图上指示出设备，多种信息并存时应按 GB 16806 规定的优先级别显示。

4.1.3 软件应设置用户权限及级别，并提供密码设置功能。

4.1.4 软件在权限允许的条件下应能对下列内容进行修改，并应记录修改时间及操作人员等信息：
   a) 平面图的添加、删除与更换；
   b) 平面图的名称及标注。

4.1.5 软件应提供消防设备（设施）的火警、启动、反馈、故障等模拟测试功能。

4.2 消防管理

4.2.1 消防资料管理应符合 GA 767—2008 中 4.1.1～4.1.7 的要求。

4.2.2 软件应可导入并显示 PDF 文件格式的规章制度、应急预案、组织结构图、培训记录等文件，值班记录、安全检查等文件应优先采用 RTF 文件格式。

4.2.3 软件应有消防设施一览表功能，包括消防设施的类型、数量、状态、有效期等内容，并可按设施类型、平面图、分区、状态等进行分类查询。点击列表中的设施应切换到所在平面图。

4.2.4 软件应有事件信息分类统计功能，以形成消防设施有关运行数据，应包括系统和设备运行时间、完好率、误报率、平均无故障时间和平均修复时间等。

4.3 平面图

4.3.1 软件调用的建筑图应优先采用 WMF 文件格式，图片应优先采用 JPG 文件格式。

4.3.2 软件显示的建筑总平面图内容应符合 GA 767—2008 中 5.1.2 的要求。

4.3.3 平面图应用中文标注图中的各个防火分区、报警区域、探测区域等主要部位的名称及物理位置。

4.3.4 平面图应明确标识火灾危险区域（浅红色背景）、高价值场所（黄色背景）、避难区域（绿色背景）。

4.3.5 平面图中疏散路线应采用绿色箭头表示。

4.3.6 平面图应可在主界面上通过树状结构、列表等方式直接点击切换。

4.3.7 平面图调出画面的响应时间应不大于 2 s。

4.3.8 平面图应可放大、缩小和平移，且图形不应明显失真，与消防设备（设施）的相对位置不应改变。

4.4 消防设施

4.4.1 消防设备（设施）应使用图标表示，图例样式应符合 GB/T 4327 的规定。

4.4.2 消防设备（设施）状态应使用不同颜色表示，颜色与状态对照方式见表1。

表 1 消防设备（设施）标识状态与颜色对照

设备（设施）状态	颜色
正常	绿色（本色）
火警/启动	红色
反馈	蓝色

表 1（续）

设备（设施）状态	颜色
故障	黄色
屏蔽	粉色
监管	橙色

4.4.3 消防设备（设施）图标应有信息提示功能，当鼠标光标移动到图标上时，可提示出当前消防设备（设施）的类型、编号、状态、位置、维护保养等信息，该信息提示在鼠标光标离开图标位置时自动消失。

4.4.4 消防设备（设施）超过维护保养期限应有提示。

4.5 应急处理

4.5.1 火灾发生时，软件应提示值班人员相关联动控制操作信息和应急处理的相关程序信息。

4.5.2 火灾发生时，软件应提示打印火警平面图。

5 信息记录

5.1 信息记录应符合 GA 767—2008 中第 6 章的要求。

5.2 信息记录内容应包括：
   a) 图形显示装置开关机时间；
   b) 火警、启动、反馈、故障、监管、屏蔽、复位等历史信息；
   c) 实时信息的处理记录；
   d) 值班人员记录；
   e) 设备变更、维护保养记录；
   f) 平面模拟图的增加、删除及更换记录；
   g) 图形显示装置与所连接的控制器之间的通信故障及恢复记录；
   h) 图形显示装置与城市消防远程监控中心之间的通信故障及恢复记录。

5.3 信息记录可按时间、事件类型等分类查询。

5.4 软件应有信息记录备份功能，当存储信息超过设计容量时，应提示操作人员备份或自动备份，也可随时备份。如果当前信息记录遭到破坏，软件可以恢复上一次备份数据。

5.5 信息记录应只能进行查询，不能人为删除或修改。

5.6 软件应提供信息记录打印报表功能。

6 信息传输

6.1 软件与城市消防远程监控中心的信息传输应符合 GA 767—2008 中第 7 章的要求。

6.2 通信协议应符合国家相关标准的要求。

7 维护

7.1 软件自身升级应兼容早期版本。

7.2 软件如需安装,则应提供安装向导程序,安装过程中的系统配置应有详细说明;软件卸载应提供卸载向导,卸载过程中不应删除信息记录数据。

7.3 如软件无须安装,则不应要求用户注册控件或对系统文件及注册表等进行修改。

ICS 13.220.20
C 81

中华人民共和国消防救援行业标准

XF 1151—2014

火灾报警系统无线通信功能通用要求

General requirements for wireless communication function of fire alarm system

2014-04-16 发布　　　　　　　　　　　　　　　　2014-04-16 实施

中华人民共和国应急管理部　　公　布

前 言

根据公安部、应急管理部联合公告(2020年5月28日)和应急管理部2020年第5号公告(2020年8月25日),本标准归口管理自2020年5月28日起由公安部调整为应急管理部,标准编号自2020年8月25日起由 GA 1151—2014 调整为 XF 1151—2014,标准内容保持不变。

本标准的第3章、第5章、第6章内容为强制性的,其余为推荐性的。

本标准按照 GB/T 1.1—2009 给出的规则起草。

本标准由公安部消防局提出。

本标准由全国消防标准化技术委员会火灾探测与报警分技术委员会(SAC/TC 113/SC 6)归口。

本标准负责起草单位:公安部沈阳消防研究所。

本标准参加起草单位:城优信息技术(上海)有限公司。

本标准主要起草人:刘程、刘长安、李小白、刘作利、宋立巍、赵宇、张斌斌、郭金龙、魏斌、钱世锷、丁宏军。

本标准为首次发布。

XF 1151—2014

火灾报警系统无线通信功能通用要求

1 范围

本标准规定了火灾报警系统中无线通信功能的要求、试验、检验规则和产品标志。

本标准适用于一般工业与民用建筑中安装的具有无线通信功能的火灾报警系统、电气火灾监控系统和可燃气体报警系统。

2 规范性引用文件

下列文件对于本文件的应用是必不可少的。凡是注日期的引用文件，仅注日期的版本适用于本文件。凡是不注日期的引用文件，其最新版本（包括所有的修改单）适用于本文件。

GB 4717　火灾报警控制器
GB/T 9969　工业产品使用说明书　总则
GB 12978　消防电子产品检验规则
GB 14287.1　电气火灾监控系统　第1部分：电气火灾监控设备
GB 16808　可燃气体报警控制器
GB 16838　消防电子产品　环境试验方法及严酷等级
GB/T 17626.2　电磁兼容　试验和测量技术　静电放电抗扰度试验
GB/T 17626.3　电磁兼容　试验和测量技术　射频电磁场辐射抗扰度试验
GB 23757　消防电子产品防护要求

3 要求

3.1 总则

具有无线通信功能的火灾报警系统、电气火灾监控系统和可燃气体报警系统（以下简称"系统"），应首先符合第3章的要求，然后按第4章的规定进行试验，并满足试验要求。

3.2 外观要求

系统表面无腐蚀、涂覆层脱落和起泡现象，无明显划伤、裂痕、毛刺等机械损伤，紧固部位无松动。

3.3 基本功能要求

3.3.1 系统的无线通信功能可复合在系统内的各组件中实现，也可采用独立的无线通信模块实现。

3.3.2 系统内具有无线通信功能的各组件（包括无线通信模块）之间应能在最大通信距离条件下，通过无线通信方式实现下列功能要求：
   a) 火灾报警控制器的火灾报警功能、故障报警功能应满足 GB 4717 的要求；
   b) 电气火灾监控设备的监控报警功能、故障报警功能应满足 GB 14287.1 的要求；
   c) 可燃气体报警控制器的可燃气体浓度显示功能、可燃气体报警功能、故障报警功能应满足 GB 16808 的要求。

3.3.3 系统的无线通信功能除符合本标准外，还应符合国家关于无线电设备管理的相关规定。

3.3.4 系统的无线通信功能应有相应的中文使用说明书,说明书的内容应满足 GB/T 9969 的要求。

3.4 状态指示功能

3.4.1 系统内具有无线通信功能的各组件应设绿色无线通信工作状态指示灯和黄色通信故障状态指示灯,并有中文功能标注。在正常通信条件下,绿色无线通信工作状态指示灯应点亮(该指示灯可与设备完成其他功能的指示灯共用,但应有明显区别);在通信故障条件下,黄色通信故障状态指示灯应点亮。

3.4.2 如果采用无线通信模块实现系统的无线通信功能,无线通信工作状态指示灯和通信故障状态指示灯应设在无线通信模块表面。

3.4.3 系统内的控制器在通信故障时,应能在 100 s 内发出与运行和报警状态有明显区别的声、光故障信号,指示故障部位。故障声信号应能手动消除,再次发生故障时,应能重新启动;故障光信号应保持到无线通信模块被复位或故障被消除。

3.4.4 具有音响器件的无线通信模块在故障状态下,应发出故障声信号。声信号应能手动消除,再次发生故障时,应能重新启动。

3.5 发射功率

系统的无线发射功率应不大于产品标志上标明的发射功率。

3.6 运行稳定性

系统在正常环境条件下应能连续运行,在 21 d 试验期间内,不应发出故障信号,且保持正常无线通信状态。

3.7 电磁兼容性

系统应能耐受表 1 规定电磁兼容条件下的各项试验。试验期间及试验后,系统应保持正常无线通信状态。

表 1 电磁兼容性试验条件

试验名称	试验条件
静电放电抗扰度试验	——放电电压:空气放电(外壳为绝缘体系统)8 kV 　　　接触放电(外壳为导体系统和耦合板)6 kV ——放电极性:正、负 ——放电间隔:≥1 s ——每点放电次数:10 ——正常工作状态
射频电磁场辐射抗扰度试验	——场强:10 V/m ——频率范围:80 MHz～1 000 MHz ——扫频速率:≤1.5×10^{-3}(10 oct/s) ——调制幅度:80%(1 kHz,正弦) ——正常工作状态

3.8 气候环境耐受性

系统应能耐受表 2 所规定的气候环境条件下的各项试验。试验期间及试验后,系统应保持正常无线通信状态。

表 2 气候环境耐受性试验条件

试验名称	试验条件
低温（运行）试验	——温度：(0±3)℃ ——时间：16 h ——正常工作状态
恒定湿热（运行）试验	——温度：(40±2)℃ ——相对湿度：90%～95% ——时间：4 d ——正常工作状态

3.9 机械环境耐受性

系统应能耐受表 3 所规定的机械条件下的各项试验。试验期间，系统应无机械损伤和紧固部位松动现象；试验后，系统应保持正常无线通信状态。

表 3 机械环境耐受性试验条件

试验名称	试验条件
振动（正弦）（运行）试验[a]	——扫频范围：10 Hz～150 Hz ——加速度：0.981 m/s^2 ——扫频速率：1 oct/min ——振动方向：X、Y、Z 互相垂直的三个轴线 ——每个振动方向扫频次数：1 次 ——正常工作状态
振动（正弦）（耐久）试验[b]	——扫频范围：10 Hz～150 Hz ——加速度：4.905 m/s^2 ——扫频速率：1 oct/min ——振动方向：X、Y、Z 互相垂直的三个轴线 ——每个振动方向扫频次数：20 次 ——非工作状态
碰撞试验	——碰撞能量：(0.5±0.04)J ——碰撞部位：试验样品表面上的每个易损部件 ——每个部位碰撞次数：3 次 ——正常工作状态
[a,b] 仅对无线通信模块进行该试验。	

3.10 防护性能

系统中如果使用无线通信模块实现无线通信功能，无线通信模块的防护性能应满足 GB 23757 的要求。

4 试验

4.1 总则

4.1.1 试验的大气条件

除在有关条文中另有说明外,各项试验均应在下述大气条件下进行:
— 温度:15 ℃~35 ℃;
— 湿度:25% RH~75% RH;
— 大气压力:86 kPa~106 kPa。

4.1.2 容差

除在有关条文中另有说明外,各项试验数据的容差均为±5%;环境条件参数偏差应符合 GB 16838 的要求。

4.1.3 试验基本要求

4.1.3.1 系统内具有无线通信功能的各组件应组成系统进行试验。

4.1.3.2 采用无线通信模块实现无线通信功能的系统,应将无线通信模块与系统组件一起组成系统进行试验。无线通信模块的检验报告应注明试验期间无线通信模块配接设备的型号、制造商等内容。

4.1.4 试验样品

试验样品(以下称"试样")为两套,试样应在试验前予以编号。系统如具有点对多点无线通信功能,应按系统能够容纳的最大数量具有无线通信功能的组件(包括无线通信模块)提供试样。

4.1.5 外观检查

试验前应对试样进行外观检查。

4.1.6 试验程序

应按表4规定的程序进行试验。

表4 试验程序

序号	章条	试验项目	试样编号 1	试样编号 2
1	4.1.5	外观检查	√	√
2	4.2	基本功能试验	√	√
3	4.3	状态指示功能试验	√	√
4	4.4	发射功率试验	√	√
5	4.5	运行稳定性试验	—	√
6	4.6	静电放电抗扰度试验	√	—
7	4.7	射频电磁场辐射抗扰度试验	√	—
8	4.8	低温(运行)试验	√	—

表 4（续）

序号	章条	试验项目	试样编号 1	试样编号 2
9	4.9	恒定湿热（运行）试验	√	—
10	4.10	振动（正弦）（运行）试验	√	—
11	4.11	振动（正弦）（耐久）试验	√	—
12	4.12	碰撞试验	√	—
13	4.13	外壳防护等级试验	√	—

注：√代表此项试验要做。

4.2 基本功能试验

4.2.1 按照使用说明书标称的最大通信距离和规定的最大负载进行连接，使试样处于正常监视状态。

4.2.2 使系统发出报警信号，观察并记录控制器的报警显示情况；可燃气体报警系统还应观察并记录可燃气体浓度显示情况。

4.2.3 使系统发出故障信号，观察并记录控制器的故障信号显示情况。

4.3 状态指示功能试验

按使用说明书安装试样，使试样处于正常监视状态，观察并记录试样通信指示状态；关闭试样的无线通信功能，观察并记录试样通信指示状态；如果试样有故障声指示信号，检查并记录试样的手动消音功能和故障声信号再启动功能；复位试样，观察并记录试样状态。

4.4 发射功率试验

将发射功率测量仪连接到试样上，测量其发射功率。

4.5 运行稳定性试验

4.5.1 按正常使用安装条件进行连接，使试样处于正常监视状态。

4.5.2 通电运行 21 d 观察并记录试样的无线通信状态。

4.6 静电放电抗扰度试验

4.6.1 试验步骤

4.6.1.1 将试样按 GB/T 17626.2 的规定进行试验配置，接通电源使试样处于正常工作状态，保持 20 min。

4.6.1.2 按 GB/T 17626.2 规定的试验方法对试样施加表 1 规定条件的电磁干扰，干扰期间及干扰结束后，观察并记录试样的无线通信状态。

4.6.2 试验设备

试验设备应符合 GB/T 17626.2 的规定。

4.7 射频电磁场辐射抗扰度试验

4.7.1 试验步骤

4.7.1.1 将试样按 GB/T 17626.3 的规定进行试验配置，接通电源使试样处于正常工作状态，保持 20 min。

4.7.1.2 按 GB/T 17626.3 规定的试验方法对试样施加表 1 规定条件的电磁干扰，干扰期间及干扰结束后，观察并记录试样的无线通信状态。

4.7.2 试验设备

试验设备应符合 GB/T 17626.3 的规定。

4.8 低温（运行）试验

4.8.1 试验步骤

4.8.1.1 试验前，将试样在正常大气条件下放置 2 h～4 h。然后按正常工作状态要求，将试样与等效负载连接，接通电源，使其处于正常工作状态。

4.8.1.2 调节试验箱温度，使其在(20±2)℃温度下保持(30±5)min，然后，以不大于 1 ℃/min 的速率降温至(0±3)℃。

4.8.1.3 在(0±3)℃温度下，保持 16 h 后，观察并记录试样的无线通信状态。

4.8.1.4 调节试验箱温度，使其以不大于 1 ℃/min 的速率升温至(20±2)℃，并保持(30±5)min。

4.8.1.5 取出试样，在正常大气条件下，处于正常工作状态 1 h～2 h 后，检查试样表面涂覆情况，观察并记录试样的无线通信状态。

4.8.2 试验设备

试验设备应符合 GB 16838 的规定。

4.9 恒定湿热（运行）试验

4.9.1 试验步骤

4.9.1.1 试验前，将试样在正常大气条件下放置 2 h～4 h。然后按正常工作状态要求，将试样与等效负载连接，接通电源，使其处于正常工作状态。

4.9.1.2 调节试验箱，使温度为(40±2)℃，相对湿度 90%～95%（先调节温度，当温度达到稳定后再加湿），连续保持 4 d 后，观察并记录试样的无线通信状态。

4.9.1.3 取出试样，在正常大气条件下，处于正常工作状态 1 h～2 h 后，检查试样表面涂覆情况，观察并记录试样的无线通信状态。

4.9.2 试验设备

试验设备应符合 GB 16838 的规定。

4.10 振动（正弦）（运行）试验

4.10.1 试验步骤

4.10.1.1 将试样按正常安装方式刚性安装，使同方向的重力作用像其使用时一样（重力影响可忽略时除外），试样在上述安装方式下可放于任何高度。振动期间，试样处于正常工作状态。

4.10.1.2 依次在3个互相垂直的轴线上,在10 Hz~150 Hz的频率循环范围内,以0.981 m/s²的加速度幅值,1 oct/min的扫频速率,各进行1次扫频循环。

4.10.1.3 检查试样外观及紧固部位,观察并记录试样的无线通信状态。

4.10.2 试验设备

试验设备(振动台及夹具)应符合GB 16838的规定。

4.11 振动(正弦)(耐久)试验

4.11.1 试验步骤

4.11.1.1 将试样按正常安装方式刚性安装(重力影响可忽略时除外),试样在上述安装方式下可放于任何高度,振动期间试样不通电。

4.11.1.2 依次在3个互相垂直的轴线上,在10 Hz~150 Hz的频率循环范围内,以4.905 m/s²的加速度幅值,1 oct/min的扫频速率,各进行20次扫频循环。

4.11.1.3 检查试样外观及紧固部位,接通电源,使试样处于正常工作状态,观察并记录试样的无线通信状态。

4.11.2 试验设备

试验设备(振动台及夹具)应符合GB 16838的规定。

4.12 碰撞试验

4.12.1 试验步骤

4.12.1.1 按正常工作状态要求,将试样与等效负载连接,接通电源,使其处于正常工作状态。

4.12.1.2 对试样表面上的每个易损部件施加3次能量为(0.5±0.04)J的碰撞。在进行试验时应小心进行,以确保上一组(3次)碰撞的结果不对后续各组碰撞的结果产生影响,在认为可能产生影响时,应不考虑发现的缺陷,取一新的试样,在同一位置重新进行碰撞试验。观察并记录试样的无线通信状态。

4.12.2 试验设备

试验设备应符合GB 16838的相关规定。

4.13 外壳防护等级试验

按GB 23757进行外壳防护等级试验。

5 检验规则

5.1 检验分类

声称具有无线通信功能的系统,应按本标准进行系统无线通信功能的检验。检验分为出厂检验和型式检验。

5.2 出厂检验

5.2.1 企业在系统出厂前应至少对其无线通信功能进行下述试验项目的检验:
    a) 外观检查;
    b) 基本功能试验;

c) 状态指示功能试验；

d) 发射功率试验。

5.2.2 企业应规定抽样方法、检验和判定准则。

5.3 型式检验

5.3.1 型式检验项目为表 4 规定的全部试验项目。检验样品在出厂检验合格的产品中抽取。

5.3.2 有下列情况之一时，应进行型式检验：

a) 新产品或老产品转厂生产时的试制定型鉴定；

b) 正式生产后，产品的结构、主要部件或元器件、生产工艺等有较大的改变可能影响产品性能；

c) 产品停产一年以上，恢复生产；

d) 发生重大质量事故；

e) 产品强制性准入制度有要求；

f) 质量监督部门依法提出要求。

5.3.3 检验结果按 GB 12978 规定的型式检验结果判定方法进行判定。

6 标志

6.1 产品标志

系统中具有无线通信功能的组件（包括无线通信模块）应有清晰、耐久的产品标志，标志应包含以下内容：

a) 产品名称、型号；

b) 执行标准；

c) 制造商名称或商标；

d) 发射功率；

e) 最大通信距离；

f) 使用频段；

g) 接线柱标注；

h) 制造日期或产品编号；

i) 产地。

6.2 质量检验标志

系统中具有无线通信功能的组件（包括无线通信模块）应有质量检验合格标志。

ICS 13.220.99
CCS C 85

中华人民共和国消防救援行业标准

XF/T 3011—2020

逃生与救援用车窗玻璃电动击碎装置

Electric window-breaking devices for escape and rescue in vehicles

2020-11-10 发布　　　　　　　　　　　　　　　　2021-05-01 实施

中华人民共和国应急管理部　　发　布

XF/T 3011—2020

前 言

本文件按照GB/T 1.1—2020《标准化工作导则　第1部分：标准化文件的结构和起草规则》的规定起草。

请注意本文件的某些内容可能涉及专利。本文件的发布机构不承担识别专利的责任。

本文件由中华人民共和国应急管理部提出。

本文件由全国消防标准化技术委员会火灾探测与报警分技术委员会(SAC/TC 113/SC 6)归口。

本文件负责起草单位：应急管理部沈阳消防研究所、北京市消防救援总队、中国兵器装备集团四川华川工业有限公司。

本文件主要起草人：郭春雷、赵宇、卢韶然、董文辉、李小白、刘洋、王宇行、王从宇、刘晓鹏、张学军、董晓卫。

逃生与救援用车窗玻璃电动击碎装置

1 范围

本文件规定了逃生与救援用车窗玻璃电动击碎装置的要求、试验、检验规则和标志。

本文件适用于车辆上安装使用的、通过电子信号触发动作部件击碎车窗钢化玻璃的电动击碎装置（以下简称"击碎装置"），其他类型的逃生与救援用玻璃击碎装置，除特殊要求应由有关标准另行规定外，亦可执行本文件。

2 规范性引用文件

下列文件中的内容通过文中的规范性引用而构成本文件必不可少的条款。其中，注日期的引用文件，仅该日期对应的版本适用于本文件；不注日期的引用文件，其最新版本（包括所有的修改单）适用于本文件。

GB/T 4208—2017 外壳防护等级（IP代码）（IEC 60529:2013,IDT）
GB/T 9969 工业产品使用说明书 总则
GB 12978 消防电子产品检验规则
GB/T 16838 消防电子产品环境试验方法及严酷等级
GB/T 17626.2—2018 电磁兼容 试验和测量技术 静电放电抗扰度试验
GB/T 17626.3—2016 电磁兼容 试验和测量技术 射频电磁场辐射抗扰度试验
GB/T 17626.4—2018 电磁兼容 试验和测量技术 电快速瞬变脉冲群抗扰度试验
GB/T 17626.5—2019 电磁兼容 试验和测量技术 浪涌（冲击）抗扰度试验
GB/T 17626.6—2017 电磁兼容 试验和测量技术 射频场感应的传导骚扰抗扰度
GB/T 21437.2—2008 道路车辆 由传导和耦合引起的电骚扰 第2部分：沿电源线的电瞬态传导
GB/T 28046.2—2019 道路车辆 电气及电子设备的环境条件和试验 第2部分：电气负荷

3 术语和定义

本文件没有需要界定的术语和定义。

4 要求

4.1 总则

击碎装置应符合第4章的相关要求，并按第5章的规定进行试验，以确认击碎装置对第4章要求的符合性。

4.2 击碎装置组成

击碎装置应由控制显示部件和动作部件组成。控制显示部件为安装于车辆控制台或其他位置的、用于启动动作部件及其他功能的操作部分，动作部件为安装于车窗位置的、用于击碎车窗玻璃的动作部分。

4.3 外观要求

4.3.1 击碎装置应具备产品出厂时的完整包装,包装中应包含质量检验合格标志和使用说明书。

4.3.2 击碎装置表面应无腐蚀、涂覆层脱落和起泡现象,无明显划伤、裂痕、毛刺等机械损伤,紧固部位无松动。

4.4 性能

4.4.1 一般要求

4.4.1.1 击碎装置应采用电池或直流电压供电,直流供电电压应采用 24 V 或 12 V。击碎装置的电源输入端应采用接线端子连接。

4.4.1.2 击碎装置的控制显示部件的可视表面应具有中文警示文字,除部件表面的按钮、开关以及文字、符号外,表面颜色应为红色。控制显示部件应具有防止误操作的保护机构,保护机构应便于开启,不应使用钥匙、密码、专业工具等开启方式,对控制显示部件进行启动操作后(包括无效操作)其对应部分应有明显变化。

4.4.1.3 击碎装置的控制显示部件表面应具有工作状态指示,正常状态应为绿色,故障状态应为黄色,动作部件启动后状态指示应为红色。在正前方 1 m 处,工作状态指示应清晰可见,且应具有中文注释。如击碎装置具有多个可单独启动的动作部件,各动作部件的故障、启动状态应分别指示。

4.4.1.4 动作部件启动后,控制显示部件应能发出启动声、光信号。在额定工作电压条件下,启动声信号在正前方 1 m 处的声压级(A 计权)应不小于 65 dB,不大于 115 dB。

4.4.1.5 当控制显示部件与动作部件之间的连线发生断路、短路时,控制显示部件应发出与启动声、光信号有明显区别的故障声、光信号。

4.4.1.6 击碎装置在动作部件的安装处如具有现场强制启动按钮,则强制启动按钮应仅能控制与其对应的动作部件,且在启动按钮外表面处应具有防止误操作的保护盖或外罩等机构,但不应采用操作密码、锁具等限制使用人员操作级别的措施。

4.4.1.7 击碎装置应具有车辆行驶闭锁功能,在车辆行驶时对控制显示部件的操作不应使动作部件启动,仅在车辆停止后方能通过操作显示部件控制动作部件正常启动。

4.4.1.8 将动作部件按照制造商的规定正常安装后,将质量为 15 kg 的重物与其连接、保持 30 min,动作部件不应从安装表面脱落。

4.4.1.9 击碎装置各部件的外壳防护等级(IP 代码)不应低于 GB/T 4208—2017 规定的 IP30 等级。

4.4.1.10 击碎装置的控制显示部件应具有计时装置,日计时误差不应超过 30 s。控制显示部件应具有事件记录功能,记录应包括击碎装置的上电、掉电,动作部件的启动、故障、故障恢复等事件的类型和时间。事件记录在击碎装置掉电后应能保存至少 30 d。

4.4.1.11 每套击碎装置应有中文使用说明书,使用说明书应满足 GB/T 9969 的相关要求。

4.4.2 动作性能

4.4.2.1 制造商应在使用说明书中规定击碎装置动作部件的可击碎车用钢化玻璃层数和击碎厚度。用于击碎单层车用钢化玻璃的动作部件,其击碎厚度不应小于 6 mm。

4.4.2.2 击碎装置的控制显示部件与动作部件之间使用长度为 50 m、线径满足制造商规定的电缆连接,控制显示部件应能控制动作部件正常启动。控制显示部件发出启动信号后,其动作部件应在 1 s 内完成对车窗玻璃的击碎。

4.4.2.3 动作部件在启动后,其壳体不应有明显的形变,用于击碎玻璃的执行部分不应与动作部件的壳体脱离。

4.5 电源波动（不适用于仅以电池供电的击碎装置）

对于直流电源供电的击碎装置，将其供电电压按表1规定的数值进行调整，在下限电压和上限电压供电条件下，击碎装置均应能正常动作。

表 1 电源波动试验参数　　　　　　　　　　　　　　　　　　　　　单位为伏特

额定电压	下限电压	上限电压
12	11	15
24	22	30

4.6 电源反向连接（不适用于仅以电池供电的击碎装置）

击碎装置在按表2给出的试验参数进行电源反向连接试验时，击碎装置不应发生误动作。试验后，恢复正常供电，击碎装置应能正常动作。

表 2 电源反向连接试验参数

额定电压 V	反向试验电压 V	时间 min
12	13.5	1
24	28.0	

4.7 电池容量

4.7.1 击碎装置具有仅以电池供电的部件时，将电池以20倍的平均工作电流放电55 d后，其电量应能保证击碎装置正常工作。在电池电量低时，击碎装置应能发出与启动声、光信号有明显区别的故障声、光信号，故障声、光信号至少在7 d内连续每分钟提示1次。在此之后操作控制显示部件，动作部件应满足4.4.2的要求。

4.7.2 击碎装置具有由外部电源供电且配有内部备用电池的部件时，当外部电源不能正常供电时，应自动切换备用电池供电。由备用电池供电时，击碎装置应能发出与启动声、光信号有明显区别的故障声、光信号，故障声、光信号至少在7 d内连续每分钟提示1次。在此之后操作控制显示部件，动作部件应满足4.4.2的要求。

4.8 电磁兼容性能

击碎装置应能耐受表3所规定的电磁干扰条件下的各项试验，试验期间及试验后应满足下述要求：
a) 试验期间，击碎装置不应发生故障和误动作；
b) 试验后，击碎装置应满足4.4.2的要求。

表 3 电磁兼容试验参数

试验名称	试验参数	试验条件	工作状态
静电放电抗扰度试验	放电电压 kV	空气放电(绝缘体外壳):8	正常工作状态
		接触放电(导体外壳和耦合板):6	
	放电极性	正、负	
	放电间隔 s	≥1	
	每点放电次数	10	
射频电磁场辐射抗扰度试验	场强 V/m	10	正常工作状态
	频率范围 MHz	80~1000	
	扫描速率 十倍频程每秒	$\leq 1.5 \times 10^{-3}$	
	调制幅度	80%(1 kHz,正弦)	
电快速瞬变脉冲群抗扰度试验(不适用于仅以电池供电的击碎装置)	瞬变脉冲电压 kV	$1 \times (1 \pm 0.1)$	正常工作状态
	重复频率 kHz	$5 \times (1 \pm 0.2)$	
	极性	正、负	
	时间 min	1	
浪涌(冲击)抗扰度试验(不适用于仅以电池供电的击碎装置)	浪涌(冲击)电压 kV	线—地:$1 \times (1 \pm 0.1)$	正常工作状态
	极性	正、负	
	试验次数	5	
	试验间隔 s	60	
射频场感应的传导骚扰抗扰度试验	频率范围 MHz	0.15~80	正常工作状态
	电压 dB(μV)	140	
	调制幅度	80%(1 kHz,正弦)	
注:正常监视状态指击碎装置接通电源正常工作,且未发生故障和动作部件启动时的状态。			

4.9 沿车载电源线的电瞬态传导骚扰抗扰度（仅适用于以车载电源供电的击碎装置）

击碎装置应能耐受 GB/T 21437.2—2008 规定的试验脉冲1、试验脉冲2a 和2b、试验脉冲3a 和3b，以及 GB/T 28046.2—2019 规定的试验脉冲4的干扰，各试验脉冲的参数及波形应符合附录 A 的规定。试验期间及试验后击碎装置应满足下述要求：

a) 试验期间，击碎装置不应发生故障和误动作；
b) 耐受全部试验脉冲的干扰后，击碎装置应满足4.4.2的要求。

4.10 气候环境耐受性

击碎装置应能耐受表4所规定的气候环境条件下的各项试验，试验期间及试验后应满足下述要求：

a) 试验期间，击碎装置不应发生故障和误动作；
b) 试验后，击碎装置表面不应有腐蚀和破坏涂覆现象，且满足4.4.2的要求。

表4 气候环境试验参数

试验名称	试验参数	试验条件	工作状态
高温（运行）试验	温度 ℃	70±2	正常工作状态
	持续时间 h	2	
低温（运行）试验	温度 ℃	−40±2	正常工作状态
	持续时间 h	2	
恒定湿热（运行）试验	温度 ℃	40±2	正常工作状态
	相对湿度 %	93±3	
	持续时间 h	2	
交变湿热（运行）试验	温度 ℃	55±2	正常工作状态
	循环周期 个	2	
盐雾试验	盐溶液浓度（质量比）%	5±1	不通电状态
	每个周期喷雾时间 h	2	
	湿热贮存温度 ℃	40±2	
	湿热贮存相对湿度 %	93±3	
	每个周期湿热贮存时间 h	166	

4.11 机械环境耐受性

击碎装置应能耐受表5所规定的各项机械环境试验，试验期间及试验后击碎装置应满足下述要求：
a) 试验期间，击碎装置不应发生故障和误动作；
b) 试验后，击碎装置不应有机械损伤和紧固部位松动现象，且满足4.4.2的要求。

表5 机械环境试验参数

试验名称	试验参数	试验条件	工作状态
振动(正弦)(运行)试验	频率范围 Hz	10～150	正常工作状态
	加速度 m/s²	20	
	扫频速率 oct/min	1	
	轴线数	3	
	每个轴线扫频次数	1	
振动(定频)(运行)试验	振动频率 Hz	67	正常工作状态
	加速度 m/s²	10	
	轴线数	3	
	试验时间 h	上下:4 左右:2 前后:2	
冲击(运行)试验	脉冲持续时间 ms	11	正常工作状态
	峰值加速度 m/s²	500	
	相应的速度变化量 m/s	3.4	
	冲击方向数	6	
	每个方向冲击数	3	

5 试验

5.1 试验纲要

5.1.1 大气条件

如在有关条文中没有说明，各项试验均在下述正常大气条件下进行：
——温度:15 ℃～35 ℃；
——相对湿度:25%～75%；

——大气压力：86 kPa～106 kPa。

5.1.2 试验样品

试验样品(以下简称试样)为19套,试验前应对试样予以编号。

5.1.3 外观检查

试样在试验前应进行外观检查,检查结果应满足4.3的要求。

5.1.4 容差

如在有关条文中没有说明时,各项试验数据的容差均为±5%。气候环境试验参数偏差应符合GB/T 16838的要求。

5.1.5 试验程序

试验程序见表6。

表6 试验程序

序号	章条	试验项目	试样编号
1	5.1.3	外观检查	1～19
2	5.2	基本性能试验	1～19
3	5.3	动作性能试验	1
4	5.4	电源波动试验(不适用于仅以电池供电的试样)	2、3
5	5.5	电源反向连接试验(不适用于仅以电池供电的试样)	4
6	5.6	电池容量试验	5
7	5.7	静电放电抗扰度试验	6
8	5.8	射频电磁场辐射抗扰度试验	7
9	5.9	电快速瞬变脉冲群抗扰度试验(不适用于仅以电池供电的试样)	8
10	5.10	浪涌(冲击)抗扰度试验(不适用于仅以电池供电的试样)	9
11	5.11	射频场感应的传导骚扰抗扰度试验	10
12	5.12	沿车载电源线的电瞬态传导骚扰抗扰度试验(仅适用于以车载电源供电的试样)	11
13	5.13	高温(运行)试验	12
14	5.14	低温(运行)试验	13
15	5.15	恒定湿热(运行)试验	14
16	5.16	交变湿热(运行)试验	15
17	5.17	盐雾试验	16
18	5.18	振动(正弦)(运行)试验	17
19	5.19	振动(定频)(运行)试验	18
20	5.20	冲击(运行)试验	19

5.2 基本性能试验

5.2.1 检查试样的供电方式及电源输入端的接线情况是否满足4.4.1.1的要求。

5.2.2 检查试样控制显示部件的可视表面是否具有中文警示文字,检查试样表面颜色是否满足4.4.1.2的要求。检查试样控制显示部件是否具有防止误操作的保护机构以及保护机构的开启方式。

5.2.3 检查试样的控制显示部件在正常状态、故障状态和动作部件启动后的工作状态指示及其中文注释。如试样具有多个可单独启动的动作部件,检查各动作部件的故障、启动状态是否能分别指示。

5.2.4 操作试样的控制显示部件,检查其在动作部件启动后是否发出启动声、光信号,测量并记录试样正前方1 m处启动声信号的声压级(A计权)。

5.2.5 分别使控制显示部件与动作部件之间的连线发生断路、短路,检查控制显示部件是否发出与启动声、光信号有明显区别的故障声、光信号。

5.2.6 试样在动作部件的安装处如具有现场强制启动按钮,检查该启动按钮是否仅能控制与其对应的动作部件,检查强制启动按钮是否具有防止误操作的保护机构及其保护方式。

5.2.7 试样处于正常工作状态,模拟试样所在车辆处于行驶状态,操作试样的控制显示部件,检查动作部件是否启动。模拟所在车辆从行驶转为停止状态,检查试样工作状态指示情况,再次操作控制显示部件,检查动作部件是否能正常启动。

5.2.8 将试样动作部件按照制造商的规定正常安装,将质量为15 kg的重物与动作部件连接,使重物自由垂下,保持30 min,检查动作部件是否未从安装表面脱落。

5.2.9 按GB/T 4208—2017规定的试验方法测试试样的外壳防护等级。

5.2.10 检查试样是否具有事件记录功能,检查其是否能完整记录上电、掉电,以及动作部件的启动、故障、故障恢复等事件的类型和时间。检查试样内部计时装置的日计时误差和记录保存功能是否满足4.4.1.10的要求。

5.2.11 检查试样的使用说明书是否满足4.4.1.11的要求。

5.3 动作性能试验

5.3.1 试验步骤

5.3.1.1 将试样的控制显示部件和动作部件之间使用长度为50 m、线径满足制造商规定的电缆连接,使其处于正常工作状态。对于可击碎单层钢化玻璃的试样,将其动作部件安装在厚度为制造商声明的、尺寸为300 mm×300 mm的单层车用钢化玻璃上。对于可击碎多层钢化玻璃的试样,将其动作部件安装在厚度和层数为制造商声明的、尺寸为300 mm×300 mm的多层车用钢化玻璃上。

5.3.1.2 操作试样控制显示部件并开始计时,当动作部件完成对车窗玻璃的击碎后停止计时。

5.3.1.3 检查车用钢化玻璃是否被击碎。检查动作部件的壳体是否发生明显的形变,其执行部分是否与壳体脱离。

5.3.2 试验设备

应采用下述设备进行试验:
a) 车用钢化玻璃及固定框架;
b) 计时器。

5.4 电源波动试验(不适用于仅以电池供电的试样)

5.4.1 试验步骤

将试样按制造商的规定正常安装,使其处于正常工作状态。将其供电电压按表1规定分别调至下限电压和上限电压,按照5.3.1规定的方法测试试样的动作性能。

5.4.2 试验设备

应采用下述设备进行试验:

a) 车用钢化玻璃及固定框架；
b) 计时器；
c) 调压器。

5.5 电源反向连接试验（不适用于仅以电池供电的试样）

5.5.1 试验步骤

将试样的电源输入端反向连接，按表2规定的电压值对其通电，保持1 min。试验期间，观察并记录试样的状态。将试样恢复正常供电，如试样能够正常工作，按照5.3.1规定的方法测试试样的动作性能。

5.5.2 试验设备

应采用下述设备进行试验：
a) 车用钢化玻璃及固定框架；
b) 计时器；
c) 调压器。

5.6 电池容量试验

5.6.1 试验步骤

5.6.1.1 对于仅以电池供电的试样部件，将满容量电池以20倍的平均工作电流放电55 d后，将电池装入试样中，观察并记录试样的电池电量指示情况。

5.6.1.2 对于仅以电池供电的试样部件，使其连续工作至指示电池电量低，再连续工作7 d。试验期间，观察并记录试样的工作状态，然后按照5.3.1规定的方法测试试样的动作性能。

5.6.1.3 对于由外部电源供电且配有内部备用电池的试样部件，检查外部电源和备用电池的供电切换功能。将其外部电源断开，使其再连续工作7 d。试验期间，观察并记录试样的工作状态，然后按照5.3.1规定的方法测试试样的动作性能。

5.6.2 试验设备

应采用下述设备进行试验：
a) 车用钢化玻璃及固定框架；
b) 计时器。

5.7 静电放电抗扰度试验

5.7.1 试验步骤

将试样按GB/T 17626.2—2018中的规定进行试验布置，试样处于正常工作状态。按GB/T 17626.2—2018中规定的试验方法对试样及耦合板施加表3所示条件的静电放电干扰。试验期间，观察并记录试样的工作状态。条件试验结束后，按照5.3.1规定的方法测试试样的动作性能。

5.7.2 试验设备

试验设备满足GB/T 17626.2—2018的要求。

5.8 射频电磁场辐射抗扰度试验

5.8.1 试验步骤

将试样按GB/T 17626.3—2016中的规定进行试验布置，试样处于正常工作状态。按GB/T

17626.3—2016中规定的试验方法对试样施加表3所示条件的射频电磁场辐射干扰。试验期间,观察并记录试样的工作状态。条件试验结束后,按照5.3.1规定的方法测试试样的动作性能。

5.8.2 试验设备

试验设备满足GB/T 17626.3—2016的要求。

5.9 电快速瞬变脉冲群抗扰度试验(不适用于仅以电池供电的试样)

5.9.1 试验步骤

将试样按GB/T 17626.4—2018中的规定进行试验布置,试样处于正常工作状态。按GB/T 17626.4—2018中规定的试验方法对试样施加表3所示条件的电快速瞬变脉冲群干扰。试验期间,观察并记录试样的工作状态。条件试验结束后,按照5.3.1规定的方法测试试样的动作性能。

5.9.2 试验设备

试验设备满足GB/T 17626.4—2018的要求。

5.10 浪涌(冲击)抗扰度试验(不适用于仅以电池供电的试样)

5.10.1 试验步骤

将试样按GB/T 17626.5—2019中的规定进行试验布置,试样处于正常工作状态。按GB/T 17626.5—2019中规定的试验方法对试样施加表3所示条件的浪涌(冲击)干扰。试验期间,观察并记录试样的工作状态。条件试验结束后,按照5.3.1规定的方法测试试样的动作性能。

5.10.2 试验设备

试验设备满足GB/T 17626.5—2019的要求。

5.11 射频场感应的传导骚扰抗扰度试验

5.11.1 试验步骤

将试样按GB/T 17626.6—2017中的规定进行试验布置,试样处于正常工作状态。按GB/T 17626.6—2017中规定的试验方法对试样施加表3所示条件的射频场感应的传导骚扰。试验期间,观察并记录试样的工作状态。条件试验结束后,按照5.3.1规定的方法测试试样的动作性能。

5.11.2 试验设备

试验设备满足GB/T 17626.6—2017的要求。

5.12 沿车载电源线的电瞬态传导骚扰抗扰度试验(仅适用于以车载电源供电的试样)

5.12.1 试验步骤

将试样分别按GB/T 21437.2—2008和GB/T 28046.2—2019中的规定进行试验布置,试样处于正常工作状态。根据附录A所示的试验条件,按照GB/T 21437.2—2008中规定的试验方法分别对试样施加试验脉冲1、试验脉冲2a和2b、试验脉冲3a和3b的干扰,然后按照GB/T 28046.2—2019中规定的试验方法对试样施加试验脉冲4的干扰。每种试验脉冲干扰后,至少将试样静置1 min。试验期间,观察并记录试样的工作状态。条件试验结束后,按照5.3.1规定的方法测试试样的动作性能。

5.12.2 试验设备

试验设备满足 GB/T 21437.2—2008 和 GB/T 28046.2—2019 的要求。

5.13 高温(运行)试验

5.13.1 试验步骤

将试样安装于试验箱中,使其处于正常工作状态。以不大于 1 ℃/min 的升温速率将试验箱内的温度升至(70±2)℃,保持 2 h。条件试验结束后,按照 5.3.1 规定的方法测试试样的动作性能。

5.13.2 试验设备

试验设备满足 GB/T 16838 的要求。

5.14 低温(运行)试验

5.14.1 试验步骤

将试样安装于试验箱中,使其处于正常工作状态。以不大于 1 ℃/min 的降温速率将试验箱内的温度降至(−40±2)℃,保持 2 h。条件试验结束后,按照 5.3.1 规定的方法测试试样的动作性能。

5.14.2 试验设备

试验设备满足 GB/T 16838 的要求。

5.15 恒定湿热(运行)试验

5.15.1 试验步骤

将试样安装于试验箱中,使其处于正常工作状态。以不大于 1 ℃/min 的升温速率将试验箱内的温度升至(40±2)℃,然后以不大于 5%RH/min 的加湿速率将试验箱内的相对湿度升至(93±3)%RH,保持 2 h。条件试验结束后,按照 5.3.1 规定的方法测试试样的动作性能。

5.15.2 试验设备

试验设备满足 GB/T 16838 的要求。

5.16 交变湿热(运行)试验

5.16.1 试验步骤

将试样安装于试验箱中,使其处于正常工作状态。按 GB/T 16838 中交变湿热(运行)试验的规定,对其进行温度为(55±2)℃、2 个循环周期的交变湿热(运行)试验。条件试验结束后,按照 5.3.1 规定的方法测试试样的动作性能。

5.16.2 试验设备

试验设备满足 GB/T 16838 的要求。

5.17 盐雾试验

5.17.1 试验步骤

将试样安装于试验箱中,试验期间,试样不通电。按 GB/T 16838 中盐雾试验的规定,对试样施加

表4所示条件的盐雾试验。条件试验结束后,用流动水清洗试样外表面,检查试样表面腐蚀情况。在正常大气条件下恢复1 h后,按照5.3.1规定的方法测试试样的动作性能。

5.17.2 试验设备

试验设备满足GB/T 16838的要求。

5.18 振动(正弦)(运行)试验

5.18.1 试验步骤

将试样按照制造商规定的正常方式刚性安装,使其处于正常工作状态。按GB/T 16838中振动(正弦)(运行)试验的规定,对试样施加表5所示条件的振动(正弦)(运行)试验。条件试验结束后,检查试样外观及紧固部位,按照5.3.1规定的方法测试试样的动作性能。

5.18.2 试验设备

试验设备满足GB/T 16838的要求。

5.19 振动(定频)(运行)试验

5.19.1 试验步骤

将试样按照制造商规定的正常方式刚性安装,使其处于正常工作状态。按表5所示条件对试样施加振动(定频)(运行)试验。条件试验结束后,检查试样外观及紧固部位,按照5.3.1规定的方法测试试样的动作性能。

5.19.2 试验设备

试验设备满足GB/T 16838的要求。

5.20 冲击(运行)试验

5.20.1 试验步骤

将试样按照制造商规定的正常方式刚性安装,使其处于正常工作状态。按GB/T 16838中冲击(运行)试验的规定,对试样施加表5所示条件的冲击(运行)试验。条件试验结束后,检查试样外观及紧固部位,按照5.3.1规定的方法测试试样的动作性能。

5.20.2 试验设备

试验设备满足GB/T 16838的要求。

6 检验规则

6.1 出厂检验

6.1.1 制造商在产品出厂前应对击碎装置进行下述试验项目的检验:
   a) 基本性能试验;
   b) 动作性能试验;
   c) 电源波动试验;
   d) 电源反向连接试验。

6.1.2 制造商应规定抽样方法、检验和判定规则。

6.2 型式检验

6.2.1 型式检验项目为第 4 章规定的试验项目。在出厂检验合格的产品中抽取检验样品。

6.2.2 凡属下列情况之一时,应进行型式检验:
    a) 新产品或老产品转厂生产时的试制定型鉴定;
    b) 首批次产品出厂时;
    c) 正式生产后,产品的结构、主要部件或元器件、生产工艺等有较大的改变,可能影响产品性能;
    d) 产品停产 1 年以上恢复生产;
    e) 发生重大质量事故整改后;
    f) 质量监督部门依法提出要求。

6.2.3 检验结果按 GB 12978 规定的型式检验结果判定方法进行判定。

7 标志

7.1 总则

标志应清晰可见,且不应贴在螺丝或其他易被拆卸的部件上。

7.2 产品标志

7.2.1 每套击碎装置应有清晰、耐久的中文产品标志,产品标志应包括以下内容:
    a) 产品名称和型号;
    b) 产品执行的标准编号;
    c) 制造商名称和生产地址;
    d) 制造日期和产品编号;
    e) 产品主要技术参数(供电方式及参数、可击碎车用钢化玻璃层数、击碎厚度)。

7.2.2 产品标志信息中如使用不常用符号或缩写时,应在使用说明书中注明。

7.3 质量检验标志

每套击碎装置均应有清晰的质量检验合格标志。

附 录 A
（规范性）
沿车载电源线的电瞬态传导骚扰脉冲参数及波形

本附录规定了沿车载电源线的电瞬态传导骚扰抗扰度试验中各试验脉冲的参数、坐标、单位、符号等信息，见表 A.1 至表 A.6。各试验脉冲的波形，见图 A.1 至图 A.6。

表 A.1 试验脉冲 1 参数

参数	12 V 系统	24 V 系统
供电电压 U_A V	13.5±0.5	27±1
脉冲峰值 U_S V	−100	−600
试验脉冲发生器的电源内部阻抗 R_i Ω	10	50
脉冲宽度 t_d ms	2	1
脉冲上升时间 t_r μs	$1_{-0.5}^{0}$	$3_{-1.5}^{0}$
脉冲重复时间 t_1 [a] s	0.5～5	
电源断开与恢复所需时间 t_2 ms	200	
断开电源与施加脉冲之间所需的时间 t_3 μs	<100	
脉冲次数	5 000	
[a] 所选择的 t_1 应保证在施加下一个脉冲前，击碎装置被正确初始化。		

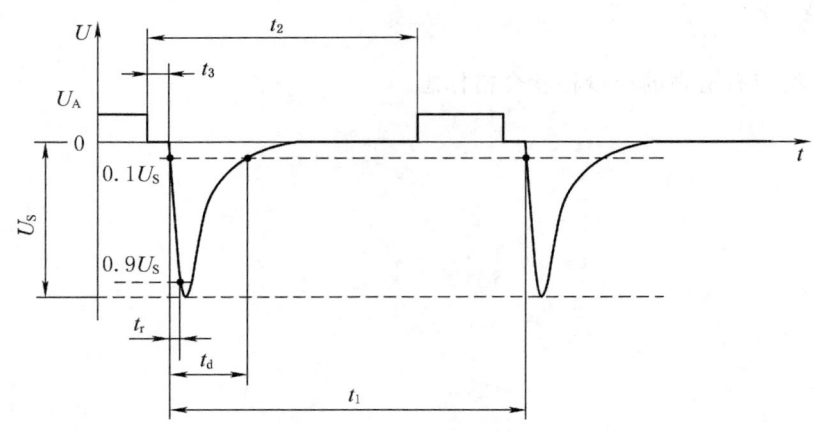

说明：
- U_A——供电电压；
- U_S——脉冲峰值；
- t_d——脉冲宽度；
- t_r——脉冲上升时间；
- t_1——脉冲重复时间；
- t_2——电源断开与恢复所需时间；
- t_3——断开电源与施加脉冲之间所需的时间。

图 A.1 试验脉冲 1 波形

表 A.2 试验脉冲 2a 参数

参数	12 V 系统	24 V 系统
供电电压 U_A V	13.5±0.5	27±1
脉冲峰值 U_S V	50	
试验脉冲发生器的电源内部阻抗 R_i Ω	2	
脉冲宽度 t_d ms	0.05	
脉冲上升时间 t_r μs	$1_{-0.5}^{0}$	
脉冲重复时间 t_1 s	0.2～5	
脉冲次数	5 000	

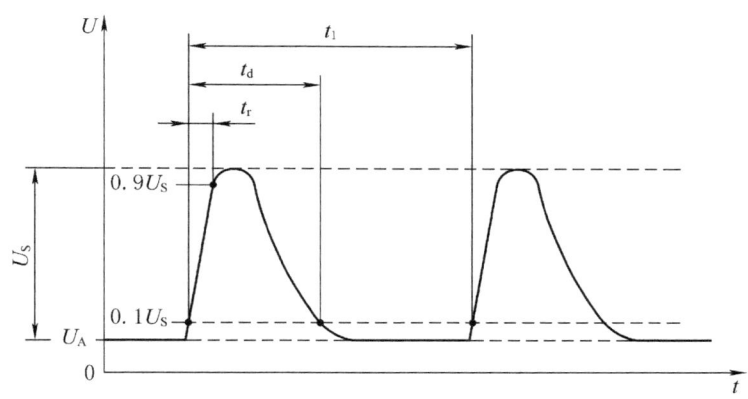

说明：
U_A——供电电压；
U_S——脉冲峰值；
t_d——脉冲宽度；
t_r——脉冲上升时间；
t_1——脉冲重复时间。

图 A.2 试验脉冲 2a 波形

表 A.3 试验脉冲 2b 参数

参数	12 V 系统	24 V 系统
供电电压 U_A V	13.5±0.5	27±1
脉冲峰值 U_S V	10	20
试验脉冲发生器的电源内部阻抗 R_i Ω	0~0.05	
脉冲宽度 t_d s	0.2~2	
电源电压下降时间 t_{12} ms	1±0.5	
脉冲上升时间 t_r ms	1±0.5	
断开电源与施加脉冲之间所需的时间 t_6 ms	1±0.5	
脉冲次数	10	
脉冲重复时间 s	0.5~5	

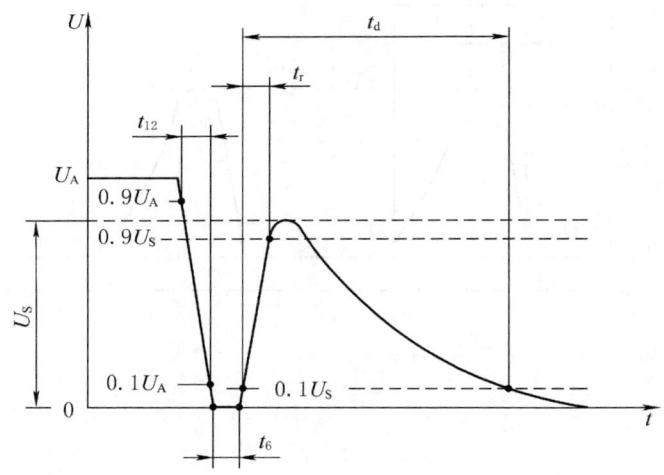

说明：
U_A——供电电压；
U_S——脉冲峰值；
t_d——脉冲宽度；
t_r——脉冲上升时间；
t_6——断开电源与施加脉冲之间所需的时间；
t_{12}——电源电压下降时间。

图 A.3 试验脉冲 2b 波形

表 A.4 试验脉冲 3a 参数

参数	12 V 系统	24 V 系统
供电电压 U_A V	13.5±0.5	27±1
脉冲峰值 U_S V	−150	−200
试验脉冲发生器的电源内部阻抗 R_i Ω	50	
脉冲宽度 t_d μs	$0.1^{+0.1}_{0}$	
脉冲上升时间 t_r ns	5±1.5	
脉冲重复时间 t_1 μs	100	
猝发脉冲宽度 t_4 ms	10	
猝发间隔时间 t_5 ms	90	
试验时间 h	1	

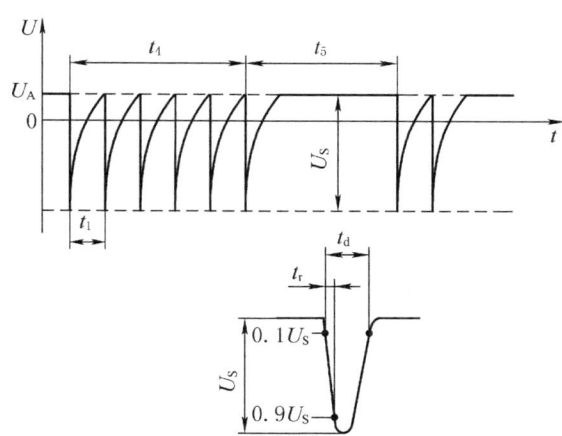

说明:
U_A——供电电压;
U_S——脉冲峰值;
t_d——脉冲宽度;
t_r——脉冲上升时间;
t_1——脉冲重复时间;
t_4——猝发脉冲宽度;
t_5——猝发间隔时间。

图 A.4 试验脉冲 3a 波形

表 A.5 试验脉冲 3b 参数

参数	12 V 系统	24 V 系统
供电电压 U_A V	13.5±0.5	27±1
脉冲峰值 U_S V	100	200
试验脉冲发生器的电源内部阻抗 R_i Ω	50	
脉冲宽度 t_d μs	$0.1_0^{+0.1}$	
脉冲上升时间 t_r ns	5±1.5	
脉冲重复时间 t_1 μs	100	
猝发脉冲宽度 t_4 ms	10	
猝发间隔时间 t_5 ms	90	
试验时间 h	1	

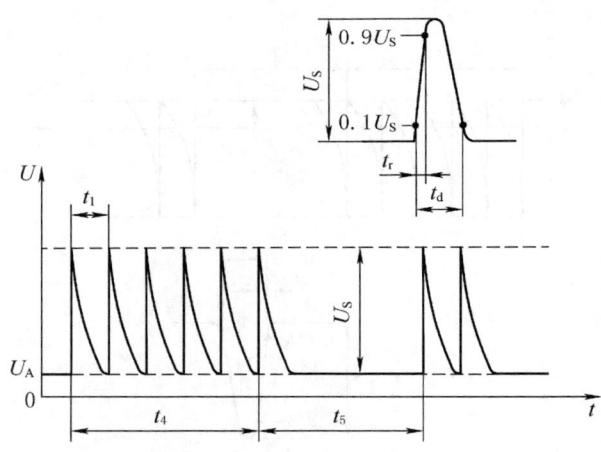

说明：
U_A——供电电压；
U_S——脉冲峰值；
t_d——脉冲宽度；
t_r——脉冲上升时间；
t_1——脉冲重复时间；
t_4——猝发脉冲宽度；
t_5——猝发间隔时间。

图 A.5 试验脉冲 3b 波形

表 A.6 试验脉冲 4 参数

参数	12 V 系统	24 V 系统
供电电压 U_A V	14±0.2	28±0.2
跌落电压 U_S V	$8_{-0.2}^{0}$	$10_{-0.2}^{0}$
脉冲群基准电压 U_a V	$9.5_{-0.2}^{0}$	$20_{-0.2}^{0}$
电压跌落时间 t_f ms	5±0.5	10±1
跌落持续时间 t_6 ms	15±1.5	50±5
脉冲群施加前电压上升时间 t_7 ms	50±5	
脉冲群持续时间 t_8 ms	1 000±100	
脉冲群施加后电压上升时间 t_r ms	40±4	
脉冲群频率 Hz	2	
脉冲峰值 V	1	
试验次数	10	
试验时间间隔 s	1～2	

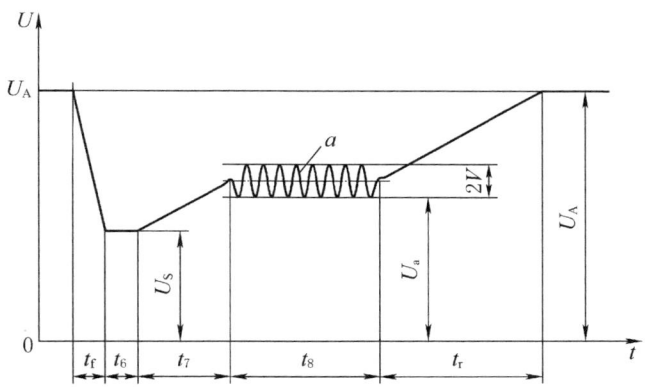

说明：
U_A——供电电压；
U_S——跌落电压；
U_a——脉冲群基准电压；
t_f——电压跌落时间；
t_6——跌落持续时间；
t_7——脉冲群施加前电压上升时间；
t_8——脉冲群持续时间；
t_r——脉冲群施加后电压上升时间；
a——脉冲群；
$2V$——脉冲群峰峰值。

图 A.6 试验脉冲 4 波形

Z·E·X·卓而信
卓而不凡　值得信赖

ABOUT US 关于我们

　　广东卓而信照明电器有限公司成立于2013年，总部坐落于"世界灯都"中山市，是一家集中控制应急照明系统生产厂家，也是国内老牌消防灯具生产厂家之一。在全国38个省市都有运营部，销售网点遍布全国各地一二线城市，力争为客户提供最优质和高效的服务。

　　广东卓而信是一家专业生产消防应急照明系统的企业，自成立以来，一直以研发生产销售为一体，目前公司拥有精湛的研发团队和完善的客服管理体系，多年来也荣获了国家高新企业、ISO质量管理体系和环境管理体系、3C等一系列认证，获得了多项行业奖项和结构外观专利。

　　多年以来，公司一直坚持开拓创新，不断更新设备从而确保产品技术含量和品质，让客户放心以及信任。公司重视人才的发展和培养，对员工进行严格的培训考核，对产品生产流程严格把控，对产品质量精益求精，不断提高公司综合竞争力，使公司走上可持续发展道路，成为行业领先者。

　　我们的愿景：成为国内最具影响力品牌，良好美誉的消防应急灯供应商
　　我们的使命：创新和服务并重，提升用户新体验
　　核心价值观：诚信合作．成就客户
　　企业精神：真诚、活力、责任、创新
　　学习文化：客户和同行是最好的老师
　　合作文化：共创、共担、共享、共赢
　　行动文化：路不行不到，事不为不成，严律己，宽待人

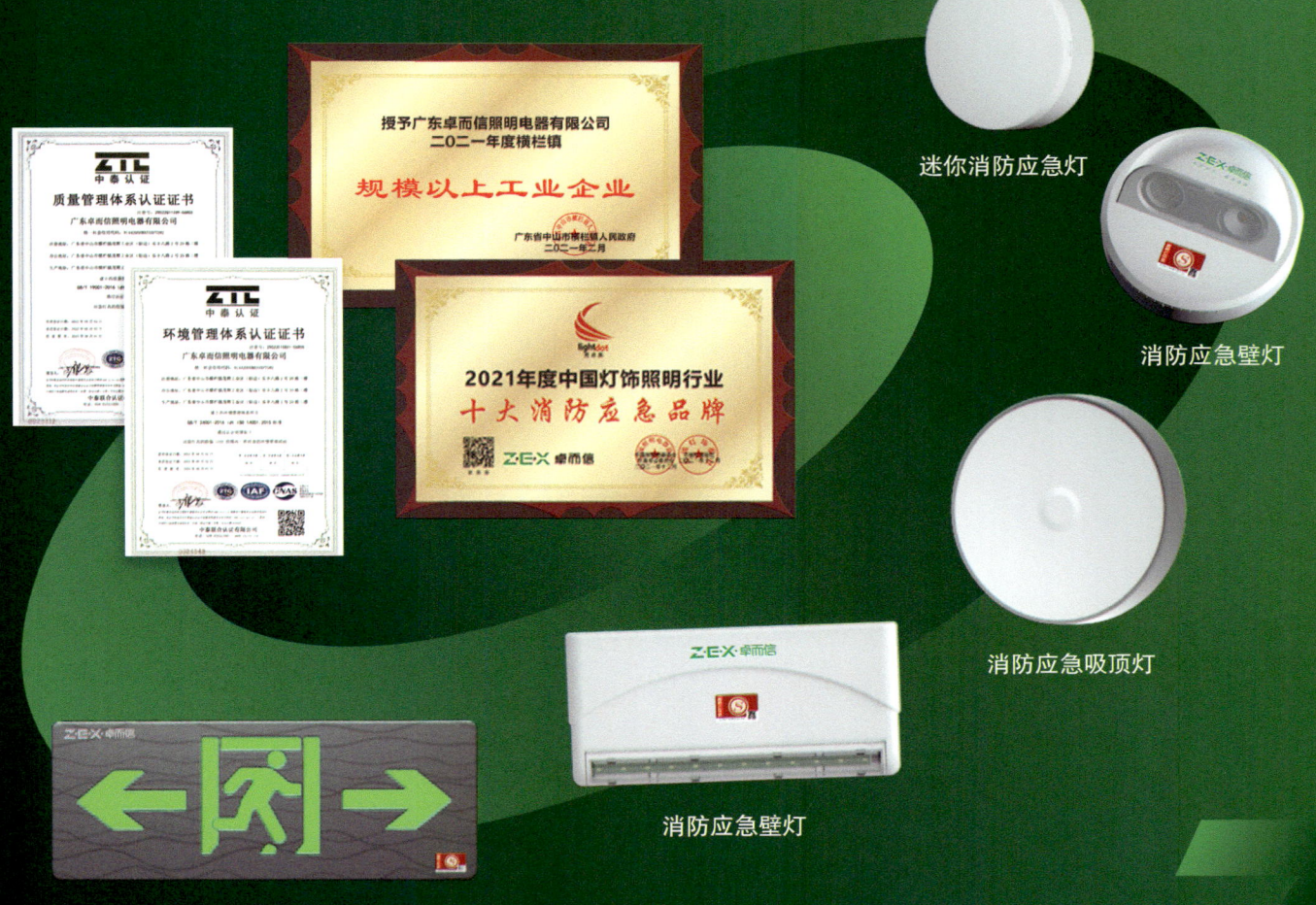

迷你消防应急灯

消防应急壁灯

消防应急吸顶灯

消防应急壁灯

消防应急标志灯

广东卓而信照明电器有限公司
地址：广东省中山市横栏镇乐丰八路2号新力士科技园20栋三楼　　服务热线：4001632119

青岛阳浦智能科技有限公司创立于2003年，总部位于青岛。公司主营产品为消防应急照明和疏散指示系统、蓄电池在线监控系统、低压成套设备等电气化产品，现已成为轨道交通行业专业设备的制造商。公司坚持和合共赢，诚信守诺，科技引领未来，智能改变生活的企业使命，崇尚慎终如始的工作态度，秉承舍得的做事风格，并专注于客户的需求。公司的产品已广泛应用于轨道交通、医院、航空、银行、证券、石油化工、工业冶金、电力、政府机构等行业。

阳浦消防应急照明和疏散指示系统全部采用先进的总线技术及电力电子技术，将建筑内所有应急灯具及配套设备整合在一起，系统主机24小时实时监控系统终端灯具及设备工作状态，发生火灾时，可与火灾报警系统联动，自动获取火灾报警点位置信息后下发终端灯具，终端灯具通过火灾报警点信息自动计算出最佳疏散路线，终端设备根据不断变化的火警点信息自动调整疏散指引方向，并形成具有视觉效果的导光流。火灾现场人员通过真正的安全路线快速疏散，达到"安全、准确、迅速"地引导人员避开烟、火逃生，较大限度避免人员伤亡，有效解决了传统疏散系统方向固定不变、指示效果不理想、维护成本高、安全性能差等缺陷。

轨道交通行业专业设备制造商

业绩

成都地铁19号线2期	青岛市地铁2号线	青岛市地铁11号线	合肥市轨道交通4号线
成都地铁18号线3期	青岛市地铁3号线	青岛市地铁13号线	佛山城市轨道交通2号线
成都地铁30号线1期	青岛市地铁4号线	徐州轨道交通6号线	芜湖轨道交通1号线
青岛市地铁1号线	青岛市地铁8号线		

 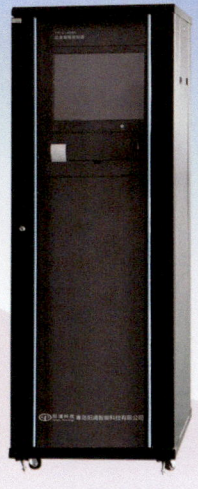 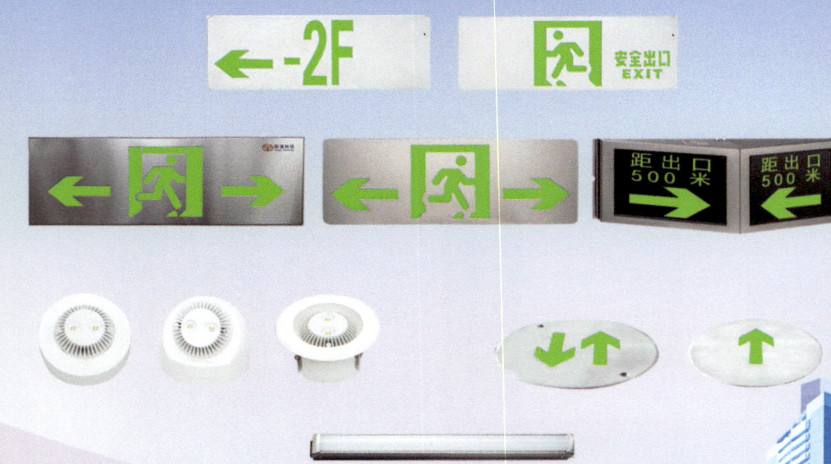

青岛阳浦智能科技有限公司

地址：青岛市流亭街道李家女姑社区（阳浦科技园）
邮箱：YangPuTech@yeah.net
电话：400-015-1077
网址：www.qdypkj.com

Caatm 创安电子

珠海创安电子科技有限公司成立于2003年，位于广东珠海，20多年来一直专注于气体探测设备的研发和制造，坚持"科技引导创新，精品造就口碑，责任是品质的保障，品质是品牌的生命"为经营理念，持续为用户提供优良的产品、优质的服务和合理的解决方案。

● 家用气体探测器

● 工业及商业气体探测器

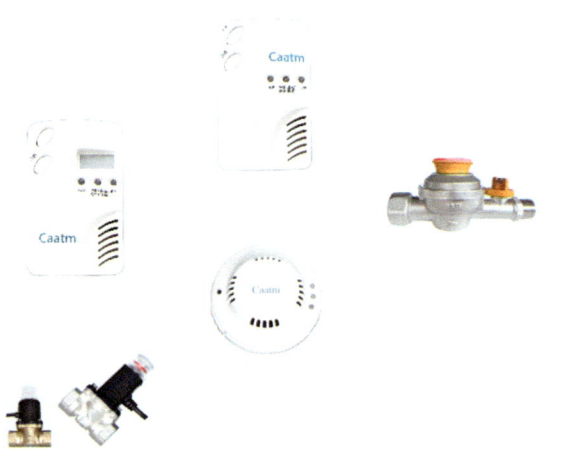

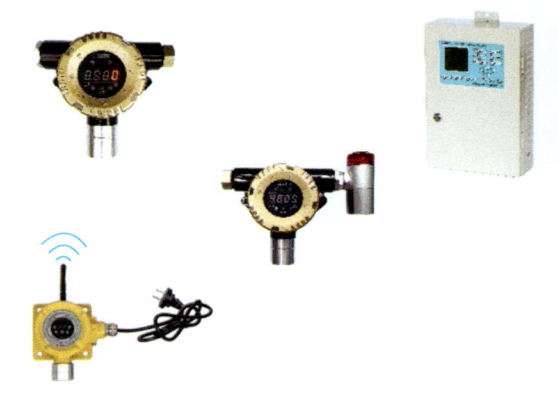

● 燃气安全监管平台

在产30多款产品

检测气体：
可燃气体（甲烷、丙烷、氢气等）
有毒有害气体（一氧化碳、氧气、氨气、硫化氢、TVOC等）

● 瓶装液化石油气（智能切断）调压器

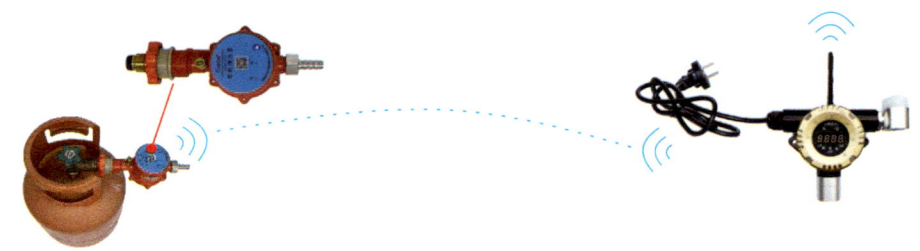

珠海创安电子科技有限公司
Zhu hai Chuang'an Electronic Technology Co., Ltd

公司地址：珠海市香洲区梅华西路香洲科技工业区2372号28栋之一第二层厂房A座
联系电话：0756-2172385 2172667　　　　　　　传真：0756-2172386

广东左向照明有限公司创立于2013年，位于粤港澳大湾区——中山市古镇镇。公司致力于研发和制造智能消防应急照明和疏散指示系统、智能控制电气设备、民用消防物联系统、消防火灾报警系统和按需照明智能LED照明系统等产品，配备高精度自动化生产设备及测试设备，月产量超300万台，是国内专业化消防应急产品的大型制造商之一。

公司一贯坚持遵照GB 17945-2010、GB 51309-2018等国家标准进行研发、生产和检验，获"ISO 9001:2015质量管理体系认证""广东省高新技术企业""广东省专精特新中小企业""十大集控智能疏散系统"等荣誉认定。

凭借产品的多样性、定制化、高品质和售后服务的及时性，广东左向照明有限公司在国内拥有300多个销售服务点，并延伸至海外众多国家地区，享誉海内外市场。

广东左向照明有限公司
Guangdong Zuoxiang Lighting Co., Ltd.

地址：广东省中山市古镇镇曹二信恒路42号2.3.4楼

官方网站：http://www.zgzxzm.com   电话：400-600-3119

微信公众号　　　官方网站

江门市索辉照明电器有限公司

探索品质 铸就辉煌

公司简介

江门市索辉照明电器有限公司成立于2019年，位于粤港澳大湾区、珠三角两岸中心城市——广东江门市，是一家专业大型的集应急照明技术、研发、制造、销售、服务为一体的现代化应急照明企业，公司成立时间不久，但专业的技术人员以及管理人员已在行业深耕数年，现已发展成占地40亩，拥有100多名员工的高新技术企业。公司主要产品包含消防应急照明控制器、消防应急照明电源、消防应急照明灯具、消防应急标志灯具，以及声光控、红外人体感应、雷达感应等系列产品，在应急灯市场占有一定比列，连续两年销售保持复合增长，复合增长率超过50%，在全国各省会城市以及部分地级城市拥有150多家代理商、1500多家销售网点。公司依托原有兄弟单位的五金优势，所有五金配件自主生产，并加大了五金生产线的自动化改造，公司坚持严谨的科学管理、秉承国标的设计一致性要求，强抓产品质量，公司产品均严格执行国家标准，并已获3C证书。

公司现有几十名管理团队，拥有自主研发实力和创新能力持续紧跟行业前沿。公司在坚持高质量发展的同时，时刻不忘社会使命，不断向行业更高效、更安全、更节能的环保方向发展，通过不断的技术革新、坚持环保理念，为创建资源节约型和环境绿色型贡献社会力量。

以质量求生存，以创新谋发展，以客户为中心，未来索辉将矢志不渝的坚持"专业应急照明"的清晰企业定位，全力打造智能、节能、效能的消防应急产品，朝着成为行业领先、品质卓越的目标迈进，携手共进为人类消防安全事业贡献力量！

公司远景图

部分主要产品

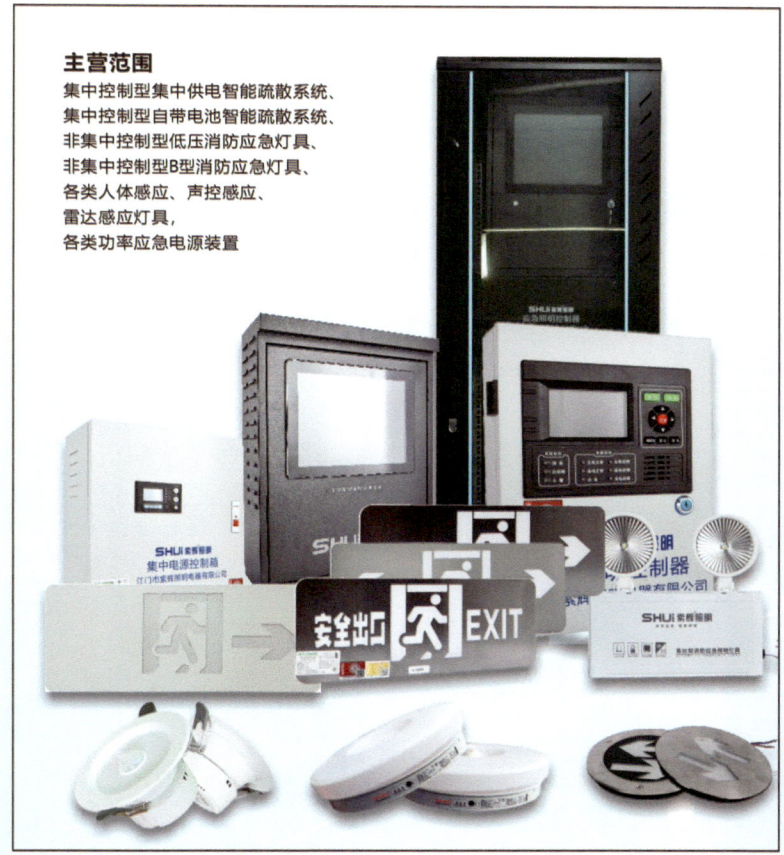

主营范围
集中控制型集中供电智能疏散系统、
集中控制型自带电池智能疏散系统、
非集中控制型低压消防应急灯具、
非集中控制型B型消防应急灯具、
各类人体感应、声控感应、
雷达感应灯具，
各类功率应急电源装置

部分主要产品

地址：广东省江门市高新开发区南山路337号　电话：18802596119 何勇

证券代码 002960

青鸟消防股份有限公司成立于2001年6月，注册资本3.485亿元。公司于2019年8月在深圳证券交易所挂牌上市，成为中国消防报警行业首家登陆A股的企业，证券简称：青鸟消防，证券代码：002960。

公司始终聚焦于消防安全与物联网领域，主营业务为"一站式"消防安全系统产品的研发、生产和销售，是国内规模最大、品种最全、技术实力最强的消防产品供应商之一。公司产品已覆盖了火灾报警消防的全链条：早期预警→报警→防火→疏散逃生→灭火，为人民生命财产安全提供全方位保障服务。

未来，公司将继续聚焦消防安全领域，深耕细作、优化管理、有效扩张，并以此为基础渐次向安防、物联网等相关领域积极延展，进一步提升产品的性能、增加适用场景，以实现"消防安全产品＋物联网"的全球化目标。

资质证书

消防应急照明和疏散指示系统

 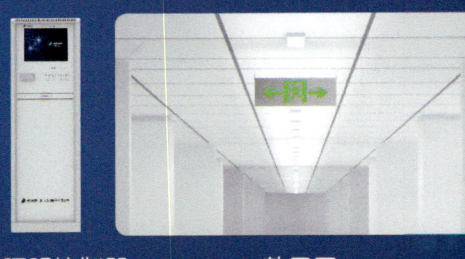

小功率应急照明灯　　中型不锈钢标志灯　　应急照明控制器　　效果图

火灾自动报警系统

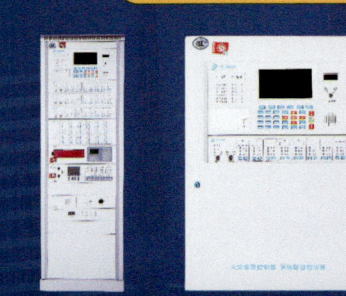  火灾声光警报器

点型感温火灾探测器

火灾报警控制器　　手动火灾　　消火栓
（立柜／壁挂）　　报警按钮　　按钮　　点型光电感烟火灾探测器

地址：北京市海淀区成府路207号北大青鸟楼　邮编：100871　联系人：温玉玉　电话：18032372717

Forsafe 赋安®

智慧消防

系统全面解决方案
消防产品一站式采购

智慧消防管理平台

- 余压监控系统
- NB-IoT智慧消防系统
- 智慧用电安全系统
- 独立式感烟火灾探测报警器
- LoRa无线火灾报警系统
- 气体灭火控制系统
- 电气火灾监控系统
- 防火门监控系统
- 可燃气体报警系统
- 家用火灾安全系统
- 消防设备电源监控系统
- 智慧物流火灾报警系统
- 火灾报警控制系统
- 消防应急照明和疏散指示系统

 服务热线 **400-8822119**

地址：深圳市高新技术产业园高新南一道013号赋安大厦A座

深圳市赋安安全系统有限公司
SHENZHEN FORSAFE SYSTEM TECHNOLOGY CO.,LTD.

扫码关注

 赋安微信公众号

 赋安天猫旗舰店

 赋安抖音号

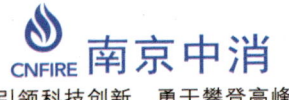

智慧消防整体解决方案

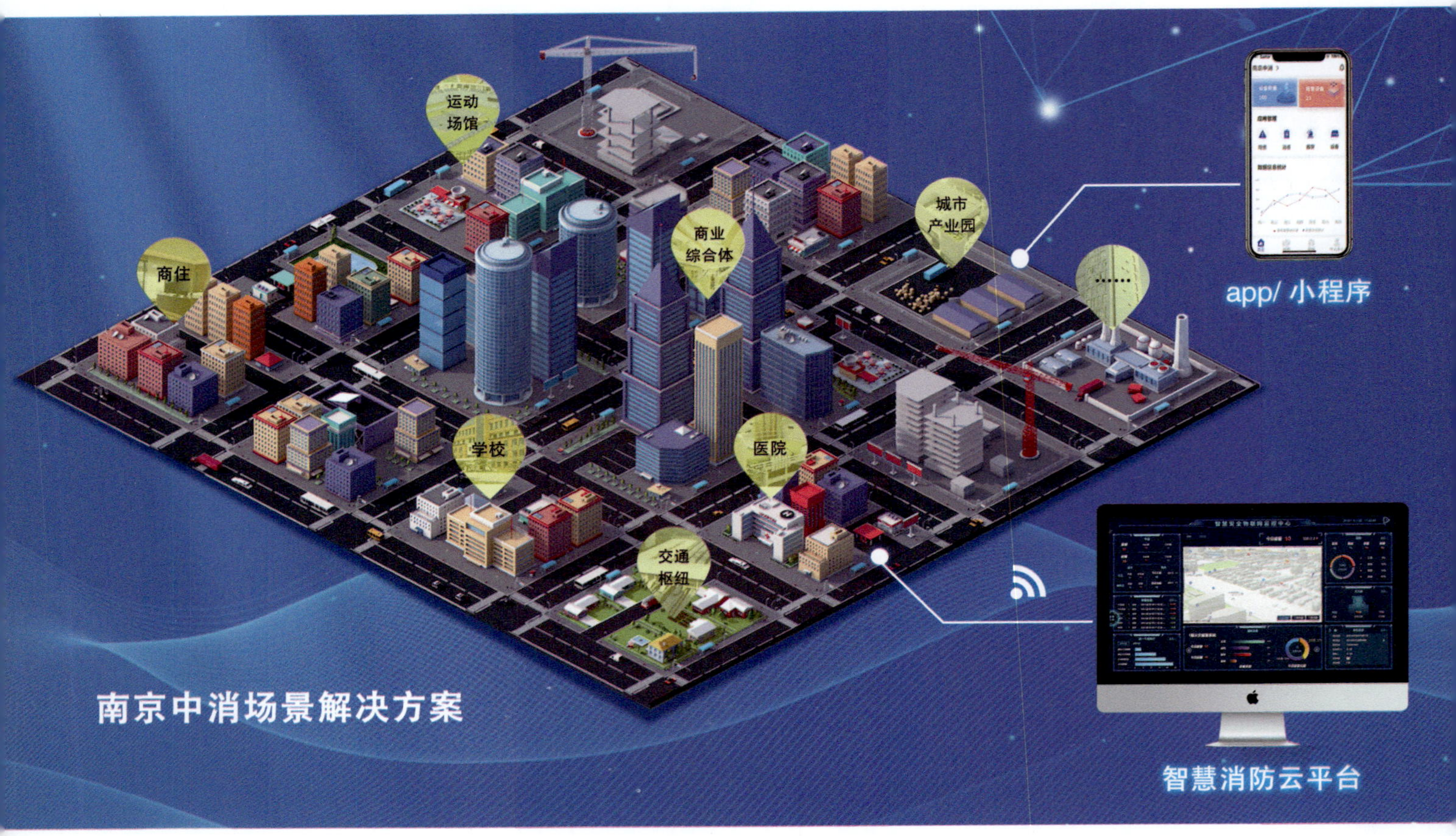

南京中消场景解决方案

app/ 小程序

智慧消防云平台

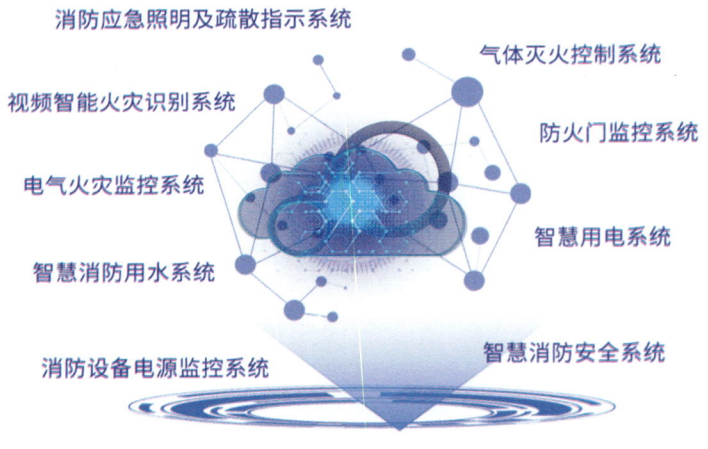

南京中消安全技术有限公司，2018年成立于南京溧水经济开发区，注册资金5480万元，是一家由通信、系统安全、智慧物联网、智慧消防等各行业精英人士共同发起的集研发、生产、销售、服务于一体的国家级高新技术企业。

公司综合运用物联网、云计算、大数据、移动互联网等新兴信息技术，已建设完成基于"大数据""一张图"的实战指挥平台、高层住宅智能消防预警系统、智慧消防安全管理系统等，可实现对消防力量、消防物资、消防隐患和火灾全域全时感知，及时上报，协同处置，形成防火和灭火闭环管理，切实提升"防灾、减灾、救灾"综合能力。

消安一体化平台是基于统一云计算+大数据+AI人工智能+边缘计算+5G的技术架构，全新打造的产品。提供消防设备状态数据、隐患和报警数据、巡检管理数据，支持消防设备报警分级推送、电话短信通知、报警处理、消防AI报警（消控室离岗、消防通道堵塞、电瓶车入梯报警）、单位安全评分等功能。将各类报警信息通过云平台推送到运营平台和人员手机终端，实现消防安全管理有迹可循。

目前公司的重点研发方向是集消防、安防、技防、健康、环保于一体的智慧消防安全物联网系统。广泛适用于企业园区、智慧社区、金融、教育、能源、地产、物流、文旅、养殖、制造等行业的智慧消防安全监测场景。

- 火灾自动报警及联动控制系统
- 消防应急照明及疏散指示系统
- 气体灭火控制系统
- 视频智能火灾识别系统
- 防火门监控系统
- 电气火灾监控系统
- 智慧用电系统
- 智慧消防用水系统
- 消防设备电源监控系统
- 智慧消防安全系统

南京中消安全技术有限公司
Nanjing Cnfire Security Technology Co., Ltd.

地址：南京市溧水经济开发区中兴西路9号
邮箱：gds@cst119.com
网址：www.cst119.com

技术服务热线：400-6980-119